Ingo Klöckl

Chemie der Farbmittel

Band 2

Weitere empfehlenswerte Titel

Chemie der Farbmittel.
Band 1: Grundlagen, Pigmente und Farbmittel
Klöckl, 2020
ISBN 978-3-11-064833-1, e-ISBN 978-3-11-064915-4

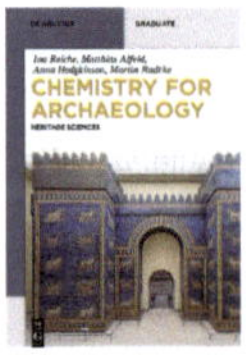

Chemistry for Archaeology.
Heritage Sciences
Reiche, Alfeld, Radtke, Hodgkinson, 2020
ISBN 978-3-11-044214-4, e-ISBN 978-3-11-044216-8

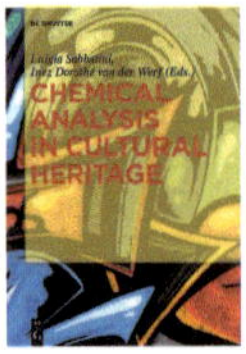

Chemical Analysis in Cultural Heritage.
Sabbatini, van der Werf (Eds.), 2019
ISBN 978-3-11-045641-7, e-ISBN 978-3-11-045753-7

Inorganic Pigments.
Pfaff, 2017
ISBN 978-3-11-048450-2, e-ISBN 978-3-11-048451-9

Ingo Klöckl

Chemie der Farbmittel

Band 2: in Malerei, Kunst und Tinten

2. Auflage

DE GRUYTER

Dr. rer. nat. Ingo Klöckl
St. Leoner Str. 16
68809 Neulussheim
Deutschland

ISBN 978-3-11-064914-7
e-ISBN (PDF) 978-3-11-064916-1
e-ISBN (EPUB) 978-3-11-064923-9

Library of Congress Control Number: 2019950564

Bibliografische Information der Deutschen Nationalbibliothek
Die Deutsche Nationalbibliothek verzeichnet diese Publikation in der Deutschen Nationalbibliografie; detaillierte bibliografische Daten sind im Internet über http://dnb.dnb.de abrufbar.

Umschlagabbildung: Elen11 / iStock / Getty Images Plus
Satz: le-tex publishing services GmbH, Leipzig
Druck und Bindung: CPI books GmbH, Leck

www.degruyter.com

Für

meine Frau Claudia,
die (immer noch und schon wieder!) mit großer Geduld meine spontanen Vorlesungen über Farben und Farbchemie am Frühstückstisch, in Theaterpausen und am Strand angehört und mit vielen Fragen geholfen hat, die Gedanken, die dem Buch zugrunde liegen, zu ordnen

und

meine Eltern Franziska und Ingo,
die mir das Ausleben meiner chemischen wie auch meiner malerischen Interessen ermöglicht haben und dabei seltsame Gerüche und Substanzen, die Okkupation der Küche durch chemische Apparate und die Umdekoration der Wohnung durch Farbspritzer und Gemälde von wüsten Landschaften toleriert haben

und

alle, die über den Weg der Neugier ihr Interesse für das faszinierende Gebiet der Chemie entdeckt haben oder noch entdecken mögen.

Vorwort und Danksagung

Vorwort

Nichts zeigt uns die Schönheit unserer Welt so eindringlich wie ihre Farben. Für unsere fernen biologischen Vorfahren waren es vorwiegend Gerüche, doch irgendwann hatten wir auf unserem langen Entwicklung zum modernen Menschen den Mut, das dumpfe Zauberreich der Düfte gegen die helle Präzision unsere Augen zu vertauschen. Und dennoch sind auch Farben ein Zauberreich, das so manches Geheimnis birgt. Im Gegensatz zu Form, Dichte oder Oberflächentextur ist Farbe keine inhärente Eigenschaft eines Objekts, sondern nur unsere persönliche Wahrnehmung, wie das Objekt sichtbares Licht reflektiert oder verschluckt. Noch dazu zeigen uns unsere Augen nur einen winzigen Ausschnitt aus dem immensen Spektrum elektromagnetischer Strahlung, die unser Universum erfüllt. Die Wellenlängen, und damit auch die Frequenzen dieses Spektrums umfassen 16 Größenordnungen – von den 10 bis 20 km langen Radiowellen einiger Militärsender bis hin zu den nur ein Tausendstel Nanometer kurzen Gammastrahlen implodierender Galaxien. Das Leben auf unserer Erde registriert hauptsächlich Wellenlängen zwischen 300 und 1000 Nanometern. Dieser Bereich umfasst das Ultraviolett mit Wellenlängen unter 400 Nanometern, das wir, im Gegensatz zu vielen Insekten, nicht sehen können; den Bereich von Blau über Grün bis Rot, also von 400 bis ungefähr 750 Nanometern, der für uns Licht bedeutet; und schließlich infrarote Strahlen mit Wellenlängen von über 800 Nanometern, die einige Tiere als Licht, wir jedoch nur als Wärme wahrnehmen.

Ultraviolett war wahrscheinlich die erste Farbe die das Leben auf unserem Planeten sah. Dieser spektrale Teil des Sonnenlichts bedeutete Gefahr, da er viele biologische Bausteine zerstört. Um diese gefährlichen Strahlen zu meiden, entwickelten Zellen einen Sensor für Ultraviolett- und Blaulicht, der die Rotationsrichtung ihrer Geisseln steuerte. Da diese Geisseln als Antriebspropeller wirken, konnten die Zellen nun das schädliche kurzwellige Licht nicht nur sehen, sondern auch meiden. Ein Abkömmling dieses Blaulicht-Sensors findet sich noch heute in vielen urtümlichen Einzellern.

Dieser geniale Blaulichtsensor diente den Zellen wahrscheinlich auch als Bauanleitung für einen Sonnenkollektor, dank dem sie sich von der Energie des Sonnenlichts ernähren konnten. Dazu verschoben die Zellen die Absorption des Blausensors nach Gelborange, um möglichst viel von der Energie des Sonnenlichts zu erhaschen. Diesen Sonnenkollektor koppelten die Zellen an ein System, das die eingefangene Lichtenergie in chemische Energie umwandelt. Mit deren Hilfe konnten die Zellen nun energiehungrige Prozesse wie Wachstum, Zellteilung und Bewegung oder die Synthese von Fett, Zucker und Proteinen antreiben. Diese primitive Fotosynthese findet sich noch heute in einigen Einzellern, die in den salzreichen Rändern des Toten Meeres oder in verdorbenen gepökelten Fischen gedeihen. Letztlich erwies sich diese Form

https://doi.org/10.1515/9783110649161-201

der Fotosynthese jedoch als Sackgasse, weil sie das Licht der Sonne nicht effizient genug in chemische Energie verwandelte. Als dann spätere Zellen Chlorophyll als Sonnenkollektor einsetzten und mit ihm die moderne Fotosynthese einläuteten, blieb die aus dem Blaulichtsensor entwickelte Fotosynthese auf einige primitive Einzeller beschränkt.

Das Leben lernte also schon sehr früh, die Welt in zwei Farben zu sehen – in Blau und in Gelborange. Und da es nun einmal Farbe gesehen hatte, wollte es auf diese nicht mehr verzichten. Die komplexen modernen Zellen mit ihrem großen und informationsreichen Erbmaterial schufen aus dem urtümlichen Blaulichtsensor drei, vier oder gar fünf verschiedene Varianten, die ihnen ein riesiges und differenziertes Farbspektrum eröffneten. Ja mehr noch, diese modernen Zellen konnten die Signale dieser verschiedenen Farbsensoren getrennt voneinander an immer komplexere Nervensysteme koppeln.

Unsere Augen sind mit fünf verschiedenen Lichtsensoren bestückt, die alle chemisch eng miteinander verwandt sind und wahrscheinlich von dem bereits erwähnten urtümlichen Blaulicht-Sensor abstammen. Einer dieser Sensoren dient nicht dem Sehen, sondern dem täglichen Eineichen unserer „circadianen" Körperuhr. Ein weiterer Sensor findet sich in den Stäbchenzellen unserer Netzhaut. Dieser Sensor ist sehr lichtempfindlich und deshalb verwenden wir ihn bei schwachem Licht. Diese hohe Lichtempfindlichkeit hat aber ihren Preis, denn unsere Netzhautstäbchen erkennen weder Farbe noch feine Details. Bei hellem Licht verwenden wir die drei Farbsensoren in den Zapfenzellen unserer Netzhaut – einen für Blau, einen für Grün, und einen für Rot. Diese Sensoren sind zwar nicht sehr lichtempfindlich, zeigen uns dafür aber feine Details – und Farbe. Da jeder dieser drei Farbsensoren etwa hundert verschiedene Farbintensitäten erkennen kann und unser Gehirn die Signale der drei Sensoren miteinander vergleicht, können wir nicht nur drei, sondern ein bis zwei Millionen Farben sehen. Ältere Tierformen wie zum Beispiel Insekten und Vögel haben bis zu fünf verschiedene Farbsensoren und können daher nicht nur viel mehr Farben als wir Menschen unterscheiden, sondern zum Teil auch ultraviolettes oder infrarotes Licht sehen, für das wir blind sind. Als sich die ersten Säugetiere entwickelten, jagten sie meist in der Nacht und liessen einige ihrer Farbsensoren verkümmerten, sodass nur zwei von ihnen übrig blieben. Fast alle Säugetiere – wie Hunde, Pferde, Katzen und Kühe – sehen deshalb nur etwa 10 000 verschiedene Farben – etwa gleich viel wie „farbblinde" Menschen. Erst als intelligente Menschenaffen reife von unreifen Früchten gegen den Hintergrund vielfarbiger Blätter unterscheiden wollten, entwickelten sie wieder einen dritten Farbsensor, der ihnen die Welt in neuer Farbenpracht erstrahlen liess. Wir Menschen und die uns nahe verwandten Menschenaffen sind also die einzigen Säugetiere, die Millionen von Farben sehen können.

In diesem eindrücklichen Buch beschreibt uns Ingo Klöckl das Zauberreich der Farben aus der Sicht eines Chemikers. Die Synthese moderner Farbstoffe mit berauschender Farbtiefe und eindrücklicher Stabilität war einer der großen Triumphe der Chemie des 19. und 20. Jhd. und die Entwicklung wiederbeschreibbarer digitaler Datenträger oder Katalysatoren für lichtgetriebene Wasserspaltung lassen vermuten, dass die Zeit der Farbenchemie noch lange nicht vorbei ist. Ingo Klöckl beschreibt nicht nur die verwirrende Vielfalt der heute verfügbaren Farbstoffe, sondern gibt uns auch detaillierte Information darüber, wie sie hergestellt, kategorisiert und miteinander verglichen werden können. Dieses Buch ist ein Meisterwerk, ein wahres magnum opus, das uns in jedem Kapitel ein neues Wunder aus der Welt der Farben offenbart. Die Fülle an Information, die es uns vermittelt, ist schier unfassbar und dennoch ist es für jeden, dem Chemie kein Fremdland ist, eine spannende Lektüre. Das Buch schlägt auch eine hoch willkommene Brücke zwischen Naturwissenschaft und Kunst, die sich in den letzten Jahrhunderten immer weiter voneinander entfernten und dabei auf ihre gemeinsamen Wurzeln vergaßen. Mögen nicht nur Naturwissenschaftler, sondern auch Maler und Kunstwissenschaftler dieses Buch in die Hand nehmen und sich im Zauberreich der Farben verlieren.

Dr. Gottfried Schatz, Basel

Vorwort zur zweiten Auflage

Liebe Leserinnen, liebe Leser, liebe malende Wissenschaftler und forschende Maler, ich freue mich sehr, Ihnen diese zweite Auflage meines Buches überreichen zu können, zeigt eine Folgeauflage doch, daß das Thema des Buches viele meiner Mitmenschen ansprechen konnte. Und dies, obwohl der Spagat zwischen malerischen Betrachtungen und chemisch-physikalischen Theorien ein profundes Verständnis, zumindest Interesse in vielen Bereichen voraussetzt.

Vielleicht sehen Sie diesen Brückenschlag zwischen Kunst und Naturwissenschaft auch als Beitrag zu einem humanistischen Gesamtverständnis der Welt, wie es vielen großen Geistern der Wissenschaft zu eigen war, obwohl die nicht eben hilfreiche Spaltung in Natur- und Geisteswissenschaft auch die Sicht auf unsere Welt spaltet wie die Götter der Griechen die Kugelmenschen. [10] zeigt, wie ein gesamtheitliches, platonisch orientieres Verständnis der Wissenschaft der Malerei im Mittelalter aussah und (Al-)Chemie und Farbe gleichermaßen umfaßte. In jedem Falle hoffe ich, die Neuerungen mögen Ihr Gefallen finden:

– Zahlreiche Reflexionsspektren von Pigmenten verdeutlichen das zu den Mechanismen der Farbentstehung bzw. zu den koloristischen Eigenschaften Gesagte. Sie wurden mit einem LED-Photometer MK350 der Firma UPRtek aufgenommen. Beleuchtungsquelle war die Mittagssonne an einem klaren wolkenlosen Tag. Die Pigmente bzw. Farbstoffe wurden als Aquarellasur bzw. wäßrige Lösung auf Aquarellpapier lasierend aufgetragen. Der Einfluß des Sonnenspektrums und des Papiers wurde gegen Referenzspektren des reinen Papiers bei gleicher Beleuchtung korrigiert. Diese Anordnung liefert keine absoluten Reflektivitätswerte, sodaß die Ordinate auf eine beliebige Einheit normiert wurde. Für die Form des Spektrums ist dies unerheblich.

- Der Abschnitt über Bindemittel in Druckfarben wurde um Details zur Chemie der Kolophonium-Binde- und Lackmittel ergänzt.
- Der Abschnitt „Papier“ wurde um detaillierte Chemie bei Herstellung und Verarbeitung ergänzt, Pulpe-Typen und Papiersorten werden näher besprochen.
- Pigment- und Farbstofftabellen wurden aktuellen Lieferkatalogen angepaßt.
- Abschnitte über Veränderungen und Zerfallserscheinungen von Pigmenten in Wandmalereien und Tafelbildern wurden hinzugefügt.
- Es wurde eine Betrachtung über die Geschichte der Zinnfarbtube und ihres angeblichen Einflusses auf die plein air-Malerei des späten 19. Jhd. ergänzt.
- Die Ausführungen zu Reflexion, Streuung und den damit verbundenen Phänomenen wurden logisch zusammengefaßt.
- Viele kleine Fehler und unklare Beschreibungen wurden verbessert.

Danksagung

Mein erster und wichtigster Dank gilt meiner Frau Claudia, die erneut einen großen Teil ihrer Zeit mit einem fanatisiert dozierenden Autor verbringen mußte und mich durch beständiges sanftes Drängen dazu gebracht hat, den Ausbrütevorgang des Buches zu beenden. Nur dadurch war die Veröffentlichung überhaupt möglich.

Weiterhin bedanke ich mich bei Herrn D. Widmer für wichtige Buchempfehlungen und Informationen zu Schreibtinten, Herrn Dr. S. Hunklinger für eine engagierte Diskussion zur Farbe von Halbleitern, den Herren Dr. T. Vilgis, Dr. B. Schneppe und G. Bosse für eine Diskussion des Themas Eiklar-Bindemittel und clarea, Herrn Dr. W. Müller für seine Rückmeldung zur Zusammensetzung von Acrylfarben, Frau Dr. B. Born und Frau R. Ardal-Altun für ein langes, informatives und unterhaltsames Telephonat rund um die Herstellung von Künstlerpapieren, Herrn Dr. G. Kremer für viele wertvolle Anregungen, Verbesserungen und Auskünfte aus der Praxis eines Farbenherstellers, den Herren Dr. K.-O. Schäfer und Dr. W. Thiessen für Auskünfte zur Tintenherstellung sowie Herrn Dr. G. Schatz für die Zusendung weiteren Materials. Besonders bedanken möchte ich mich über die positive Beurteilung des Manuskripts bei Herrn Dr. Kremer und Dr. Schatz, die mich einmal als praktischer Farbenchemiker, einmal als vielseitiger Naturwissenschaftler bestärkt haben, die Zielrichtung des Buches weiterzuverfolgen. Sie taten recht, wie mir die zahlreichen freundlichen und positiven Zuschriften von Fachkollegen und Fachleuten beweisen, bei denen ich mich für das gezeigte Interesse und die konstruktiven Hinweise bedanke.

Ich danke auch bei den Künstlern Frau S. Steinbacher und Herrn H. Karlhuber, bei denen ich altmeisterliche und zeitgenössische Malpraxis erlernen konnte und die dadurch „Frage-Lieferanten“ waren.

Schliesslich möchte ich mich bei Frau Dr. R. Fritz, Frau Pfleghar und dem gesamten Produktionteam vom De Gruyter-Verlag bedanken, die mir stets freundliche und kompetente Publikationspartner sind.

Inhalt

Inhaltsübersicht zu Band 1

5 Farbstoffe für Schrift, Malerei und Zeichnung

Beim Thema „Farbstoffe“ geraten wir in Gefahr, ein vielfältiges und weiträumiges Gebiet zu betreten, das uns rasch vom eigentlichen Thema des Buches fortführen kann. Wir wollen dennoch einige grundlegende Eigenschaften von Farbstoffen kennenlernen, da bestimmte Ausdrucksformen der bildenden Kunst, vor allem Druckgraphik und Kalligraphie, sich der Pigmente und Farbstoffe nebeneinander bedienen, um sichtbare Ergebnisse zu erzielen. Druckfarben können pigmentiert oder aus Farbstoffpasten aufgebaut sein, (Buch-)Maler arbeiten mit (Farbstoff-)Tinten und Kugelschreibern, und die Frage der Haftung von Aquarellfarbmitteln auf Papier oder Stoff ist ebenso Thema der Farbstoffchemie.

Wir beschränken uns auf eine Auswahl an klardefinierten, moderneren Farbstoffen, die für Künstlermaterial relevant sind, und betrachten auch nicht die interessante Geschichte und Chemie der Färberei als solcher. Die oft komplexen Farbstoffgemische natürlicher Herkunft, die in der Buchmalerei Verwendung fanden, werden wir in ►Abschnitt 8.3 ansprechen, wenn auch nur unzureichend. In der Breite wird das Thema von [13, 18–21, 103] behandelt. Für Leser, die sich für die Textilfärberei interessieren, stehen mit den genannten Werken ebenfalls gute Einführungen zur Verfügung. Einzelne Bereiche können auch in Lexika wie [185] eingesehen werden.

Da im Kunstbereich vor allem Wasser als Lösungsmittel eine Rolle spielt, klassifizieren wir Farbstoffe nach ihrer Wasserlöslichkeit, ►Abbildung 5.1:

- Solvent Dyes sind wasserunlösliche, aber in anderen Lösungsmitteln lösliche Farbstoffe. Diese Eigenschaft wird durch das Fehlen von polaren Gruppen wie Sulfonsäuren, Carbonsäuren oder ionischen Zentren hervorgerufen. Sie sind für die Färbung von Kunststoffen, Ölen und Wachsen geeignet, im Bereich Künstlermaterial sind sie für Füllungen von Stiften und Kugelschreibern interessant.
- Dispersionsfarbstoffe. Sie sind in Wasser schwerlöslich und werden in molekulardisperser Form zum Färben eingesetzt. Sie werden vom Substrat zunächst oberflächlich adsorbiert und diffundieren dann in das Substrat hinein. Ihr Einsatzgebiet ist das Färben von hydrophoben Fasern aus Polyester, Nylon oder Acryl, im Kunstsektor sind sie nicht anzutreffen.
- Entwicklungsfarbstoffe. Der Farbkörper entsteht erst während des Färbevorgangs aus meist farblosen Vorstufen auf dem Substrat. *Küpenfarbstoffe* entstehen aus löslichen farblosen Leukobasen, *Beizenfarbstoffe* aus löslichen komplexbildenden Farbstoffen. Die entstehenden Farbmittel sind in Wasser unlöslich und werden von Künstlern als Pigment genutzt.
- Reaktivfarbstoffe. Ihr Hauptmerkmal ist, daß sie beim Färben mit dem Substrat kovalente Bindungen bilden und so eine hohe Waschechtheit erlangen. Der farbige Grundkörper enthält zusätzliche reaktive Gruppen, die auf das Substrat (Baumwolle, Wolle, Nylon, Papier) abgestimmt sind.

https://doi.org/10.1515/9783110649161-001

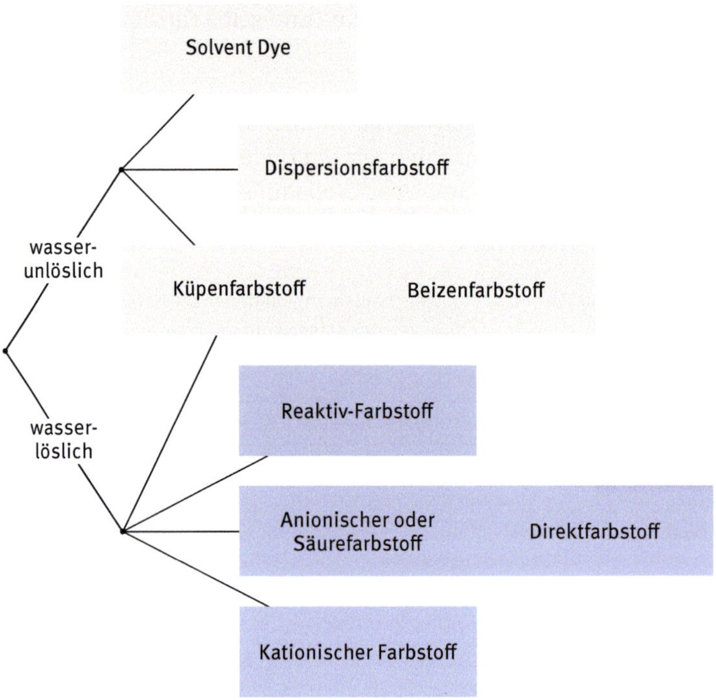

Abb. 5.1: Einteilung der Farbstoffe nach ihrer Löslichkeit in Wasser.

- Anionische oder Säurefarbstoffe sind wasserlösliche anionische Verbindungen, die hauptsächlich für Nylon, Wolle, Seide und Acrylfasern sowie Papier, Leder, Lebensmittel und Tinten genutzt werden. Wenn sie eine hohe Affinität zu Zellulosesubstraten aufweisen, werden sie als Direktfarbstoffe angesprochen.
- Direktfarbstoffe. Ihr Hauptmerkmal ist die „Substantivität", das heisst eine starke Adsorption an Zellulose und Zellulosederivate (Baumwolle und Papier) aus einer wäßrigen Lösung heraus, ohne weitere Hilfsstoffe zu benötigen. Es handelt sich um anionische wasserlösliche Farbstoffe und damit eine Untergruppe der Säurefarbstoffe.
- Kationische oder basische Farbstoffe. Sie bestehen aus wasserlöslichen kationischen Verbindungen und sind hauptsächlich für Papier, Polyacrylnitril, Nylon und Polyester geeignet.

►Tabelle 5.1 fasst für die genannten Farbstoffklassen die Art der Haftung am Substrat zusammen. Die englischen Bezeichnungen der Klassen entsprechen einem verbreiteten Namensschema für Farbstoffe, so bedeuten z. B.
- RR24 Reactive Red 24 einen roten Reaktivfarbstoff für Tinten,
- DBk19 Direct Black 19 einen schwarzen Direktfarbstoff für Inkjet-Druck,

– BG4 Basic Green 4 oder AY23 Acid Yellow 23 grüne und gelbe Farbstoffe für Filzschreiber und Tinten.

Das Merkmal „Löslichkeit“ erlaubt eine gute Übersicht über die verschiedenen Klassen. Weitere Klassifizierungen sind möglich und je nach Umfeld in Gebrauch, so die Einteilung in chemische Strukturtypen oder in Farbstoffe für spezielle Anwendungsgebiete (Leder, Haare, Tinten).

Tab. 5.1: Die verschiedenen Farbstoffklassen und die Mechanismen, mit denen die Haftung am Substrat erreicht wird [19, 20]. Die englischen Bezeichnungen der Klassen entsprechen einem verbreiteten Namensschema für Farbstoffe.

Klasse	Mechanismus der Haftung
Säurefarbstoff (Acid Dye)	Ionenbindung, Dipol-Dipol-Ww., Dispersionskräfte
Kationischer Farbstoff (Basic Dye)	Ionenbindung, Aggregation
Direktfarbstoff (Direct Dye)	Ionenbindung, Aggregation, Dipol-Dipol-Ww., Dispersionskräfte
Dispersionsfarbstoff (Disperse Dye)	Dipol-Dipol-Ww., Dispersionskräfte
Beizenfarbstoff (Mordant Dye)	Aggregation, Dipol-Dipol-Ww., Dispersionskräfte (Ionenbindung)
Reaktivfarbstoff (Reactive Dye)	Kovalente Bindung
Küpenfarbstoff (Vat Dye)	Dipol-Dipol-Ww., Dispersionskräfte

5.1 Bindungsarten im System Farbstoff–Substrat

Bevor wir uns einzelne Farbstoffklassen anschauen, fassen wir vorweg die Mechanismen, die für die Haftung des Farbstoffs auf dem Substrat sorgen, zusammen. Sie werden in ►Abschnitt 6.1.4 näher besprochen. In der Farbstoffchemie treffen wir vor allem nicht-kovalente Bindungsarten und die physikalische Einlagerung größerer Aggregationen in Faserhohlräumen an (►Tabelle 5.1).

Ionenbindung Abgesehen von Reaktivfarbstoffen, bei denen die kovalente Bindung maßgebend ist, spielt die Ionenbindung eine der Hauptrollen beim Färbeprozess. Beispiele sind anionische Säurefarbstoffe, die mit Ammonium-Kationen von Proteinen Ionenbindungen bilden. Umgekehrt können kationische Farbstoffe mit Carboxylat-Anionen von Proteinfasern in Wechselwirkung treten. In ►Tabelle 5.2 sind typische ionische Positionen gängiger Fasermaterialien aufgelistet. Wir sehen, dass Proteinfasern und einige Synthesefasern von Natur aus Bindungsstellen bereitstellen, während andere Materialien wie hochwertiges Papier eher nicht-ionisch reagieren und zur Haftungsverbesserung beschichtet werden müssen. Wie dies bei Papier erfolgt, sehen wir auf ►S. 519.

Tab. 5.2: Typische ionische Positionen gängiger Fasermaterialien, die für Färbungen relevant sind. [19, 20].

Faser	Kationische Positionen	Anionische Positionen
Wolle	Proteinische Aminogruppen	Proteinische Carboxylgruppen
Seide	Proteinische Aminogruppen	Proteinische Carboxylgruppen
Nylon	Terminale Aminogruppen	Terminale Carboxylgruppen
Baumwolle	Keine	Keine (Hydroxylgruppen nicht sauer)
Papier holzhaltig	Keine	Ligninsäuren und -phenolate, Glucuronsäuren
Papier holzfrei	Keine	Anteile an Glucuronsäuren
–, leimbeschichtet	(Proteinische Aminogruppen)	(Proteinische Carboxylgruppen)
–, polymerbeschichtet	je nach Polymer	je nach Polymer
–, Harzsäure-Metallsalz-beschichtet	Kationische Metallsalze	Keine

Dipol-Dipol-Wechselwirkung Ein häufiger Faktor beim Färbeprozess ist die Wechselwirkung zweier permanenter Dipole, aus kovalent gebundenen Atomen unterschiedlicher Elektronegativität entstehen, in denen die beteiligten Elektronen dauerhaft ungleich verteilt sind. Typische funktionelle Gruppen in Farbstoffen sind –OH, –CO, =NH oder –CN.

Durch eine etwa zehnfache Stärke zeichnet sich die Wasserstoffbrückenbindung aus, eine Dipol-Dipol-Wechselwirkung zwischen Wasserstoff als positivem Partner und elektronegativen Elementen (O, N). Sie tritt bei den meisten färberelevanten Stoffgruppen auf.

Dispersions-, eigentliche van der Waals-Kräfte Alle polymeren Substrate (Proteinfasern, Nylonfasern, Polyethenfolien, auch Zellulosefasern) besitzen unpolare und ungeladene Bereiche, die über temporäre Dipole mit Farbstoffen wechselwirken können. Zur Bindung von Farbstoffen an diese Regionen werden daher ausgedehnte unpolare Bereiche im Farbstoff angelegt. In der Regel sind diese Molekülteile langgestreckt oder planar gebaut.

Die Stärke dieser Wechselwirkung können wir an kristallinen Bereichen von Polyethen beobachten, das keinerlei Besonderheiten wie polare Zentren oder Ladungen aufweist. Dennoch zeigen diese Kristallite eine hohe Stärke.

Hydrophobe Wechselwirkung Wasser zeigt an hydrophoben Oberflächen einen höheren Ordnungszustand, da es sich zur Oberfläche ausrichtet und mit sich selber Wasserstoffbrücken bildet. Beim Zusammenlagern der hydrophoben Gruppen werden strukturierte Wassermoleküle freigesetzt und ein Zustand geringerer Ordnung erreicht. Der Entropiegewinn ist die Triebkraft des Vorgangs. Hydrophobe Wechselwirkungen unterstützen wie van der Waals-Wechselwirkungen die Haftung apolarer Farbstoffbereiche an apolaren Substraten, oder die Aggregation von Farbstoffmolekülen.

Aggregation Die Bildung von Aggregationen ist keine eigentliche Bindungsart, beschreibt aber einen wichtigen Haftungsmechanismus zusammenfassend. Er beruht darauf, dass Farbstoffmoleküle in Hohlräume der Faser diffundieren und dort grössere Aggregationen bilden. Triebkraft der Aggregation sind alle zuvor genannten Wechselwirkungen. Die Aggregationen werden anschliessend in den Faserhohlräumen physikalisch festgehalten. Die Aggregation wird auf zwei Wegen erreicht:

- Abkühlung eines heissen Färbebades. Der Farbstoff ist so aufgebaut, dass er eine natürliche Neigung zur Aggregation zeigt. Direktfarbstoffe besitzen z. B. ausgedehnte unpolare Bereiche, die sich über van der Waals-Kräfte zusammenlagern. Die Aggregation ist der Normalzustand und wird zur Färbung durch Erhitzen der Färbelösung aufgehoben. Nach der Diffusion der isolierten Farbstoffmoleküle in die Faser aggregieren sie beim Abkühlen und werden physikalisch im Substrat festgehalten.
- Bilden eines Metallkomplexes. Farbstoffmoleküle werden nach der Diffusion in die Faser mit Metallsalzen komplexiert. Der Komplex besteht aus zwei oder drei Farbstoffmolekülen und wird aufgrund seiner Größe in der Faser besser festgehalten als ein einzelnes Farbstoffmolekül, da nun auf den Metallkomplex alle genannten schwachen Wechselwirkungen in vielfacher Stärke einwirken.

5.2 Papier als Farbstoffträger

Wir werden in diesem Kapitel viele Informationen über Farbstoffe erhalten, die im wesentlichen aus dem Bereich der (Textil-)Färberei stammen. Dies liegt daran, daß zur Färbung von Papier (in der Masse, oberflächlich oder als Zeichnung) zunächst weitgehend die gleichen Farbstoffe verwendet wurden und zahlreiche Erkenntnisse aus der kommerziellen Färberei stammen. Wir werden später sehen, wie sich heute Farbstoffe speziell für Papier oder Inkjetdruck entwickeln lassen, die in die existierende Klassifikation passen.

5.2.1 Papier als Farbträger

Den grundsätzlichen Aufbau von Papier werden wir in ►Abschnitt 6.7 im Detail kennenlernen. Für den Moment reicht es zu wissen, dass es zwei wesentliche Papiersorten gibt:

- ungebleichtes, holzhaltiges Papier, das neben der erwünschten Zellulose und Hemizellulose einen hohen Anteil an Lignin hat. Dieses Polymer aus Phenylpropan-Einheiten weist durch die Aufbereitung des Holzes eine hohe Anzahl an anionischen Substituenten auf.
- Gebleichtes, holzfreies Papier, das im Idealfall aus reiner Zellulose und Hemizellulose besteht.

Die Chemie der Papierfärberei muss sich daher vor allem mit den Eigenschaften von Zellulose befassen. Hervorstechend ist, dass Zellulose im Gegensatz zu Naturtextilfasern wie Wolle, oder synthetischen Fasern wie Nylon, keine Amino- oder Amidgruppen besitzt und damit keine kationischen Zentren aufweist. Ihre Hydroxylgruppen reagieren nicht sauer, sodass wir auch keine anionischen Zentren erwarten. Wie in ►Abschnitt 6.7.3 auf S. 503 gezeigt wird, liegt aber ein kleiner Teil der Glukose als Glukuronsäure vor, und in der Papiermasse verbliebene saure Hemizellulosen können einen größeren Anteil an Mannuron- und Galakturonsäuren zu einer gewissen Anionenaktivität beisteuern.

Bei der Färbung sind drei Stufen zu berücksichtigen:
- Das Farbmittel diffundiert in die Hohlräume der Papierfasern.
- Das Farbmittel wird dort adsorbiert.
- Die Unlöslichkeit des Farbmittels wird zur Verbesserung der Wisch- und Wasserfestigkeit erhöht. Dies kann durch Beizen mit Metallsalzen, Zugabe von *fixing agents* (►S. 516) oder Bindemittel erreicht werden.

Die Färbung des Papiers selber ist normalerweise nicht Sache des Künstlers, sondern erfolgt in der Papierfabrik. Sie kann in der Masse erfolgen, indem der Farbstoff der Papiermasse vor der Herstellung von Bögen zugegeben wird, oder oberflächlich durch Streichen oder Tauchen. Oberflächenfärbungen erfolgen besser mit Pigmenten, da die Gefahr des Ausblutens dann geringer ist. Bei dieser Art der Färbung kann der Papierhersteller Maßnahmen ergreifen, um eine gute Haftung der Farbstoffe auf oder in der Papiermasse sicherzustellen.

Beim Zeichnen oder Beschreiben von Papier hat der Künstler dagegen keinen Einfluß auf die Effektivität der drei Schritte. Er kann nicht wie der Textilfärber Reaktionsbedingungen wählen, die zu guter Haftung des Farbstoffs führen, er kann keine heißen Färbebäder und so unterschiedliche Löslichkeiten oder Aggregationsneigungen der Farbmittel nutzen, es ist auch nicht möglich, das notwendige saure oder alkalische Milieu zu schaffen, Zusatzstoffe zuzufügen oder die Färbung heiß zu fixieren.

Es darf daher nicht verwundern, dass namentlich Schreibtinten oft wenig wasserfest sind und bei einmaligem Nasswerden verwaschen. Möglichkeiten zur Verbesserung der Situation sind
- Auftragen einer Papierbeschichtung mit hoher Affinität zu Farbstoffen. Wir werden Beschichtungsmaterialien auf ►S. 519 kennenlernen.
- Zusatz von Bindemitteln zur Tinte, die die Wisch- und Wasserfestigkeit durch Bildung eines schützenden Film erhöhen. Bei der Besprechung der Komposition von Tinten werden wir entsprechende Mittel kennenlernen, ►Abschnitt 8.5.
- Nutzung von Farbstoffen, die der besonderen Situation von Schreiben und Zeichnen gerecht werden. Ein Beispiel eines modifizierten Direktfarbstoffs sehen wir im Anschluss. Aufgrund der hohen Entwicklungskosten werden Farbstoffe nur für prosperierende Märkte wie Tintenstrahl- oder Laserdruck modifiziert, nicht für den Einsatz als Künstlertinte.

5.2.2 Färbung von Papier

Die erwähnten Standardwerke zur Färberei enthalten stets auch Ergänzungen zum Thema Papierfärberei, mehr Details können Sie in [185, Stichwort „Paper"], [162, ch. 9.3], [161, Kap. 6.4], [163, ch. 3.6.1], [946], [187, S. 446ff] nachlesen. In ►Tabelle 5.3 sehen wir die wesentlichen Farbstoffklassen, die für einen Einsatz im Papierbereich in Frage kommen, nämlich anionische und kationische Direktfarbstoffe sowie basische Farbstoffe. ►Tabelle 5.4 enthält beispielhaft aktuell zur Papiereinfärbung angebotene Farbmittel.

Die Auswahl dieser Klassen ist unter dem Blickwinkel des Papierherstellers getroffen, für den eine hohe Effizienz der Färbung wichtig ist. Für eine Anwendung in Schreib- oder Zeichenflüssigkeiten kann es dagegen durchaus sinnvoll sein, z. B. Säurefarbstoffe einzusetzen, da hier eine schlechte Haftung, die sich in mangelnder Wisch- oder Wasserfestigkeit äußert, toleriert oder durch Zusatz von Bindemitteln, nachträglich oder in der Schreibflüssigkeit, verbessert werden kann.

Kationische Farbstoffe (Basic Dyes) sind besonders für holzhaltige und ungebleichte holzfreie Papiere geeignet, da Lignin und saure Hemizellulosen in der wäßrigen Papiermasse während der Herstellung eine hohe Anionenaktivität aufweisen (Uronsäuren, Artefakte durch die Aufbereitung wie phenolische Hydroxylgruppen, Sulfonsäuren) [185, Stichwort „Cationic Dyes"]. Die Farbstoffe können über Ionenbindungen gut haften. Gegenüber gebleichtem Papier ist ihre Affinität gering, hier werden anionische Fixative benötigt (►S. 516). Da die Farben zwar brillant, aber wenig lichtecht sind, kommen sie eher für minderwertige holzhaltige Papiere, Packpapier und Verpackungsmaterial in Frage. Beispiele sind BY2, BO2, BR1, BV1, BV2, BV3, BV4, BV10, BB9, BB11, BB26, BG1, BG4, BBr1.

Tab. 5.3: Eignung von Farbstoffklassen für die Papierfärbung [161, Kap. 6.4].

Merkmal	Basic Dyes	Acid Dyes	Direct Dyes anionisch	Direct Dyes kationisch
Molekülgröße	klein	klein	groß	groß
Ladung	positiv	negativ	negativ	positiv
Affinität ggü.				
Holzstoff	+	–[2]	–	o
Zellstoff ungebleicht	o	–[2]	o	o
Zellstoff gebleicht	–	–[2]	+	+
Lichtechtheit	–	–	o	o
Marktanteil[1]	28 %	2 %	50 %	6 %
Anwendung	Holzhaltige Papiere, Verpackungspapier	Holzhaltige und holzfreie geleimte Schreibpapiere	Holzfreie Papiere	Ungeleimte resp. alkalisch geleimte Papiere

[1] [163, ch. 3.6.1], Rest: Pigmente.
[2] erfordert kationisches Fixativ, ►S. 516.

Tab. 5.4: Beispielhafte Übersicht über Pigmente und Farbstoffe zur Papiereinfärbung (oberflächlich und Masse) [923, 925, 926].

Farbstoffe	
Gelb	AY1, AY17, AY23, AY36, AY42, BY2, BY28, BY29, BY37, BY40, BY51, BY57, BY87, BY96, DY11, DY44, DY118, DY147
Orange	AO7, AO10, AO51, AO56, BO1, BO2, BO31, DO15, DO26, DO102
Rot	AR1, AR14, AR18, AR52, AR73, AR88, AR97, AR119, AR131, AR151, BR12, BR14, BR15, BR18, BR46, DR6, DR16, DR23, DR80, DR81, DR236, DR239, DR254
Violett	AV12, AV17, AY49, BV1, BV2, BV3, BV4, BV5, BV8, BV10, BV11, BV14, BV16, DV9, DV35
Grün	AG1, AG20, BG1, BG4, DG26
Blau	AB1, AB7, AB9, AB92, AB113, BB1, BB3, BB4, BB7, BB9, BB26, BB41, BB99, BB159, DB15, DB71, DB80, DB86, DB199, DB218, DB290
Schwarz	ABk1, ABk2, ABk52, ABk172, ABk210, ABk234, DBk19, DBk155, DBk170, DBk186
Braun	BBr1, BBr4, BBr16, BBr17
Metall-Komplexe für gedeckte Farben	
Gelb	AY59, AY99, AY114, AY194, AY204, AY241
Orange	AO74, AO86, AO142
Rot	AR183, Ar184, AR186, AR194, AR195, AR219, AR357, AR362
Violett	AV90, AV92
Grün	AG104
Blau	AB158, AB193
Schwarz	ABk2, ABk52, ABk58, ABk60, ABk194, ABk172
Braun	ABr45, ABr355, ABr365, ABr369
Pigmente	
Gelb	PY1, PY3, PY12, PY13, PY14, PY17, PY65, PY74, PY83, PY174, PY191:1
Orange	PO5, PO13, PO16, PO34
Rot	PR2, PR3, PR8, PR19, PR22, PR23, PR48:1, PR48:2, PR48:3, PR49:1, PR49:2, PR53, PR53:1, PR57:1, PR60:1, PR63:1, PR112, PR146, PR170
Violett	PV19, PV23
Grün	PG7, PG8
Blau	PB15, PB15:1, PB15:3, PB15:4, PB29
Schwarz	PBk7

Hohe Affinität zu gebleichtem Papier zeigen dagegen *anionische Direktfarbstoffe* (Direct Dyes), ihre Haftung über Wasserstoffbrücken und van der Waals-Kräfte ist gut. Werden satte und tiefe Farben benötigt, können sie im Einzelfall durch kationische Fixative unterstützt werden (► S. 516). Sie werden für Einfärbung holzfreier Papiere aller Art verwendet, wie Schreibpapiere, Löschpapiere, Servietten. Beispiele sind DO102, DR239 und DB218.

Kationische Direktfarbstoffe (Direct Dyes) werden in der CI-Systematik unter den kationischen Farbstoffen geführt, unterscheiden sich von diesen aber durch ihre Größe und lineare oder planare Molekülgestalt. Sie haften über Wasserstoffbrücken und van der Waals-Kräfte. Die gezielte Einführung von kationischen Zentren wie $-C_2H_4N^{\oplus}(CH_3)_3$ erhöht die Substantivität durch Ausbildung von Ionenbindungen weiter. Kationische Direktfarbstoffe sind moderat affin zu gebleichtem und holzhaltigem Papier, sehr affin dagegen zu holzfreiem Papier mit seiner Anionenaktivität. Sie werden für ungeleimte und alkalisch geleimte Papiere gebraucht.

Weniger (gewerblich) gebraucht werden dagegen *Säurefarbstoffe* (Acid Dyes), da sie von sich aus wenig Affinität zu Zellulose und anderen Papiermassen zeigen. Sie diffundieren zwar gut in die Kapillaren des Papierfilzes, erfordern aber stets die Anwendung eines kationischen Fixativs (►S. 516), einer Harzleimung oder eines Metallsalzes (Aluminium), das Farblacke ausfällen kann. Sie werden für holzhaltige und holzfreie geleimte Schreibpapiere verwendet. Beispiele sind AO7 und AV17 (kationisiert).

5.2.3 Modifikation zu papierkompatiblen Farbstoffen

Die besonderen Anforderungen an Farbstoffe für Papierfärbung sind
- hohe Substantivität für das spezielle Substrat Zellulose,
- kurze Färbezeit bei tiefer Temperatur und damit verbunden gute Kaltwasserlöslichkeit,
- verbesserte Lichtechtheit.

Entwicklungen im Zusammenhang mit Kaltwasserlöslichkeit und erhöhter Substantivität speziell von anionischen Direktfarbstoffen verfolgen mehrere Richtungen [13, ch. 5.3], die je nach Anwendungsfall eingeschlagen werden können:
- Im gängigen Farbstoff DR81 führen der Ersatz der Benzoylgruppe durch den Triazinring und die Einführung zusätzlicher Hydroxylgruppen über die Bis-(2-hydroxyethyl)-amino-Gruppe zu DR253 mit erhöhter Löslichkeit und Substantivität, ►Abbildung 5.2.
- Die Substantivität gegenüber anionischen Papiermassen kann in Anlehnung an kationische Direktfarbstoffe durch Umladung, die Einführung positiver Ladungen, erhöht werden. Dies ist mit der N,N-Diethylamino-propyl-Seitenkette möglich, deren tertiäres Amin als Acetat oder Laktat quaternisiert wird.
  Von DR81 gelangen wir so zu BR111, ►Abbildung 5.2, in dem diese Seitenketten mit Cyanurchlorid ans Chromophor gekoppelt sind. Auch Phthalocyanine können auf diese Weise papierkompatibel gestaltet werden, die N,N-Diethylamino-propyl-Seitenkette wird durch Behandlung des Phthalocyanins mit Chlorsulfonsäure und Amidierung als Sulfonamid eingeführt:

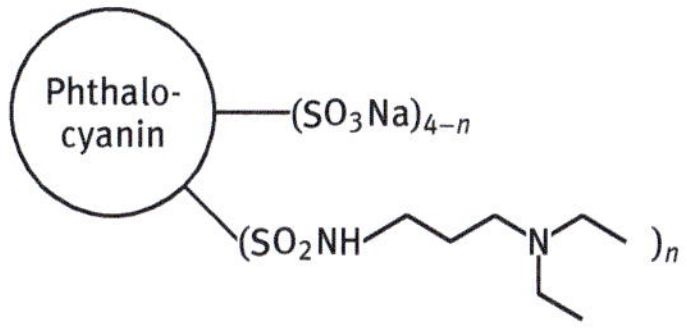

BB140

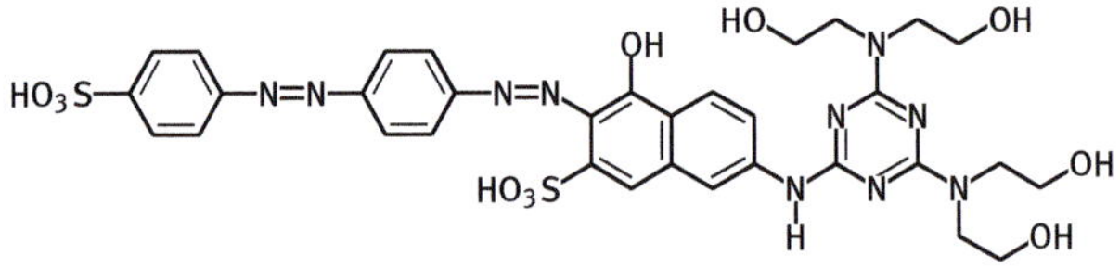

DR253

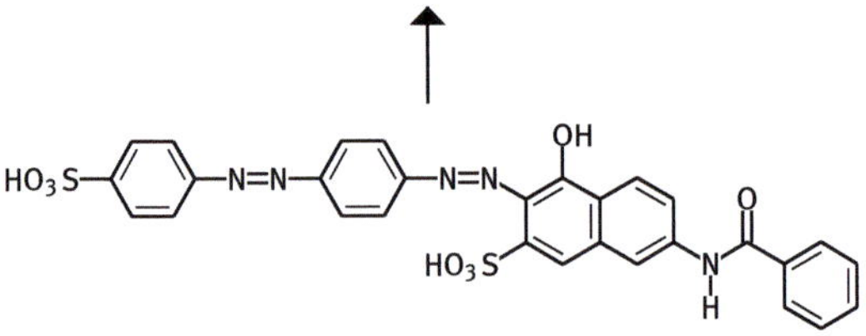

DR81

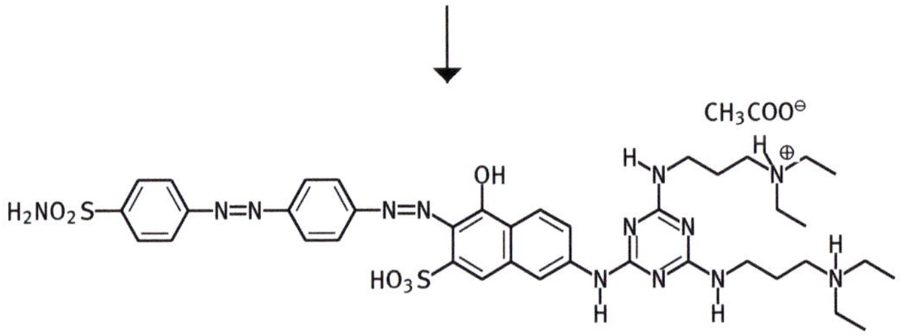

BR111

Abb. 5.2: Modifikationsmöglichkeiten eines Direktfarbstoffs, um die Eignung für die Papierfärbung zu erhöhen: Einführung von Hydroxylgruppen, um Wasserstoffbrücken auszubilden (DR253), sowie kationischer Gruppen, um Ionenbindungen auszubilden (BR111) [162, pp. 138].

– Nutzung der Kupplungskomponente 2-Amino-5-naphthol-7-sulfonsäure und ihrer N-Acetyl-, N-Benzoyl- oder N-Aryl-derivate für lösliche und substantive Azofarbstoffe. Beispiele sind DO102, DR239, DV51 oder DB71:

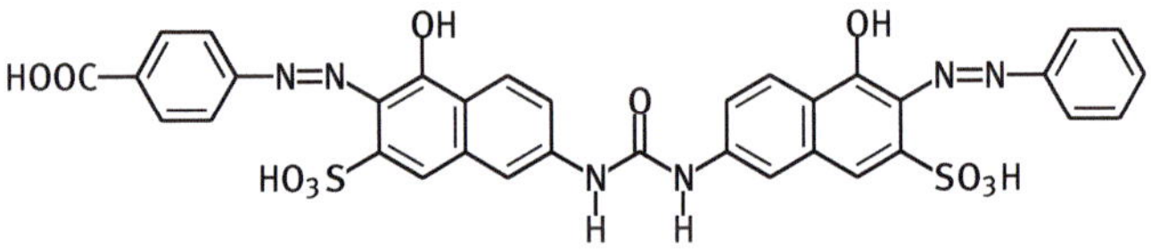

DO102, CI 29156

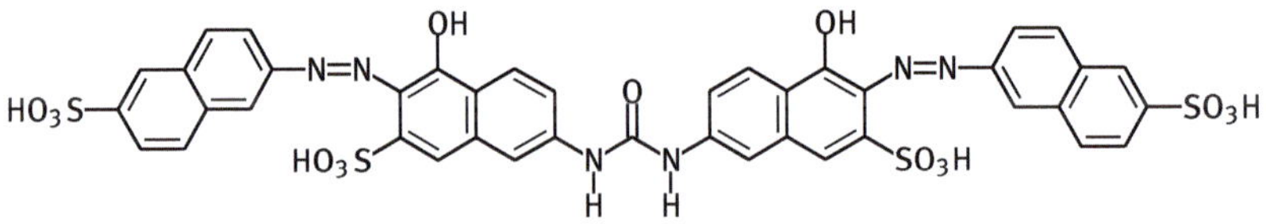

DR239

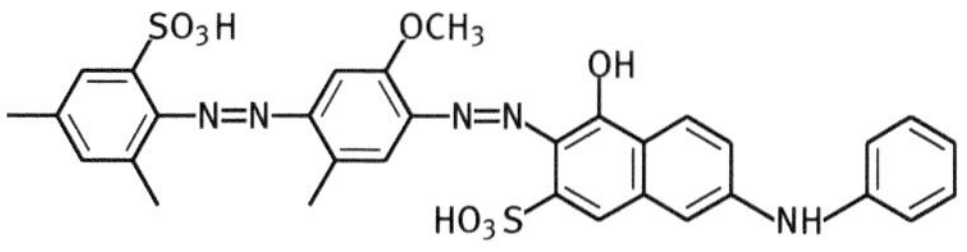

DV51

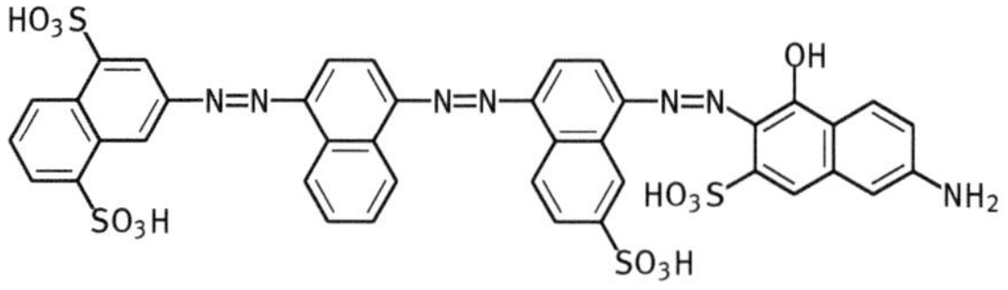

DB71

- Nutzung von Polykis-Azofarbstoffen mit hohem Molekulargewicht und entsprechender Substantivität, Beispiele sind wiederum DR81, DR253 und BR111 oder DB71.
- Einsatz von Heterozyklen als Azo- und Kupplungskomponente in Azofarbstoffen wie DY28, DY137 und DY147:

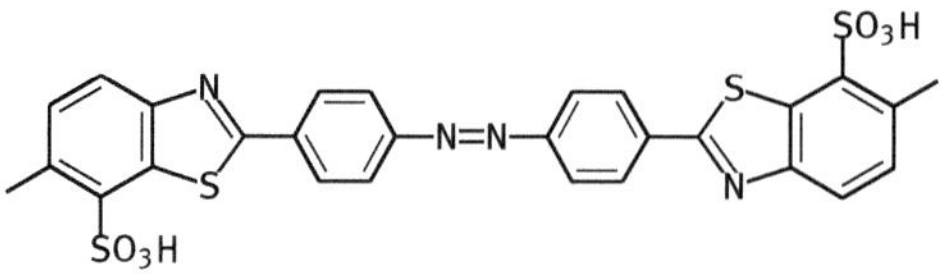

DY28

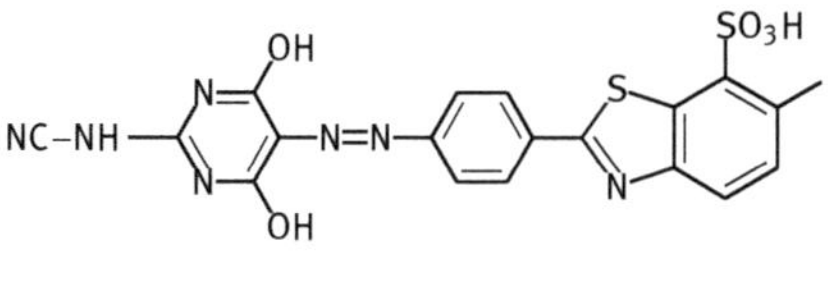

DY137

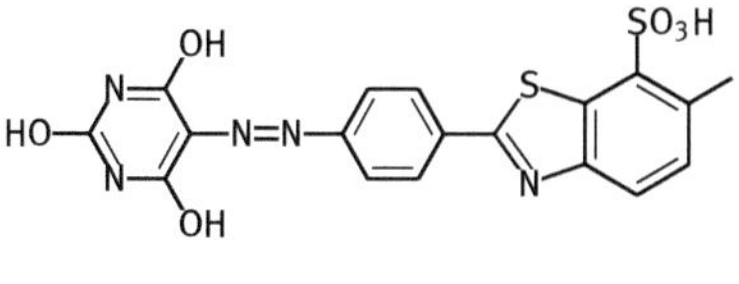

DY147

- Mono- und Diazofarbstoffe können mit Phosgen oder Cyanurchlorid verbrückt werden, um große Moleküle mit erhöhter Substantivität zu erhalten. Beispiele sind erneut DO102 und DR239, sowie DY51 und DG26. In diesem sind ein gelber und ein blauer Farbstoff zu einem grünen Präparat kombiniert worden.

Farbstoffe mit höherer Lichtechtheit werden vor allem durch Metallierung mit Kupfer gewonnen. Die Kupferkomplexe erhalten die planare Form der Moleküle und damit die Substantivität. Als komplexbildende Brücke hat sich 3,3'-Dimethoxy-4,4'-biphenyldiamin (Dianisidin) bewährt, das Metallkomplexe durch Demethylierung bildet. Ein Beispiel ist DB218:

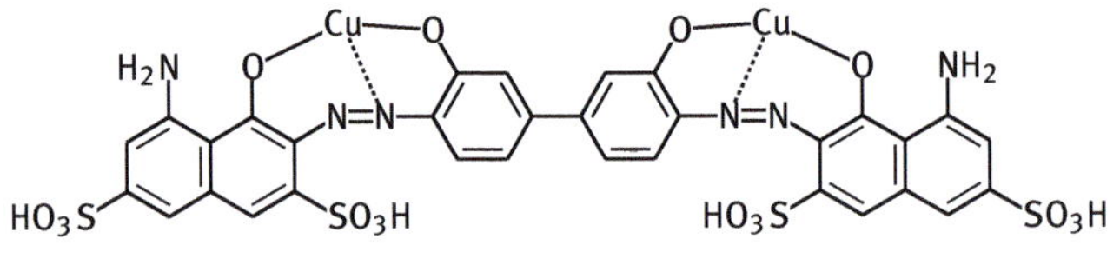

DB218

Weitere Entwicklungen ersetzen giftige Komponenten wie die Dianisidinbrücke (ein Benzidinderivat) durch ungiftige Brücken, wie z. B. in DB273:

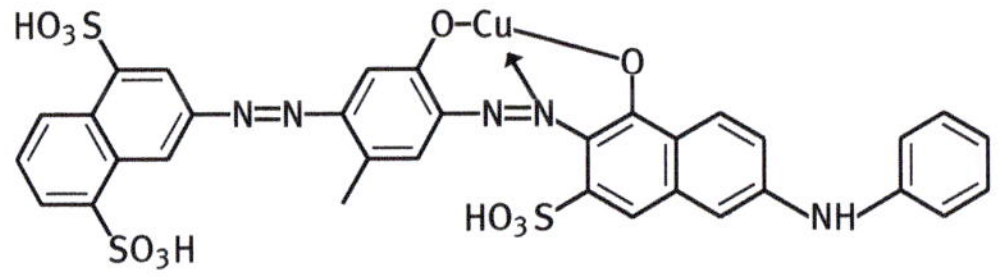

DB273

Auch die Designer von Inkjettinten sind vor ähnliche Probleme gestellt, dort eingeschlagene Lösungswege lernen wir in ►Abschnitt 8.5.4 kennen.

5.3 Reaktivfarbstoffe

Reaktivfarbstoffe (CI-Symbol: Reactive Dyes) [19, 20], [185, Stichwort „Reactive Dyes"], [13] sind wasserlösliche Farbstoffe, die beim Färben eine kovalente Bindung mit dem Substrat ausbilden, speziell mit OH-, SH- oder NH-Gruppen, wie sie bei vielen Textilfasern aus Baumwolle, Wolle oder Nylon vorliegen. Daher weisen Reaktivfarbstoffe eine sehr hohe Haftung und Waschechtheit auf. Es sind überwiegend Textilfarbstoffe, aber auch farbgebender Bestandteil in Schreib- und Tintenstrahltinten.

Erste Versuche mit diesem Farbstofftyp wurden 1895 durchgeführt, um 1938 kam der erste industriell bedeutsame Farbstoff Supramin Orange R für Wolle auf den Markt, der die reaktive Chloracetylamino-Seitenkette Farbstoff–NH–CO–CH_2–Cl trägt. Ab den 60er Jahren folgten in rascher Folge Farbstofffamilien mit Triazinen, Vinylsulfonsäuren und ähnlichen Verbindungen als Anker.

Chemismus

Gemäss ihrer Funktionsweise bestehen Reaktivfarbstoffe aus zwei Teilen: einer farbaktiven Verbindung und einer reaktiven Gruppe. Diese Gruppe koppelt beim Färben mit der Faser. Der Farbstoff kann weitere Gruppen tragen, die die Löslichkeit der Vorstufe im wässrigen Färbebad erhöhen:

Häufig wird eine Sulfonsäure $-SO_3H$ als lösliche Gruppe genutzt. Als farbaktiver Teil des Farbstoffs kann jedes organische Chromophor genommen werden, oftmals Azo-, Anthrachinon- oder Phthalocyaninchromophore, sodass Reaktivfarbstoffen eine vollständige Abdeckung aller Farbtöne erreichen. Da die Haftung durch die kovalente Bindung ausreichend sichergestellt ist, werden im Gegensatz zu anderen Fabstoffklassen keine großen unpolaren oder ionischen Molekülgerüste benötigt.

Haftung und Beispiele

Die reaktive Gruppe, die für die Verankerung des Farbstoffs auf der Faser sorgt, ist vielgestaltig und führt zu verschiedenen Farbstofffamilien. Häufig werden Triazine und Pyrimidine oder Vinylsulfonsäuren eingesetzt, die unterschiedlich halogeniert sein können:

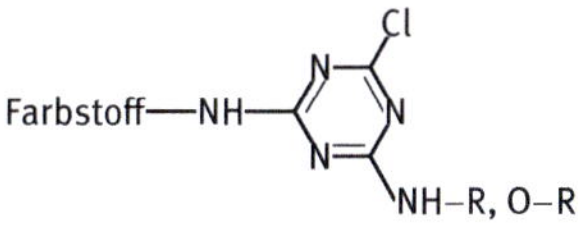

Farbstoff—SO_2—CH_2CH_2—O—SO_3Na

Procion (1956)

Remazol (1957)

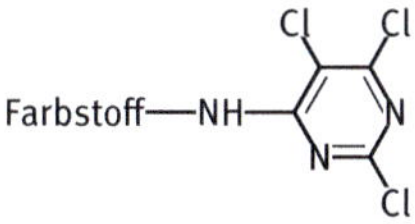

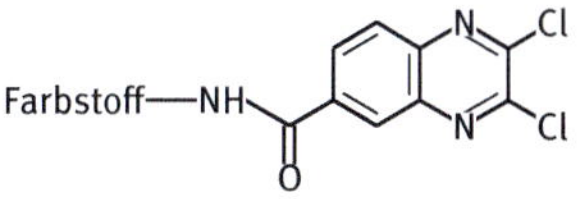

Drimaren (1960)

Levafix-Farbstoffe (1960)

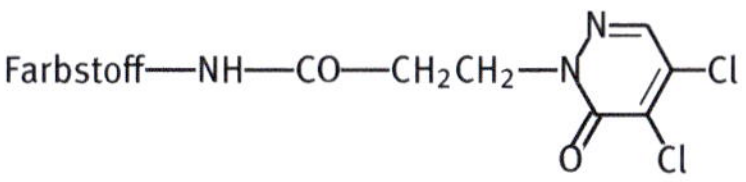

Primazin-Farbstoffe

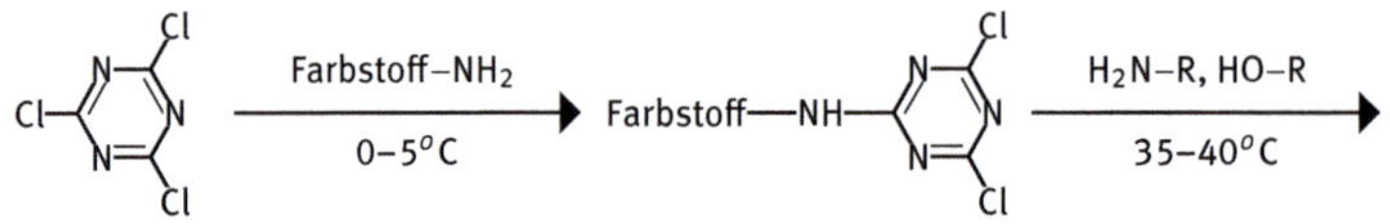

Cyanurchlorid

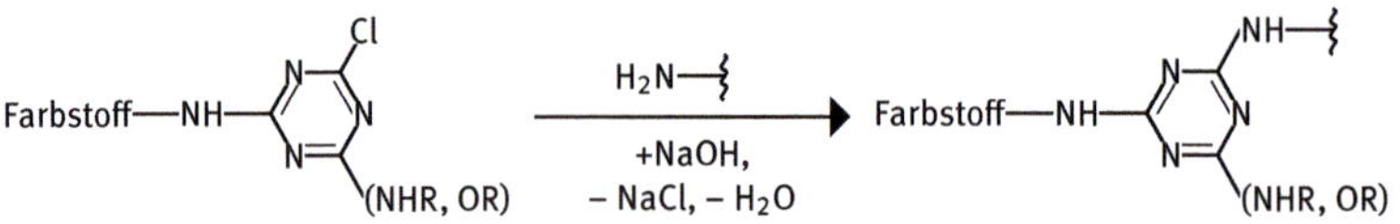

Procion-Farbstoff | Procion-Farbstoff verankert

Abb. 5.3: Synthese eines Reaktivfarbstoffs mit Triazin-Anker, sowie Kopplung an die Aminogruppe einer Faser [185, Stichwort „Reactive Dyes"], [19].

Der Triazinanker z. B. wird über Cyanurchlorid an den Farbstoff gekoppelt, ►Abbildung 5.3. Durch die selektive Reaktion der drei Chloratome (das erste reagiert bei 0–5 °C, das zweite bei 35–40 °C, das dritte bei 80–85 °C) kann der Farbstoff selektiv eingeführt werden. Beim Färben reagiert der Anker unter Abspaltung von Chlorwasserstoff mit Hydroxyl- oder Aminogruppen des Färbegutes unter Ausbildung einer Ether- oder Aminbindung. Die analoge Reaktion für Zellulose (Papier) würde alkalische Bedingungen voraussetzen, um die Hydroxylgruppen der Zellulose in Anionen zu überführen. Von den folgenden Beispielen für Reaktivfarbstoffe mit Triazinanker wird RR24 für rote Schreibtinten verwendet.

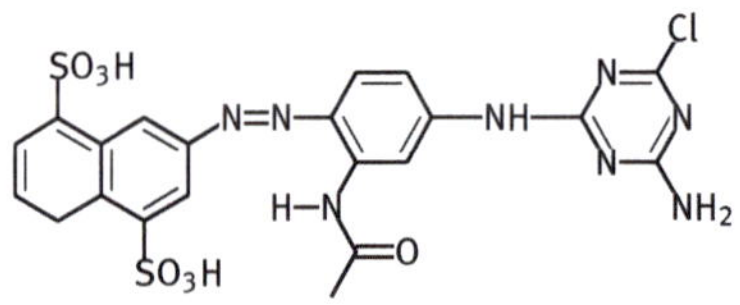

RY3
Prociongelb-A

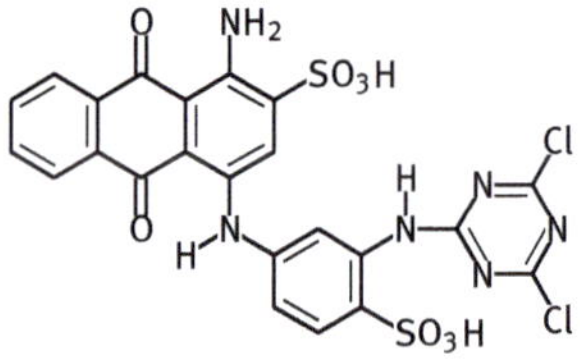

RB4
Procionblau MX-R

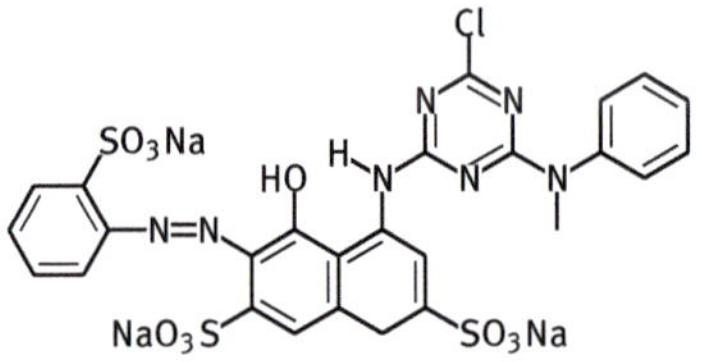

RR24
rote Schreibtinte

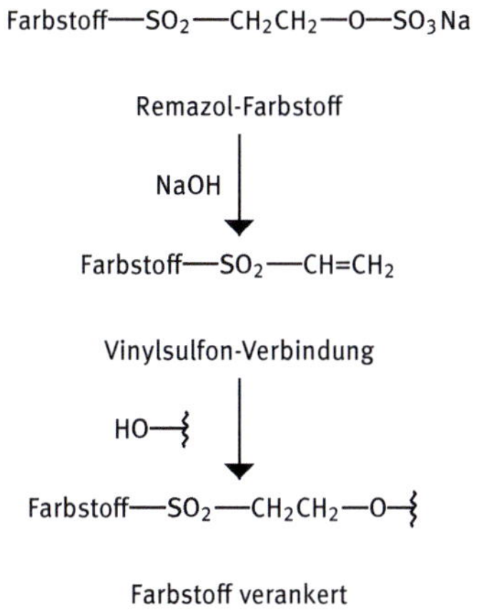

Abb. 5.4: Synthese eines Reaktivfarbstoffs auf Vinylsulfon-Basis, sowie Kopplung an die Hydroxylgruppe einer Faser [185, Stichwort „Reactive Dyes"], [19].

Anker aus Vinylsulfonsäuren bilden in einer Additionsreaktion eine Kohlenstoff-Kohlenstoff-Bindung aus, ►Abbildung 5.4. Als Beispiel sind rote, blaue und schwarze Reaktivfarbstoffe gezeigt, RR23 wird in Schreibtinten, RR180 und RBk31 in Inkjettinten verwendet.

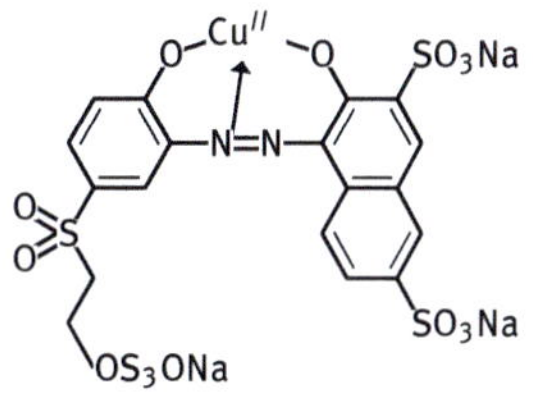

RR23
rote Schreibtinte

RB19

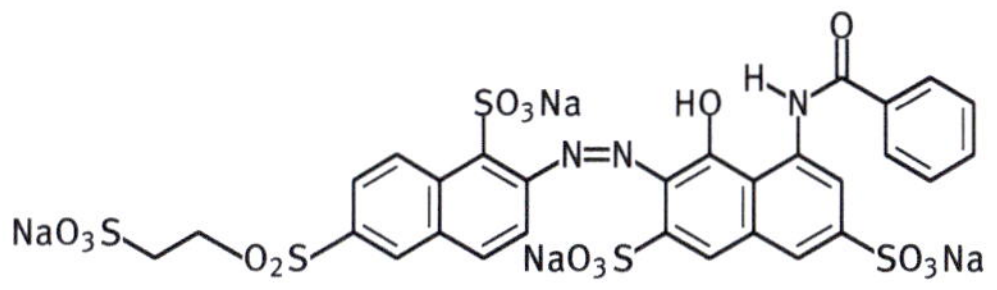

RR180
rote Inkjettinte und Schreibtinte
Primär-Magenta CMYK

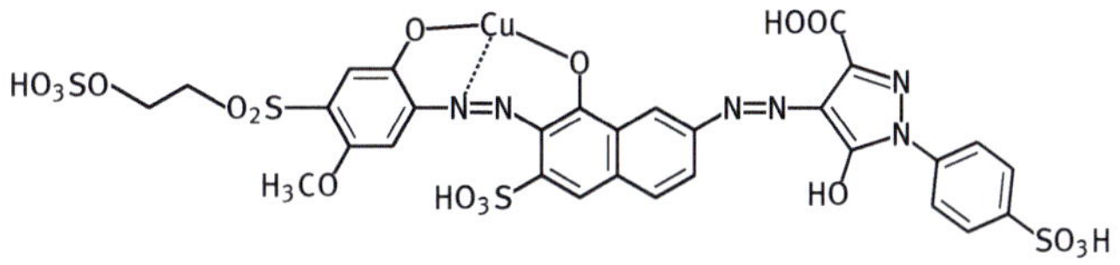

RBk31
schwarze Inkjettinte

5.4 Direkt-, Substantivfarbstoffe

Direkt- oder Substantivfarbstoffe (CI-Symbol: Direct Dye) sind wasserlösliche anionische Farbstoffe, deren Hauptmerkmal die *Substantivität* ist, worunter eine sehr hohe Affinität des Farbstoffs zu natürlicher oder verarbeiteter Zellulose (Baumwolle, Jute, Viscose, Papier) verstanden wird [13, 19, 20]. Direktfarbstoffe gehören zu den ältesten Farbstoffen überhaupt. Seit der Antike werden Carotinoide wie Crocetin und Bixin zur Gelbfärbung von Textilien eingesetzt (►Abschnitt 4.3.1), rote Färbungen konnten mit Carthamin aus der Färberdistel erzielt werden, ►Abschnitt 4.4.8 [555].

Direktfarbstoffe benötigen für die Färbung, die in einem neutralen Färbebad mit Zusatz von NaCl oder Na_2SO_4 ausgeführt wird, keine weiteren Hilfsmittel wie Beizen, was ihre Verwendung sehr einfach macht. Ein Nachteil ist ihre schlechte Waschechtheit, die sich durch Nachbehandlung des Färbeguts verbessern läßt, aber heutige Standards eher nicht erfüllt.

Interessant ist für uns ihre Verwendung als Farbstoffe für Schreib- und Tintenstrahltinten auf Papier. Direktfarbstoffe bringen im Gegensatz zu anderen Farbstoffklassen von vorneherein eine hohe Affinität für ligninfreies (gebleichtes oder holzfreies) Papier mit, sodass bei der Papierherstellung und -färbung kein separates Fixativ benötigt wird. Sie werden für Einfärbung holzfreier Papiere aller Art verwendet, wie Schreibpapiere, Löschpapiere, Servietten.

In der Papierchemie wird auch von *kationischen Direktfarbstoffen* gesprochen, die nach der CI-Systematik unter den kationischen Farbstoffen (Basic Dyes) geführt werden. Sie unterscheiden sich von diesen aber durch ihre Größe und die lineare oder planare Molekülgestalt und stehen damit den Direktfarbstoffen näher. Diese Farbstoffe sind im Gegensatz zu den anionischen Direktfarbstoffen sehr geeignet für die Färbung von holzhaltigem Papier.

Chemismus

Kennzeichen von Direktfarbstoffen ist ein großes, langgestrecktes unpolares Molekül, dessen Wasserlöslichkeit durch anionische Gruppen (z. B. Sulfonsäuren) erhöht wird. Die Säuregruppen teilen sie mit Säurefarbstoffen, tatsächlich sind sie eine Untergruppe der Säurefarbstoffe, und der Übergang zwischen Säurefarbstoffen mit hohem Molekulargewicht und Direktfarbstoffen ist fließend. Im Unterschied zu Säurefarbstoffen weisen sie jedoch eine umfangreiche planare Molekülgestalt auf, die die notwendige Substantivität vermittelt.

Vom Farbumfang her können Direktfarbstoffe das ganze Spektrum abdecken. Die Beispiele aus dem Altertum zeigen, daß Polyenfarbstoffe als Basis dienen können. Das Aufkommen des Azo-Chromophors in der Neuzeit hat eine Generation von Direktfarbstoffen wie Kongorot ermöglicht, die ebenso wie das Azo-Chromophor selber weitere Verbesserungen erfuhren. Heute kommen größtenteils Azofarbstoffe zum Einsatz, für die dunklen, blauen, braunen und schwarzen Farbtöne werden Bis- und Polyazoverbindungen sowie Kupfer-Azo-Komplexe verwendet. Mit Kupfer-Phthalocyaninen erzielt man grünstichige Türkistöne.

Haftung

Als Haftungsmechanismus wurde früher angenommen, dass die Säuregruppen des Farbstoffs mit kationischen Zentren des Substrat eine Ionenbindung eingehen und Wasserstoffbrücken zwischen polaren Gruppen von Farbstoff und Substrat zur Haftung beitragen, wenn Farbstoff und Substrat parallel orientiert sind. Beispielhaft ist dies an Hydroxylgruppen einer Zellulosekette gezeigt:

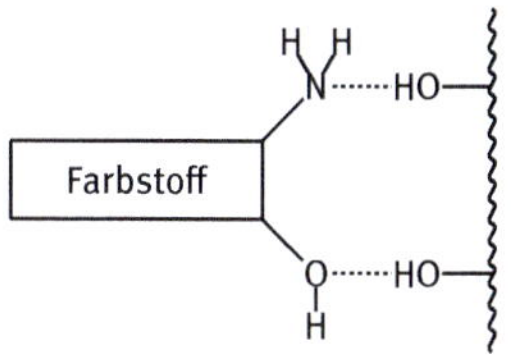

Einige Faktoren sprechen dafür, daß dies nicht die einzigen Ursachen der Haftung sind: Zellulosesubstrate verfügen gar nicht über die kationischen Positionen, viele Küpenfarbstoffe für Baumwolle sind nicht langgestreckt, sondern nur planar, und Hydroxylgruppen der Zellulose bilden eher untereinander Wasserstoffbrücken als gegenüber einem Partner, zu dem sie räumlich ungenügend ausgerichtet sind [19, ch. 14.7]. Da eine ausgedehnte, ebene Molekülgestalt eine Hauptrolle für den gezeigten Grad der Substantivität spielt, nimmt man heute ein Zusammenspiel der genannten Mechanismen mit van der Waals-Kräften und Aggregation an [19, ch. 14.7], [20, p. 87].

Die hohe Affinität von anionischen Direktfarbstoffen zu gebleichtem Papier wird über Wasserstoffbrücken und van der Waals-Kräfte vermittelt, ►Abschnitt 5.2. Wir sehen weiter unten, wie durch Einbringung der Strukturmerkmale aus ►Abschnitt 5.2.3 die Eignung für Papier noch verbessert werden kann. Wenn satte und tiefe Farben benötigt werden, kann sie kann im Einzelfall durch ein kationisches Fixativ (►S. 516) unterstützt werden. Kationische Direktfarbstoffe haften über Wasserstoffbrücken und van der Waals-Kräfte, die kationischen Zentren erhöhen die Substantivität durch Ausbildung von Ionenbindungen. Da gerade Lignin über die notwendige Anionenladung verfügt, sind sie besonders gegenüber holzhaltigem Papier affin.

Van der Waals- und Dispersionskräfte können nur mit großen Farbtoffmolekülen hinreichend stark sein, weswegen die Größe von entscheidender Bedeutung für Substantivität ist und als Abgrenzungskriterium gegenüber Säurefarbstoffen dienen kann. In der Färbelösung führt die hydrophobe Wechselwirkung dazu, daß sich Farbstoffmoleküle parallel zu Molekülketten der Faser orientieren, sodass die Kräfte zwischen unpolaren Bereichen von Farbstoff und Substrat wirken können. Es wird vermutet, daß auch die an sich polare Zellulose daranteilnehmen kann, da ihre axialen Hydroxylgruppen hydrophober sind als equatoriale Hydroxylgruppen oder Lösungsmittelwasser.

Die Vorstellung zur Aggregation ist, dass einzelne Farbstoffmoleküle in Zwischenräume der Faser diffundieren und dort adsorbiert werden. Getrieben von der hydrophoben Wechselwirkung und begünstigt durch ihre planaren Molekülgestalten aggregieren sie zu grösseren Einheiten, die im Hohlraum festgehalten werden. Da eine Aggregation der Einzelmoleküle bei Raumtemperatur auch in der Farbstofflösung stattfindet, muss die Temperatur bei der Textilfärbung erhöht werden, um die Aggregate aufzulösen und die Diffusion ins Substrat zu ermöglichen.

Die Dauerhaftigkeit der Färbung auf Textilien ist bei Direktfarbstoffen weniger hoch als bei chemisch gebundenen Farbstoffen, mit geeigneter Nachbearbeitung kann jedoch eine Verbesserung erreicht werden. Eine solche Behandlung kann mit Metallsalzen (vorzugsweise von Kupfer und Chrom) erfolgen, wobei mit Hydroxygruppen des Farbstoffs Metall-Azo-Komplexe entstehen [19, ch. 14.5]. Das erhöhte Molekulargewicht und die verringerte Ladung senkt Löslichkeit und Diffusionsfähigkeit des Komplexes stark ab. Die Verschiebung des Farbtons zu dunkleren Tönen hin (►Abschnitt 5.5 auf S. 429) ist ein Nebeneffekt, der für Blau, Braun und Schwarz durchaus erwünscht ist. Eine zweite Möglichkeit der Nachbehandlung ist, freie Aminogruppen des primären Direktfarbstoffs zu diazotieren und direkt im Substrat einen neuen Azofarbstoff zu synthetisieren, der ebenfalls weniger diffusionsfreudig ist und einen dunkleren Farbton aufweist.

Beispiele

Ein früher Vertreter der Direktfarbstoffe ist Kongorot, das aufgrund seiner kanzerogenen Benzidin-Komponente nicht mehr in Gebrauch ist:

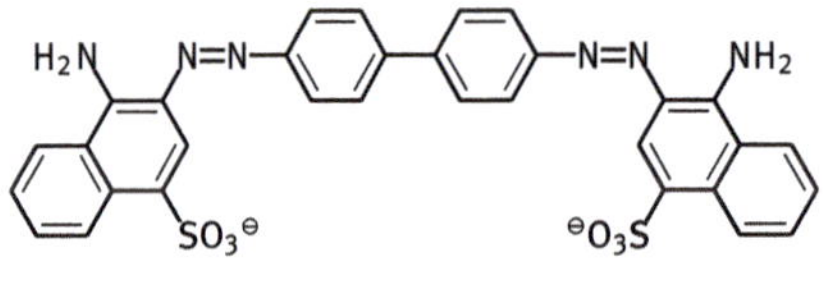

DR28
Kongorot

Moderne Direktfarbstoffe auf Azobasis sind DBk19 und DR75, zwei Farbstoffe für Schreibtinten. DBk19, DBk154 und DBk168 sowie DY86 und DY132 werden auch in schwarzen und gelben Inkjettinten eingesetzt:

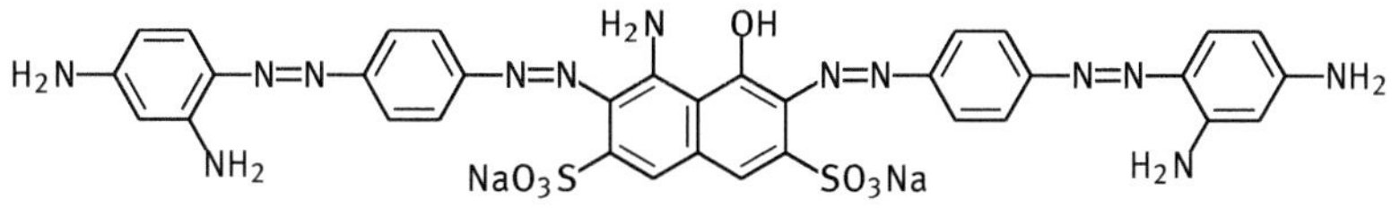

DBk19
schwarze Tinte

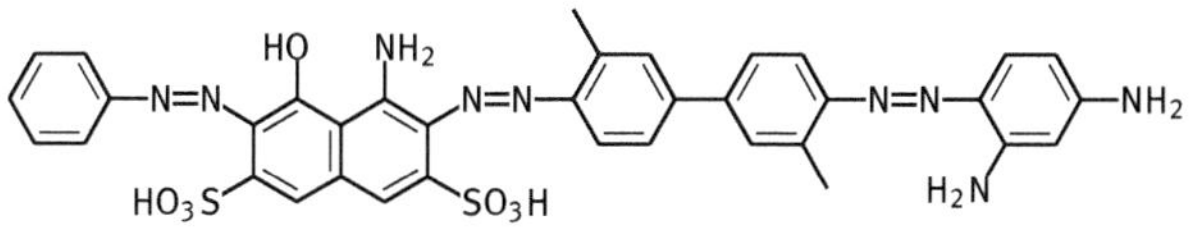

DBk154
schwarze Inkjettinte

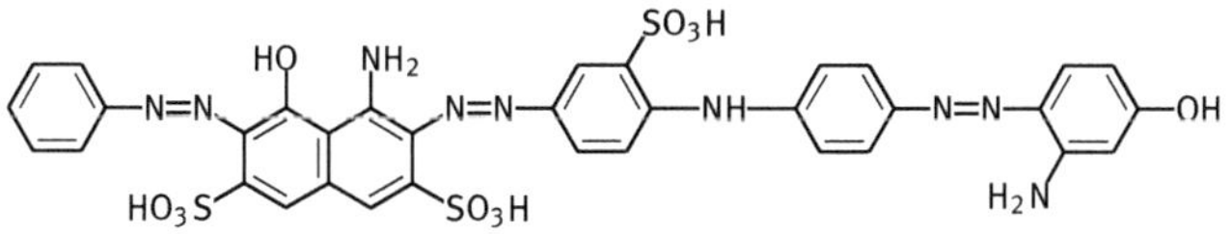

DBk168
schwarze Inkjettinte

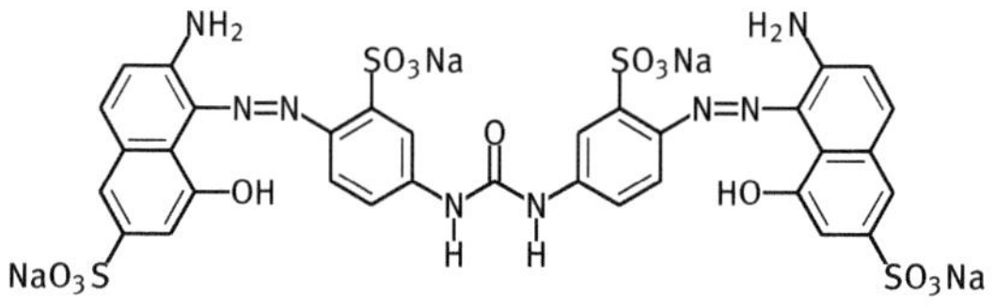

DR75, CI 25380

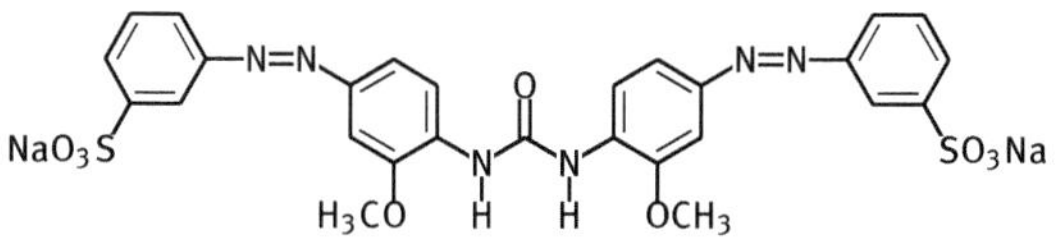

DY132
gelbe Inkjettinte

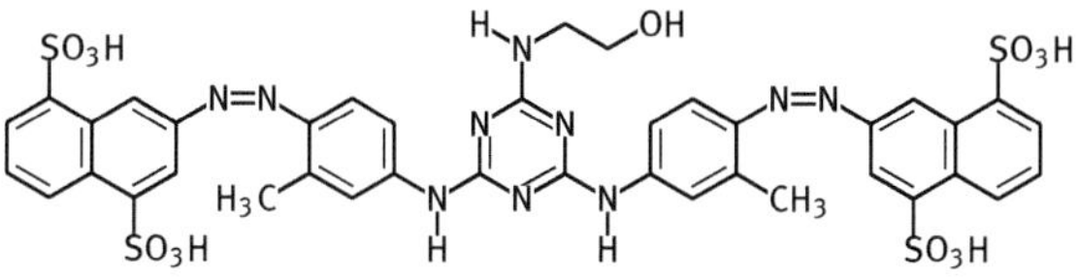

DY86, CI 29325
gelbe Inkjettinte

Wichtige Beispiele für direktziehende Phthalocyaninfarbstoffe sind die in blauen Schreib- und Tintenstrahltinten verwendeten DB86 und DB199:

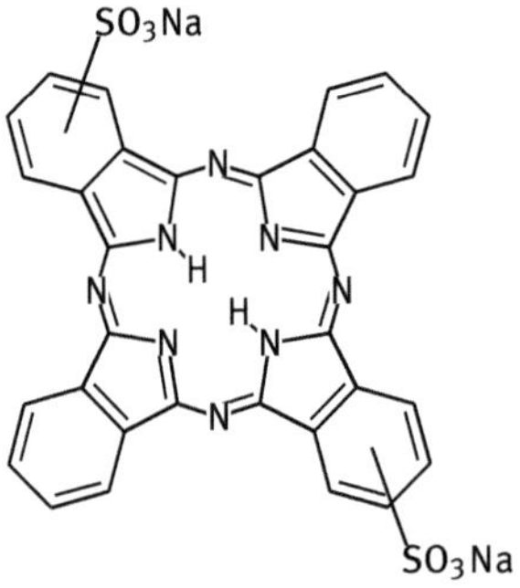

DB86, AB87
Heliogenblau SBL, blaue Tinte

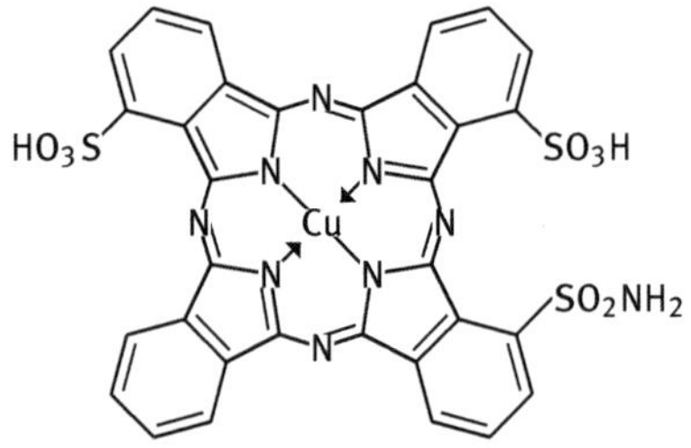

DB199, CI 74190
blaue Tinte

Die ohnehin sehr gute Eignung der Direktfarbstoffe für die Färbung von holzfreiem Papier kann durch Modifikation ihrer Struktur noch erhöht werden, ►Abschnitt 5.2.3. DB218 besitzt als Diazofarbstoff ein großes Molekül mit hoher Substantivität und ist zur Erhöhung der Lichtechtheit metalliert. DO102 und DR239 bauen auf 2-Amino-5-naphthol-7-sulfonsäure als Kupplungskomponente auf, die Substantivität und Kaltwasserlöslichkeit des Farbstoffs für die Anwendung im Papierbereich erhöht. Zusätzlich sind die Farbstoffmoleküle durch Verknüpfen von zwei Teilmolekülen mit Phosgen über eine Harnstoffbrücke vergrößert worden, was ihre Substantivität ebenfalls erhöht:

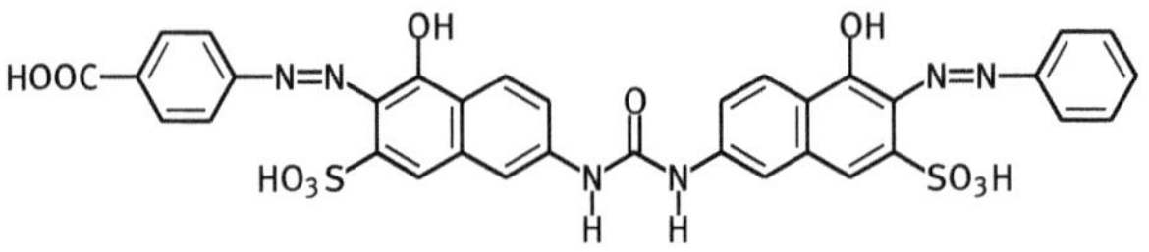

DO102, CI 29156

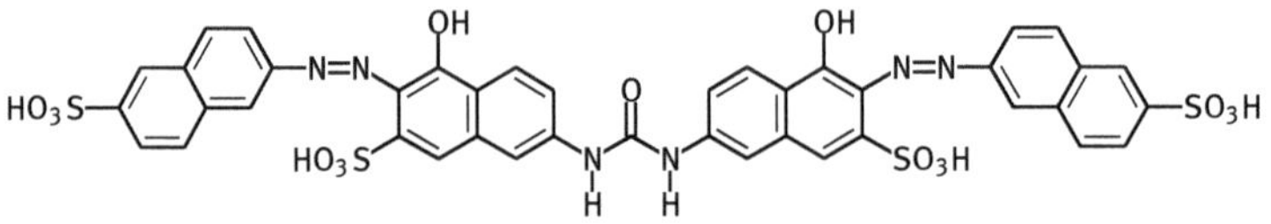

DR239

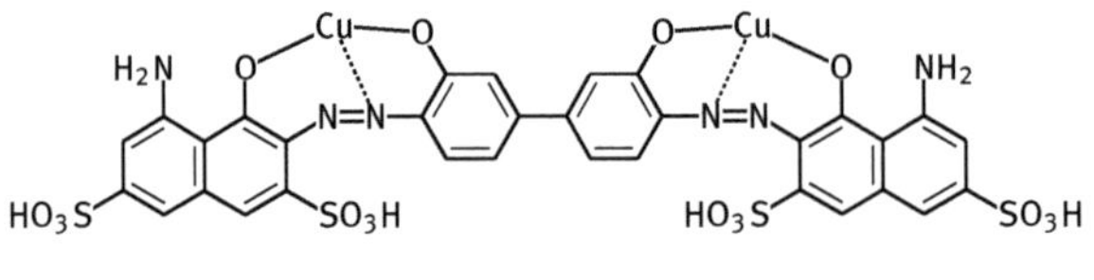

DB218

5.5 Beizenfarbstoffe (Metallkomplexfarbstoffe)

Beizenfarbstoffe (Colour Index-Klasse: Mordant Dyes) bestehen oft aus einem Säurefarbstoff, der mit den Kationen eines Metallsalzes, der *Beize*, einen stabilen, unlöslichen Komplex oder Farblack mit hoher Licht- und Waschechtheit bildet [13, 19, 20, 45, 651, 652]. Die dabei auftretende Verlackung ändert die Farbe u. U. erheblich, ►Abschnitt 2.6. Beizenfarbstoffe wurden bereits im Altertum zum Färben verwendet. Klassische Beispiele sind Krapp, Karmin und Kermes (Anthrachinonfarbstoff), Färberwau und -ginster (Flavonoide), Rot- und Blauhölzer (Iso- und Neoflavonoide), die mit Alaun als Aluminiumsalz verlackt wurden [555]. Besondere Bekanntheit erlangte eine Färbung mit Krapp, die als *Türkischrot* hochgeschätzt war, ►Abschnitt 4.6.3.

In der modernen Farbstoffchemie werden Beizen benutzt, um Licht- und Waschechtheit von Säurefarbstoffen deutlich zu erhöhen, indem durch die Komplexbildung der Farbstoff zusätzlich im Substrat verankert wird. Auch die Farbverschiebung in den Bereich Blau/Grün/Braun/Schwarz wird genutzt.

Zur Herstellung von Künstlermaterial werden Beizenfarbstoffe nicht benutzt. Sie sind für uns dennoch interessant, da früher aus Naturfarbstoffen mit einer Beize Farblacke als Pigmente gewonnen wurden, ►Abschnitt 2.6 auf S. 186.

Chemismus

Beispiele aus dem Altertum zeigen, daß eine Vielzahl an farbgebenden Strukturen als Basis von Beizenfarbstoffen dienen kann. Moderne Vertreter basieren hauptsächlich auf Anthrachinon (Rot–Violett) oder Azoverbindungen (Grün, Blau, Braun, Schwarz). Durch die Metallierung sind die erhaltenen Farben stumpfer und dunkler als die der Ausgangsfarbstoffe ►Abschnitt 2.6.3, aber auch lichtechter.

Zur Bildung des Metallkomplexes ist der Zusatz von Metallsalzen notwendig, vor allem von Chrom(III)-, Zinn(IV)-, Aluminium(III)-, Kupfer(II)- oder Eisen(III)-Salzen. Der Zusatz verfolgt die Ziele
- Fixierung des Farbstoffs
- Veränderung oder Vertiefung des Farbtons

Beide Ziele werden durch Bildung eines unlöslichen Metall-Farbstoff-Komplexes (Farblack) erreicht, wobei der geschilderte bathochrome Effekt eintritt, ►Abschnitt 2.6.3. Die Bildung des Komplexes ist nur möglich, wenn das Chromophor oder seine Substituenten mit dem Metall kovalente und koordinative Bindungen eingehen können. Dies ist insbesondere der Fall für Hydroxy- und Oxogruppen,

Carbonsäuren und Diazogruppen, häufige Strukturelemente sind [19, p. 260]:

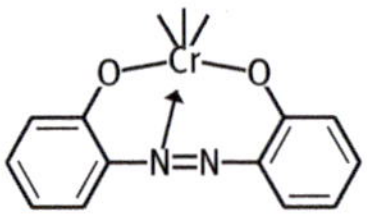

o,o'-Dihydroxy-Azo

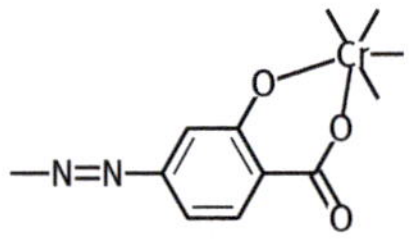

o,o'-Carboxyhydroxy-Azo

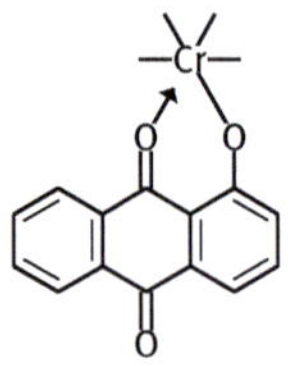

1-Hydroxy-anthrachinon

Diese Elemente werden vor allem in Anthrachinonen und Azoverbindungen verwirklicht. Aufgrund der Koordinationszahlen 3, 4 und 6 der Metalle und der zwei- und dreizähnigen Farbstoffliganden können wir Farbstoff-Metall-Komplexe im Verhältnis 1:1 und 2:1 erwarten [652]. Zur vollständigen Erreichung der Koordinationszahl des Metalls werden ggf. Sekundärliganden wie Wasser, Hydroxyl-Anionen, Halogenid-Anionen oder Säuregruppen herangezogen. Beispiele für dreizähnige Azofarbstoffe sind:

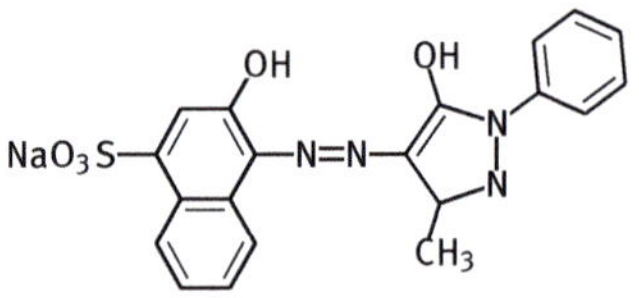

Mordant Red 7, CI 18760

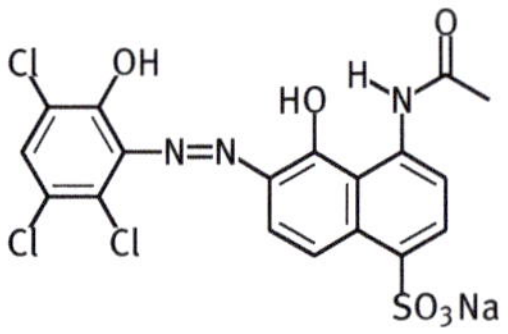

Mordant Blue 7, CI 17940

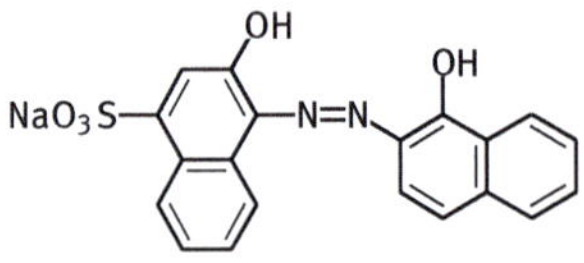

Mordant Black 3, CI 14640

Haftung

Der Farbstoff-Metall-Komplex kann über Bindungen von geeigneten Gruppen des Substrats zum Metall fixiert werden, die je nach Metall und Bindungspartner mehr kovalenten, koordinativen oder ionischen Charakter haben, wie einige Beispiele von 1:1- und 2:1-Komplexen (Verhältnis Farbstoff zu Metall) zeigen:

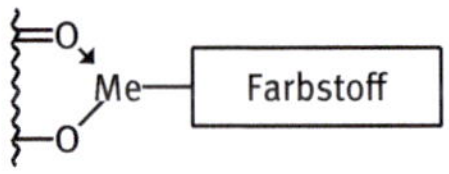

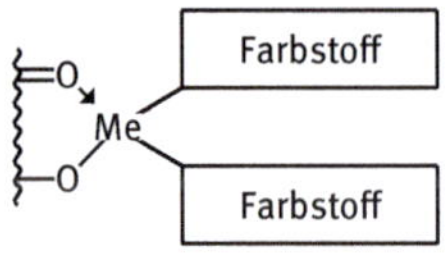

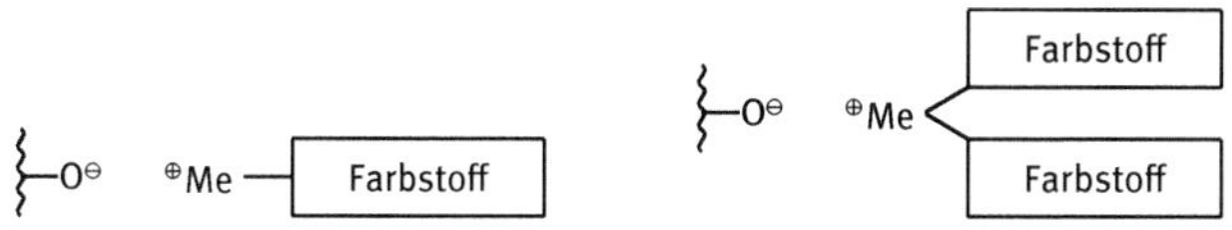

Eine Bestätigung dieser einleuchtenden Theorie liegt indes nicht vor, und im Falle einiger 2:1-Komplexe wäre die nötige freie Valenz am Metall gar nicht vorhanden. Es wird daher angenommen [19], daß die Haftung durch dieselbe Kombination von Ionenbindung, Dipol-Dipol-Wechselwirkungen und Dispersionskräften erreicht wird, die bereits im zugrundeliegenden freien Farbstoff wirksam ist. Zusätzlich besitzt der Komplex gegenüber dem freien Farbstoff eine stark verringerte Diffusionsrate, da durch seine Größe mehr Wechselwirkungen mit dem Substrat auftreten als pro isoliertes Farbstoffmolekül.

Die Reihenfolge der Reagenzien bestimmt, wann der Komplex gebildet wird:
- Durchtränken des Substrats mit der Beize, dann Zugabe des Farbstoffs
- Färben des Substrats mit geeigneten Farbstoffen, dann Zugabe der Beize

Kommerziell wird heute fast ausschliesslich das zweite Verfahren genutzt, im Falle einer Chrombeize „After-Chroming" genannt. Man erzielt damit dunkle Farben wie Schwarz.

Traditionelles Beizverfahren Zur Färbung nach der ersten Methode wird das Färbegut in eine Lösung des Metallsalzes (Alaun, $AlCl_3$, $FeCl_3$ ...) eingetaucht und von dieser durchtränkt. Dabei können die Metall-Kationen mit sauren Gruppen (Hydroxyl-, Carbonsäure- oder Sulfonsäuregruppen) der Fasern Salze bzw. Komplexe mit mehr oder weniger ionischem Bindungscharakter bilden [189, S. 484], [190, S. 518], [191, Kap. 34.6.5]. Anschliessend wird die Beize mit heissem Wasserdampf fixiert und freigebliebene Valenzen der Metall-Kationen hydroxyliert. Neben den ionisch oder komplex an der Faser gebundenen Metallhydroxiden entstehen auch in der Faser verteilte Metalloxidhydrate. Das gebeizte Färbegut wird mit der Farbstofflösung versetzt. In Gleichgewichtsreaktionen werden Hydroxid-Liganden durch Farbstoff-Anionen ausgetauscht und der unlösliche Metallkomplex auf und in der Faser gebildet. Über ionische und komplexe Bindungen wird der Komplex an der Faser verankert:

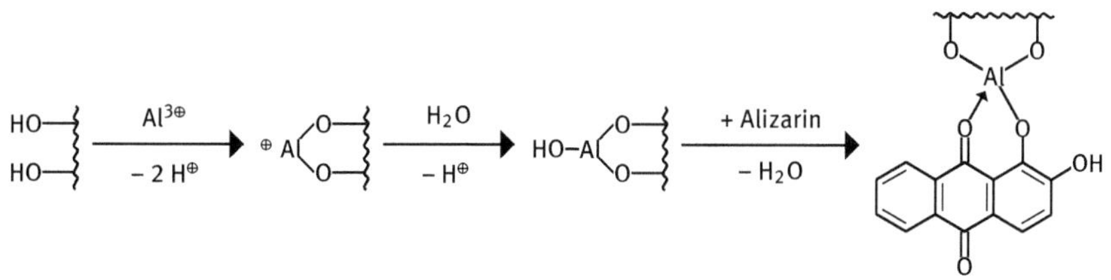

Alizarinlack

After-Chroming Bei diesem Verfahren [19, ch. 13.7.3], [20, p. 85] wird das Substrat zunächst mit einem geeigneten Farbstoff (z. B. Säurefarbstoffe für Wolle oder Dispersionsfarbstoffe für Nylon) eingefärbt. Im Folgeschritt wird durch Zugabe der Beize der Metallkomplex erzeugt:

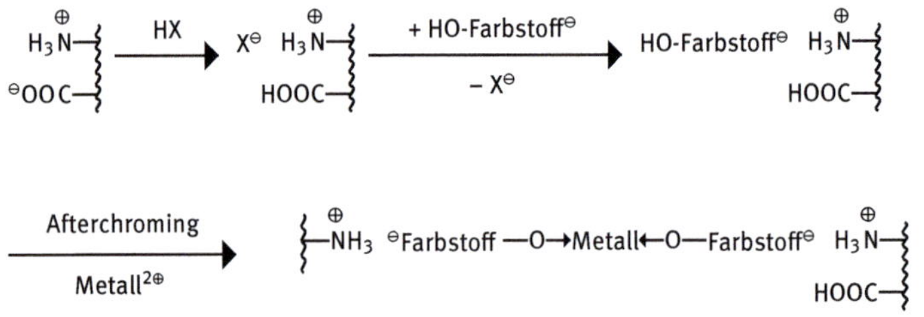

Bei dieser Reihenfolge ist es unwahrscheinlich, daß die Metall-Kationen viele Ionenbindungen mit dem Substrat ausbilden und damit zur Fixierung beitragen.

Wie der Name andeutet, sind in der Praxis Cr^{III}-Salze als Beize sehr beliebt, mit denen intensive dunkle Farbtöne (Blau, Braun, Schwarz) erzielt werden. Als Metallsalze werden Dichromate benutzt, Cr^{III} entsteht daraus entweder durch reduzierende Gruppen im Substrat oder durch Natriumthiosulfat. Da hierbei eine Belastung der Abwässer und auch des Färbeguts mit dem toxischen hexavalenten Cr^{VI} nicht ausgeschlossen werden kann, nimmt der Anteil der Chrombeizen in Ländern mit Umweltschutzvorschriften langsam ab. Im Zuge des Ersatzes von Chrom und Kobalt durch ungiftige Metalle konnten Eisenkomplexe mit roter, violetter, blauer und schwarzer Farbe gefunden werden [653, 654].

5.6 Kationische Farbstoffe

Kationische oder basische Farbstoffe (CI-Symbol: Basic Dye) stellen wasserlösliche Verbindungen dar, die elektrostatisch an anionischen Gruppen im Substrat fixiert werden [13, 19, 20], [185, Stichwort „Cationic Dyes“]. Ihre Farben sind häufig brillant und intensiv.

Der erste kationische Azofarbstoff Vesuvin wurde bereits 1863 beschrieben und durch Kupplung von m-Phenylendiamin an m-Phenylendiamin erhalten. 1875 folgte Chrysoidin. Bedeutsam für die Entwicklung der Farbenindustrie und damit unserer heutigen chemischen Großkonzerne ist Mauvein, mit dessen Entdeckung die Ära der synthetischen Farbstoffe eingeleitet wurde. Mit dem Aufkommen der Kunstfasern stieg auch die Bedeutung kationischer Farbstoffe, da ihr Haupteinsatzgebiet die Färbung von Nylon, anionischen Polyacryl- und Polyesterfasern oder Leder ist. Sie zeigen hohe Affinität für holzhaltiges Papier, sodass sie häufig für Papier, Tinten und Stempelfarben verwendet werden. Ein Vorzug ist ihre Farbbrillanz, ihre Lichechtheit ist aber meist gering, sodass sie nur für billige holzhaltige Papiere, Packpapiere und Verpackungsmaterial in Frage kommen, oder für Anwendungen, bei denen sie nicht längere Zeit dem Licht ausgesetzt sind.

Chemismus

Der Chemismus von kationischen Farbstoffen ist vielfältig, man verwendet Hemicyanine von Diazo-Verbindungen, Triarylmethine, Cyanine, Thiazine, Oxazine und Acridine. Die Chromophore tragen kationische Zentren, z. B. Ammoniumgruppen, und bilden mit Anionen einfacher Säuren (Halogenid, Acetat, Oxalat oder Sulfat) Salze. Aufgrund der Vielzahl an farbgebenden Strukturen überdecken basische Farbstoffe das ganze Farbspektrum. Den Namen „basische Farbstoffe" verdanken sie der Tatsache, dass die Farbstoff-Kationen mit Alkalihydroxiden unlösliche „basische" Niederschläge Farbstoff$^{\oplus}$ $^{\ominus}$OH bilden.

Haftung

Kationische Farbstoffe bilden Ionenbindungen mit anionischen Positionen des Substrats aus, z. B. Carboxylgruppen. Ihre Eignung für die Papierfärberei (►Abschnitt 5.2) wird durch ihre hohe Affinität zu holzhaltigen und ungebleichten holzfreien wäßrigen Papiermassen bestimmt. In diesen Massen enthaltenes Lignin und saure Hemizellulosen weisen während der Herstellung eine hohe Anionenaktivität auf, die die kationischen Farbstoffe binden. Gegenüber gebleichtem Papier ist ihre Affinität gering, und es werden Hilfsmittel benötigt, die als Fixativ der Papiermasse zugemischt (anionische Polymere, ►S. 516) oder beim Leimen als anionische Komponente zugegeben werden, ►S. 519.

Beispiele

Kationische Farbstoffe in Filzschreibertinten basieren häufig auf dem Triphenylmethan-Gerüst ►Abschnitt 4.8.1 auf S. 355, seltener auf dem Diphenylmethan-Gerüst:

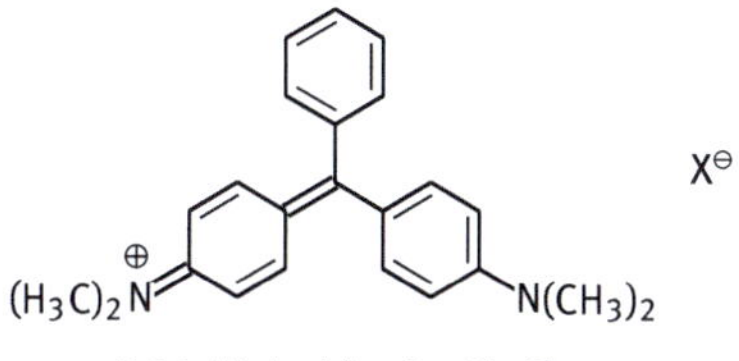

BG4, Malachitgrün, X=Cl
PG4, CI 42000:2, X=PTM, PM

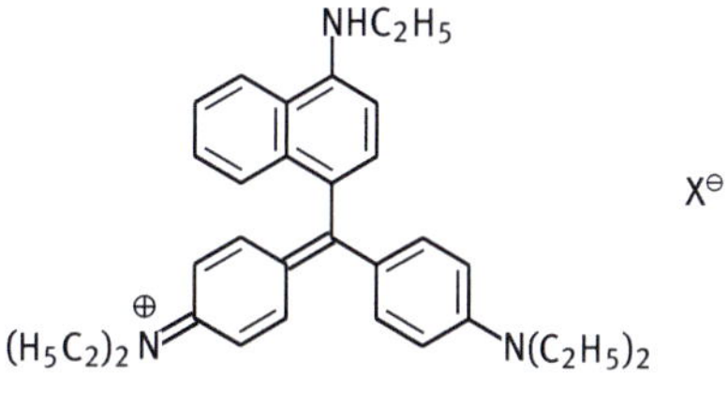

BB7, Victoria Rein Blau B, X=Cl
PB1, CI 42595:2, X=PTM, PM
PB62, X=$Cu^{I}_{3}[Fe^{II}(CN)_6]$

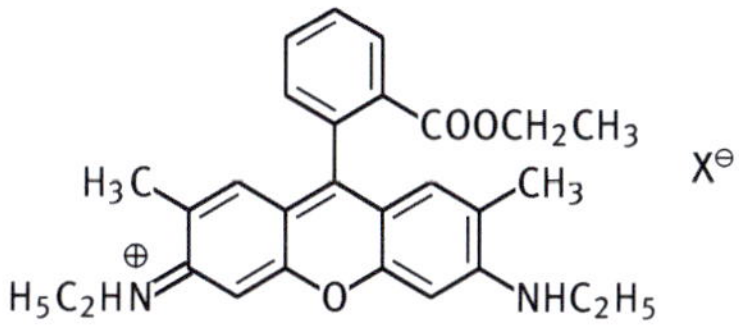

BR1, Rhodamin 6G, X=Cl
PR81, CI 45160:1, X=PTM

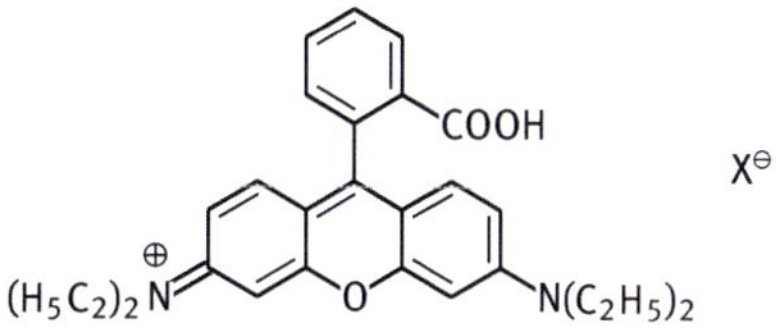

BV10, Rhodamin B, X=Cl
PV1, CI 45170:2, X=PTM

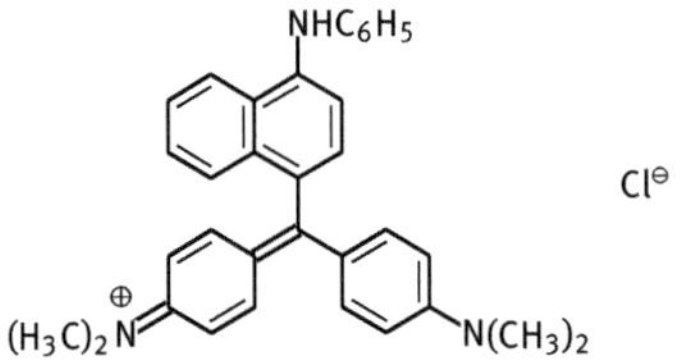

BB26, CI 44045
Victoria Blau B

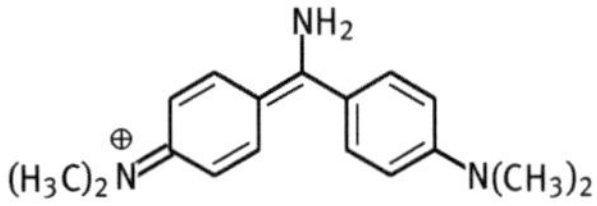

BY2
Auramin

Auch Azofarbstoffe, Acridine und Cyanine eignen sich als Tintenfarbstoffe für Filzschreiber:

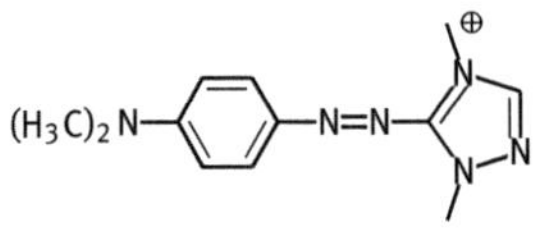

BR22
Synacril Red 3B

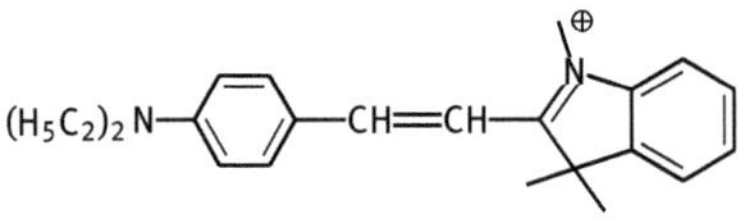

BV16

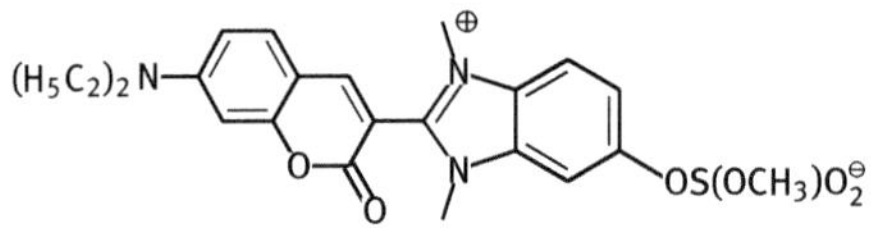

BY40

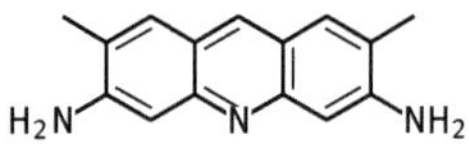

BY29
Acridin

Für die Einfärbung von Papier in der Masse eignen sich BR1, BO2 und BBr1, BR1 auch als Tinte für Filzschreiber:

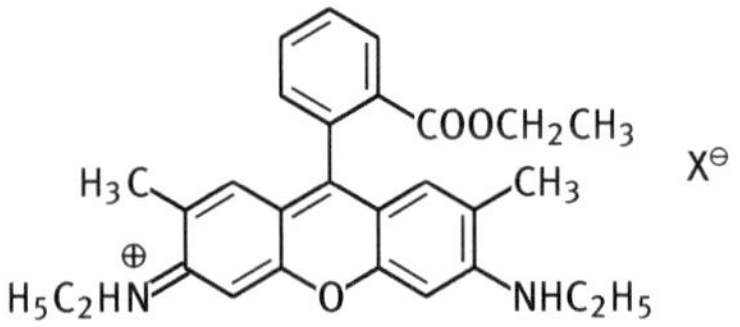

BR1, Rhodamin 6G, X=Cl
PR81, CI 45160:1, X=PTM

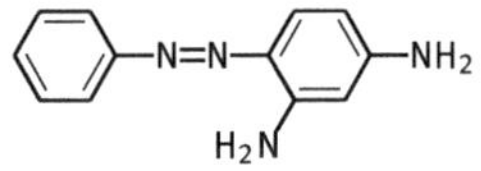

BO2
Chrysoidin G

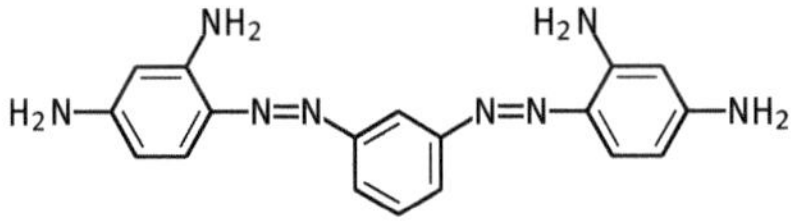

BB1
Bismarckbraun Y

5.7 Anionische oder Säurefarbstoffe

Die Gruppe der Säurefarbstoffe (CI-Symbol: Acid Dye) umfasst wasserlösliche Verbindungen, die anionische Substituenten tragen. Diese erhöhen die Wasserlöslichkeit und vermitteln ionische Bindungen zum Substrat [13, 19, 20].

Gute Substrate für Säurefarbstoffe sind Fasern mit Aminogruppen (Polyamide, Wolle, Seide) oder anderen Substituenten, die durch Protonierung Kationen bilden, sowie Leder und behandeltes Papier. Aufgrund ihrer Affinität zu Papier werden sie in geringem Maße zur Papiereinfärbung, häufiger in Schreib- und Inkjettinten benutzt. Säurefarbstoffe mit niedrigem Molekulargewicht sind für Zellulose ungeeignet, mit hohem Molekulargewicht gehen sie in Direktfarbstoffe über.

Chemismus

Die Geschichte der Säurefarbstoffe beginnt um 1876 mit Naphtholorange und später Eosin (AR87), das noch heute in roten Tinten präsent ist. Säurefarbstoffe basieren auf allen heute verfügbaren Chromophore. Für den Bereich Gelb–Rot–Violett–Braun werden Azochromophore benutzt, mit Disazo-Verbindungen kann Blau und Schwarz erreicht werden. Die resultierenden großen Strukturen stehen bereits den Direktfarbstoffen nahe. Der Bereich Violett-Blau–Grün wird von Anthrachinon-Chromophoren abgedeckt, helles Türkis von Kupfer-Phthalocyanin. Bei geringeren Anforderungen an die Lichtechtheit werden für Blau–Grün auch Triphenylmethine und für Rot–Violett Xanthene eingesetzt.

Chemisch sind Säurefarbstoffe Verbindungen mit Molekulargewichten von 300–1000 g/mol, die anionische Substituenten (Sulfonsäuren, Carbonsäuren) tragen, wobei besonders die Sulfonsäuregruppe durch Sulfonierung des Gerüsts leicht einzuführen ist. Die anionischen Gruppen erhöhen die Wasserlöslichkeit und bilden Ionenbindungen mit dem Substrat aus, die bei Säurefarbstoffen mit niedrigem Molekulargewicht die Haftung auf dem Substrat vermitteln.

Haftung

Der Name „Säurefarbstoff" leitet sich vom sauren Milieu des verwendeten Färbebads her, es treten pH-Werte von weniger als 2 (Schwefelsäure) bis über 6,5 (Ammoniumacetat) auf. Die Abläufe bei der Färbung einer Proteinfaser wie Wolle oder Synthetikfaser wie Nylon sind folgende. Die am isoelektronischen Punkt als Zwitterionen vorliegenden Aminosäuren der Proteine oder die C- und N-Termini der Nylonketten werden im sauren Färbebad in nicht dissoziierte Carbonsäuren und Ammoniumsalze der zugegebenen Säure überführt. Die Säure-Anionen werden im zweiten Schritt durch Farbstoff-Anionen ausgetauscht, die ionisch an der Faser haften:

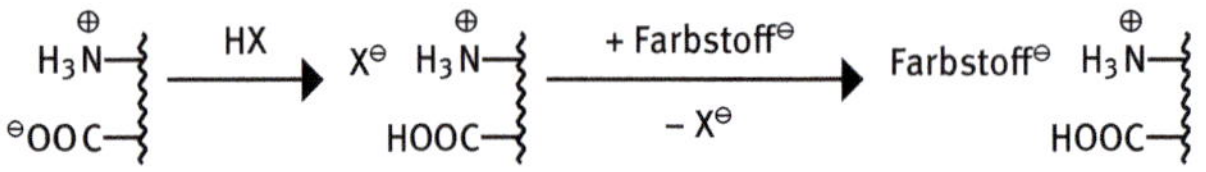

Gegenüber unbehandeltem Papier aus Pflanzenfasern zeigen Säurefarbstoffe keine Affinität (►Abschnitt 5.2), da Zellulose keine kationischen Ladungen besitzt. Die Haftung auf Papier hängt von dessen Beschaffenheit ab, die durch eine geeignete Zusammensetzung der Papiermasse oder Beschichtung angepaßt werden muß. Mögliche Fixative (Aluminiumsulfat, kationische Polymere) werden auf ►S. 516 vorgestellt, geeignete Leimungsmittel (Harzleimung) auf ►S. 519.

Die beschriebe Ionenbindung trägt vor allem bei kleinen Farbstoffmolekülen zur Fixierung bei. Mit zunehmendem Molekulargewicht und größeren unpolaren Bereichen haften Säurefarbstoffe zusätzlich über Dispersionskräfte und Dipol-Dipol-Wechselwirkungen auf dem Substrat und gehen nahtlos in Direktfarbstoffe über. Den Einfluss des Molekulargewichts zeigt ►Tabelle 5.5.

Tab. 5.5: Einfluss des Molekulargewichts M_r von Säurefarbstoffen auf verschiedene Farbstoffeigenschaften [19, ch. 13, 13.4], [20, pp. 81].

	M_r niedrig	**M_r hoch**
Substantivität für Wolle, Nylon	Niedrig	Hoch
Diffusion in Faser	Hoch	Niedrig
→ Migrationsechtheit	Niedrig	Hoch
Hydrophobie	Niedrig	Hoch
Waschechtheit	Niedrig	Hoch
Haftung	Ionenbindung	Wasserstoffbrücken, Dipol-Dipol-Wechselwirkung, Dispersionskräfte
Löslichkeit	Hoch	Niedrig
Sulfonsäuregruppen	1–3	1

Beispiele

Die gute Haftung von Säurefarbstoffen macht sie in der Färberei zu Alternativen für Fälle, in denen die Migrationsechtheit von Dispersionsfarbstoffen in manchen Kunstfasern zu gering ist. AY17/AR37/AB45 und AY29/AR57/AB40 sind Primärfarben-Tripel, mit denen Strickwaren und Nylonstrumpfhosen in allen benötigten Farbtönen allergen-frei gefärbt werden können. Einige von ihnen, wie AY17 und AR37, werden für Tintenstrahl- und Schreibtinten verwendet:

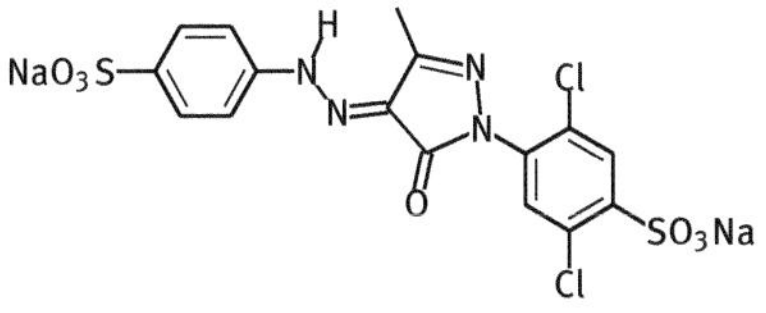

AY17
gelbe Tinte

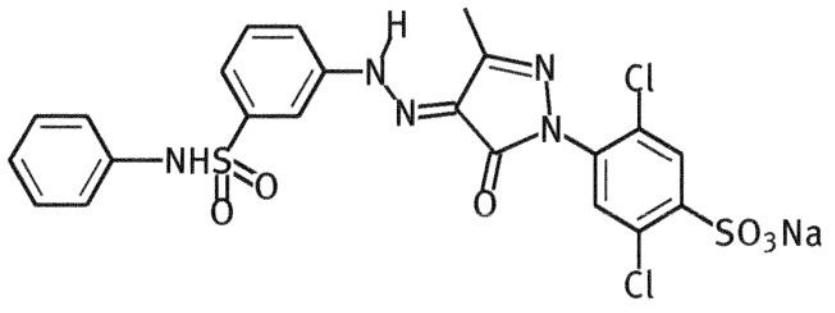

AY29

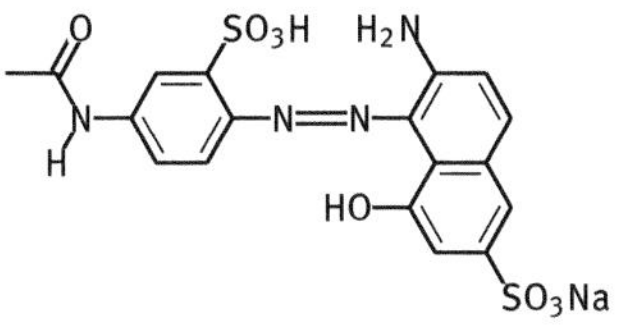

AR37
rote Tinte

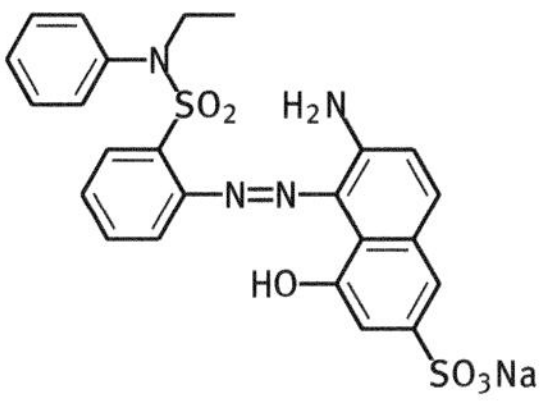

AR57

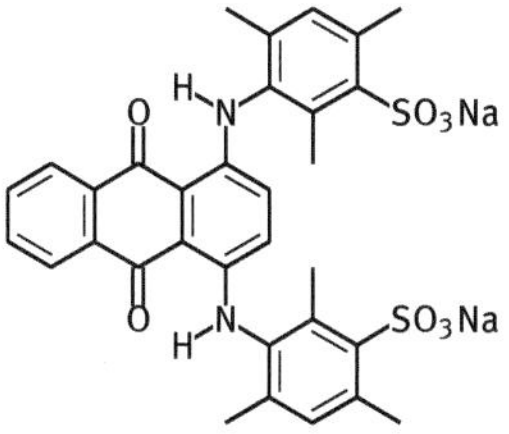

AB45

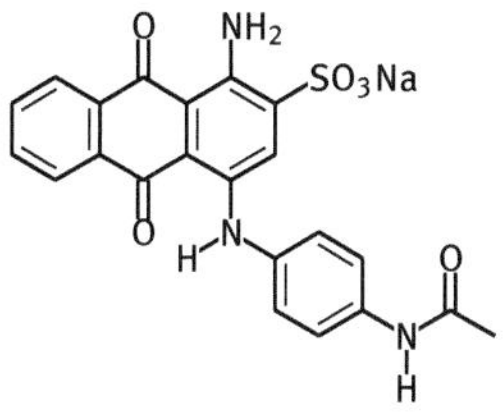

AB40

Ein weiteres Primärfarbentripel AY23/AR52/AB9 wird zusammen mit Food Black 2 in Tintenstrahltinten verwendet:

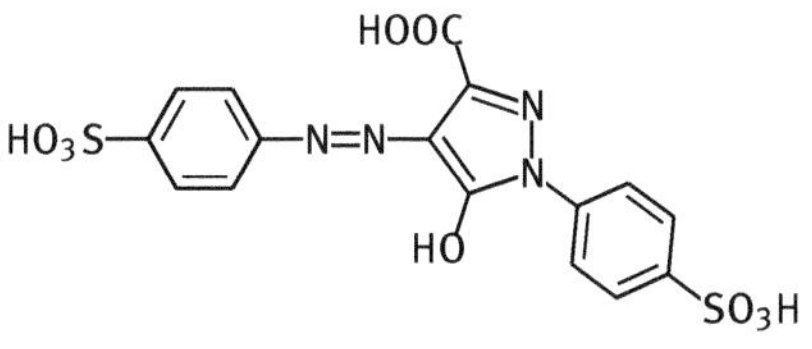

AY23, CI 19140, Food Yellow 4, E102
Tartrazin, gelbe Schreibtinte
Primär-Yellow CMYK

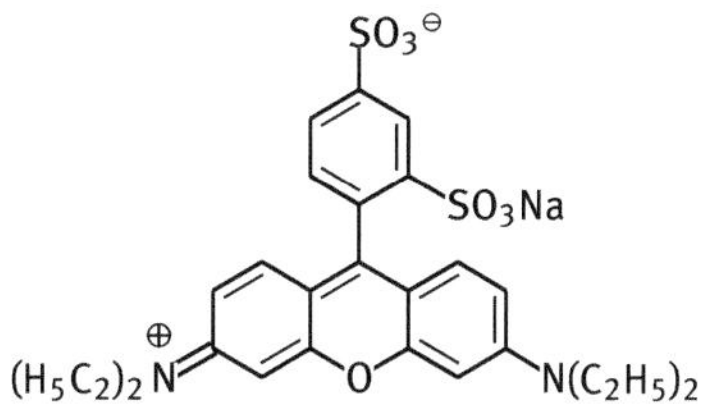

AR52, CI 45100, Food Red 106

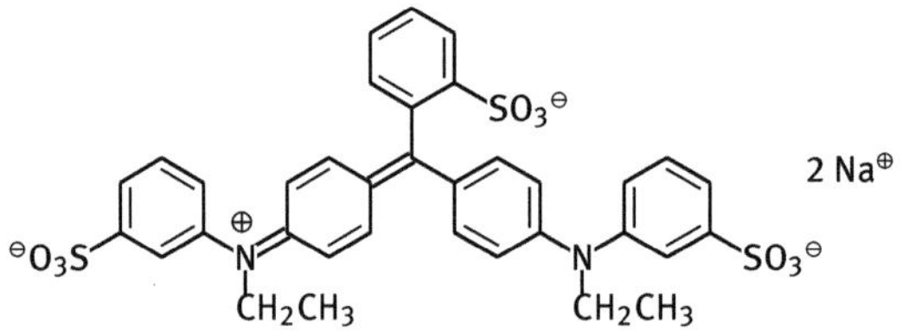

AB9, CI 42090, Food Blue 2, E133
Brillantblau FCF, blaue Schreibtinte
Primär-Cyan CMYK

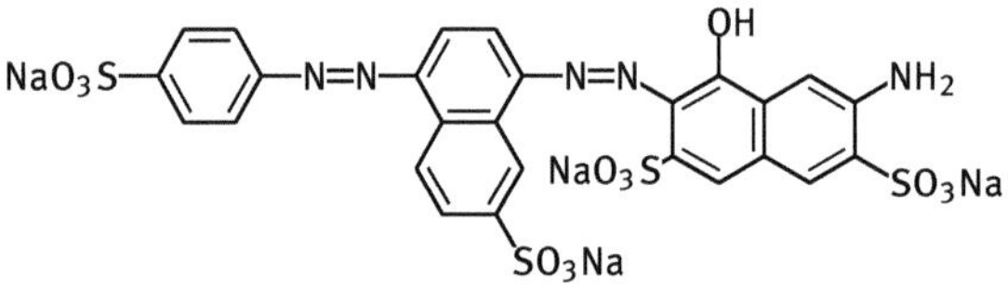

Food Black 2, CI 27755, E152

Die folgenden Farbstoffe sind Beispiele für gelbe, orangefarbene, rote und blaue Inkjet- und Schreibtinten, weitere Beispiele (AY73 und AR87) haben wir bei den Triphenylmethanfarbstoffen bereits kennengelernt (►S. 353). AG27 und AV41 sind Beispiele für grüne und violette Säurefarbstoffe:

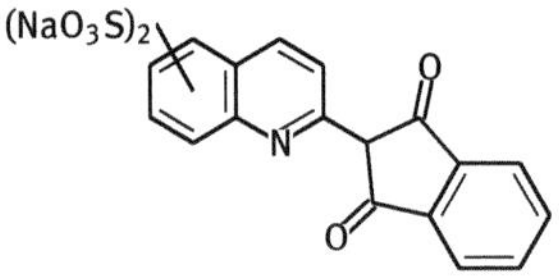

AY3, CI 47005, Food Yellow 13, E104
Chinolingelb, gelbe Tinte

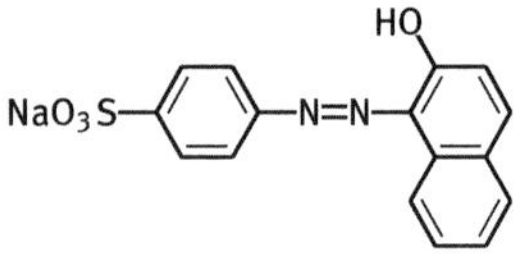

AO7, CI 15510
orange Tinte

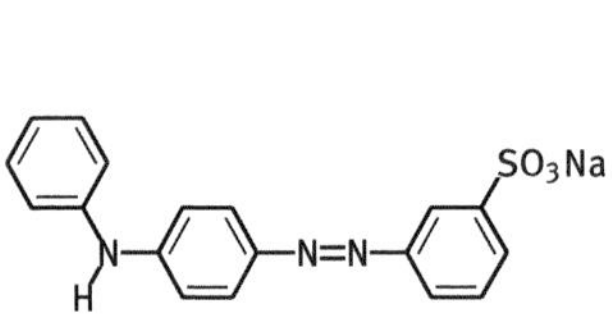

AY36, CI 13065
Victoriagelb, gelbe Tinte

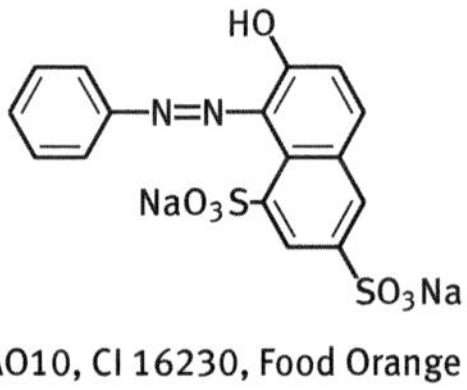

AO10, CI 16230, Food Orange 4
Naphthalin Fast Orange, orange Tinte

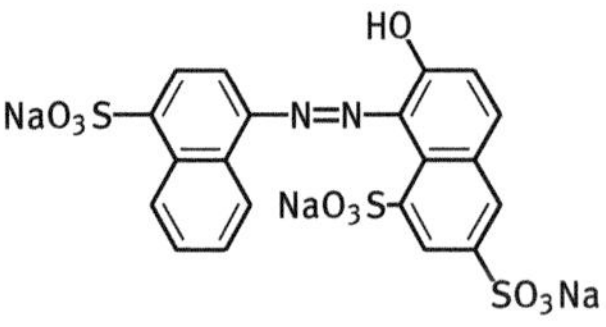

AR18, CI 16255, Food Red 7, E124
Ponceau 4R, rote Tinte

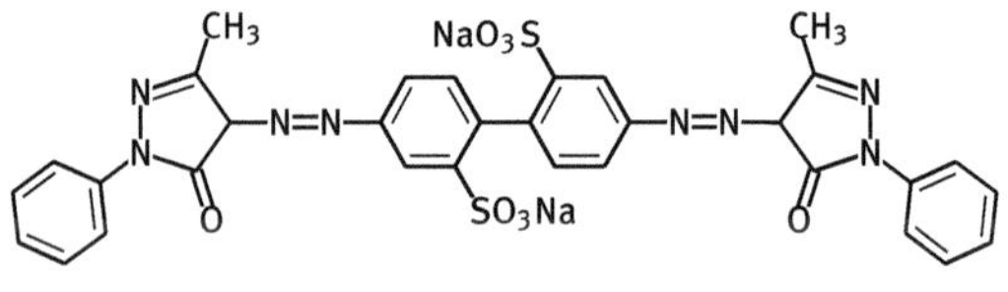

AY42, CI 22910
gelbe Tinte

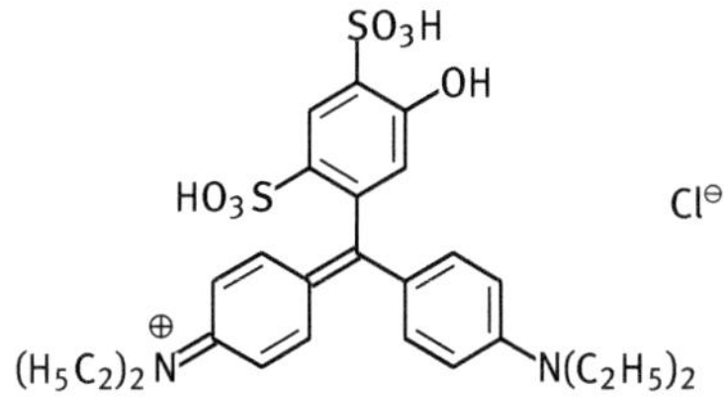

AB3, CI 42051, Food Blue 5, E131
Patentblau

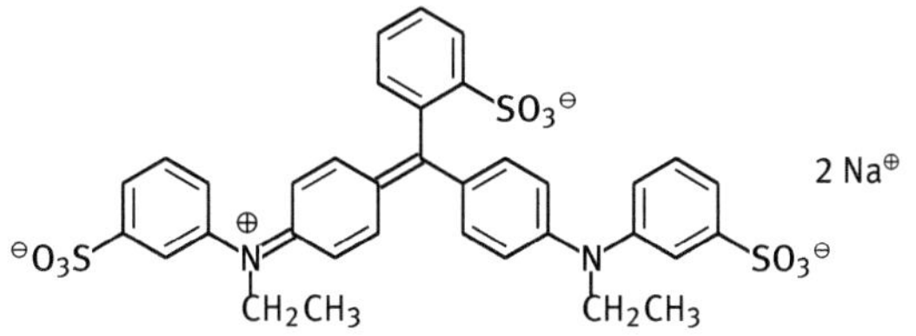

AB9, CI 42090, Food Blue 2, E133
Brillantblau FCF, blaue Schreibtinte
Primär-Cyan CMYK

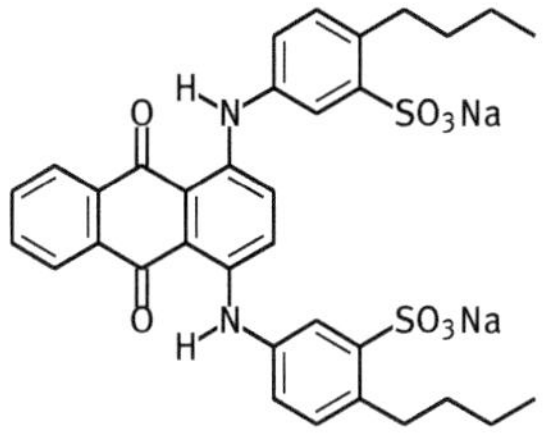

AG27

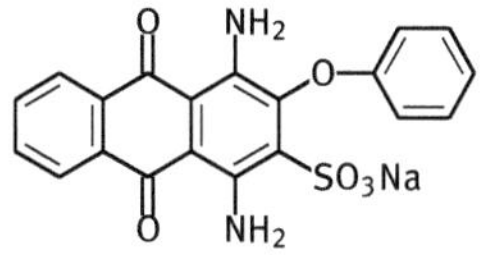

AV41

6 Struktur von Malsystemen

Die folgenden Kapitel sind den eigentlichen künstlerischen Techniken gewidmet. Ein wesentlicher Teil jeder Technik ist die dabei benutzte Farbe, die so verschieden sind wie die Techniken und ihre Resultate. Mit „Farbe“ meinen wir dabei nicht den sichtbaren Farbton, sondern die Farbpaste, Stiftmine, Druckfarbe oder Lösung, mit der ein Werk erstellt wird.

Je nach Art der Malerei unterscheiden sich die Farben, dennoch sind Gemeinsamkeiten in ihrem Aufbau zu erkennen. Wir werden hier daher allgemeine Charakteristika ansprechen und in Folgekapiteln gezielt auf die Spezifika für bestimmte Malweisen eingehen. Mehr kann in [46, 73, 74, 91, 92, 111–116, 171, 172] nachgelesen werden, [202] berücksichtigt speziell die Rolle von Kolloiden in Farben. [203] befaßt sich mit den theoretischen Grundlagen von Benetzungsvorgängen.

Farben sind allgemein aus mehreren Komponenten zusammengesetzt:
- Pigmente und Füllstoffe.
- Bindemittel (Filmbildner).
- Lösungsmittel.
- Hilfsstoffe, die die Hauptbestandteile in ihrer Funktion unterstützen oder spezielle Aufgaben erfüllen. Sie sind mengenmäßig nur sehr gering in der Farbe enthalten. Hilfsstoffe können sein:
  - Netz- und Dispergiermittel,
  - Filmbildungshilfsmittel,
  - Verdicker und Rheologiemodifizier,
  - Entschäumer, Sikkative, Konservierungsmittel.

Die wichtigsten Bestandteile, auch mengenmäßig, sind Pigmente, Füllstoffe, Binde- und Lösungsmittel. Pigmente, die der Farbe ihre Farbe, Körper und Stofflichkeit verleihen, können je nach Technik variieren, bei den meisten Techniken können wir jedoch die gleichen Pigmente verarbeiten. Wir haben sie in den Kapiteln ►Kapitel 3 auf S. 199, ►Kapitel 4 auf S. 295 und ►Kapitel 5 auf S. 409 ausführlich besprochen. Wie schon in ►Abschnitt 1.6.8 auf S. 65 gezeigt, ist darauf zu achten, daß sowohl Pigmente als auch Füllstoffe nur dann über die gewünschte Deckkraft verfügen können, wenn ihr Brechungsindex gegenüber Luft, Wasser und Bindemittel hinreichend hoch ist.

Neben Farben sind Malmittel, Medien oder Bindemittel wichtige Produkte des Künstlerbedarfs. Sie besitzen teilweise die gleichen Komponenten wie Farben, aber in anderer Zusammenstellung, da sie nur einen Aspekt einer Farbe zur Verfügung stellen:
- Bindemittel,
- Lösungsmittel,
- Entschäumer, Konservierungsmittel, Filmbildungshilfsmittel, Mattierungsmittel oder Glanzverstärker.

https://doi.org/10.1515/9783110649161-002

6.1 Bindemittel

Bindemittel dienen der permanenten Fixierung der Pigmente auf dem Malgrund, indem sie einen Film bilden, der Pigmente und andere Farbbestandteile einschliesst. Der Film kann physikalisch durch Verdunstung des Lösungsmittels und Verbleib des Filmbildners auf dem Untergrund entstehen, oder chemisch durch Vernetzung der Moleküle des Filmbilners. Bindemittel geben mit dem Film aber auch wesentliche optische Eigenschaften eines Malsystems vor. Zu diesen gehören Filmdicke (→ Tiefenlicht, Transparenz, kreidig-matte Anmutung), Glanz und Farbtiefe. Darüberhinaus werden Nutzungseigenschaften wie Filmhärte, Filmbeständigkeit und Abriebfestigkeit vom Bindemittel vorgegeben.

Durch ihren Mengenanteil in der Farbe können Bindemittel jedoch auch während der Verarbeitung einen großen Einfluß auf die Verarbeitungseigenschaften besitzen. Zu diesen gehören vor allen die Offen- oder Trocknungszeit, d. h. die Zeit, während der die Farbe noch verändert werden kann. Während Farben für Beschichtungen und Anstriche nur während des Auftrags selber „offen" sein sollen und dann eine rasche Trocknung gewünscht ist, bedarf der Künstler einer großen Bandbreite von schnell-, mittel- und langetrocknenden Farben. Entsprechend dieser Grundanforderung existiert eine breite Palette an Bindemitteln für Künstlermaterial, ►Abbildung 6.1. Ein weiterer wichtiger Faktor ist die Viskosität, die vom Bindemittel zunächst vorgegeben wird. Sie muß bei Bedarf durch den Zusatz von Lösungsmitteln oder Verdickern modifiziert werden.

Nach einem historischen Überblick und einem Ausblick auf die Problematik der Bindemittelanalytik wollen wir uns mit physikalisch-chemischen Grundlagen der Trocknung und der Kräfte befassen, die zur Bindung führen.

Bindemittel sind makromolukularer Natur, um den gewünschten fixierenden und schützenden Film um die Pigmente herum aufzubauen. Meist besitzen sie Molekulargewichte im Bereich von 500–30.000. Bindemittel mit niedrigen Molekulargewichten haben den Vorteil einer geringeren Viskosität bei der Verarbeitung, müssen beim Trocken aber polymerisieren, um einen haltbaren Film zu bilden. ►Abbildung 6.1 deutet grob an, in welchem Massenbereich sich die wichtigen Bindemittel einordnen lassen: die meisten Bindemittel sind polymerer Natur, trocknende Öle und ölmodifizierte Alkydharze sind niedermolekular, polymerisieren beim Trocknen aber, und Harze sind niedermolekulare Verbindungen, die auch beim Trocknen nicht polymerisieren.

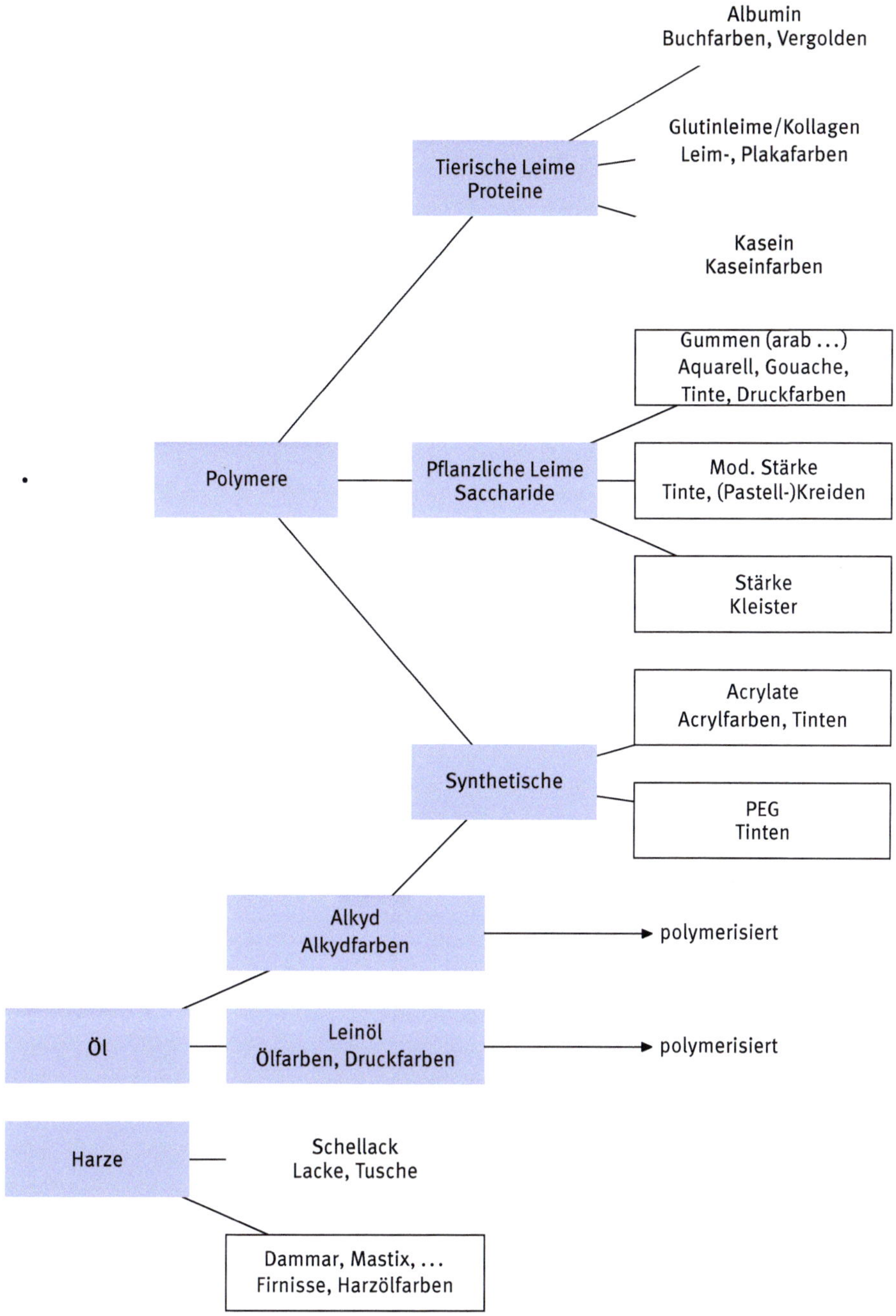

Abb. 6.1: Überblick über die wichtigsten chemischen Bindemittelklassen. Blau unterlegt: chemisch trocknend; hellgrau: überwiegend physikalisch trocknend; weiß: rein physikalisch trocknend [94]. Links stehen Verbindungen mit niedrigem Molekulargewicht, rechts solche mit hohem.

6.1.1 Historie

Bindemittel haben eine reiche Vergangenheit, die bis ins Neolithikum zurückreicht [105, 111, 114, 122, 863], Meilensteine der Chemie sind ausschnittsweise:

47 000 v. Chr.	Mögliche Kaseinfarbe (Südafrika, Ocker in Milch gelöst)
20 000 v. Chr.	Naturfresko (Calciumhydrogencarbonat-gebundene Ockerzeichnungen), Eiweiß, Blut
7000 v. Chr.	Fresco secco (Catal Hüyek)
3000 v. Chr.	Gummi, u. a. arabicum und Kirschgummi (Wasserfarben, fresco secco, Rußtinte)
3000 v. Chr.	Proteine (Leime, u. a. Haut- und Fischleim), Rußtinte (Kohlenstoff), Papyrus
2000 v. Chr.	Fresco buono (Kreta)
1500 v. Chr.	Proteine (Leim, Ei) (Wasserfarben und Tempera, fresco buono und secco), (Pflanzengummi mit Honig, Kasein, Stärke, Tragant, Leim, Eiweiß, Eitempera), Glasuren (zur Aufnahme von Farbmitteln)
1000 v. Chr.	Proteine (Eitempera)
500 v. Chr.	Harze, Fresko, Enkaustik (Tafelmalerei auf Holz)
200 v. Chr.	Pergament
0	Nußöl, Gummen, Milch
100	Papier
600	Früheste Erwähnung von Ölen mit Pigment
800	Buchmalerei gummi- und albumingebunden
850	Eitempera (Ikonen)
1000	Leinöl, Gummi arabicum
1100	frühes Beispiel eines Ölbindemittels in Dänemark
1250	Eitempera (Duecento-Tafelmalerei)
1400	Ölmalerei mit Terpentinöl in der altniederländischen Malerei (Destillation aus Arabien), Walnuß- und Leinöl, Aquarell (gummigebungen), Gouache (gummi- und leimgebunden)
1500	Schellack (durch Indien-Fahrer)
1500	Ölmalerei in der Spätrenaissance-Malerei
1600	Lacke
1700	Niedrigschmelzende Glasur für Aufglasurfarben
1877	Polymethacrylsäure (Sittig, Paul)
1901	Acrylpolymere (Röhm)
1905	Zellulose-Ether (Suida)
1912	Polyvinylchlorid und -vinylacetat (Klatte)
1926	Polyvinylalkohol (Herrmann)
1930	ölmodifizierte Alkyd-Harze (Kienle), Acryldispersionen

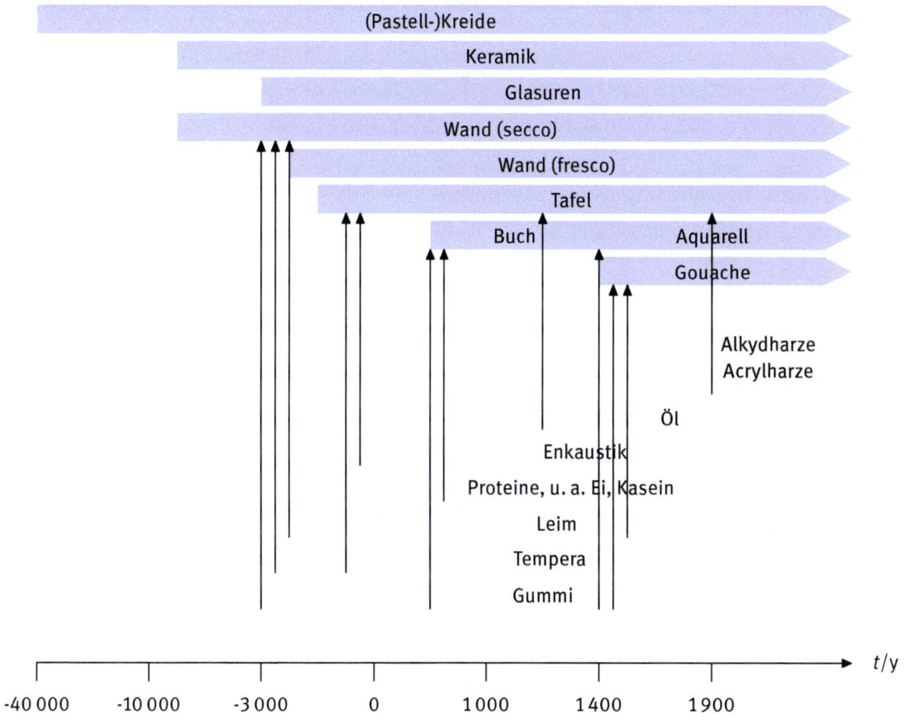

Abb. 6.2: Grober zeitlicher Überblick über die wichtigsten Malsysteme (oben, blau) und Bindemittel (unten) [71, 72, 111, 114, 122].

►Abbildung 6.2 zeigt wichtige Phasen aus malerischer Sicht. Bereits frühe Höhlenmalereien sind, wohl unbeabsichtigt, durch kalkhaltiges Wasser in einer fresko-artige Technik getreulich bewahrt worden. Das zunächst nur durch reine Adsorption oder Einschluß in Fett an der Felswand haftende Pigment wurde von Calciumhydrogencarbonat im Tropfwasser überspült und durch Calcinierung in ein Kalkhäutchen eingeschlossen:

$$Ca(HCO_3)_2 \longrightarrow CaCO_3 \downarrow + H_2O + CO_2 \uparrow$$

Die Reaktion verläuft ähnlich dem Abbinden eines Freskobindemittels (► Abschnitt 7.3 auf S. 566), das aus gelöschtem Kalk besteht und ebenfalls zu Kalk abbindet:

$$Ca(OH)_2 + CO_2 \longrightarrow CaCO_3 \downarrow + H_2O$$

Dieses echte Fresko wird ab dem zweiten vorchristlichen Jahrtausend bewußt eingesetzt und später in der hellenischen und römischen Zeit perfektioniert, bevor es weitere Blütezeiten in Mittelalter und Barock erlebt. Zunächst jedoch werden in den frühesten menschlichen Siedlungen Lehm/Ton- und Gipsputze als Wandbewurf und Malgründe verwendet und in einer fresco secco-Technik mit Wasserfarben bemalt. Deren Bindemittel basieren auf Polysacchariden (Gummi) aus Pflanzen- oder Baumsäften (Feigenmilch, Gummi arabicum) oder Leim aus proteinhaltigen Substanzen (Eiweiß, Kasein, Haut, Knochen). Die gummigebundenen Farben werden in der Neuzeit zu den heutigen Aquarellfarben und Gouachen verfeinert, die proteingebundenen Farben sind Vorläufiger heutiger Plaka- und anderer Leimfarben. Bereits in der Antike wird die Tempera entwickelt, die als Emulsionsbindemittel wäßrige (Gummi, Leim) und nichtwäßrige (Harz, Öl) Komponenten vereinigt.

Bis weit über die Zeitenwende hinweg bleiben Gummi, Leim, Ei und Kalk die Hauptbindemittel. Neben Wandmalereien treten Buchmalereien mit Wasserfarben als wichtige künstlerische Ausdrucksformen. Zwischen der ersten Jahrtausendwende und der Renaissance liegen die Ursprünge der europäischen Tafelmalerei, die Tempera mit Ei (Eitempera) ist ihr beherrschendes Bindemittel, wie wir an zahlreichen Meisterwerken z. B. der frühitalienischen Malerei des Duecento und Trecento mit ihrem typischen Erscheinungsbild sehen.

Die Zugabe von trocknenden Ölen zur Eitempera führt zur Ölmalerei, die innerhalb weniger hundert Jahren dank der altniederländischen Malerei im 15. Jhd. zur dominierenden Technik aufsteigt und das Erscheinungsbild der Gemälde erheblich verändert. In [871, 872, 874, 875, 877–884] sehen wir, wie Gemälde vor 1505 überwiegend in Eitempera und nur einzelne Stellen in Walnußöl ausgeführt sind. Nach 1500 wird fast nur noch in Öl (zu Beginn Walnuß, später eher Leinöl) gemalt, bis um 1700 fast ausschließlich Leinöl (gelegentlich Mohnöl) vermalt wird. [873] gibt ein Bild über die differenzierte paralle Verwendung beider Medien in Italien, z. B. von Öl für Lasuren. Detaillierte Untersuchungen einzelner Künstler wie Dürer und Tintoretto sind in [864–866, 885] gegeben. Der letzte Beitrag zeigt, daß z. B. Van Dyck Walnuß- und Leinöl ihrer jeweiligen Vorzüge wegen durchaus auch nebeneinander einsetzte, das hellere und weniger gelbliche Walnußöl für empfindliche Farbtöne wie Weiß, Gelb oder Blau. Für problematisch trocknende Farben wie Schwarz verwandte er zusätzlich Stand- oder gekochte Öle.

Eine Besonderheit des 18./19. Jhd. waren die *Megilp* genannten Malmittel, die aus einer Mischung aus trocknenden Ölen, Bleiverbindungen und Mastixfirnis bestanden und ein ausgeprägt thixotropes Verhalten zeigten [876]. Sie konnten für Lasuren fließend vermalt werden, waren aber auch für Impastotechnik geeignet, die eine Farbe erfordert, die buttrig ist und „steht". Da sie zu starker Rißbildung und Vergilbung führten, wurden sie immer seltener verwendet. Bekannte Nutzer waren Reynolds, Turner und Wilson.

Ihre Vormachtstellung behält die Ölmalerei bis ins letzte Jahrhundert hinein. Im Bereich der Anstrichtechnik werden ab dem 19. Jhd. die Öle ester-modifiziert und führen zu Alkydfarben, die dann im 20. Jhd. auch in der Tafelmalerei Einzug halten. Alkydfarben konnten Ölbindemittel aber nicht verdrängen.

Der vorläufig letzte Entwicklungsschub findet durch die Entwicklung acrylsäurebasierter Dispersionen statt, die zunächst ebenfalls der Anstrichtechnik dienen. Ab ca. 1950 werden Acryldispersionen auch für die Kunstmalerei verfügbar und avancieren rasch zum dominierenden Bindemittel neben den Ölen, da sie billig verfügbar sind, wasserlöslich, geruchsarm, leicht zu verarbeiten und auf vielen Oberflächen haften. Da der Acrylfilm sich erheblich vom Ölfilm unterscheidet, bleibt abzuwarten, inwieweit die maltechnischen Eigenschaften und das erheblich veränderte Erscheinungsbild der Acrylgemälde auch langfristig mit dem Ölbild (samt seinen Vor- und Nachteilen) konkurrieren können.

6.1.2 Bindemittelanalytik

Im Bereich der Analytik von Kunstobjekten sehen wir uns bei Bindemitteln mit besonderen Problemen konfrontiert, die häufig eine genaue Ermittlung der verwendeten Mittel erschweren oder unmöglich machen. Die meisten Farbmittel weisen einen charakteristischen Bau auf, der häufig eine Analyse oder zumindest Klassifizierung ermöglicht. Problematische Farbmittel sind in der Regel bio-organischer Natur, wie Lacke, die verblassen, abgebaut werden und sich in ihren Strukturen stark ähneln, sodass Einzelvertreter schwer identifizierbar sind. Diese Schwierigkeit tritt bei Bindemitteln bis ins letzte Jahrhundert verstärkt auf: sie sind meist natürlichen Ursprungs, haben komplizierte oder polymere Strukturen (Proteine, Polysaccharide), gehören einer Klasse von Substanzen mit zahlreichen ähnlichen Vertretern an und sind oft über lange Zeiträume hinweg verändert oder abgebaut worden. Eine detaillierte Analytik ist erst in jüngster Zeit durch Methoden wie Chromatographie (GC, HPLC, TLC) in Verbindung mit Massenspektroskopie möglich geworden. Auch ein- und zweidimensionale NMR-Spektroskopie, hier besonders ^{1}H- und ^{13}C-NMR ist eine geeignete Methode.

[95, 96, 863, 867–870] geben einen Eindruck über die Analytik von Bindemitteln und zeigen Lösungswege. Da Einzelsubstanzen kaum repräsentativ sind, müssen charakteristische Mengenverhältnisse von Leitsubstanzen oder -klassen für jedes Bindemittel bestimmt und die Verhältnisse der Probe damit verglichen werden.

Für Bindemittel auf Ölbasis können Informationen über die relativen Mengen an Fettsäuren gewonnen werden, die in den Glyceriden der Öle enthalten sind. [870] führt als Beispiele, die oft zur Identifizierung eines trocknenden Öls genutzt werden, die Verhältnisse Palmitinsäure/Stearinsäure, Azelainsäure/Suberinsäure oder Azelainsäure/Sebacinsäure an. Die gewonnenen Zahlen sind aber stark abhängig von den vorhandenen Pigmenten und dem Alter des Bildes, d. h. von Vorgängen bei der Trocknung des Öles. Geeignet zur Identifizierung sind auch Hydrolyse- oder Oxidationsprodukte. Bei Eitempera kann anstelle der Fettsäureverhältnisse die Menge an Azelainsäure gegenüber der von Palmitin- und Stearinsäure bestimmt werden. Eihaltige Bindemittel weisen darüberhinaus Gehalte an Cholesterol auf.

Nicht-trocknende Lipide weisen auf Bindemittel wie tierische Leime hin. Leime sowie auch Tempera zeichnen sich durch ihren Proteingehalt aus. Die relativen Mengen der Aminosäuren erlauben dann Rückschlüsse auf die genaue Natur: hohe Gehalte an Hydroxyprolin oder Glycin weisen auf Kollagene hin, fehlendes Hydroxyprolin bei hohen Prolin- und Leucingehalten auf Kasein, Leucin und Asparaginsäure auf Ei oder Eiweiß. Leider sind Leime leicht zerstörbare Bindemittel.

Die Identifizierung von Pflanzengummen wie Gummi arabicum, Gummi traganth oder Kernobstgummen in Gemäldeproben ist schwierig und zweifelhaft, daher liegen bislang nur wenige Untersuchungen an Kunstobjekten vor. Pflanzengummen, z. B. Gummi arabicum, Gummi traganth oder Kernobstgummen, sind Ausflüsse aus dem Endosperm einiger Samen, die aus hochmolekularen Polysacchariden bestehen. Wesentliche Bestandteile der Polysaccharide sind Aldopentosen, Aldohexosen und Uronsäuren. Der Ursprung eines Gummis wird gewöhnlich durch die An- oder Abwesenheit bestimmter Leitzucker durch GC/MS bestimmt, nachdem das Polysaccharid durch Hydrolyse in Monosaccharide zerlegt und diese GC-üblich derivatisiert wurden, etwa durch Silylierung oder Methylierung. Die Analyseergebnisse zeigen aber oft Abweichungen von Referenzmaterialien. Grund dafür ist, daß über die Alterung und die damit verbundenen Veränderung von Polysacchariden kaum etwas bekannt ist, auch nicht über die Wechselwirkungen der Polysaccharide mit den Trägermaterialien, den Umwelteinflüssen oder den gebundenen Pigmenten. In [869] werden Muster von Leitzuckern identifiziert, die stabil gegenüber Alterung und Pigmenteinwirkungen sind und die die Identifizierung des Ursprungmaterials erlauben in Form eines Entscheidungsbaumes, der anhand bestimmter Zucker wie Mannose, Xylose oder Fucose in geeigneter Reihenfolge auf den zugrundeliegenden Gummi führt.

Acrylbinder [93] können von Bindemitteln natürlichen Ursprungs deutlich unterschieden werden, da sie viele synthetische Bestandteile enthalten. Zu diesen gehören z. B. Polyethylenglykole und Restmonomere der Polymerisation.

6.1.3 Trocknung von Bindemitteln

Zum Verständnis von Bindemitteln müssen wir uns den Trocknungsvorgang eines Gemäldes vorstellen. Bei diesem laufen je nach Malsystem Vorgänge ab, die zwei Ziele verfolgen:

- Entfernung des Lösungsmittels, das notwendig war, um die pulvrigen Pigmente in streich- oder malfähige Farben zu verwandeln,
- Herstellung einer festen Verbindung der Pigmente mit dem Maluntergrund, z. B. durch Einbettung der Pigmente in einen transparenten Bindemittelfilm oder durch Verkleben.

Beide Ziele können wir auf zwei Wegen erreichen:
- Durch physikalische Trocknung. Hierbei verdunstet das Lösungsmittel und hinterlässt das Pigment und ein gelöstes, nicht-flüchtiges Bindemittel, das auf dem Untergrund haftet und die Pigmente mit dem Untergrund verklebt oder in eine filmartige Schicht einschließt. Das Bindemittel verändert sich dabei chemisch nicht.
  Ein Beispiel sind harzhaltige Malmittel wie Dammarfirnis. Das Lösungsmittel (Terpentinöl) verdunstet rasch, die zuvor gelösten, nichtflüchtigen Harze verbleiben auf dem Bildträger und verkleben die Pigmente.
- Durch chemische Trocknung. Nach oder während der Verdunstung des Lösungsmittels polymerisiert das Bindemittel und bildet eine chemisch andersartige feste Substanz, die die Pigmente mit dem Untergrund verklebt. Meist entsteht ein glasklarer Polymerfilm, in den die Pigmente eingebettet sind.
  Ein Beispiel ist Ölfarbe, bei der Leinöl bei Luft- und Lichtzutritt zu einem unlöslichen Polymer vernetzt.

Häufig werden beide Varianten miteinander kombiniert, um bessere Maleigenschaften des Systems zu erreichen. So wird z. B. in der Altmeistertechnik auf Ölfarbschichten eine Weißhöhung mit wäßriger Eitempera aufgebracht, deren Wasseranteil rasch verdunstet und zu einer übermalbaren, eher physikalisch trocknenden Schicht führt, während der Ölanteil im weiteren Verlauf zusammen mit der Ölfarbe chemisch trocknet. Neben anwendungsbezogenen Vorteilen ergeben sich dabei auch maltechnische Vorteile. So führen die unterschiedlichen Systeme Öl-Wasser zu scharf abgegrenzten, haarfeinen Zeichnungen, wie wir eindrucksvoll an Fell und Haaren in Dürerschen Gemälden sehen.

Chemische Trocknung

Chemisch trocknende Bindemittel liegen einigen der bekanntesten traditionellen Malverfahren zugrunde. Zu diesen gehören:
- Trocknende fette Öle, zum Beispiel Leinöl, Walnußöl oder Mohnöl. In diesem klassischen System der Ölmalerei bilden fette Öle unter Sauerstoffaufnahme kovalente Bindungen untereinander aus. Sie formen ein dreidimensionales Netzwerk in Form eines dicken glasklaren Films, ►Abschnitt 7.4.
- Calciumhydroxid, das Bindemittel des echten Fresko. Der chemische Vorgang der Trocknung ist die Calcinierung, die Bildung von Calciumcarbonat mit dem Kohlendioxid der Luft (Calcinierung), ►Abschnitt 7.3.
- Als Neuentwicklung sind auch ölmodifizierte Alkydfarben zu nennen, die aufgrund des Ölanteils chemisch trocknen.

Physikalische Trocknung

Auch physikalisch trocknende Bindemittel werden seit historischer Zeit eingesetzt:
- Pflanzengummis wie Gummi arabicum oder Traganth als Basis antiker Tuschen und Tinten, Wasserfarben und moderner Aquarellfarben.
- Tierische Leime (Proteine), z. B. Glutinleime (Kollagen) aus Häuten und Knochen, Eiweiß aus Ei, Kasein aus Milch für Tinten und Wasserfarben. Diese Bindemittel können im Laufe der Zeit durch chemische Veränderungen polymerisieren, vernetzen und damit teilweise auch einer chemischen Trocknung unterliegen.
- Harze wie Dammar oder Mastix als Bestandteil von Firnissen und Harzölfarben.
- Acryldispersionen als neueste Erweiterung der Malmittel für Acrylfarben.

Im Gegensatz zur chemischen Trocknung verändert sich das Bindemittel bei der rein physikalischen Trocknung nicht. Die Prozesse, die zu einem stabilen Film oder einer Klebeschicht führen, beruhen auf sekundären, intermolekularen Wechselwirkungen wie elektrostatischen und van der Waals-Kräften, die wir im nächsten Abschnitt detailliert betrachten. Da die meisten Bindemittel dieser Kategorie Polymere sind, die eine große Zahl solcher schwachen, sekundären Bindungen eingehen können, entstehen ausgedehnte, unlösliche Polymernetzwerke. In ►Abbildung 6.3 sehen wir die wesentlichen Schritte der physikalischen Verfilmung:
- Das trockene Bindemittel liegt in Form isolierter Moleküle oder Polymerknäuel vor.

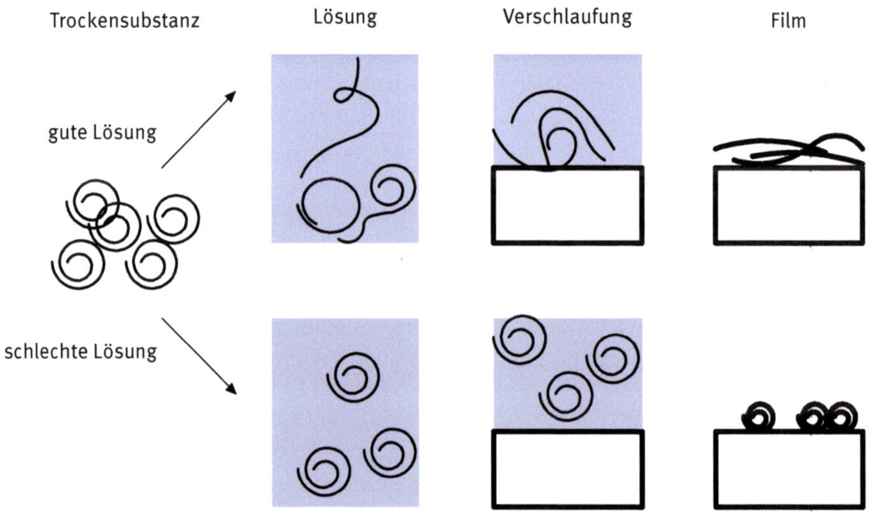

Abb. 6.3: Schematischer Verlauf der physikalischen Trocknung von polymeren Bindemitteln. Links: im pulverförmigen Bindemittel liegen isolierte Knäuel der Moleküle vor. Mitte links: in der Lösung (blau) entfalten sich die Moleküle. Mitte rechts: Durch Verdunstung und thermische Bewegung interagieren die gestreckten Moleküle miteinander. Rechts: Im Film sind teilkristalline oder intermolekular verknüpfte Bereiche entstanden.

- In einem idealen Lösungsmittel werden die Bindemittelmoleküle entknäuelt und gestreckt, bis sie vollständig vom Lösungsmittel eingehüllt sind, während in einem ungeeigneten Lösungsmittel die Knäuel im wesentlichen erhalten bleiben.
- Die Verdunstung des Lösungsmittels startet die Filmbildung:
  - Die bislang isolierten Bindemittelmoleküle begegnen sich durch ihre thermische Wanderungsbewegung oder rücken durch die Verdunstung des Lösungsmittels näher zusammen. Bei guter Lösung können nun weite Bereiche von verschiedenen, entfalteten Molekülen optimal in Kontakt treten und sie über intermolekulare Wechselwirkungen verknüpfen.
    Bei einer schlechter Lösung der Bindemittelmoleküle können die verschiedenen Knäuel nur wenig miteinander interagieren.
  - Teile verschiedener Polymere verhaken und verschlaufen sich und lagern sich durch die intermolekularen Kräfte fest zu quasi-kristallinen Bereichen zusammen. Die Ausbildung von Wasserstoffbrücken bietet zusätzliche Stabilisierung. Wie wir sehen werden, ist ein solcher Vorgang irreversibel, sobald bestimmte Energieschwellen überwunden wurden, führt also zu Filmen, die sich nicht mehr lösen lassen.
    Bei zuvor schlechter Lösung bleibt die lose Kopplung der Knäuel erhalten und führt zu stark fragmentierten Filmen minderer Stabilität, die leicht in einzelne Knäuel oder Bereiche zerfallen können.
  - Die Polymere können in ähnlicher Weise mit dem Träger wechselwirken, sodass das sich bildende Netzwerk auch am Träger fixiert wird.

6.1.4 Bindungsarten in der Welt der Farbmittel

Wir haben bei der physikalischen Trocknung die Rolle der sekundären Bindungsarten angesprochen, die zur Bildung eines kompakten Films führen. Es ist nötig, die Mechanismen zu kennen, die im System Pigment/Farbstoff–Bindemittel–Substrat auftreten können und die für die Filmbildung und die Haftung des Pigments oder Farbstoffs sorgen. Wir werden vor allem nicht-kovalente Bindungen antreffen (▶ Tabelle 5.1). Sie verbinden nicht die Atome eines Moleküls, sondern Moleküle untereinander, und haben geringe Stärken. Die meisten Wechselwirkungen von Farbmitteln mit ihrer Umgebung sind daher schwach, ▶ Tabelle 6.1.

Ionenbindung

Die Ionenbindung beruht auf der elektrostatischen Anziehung von entgegengesetzen elektrischen Ladungen in beiden Bindungspartnern. Gängige Beispiele aus der Chemie sind kristalline Salze, deren Kristallgitter von Anionen und Kationen aufgebaut wird. Für unser Thema interessant wird die Ionenbindung zur Bindung von basischen, Säure- und Beizenfarbstoffen am Substrat, ▶ Kapitel 5 auf S. 409.

Tab. 6.1: Relative Stärke und Energien sekundärer Bindungstypen bei Farb- und Bindemitteln.

Bindungsart oder -kraft	relative Stärke [19, pp. 42]	Energie [kJ/mol] [201, p. 35]
Ionenbindung	700	590–1050
Kovalente Bindung	400	60–700
Wasserstoffbrücken	40	50
Dipol-Dipol	5	20
Dispersionskraft	5	42
Dipol-induziert		2

Nicht-kovalente oder van der Waals-Wechselwirkungen

Die sehr schwachen, nicht-kovalenten anziehenden van der Waals-Wechselwirkungen wirken auch zwischen ungeladenen und unpolaren Atomen und Molekülen. Da sie mit steigendem Abstand sehr rasch klein werden, und zwar typischerweise mit der sechsten Potenz des Abstands der Partner, nehmen wir sie häufig im Großen nicht wahr. Sie treten überall dort auf, wo sich Teilchen zusammenballen und wir Adhäsionseffekte beobachten, die also mit räumlicher Nähe von Molekülen (im Kleinen) oder Partikeln und Oberflächen (im Großen) zu tun haben:

- Feine Pulver neigen zu Klumpenbildung, da die Partikel aggregieren.
- Farbstoffe und Geckos haften über ihre ausgedehnten Molekül- oder Körperflächen an ihren Trägern.
- Die meisten Klebstoffe, die nicht chemisch reagieren, haften über nichtkovalente Wechselwirkungen an den Klebflächen.
- Die physikalische Filmbildung bei Proteinen oder Latexdispersionen wird durch Aggregierung der Bindemittel erreicht.

Unter dem Begriff der van der Waals-Wechselwirkung fassen wir drei sehr ähnliche Wechselwirkungen zusammen, wobei oft nicht klar zwischen diesen Kräften unterschieden wird (was auch häufig nicht nötig ist):

- Die Dispersionswechselwirkung (London-Kraft) zwischen zwei polarisierbaren Molekülen, also zwei induzierten Dipolen. Diese Kraft ist im allgemeinen die dominierende der drei Kräfte.
- Die Keesom- oder Dipol-Dipol-Wechselwirkung zwischen zwei Dipolen.
- Die Debye-Wechselwirkung zwischen einem Dipol und einem polarisierbaren Molekül, also einem induzierten Dipol.

Häufig ist mit dem Begriff der van der Waals-Kraft die Londonsche Dispersionswechselwirkung gemeint.

Herkunft der Dipole Allen drei Kräften gemein ist eine Ladungstrennung (Dipol-Bildung), die sich in beiden Partnern vollzieht und in diesen zu Dipolmomenten führt.

Aus unserer eher oberflächlichen Sicht, die wir im Rahmen dieses Buches einnehmen wollen, ist es dabei unerheblich, ob es sich um permanente oder temporäre Dipole handelt.

Permanente Dipole entstehen durch die unterschiedlichen Elektronegativitäten der Atome und damit Ladungsdichten im Molekül, z. B. in sauerstoff- oder stickstoffhaltigen Verbindungen (Hydroxyl- und Aminogruppen, Carbonylgruppen, Nitrile). Ein bekanntes Beispiel für dipol-basierte Wechselwirkungen sind die Wasserstoffbrückenbindungen.

Temporär entstehen Dipole, da Elektronen – im Teilchenbild betrachtet – in *sehr* kleinen Zeitintervallen an einem Ort lokalisiert sind, und femtosekundenweise eine Ladungstrennung auftritt, auch wenn das Molekül im zeitlichen Mittel neutral ist (spontane Polarisation). Sie treten z. B. bei der Wechselwirkung von unpolaren Proteinen in Kaseinfarben ►Abschnitt 7.5.3 oder bei der Haftung von Farbstoffen auf Nylonfasern und Polyethenfolien auf, ►Kapitel 5 auf S. 409.

Dipole beider Arten induzieren in ihrer Nachbarschaft ebenfalls eine Ladungstrennung und ein Dipolmoment: der Ur-Dipol A erzeugt ein elektrisches Feld, durch das Teilchen B polarisiert wird. Der entstandene Dipol B erzeugt ebenfalls ein elektrisches Feld, das mit dem von A wechselwirkt und zu gegenseitiger Anziehung führt, wenn sich B nach A ausrichtet und sich die Felder konstruktiv überlagern können.

Orbitaldeutung der Wechselwirkung Eine Deutung der van der Waals-Wechselwirkung im Rahmen der Orbitalinteraktionstheorie ist in [194, ch. 3] gegeben: die Wechselwirkung eines räumlich lokalisierten besetzten Orbitals eines Partners mit einem unbesetzten, räumlich weit ausgedehnten Orbital eines zweiten Partners führt zu einer energetischen Absenkung des besetzten Orbitals und damit zu einem Energiegewinn. Mit sinkender Entfernung nimmt diese Absenkung zu, bis besetzte Orbitale beider Partner wechselwirken und eine abstossende Kraft entwickeln.

Reichweite der Wechselwirkung Im molekularen Bereich können van der Waals-Wechselwirkungen durch ein Potential beschrieben werden, das mit der sechsten Potenz des Abstandes der Teilchen abfällt, also rasch kleiner wird und eine Reichweite von wenigen Nanometern hat:

$$V_a(r) = -\frac{k}{r^6} \tag{6.1}$$

Im Lenard-Jones-Potential stellen diese Wechselwirkungen den anziehenden Term dar.

In der Grössenordnung kolloidaler Partikel (einige hundert Nanometer) müssten die anziehenden Kräfte bereits auf einen unmerkbar kleinen Wert gesunken sein. Tatsächlich tritt hier jedoch ein wichtiger Effekt auf: jedes einzelne Atom kann zu einem gewissen Masse additiv mit *allen* Atomen des Partner-Partikels wechselwirken, sodass wir eine *Bündelung* der Dispersionskraft beobachten, die *long-range van der Waals-*

Kraft oder *Hamaker-Kraft* genannt wird und interessanterweise nur etwa quadratisch mit dem Abstand geringer wird [199, pp. 268]:

$$V_a^H(r) = -\frac{k}{r^2} \tag{6.2}$$

Ihre Reichweite liegt in der Grössenordnung von 100 nm, sodass diese Kraft in dispersen Systemen einen entscheidenden Beitrag zur Dynamik liefert, wie wir am Beispiel der Acryl-Dispersionen noch sehen werden, ►Abschnitt 7.9.1 auf S. 649.

Hydrophobe Wechselwirkung

Der Begriff „hydrophobe Wechselwirkung“ wird oft gebraucht, um ein entropisches Phänomen zu umschreiben, nämlich die Tendenz hydrophober Gruppen in Wasser oder wässrigen Lösungen, sich zusammenzulagern, und die damit einhergehende Verringerung der Kontaktfläche zwischen Wasser und den hydrophoben Gruppen.

Die Ursache dieser Aggregation kann entropisch beschrieben werden. An der Grenzschicht eines unpolaren Teilchens zum Wasser bildet sich eine dünne Schicht von Wassermolekülen aus, die im Vergleich zum freien Wasser höher geordnet sind, da alle ihre Wasserstoffbrückenbindungen zum freien Wasser hin gerichtet sind. Dies bedeutet einen Zustand geringer Entropie und eine Einschränkung der Beweglichkeit dieser Wassermoleküle. Unpolare Moleküle, die durch zufällige thermische Bewegung aufeinandertreffen, verkleinern die Grenzschicht, setzen einige zuvor geordnete gebundene Wassermoleküle frei, die Entropie der Lösung inklusive der Aggregate steigt. Der Vorgang ist unumkehrbar, da die Entropie in abgeschlossenen Systemen stets nur zunehmen kann. Immer mehr Teilchen aggregieren, die Aggregate wachsen in ihrer Grösse.

Zusätzlich treten bei der Aggregation auch van der Waals-Wechselwirkungen zwischen den unpolaren Teilchen ein, die zu einem Enthalpie-Gewinn führen. Wir bemerken aber, dass dieser Effekt erst bei großer Annäherung der Teilchen wirksam wird, die eigentlich treibende Kraft ist der Entropiegewinn durch die Freisetzung von Lösungsmittelmolekülen von den hydrophoben Grenzflächen.

6.2 Lösungsmittel

Lösungsmittel sind nur während der Verarbeitungsphase notwendig und entweichen nach dem Farbauftrag beim Trocknen. Sie stellen zusammen mit dem Bindemittel bestimmte Verarbeitungseigenschaften ein, zu denen vor allem die Viskosität gehört. Diese wird primär vom Bindemittel vorgegeben, kann aber durch den Zusatz von Lösungsmitteln oder Verdickern modifiziert werden. Wir werden bei Bedarf Lösungsmitteln bei einzelnen Malsystemen besprechen.

6.3 Netz- und Dispersionshilfsmittel, Anreiben von Farben

Netzmittel spielen eine wichtige Rolle bei der Herstellung (Anreiben) von Farben und ihrer Lagerung. Sie helfen beim Benetzen von Pigmenten mit Bindemitteln und stabilisieren die gewonnenen Pigmentdispersionen, indem sie Ausflockung, Aggregation oder Sedimentation von Pigmenten verhindern. In der Folge erhalten wir eine einheitliche Oberfläche der Malschicht mit gleichmäßigem Glanz, Transparenz und anderen optischen Eigenschaften.

Einen Hinweis auf die Bedeutung des Anreibens hat wohl jeder erhalten, der sich einmal als Anfänger eine Farbe selber angemischt hat. Ich selber hatte dieses Erlebnis beim Versuch, eine Ölfarbe herzustellen. Das Einrühren des Pigments in das Leinöl war unproblematisch, und bald hatte ich eine dicke Paste produziert, die aussah wie Ölfarbe, roch wie Ölfarbe und sich mit dem Pinsel aufnehmen ließ wie Ölfarbe. Groß war mein Schrecken daher, als die Farbe auf der Leinwand buchstäblich zu Staub wurde und nur einen Schmutzfleck auf der Leinwand hinterließ.

Was war passiert? Das Einrühren des Pigments in Öl hatte zwar eine dicke Paste erzeugt, aber ich hatte keinerlei Verbindung zwischen Pigment und Öl geschaffen, es fehlte eine Bindung zwischen Bindemittel und Pigmentpartikel. Die Chemie liefert Erklärungen und Hilfsmittel, um hochwertige Farben zu erzeugen, wir müssen dazu die Schritte des Anreibens genauer betrachten [174, Kap. 4], [202, 203], [169, Kap. 4.3.2]:

- Benetzen des Pigmentpulvers.
- Zerteilen von Aggregaten und Agglomerationen und Dispergieren der Primärpartikel.
- Langfristiges Stabilisieren der dispergierten Teilchen.

Zu Beginn liegt das Pigment als Pulver in Luft vor. Zur erfolgreichen Herstellung von Farbpasten müssen wir das Pulver vollständig mit dem Bindemittel *benetzen*, also die Grenzflächen Luft-Pigment durch Wasser-Pigment ersetzen.

Die Adsorptionsenergie der Lösungsmittel reicht oftmals nicht aus, um die zur Bildung der neuen Grenzflächen erforderliche Energie spontan aufzubringen. Durch das Anreiben bringen wir mechanische Energie in das System und unterstützen die Benetzung.

Selbst ein vom Hersteller als Pulver geliefertes Pigment besteht mikroskopisch betrachtet aus großen Ansammlungen von Molekülen. Bei der Herstellung von Pigmenten erhalten wir nicht unmittelbar isolierte Moleküle, sondern diese neigen dazu, kompakte Aggregate aus vielen Molekülen zu bilden. Dies ist besonders bei planar gebauten organischen Molekülen zu sehen, die sich flach aufeinanderstapeln. Durch die räumliche Nähe erzeugen die schwachen Wechselwirkungen, die die Aggregate zusammenhalten, große Kräfte, die Aggregate sind sehr stabil. Aber auch im supramolekularen Bereich sind schwache Wechselwirkungen aktiv. Pigmente, die nicht unmittelbar synthetisiert, sondern mineralisch gewonnen und fein gemahlen werden, bilden über schwache Wechselwirkungen größere Komplexe, die Agglomerationen. Diese sind nicht flächig, sondern über Ecken und Kanten der Teilchen verknüpft und weisen weniger starken Zusammenhalt auf, dafür besitzen sie eine große Anzahl an Hohlräumen, die Luftblasen enthalten. Die eigentliche Grenzfläche zur Luft, die benetzt werden müssen, sind also erheblich größer als die auf den ersten Blick sichtbaren.

Durch Anreiben *zerlegen* wir diese, bereits vom Lösungsmittel benetzten Agglomerationen und Aggregationen in möglichst kleine Bruchstücke (Primärpartikel). Die mechanische Energie, die wir durch Reiben zuführen, bleibt zum größten Teil als Oberflächenenergie in der stark vergrößerten Oberfläche der Pigmentdispersion erhalten. *Dispergieren* ist also der Vorgang der Überwindung der anziehenden Kräfte innerhalb der Aggregationen, und der Ausbildung neuer Grenzflächen zwischen dem Pigment und dem Lösungsmittel.

Ähnlich wie eine Dispersion zur Ausflockung neigt, tendieren auch die dispergierten Pigmentteilchen zur Reaggregation. Um eine dauerhafte Farbpaste zu erzeugen, müssen wir diese unterbinden und die Pigmentdispersion *stabilisieren.*

6.3.1 Netzmittel

Additive können alle Schritte unterstützen: Benetzungshilfsmittel (*wetting agents*), etwa Tenside, verringern die Grenzflächenspannung und damit die nötige Energie zur Bildung der Grenzfläche zum Lösungsmittel in Schritt 1. Dispersionshilfsmittel und -stabilisatoren (*dispersants*) helfen, beim Anreiben die in Schritt 2 gewonnenen Primärpartikel zu trennen und sie vor der Reaggregation zu bewahren. Langfristig erhalten sie damit den dispergierten Zustand in Schritt 3 aufrecht.

Theoretische Behandlung

Die theoretische Behandlung des Benetzungsvorganges zeigt, daß die wesentliche Größe, die für eine gute Benetzung des Pigments nötig ist, der *Kontaktwinkel* θ ist. θ ist der Winkel, den ein Tropfen des Bindemittel mit der Pigmentoberfläche bildet (►Abbildung 8.11), es gilt die Gleichung von Young [169, Kap 4.3.2.3], [202, Ch. 3], [203]:

$$\gamma_F = \gamma_{FL} + \gamma_L \cos\theta \quad \text{oder} \quad \cos\theta = \frac{\gamma_F - \gamma_{FL}}{\gamma_L} \tag{6.3}$$

Die γ_F, γ_L, γ_{FL} sind die Oberflächenspannungen von Feststoff (F) und Lösungsmittel (L) resp. die Grenzflächenspannung zwischen beiden. Je kleiner θ, desto besser ist die Benetzung, wie ►Abbildung 6.4 zeigt: Eine spontane Benetzung findet für $\theta = 0$ statt, das Lösungsmittel breitet sich spontan über die gesamte Oberfläche des Feststoffs aus (links). Für $0^\circ < \theta < 90^\circ$ ist der Feststoff gut benetzbar (Mitte), bei $90^\circ \leq \theta < 180^\circ$ ist der Stoff schlecht benetzbar, das Lösungsmittel perlt ab (Mitte rechts). Im Fall $\theta = 180^\circ$ (rechts) ist der Stoff überhaupt nicht mehr benetzbar, das Lösungsmittel bildet geschlossene Tropfen.

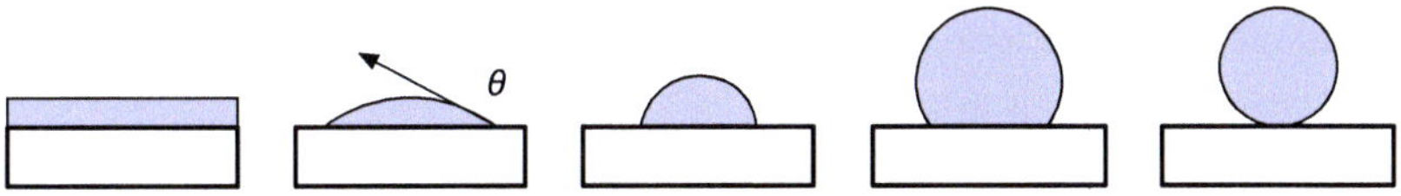

Abb. 6.4: Einfluß des Kontaktwinkels θ auf die Benetzung einer Oberfläche mit einem Lösungsmittel (blau). Links: spontane Benetzung bei $\theta = 0$, das Lösungsmittel breitet sich spontan aus. Mitte: gute Benetzung bei $0^\circ < \theta < 90^\circ$, schlechte Benetzung bei $90^\circ \leq \theta < 180^\circ$, das Lösungsmittel perlt ab. Rechts: bei $\theta = 180^\circ$ keine Benetzung, das Lösungsmittel bildet geschlossene Tropfen.

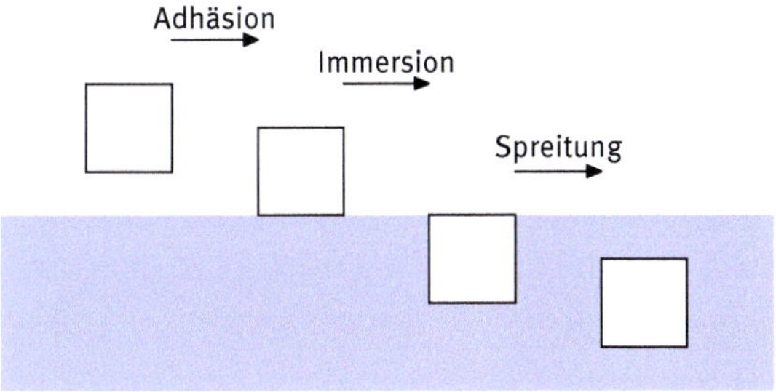

Abb. 6.5: Die drei Modellschritte bei der Benetzung eines Pigments (weiße Box) durch ein Lösungsmittel (blau): Adhäsion (Kontakt zwischen Pigment und Lösungsmittel), Immersion (vollständiges Eintauchen des Pigments in die Flüssigkeit) und Spreiten (Ablösung des Pigments von der Grenzfläche zur Luft) (gezeichnet nach [174, Kap. 4]).

Eine spontane Benetzung erfolgt, weil das System dadurch einen Energiegewinn erzielt. Wir können die Arbeit, die zur Benetzung oder Dispergierung eines Pigments mit der Oberfläche A notwendig ist, in drei Schritte unterteilen und für jeden den Energieumsatz berechnen, ►Abbildung 6.5. Bei der *Adhäsion* kommt die Pigmentoberfläche in Kontakt mit dem Lösungs- und Bindemittelgemisch. Die *Immersion* beschreibt das vollständige Eintauchen des Pigments in die Flüssigkeit, das *Spreiten* die Ablösung des Pigments von der Grenzfläche zur Luft. Die Energieaufwände für jeden dieser Schritte können wir durch die jeweils auftretenden Grenzflächenenergien beschreiben:

$$W_a = \gamma_{FL} - (\gamma_L + \gamma_F) = -\gamma_L(\cos\theta + 1) \tag{6.4}$$

$$W_i = 4\gamma_{FL} - 4\gamma_F = -4\gamma_L \cos\theta \tag{6.5}$$

$$W_s = (\gamma_{FL} + \gamma_L) - \gamma_F = -\gamma_L(\cos\theta - 1) \tag{6.6}$$

$$W_d = W_a + W_i + W_s = -6\gamma_L \cos\theta \tag{6.7}$$

Wir sehen, daß die Adhäsion immer automatisch erfolgt ($W_a < 0$, Energiegewinn), die Immersion nur, wenn $\theta < 90°$, und die Spreitung nur bei $\theta = 0°$. In den anderen Fällen ist ein hoher Arbeitsaufwand notwendig, um die vollständige Benetzung zu erreichen. Wir erkennen aber auch, daß diese Situation durch Reduktion von θ verbessert werden kann. Mit Hilfe von ►Gleichung 6.3 sehen wir, daß dazu γ_L verringert werden muß:

$$\underbrace{\gamma_F}_{=\text{const}} = \underbrace{\gamma_{FL}}_{\approx\text{const}} + \underbrace{\gamma_L}_{\text{änderbar}} \quad \underbrace{\cos\theta}_{\text{soll: von } -1 \text{ auf } +1 \text{ ändern}} \tag{6.8}$$

In der Gleichung ist γ_F eine Konstante, die vom Pigment abhängig ist, und γ_{FL} ungefähr konstant, wenn wir annehmen, daß ein Netzmittel im wesentlichen die Eigenschaften des Lösungsmittels ändert. Beide Parameter können wir nicht oder nur auf Kosten einer Modifikation der chemischen Struktur des Pigments ändern. Um θ von 180° auf 0° zu ändern, also den Cosinus von −1 auf +1, müssen wir γ_L verringern, die Oberflächenspannung des Lösungsmittels. Mit ►Gleichung 6.7 können wir auch sagen, daß wir durch diese Maßnahme bei gleicher Dispersionsarbeit einen geringeren Kontaktwinkel erhalten. (Unglücklicherweise wird die Tiefe l, bis zu der das Lösungsmittel in einer gegebenen Zeit in die Kapillaren des Pigmentpulvers eindringt, nach der Gleichung von Washburn

$$l = \sqrt{\frac{k \cdot r \cdot \gamma_L \cos\theta}{2\eta}} \tag{6.9}$$

von hoher Porengröße r, geringer Viskosität η und hoher Oberflächenspannung γ_L positiv beeinflußt. Wir können nun zwar ein grobes Pigmentpulver nehmen, müssen aber wie häufig bei der Formulierung von Farben einen Kompromiß zwischen guter Benetzung und akzeptabel schneller Benetzung finden.)

Die Verringerung der Oberflächenspannung eines Lösungsmittel ist die typische Aufgabe eines Tensids. Aufgrund der Ähnlichkeit im Aufbau können daher Hilfsmittel zur Dispersionsstabilisierung auch als Netzmittel wirken, insbesondere die sterisch wirkenden Dispersionshilfsmittel. Häufig genutzt werden z. B. Aerosol OT®oder verzweigtes Natrium-dodecylbenzensulfonat.

Tenside

Tenside oder *Emulgatoren* unterteilen wir je nach ihrer Ladung in anionische, kationische und nicht-ionische Verbindungen [185, Stichwort „Surfactants"], [908]. Kationische Tenside kommen im Umfeld der Malerei nicht vor, wir werden Beispiele jedoch bei der Zusammensetzung von Tinten kennenlernen, ►Abschnitt 8.5.1 auf S. 710. Anionische und nicht-ionische Verbindungen werden dagegen häufig in Formulierungen für Farben eingesetzt [169, Kap. 4.3.2.3]. Generell weisen sie einen kettenförmigen Aufbau mit einem hydrophilen und einem hydrophoben Ende auf, das jeweils zu Wasser resp. dem Polymer- oder Pigmentpartikel eine hohe Affinität zeigt:

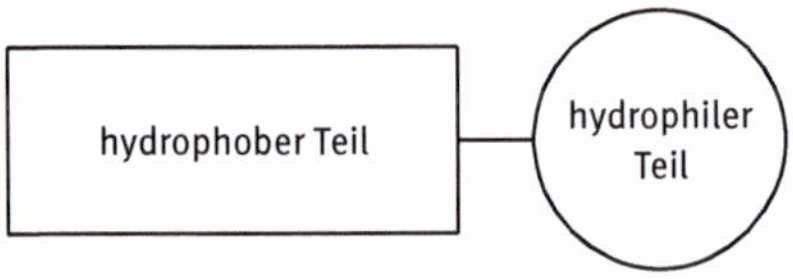

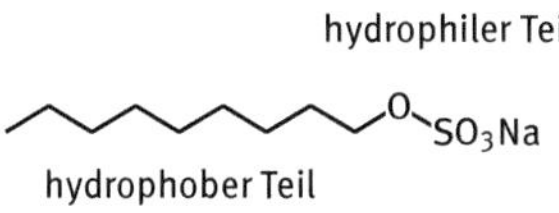

ionisches Tensid

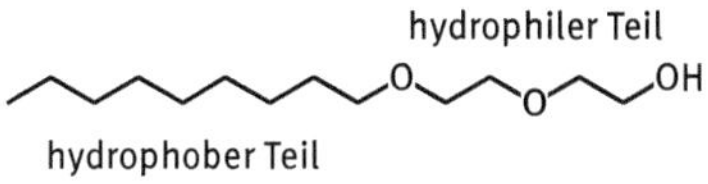

nichtionisches Tensid

Bei geeigneter Konzentration umhüllen Tenside die Partikel vollständig in Igelform (►Abbildung 6.8 und ►Abbildung 6.9 jeweils linke Seite) und unterstützen so das Benetzen der Partikel. Gleichzeitig können sie helfen, die Partikel im dispergierten Zustand zu halten, da ionische Tenside über ihre elektrische Ladung, nichtionische Tenside über ihre sterischen Ansprüche die Neigung der Partikel unterbinden, grössere Einheiten zu bilden. Diese Wirkung als Dispersionshilfsmittel werden wir im nächsten Abschnitt ansprechen.

Als *ionische Tenside* werden Sulfate und Sulfonate von Poly-ethylen-glykolen eingesetzt, die mit Fettsäurealkoholen verethert sind, oder Alkylarylsulfonate. Sulfonatgruppen werden auch über Bernsteinsäureester eingeführt (Sulfosuccinate), wobei lineare oder verzweigte höhere Alkohole (C_{7-18}) zum Einsatz kommen. Gegenionen sind Alkali, Ammonium oder Alkanolamine (Triethanolamin):

Alkyl—O—SO_3Na

Alkyl—$(OC_2H_4)_{10-30}$—O—SO_3Na

Sulfat

Alkyl—$(OC_2H_4)_{10-30}$—SO_3Na

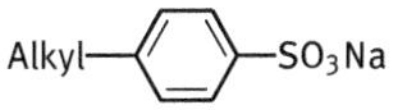

Sulfonat

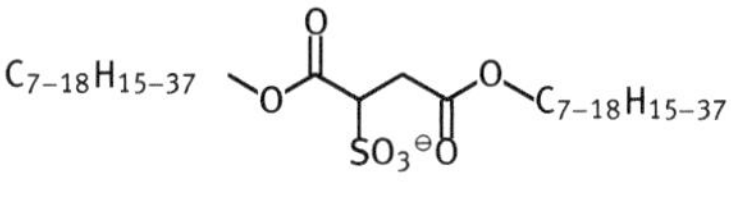

$(Na^{\oplus}, K^{\oplus}, NH_4^{\oplus}, (HOCH_2CH_2)_xNH_{3-x}^{\oplus})$

Sulfosuccinat

Für *nichtionische Tenside* werden ähnliche Substanzen eingesetzt, anstelle der Sulfat- oder Sulfonatgruppe tragen sie jedoch Hydroxylgruppen:

Alkyl—$(OC_2H_4)_{10-30}$—OH

Die ehemals wichtigen Alkylphenolethoxylate werden aus Umweltschutzgründen nicht mehr verwendet. Zu den nichtionischen Tensiden werden auch Betaine gerechnet. Diese Zwittersalze leiten sich von der Aminoessigsäure oder der Aminosäure Glycin ab:

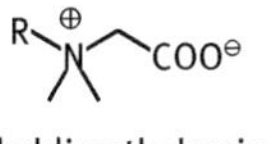

Alkyldimethylamino-
essigsäurebetain

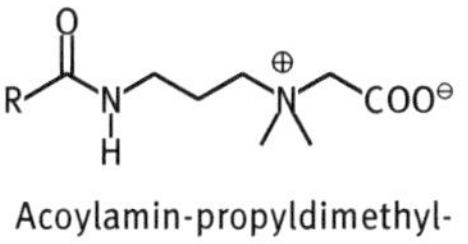

Acoylamin-propyldimethyl-
aminoessigsäurebetain

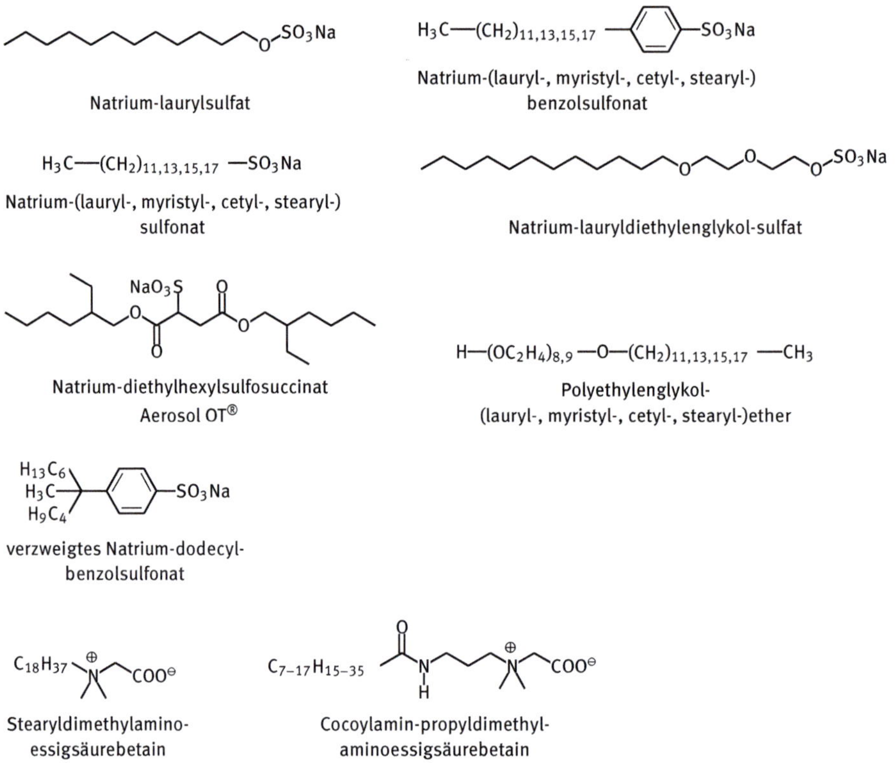

Abb. 6.6: Beispiele ionischer und nichtionischer Tenside: Alkyl- und Alkyl-aryl-sulfate und-sulfonate, Sulfosuccinate und Polyglykole. Die beiden letzten Verbindungen sind nichtionische Betaine.

Gängige, im Handel erhältliche Tenside sind als Beispiele in ►Abbildung 6.6 gezeigt. Die beispielhaften Betaine leiten sich von Stearinsäure und „Kokossäure" ab, einem Gemisch höherer Fettsäuren, das aus Palmöl gewonnen wird.

Gewinnung der Tenside

Glykol-Alkohole Sowohl die hier angesprochenen Lösungsmittel und Tenside wie auch die später noch zu erwähnenden Feuchthaltemittel basieren häufig auf Glykolalkoholen und deren Alkylethern. Diese Verbindungen besitzen einerseits günstige Eigenschaften, und können andererseits einfach großtechnisch dargestellt und ihre Eigenschaften vielfältig variiert werden. Ausgangspunkt zur Darstellung ist Oxiran (Ethylenoxid), das in einem katalytischen Prozess aus Ethen gewonnen wird:

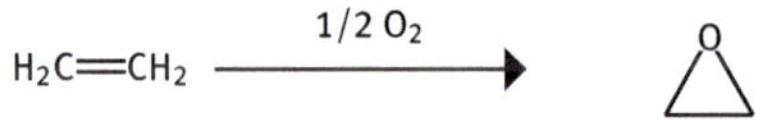

Oxiran, Ethylenoxid

Das entstandene Ethylenoxid wird zu einem großen Teil für die Herstellung von Polyester-Kunststoffen wie Poly-ethen-terephthalat (PET) eingesetzt, ein weiterer großer Teil als Lösungs- und Frostschutzmittel verwendet. Glykolalkohole werden wie folgt dargestellt:

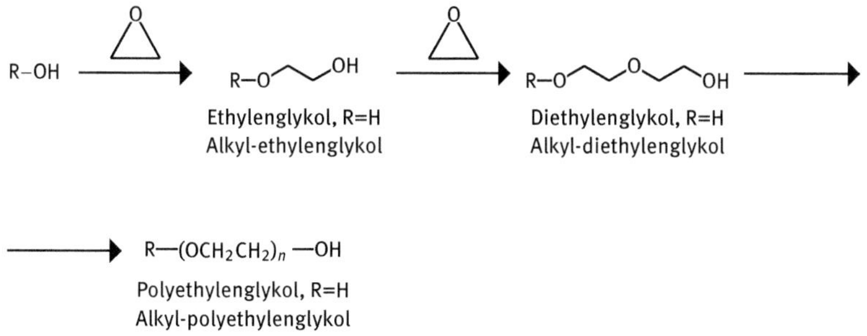

Gehen wir von Alkoholen statt Wasser aus (R ist ein Alkanol oder Alkylphenol), erhalten wir Ethylenglykol-alkylether oder Ethylenglykol-alkylphenyl-ether. In beiden Fällen kann die Reaktion meist so geführt werden, dass nur oder überwiegend Monoglykole, Diglykole oder höhere Glykole entstehen. Wird statt Oxiran Methyloxiran oder Propyl-epoxid eingesetzt, erhalten wir die ebenfalls wichtigen Poly-propylenglykole.

Sulfate, Sulfonate Auch anionische Tenside auf Basis von Sulfaten und Sulfonaten sind billige großtechnische Produkte. Alkan-sulfonate werden via Sulfochlorierung hergestellt:

$$\underset{\text{Alkan}}{\text{Alk—H}} \xrightarrow[-\,HCl\,-\,H_2O]{+\,SO_2\,+\,Cl_2} \text{Alk—}SO_2Cl \xrightarrow[-\,NaCl\,-\,H_2O]{+\,2\,NaOH} \underset{\text{Alkan-sulfonat}}{\text{Alk—}SO_3Na}$$

Zur Darstellung der Alkyl-benzol-sulfonate werden die entsprechenden Alkylbenzole durch Friedel-Crafts-Alkylierung aus Alkenen dargestellt und mit rauchender Schwefelsäure zum Alkylbenozl-sulfonat umgesetzt:

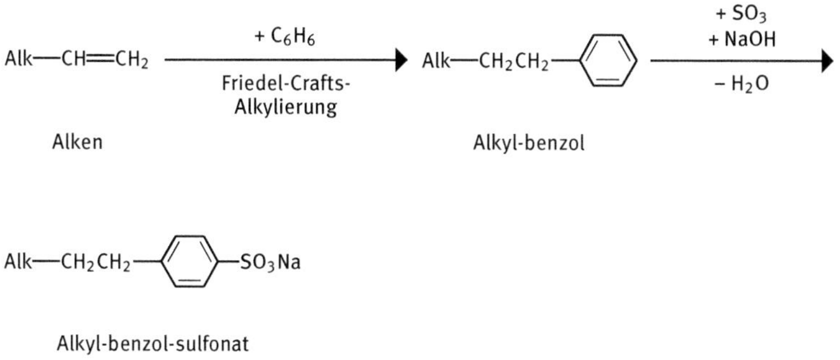

Alkoxy-alkyl-sulfonate können aus Alkoholen und Alkyl-glykolen in einer Etherbildungsreaktion mit Chlor-ethansulfonsäure dargestellt werden:

$$\text{Alk—OH} \xrightarrow[-\,H_2O\,-\,NaCl]{+\,Cl\text{–}CH_2CH_2\text{–}SO_3Na\,+\,NaOH} \text{Alk—OCH}_2\text{CH}_2\text{—SO}_3\text{Na}$$

Alkanol — Alkoxy-alkyl-sulfonat

$$\text{Alk—(OCH}_2\text{CH}_2)_n\text{—OH} \xrightarrow[-\,H_2O\,-\,NaCl]{+\,Cl\text{–}CH_2CH_2\text{–}SO_3Na\,+\,NaOH} \text{Alk—(OCH}_2\text{CH}_2)_{n+1}\text{—SO}_3\text{Na}$$

Alkoxy-alkanol — Alkoxy-alkyl-sulfonat

Auch Alkyl-sulfate können leicht aus Fettalkoholen durch Umsetzung mit rauchender Schwefelsäure, Chlorsulfonsäure oder Schwefeltrioxid erhalten werden:

$$\text{Alk—OH} \underset{-\,H_2O}{\overset{+\,H_2SO_4}{\rightleftharpoons}} \text{Alk—O—SO}_3\text{H} \xrightarrow[-\,H_2O]{+\,NaOH} \text{Alk—O—SO}_3\text{Na}$$

Alkanol — Alkyl-sulfat

$$\text{Alk—OH} \xrightarrow[-\,HCl]{+\,Cl\text{–}SO_3H} \text{Alk—O—SO}_3\text{H} \xrightarrow[-\,H_2O]{+\,NaOH} \text{Alk—O—SO}_3\text{Na}$$

Alkanol — Alkyl-sulfat

$$\text{Alk—OH} \xrightarrow{+\,SO_3} \text{Alk—O—SO}_3\text{H} \xrightarrow[-\,H_2O]{+\,NaOH} \text{Alk—O—SO}_3\text{Na}$$

Alkanol — Alkyl-sulfat

Mit Schwefeltrioxid können wir Alkyl-glykole zum Sulfat umsetzen:

$$\text{Alk—(OCH}_2\text{CH}_2)_n\text{—OH} \xrightarrow[-\,H_2O]{+\,SO_3\,+\,NaOH} \text{Alk—(OCH}_2\text{CH}_2)_n\text{—O—SO}_3\text{Na}$$

Alkoxy-alkanol — Alkoxy-alkyl-sulfat

6.3.2 Dispersionen

Dispergiermittel dienen zur Stabilisierung von *Dispersionen*. Dispersionen stellen einen wichtigen Spezialfall von physikalisch trocknenden Bindemitteln dar, die keine Lösungen sind. Allgemein sind *Dispersionen* Systeme, in denen Partikel in einem homogenen Medium fein verteilt sind, ohne echte Lösungen zu bilden. Viele bekannte Mehrphasensysteme fallen unter den Begriff, wie Nebel (Flüssigkeit fein verteilt in Gas), Rauch (Feststoff in Gas), Suspensionen (Feststoff in Flüssigkeit), Schaum (Gas in Flüssigkeit), Emulsion (Flüssigkeit in Flüssigkeit). Im Zusammenhang mit Künstlerfarben begegnen uns Dispersion in Acrylfarben (Polyacrylat-Suspensionen in einem wäßrigen Lösungsmittel, ►Abschnitt 7.9) und Tinten ►Abschnitt 8, speziell auch ►Abschnitt 8.5.4 auf S. 720. [199, 202, 203] informiert detailliert über die spannende Physik disperser Systeme.

Um zu verstehen, wie Stabilisierung von Dispersionsfarben und Filmbildung ablaufen, müssen wir wissen, welche Vorgänge sich in der Dispersion bei der Annäherung von Partikeln abspielen. Wir wollen als praxisnahes Beispiel eine Acrylfarbendispersion nehmen, die Partikel sind also Acrylatpolymere. Die beteiligten nicht-kovalenten Wechselwirkungen haben wir in ►Abschnitt 6.1.4 bereits angesprochen. Wir nehmen an, daß die Partikel elektrisch geladen sind, was entweder durch die Chemie der Partikel bereits gegeben ist oder durch die Zugabe von geladenen Dispergierungshilfsmitteln erreicht werden kann, ►Abschnitt 6.3.3.

Die Wechselwirkungen zwischen den Partikeln der Acryldispersion werden durch eine Theorie beschrieben, die nach den Erstautoren Deryaguin, Landau, Verwey, Overbeek *DLVO-Theorie* genannt wird. Eine gute Zusammenfassung ist in [199, ch. 9], [200, 202] gegeben. ►Abbildung 6.7(a) zeigt das Wechselwirkungspotential $V_t(r)$ zwischen zwei Partikeln einer Acrylat-Latex-Dispersion für drei verschieden starke elektrostatische Repulsionskräfte. $V_t(r)$ ist eine Funktion des Abstands der Partikel. Nach der DLVO-Theorie können wir die Potentialkurve in mehrere Anteile zerlegen, die einfacher zu beschreiben sind, ►Abbildung 6.7(b):

- Die Dispersions- oder van der Waals-Kräfte besitzen ein anziehendes (negatives) Potential, das in Form der *Hamaker-Kraft* eine Reichweite von ca. 100 nm erreicht und qualitativ eine etwa quadratische Abstandsabhängigkeit zeigt:

$$V_a(r) = -\frac{c}{r^2} \tag{6.10}$$

- Die gleichartige elektrische Ladung der Partikel verursacht ein abstossendes elektrostatisches Potential, das bei sphärischen Partikeln exponentiell abfällt:

$$V_r(r) = \frac{c'}{k} e^{-kr} \tag{6.11}$$

- Bei sehr kleinen Distanzen spüren die Partikel die Bornsche Abstossung $V_B(r)$, die durch die Wechselwirkung der Orbitale miteinander hervorgerufen wird, eine sehr starke Abstandsabhängigkeit zeigt und nur auf kurze Abstände wirkt:

$$V_B(r) = \frac{c''}{r^6} \tag{6.12}$$

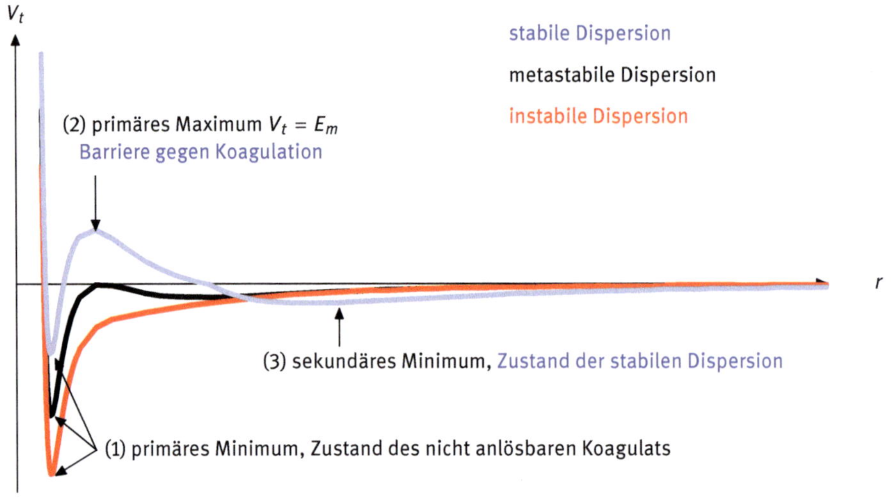

(a) Totale Potentiale.

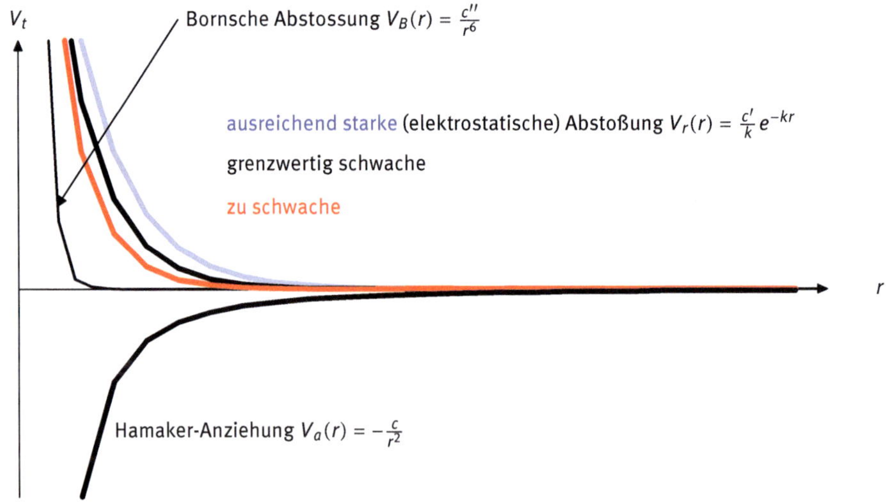

(b) Beiträge der einzelnen anziehenden und abstossenden Potentiale.

Abb. 6.7: Totales Potential zwischen zwei Partikeln einer Dispersion als Funktion des Abstands r. Je nach Grösse der (elektrostatischen) Abstoßung sind das primäre Minimum, das primäre Maximum sowie das sekundäre Minimum zu erkennen. Befindet sich das System im primären Minimum, liegt der nicht wieder anlösbare Film vor, während das sekundäre Minimum die stabile Dispersion beschreibt. Das primäre Maximum stellt die Potentialbarriere dar, die die Koaleszenz verhindert und das System stabilisiert. Damit diese Barriere groß genug ist, um die Koaleszenz bei Umgebungsbedingungen zu verhindern, muß die Abstoßung ausreichend stark sein (hellblaue Linie). Ist sie zu schwach, koaguliert das System selbständig, da es mit kleinerem r ständig an Energie verlieren kann (rote Linie).

Da quadratische Funktionen stärker steigen als exponentielle, ist das anziehende Potential $V_a(r)$ sowohl bei kleinen als auch bei großen r dominant, das heisst, die Anziehung zwischen den Partikeln überwiegt in diesen Bereichen. Ist das abstossende Potential $V_r(r)$ klein, so dominiert V_a sogar für jeden Abstand, es resultiert eine permanente Anziehung. Die Dispersion ist in diesem Falle instabil und koaguliert, da sie mit jeder Annäherung der Teilchen (r wird kleiner) Energie gewinnen kann (V_t wird negativer). Die Koagulation stoppt erst bei dichtester Annäherung der Teilchen, da dann die Bornsche Abstoßung wirksam wird.

Nur für ein hinreichend starkes abstossendes Potential V_r gibt es einen bestimmten Bereich von r, in dem die Abstossung überwiegt und eine Barriere E_m gegen eine weitere Annäherung der Partikel aufbaut (sog. *primäres Maximum*). Diese Barriere kann durch Zufuhr von Energie, z. B. thermischer Energie aus der Brownschen Bewegung, überwunden werden. Bei grösseren Abständen wird V_t wieder negativ und bildet das *sekundäre Minimum* aus, bei kleineren Abständen das *primäre Minimum*.

Was bedeutet der Potentialverlauf $V_t(r)$ konkret für Acryldispersionen? Nähern sich Partikel einander hinreichend (r groß), überwiegen zunächst van der Waal-Kräfte, bis bei (3) ein Gleichgewicht zwischen der elektrostatischen Abstossung und der Anziehung erreicht ist. Dieser Punkt kennzeichnet eine stabile Dispersion.

Bei weiterer Annäherung überwiegt die elektrostatische Abstossung, die Energie steigt bis zu einem Maximum E_m (2). Diese Größe stellt die Barriere gegen die Koaleszenz dar und ist eine wichtige Zahl, die von den Umgebungsbedingungen abhängig ist. Bei hoher Salzkonzentration bspw. liegt sie niedriger, bei ungeladenen Polymerpartikeln existiert sie gar nicht.

Überwinden wir durch äußere Kräfte diese Barriere und nähern die Partikel einander noch mehr an, erreichen wir bei (1) die stabile Endlage, die durch das Wirken der van der Waals-Kräfte gekennzeichnet ist, die auf solche kurzen Distanzen sehr stark sind. Die Dispersion ist jetzt irreversibel koaguliert und kann nicht wieder regeneriert (repeptisiert) werden, da nun nicht nur die Energie zwischen Null und primärem Maximum aufgebracht werden muß, sondern zwischen primärem Minimum und Maximum.

Die Partikel verlieren an dieser Stelle ihre Identität und beginnen zu verschmelzen, womit die Filmbildung einsetzt, ►Abschnitt 7.9.2.

6.3.3 Stabilisierung von Dispersionen, Dispergiermittel

Wie wir soeben gesehen haben, sind Pigment- oder Polymerdispersionen nur unter bestimmten Bedingungen stabil. Während Koaleszenz und Filmbildung bei (1) nach dem Vermalen erwünscht sind, muß das System zuvor, also während Lagerung und Verarbeitung der Acrylfarben, bei (3) als Dispersion stabilisiert werden, um Ausflockung zu vermeiden [199, chap. 2, 5, 9], [202, ch. 4], [169, Kap. 3.2, 4.3.2.4].

Zur Stabilisierung müssen wir den Rückfall (3→1) in den thermodynamisch stabileren Zustand der Flockung durch kinetische Barrieren verhindern und können dabei zwischen mehreren Wegen auswählen:

- Elektrostatische Stabilisierung: wir fügen Elektrolyte zur Dispersion, die eine hohe Affinität zum Polymer aufweisen und dieses mit einer Hülle aus gleichartigen elektrischen Ladungen umgeben. Die geladenen Polymere stossen einander ab. Mit dieser Methode erhöhen wir die Barriere E_m.
- Sterische Stabilisierung: wir fügen *Schutzkolloide* hinzu, die abschnittsweise abwechselnd eine hohe Affinität zum Polymer und zum Wasser haben. Die hydrophilen Abschnitte sind sehr raumgreifend gestaltet. Die Polymere gewinnen auf diese Weise eine sperrige oder „haarige“ Oberfläche, mit der die Partikel auf Abstand gehalten werden. Auch hiermit erhöhen wir E_m durch zusätzliche Abstoßungsterme.
- Wir fügen Tenside (Emulgatoren) hinzu, die die Oberflächenspannung der Polymerpartikel erheblich verringern.

  Zur Gesamtenergie des Polymersystems trägt die Oberflächenenergie der Polymerpartikel nach

  $$U_O = \gamma \times A \tag{6.13}$$

  (γ Oberflächenspannung, A Oberfläche) bei. Je kleiner diese Partikel, desto größer ihre Oberfläche und die Oberflächenenergie. Das System kann seine Gesamtenergie verringern, wenn es die Oberfläche verkleinert und aus vielen kleinen Partikeln in der Dispersion wenige große bildet. Von außen nehmen wir dies als Koagulation, Flockung, Phasentrennung oder Ausfällung der Feststoffe wahr. Dabei nähern sich die Polymere, die van der Waals-Kräfte sorgen für weitere gegenseitige Adsorption der Partikel.

  Durch den Zusatz wird die Oberflächenenergie des Systems nach ►Gleichung 6.13 stark herabgesetzt und der mögliche Energiegewinn bei einer Flockung verringert. Das Partikelsystem kann die Barriere E_m nun nicht aus eigener Kraft mit Hilfe dieses Energiegewinns überwinden.

Elektrostatische Stabilisierung

Die elektrostatische Stabilisierung von Dispersionen beruht auf der Bedeckung der Polymerpartikel mit gleicher elektrischer Ladung durch Zugabe ionischer Verbindungen, ►Abbildung 6.8. Einfache Verbindungen verfügen über eine hydrophobe Haftgruppe und ein hydrophiles Ende, sie entsprechen damit den ionischen Tensiden, die wir in ►Abschnitt 6.3.1 besprochen haben, und zeigen, dass diese Dispersionshilfsmittel auch gleichzeitig als Netzmittel wirken können. Beispiele solcher Tenside sind Alkyl-polyethoxy-sulfonate, Alkyl-polyethoxy-sulfate, Alkylbenzol-sulfonate mit Kettenlängen n zwischen 10–30, oder Polyphosphorsäure.

Polymertenside besitzen mehrere hydrophobe und hydrophile Abschnitte, ein Beispiel ist Polyacrylsäure PAA, die als Kalium-, Natrium- oder Ammoniumsalz einge-

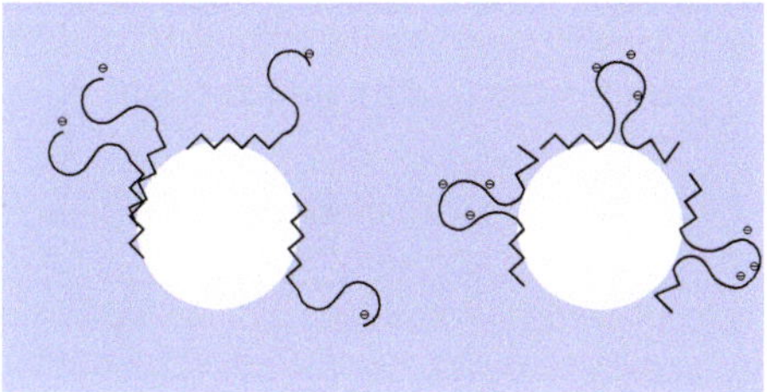

Abb. 6.8: Elektrostatische Stabilisierung von Polymer- oder Pigmentdispersionen. Die Partikel sind igel-artig mit ionischen Tensiden bedeckt. Links einfache Tenside, rechts Polymertenside mit abwechselnd hydrophilen und hydrophoben Abschnitten. Das Symbol ⊖ symbolisiert geladene, hydrophile Köpfe oder Kettenabschnitte, Zickzackabschnitte hydrophobe Kohlenwasserstoffketten.

setzt wird und durch Copolymerisierung mit Acrylsäureestern hydrophile und hydrophobe Abschnitte erhält. Solche Polymere wirken teilweise auch durch ihre sterischen Ansprüche stabilisierend.

Im Falle von Polymerdispersionen ist es möglich, Ladungen durch Copolymerisation mit geeignetem geladenen Monomeren in der Polymerkette selber einzubringen. Ein solches Monomer ist Acrylsäure, die in geeignetem Milieu anionisch geladen ist (Acrylat-Anionen).

Die hydrophoben Enden der Tenside werden am Polymer adsorbiert (z. B. über van der Waals-Wechselwirkungen), während ihre hydrophilen (geladenen) Enden in das wässrige Lösungsmittel ragen und die Ladungsschicht aufbauen. Zur Kompensation der Ladung bilden die Gegenionen ausserhalb der geladenen Polymerpartikel eine gegensinnig geladene Wolke, sodass wir eine elektrisch geladene Doppelschicht mit diffusem Verlauf nach außen erhalten. Die elektrostatische Abstoßung treibt gleichartige Ladungswolken und damit auch Polymerpartikel auseinander und stabilisiert die Dispersion auf diese Weise.

Da die elektrischen Verhältnisse leicht von externen Faktoren beeinflusst werden, dürfen wir einer solcherart stabilisierten Dispersion nicht ohne weiteres Elektrolyte wie Salze, Säuren oder Basen zugeben, da sonst Ladungsverteilung und Schichtaufbau verändert oder zerstört wird. Die Folge wäre eine Koaleszenz der Dispersion.

Sterische Stabilisierung

Diese Methode der Dispersionsstabilisierung beruht auf der Umhüllung des Polymers mit nichtionischen Tensiden oder Schutzkolloiden, ►Abbildung 6.9. Als Tenside werden Alkyl-polyglykole genutzt, mit einer Kettenlänge n zwischen 10–50 sind sie deutlich größer als ionische Tenside.

Wiederum zeigen die hydrophilen Teile dieser Moleküle Affinität zur wässrigen Phase, während hydrophobe Teile zum Polymer orientiert sind (z. B. aufgrund von van der Waals-Wechselwirkungen) und dieses dicht bedecken. Diese Schutzschicht ist im Vergleich zum Partikel dünn: während Pigment- und Latexpartikel eine Größe

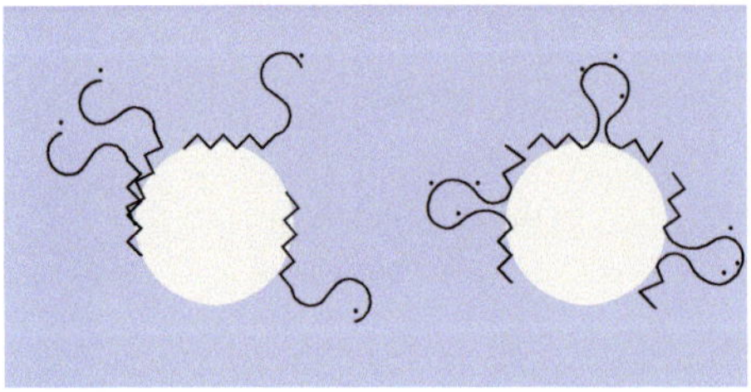

Abb. 6.9: Sterische Stabilisierung von Polymer- oder Pigmentdispersionen: die dispergierten Partikel sind igel-artig mit nicht-ionischen Tensiden oder Schutzkolloiden bedeckt. Links einfache Tenside, rechts Schutzkolloid mit hydrophilen und hydrophoben Abschnitten. Die dunklen Punkte • symbolisieren hydrophile Köpfe oder Kettenabschnitte, die Zickzackabschnitte hydrophobe Kohlenwasserstoffketten.

von ca. 0,1–10 µm aufweisen, ist die Schutzschicht ca. 20 nm dick. Auch hier können wir einfache oder polymere Stabilisatoren einsetzen. Als Triebkräfte für diese Art der Stabilisierung werden zwei Mechanismen diskutiert, die beide eine zu große Annäherung der dispergierten Polymerpartikel verhindern:

- Bei der Annäherung zweier Partikel durchdringen sich die Schichten der Stabilisatoren und schränken die konformative Beweglichkeit der Stabilisator-Moleküle ein. Durch die steigende Ordnung sinkt die Entropie und die innere Energie des Systems steigt. Die Höhe dieser Energieschwelle stellt die Hürde gegen eine Aggregation der Polymerpartikel dar.
- Beim gegenseitigen Durchdringen der Stabilisatorschichten steigt die Konzentration des Stabilisators an, es werden Lösungsmittelmoleküle aus dem Überlappungsraum verdrängt. Wenn das Stabilisierungsmittel eine hohe Löslichkeit im Lösungsmittel besitzt, versuchen Lösungsmittelmoleküle, es wieder zu lösen, damit ungünstige Stabilisator-Stabilisator-Kontakte zugunsten von Stabilisator-Lösungsmittel-Kontakten geknüpft werden können. Das Lösungsmittel entwickelt einen osmotischen Druck, der die trennende Kraft darstellt.

Schutzkolloide

Schutzkolloide sind im Gegensatz zu Tensiden hochmolekulare Verbindungen, die jedoch ebenfalls hydrophile und hydrophobe Abschnitte aufweisen. Anstelle einer Vielzahl kleiner Tensidmoleküle umgeben einige dieser großen Moleküle des Schutzkolloids die Polymerpartikel. Beispiele sind Polyvinylalkohol (PVOH), Poly-(vinyl-2-pyrrolidon) (PVP), Zelluloseether wie Hydroxyethyl-zellulose (HEC) und Polyacrylate wie Polymethacrylsäure (pMAA) ►Abbildung 6.10.

Copolymere auf Basis von Acrylsäure/Acrylsäureester können je nach Verhältnis der Monomere als Polymertensid oder Schutzkolloid angesehen werden. [804] zeigt am Beispiel eines Dispergierhilfsmittels für moderne pigmentierte Inkjettinten, wie Blockcopolymere p(A-B) aus hydrophoben (A) und hydrophilen (B) Blöcken

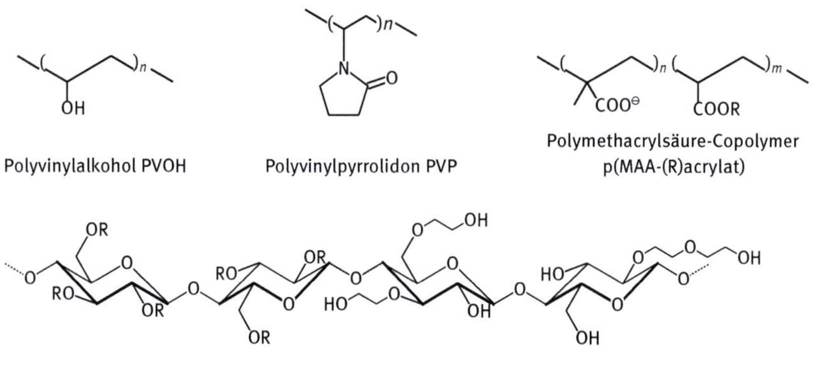

Hydroxyethylzellulose HEC, R=$((CH_2CH_2O)_nH)_x(H)_{1-x}$

Abb. 6.10: Beispiele für Schutzkolloide (nichtionische Verbindungen) und Polymethacrylsäure als Beispiel eines polymeren Tensids.

aufgebaut werden. Der hydrophobe A-Block p(MMA/BMA/EHMA) enthält als Comonomere Methylmethacrylat, Butylmethacrylat oder Ethylhexylmethacrylat, die an das hydrophobe Pigment oder Partikel binden. Der hydrophile B-Block wird durch Einschluß von Acryl- oder Methacrylsäure in einen Block aus denselben Monomeren hervorgerufen, B=A/AA/MAA. Dieser hydrophile Bereich reicht in die wässrige Phase.

Durch Zusammensetzung und Größe der A- und B-Blöcke können Polyacrylate flexibel angepaßt und räumlich anspruchsvolle Polymere mit weiten hydrophilen Schlaufen zur sterischen Stabilisierung gebildet werden, oder geladene Bereiche zur ionischen Stabilisierung.

6.4 Verdicker, Rheologiemodifizierer

Verdicker und Rheologiemodifizier dienen dazu, Viskosität und Fließeigenschaften der Farbe entsprechend den Verarbeitungsanforderungen einzustellen. Typische Mittel sind anorganische Stoffe (hauptsächlich Silikate), oder organische Polymere (Polyacrylate, Polyvinylpyrrolidon, Polyurethane, Zellulosederivate). [169, Kap. 4.3.1] beschäftigt sich ausgiebig mit Rheologie in Verbindung mit Farben. Eine verdickende Wirkung erzielen wir durch zwei Verfahren:

– Hydrogelbildner (►Abbildung 6.11 links) erhöhen die Viskosität wäßriger Systeme. Sie wirken verdickend, weil sie die wäßrige Phase strukturieren und damit ihr eigenes hydrodynamisches Volumen vergrößern. Genutzt wird das Dipolmoment der Wassermoleküle, die an den polaren Gruppen des Verdickers adsorbiert werden und auch Wasserstoffbrücken ausbilden.
  Da die entstandenen Wasserstoffbrücken bei hinreichend großer Scherkraft aufgebrochen werden, sind die entstandenen Gele häufig *strukturviskos*. Sie werden

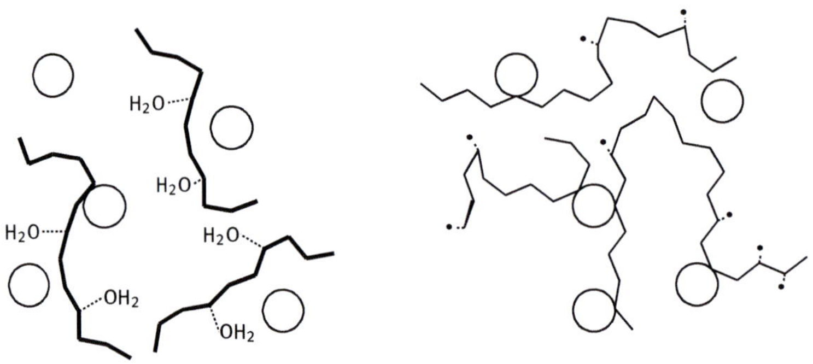

Abb. 6.11: Zwei Möglichkeiten der Verdickung: Hydrogele (links) strukturieren die wäßrige Phase und vergrößern ihr hydrodynamisches Volumen. Assoziative Verdicker (rechts) strukturieren die Bestandteile der Farbe (Pigmente, dispergierte Bindemittelpolymere) und bilden mit ihnen ein Netzwerk. Weiße Kreise: Polymerpartikel, schwarze Punkte: Pigment.

bei einer Beanspruchung durch äussere Kräfte (Streichen, Spritzen, Umrühren) dünnflüssig und gewinnen ihre Zähigkeit zurück, sobald die äussere Kraft nachlässt. Erfolgt diese Viskositätsänderung nicht sofort mit dem Einsetzen oder Nachlassen der Kraft, sondern verzögert, sprechen wir von *thixotropem* Verhalten.

- Assoziative Verdicker (►Abbildung 6.11 rechts) sind hydrophile Polymere mit hydrophoben Teilbereichen und beziehen im Gegensatz zu Hydrogelbildern nicht das Lösungsmittel, sondern die anderen Partikel der Farbe ein, wie Pigmente oder dispergierte Bindemittel-Polymere. Während das Verdickerpolymer sich im Wasser entknäult, werden die hydrophoben Bereiche an anderen Verdickerpolymeren, Pigmenten und Bindemittelpolymerpartikeln adsorbiert und bilden so ein Netzwerk, das alle Bestandteile außer Wasser umfasst.

Hydrogelbildner

Hydrogelbildner strukturieren die wäßrige Phase und vergrößern damit ihr eigenes hydrodynamisches Volumen, ►Abbildung 6.11 links [169, Kap. 4.3.1.2.1.1]. Gleichzeitig können Hydrokolloide als Schutzkolloid wirken. Beispiele sind

- Zelluloseether
- weitere Polysaccharide (Stärke, Guaran, Xanthan)
- Homopolymere der unveresterten Acrylsäure p(AA).

Zellulose-basierte Hydrogelbildner Bei zellulose-basierten Hydrogelbildnern handelt es sich um Zellulose, die durch Kochen mit Natronlauge zunächst in das Natriumhydroxylat überführt wurde. Anschliessende Behandlung mit Chlorethan, Ethylenoxid, Propylenoxid oder Chloressigsäure führt zu Ethern von Ethanol, Propandiol oder Essigsäure [169, Kap. 4.3.1.2.1.1.1]. Die Veretherung findet bevorzugt an der primären Hydroxylgruppe C^6 statt, dann an C^2 und C^3. Die bei der Reaktion von Ethylenoxid mit primären Hydroxylgruppen entstehenden Hydroxyethyl-ether können weiter zu Polyethoxy-ethern reagieren [798]. Kommerziell sind Zelluloseether in Produkten wie Klucel® E oder Tylose® zu finden:

- Methylzellulose (MC)
- Methylhydroxyethylzellulose (MHEC, Tylose® MH [932])
- Methylhydroxypropylzellulose (MHPC, Tylose® MO [932])
- Hydroxyethylzellulose (HEC, Tylose® H, HS, HA [932])
- Hydroxypropylzellulose (HPC, Klucel® [930])
- Natrium-carboxymethylzellulose (NaCMC) oder Natrium-carboxymethyl- hydroxyethylzellulose (NaCMHEC)

Wie die Formelbilder zeigen, werden nur einige Hydroxylgruppen der Zellulose verethert, die genaue Zahl bestimmt die Eigenschaften der einzelnen Produkte. Typischerweise sind 0,8–1,3 der drei freien Hydroxylgruppen verethert:

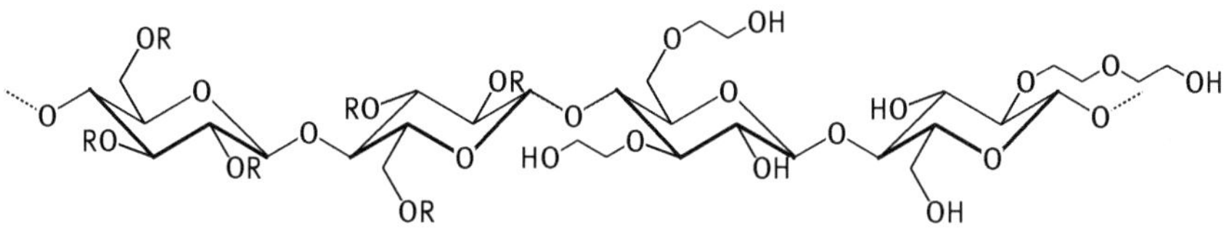

Hydroxyethylzellulose HEC, R=$((CH_2CH_2O)_nH)_x(H)_{1-x}$

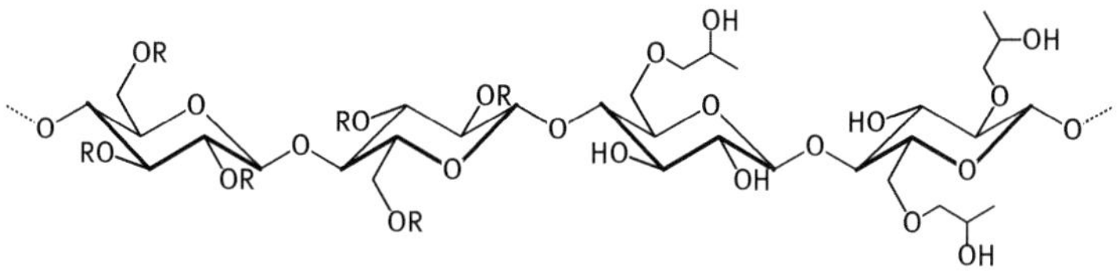

Hydroxypropylzellulose HPC, R=$(CH_2CH(OH)CH_3)_x(H)_{1-x}$

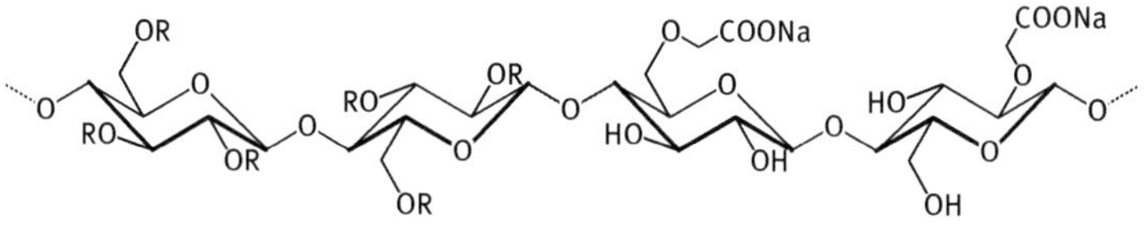

Carboxymethylzellulose NaCMC, R=$(CH_2COONa)_x(H)_{1-x}$

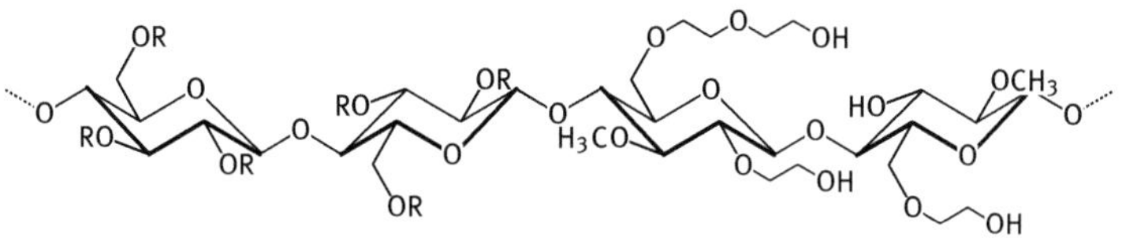

Methylhydroxylethylzellulose MHEC, R=$((CH_2CH_2O)_nH)_x(CH_3)_y(H)_{1-x-y}$

Die gezeigten Modifikationen der Zellulose sind notwendig, um sie in eine anwendbare wasserlösliche Form zu überführen. Im Normalzustand ist Zellulose wasserunlöslich, da sich mehrere Zelluloseketten seilartig zusammenlagern können, ►Abschnitt 6.7.1 auf S. 482. Hydroxylgruppen verstärken durch Ausbildung zahlreicher Wasserstoffbrücken den Zusammenhalt und verleihen den Strängen hohe Festigkeit. Auf dieser Fähigkeit der Zellulose, mikro-kristalline Addukte zu bilden, beruht ihr Vorkommen in vielen natürlichen Strukturmaterialien wie Holz, Zellwänden oder altbackenem Brot. Durch die Veretherung wird die wasserunlösliche Zellulose in eine lösliche Form überführt, da die Ether Hydroxylgruppen blockieren. Damit wird die Bildung von Wasserstoffbrücken und die Zusammenlagerung der Stränge zu unlöslichen Addukten verhindert.

Zelluloseether erhöhen die Viskosität der wäßrigen Phase, indem Wassermoleküle entlang der Ketten adsorbiert werden und sich damit deren hydrodynamisches Volumen stark vergrößert. Die Viskosität steigt mit dem Molekulargewicht der Zelluloseether und der Konzentration und fällt mit der Temperatur. Zelluloseknäuel können durch hohe Scherkräfte entwirrt und längs der Richtung der Kraft ausgerichtet werden, sodass zelluloseverdickte Lösungen stark strukturviskos sind. Sie werden dünnflüssiger bei Beanspruchung durch äussere Kräfte, wie sie beim Vermalen, Rollen, Spritzen oder Umrühren auftreten. Diese Eigenschaft ist bei hohen Polymerisationsgraden noch stärker ausgeprägt.

Stärke Stärke wird als Stärkekleister zur Verdickung genutzt [169, Kap. 4.3.1.2.1.1.2]. Da Amylose beim Abkühlen zur Bildung von Kristalliten neigt, wird Stärke mit Ethylenoxid oder Propylenoxid modifiziert. Die resultierende Hydroxyethyl- (HES) oder Hydroxypropylstärke (HPS) ist leicht wasserlöslich und stabil.

Polyacrylsäure-basierte Hydrogelbildner Auch Homopolymere aus freier Acrylsäure (PAA) oder Methacrylsäure (PMAA) können als Hydrogelbildner wirken [169, Kap. 4.3.1.2.1.2]. Polyacrylsäure adsorbiert Wassermoleküle entlang der Kette und vergrössert auf diese Weise ihr hydrodynamisches Volumen. Durch Copolymerisation p(AA/MAA-EA) von Polyacrylsäure mit Acrylsäureestern wie Ethylacrylat wird die Polyacrylsäure teilweise hydrophobiert und das Ausmaß, in dem Umgebungswasser strukturiert wird, gesteuert.

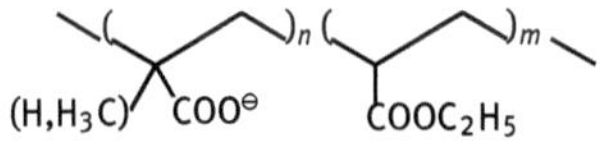

ASE Verdicker p(AA/MAA-EA)

ASE 60®ist eine kommerzielle, partiell hydrophobierte Polyacrylsäure auf Basis eines Copolymers von Methacrylsäure mit Ethylacrylat p(MAA-EA), ►Abbildung 6.12 [929]. ASE steht für *alkali soluble emulsion* und ist in der Lieferform eine saure, dünnflüssi-

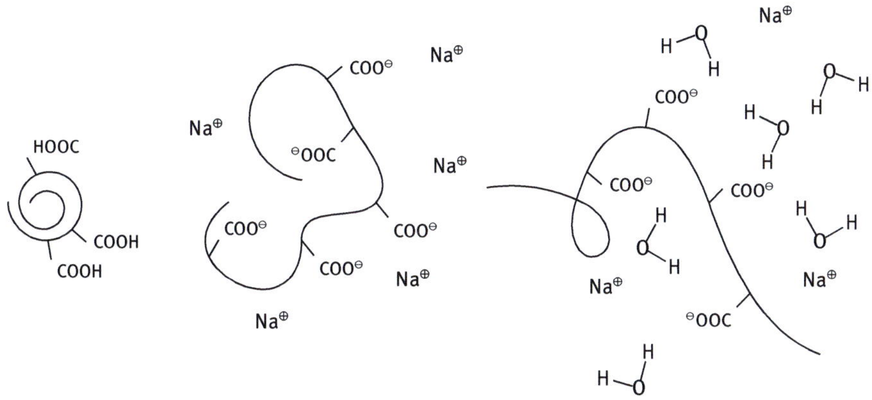

Abb. 6.12: Hydrogelbildner auf Polyacrylsäure-Basis wie ASE 60®(links). Bei Zugabe von Lauge entstehen Carboxylat-Anionen, die eine Entknäuelung der Polyacrylsäure-Kette bewirken (Mitte). Die ionisierte Kette adsorbiert Wasser und vergrößert ihr hydrodynamisches Volumen dadurch erheblich (rechts).

ge Emulsion von undissoziierter Polyacrylsäure. Sie reagiert beim Neutralisieren mit einer starken Erhöhung der Viskosität. Dabei überführen wir Carbonsäure- in Carboxylatgruppen. Die auftretende gleichartige Ladung bewirkt eine Entknäulung des Acrylpolymers, das in einem weiten Gebiet Wasser über Wasserstoffbrücken adsorbiert und so ein ausgedehntes weitmaschiges Gel bildet. Polyacrylatverdicker sind daher stark pH-abhängig und weisen ein Wirkungsmaximum bei mittleren pH-Werten auf.

Neutralisierungsmittel für Polyacrylsäure sind Salze starker Basen (Alkali- oder Ammoniumhydroxid, Alkalicarbonat) oder organische Amine (Triethanolamin, Diisopropylamin, 2-Amino-2-methylpropanol-1) [928]:

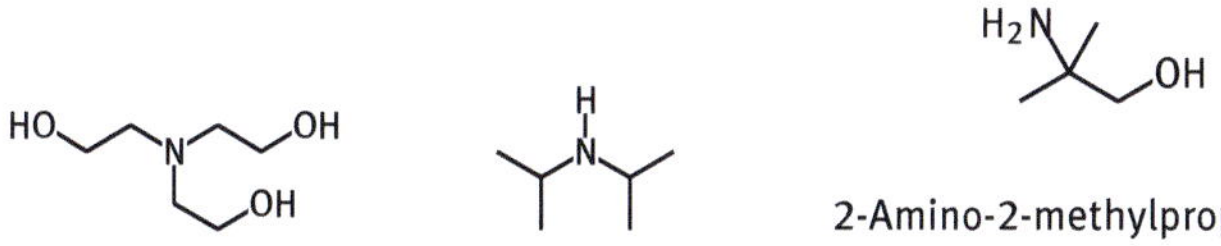

2-Amino-2-methylpropanol-1

Ammoniumsalze oder Amine mit hohem Dampfdruck sind den Alkalisalzen vorzuziehen, da sie beim Auftrocknen des Films teilweise verdampfen und die freie Carbonsäure zurückgebildet wird. Alkali-Anionen dagegen verbleiben dauerhaft im Film und führen zu einer ständigen Wiederanlösbarkeit.

Quervernetzte Polyacrylsäure-Verdicker ASE-Verdicker können mit bifunktionellen Dienen quervernetzt werden, ein Beispiel ist das häufig im Künstlerbedarf erhältliche Carbopol® EZ-2. Es handelt sich um Polyacrylsäure PAA mit geringen Anteilen an Acrylatkomponenten, die mit Polyalkenylether oder Divinylglykol (Hexa-1,5-dien-3,4-diol) quervernetzt ist, ►Abbildung 6.13 [928].

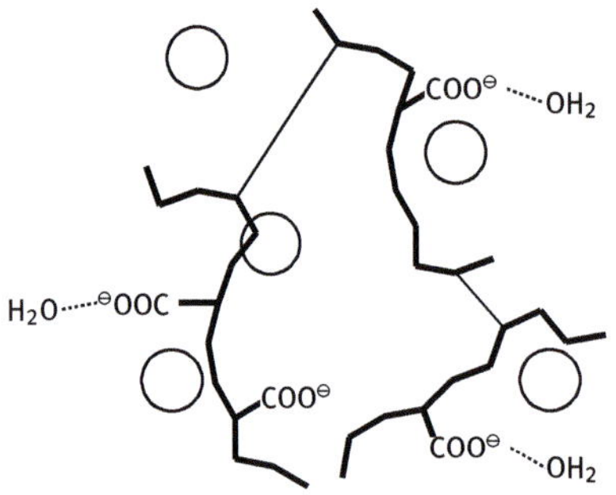

Abb. 6.13: Quervernetzte Polyacrylsäure (PAA). PAA-Ketten (dicke Linien) sind durch Brücken (dünne Linien) miteinander verbunden und bilden großräumige Netzwerke. Die Carboxylatgruppen strukturieren das Wasser durch Wasserstoffbrücken (Hydrogelbildung). Weiße Kreise: weitere Bestandteile der Farbe (Pigmente oder Partikel einer Latex-Dispersion), die an den Polyacrylat-Polymeren adsorbiert sind oder in den Maschen des Netzwerks festgehalten werden.

Die Quervernetzung der Polyacrylsäureketten erfolgt durch Ersatz einer Acrylsäureeinheit durch ein bifunktionelles Dien, das Teil zweier Ketten werden kann und diese verbindet:

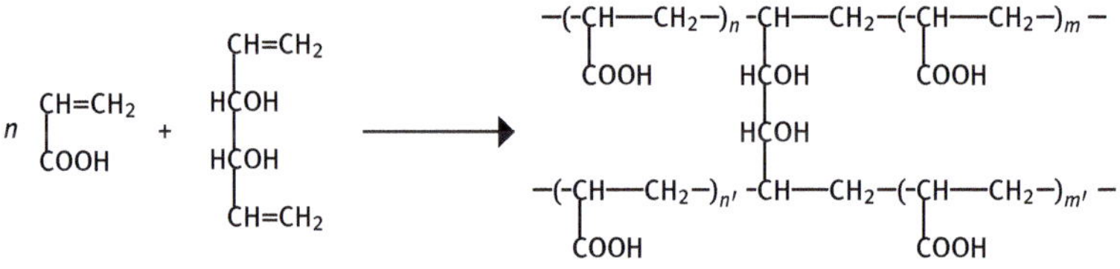

Divinylglykol

Weitere vernetzende Monomeren sind Trimethylolpropan-diallylether (TMPDAE), Dipropylenglycol-diacrylat (DPGDA) und Allyl-methacrylat:

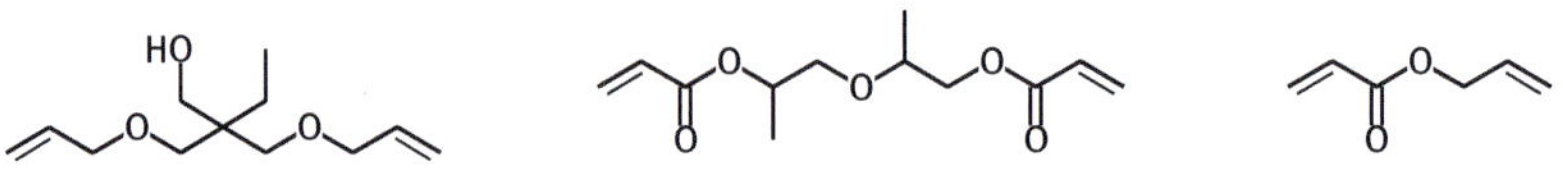

Trimethylolpropan-diallylether TMPDAE | Dipropylenglycol-diacrylat DPGDA | Allyl-methacrylat

Aufgrund der Quervernetzung sind die Partikel nicht mehr physikalisch, sondern nur noch kolloidal löslich. Sie können beachtlich anschwellen, Carbopole auf das tausendfache ihres Originalvolumens. Damit einher geht ein hohes Wasserbindungsvermögen, sodass wir quervernetzte Polymere oft in Produkten wie Windeln oder saugendem Streumaterial finden.

Assoziative Verdicker

Assoziative Verdicker sind wasserlösliche Polymere mit ausgeprägt hydrophoben Bereichen [169, Kap. 4.3.1.2.1.3] und ähneln damit Polymertensiden, die wir zur Stabilisierung einer Dispersion verwenden. Ihre hydrophilen Bereiche ragen in die wäßrige Phase, hydrophobe Abschnitte werden an Pigmenten oder Polymerpartikeln adsorbiert, ►Abbildung 6.11 rechts. Die Gelformierung erfolgt durch hydrophobe Wechselwirkung zwischen den Alkylketten, die zu erhöhter effektiver Molekülmasse und einem weitmaschigen Netzwerk führt, das im Gegensatz zu Hydrogelbildern nicht das Lösungsmittel, sondern die anderen Partikel der Farbe einbezieht, wie Pigmente oder dispergierte Bindemittel-Polymere.

Zur Gewinnung von assoziativen Verdickern können wir zahlreiche hydrophile Polymere, die als Verdicker dienen, mit hydrophoben Monomeren copolymerisieren. Im Handel befindliche Produkte sind an der Bezeichnung „hydrophob modifiziert" zu erkennen: Ether-urethane (→ HEUR), Polyether (→ HMPE), Polyacrylamide (→ HM-PAM), Polyacrylsäuren/ASE (→ HASE) und Hydroxyethylzellulose (→ HMHEC).

Die Hydrophobierung erfolgt durch Einbau geringer Mengen an „hydrophob modifizierter Monomere" (HMM) an beiden Enden der Polymerkette oder zufällig über ihre Länge verstreut. In der Regel werden Alkyl-polyglykole, Alkyl-aryl-polyglykole oder Fettalkohole als Träger der Hydrophobie genutzt, die als Acrylat oder Methacrylat in eine Polyacrylsäure eingeführt werden oder mit Zellulosederivaten Zelluloseether bilden. Beispielhafte Monomere sind C_{16-22}-alkylierte Verbindungen [798, 800, 801, 803, 805–807, 931]:

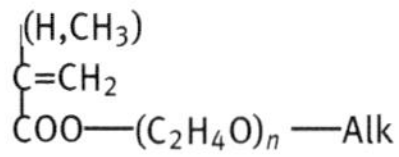

Alkyl-polyethoxy-(meth)acrylsäureester

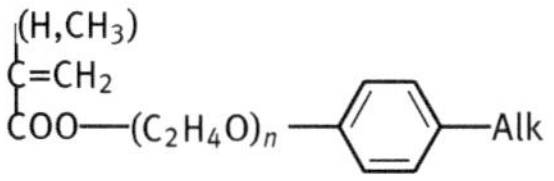

Alkyl-aryl-polyethoxy-(meth)acrylsäureester

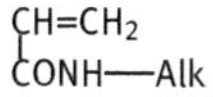

N-Alkyl-acrylsäureamid

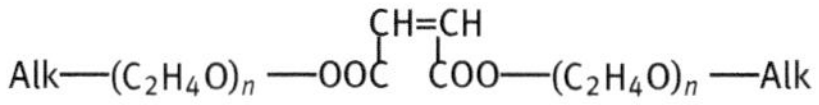

Alkyl-polyethoxy-maleinsäureester

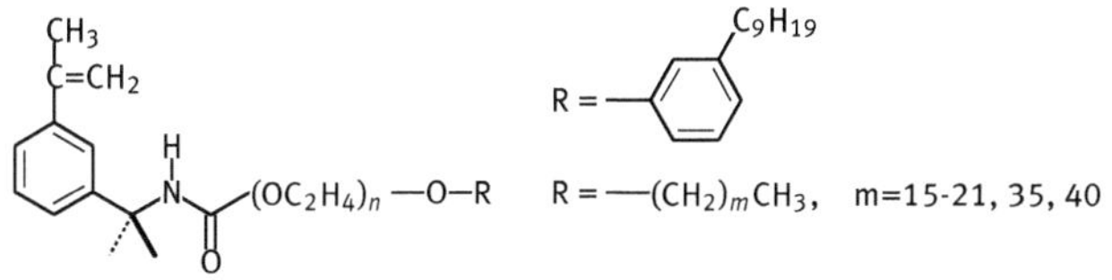

HASE-Verdicker Hydrophobierte ASE-Verdicker (HASE) sind Copolymere p(AA/MAA/MS/Itaconsäure-EA-HM) aus Acryl- oder Methacrylsäure (ASE) mit einem hydrophoben, langkettigen Alkylcomonomer (HM) und eventuell weiteren Acrylsäurekomponenten wie Ethylacrylat, Butylacrylat oder Methylmethacrylat [169, Kap. 4.3.1.2.1.3.4], [798]. HM ist ein Alkyl-polyglykol oder Alkyl-aryl-polyglykol, das als (Meth)acrylat oder Maleinat in die Kette eingeführt wird, die auch Maleinsäure oder Itaconsäure enthalten kann:

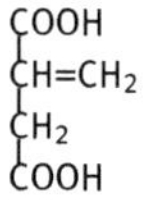

Itaconsäure

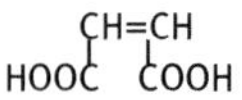

Maleinsäure

Ein Beispiel aus dem Handel ist Tafigel®AP mit dem Aufbau p(AA/MAA-HM), wobei HM das typische hydrophobe Monomer Alkyl-polyethoxy-acrylsäureester bezeichnet [931]. Der Anteil hydrophober Comonomere beträgt etwa 20 %.

Aufgrund der Zusammensetzung haben HASE-Verdicker eine kammartige Gestalt, die hydrophoben Ketten bilden die Zähne, ►Abbildung 6.14 links. Wie ASE selber muss das hydrophobierte Produkt mit alkalischen Lösungen neutralisiert werden, um den Quellungsvorgang einzuleiten. Neben der damit einhergehenden elektrostatischen Abstossung wird die Quellung dadurch unterstützt, dass die Glastemperatur des Polymers beim Kontakt mit Wasser stark absinkt. Hierdurch erhöhen sich Beweglichkeit und Bewegungsradius der Polymerketten erheblich, was makroskopisch als Quellung wahrgenommen wird.

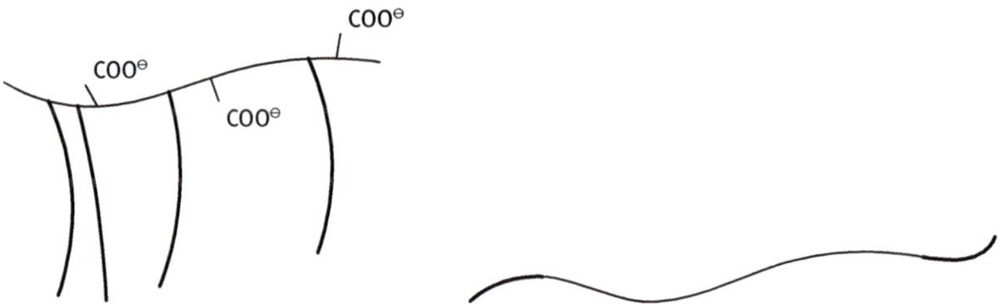

Abb. 6.14: Links: Typische Kammstruktur eines assoziativen Verdickers auf HASE-Basis. Dünne Linie: das Polyacrylsäure-Rückgrat p(MAA-EA) aus Ethylacrylat und Methacrylsäure. Dicke Linien: hydrophobe Alkylester.
Rechts: Typische Struktur eines assoziativen Verdickers auf HEUR-Basis (ABA-Blockcopolymer). Dünne Linie: das Polyethoxylat-Rückgrat (B-Block). Dicke Linien: hydrophobe Ester-Reste (A-Block).

HEUR-Verdicker In wasserbasierten Farben werden auch hydrophobierte Polyurethane eingesetzt [169, Kap. 4.3.1.2.1.3.1]. Zu diesem HEUR-Typ gehören Produkte wie Tafigel®PUR [931]. Ihre Struktur ist die eines ABA-Blockcopolymer mit Polyethylenglykol als B-Block, der abschnittsweise mit hydrophoben Urethan-Einheiten (A-Block) verknüpft ist, ►Abbildung 6.14 rechts. Als Alkylkette wird eine langkettige Hydroxyl- oder Aminoverbindung gewählt, wie das untere Beispiel zeigt [808]:

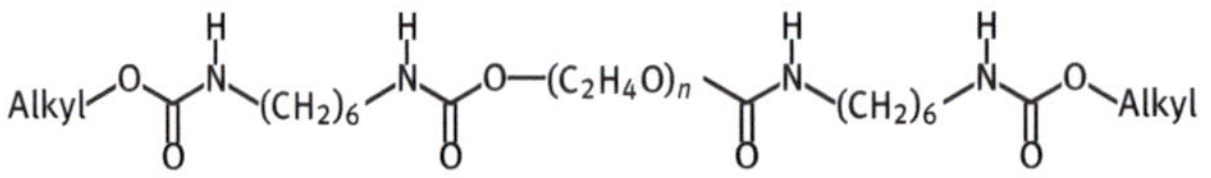

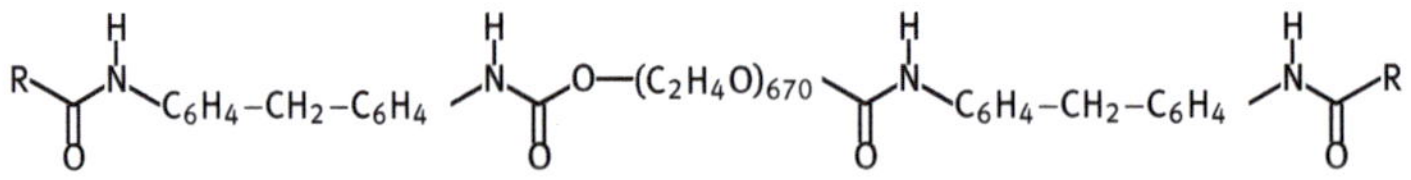

$R = -N(C_8H_{17})_2,\ -OC_{12}H_{25}$

HM*C-Verdicker Versehen wir Zelluloseether mit hydrophoben Einheiten, gelangen wir zu HM*C-Typen [169, Kap. 4.3.1.2.3.5], [798]. Ein Beispiel ist HMHEC, die mit zufällig verteilten Alkylketten hydrophobiert wurde. Typischerweise werden 5 % der Hydroxidgruppen alkyliert, die Kettenlänge der Alkylreste variiert zwischen 10–24:

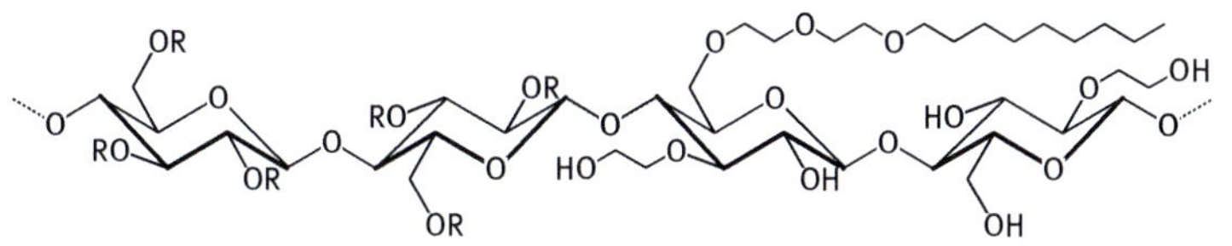

HMHEC, R=$((C_2H_4O)_nH)_x((C_2H_4O)_m{-}Alk_{10-24})_y(H)_{1-x-y}$

6.5 Filmbildungshilfmittel (Koalesziermittel)

Filmbildungshilfsmittel oder Koalesziermittel sollen die Verfilmung von Bindemitteln auf Basis einer Polymerdispersionen unter bestimmten Anwendungsbedingungen optimieren oder überhaupt erst ermöglichen [174, Kap. 6.2].

Wird als Bindemittel eine Polymerdispersion eingesetzt, wie dies bei Acrylfarben der Fall ist, ist eine einwandfreie Filmbildung erst oberhalb einer bestimmten Mindesttemperatur, der *Mindestfilmbildungstemperatur MFT* gegeben. Der letzte Schritt der Filmbildung, die in ►Abschnitt 7.9.2 ausführlicher geschildet wird, ist die Interdiffusion, in dem Polymerpartikel durch den Austausch von Polymeren verschweißt werden und den homogenen Film bilden. Diese Phase findet nach der Trocknung statt. Gegen Ende der eigentlichen Trocknung treten zunehmend Kapillarkräfte auf, die umso größer sind, je dünner die verbleibenden Wasserfilme zwischen den Polymerpartikeln sind. Diese Kräfte pressen die Polymerkugeln aneinander, wobei die Kugeln zunehmend hexagonal verformt werden müssen. Zusätzlich können die Partikel durch Verschmelzen einzelner Partikel zu größeren Einheiten ihre Oberflächenenergie verringern, da die Oberfläche der verschmolzenen Einheiten geringer ist als die der zahlreichen Einzelpartikel.

Diesem Bestreben steht die Härte oder Deformierbarkeit der Polykerkugeln entgegen, die von der Temperatur während der Verfilmung abhängt. Die Verfilmung wird erst ab der MFT überhaupt möglich, erst dann sind die Polymerpartikel hinreichend deformierbar, um zu koaleszieren. MFT und Glastemperatur T_G des Polymers hängen eng zusammen, harte Polymere führen zu einer hohen MFT, weiche zu einer niedrigeren. Bei üblichen Künstler-Acryldispersionen z. B. liegt die MFT in etwa bei Raumtemperatur oder leicht darunter.

Um eine Verarbeitung bei niedrigeren Temperaturen zu ermöglichen, können weiche Polymere mit niedriger T_G benutzt werden, die aber zu weichen Filmen führen und daher nicht in Frage kommen. Filmbildungshilfmittel senken nun die MFT zeitweilig so weit herab, dass eine gleichmäßige Filmbildung auch bei niedrigeren Temperaturen möglich ist. Sie sind zunächst in der wäßrigen Phase gelöst und diffundieren in die Polymerpartikel, wo sie deren Härte verringern, ihre Deformierbarkeit erhöhen, also als Weichmacher wirken. Die Filmbildungshilfsmittel entweichen während der Trocknens allmählich aus dem Film, der mit fortschreitender Verdunstung des Mittels aushärtet und seine ursprüngliche Härte zurückgewinnt, die durch T_G gegeben ist. Damit können härtere Polymere benutzt werden, die durch die bessere Verfilmung einen Film mit hoher Abriebfestigkeit, gleichmäßigerer Oberfläche und einheitlicherer Farbwiedergabe besitzen.

Ihrer Natur nach sind diese Hilfsmittel mäßig hydrophile Lösungsmittel, die langsamer als Wasser verdunsten und eine gewisse Affinität zu Wasser als auch dem Polymer besitzen müssen. Es werden daher hochsiedende polare Produkte mit Alkohol-, Ester,- Ether- oder Ketofunktionen verwendet. Häufig zum Einsatz gelangen Ester niedriger Alkancarbonsäuren und Alkylether von Ethylenglykolen und Propylenglykolen, ►Abbildung 6.15 zeigt Beispiele.

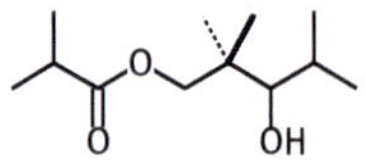

3-Hydroxy-2,2,4-trimethyl-pentyl-isobutyrat TPiB

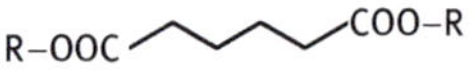

Adipinsäurediester

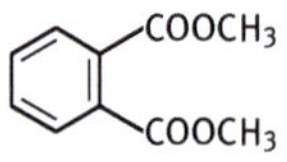

Dimethylphthalat

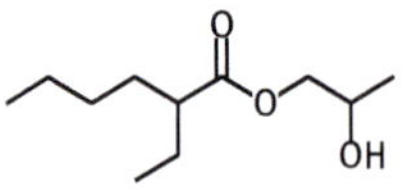

2-Hydroxypropylester der 2-Ethylhexansäure

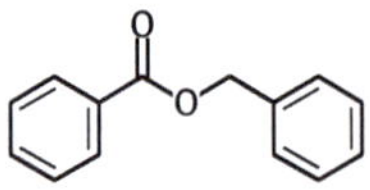

Benzylbenzoat

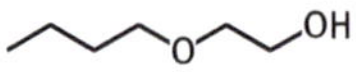

Ethylenglykolbutylether EB

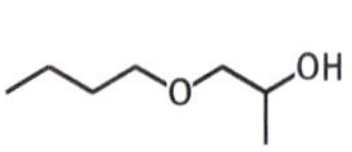

Propylenglykolbutylether PB

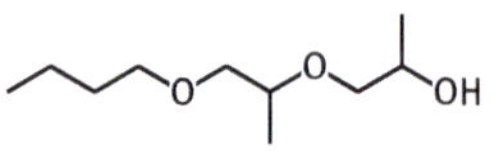

Dipropylenglykolbutylether DPB

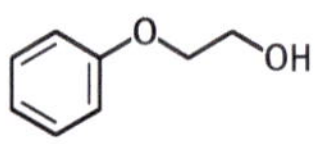

Ethylenglykol-phenylether EPH

Abb. 6.15: Beispiele für Filmbildungshilfsmittel (Koalesziermittel), die häufig in Farben verwendet werden [174, Kap. 6.2].

6.6 Weitere Hilfsstoffe

Entschäumer verhindern Schaumbildung bei der Verarbeitung und unterstützen das Entweichen von Luft beim Trocken des Bindemittelfilms. Verwendet werden Fettsäureester, Metallseifen, Mineralöle, Silikonöle und Siloxane.

Sikkative unterstützen die Trocknung eines chemisch trocknenden Bindemittels und fördern seine radikalische Polymeriation. Zum Einsatz gelangen Metallseifen mit Kobalt, Mangan, Calcium, Zink oder Barium. In ►Abschnitt 7.4.5 auf S. 591 lernen wir die Wirkungsweise eines Sikkativs am Beispiel der Ölmalerei kennen.

Konservierungsmittel verhindern den Befall der feuchten und oft nährstoffreichen Farben (Bindemittel!) durch Mikroorganismen.

6.7 Papier

Als einer der frühesten künstlichen Beschreibstoffe für Texte und Malereien wurde Papyrus schon 3 000 v. Chr. in Ägypten eingesetzt [723]. Papier hat keine so lange Tradition, je nach Kontinent ist sie länger (Asien) oder kürzer (Europa), das Papier im eigentlichen Sinne wurde 105 in China erfunden, in Europa finden wir Papiermühlen ab 1144 (Spanien) und 1390 (Nürnberg). In dieser langen Zeit haben sich die grundlegenden Herstellungsprozesse und Materialien wenig verändert, doch in den letzten Jahrzehnten hat die Chemie durch spezielle Oberflächenbeschichtungen und Behandlung der Papiermasse zahlreiche Spezialpapiere hervorgebracht – vom Schreibpapier über Filterpapiere zu saugfähigem, nass-reissfestem oder öl-resistentem Papier. Auf den ersten Blick unspektakulär für die Chemie der Malerei, erweisen sich diese Veredlungstechniken als Fundgrube [762–764, 766, 767], [199, pp. 301], [946]. In der Breite beschäftigen sich [157–162], [185, Stichwort „Paper“], [166, 167, 772] mit der Herstellung, den Eigenschaften und der Chemie von Papier.

Chemisch betrachtet, handelt es sich beim Papier um Fasern, die dicht verfilzt sind und Bögen verschiedener Dicke bilden können. Je nachdem, aus welchen Rohstoffen die Fasern gewonnen werden, erhalten wir hochwertige Schreib- und Zeichenpapiere, billige Massendruckpapiere, Kartonpapiere oder hochwertiges Hadernpapier. Die verschiedenen Papiere unterscheiden sich in der Art der Fasern und durch mehr oder weniger viele Herstellungs- und Veredlungsschritte voneinander. ►Abbildung 6.16 zeigt die für uns wesentlichen Schritte der Papierfertigung:

- Extraktion der Faserstoffe aus den Rohstoffen, z. B. von Zellstoff (ligninfreier Zellulose) aus Holz, oder Überführen der Rohstoffe in eine geeignete faserige Form.
- Herstellung der Pulpe (des Papierbreis), aus der das Papier geschöpft wird, aus den Faserstoffen. In der Regel wird eine Mischung verschiedener Faserstoffe genutzt, um die gewünschte Papiersorte zu erhalten.
- Zugabe von Additiven zur Steuerung der Trocken- und Naßfestigkeit, von Fixativen zur Fixierung bestimmter Chemikalien am Papier, und von Flockungsmitteln zur Erleichterung der Verarbeitung.
- Zugabe spezieller Additive zur Steuerung der Oberflächenspannung (Leimung in der Masse) und zur Einfärbung (Färbung in der Masse).

- Schöpfen (traditionell mannuell) bzw. Sieben (maschinell) der Bögen aus der Pulpe zur Herstellung der Papierbahn. Durch Abpressen des Wassers mit Filzen kann die Oberfläche mit einer Textur (rauh, matt, gerippt) versehen sowie ein Wasserzeichen eingebracht werden.
- Ggf. Oberflächenbehandlung zum (oberflächlichen) Einfärben des Papiers und Steuerung der Parameter Glätte, Saugfähigkeit.
- Ggf. Satinieren (Kalandrieren, Walzen) zur Erzielung glatter schimmernder Oberflächenqualitäten.

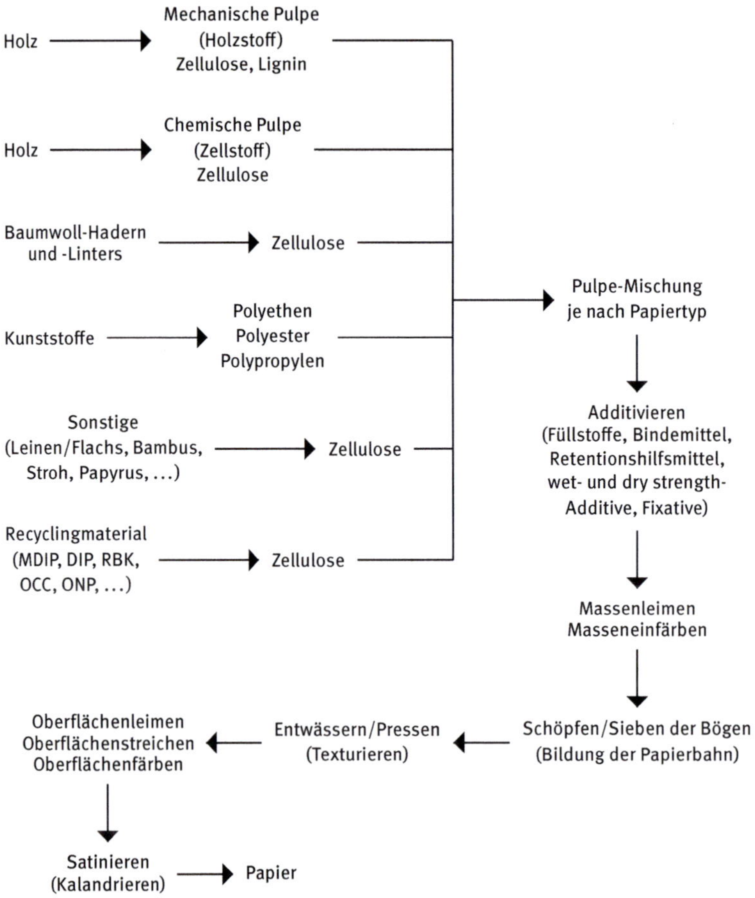

Abb. 6.16: Übersicht über die wichtigsten Rohstoffe für Papierfasern und die wesentlichen Bearbeitungsschritte während der Papierherstellung [157–162], [185, Stichwort „Paper"], [772].

6.7.1 Aufbau und Zusammensetzung der Rohstoffe

Die papieraufbauenden Fasern können aus unterschiedlichen Quellen stammen. In den Ursprungsländern des Papiers wurden Papyruspflanzen verwendet. Im europäischen Raum hatten sich für viele Jahrhunderte Zellulosefasern aus Hadern, also Lumpen oder textile Baumwollabfälle, als Rohstoff etabliert, in den letzten zwei Jahrhunderten wurden sie von Holz als überwiegender Rohstoffquelle abgelöst. Kunststofffasern werden heute für reiß- und wasserfeste Spezialpapiere bereitgestellt. Prinzipiell ist es auch möglich, Rohstoffe wie Stroh zu verwenden. Für hochwertige Papiere werden auch heute noch Hadern verwendet. Recycling-Papiere enthalten wiederaufbereitete Papierprodukte wie *market de-inked print* MDIP oder *de-inked pulp* DIP (Altpapier mit entfernter Druckfarbe), *recycled bleached kraft* RBK (aufbereitetes gebleichtes Kraftpapier), *old corrugated container* OCC (Altkartons) oder *old newspaper* ONP (alte Zeitungen). Solche Rohstoffe kommen für langlebige Künstlerpapiere nicht in Frage.

Die wesentlichen Parameter des späteren Papiers werden bereits vor der Herstellung der Pulpe (des Papierbreis) durch die Auswahl der Rohstoffe und der Verarbeitungsverfahren festgelegt. Die wichtigsten Rohstoffe sind Holz, Baumwolle und Kunststofffasern, im Mittelalter auch Hadern (Lumpen) aus zellulosehaltigen Textilien. Ca. $^3/_4$ der heutzutage benötigten Pulpe wird chemisch hergestellt, $^1/_4$ auf mechanischem Weg. Von den chemischen Pulpen werden 90 % im Kraft-Verfahren hergestellt, 10 % im Sulfit-Verfahren. Baumwollfaser-Pulpe ist für die Herstellung hochwertiger Künstlerpapiere (und Banknotenpapiere) unverzichtbar, mengenmäßig aber unbedeutend.

Die für Papier wichtigsten Zielparameter sind Festigkeit und Bedruckbarkeit. Weichhölzer (Fichte, Tanne) liefern längere Fasern (2,5–4,5 mm) als Harthölzer (Buche, Birke, Eiche, 0,7–1,6 mm) und verleihen dem Papier höhere Festigkeit, Füllstoffe verringern sie. Umgekehrt ist die Bedruckbarkeit bei Hartholzpulpe besser, da die kurzen Holzfasern Unebenheiten der Oberfläche besser ausgleichen als lange Fasern. Durch die folgenden Verarbeitungsschritte (Leimen, Streichen und Satinieren/Kalandrieren) können die Oberflächeneigenschaften verbessert werden.

Holz

Der in größtem Umfang verfügbare nachwachsende Rohstoff Holz besteht je nach Holzsorte aus circa 40–45 % Zellulose, 25–35 % Hemizellulosen, 20–30 % Lignin und geringen Anteilen an anderen Stoffen wie Wachsen oder Fetten [157], ►Tabelle 6.4. Der wertvollste Anteil des Holzes umfaßt Zellulose und Hemizellulosen, bei billigen Papieren besitzt auch Lignin zur Vergrößerung der Papiermasse Bedeutung. Lignin wird jedoch im Laufe der Zeit unter Lichteinfluss zu einer Vielzahl an farblosen und gelblichen Verbindungen abgebaut, was zum bekannten raschen Vergilben bei holzhaltigen Papieren führt, ►Abschnitt 6.7.8.

Zellulose

Der wesentliche Bestandteil der Papierfaser ist *Zellulose*. Dabei handelt es sich um ein kettenförmiges Molekül aus Poly-(β-D-1,4-Glucopyranosyl-glucopyranosid) [157]:

$\xrightarrow{1\to4}$ β-D-Glc*p* $\xrightarrow{1\to4}$ β-D-Glc*p* $\xrightarrow{1\to4}$ β-D-Glc*p* $\xrightarrow{1\to4}$ β-D-Glc*p* $\xrightarrow{1\to4}$

In Baumwollfasern enthalten die Ketten circa 1500 Glukoseeinheiten, in Fichtenholz etwa 1500, in verarbeitetem Zellstoff schließlich noch ungefähr 700.

Die β-Verknüpfung der Glukosemoleküle führt dazu, daß die Kette alle zwei Glukoseeinheiten eine komplette Windung um sich selbst ausgeführt hat. Dieses Glukosepaar heißt Cellobiose:

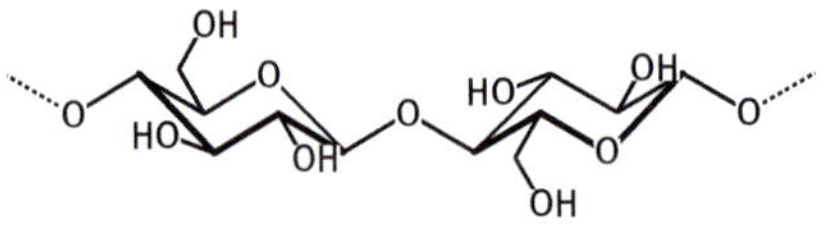

Zellulose (Zellobiose-Einheit)

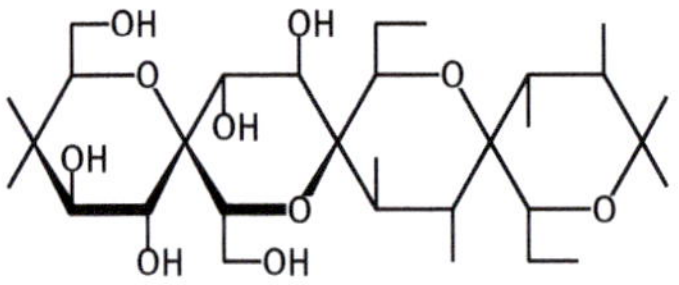

Zellulose, zunehmend vereinfachte schematische Darstellungen

Für die Papierchemie und -färberei sind bestimmte funktionelle Gruppen von Zellulose bedeutsam:

- Pro Glukoseeinheit eine primäre und zwei sekundäre alkoholische Hydroxylgruppen. Diese Gruppen sind für die Haupteigenschaften der Zellulose in der Papierchemie verantwortlich, da sie mehrere Zelluloseketten oder -fasern über Wasserstoffbrücken verbrücken können.
- Circa 1 % aller primären Hydroxylgruppen sind aufgrund wachstumsbedingter Unregelmäßigkeiten durch Carboxylgruppen ersetzt. Dieser geringe Anteil an Carboxylgruppen ist für die Papierchemie ebenfalls wichtig, da Zellulose dadurch im wäßrigen Medium dissoziieren kann. Das entstandene Polycarboxylat zeigt *Anionenaktivität* und hat Einfluß auf die Bindung von Hilfsstoffen, auf Leimung und Beschichtung sowie auf die Farbstoffaffinität.
- Pro endständiger Glukoseeinheit können Aldehyd-, Keto- oder (glykosidische) Hydroxylgruppen anstelle der normalen Hydroxylgruppen auftreten. Auch eine Spaltung des endständigen Glukopyranose-Rings ist möglich:

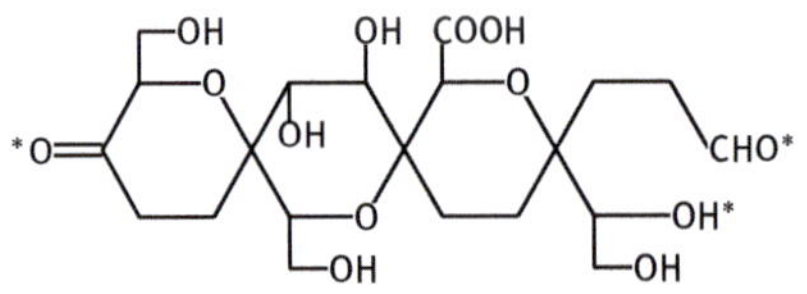

Modifikationen natürlicher Zellulose schematisch: Carbonsäuren, Carbonylgruppen, Aldehydfunktionen und Ringöffnung der Pyranose. * sind mögliche Termini

Die alkoholischen Hydroxylgruppen sowie der Ringsauerstoff sind Ursache der hohen Festigkeit, die Zellulosefasern entwickeln können: sobald sich Zellulosestränge parallel orientiert haben, können sie sich über zahlreiche Wasserstoffbrücken erheblich versteifen, wie ►Abbildung 6.17 schematisch darstellt [232, Kap. 4.4.4.16]. Die Wasserstoff-Verbrückung ist nur in (quasi-)kristallinen, d. h. geordneten Bereichen der Zellulose möglich, da zur Ausbildung der Brücke ein Abstand der Bindungspartner von etwa 0,25 nm notwendig ist. In amorphen (ungeordneten) Bereichen sind die Ketten zu weit voneinander entfernt und die Dichte der Wasserstoffbrücken ist erheblich geringer.

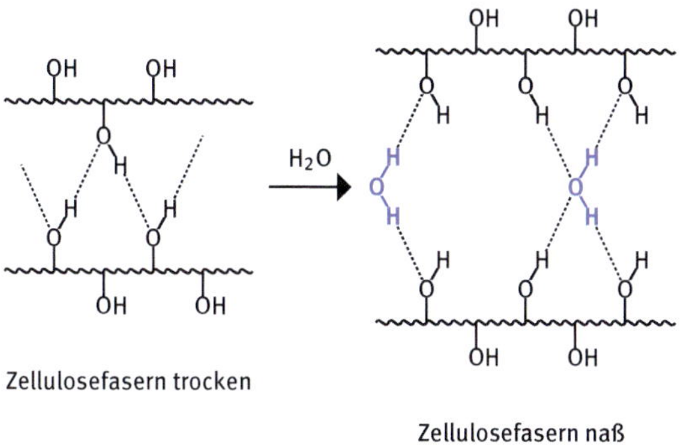

Abb. 6.17: Schematische Darstellung der Verbindung zweier Zelluloseketten über Wasserstoffbrücken im Trockenzustand (links) und bei Zutritt von Wasser (rechts). Im Naßzustand schieben sich Wassermoleküle (blau) zwischen die Ketten und unterbrechen sie, die Zahl der Verbindungen zwischen Zelluloseketten bzw. Fasern und damit die Festigkeit sinken.

In gleicher Weise werden in der Pulpe und beim Schöpfen des Papierbogens die Zelluloseketten an der Oberfläche der Fasern verbrückt und bilden den gewünschten Papierfilz. Die Wasserstoffbrücken sind damit für die Trocken-Festigkeit des Papiers verantwortlich. Höhere Festigkeit des Papiers erfordert dichtere Verbrückung, längere Fasern oder die Additivierung mit synthetischen, als Brücke wirkenden Polymeren (dry strength-Additive).

Der Mechanismus erklärt die erheblich geringere Naßfestigkeit von unbehandeltem Papier im Vergleich zum Trockenzustand: Wassermoleküle schieben sich zwischen die Zelluloseketten und unterbrechen die direkte Verbrückung der Ketten. Die Wassermoleküle wirken wie eine Gleitschicht, der enge Zusammenhalt der Ketten und der Fasern geht verloren und damit der größte Teil der Festigkeit. Naßfestigkeit, wenn gewünscht, muß durch Zusatz von vernetzenden Hilfsstoffen sichergestellt werden (wet strength-Additive).

Wassereintritt ist besonders in amorphen Bereichen möglich. Dies macht man sich bei der Herstellung bestimmter wasserlöslicher Zellulosederivate zunutze, die als Leim und Rheologiemodifizierer fungieren. Sterisch anspruchsvolle Substituenten halten die Zelluloseketten künstlich voneinander getrennt und verhindern die Bildung von kristallinen Bereichen. Die Substituenten werden durch Methylierung oder Veresterung von Hydroxylgruppen eingeführt, ►Abschnitt 6.4 auf S. 470.

Den Alterungsprozessen von Zellulose, die zum Zerfall des Papiers führen und besonders im sauren Milieu auftreten, widmen wir uns in ►Abschnitt 6.7.8.

Hemizellulosen

Hemizellulosen sind heterogene Polysaccharide aus bis zu 200 Monosacchariden, die über 1→4- und 1→3-glykosidische Bindungen miteinander verknüpft und zum geringen Teil verzweigt sind, ►Tabelle 6.2 [157, ch. 5], [160, ch. 7.4]. Als Monomere treten die Hexosen Glucose (Glc), Mannose (Man) und Galaktose (Gal) sowie die Pentosen Xylose (Xyl) und Arabinose (Ara) auf. Als funktionale Gruppen besitzen sie primäre und sekundäre Hydroxylgruppen, die praktisch nicht dissoziiert sind, aber durch die Ausbildung von Wasserstoffbrücken die Eigenschaften der Hemizellulosen beeinflussen. In Xylanen kommen die Uronsäuren Glukuronsäure (GlcA), Galakturonsäure (Ga-

Tab. 6.2: Die wichtigsten Hemizellulosen in Holz und ihre Zusammensetzung [157, ch. 5].

Holzart	Hemizellulose	Anteil %	Monomer	Molarer Anteil	Bindung
Weichholz	Galactoglucomannan	5–8	β-D-Man*p*	3–4	1→4
			β-D-Glc*p*	1	1→4
			α-D-Gal*p*	1	1→6
			O-Acetyl	1	
Weichholz	Glucomannan	10–15	β-D-Man*p*	3–4	1→4
			β-D-Glc*p*	1	1→4
			α-D-Gal*p*	0,1	1→6
			O-Acetyl	1	
Weichholz	Arabinoglucuronoxylan	7–15	β-D-Xyl*p*	10	1→4
			4-OMe-α-D-Glc*p*A	2	1→2
			α-L-Ara*f*	1,3	1→3
Lärche	Arabinogalactan	3–35	β-D-Gal*p*	6	1→3, 1→6
			L-Ara*f*	2/3	1→6
			β-D-Ara*p*	1/3	1→3
Hartholz	Glucuronoxylan	15–35	β-D-Xyl*p*	10	1→4
			4-OMe-α-D-Glc*p*A	1	1→2
			O-Acetyl	7	
Hartholz	Glucomannan	2–5	β-D-Man*p*	1–2	1→4
			β-D-Glc*p*	1	1→4
			O-Acetyl	1	

lA) und 4-O-Methyl-glukuronsäure (4-OMe-GlcA) vor, die durch ihren pK_a von 4–5 bei pH 7 zum großen Teil dissoziiert sind und stark zur Anionenaktivität von Pulpe beitragen.

Die linearen *Glucomannane* bestehen aus einer Hauptkette aus (1→4)-verknüpften *β*-D-Man*p* und *β*-D-Glc*p* und tragen Seitenketten aus *β*-D-Xyl*p* oder Acetylgruppen:

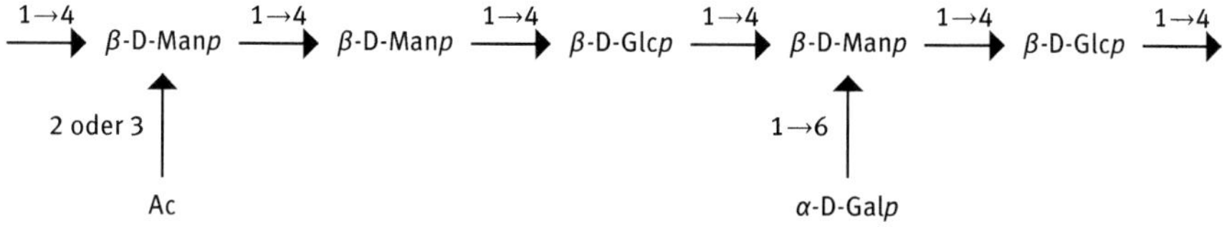

Die hochverzweigten Galactane besitzen eine Hauptkette aus (1→3)-verknüpften *β*-D-Gal*p* und Seitenketten aus *β*-D-Gal*p* und *α*-L-Ara*f*:

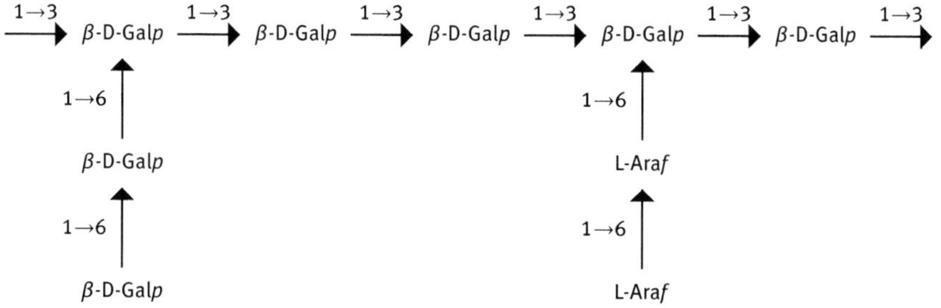

Die sauren *Xylane* besitzen eine Hauptkette aus (1→4)-verknüpften *β*-D-Xyl*p*-Monomeren und tragen kurze Seitenketten aus 4-OMe-*α*-D-Glc*p*A, *α*-L-Ara*f* oder Acetylgruppen. Sie tragen durch ihre Carboxylgruppen entscheidend zur Anionenaktivität von Pulpe bei:

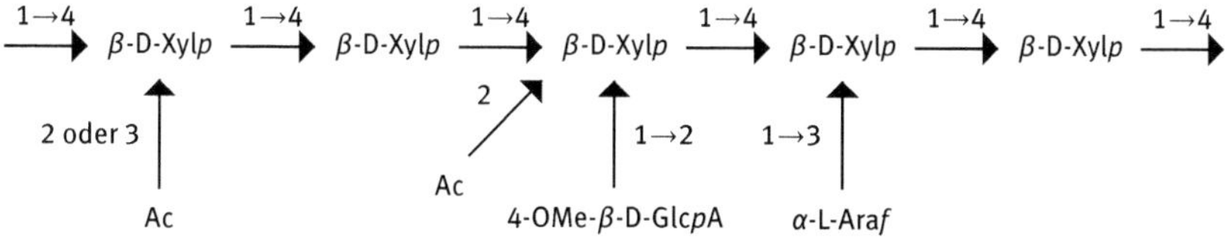

Hemizellulosen gehören zu den wertvollen Bestandteilen, die bei der Holzverarbeitung nach Möglichkeit erhalten werden, da ihr Anteil an Uronsäuren sie zu anionischen Polyelektrolyten macht. Sie sind mengenmäßig stark im rohen oder verarbeiteten Holz vertreten und die Hauptquelle der Anionenaktivität der Papiermasse, und damit für technologische Effekte verantwortlich, u. a.

- Beeinflußung der Wasseraufnahme und des Quellverhaltens des Papiers.
- Bindung von Hilfsstoffen. Wichtig für uns ist die Bindung von kationischen Farbstoffen.

- Bildung eines gequollenen viskosen Schleim, der als Klebstoff wirkt und die Fasermasse beim Trocken erheblich verstärkt.

Da sie über eine hydrolytische 1→4-Spaltung schneller als Zellulose abgebaut werden, sind sie aber auch eine Ursache der Papieralterung.

Lignin

Lignin ist eine harte, hochpolymere phenolische Substanz, die als ausgedehntes Netzwerk weite Teile der Holzstruktur als Grundmatrix ausfüllt. In diese Matrix eingelagert sind die Kohlenhydrate (Zellulose, Hemizellulosen). Holz gewinnt seine strukturelle Festigkeit durch das druckfeste Lignin, während die reißfesten und flexiblen Kohlehydrat-Fasern wie eine Stahlbeton-Bewehrung zur hohen Zugfestigkeit beitragen. Grundbausteine des hochpolymeren amorphen Polykondensats sind C_3–C_6-Bausteine, sog. *Phenylpropane* [157, 708, 709], [228, Kap. 2.1]. Hauptbausteine sind

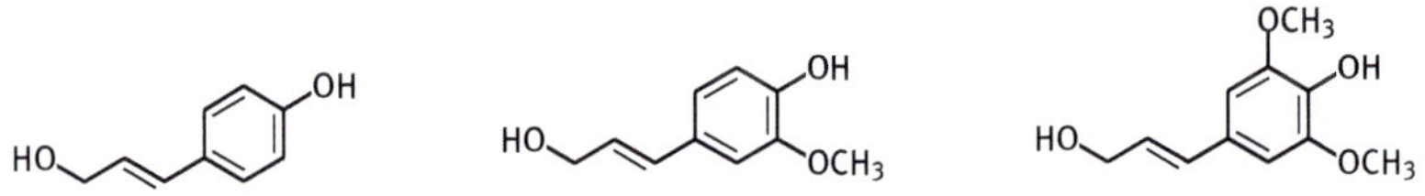

p-Cumarylalkohol Coniferylalkohol Sinapylalkohol

Im Lignin sind diese Bausteine in vielfältiger Weise über Kohlenstoff- und Etherbindungen verknüpft, die Formel zeigt einen möglichen Ausschnitt:

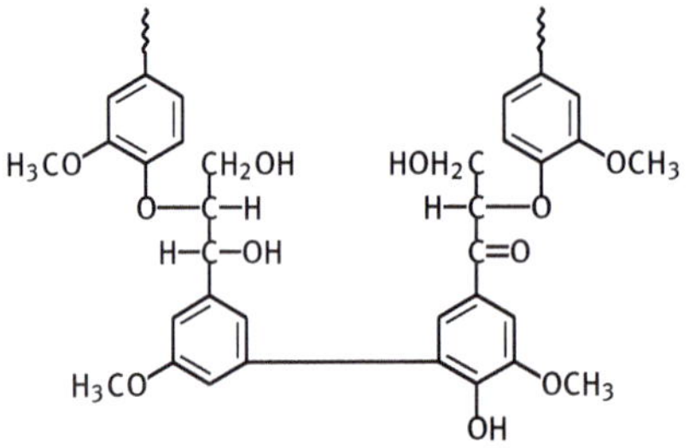

Lignin (Ausschnitt)

Er enthält typische Elemente wie Etherbrücken, alkoholische und phenolische Hydroxylgruppen und Aryl-α-Carbonyl-Strukturen, die wichtig für die Chemie des Papierbreis und des fertigen Papiers sind.

Ziel bei der Gewinnung der sog. chemischen Pulpe ist, den Ligningehalt weitgehendst zu reduzieren, da Lignin durch Oxidation an der Luft komplexe farbige chinoide Verbindungen bildet. Diese sind die Hauptquelle von Vergilbungserscheinungen in billigen holzhaltigen (meint ligninhaltigen) Papieren, ►Abschnitt 6.7.10. Als hydrophobe und wasserunlösliche Verbindung verhindert Lignin auch die Bildung von Wasserstoffbrücken zwischen Zellulosefasern, wodurch die Festigkeit des Papiers sinkt.

Farbe von Holz

Die Frage nach der Natur der Holzfarbe ist von praktischer Bedeutung, da sie direkt die Farbe der Pulpe beeinflußt [158, ch. 3.3, 3.4]. Holz besitzt von Anfang an eine gelbbraune Farbe, die von bestimmten chromophoren Strukturen innerhalb des Lignin-Netzwerks verursacht wird. Darüberhinaus kann Holz, Rinde und Pulpe auch nachdunkeln, indem phenolische Strukturen mit Sauerstoff oxidativ zu Chinonen oder mit Metall-Kationen zu Metallkomplexen reagieren.

Das Hauptchromophor in Holz ist Coniferylaldehyd, der mit einer Häufigkeit von 5 auf 100 Phenylpropaneinheiten in Lignin auftritt. Durch das Absorptionsmaximum von 400 nm im Feststoff absorbiert er blaues Licht und verleiht dem Holz eine gelbliche Farbe. Auch α-Keto-Strukturen, o- und p-Chinone und Dienone tragen zur Farbe bei.

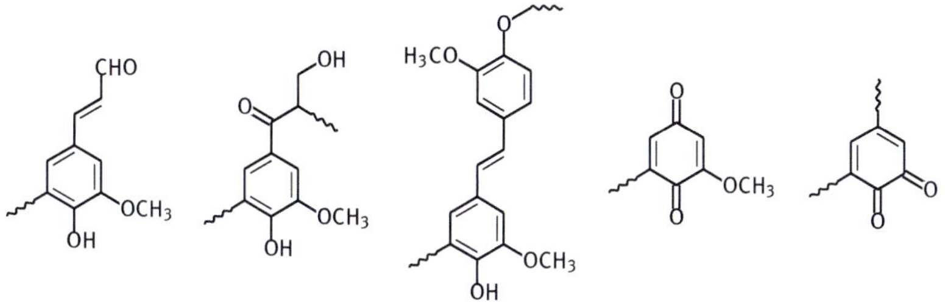

Coniferylaldehyd λ_{max} 400 nm | λ_{max} 350 nm | λ_{max} 380 nm | λ_{max} 400 nm | λ_{max} 420 nm

Freie phenolische Hydroxylgruppen, Spuren von o- und p-Chinonen und Katecholstrukturen können leicht in die entsprechenden Chinone oxidiert werden, wenn Sauerstoff verfügbar ist (Autoxidation). Zu typischen Strukturen gehören

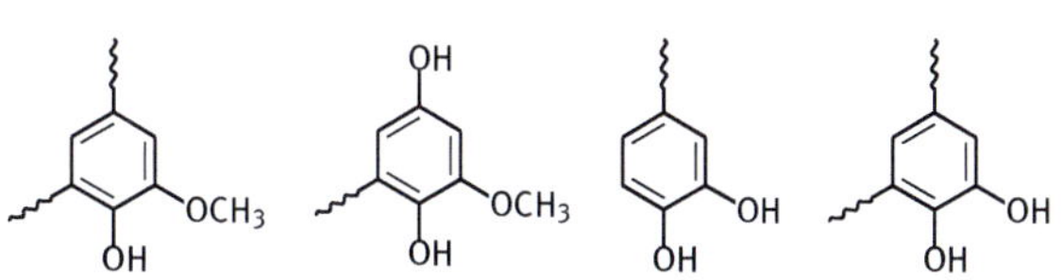

Mit Wasser in neutraler oder alkalischer Lösung reagieren die Chinone mit Sauerstoff zu intensiver gefärbten Chromphoren. Mit anderen Phenolen, z. B. aus wasserlöslichen Rindenstoffen, können über die Autoxidation und die Phenolkondensation weitere intensiv farbige Strukturen entstehen, ►Abbildung 6.18. Bei den zur Herstellung von TMP eingehaltenen Temperaturen von 140–170 °C bilden sich noch mehr Chromophore mit konjugierten Carbonyl- und Doppelbindungs-Strukturen.

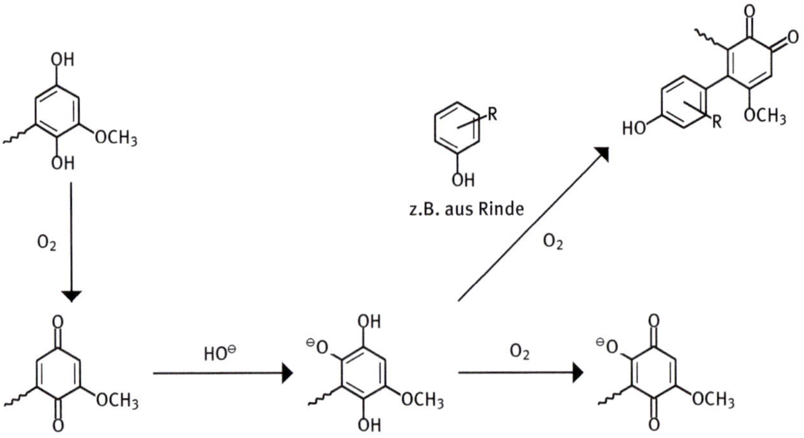

Abb. 6.18: Bildung intensiv gefärbter Strukturen aus Holz im alkalischen Milieu durch Autoxidation und Phenolkondensation [158, ch. 3.4].

Baumwolle, Linters

Baumwollfasern sind Samenhaare bestimmter Vertreter der Familie *Malvaceae*, also der Malvengewächse [168, ch. 9]. Die für Textilien verwendeten Fasern stammen aus dem gut sichtbaren weißen Faserbüschel, das die reifen Samen umgibt. Je nach Pflanze besitzen diese Fasern eine Länge von 22–36 mm und sind gut spinnbar, um daraus Garne und schließlich Stoffe herzustellen.

Jede Baumwollfaser ist eine einzige, lange Zelle, die sich in den Oberflächenschichten der Samenkapsel entwickelt. Die gereifte Faser ist abgestorben und besteht aus einem hohlen, verdrehten Zellwandschlauch. Die Länge der Faser und ihre Verdrehungen und Verdrillungen geben Baumwolle das typische Handgefühl, das sie von anderen Fasern unterscheidet. Chemisch besteht die Baumwollfaser aus > 95 % Zellulose, die der Faser durch Zusammenlagerung zu Polymerbündeln ihre hohe Festigkeit verleiht. Diese Eigenschaft macht sie auch als Rohstoff für Künstlerpapier, das reißfest und haltbar sein soll, sehr wertvoll.

Für Künstlerpapiere werden jedoch nicht nur die langen Baumwollfasern der Textilindustrie eingesetzt, sondern auch noch eine zweite Art von Fasern, die im Inneren des weißen Faserbüschels direkt an der Samenkapselspitze wächst. Diese *Linters* genannten Fasern sind sehr kurz (12–15 mm), zuweilen helbraun pigmentiert und besitzen andere chemische und physikalische Eigenschaften. So sind sie gröber und steifer und etwa doppelt so dick wie die textilen Baumwollfasern. Sie eignen sich nicht für die Textilproduktion, sind aber für die Pulpeherstellung unverzichtbar.

6.7.2 Pulpe aus Holz

Wie oben gezeigt, kann Papier aus verschiedenen Rohstoffen hergestellt werden. Die Rohstoffe werden zunächst zu einem Brei, der sog. *Pulpe*, verarbeitet, die je nach Rohstoff und Herstellungsverfahren typische Eigenschaften zeigt. In Abhängigkeit von der gewünschten Papiersorte wird die Pulpe allein oder als Verschnitt mit anderen Pulpe-Typen zum Papier verarbeitet.

In vielen Fällen fällt die Wahl auf Holz als billigen einzigen oder Hauptrohstoff des Papiers. Nach dem Entrinden der Baumstämme gibt es zwei grundsätzliche Verfahren, um die Stämme zur Pulpe zu verarbeiten, die mechanische Zerkleinerung des ganzen Holzes und die chemische Isolierung der Zellulose. In beiden Fällen ist die Gewinnung der im Holz enthaltenen Zellulosefasern das Ziel der Pulpe-Herstellung. Die Pulpe zeigt bestimmte Eigenschaften, die für die Herstellungsart charakteristisch sind, ►Tabelle 6.3.

Tab. 6.3: Grundsätzliche Eigenschaften von mechanischer und chemischer Pulpe [158].

Mechanische Pulpe (mechanical pulp, MP, Holzstoff)	**Chemische Pulpe (chemical pulp, CP, Zellstoff)**
Hoher Energieeinsatz	Keine äußere Energie notwendig
90–98 % Ausbeute bezogen auf Holz	≈ 50 % Ausbeute bezogen auf Holz, ca. 50 % gelöste Anteile
Enthält alle Holzbestandteile bis auf leicht lösliche Kohlenhydrate	Enthält i. w. Zellulose, Lignin ist stark reduziert
Fasern sind steif und unverändert (→ Körper, Volumen, Biegesteifigkeit)	Fasern sind flexibler und können quasi-kristalline Bereiche bilden (→ Festigkeit)
Enthält Fasern, Faserbruchstücke und Zellwandbruchstücke (fines)	Enthält i. w. Zellulosefasern
Weniger hell, aber opak und glatt	Hell, fest

6.7.2.1 Mechanische Pulpe, Holzstoff

Bei der Erzeugung mechanischer Pulpe (mechanical pulp, MP, Holzstoff) wird mechanische Energie zur Trennung der Zellulose-Faserbündel, -fasern und -faserfragmente aus der Holzmatrix (Lignin) und den Zellwänden aufgewendet [158]. Dabei steht der weitgehende Erhalt der eingesetzten Holzmasse im Vordergrund, um die Ausbeute an Papiermasse bei akzeptabler Festigkeit und Helligkeit der Masse zu erhöhen. Die mechanische Zerkleinerung kann durch *Abschleifen* der Holzstämme (grinding) oder durch *Zerreiben* (refinen) erfolgen, ►Abbildung 6.19.

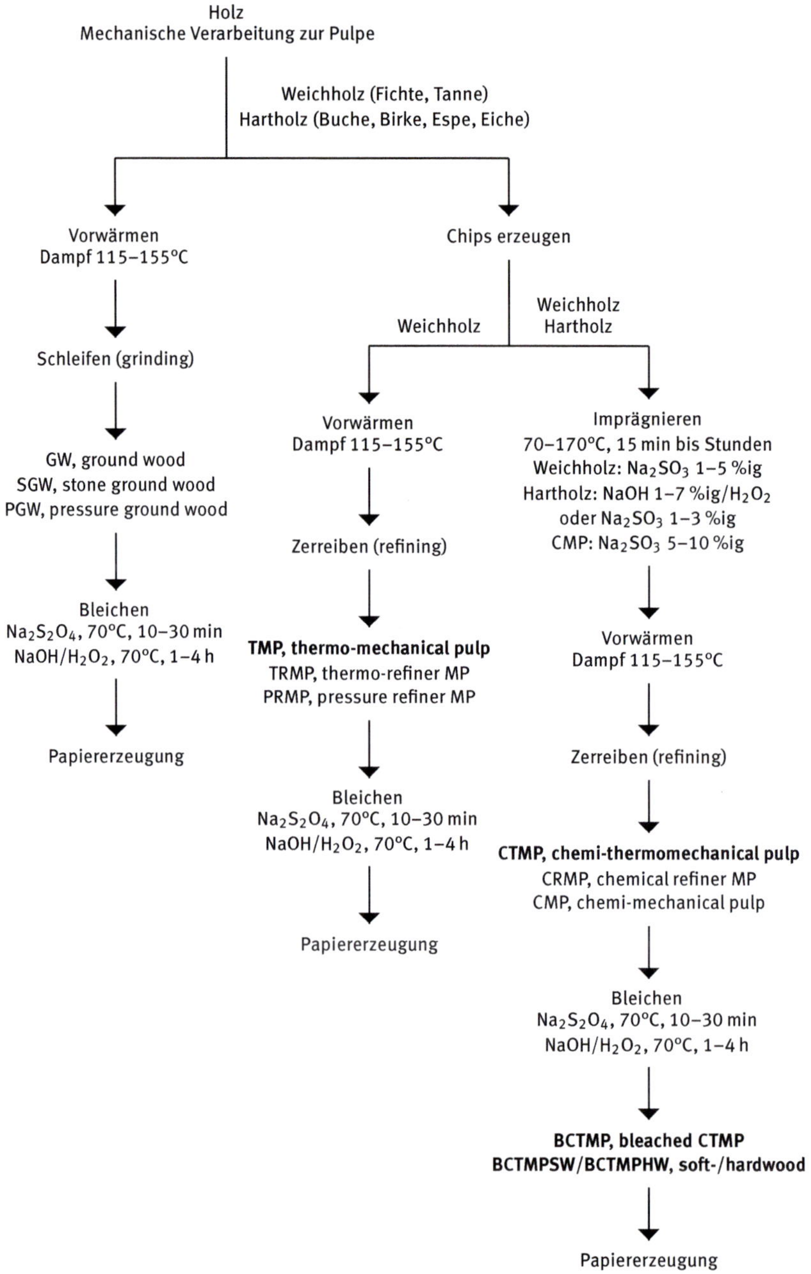

Abb. 6.19: Die wichtigsten Schritte bei der Erzeugung mechanischer Pulpe (Holzstoff) aus Holz und die gebräuchlichen Holzstoff-Typen (fett: häufigste Typen) [772], [158, ch. 2–4, 10].

Abschleifen von Holz, GW-Pulpe Durch Abschleifen der Holzstämme erhalten wir Holzstoff vom Typ *ground wood* GW/GWD und *stone ground wood* SGW. Beim Abschleifen werden Zellulosefasern und Holzzellstrukturen als Ganzes oder als Fragmente abgerissen, es entsteht ein hoher Anteil an sog. *Fines*, feinen Faser- und Zellwandbruchstücken. *Pressure ground wood*- oder PGW-Pulpe wird ähnlich hergestellt, die Holzstämme werden aber bei 100–140 °C vorgeheizt und unter Druck geschliffen. Das Abschleif-Verfahren ist für Weichhölzer (Fichte, Tanne) wie auch für Harthölzer (Buche, Espe) geeignet.

Zerreiben von Holz, RMP-Holzstoff Schonender als das Abschleifen ist die Zerkleinerung des Holzes in Chips und Trennen der Fasern durch Zerreiben zwischen aufgerauhten Scheiben. Diese sog. *refiner mechanical pulp* RMP enthält längere Fasern, die der Papiermasse erhöhte Festigkeit verleihen, besonders wenn die angewandte Kraft so eingestellt wird, daß das Holz schonend zerrieben wird. Die *thermo-mechanical pulp* TMP wird schonend hergestellt durch Behandlung der Chips mit heißem Dampf bei 115–155 °C und Zerreiben unter Druck. Noch schonender wird *chemi-thermomechanical pulp* CTMP hergestellt. Hier werden die Chips zusätzlich mit verdünnter Natriumsulfit-Lösung imprägniert, um Lignin anzulösen und das Freisetzen langer Fasern zu erleichtern. Weichholz wird mit 1–5 %iger Na_2SO_3-Lösung bei 120–135 °C behandelt, Hartholz mit bis zu 3 %iger Na_2SO_3- und 1–7 %iger $NaOH$-Lösung bei 60–120 °C. Die chemische Behandlung verringert die Ausbeute durch Lösen von Holzstoffen, besonders von Harzen.

Weitere Typen, Konsequenzen für Fasergehalt Weitere Pulpe-Typen unterscheiden sich von TMP und CTMP in der Anwendung von Druck bei den Verarbeitungsstufen und der Kombination von Wärme- und chemischer Behandlung. *thermo-refiner mechanical pulp* TRMP weicht Holzchips nur durch heißen Dampf auf. Bei *pressure refiner mechanical pulp* PRMP findet das Zerreiben unter erhöhtem Druck statt, sie weist erhöhte Festigkeit auf. Bei *chemi-mechanical pulp* CMP erfolgt das Aufweichen der Holzmasse durch höher konzentriertes Natriumsulfit (5–10 %ig), die optischen Eigenschaften verschlechtern sich stark. *chemical refiner mechanical pulp* CRMP wendet nur milde Chemikalien zum Aufweichen an.

In allen Fällen wird durch die thermische oder chemische Vorbehandlung das Bruchverhalten der Fasern beim Schleifen oder Mahlen beeinflußt. Mit Vorbehandlung oder erhöhter Temperatur verschiebt sich die Frakturzone zur ligninreichen Zone der mittleren Lamellen, besonders wenn die Temperatur höher als die Erweichungstemperatur des Lignins wird (bei Weichholz wie Fichte ca. 125–145 °C, bei Hartholz etwa 20 °C weniger). Als Folge entstehen weniger Fines und mehr lange Fasern. Damit steigt die Festigkeit auf Kosten der Opazität.

Die Fines werden als Vorteil mechanischer Pulpe gewertet, denn sie sind für die Undurchsichtigkeit der Papiermasse und ihre guten Oberflächeneigenschaften verantwortlich. Die breite Größenverteilung der Bruchstücke verursacht große Fluktuationen des Brechungsindex und hohe Streuung von Licht, also hohe Opazität. Die hohe Fasersteifigkeit in der mechanischen Pulpe liefert Papier geringer Dichte bzw. hohem Volumen, Körper und hoher Biegesteifigkeit. Liegen viele steife unveränderte Fasern vor, muss ein hoher Anteil an Fines quasi als Bindemittel vorhanden sein. Großer Nachteil der Fines ist, daß durch die Ligninstoffe das Papier anfällig gegenüber Licht und Alterung ist. In der Praxis wird die Zusammensetzung des Papiers abhängig vom Anwendungsfall aus mechanischer und chemischer Pulpe variiert, um die Vorteile beider Pulpe-Typen zu kombinieren.

Imprägnierung/Sulfonierung Bei der Herstellung von CTMP wird Holz bei erhöhter Temperatur mit 1–5 %iger Lösung von Natriumsulfit Na_2SO_3 behandelt. Dabei wird Harz aus dem Holz herausgelöst und durch Aufweichen der Ligninstruktur eine einfachere Abtrennung der Fasern erreicht. Die Reaktion verläuft bei neutralem oder leicht alkalischem pH-Wert innerhalb von Minuten [158, ch. 3.5]. Mit höherkonzentrierter Sulfitlösung (5–10 %ig) entsteht *chemi-mechanical pulp* CMP.

Das Sulfit-Anion als starkes Nukleophil greift α,β-ungesättigte Carbonylstrukturen im Lignin an, wie sie bei Coniferylaldehyd oder *o*- und *p*-Chinonen vorhanden sind. Als Resultat werden Sulfonsäuregruppen an die Doppelbindung bzw. die Chinonkerne addiert und erhöhen die Wasserlöslichkeit des Lignins, ►Abbildung 6.20.

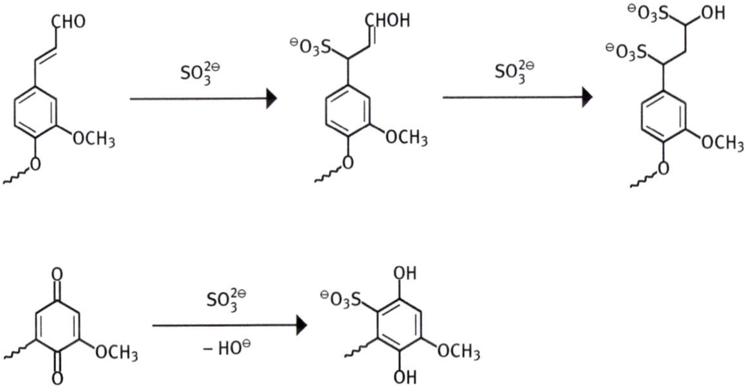

Abb. 6.20: Addition des starken Nukleophils $SO_3^{2\ominus}$ an α,β-ungesättigte Carbonylstrukturen und *o*- bzw. *p*-Chinone unter Bildung von Sulfonsäuren [158, ch. 3.5]. Die Sulfonsäuren erhöhen die Wasserlöslichkeit von Lignin.

Bleiche Der letzte Schritt der Pulpe-Bereitung ist die Bleiche. Beim Bleichen mechanischer Pulpe muß – im Gegensatz zur chemischen Bleiche – unter möglichster Bewahrung der Ligninstoffe gearbeitet werden. Ziel dieser Bleiche ist die Umwandlung von Chromophoren im Holz in farblose Formen, um entweder eine gleichmäßige Helligkeit zu erreichen, oder um die Helligkeit insgesamt zu erhöhen. Die Helligkeit der mechanischen Pulpe liegt initial bei 60–63 % ISO, durch Bleichen kann bis 80 % ISO erreicht werden. Der Vorgang der Bleiche ist reversibel, d. h. nach einiger Zeit kann erneut eine Verfärbung eintreten. Mechanische Pulpen sind daher eher für Papiere im Zeitungs- und Magazinbereich vorgesehen, nicht für feine Büro- oder gar Künstlerpapiere. Als Resultat erhält man Holzstoff-Sorten wie *bleached CTMP* BCTMP oder spezieller *bleached CTMP softwood* BCTMPSW oder *bleached CTMP hardwood* BCTMPHW.

Die Bleiche von mechanischer Pulpe erfolgt reduktiv mit Natriumdithionit $Na_2S_2O_4$ im neutralen Milieu oder oxidativ mit alkalischem Wasserstoffperoxid H_2O_2 [158, ch. 3.6]. Wenn mit Dithionit nur eine gleichmäßige Aufhellung der Pulpe erreicht werden soll, kann das Reagenz einfach in die Pulpe gegeben werden. Bei der Bleiche mit Peroxid wird die Reaktion bei 60–70 °C für 1–2 h in einer separaten Stufe ausgeführt.

Bei der *Bleiche mit Dithionit* werden nur bestimmte Strukturen wie *o*- und *p*-Chinone reduziert, ►Abbildung 6.21. Es wird daher nur eine partielle Bleichung erreicht und eine gelbliche Restfärbung bleibt bestehen.

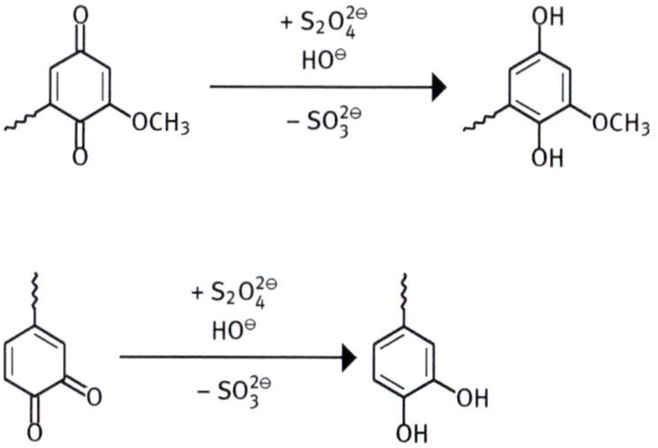

Abb. 6.21: Bleiche der mechanischen Pulpe mit Hilfe von Dithionit $S_2O_4^{2\ominus}$ [158, ch. 3.6]. Dithionit kann nur *o*- und *p*-Chinone zu farblosen Verbindungen reduzieren.

Die *Bleiche mit alkalischem Peroxid* dagegen läßt einen sehr hohen Bleichegrad zu. Die Reaktion muss mit Vorsicht geführt werden, da die Pulpe im alkalischen Milieu sehr leicht über die Phenoloxidation zu Dunkelstoffen reagiert. $HO_2^{\ominus}$ ist ein starkes Nukleophil und greift elektronendefizite Strukturen wie Coniferylaldehyd und konju-

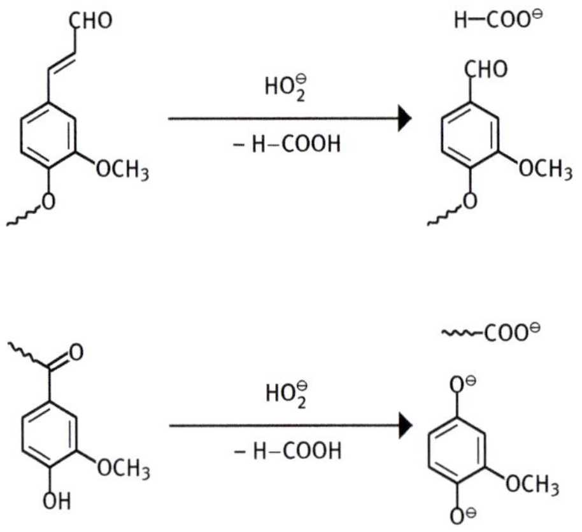

Abb. 6.22: Reaktionen bei der Bleiche mit alkalischem Peroxid [158, ch. 3.6]. Das starke Nukleophil $HO_2^⊖$ greift phenyloge Doppelbindungen und konjugierte Carbonylstrukturen an. Das Ligninnetzwerk wird aufgebrochen und es entstehen Aldehyde und kleine Moleküle wie Ameisensäure, in jedem Fall ist die chromophore Struktur zerstört. Sind freie phenolische Hydroxylgruppen vorhanden, können auch Hydrochinone entstehen.

gierte Carbonylverbindungen an. Die Reaktion bricht diese Strukturen auf und führt zu kleineren aromatischen Aldehyden und Ameisensäure, ►Abbildung 6.22 oben. Sind freie Hydroxylgruppen vorhanden, können Hydrochinone entstehen, ►Abbildung 6.22 unten.

Die Chromophore werden bei dieser Art der Bleiche abgebaut. Die farbstarken Chinone werden zu Carbonylsäuren abgebaut, können aber in einer Konkurrenzreaktion gegen Ende der Bleichungsreaktion, wenn die Konzentration der Hydroperoxid-Ionen $HO_2^⊖$ niedrig ist, farbige Hydroxylchinone bilden:

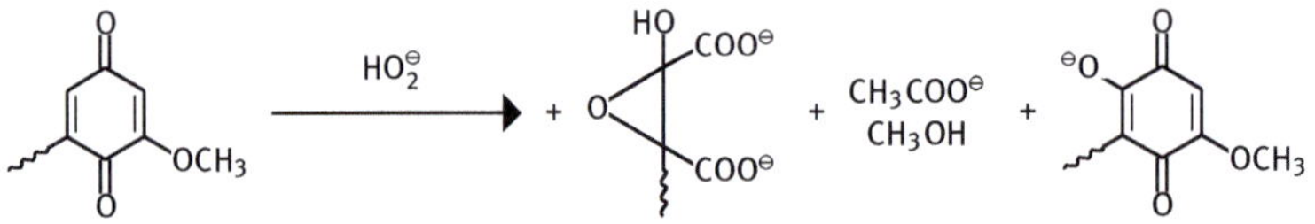

6.7.2.2 Chemische Pulpe, Zellstoffproduktion

Ziel der Herstellung chemischer Pulpe (CP, Zellstoff) ist die Freisetzung der unbeschädigten Zellulosefasern aus der Ligninmatrix des Holzes und die Entfernung des Lignins, um Alterungs- und Vergilbungserscheinungen zu vermeiden. Die auf diese Weise gewonnenen Fasern sind flexibler als die der mechanischen Pulpe. Die Fasern können sich gut einander anlagern und so der Pulpe hohe Festigkeit verleihen. Chemische Pulpe ist daher geeignet für starkes Papier, Sackpapier und Karton.

Als *Zellstoff* bezeichnet man die Substanz, die verbleibt, wenn aus Holz möglichst alle Verbindungen außer Zellulose und Hemizellulosen entfernt werden, speziell Lignin. In der Praxis beträgt der Zellulosegehalt von Zellstoff 60–85 % und einem geringen Anteil an Hemizellulosen und Faserwandlignin. Je nach eingesetztem Holz (Weichholz/soft wood, Hartholz/hard wood), der Wachstumsregion (nördlich/northern, südlich/southern) und der Art der Bleiche werden verschiedene Zellstofftypen produziert, die unter bestimmten Namen von Zellstoffherstellern verkauft werden, ►Abbildung 6.23.

Einen großen Einfluß auf die Eigenschaften hat die Holzart (Weichholz, Hartholz) und die Region, in der die Bäume wachsen (nördlich, südlich), da sie die genaue Morphologie der Holzzellen und damit der Zellulosefasern bestimmen. *Weichholz* liefert reißfeste lange Fasern, die sich gut zu einer einheitlichen Fläche zusammenlagern oder dichte quasi-kristalline Bereiche bilden können. Weichholz-Zellstoff wie NBSK ist daher als Armierungs-Zellstoff geeignet, der einer Pulpemischung zugesetzt wird, um ihr Festigkeit zu verleihen. Papiere werden geschmeidig und weich, aber reißfest. Sie haben kein großes Volumen und sind dicht. Weichholz-Zellstoff aus südlichen Regionen liefert fluffigere Qualitäten, die für Hygieneartikel wie Küchentücher oder Windeln geeignet sind. *Hartholz-Zellstoff* dagegen besitzt kurze Fasern, die Steifheit, Glätte und Opazität des Papiers erhöhen. Da dieser Zellstoff durch die Kürze der Fasern nicht so stark quasi-kristalline dichte Bereiche bildet, erhöht er Volumen und Absorptionsfähigkeit eines Papiers.

Bei der Zellstoffherstellung wird ausgenutzt, daß Lignin am reaktivsten ist, gefolgt von Hemizellulosen und schließlich Zellulose [158], [161, Kap. 3]. In der Praxis haben sich vor allem zwei Prozesse durchgesetzt: das *Kraft-Kochen* mit $NaOH$ und Na_2S (sog. white liquor) und das *Sulfit-Kochen* mit H_2SO_3.

Chemisch betrachtet werden bei der Herstellung chemischer Pulpe mit Hilfe von Bindungsbrüchen Ligninfragmente erzeugt und mit geladenen funktionellen Gruppen versehen, um sie in Lösung zu halten, sodaß die Zellulosefasern abgetrennt werden können. Die Abbau-Prozesse sind nicht zu 100 % lignin-spezifisch, auch die erwünschten Kohlenhydrate werden allmählich angegriffen und abgebaut. Der Prozess muss daher bei einem Punkt abgebrochen werden, an dem noch etwas Lignin übrig ist, um einen übermäßigen Verlust an Kohlenhydraten, speziell Zellulose, zu vermeiden. An diesem Punkt liegt *unbleached kraft pulp* UKP mit einer typischen packpapierbraunen Farbe vor. Nach dem Kochen wird durch oxidative Delignifizierung mit Sauerstoff der beim Kochen verbliebene Ligningehalt vor der finalen Bleiche nochmals stark reduziert, es entsteht *bleached kraft pulp* BKP, ►Abbildung 6.23.

Kraft-Kochen Das Kraft-Kochen ist der dominante Prozess zur Herstellung chemischer Pulpe [158, ch. 5]. Reagenzien des Verfahrens sind Hydrogensulfid-Anionen $HS^{\ominus}$ zur Fragmentierung des Lignins und Hydroxid-Anionen $HO^{\ominus}$ zur Lösung der Bruchstücke.

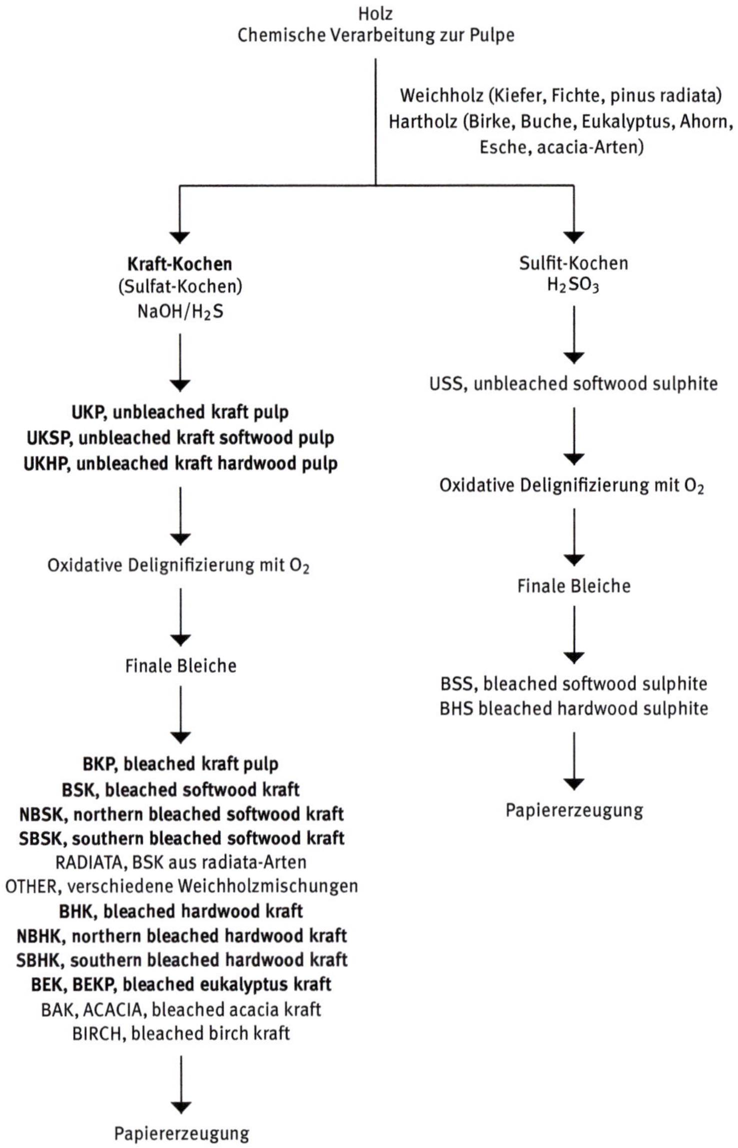

Abb. 6.23: Die wichtigsten Schritte bei der Erzeugung chemischer Pulpe (Zellstoff) aus Holz sowie die wichtigsten weltweit gehandelten Zellstofftypen (fett: häufigste Typen) [772], [158, ch. 5, 6].

Im 19. Jhd. diente Kraft-Kochen nur der Herstellung sehr fester ungebleichter Papiere, und Sulfit-Kochen war das bevorzugte Verfahren. Grund war die dunkle Farbe der Kraft-Pulpe. Während des zweiten Weltkriegs wurde jedoch ein Verfahren zur effizienten Bleiche der Kraft-Pulpe mit Chlordioxid gefunden. Damit und mit seinen großen technologischen Vorteilen avancierte das Kraft-Kochen zum vorherrschenden Verfahren.

Tab. 6.4: Beispielhafte Mengenanteile an Zellulose, Hemizellulosen und Lignin in unbehandeltem Holz und nach dem Kraft-Kochen [158, ch. 6.5].

Stoff	**Pinie**		**Birke**	
	Holz/%	**Kraft-Pulpe/%**	**Holz/%**	**Kraft-Pulpe/%**
Zellulose	41	38	40	34
Glukomannan	17	4	3	1
Xylan	8	5	30	16
andere Kohlenhydrate	5	–	4	–
Lignin	27	3	20	2

Die Reaktion verläuft in drei Phasen. Zunächst werden Lignin und Kohlenhydrate mit vergleichbarer Reaktivität abgebaut und gelöst. In einer zweiten Phase tritt eine selektive Extraktion von Lignin ein, bis ca. 90 % des Lignins entfernt sind. Der restliche Lignin-Anteil kann in der dritten Phase nur auf Kosten großer Teile der Kohlenhydrate (Hemizellulosen) weiter extrahiert werden, da nun auch Kohlenhydrate wieder hohe Reaktivität aufweisen. Das Kraft-Kochen muss daher mit dem Erreichen der letzten Phase gestoppt werden. In ►Tabelle 6.4 sind typische Mengenanteile vor und nach dem Kraft-Kochen enthalten. Das Ergebnis ist hellbrauner Zellstoff, der generisch als *unbleached kraft pulp* UKP bezeichnet und als *unbleached kraft softwood pulp* UKSP oder *unbleached kraft hardwood pulp* UKHP verkauft wird, ►Abbildung 6.23.

Zur Extraktion muß das Ligninnetzwerk fragmentiert und mit funktionellen Gruppen versehen werden, die die Bruchstücke in Lösung halten, bis die Zellstoffmasse abgetrennt wurde. Die Fragmentierung findet mit $HS^{\ominus}$ in alkalischer Lösung an den hauptsächlichen Verbindungen der einzelnen Phenylpropan-Einheiten statt, der sog. *β*-O-4-Struktur. ►Abbildung 6.24 stellt die Hauptreaktion dar.

Abbau der Kohlenhydrate über die Peeling-Reaktion Die im Holz vorhandenen Kohlenhydrate erleiden beim Kraft-Kochen einen ca. 10 %-igen Substanzverlust durch die *Peeling-Reaktion* und die alkalische Hydrolyse [158, ch. 5.6].

Die Peeling-Reaktion findet an Polysacchariden statt, die an der 4-Position Substituenten tragen, wie Glukomannane, Xylane und Zellulose. Vom reduzierenden Ende her wird durch die Ringöffnung und *β*-Eliminierung eine C_6-Einheit von der Zellulose abgespalten. Die verbleibende, um eine Einheit verkürzte Zellulosekette trägt ein neues reduzierendes Ende und kann erneut die Peeling-Reaktion durchlaufen. Die abgespaltene C_6-Einheit lagert sich zur stabilen Isosaccharinsäure um, die in Lösung bleibt:

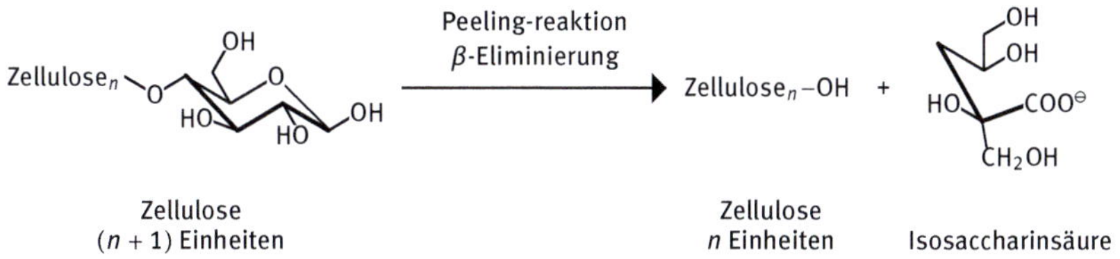

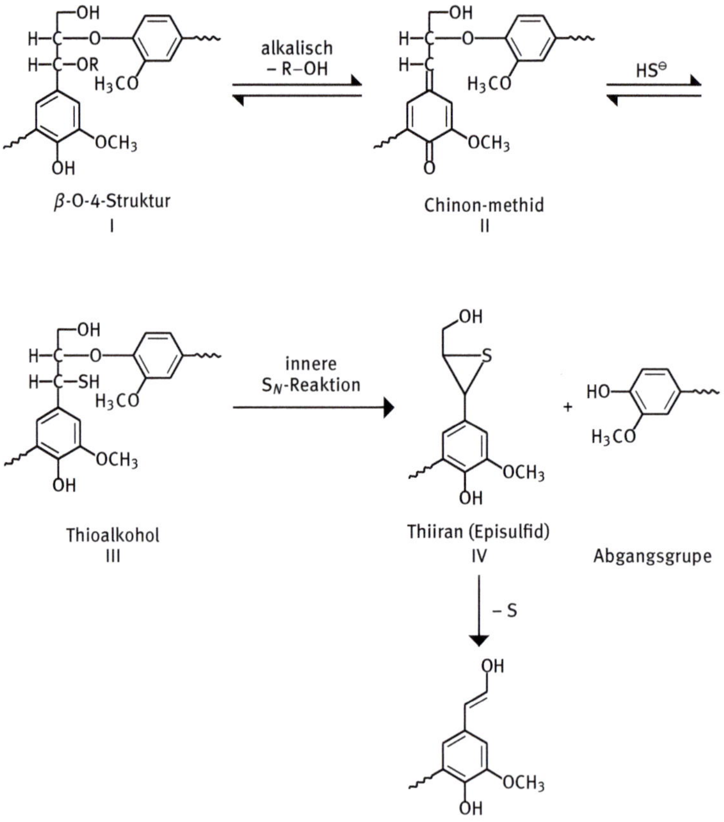

Coniferylalkohol-Struktur

Abb. 6.24: Hauptreaktion im Kraft-Prozess zum Lösen von Lignin: Spaltung der β-O-4-Strukur durch Hydrogensulfid $HS^{\ominus}$. Im alkalischen Milieu ist das Gleichgewicht I-II zwischen der β-O-4-Struktur und dem Chinonmethid begünstigt. Bei Anwesenheit von $HS^{\ominus}$ stellt sich ein weiteres Gleichgewicht II-III zwischen dem Chinonmethid und einem Thioalkohol ein, der dem Edukt I entspricht, aber nukleophiler ist. In einer nukleophilen Substitution einer Phenoleinheit durch den Thioalkohol entsteht irreversibel das Thiiran IV und ein Phenol. Damit ist das Lignin-Netzwerk an dieser Stelle aufgebrochen. Elimination von Schwefel aus dem instabilen Thiiran führt zu Produkten wie Coniferylalkohol [158, ch. 5].

Das Resultat der Reaktion ist eine Depolymerisation. Ab einem bestimmten Punkt des Abbaus geht das ganze Restpolymer in Lösung. Dies ist besonders der Fall bei Glukomannanen, die mit einem Polymerisationsgrad von ca. 100 Einheiten vollständig depolymerisiert und gelöst werden können. Zellulose mit einem mehr als zehnfach höheren Polymerisationsgrad zeigt durch ihre Länge trotz Depolymerisation keinen signifikanten Lösungsverlust durch die Peeling-Reaktion. An Xylanen läuft die Peeling-Reaktion durch die Substituenten nur begrenzt ab.

Abbau der Kohlenhydrate über alkalische Hydrolyse Wenn die Prozesstemperatur den maximalen Wert erreicht, tritt zunehmend die alkalische Hydrolyse von Zellulose als Nebenreaktion in Erscheinung [158, ch. 5.6]. Durch unspezifischen Angriff eines Hydroxid-Anions wird Zellulose stark fragmentiert. ►Abbildung 6.25 zeigt einen beispielhaften Reaktionsverlauf, die Hydrolyse verläuft aber auf heterogene Art und Weise.

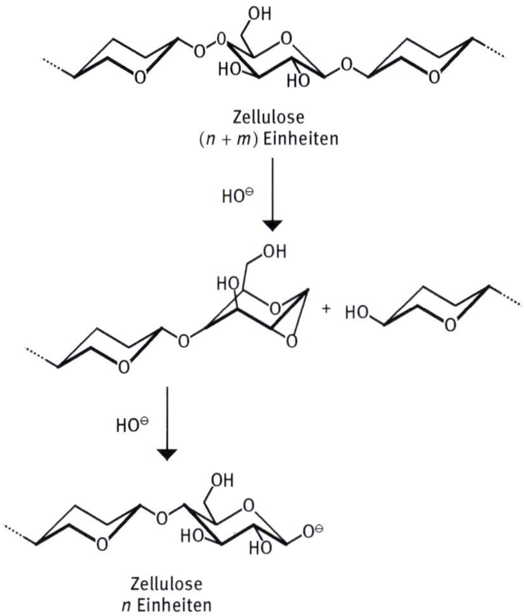

Abb. 6.25: Spaltung einer Zellulosekette durch alkalische Hydrolyse [158, ch. 5.6]. Die Kette wird unspezifisch fragmentiert, wobei ein reduzierendes Ende entsteht. Die Reaktion kann wiederholt durchlaufen werden und Zellulose erheblich fragmentieren.

Oxidative Delignifizierung und finale Bleiche von Kraft-Pulpen Der beim Kraft-Kochen verbleibende geringe Anteil (2–5 %) an Restlignin gibt der Pulpe die typische braune Farbe, wie wir sie von Packpapier her kennen [158, ch. 9, 10]. Zur Produktion von hochwertigem weißem Papier muß nun noch eine erschöpfende Delignifizierung und abschließende Bleiche zur gewünschten Helligkeit erfolgen. Dies wird durch eine Serie von Oxidationen und Extraktionen erreicht, bis eine fast ligninfreie Pulpe erhalten wird. Prinzipiell beruht der Vorgang auf der oxidativen Ringöffnung von Phenolen und ihrer Überführung in lösliche Carboxylate:

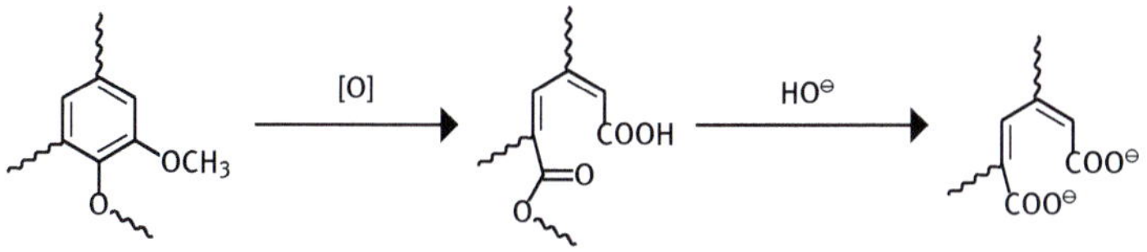

Ein effizientes Oxidations- und Bleichmittel war Chlor, das in Wasser zu Hypochlorit $ClO^{\ominus}$ disproportioniert. Nachdem um 1940 ein Verfahren zur Herstellung von Chlordioxid ClO_2 gefunden worden war, wurde vollgebleichter Sulfatzellstoff durch die Verfahrenssequenz CEDED (**c**hlorine, alkaline **e**xtraction, chlorine **d**ioxide) erhalten. Die CE-Stufe ist die initiale eigentliche Oxidationsstufe, die die Delignifizierung vollzieht, während die D-Stufe die finale Aufhellung bewirkt.

Um 1970 wurde Chlor langsam durch Sauerstoff als Oxidationsmittel ersetzt (O-Stufe). Notwendig dafür war die Entdeckung, daß geringe Mengen an Magnesiumsalzen die Pulpe vor ungewolltem oxidativen Abbau schützen. Eine O-Stufe kann ca. 50 % Lignin entfernen. Zur gleichen Zeit wurde Chlor allmählich durch Chlordioxid ersetzt. Beschleunigt wurde diese Entwicklung durch die Entdeckung der hochtoxischen Dibenzodioxine und Dibenzofurane sowie einer Anzahl niedriger chlorierter Aliphaten und Aromaten in Papiermühlen-Abwässern. Bis ca. 1990 erfolgte daher ein rascher Ersatz aller C-Stufen durch Bleichstufen auf Basis von Sauerstoff (O-Stufe), Chlordioxid (D-Stufe) oder Wasserstoffperoxid (P-Stufe). Da die gewünschten Zielparameter niedriger Restligningehalt und hohe Helligkeit nicht in einem Schritt erreicht werden können, werden in der Praxis mehrere Stufen zu Verfahrensketten oder *Bleichsequenzen* zusammengestellt. Typische Sequenzen für die heute stark nachgefragten chlorfrei gebleichten *elemental chlorine free*-Zellstoffe ECF und *total chlorine free*-Zellstoffe TCF sind

ECF: OD (OP)DD
TCF: O Q(OP)Q(PO)

Die initialen OD- bzw. O-Stufen dienen der oxidativen Delignifizierung, bei der der Großteil des Restlignins zerstört wird, gefolgt von der finalen Bleiche bzw. Aufhellung zum Zielwert hin. Typische Verfahrensparameter sind:

- Für die O-Stufe: O_2-Gas, NaOH aq., Mg-Salze, 30–60 min bei 90–100 °C und pH 10–11.
- Für die P-Stufe: H_2O_2, 1–3 h bei 80–110 °C und pH $\approx$ 11. Übergangsmetalle müssen in einer Q-Stufe zuerst durch Komplexbildung entfernt werden.
- Für die Q-Stufe: EDTA oder DTPA, 5 min–2 h bei 50–90 °C und pH 4–7.
- Für die D-Stufe: ClO_2 kann am Anfang einer Bleichsequenz (D- oder OD-Stufe) effizient Lignin abbauen, dabei wird keine Aufhellung erzielt. Die Parameter sind dann 30–45 min bei 65–75 °C und pH 2–3.
  Am Ende der Bleichsequenz kann ClO_2 die ligninarme Pulpe effizient aufhellen, Parameter sind hier 3 h bei 70–80 °C und pH 3,4–4,5.

Das Ergebnis ist heller Zellstoff, der generisch als *bleached kraft pulp* BKP bezeichnet und als *bleached softwood kraft* BSK oder *bleached hardwood kraft* BHK verkauft wird. Je nach Holzart und Herkunft des Holzes werden von diesen Grundtypen weitere Verkaufstypen abgeleitet, ►Abbildung 6.23. Erfolgt die Bleiche ohne Verwendung von elementarem Chlor bzw. völlig chlorfrei, wird der Zellstoff zusätzlich zum Typ als ECF- oder TCF-Zellstoff bezeichnet.

Sulfit-Prozess Das Aufschliessen des Holzmaterials erfolgt im Sulfit-Prozess mit $CaSO_3$, $MgSO_3$, Na_2SO_3 oder $(NH_4)_2SO_3$ unter sauren Bedingungen [158, ch. 5.11]. Die zentrale Reaktion ist die Sulfonierung einer Phenylpropan-Einheit mit $SO_3^{2\ominus}$, wodurch die Löslichkeit mit jeder weiteren Sulfonsäure-Funktion steigt. Im stark sauren pH-Bereich ist ein hoher Sulfonierungsgrad erreichbar, ggf. tritt als Nebenreaktion die saure Hydrolyse von Etherbindungen in Lignin und Kohlenhydraten ein. Das Ergebnis ist roher Zellstoff, der für Weichholz als *unbleached softwood sulphite* USS verkauft wird, ►Abbildung 6.23.

Konkret verläuft die Sulfonierung über eine initiale Protonierung einer Benzylalkoholgruppe II, gefolgt von einer Eliminierung von Alkohol und Addition des Sulfit-Anions, wobei eine Sulfonsäure III entsteht, ►Abbildung 6.26(a).

Im alkalischen pH-Bereich sind die phenolischen Hydroxylgruppen von I an der Reaktion beteiligt, ►Abbildung 6.26(b). Die alkalisch katalysierte Eliminierung eines Alkohols führt zum Chinon-methid II, das ein Sulfit-Anion addiert und zur Sulfonsäure III wird. Durch Angriff eines weiteren Sulfit-Anions wird das Lignin-Netzwerk von III aufgebrochen und es entsteht eine Disulfonsäure IV und eine neue Phenol-Endgruppe.

Auch beim Sulfit-Kochen findet eine säurekatalysierte Hydrolyse der Kohlenhydrate statt, besonders bei Glukomannan und Xylan sind Verluste von bis zu 70 % möglich.

Oxidative Delignifizierung und finale Bleiche von Sulfit-Pulpen In der beim Sulfit-Kochen erhaltenen Pulpe verbleibt ebenfalls Restlignin. Sie ist aber heller als rohe Kraft-Pulpe und daher einfacher zu bleichen. Für TCF-Qualitäten werden z. B. Sequenzen wie

(EOP)Q(PO)
ZEP
(EO)P

benutzt (Z-Stufe: Ozonbleiche, E-Stufe: alkalische Extraktion). Das Ergebnis ist heller Zellstoff, der als *bleached softwood sulphite* BSS oder *bleached hardwood sulphite* BHS verkauft wird, ►Abbildung 6.23. Erfolgt die Bleiche ohne Verwendung von elementarem Chlor bzw. völlig chlorfrei, wird der Zellstoff zusätzlich zum Typ als ECF- oder TCF-Zellstoff bezeichnet.

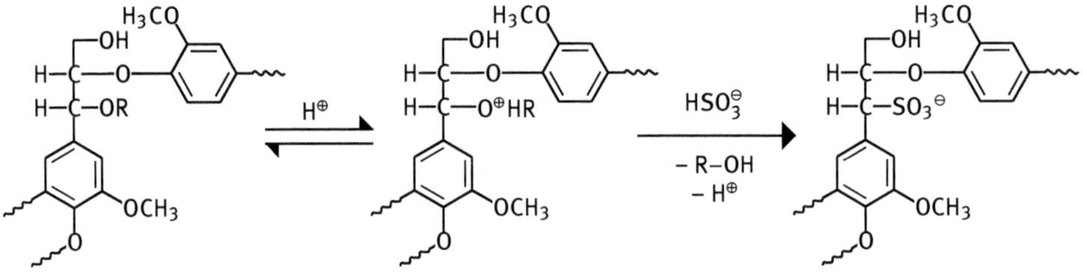

I II Sulfonsäure III

(a) Reaktionsverlauf im sauren Milieu.

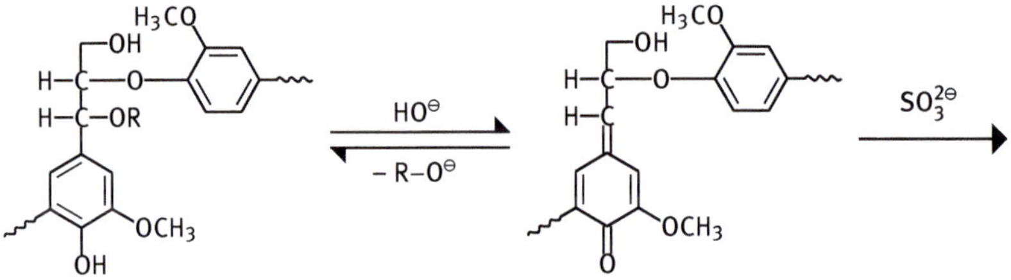

I Chinon-methid II

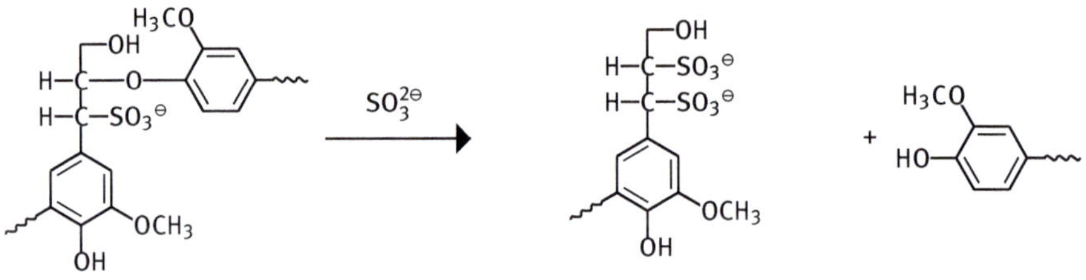

sulfoniertes Lignin III

Disulfonsäure, Lignin-Fragment IV

Neues Phenol V

(b) Reaktionsverlauf im alkalischen Milieu.

Abb. 6.26: Lignin-auflösende Reaktionen beim Sulfit-Prozess [158, ch. 5.11]. Im sauren Bereich startet die Reaktionsfolge mit der Protonierung einer Benzylalkohol-Gruppe, gefolgt von der Eliminierung von Alkohol und schließlich der Addition eines Hydrogensulfit-Anions $HSO_3^{\ominus}$.

6.7.3 Zusammensetzung und Herstellung von Papier

Als Ausgangsprodukt der Papierherstellung [159, 160], [161, Kap. 6.1], [764] dient ein Brei des oben genannten Fasermaterials, je nach gewünschter Papiersorte Hadern bzw. Linters, Holzstoff oder Zellstoff. Der Papierbrei zeigt eine mehr oder weniger große anionische Ladung, die für die weitere Verarbeitung und die Fixierung von Stoffen von großer Bedeutung sind. Die Ursachen der Ladung sind [162, ch. 3.3]:

- der geringe natürliche Anteil von Carboxylgruppen in Zellulose,
- der natürliche Anteil saurer Hemizellulosen, der einen großen Teil der Aktivität ausmacht,
- der je nach Verarbeitung hohe Anteil phenolischer Hydroxyl- und Sulfonsäuregruppen im Ligninanteil,
- ein variabler Anteil an Abbauprodukten der Zellulose, die bei der Bleiche entstanden sind.

Der Rohstoffbrei, der etwa 0,1–1,5 % Feststoffgehalt aufweist, wird durch einen Spalt auf bewegliche Siebe aufgegossen, die sich rasch unter dem Ausflussspalt fortbewegen. In den Sieben fliesst das Wasser zum grössten Teil ab, der Feststoffgehalt steigt auf ca. 20 %, in der Masse setzt eine Verfilzung der Fasern ein. Dieser Prozess wird durch anschliessendes Walzen und Pressen zwischen mehreren Rollen unterstützt, wobei die Restfeuchtigkeit entfernt wird. Beim Pressen kann durch Filze oder Schablonengitter eine Textur eingeprägt werden, z. B. eine rauhe, matte, leinenartige oder gerippte. Bei der Herstellung hochwertiger Künstlerpapiere werden auch Rundsiebe verwendet. Das Resultat ist rohes, stark saugendes Papier mit unebener Oberfläche, das i. A. noch geleimt, gestrichen und eventuell satiniert wird.

Je nach Verwendungszweck des Papiers werden Zusatzstoffe in die Papiermasse gegeben, um die Eigenschaften des Papiers zu verändern. Dazu gehören

- Füllstoffe,
- Bindemittel,
- Retentionshilfsmittel,
- Mittel zur Verbesserung der Festigkeit im trockenen (*dry-strength additives*) und nassen Zustand (*wet-strength additives*),
- Dispersionshilfsmittel zur Unterstützung einer homogenen Pulpe,
- Pigmente, Farbstoffe und Fixative, falls Massenfärbung erwünscht ist,
- Leim, falls Massenleimung erwünscht ist.

Es ist möglich, die notwendigen Chemikalien der Pulpe direkt zuzugeben (Massenleimung bzw. -färbung) anstatt dies in einer folgenden separaten Stufe auszuführen (Oberflächenleimung bzw. -färbung). Viele der Additive, die wir im folgenden kennenlernen werden, nehmen im Rahmen der Papierherstellung mehr als eine Funktion wahr, ►Tabelle 6.5 gibt einen Überblick.

Tab. 6.5: Funktionsbereiche verschiedener Polymeradditive im Rahmen der Papierherstellung. +++: häufige Verwendung, +: ebenfalls verwendet, M_r: Molekulargewicht des Polymers, Q: Ladung des Polymers.

Polymer	Bindemittel	Festigung	Retention	Fixativ	Leimung	Dispergierung
Stärke						
– kationisch		+++	+++			
– anionisch		+				
– neutral	+++	+		+		
Zellulose						
– CMC	+++	+	+++		+	
Gummen		+++	+++			
PAM anionisch		+++ (M_r mittel, Q mittel)	+++ (M_r hoch, Q niedrig-mittel)			+++ (M_r niedrig, Q hoch)
PAM kationisch		+++ (M_r mittel, Q mittel)	+++ (M_r hoch, Q niedrig-mittel)	+		
PAAE-Harz		+++		+		
PVOH-PVOAc	+++	+			+++ (PVOAc hoch)	
PVAm-PVF		+++	+++ (M_r hoch)	+++ (M_r niedrig, Q hoch)		
PEI		+++	+++ (M_r hoch, Q hoch)	+++ (M_r niedrig, Q hoch)		
pDADMAC		+++	+++ (M_r hoch)	+++ (M_r niedrig, Q hoch)		
PEO			+			

Füllstoffe

Füllstoffe sind fein gemahlene Mineral- und Synthetikstoffe, die der Papiermasse zugeschlagen werden und die Eigenschaften des Papiers in großem Umfang verändern [161, Kap. 6.1], [163, Kap. 2.2.1]. Ein wichtiger Anwendungsfall ist die Vergrößerung der Papiermenge durch Zugabe billiger Füllstoffe, um den Preis des Produktes zu senken. Zunehmend wichtig wird die Verbesserung von Eigenschaften wie

- Optik eines Papierblattes (Helligkeit/Weißgrad, Opazität/Durchsichtigkeit im Naß- und Trockenzustand, Tönung oder Färbung),
- strukturelle Beschaffenheit (Dimensionsstabilität, Gewicht) und
- Oberflächenbeschaffenheit (Glätte, Einheitlichkeit, Bedruckbarkeit, Beschreibbarkeit).

In Frage kommen Kaolin $Al_4(OH)_8(Si_4O_{10})$, natürliches Kalziumcarbonat (Kreide, Calcit, Kalkstein, GCC, ground calcium carbonate) oder gefälltes Kalziumcarbonat (PCC, precipitated calcium carbonate), Talk $Mg_3(H_2O)(Si_4O_{10})$, Siliziumdioxiod in verschiedenen Formen, kalzinierte Tonerde Al_2O_3/SiO_2 und andere Aluminium-Magnesium-Silikate, Baryt oder synthetisches Bariumsulfat, Gips, Anhydrit, Tonerde $Al(OH)_3$ und $Al_2O_3 \cdot H_2O$.

Dem meist weißen Papier werden neben hellen Füllstoffen häufig Weißpigmente wie Titandioxid beigemischt, um Papierhelligkeit und Opazität ebenfalls zu erhöhen. Dies ist besonders bei Papieren notwendig, die auch in nassen oder öligen Umgebungen undurchsichtig weiss sein sollen. Bei Weißpigmenten ist eine hohe Streuung erwünscht. Für Pigmente wie Füllstoffe gilt: je höher der Brechungsindex gegenüber Luft, Wasser und Bindemittel, umso deckender ist das Pigment, ►Abschnitt 1.6.8 auf S. 65. Da Füllstoffe wie Kreide oder Kaolin sowie Zellstoff einen Brechungsindex $n \approx 1{,}6$ aufweisen, sind sie nur in Luft ($n = 0$) undurchsichtig weiß, aber nicht in wäßrigen, öligen oder harzigen Medien, deren Brechungsindices ebenfalls um 1,6 liegen. Für naßdeckende Papiere sind daher hochbrechende Weißpigmente wie Anatas ($n = 2{,}5$) oder Rutil ($n = 2{,}7$) notwendig, wenn auch teurer.

Farbmittel

Der Papiermasse können *Farbmittel* (farbstarke Pigmente oder Farbstoffe) zugesetzt werden, um die ganze Papiermasse durchzufärben. Organische Pigmente sind transparent, anorganische Pigmente wirken durch ihr Streuvermögen deckend und zeichnen sich gegenüber Lösungsmitteln, die aus Druckfarben stammen, durch Unlöslichkeit, fehlende Migrationsneigung und Beständigkeit aus. Typische anorganische Pigmente sind Eisenoxide (Gelb, Orange, Rot, Braun, Schwarz), Chrom(III)oxid (Grün), lösliches Eisenblau (Blau, in der Papiermasse), unlösliches Eisenblau (Blau, als Überzug) und Mischoxidpigmente (viele Farben), dazu kommen organische Azo- und Phthalocyaninverbindungen und Kohlenstoffschwarz [185, Stichwort „Paper“]. In aktuellen Sortimenten von Farbmittelzulieferern finden sich vor allem organische Azo-

und Phthalocyaninverbindungen. Die Bindung der Farbmittel an die Faser erfolgt auf mehrfache Weise:
- mechanisch durch den Papierfilz,
- Adsorption an der Faser durch van der Waals-Kräfte und Ionenbindung,
- Einschluss durch andere Partikel (Kolloide wie Aluminiumhydroxid oder Harzniederschläge),
- durch Flokkulation, d. h. durch Bindung an die Faser mit Hilfe eines Retentionsmittels.

Die Färbung von Papier und die dafür geeigneten Farbstoffe werden in ►Abschnitt 5.2 ausführlich diskutiert, die zwischen Farbstoff und Papierfaser wirkenden Adhäsionsmechanismen sind Themen der darauf folgenden Abschnitte, getrennt nach Farbstoffklasse.

Aufheller heben den Weißgrad des Papiers durch Fluoreszenz. Alternativ kann zur Blauschönung, also zur Kompensation eines Gelbstichs der Papiermasse durch ein blaues Farbmittel, Ultramarinblau genutzt werden.

Retentionshilfsmittel

Pulpe ist zu Beginn der Herstellung eine sehr verdünnte wäßrige Mischung mit etwa 0,1–1,5 % Feststoffen (Zellstoff, Füllstoffe). Sie wird durch Siebe und Pressen schrittweise bis zu einem feuchten Papierfilz eingeengt. Dabei können die meisten Bestandteile durch die vergleichsweise grobmaschigen Siebe (0,1-Millimeter-Bereich) mit dem Wasser verlorengehen.

Da einige Füllstoffe teuer sind, vermeiden Hersteller, daß sie beim Filtrieren mit dem Abwasser aus der Papiermasse entfernt werden, indem *Retentionshilfsmittel* zugesetzt werden [764], [161, Kap. 6.7], [768, Kap. 14], [164, S. 76ff], [165, ch. 17]. Diese Mittel bilden mit der anionischen Zellulose einerseits und den Füllstoffen andererseits Flocken, die sich besser in den Sieben absetzen oder filtrieren lassen und auf diese Weise verstärkt im Papier verbleiben. Die Partner werden anfangs nur lose über ionische Bindungen zusammengehalten, polymere Verbrückungsmittel legen sich dann aber enger an die Partner an und ziehen so die Teilchen zueinander, bis diese ebenfalls in Kontakt kommen und Bindungen zueinander ausbilden. Sind in der Papiermasse auch Feinstoffe enthalten, bilden diese mit dem Retentionsmittel zunächst kleine mobile „klebrige“ Bälle, die die größeren Partikel dann miteinander verbinden. Chemisch handelt es sich um
- Kieselsäure oder Mikropartikel auf Silikatbasis, hergestellt aus Wasserglas,
- Aluminiumsalze und anorganische Verbindungen wie Aluminiumsulfat, Natriumaluminat, Polyaluminiumchlorid (PAC), Bentonit. Zur Herstellung von säurefreiem Papier wird heute bevorzugt Kreide ($CaCO_3$) verwendet.

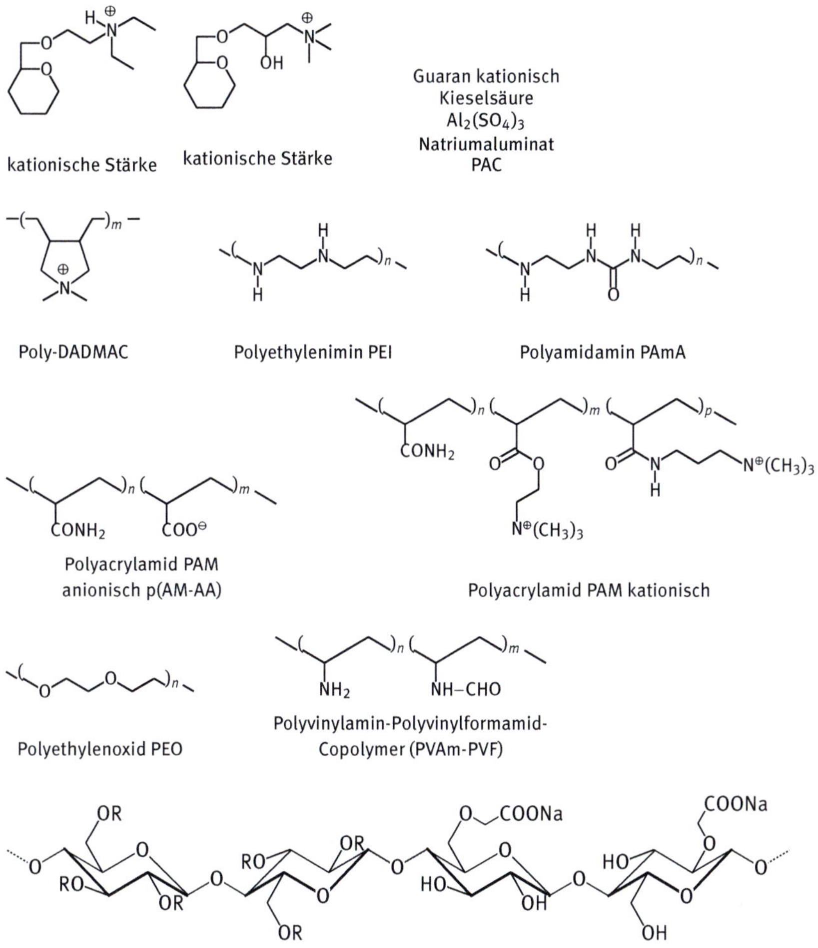

Carboxymethylzellulose NaCMC, $R=(CH_2COONa)_x(H)_{1-x}$

Abb. 6.27: Polymere, die als Retentionsmittel bei der Papierherstellung dienen [764], [161, Kap. 6.7], [768, Kap. 14], [164, S. 76ff], [165, ch. 17].

– Polymere, die lange Brücken zwischen den Partnern bilden und daher kettenförmig und höhermolekular sind, Beispiele ►Abbildung 6.27. Einige polymere Retentionsmittel wie polyDADMAC oder PEI können auch als Fixative oder Festigkeitsverstärker wirken, siehe unten. Im Unterschied zu diesen besitzen sie jedoch einen hohen Polymerisationsgrad, um die notwendigen Brücken zwischen den Partnern bilden zu können. Zur Fixierung auf der Faser sind sie meist

schwach kationisch:
- kationische Stärke, kationische Galaktomannane (Guarane), Carboxymethylzellulose (CMC),
- polymeres Diallyl-dimethyl-ammoniumchlorid (polyDADMAC),
- Polyacrylamide (PAM) mit hoher Molmasse (10 Mio.), meist kationisch modifiziert, auch neutral oder anionisch verwendet,
- Polyethylenimin (PEI), neutral oder kationisch,
- Polyamidamin (PAmA), Polyethylenoxid (PEO),
- Polyvinylamin (PVAm), herstellungsbedingt durch unvollständige Hydrolyse auch als Copolymer mit Polyvinylformamid PVAm-PVF.
- Anionische Polymere wie anionisch modifiziertes Polyacrylamid werden seltener verwendet. Es ist wirksam, weil es starke Wasserstoffbrücken zur Zellulose bilden kann.

Die bis um letzten Jahrhundert häufig als Flockungsmittel verwendeten Aluminiumsalze, meist Aluminiumsulfate, hydrolysieren in der Pulpe und auch später noch langsam. Dabei bilden sie Schwefelsäure, sodaß das Papier sauer ist. In archivalischer Hinsicht ist dies sehr bedenklich, da Säuren den Papierzerfall fördern, ►Abschnitt 6.7.8. Heute werden daher Calciumsalze wie Kreide ($CaCO_3$) verwendet, die – im Überschuß verwendet – im Papier als Alkalireserve verbleiben, um künftige Säuerung zu verlangsamen.

polyDADMAC ist ein Polymer des Diallyl-dimethyl-ammoniumchlorids (DADMAC) und besitzt eine permanente kationische Ladung, über die es an anionische Fasern und Partikel adsorbiert wird:

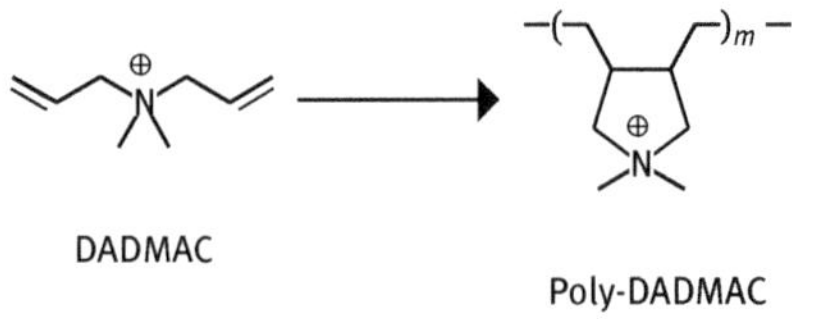

Polyacrylamide sind von Natur aus neutral, werden aber meist durch Copolymerisation mit Acryloxyethyl-trimethyl-ammoniumchlorid oder Trimethylammoniumpropylacrylamid kationisch modifiziert. Anionisches PAM erhalten wir durch Copolymerisation mit Acrylsäure, und trotz seiner Ladung, die der von Zellulosefasern entspricht, ist die Haftung gut, da die Kombination Amid-Einheit-Zellulose starke Wasserstoffbrücken bildet.

Polyethylenimin ist ein polymeres sekundäres Amin, das eine hohe Zahl an geladenen Zentren aufweist. Die wirksame Ladung dieses Mittels ist umso höher, je niedriger der pH-Wert ist:

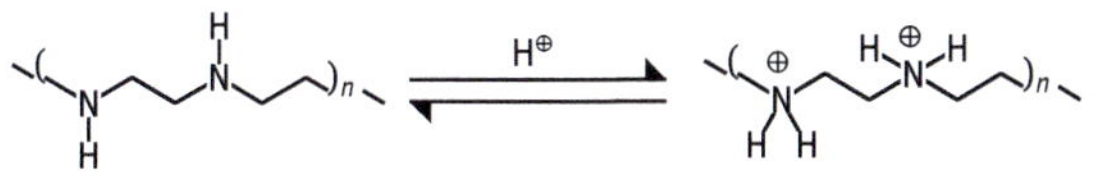

Polyethylenimin Polyethylenimin geladen

Festigungsmittel

Die Festigkeit von Papier wird in erster Linie von seiner Zusammensetzung festgelegt. Haben wir die Wahl, können wir längere Zellulosefasern verwenden, weniger Füllstoffe zusetzen und saure pH-Werte vermeiden, um die Papierfestigkeit zu erhöhen. Ist dies nicht möglich, helfen Additive weiter: *dry-strength additives* erhöhen Trockenfestigkeit, Reißfestigkeit und Abriebfestigkeit im trockenen Papier und erlauben die Verwendung minderwertigerer Faserstoffe [160, ch. 6], [162, ch. 5], [161, Kap. 6.3], [163, Ch. 3.6.5], [768, Kap. 16], [165, ch. 13]. *wet-strength additives* erhöhen die Festigkeit im naßen Zustand [160, ch. 7]. Die Additive sind für Kombinationen von Eigenschaften notwendig, die sonst schwer zu erhalten wären, etwa hohe Reißfestigkeit bei großer Porosität, sodass Verklebung nicht in Frage kommt, oder Reißfestigkeit im Naßzustand. Eine große Bandbreite an Stoffen kann zum Einsatz gelangen, ►Abbildung 6.28:

- kationisch modifizierte Stärke,
- unmodifizierte Stärke, Stärkekleister, modifizierte Stärke (oxidativ oder enzymatisch abgebaut), anionische Stärke (*),
- Pflanzengummen,
- anionische (*) und kationische Polyacrylamide (PAM),
- lösliche Zellulosederivate wie CMC (*),
- synthetische Polymere wie Polyethylenimine (PEI), Polyvinylamin-Polyvinylformamid-Copolymere (PVAm-PVF) oder Polyvinylalkohol-Polyvinylacetat-Copolymere (PVOH-PVOAc).

Die mit (*) gekennzeichneten Mittel erfordern die Zugabe kationischer Fixative. Zweck der Additive ist es,

- bestehende Bindungen zwischen den Zelluloseketten und -fasern (z. B. Wasserstoffbrücke) zu erhalten, indem sie verhindern, daß die Faser bei Näße anschwellen und der enge Kontakt zwischen den Zellulosesträngen verloren geht, und
- die Bildung weiterer (wasserbeständiger) Bindungen, idealerweise kovalenter Natur.

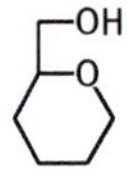

Stärke nativ

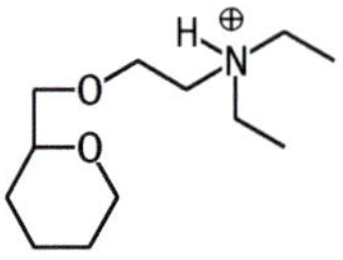

kationische Stärke

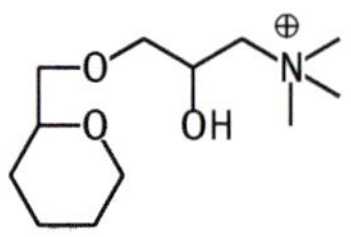

kationische Stärke

abgebaute Stärke
Guaran
Johannisbrotmehl

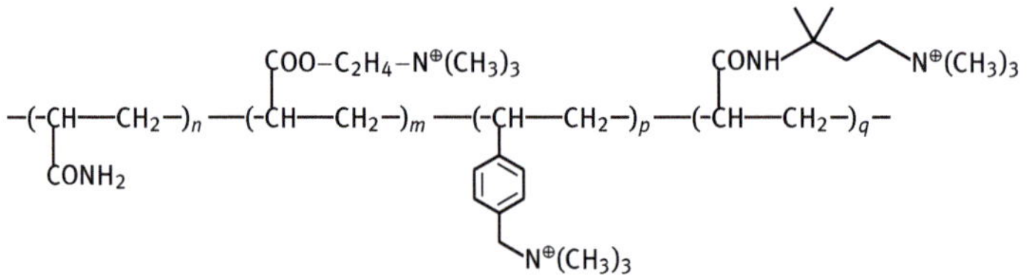

Polyacrylamid PAM kationisch mit Vinylbenzyl- und Butyl-ammoniumsalzen

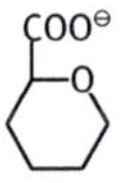

Stärke oxidiert, anionisch

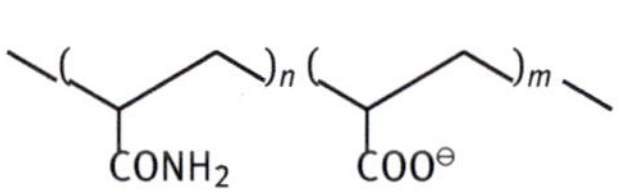

Polyacrylamid PAM
anionisch p(AM-AA)

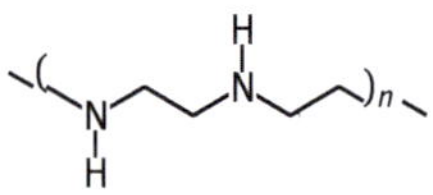

Polyethylenimin PEI

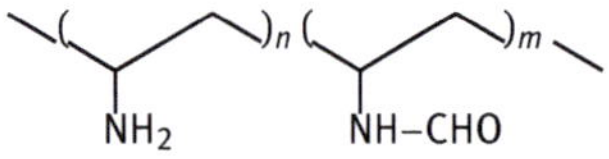

Polyvinylamin-Polyvinylformamid-Copolymer (PVAm-PVF)

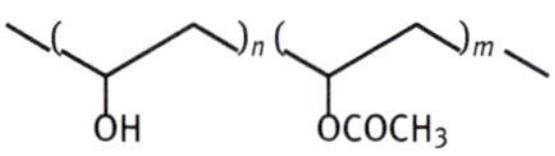

Polyvinylalkohol-Polyvinylacetat-Copolymer (PVOH–PVOAc)

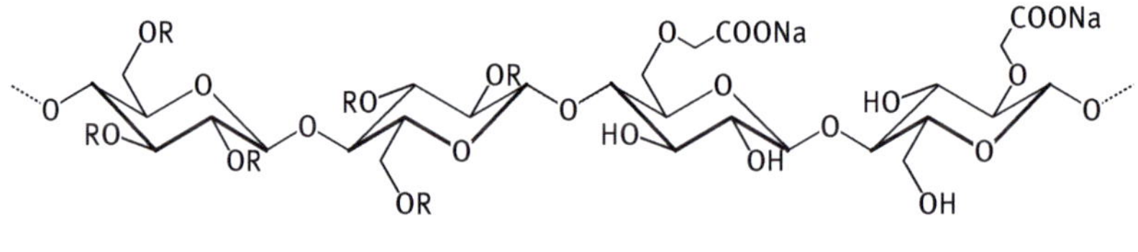

Carboxymethylzellulose NaCMC, R=$(CH_2COONa)_x(H)_{1-x}$

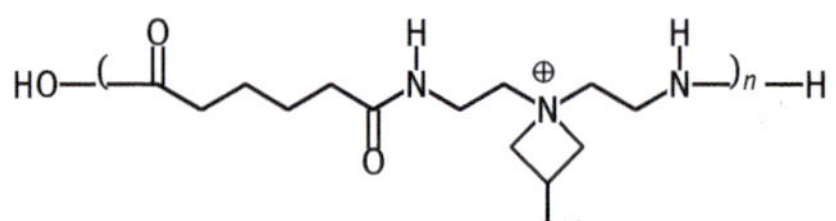

PAE/PAAE-Harz (Poly(amidoamin)-Epichlorhydrin-Harz)

Abb. 6.28: Polymere, die als Festigungsmittel bei der Papierherstellung dienen [162, ch. 5], [161, Kap. 6.3], [163, Ch. 3.6.5], [768, Kap. 16], [165, ch. 13]. Die Struktur von Stärke ist nur schematisch gezeigt.

Um bestehende Bindungen zu schützen, diffundieren die Additive in die Fasern und zwischen die Zelluloseketten. Dort verschlingen und vernetzen sie sich mit sich selbst und den Kohlenhydraten und fixieren so die Ketten, auch bei Wasserzutritt. Zur Knüpfung neuer Bindungen reagieren die Additive mit den Hydroxyl- oder Carboxylgruppen der Kohlenhydrate unter Bildung kovalenter Bindungen.

Allen Mitteln gemein ist ein polymerer Charakter mit langen wasserlöslichen und vorzugsweise kationischen Ketten, sodaß sie Brücken zwischen Zellulosefasern aufbauen und diese vernetzen können. Die Bindung an Zellulose erfolgt über van der Waals-Kräfte, Wasserstoffbrücken und Ionenbindungen.

Stärke ist eines der ältesten Mittel zur Verstärkung von Papier und auch heute noch in Gebrauch. Die Verwendung von unmodifizierter Stärke ist jedoch nicht möglich, da native Stärke keine Klebewirkung zeigt und nicht am Fasermaterial adsorbiert wird. Grund ist der Aufbau der Stärkekörner: in nativer Stärke sind die Stärkemoleküle in Körnern eingeschlossen, die in Wasser unlöslich sind und eine dünnflüssige Suspension ohne Klebewirkung bilden, da der Vorrat an Stärkemolekülen nicht nutzbar ist. Stärke wird daher zunächst aufgeschlossen. Rein physikalisch erfolgt dies mit heißem Dampf, der die Stärkekörner durch Wasseraufnahme aufquellen und platzen läßt, sodass die freiwerdenden Stärkemoleküle verkleistern können. Dabei geht ein Teil der Stärke, Amylose, in Lösung und erhöht die Viskosität der Suspension erheblich, während kristalline Bereiche der Stärkestruktur aufschmelzen. Im wesentlichen werden dabei Wasserstoffbrücken zwischen Glukosemolekülen gelöst, ►Abbildung 6.17 [232, Kap. 4.4.4.14]. Der gleiche Vorgang spielt sich beim Eindicken von Saucen ab: stärkehaltige Verdickungsmittel müssen aufkochen, bevor sie ihre Klebewirkung entfalten.

Es ergeben sich folgende Verwendungsmöglichkeiten (►Tabelle 6.6):
- Verwendung des (neutralen) Stärkekleisters,
- Herstellung kationisch modifizierte Stärke,
- Herstellung anionisch modifizierter Stärke.

Neutrale oder anionisch modifizierte Stärke ist größtenteils nur reversibel an der Zellulosefaser gebunden. Die größte verfestigende Wirkung zeigt *kationisch modifizierte Stärke*, bei der ca. 1–5 % der primären Hydroxylgruppen kationisiert sind. Sie wird irreversibel an der Zellulosefaser adsorbiert, neben Wasserstoffbrücken sind vor allem Ionenbindungen zwischen Stärke-Kationen und der Anionenaktivität der Zellulose an der Bindung beteiligt.

Ihre Wirkung beruht darauf, dass sie nach ihrer Bindung neue, starke Bindungsstellen bereitstellt. Sie erhöht effektiv die Zahl der Faser-Faser-Wasserstoffbrücken, die eine große räumliche Nähe der Bindungspartner voraussetzen (typische Abstände 0,3 nm). Im groben Faserfilz wird diese Nähe nur selten erreicht, Stärke kann aber die weiten Lücken zwischen den Fasern mit einer verklebenden Matrix füllen und vernetzen.

Tab. 6.6: Stärke und die wichtigsten technischen Modifikationen [229, 230, 232].

Modifikation	Ladung	Molmasse	Viskosität	Reagenz	Beispiel
Nativ	keine	hoch	hoch		
– verkleistert	keine	hoch	hoch		
Kationisch	kation.	hoch	niedriger	2,3-Epoxypropyl-trimethylammoniumchlorid, N,N-Diethylaminoethylchlorid	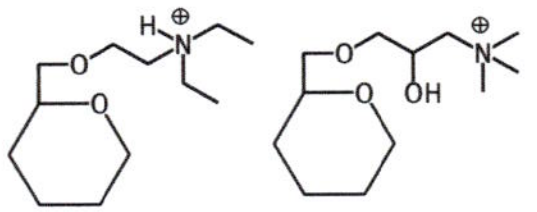
Anionisch	anion.	hoch	niedriger	NaH_2PO_4	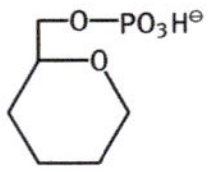
Verethert	keine	hoch	niedriger	Ethylenoxid, Propylenoxid	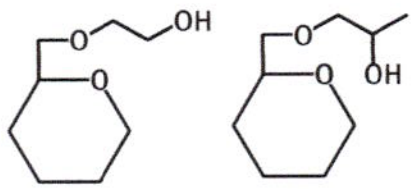
Oxidiert	anion.	hoch, evt. mittel	niedriger	NaOCl, H_2O_2, $MnO_4^{\ominus}$	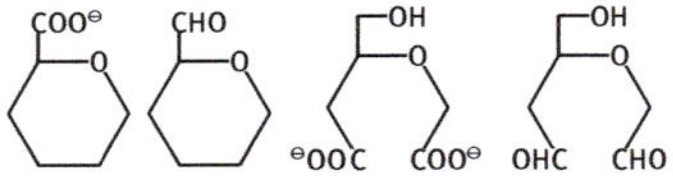
abgebaut (hydrolysiert)					
– dünnkochend	keine	hoch-mittel	niedriger	milde Säure HCl verdünnt	
– thermisch	keine	mittel–niedrig	niedriger	H_3PO_4, H_2SO_4, HCl verdünnt	
– pyrolytisch	keine	mittel–niedrig	niedriger	Hitze, trocken, etwas Säure	**Glukose, Maltose, höhere Saccaride**
– enzymatisch	keine	mittel–niedrig	niedriger	Enzyme	

Als Kationen fungieren quartäre Ammoniumsalze oder protonierte tertiäre Amine, die durch reaktive Monomere wie N,N-Diethylaminoethylchlorid oder 2,3-Epoxypropyl-trimethylammoniumchlorid in das Stärkemolekül eingeführt werden:

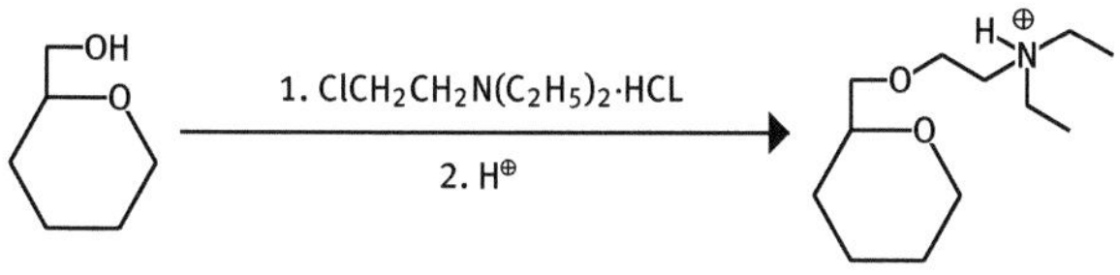

Stärke

kationische Stärke

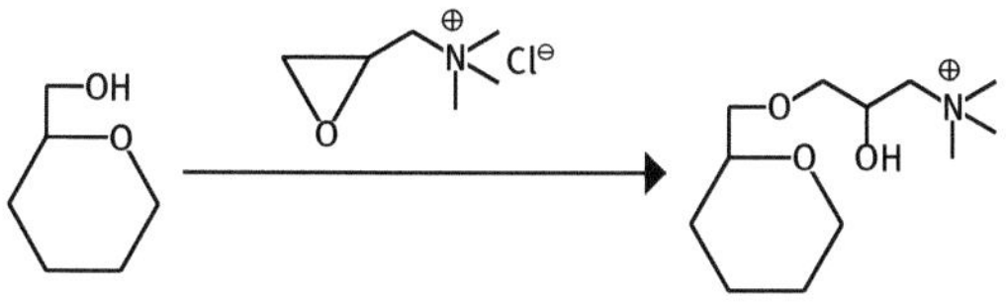

Stärke

kationische Stärke

Die direkte Verwendung des hochmolekularen *neutralen Stärkekleisters* stößt durch seine hohe Viskosität auf Verarbeitungsprobleme und erfordert weitere Verarbeitungsschritte, die zu Produkten mit geringerer Viskosität und besserer Eignung für maschinelle Anwendung führen [229, S. 50ff, Kap. 6.1], [230]. Die Behandlung mit Enzymen, thermisch oder mit verdünnten Säuren baut Stärke hydrolytisch bis zu mittleren und kleinen Bruchstücken (Dextrinen) ab. Einwirkung von Natriumphosphat führt zu Phosphorsäure-Stärke-Estern mit anionischem Charakter. Die thermisch unterstützte Oxidation mit Wasserstoffperoxid, Hypochlorit, Ammoniumpersulfat oder Permanganat überführt die Hydroxylgruppen an C^6, C^2 und C^3 (eventuell unter Öffnung des Glucopyranrings) je nach pH-Wert in Aldehyde oder anionische Carboxylgruppen. Je nach Reaktionsführung kann Stärke auch dabei erheblich abgebaut werden [229, 771].

Die Adsorption von neutraler oder anionischer Stärke an das Fasermaterial und damit die versteifende Wirkung kann erhöht werden, wenn Stärke mit kationischen Polymeren wie protoniertem Polyvinylamin an die Faser gekoppelt wird [163, Kap. 3.4.2].

An *Pflanzengummen* werden vor allem Guaran und Johannisbrotkernmehl eingesetzt. Der Grundaufbau dieser Gummen mit einem Molekulargewicht von 200.000–300.000 ist eine Kette aus Mannan mit kurzen Seitenketten aus Galaktose [232, Kap. 4.4.4.9, 4.4.4.10]. Sie werden für ungebleichte Kraftpapiere benutzt. Die hydrophilen Gummen ähneln in ihrer Struktur der Zellulose, sie werden über van der Waals-Kräfte und zahlreiche Wasserstoffbrücken an den Fasern adsorbiert und wirken verfestigend, indem sie nach dem Trocknen den Kontakt zwischen den Fasern erhöhen. Damit werden die Faser-Faser-Bindungen verstärkt und ihre Bildung verbessert. Zu einem gewissen Teil wirken Gummen auch vernetzend.

Da natürliche Pflanzengummen nichtionisch sind, werden sie nicht optimal an der Faser adsorbiert, es werden daher vorzugsweise kationisch modifizierte Derivate verwendet.

Polyacrylamide (PAM), die wir schon als Retentionsmittel (siehe oben) kennengelernt haben, enthalten neben Acrylamid etwa 10 % ionische Monomere. Kationische PAM sind Copolymere mit Ammoniumsalzen wie Acryl-oxyethyl-trimethylammoniumchlorid oder -methosulfat $H_3COSO_2O^{\ominus}$, sowie DADMAC, 3-Acrylamido-3-methylbutyl-trimethylammoniumchlorid. und Vinyl-benzyl-trimethylammoniumchlorid. Anionische PAM werden als Copolymerisat mit Acrylsäure erhalten und benötigen ein kationisches Fixativ, um sie an die anionischen Fasern zu binden. Mögliche Fixative sind Aluminiumsulfat oder kationische Polymere wie Polyamidoamin-epichlorhydrin-Harze (PAAE-Harze, s. u.), die auch als wet strength-Additiv verwendbar sind.

PAM wirken verfestigend, da sie neue, flexibel positionierte Bindungsstellen für Faser-Faser-Wasserstoffbrücken anbieten, wenn der Abstand der Fasern zueinander zu groß für die Ausbildung direkter Wasserstoffbrücken ist. Wasserstoffbrücken zwischen Amidgruppe und Zellulose-Hydroxylgruppen sind sogar stärker als die zwischen den Hydroxylgruppen der Zellulose untereinander:

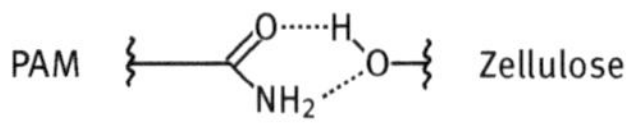

Die Acrylatkette ist lange genug, um die für die gewünschte Festigkeit notwendige Zahl an Bindungsstellen anzubieten und den Abstand zwischen Fasern zu überbrücken. Sie ist jedoch nicht so lange, daß sie selber weiträumig Fasern verbrückt. Dies ist jedoch möglich, PAM wirken dann als Retentionsmittel.

Auch lösliche Zellulosederivate wie CMC wirken über ihre langen Ketten als Festigungsmittel und erfordern ein kationisches Fixativ wie PAAE-Harz.

Polyvinylamine (PVAm) entstehen aus Polyvinylformamid (PVF) durch Hydrolyse, sodass sie allein oder als Copolymer p(VAm-VF) verwendet werden können. PVAm bildet über die Aminogruppe Wasserstoffbrücken mit Zellulose und wirkt im Sauren als Ammoniumsalz kationisch. PVAm kann je nach Ladung und Kettenlänge auch als Retentionsmittel oder Fixativ verwendet werden.

Polyethylenimine (PEI) können je nach Ladung und Kettenlänge ebenfalls als Retentionsmittel oder Fixativ verwendet werden. *Polyvinylalkohole (PVOH)* entstehen aus Polyvinylacetat PVOAc durch Hydrolyse und werden als Copolymer p(VOH-VOAc) verwendet. Je höher der verbliebene Anteil an PVOAc ist, desto hydrophober ist das Polymer und desto höher seine Eignung als Leimungsmittel.

PAAE-Harze gehören zu einer Klasse polymerer Verbindungen, die u. a. als wet strength-Additive Verwendung finden [160, ch. 7]. Diese Additive bestehen aus einer polymeren Hauptkette, die kationisch funktionalisiert wird. Es werden hauptsächlich drei Polymertypen eingesetzt, die über Aminfunktionen verfügen und mit Epichlorhydrin funktionalisiert werden:

Poly(amidoamin)	Poly(alkylenpolyamin)	Aminpolymer	Reaktive Gruppe
→ PAE/PAAE	→ PAPAE		3-Hydroxy-azetidiniumchlorid
→ PAE/PAAE		→ APE	Glycidyl-ammonium, (2,3-Epoxypropyl)ammonium

Die Funktionalisierung der sekundären Aminogruppen des Polymers mit Epichlorhydrin führt in wäßriger Lösung zu einem Gleichgewicht zwischen der offenkettigen Aminochlorohydrin-Form und der zyklischen Azetidiniumchlorid-Form:

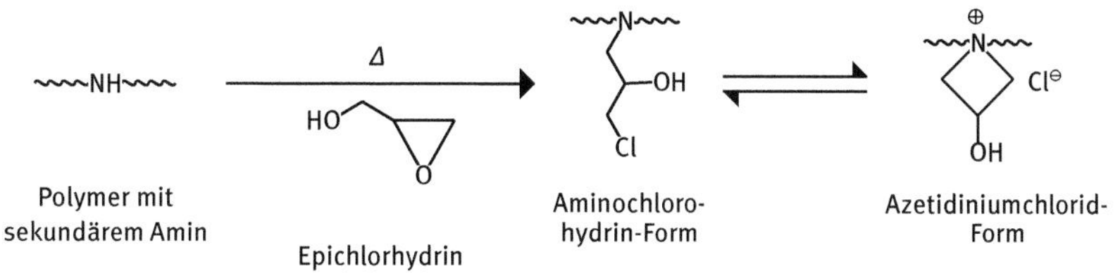

Die Azetidiniumform weist sowohl die notwendige Kationenladung auf als auch eine hohe Ringspannung, sodaß sie sehr reaktiv ist. Die Reaktion tertiärer Aminogruppen des Polymers liefert kationische Glycidylammonium-Verbindungen.

PAE- oder *PAAE*-Harze (Poly(amidoamin)-Epichlorhydrin-Harze) sind die wichtigsten Additive dieser Gruppe. Sie werden aus Epichlorhydrin und einem Polyamidoamin hergestellt, das seinerseits aus einer Dicarbonsäure und einem Polyalkylenpolyamin gewonnen wird. Häufige Komponenten sind Adipinsäure und Ethylendiamin oder Diethylentriamin:

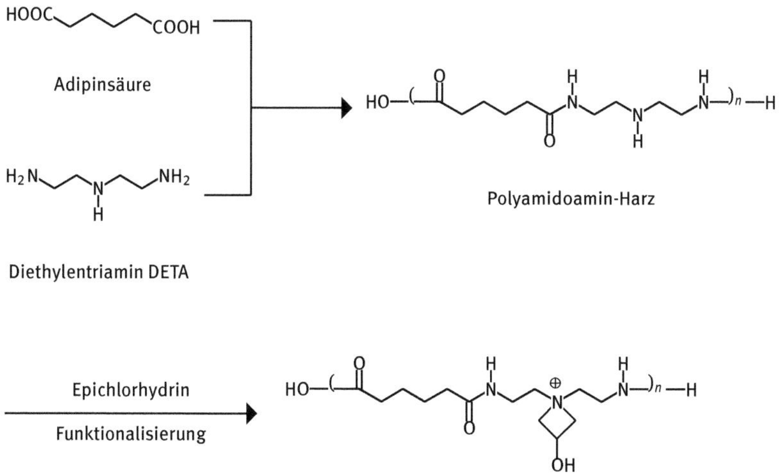

PAE/PAAE-Harz (Poly(amidoamin)-Epichlorhydrin-Harz)
strength-Additiv, kationisches Fixativ

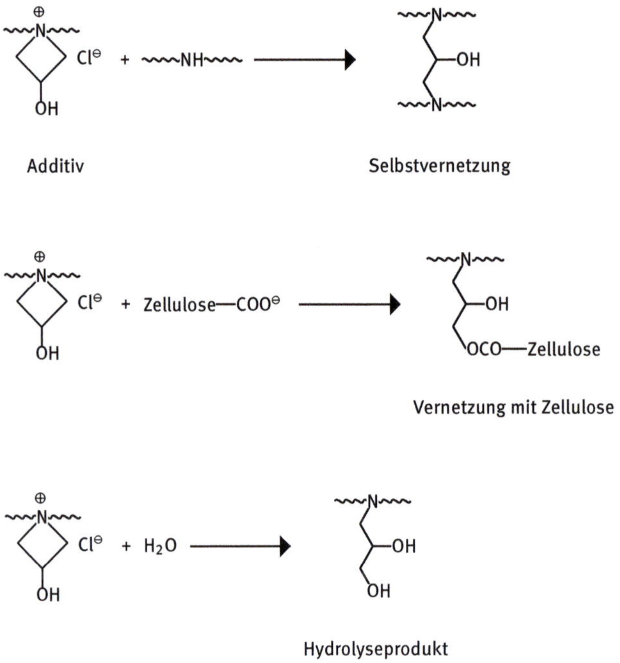

Abb. 6.29: Reaktionsmöglichkeiten eines Polymeramin-ECH-Harzes in der Azetidinium-Form [160, ch. 7]. Für die Funktion als Festigungsmittel (wet strength-Additiv) sind vor allem die Möglichkeiten der Vernetzung interessant.

PAAE-Harze sind kationisch, da sie durch die Epoxidierung geladene Azetidiniumgruppen besitzen. Die Harze sind durch die hohe Ringspannung reaktiv und können kovalente Bindungen ausbilden (►Abbildung 6.29) mit
- anderen Polymerketten (Selbstvernetzung),
- Zelluloseketten, besonders den Carboxylgruppen (Vernetzung) und mit
- Wasser.

Nach dem Schöpfen des Papiers tragen die Vernetzungsprodukte zur Festigkeit im trockenen wie auch naßen Zustand bei.

PAPAE-Harze (Poly(alkenylpolyamin)-Epichlorhydrin-Harze) sind Produkte der direkten Reaktion von Polyalkenylpolyaminen mit Epichlorhydrin, *APE-Harze* solche der Reaktion von Aminpolymeren mit Epichlorhydrin.

Fixative

Wichtige Bestandteile der Pulpe sind Fixative [185, Stichwort „Paper“], [161, Kap. 6.8], [163, ch. 3.6.1], [768, Kap. 14], [164, S. 74ff]. Ihre Aufgabe ist es, ionische Füll- und Farbstoffe dauerhaft an der Faser zu fixieren, wobei Ionenbindungen ausgebildet werden. Dies ist besonders wichtig, wenn z. B. der Farbstoff keine natürliche oder eine zu geringe Affinität zur Faser zeigt, wie dies bei Säurefarbstoffen der Fall ist, oder wenn die Farbstoffladung falsche Polarität besitzt. Um ein Auswaschen bereits während der Herstellung zu vermeiden, müssen solche Farbstoffe gezielt fixiert werden.

Da die zu fixierenden Stoffe i. A. anionisch sind, werden kationische Fixative benötigt. Sie können auf zweierlei Arten wirksam werden. Im ersten Falle wird die anionische Faser umgeladen, indem das Fixativ an die Faser koppelt und der Faser nach außen eine positive Nettoladung verleiht. An diese kationisch geladene Faser kann ein Farbstoffanion kopppeln. Im zweiten Fall wird zunächst das Farbstoffanion umgeladen, in dem es mit dem Fixativ einen kationischen Komplex bildet, der dann an die anionische Faser koppelt:

Umladung Farbstoff

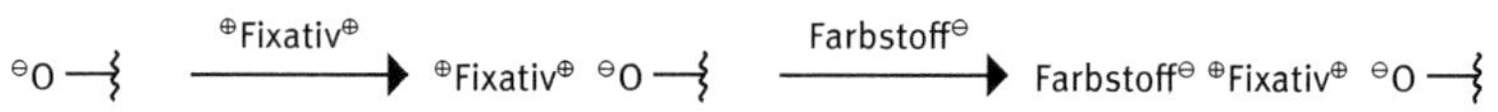

Umladung Faser

Fixative (►Abbildung 6.30) sind kleine Moleküle mit einer Ladungsdichte, die höher ist als die des zu fixierenden Stoffes. Sie besitzen daher geringe Molekularmassen und eine hohe Anzahl an Ladungen. *Kationische Fixative* sind

- Aluminiumsalze, vor allem $Al_2(SO_4)_3$ oder Polyaluminiumchlorid PAC, Natriumaluminat $NaAl(OH)_4$, früher auch Alaun.
- Kationische Polymere wie polyDADMAC, Polyacrylamido-Epichlorhydrin-Harze (PAM-Harze) und Polyamidoamin-Epichlorhydrin-Harze (PAAE-Harze), die wir bereits als Retentionshilfsmittel und Festigungsmittel kennen (siehe oben). Ihr Vorteil ist, dass sie ihre Ladung unabhängig vom pH-Wert behalten.
- Polyvinylamin (PVAm) und Polyethylenimin (PEI), die im sauren Bereich geladen sind.
- Dicyandiamid/Formaldehydharze.

Einige polymere Fixative wie polyDADMAC, PVAm oder PEI können auch als Retentionsmittel wirken, siehe oben. Im Unterschied zu diesen besitzen Fixative jedoch einen niedrigen Polymerisationsgrad und hohe Ladung.

Beispiele für die seltener benutzten *anionischen Fixative*, die kommerziell als Polymere angeboten werden, sind [185, Stichwort „Paper“]:

- methylen-verbrückte Kondensationsprodukte von Arylsulfonsäuren und Hydroxyarylsulfonen (Beispiel Mesitol®),
- Kondensationsprodukte von Naphthalensulfonsäure mit Formaldehyd, die mit dem Farbstoff Lacke bilden [769, S. 5] (Beispiel Tamol®).

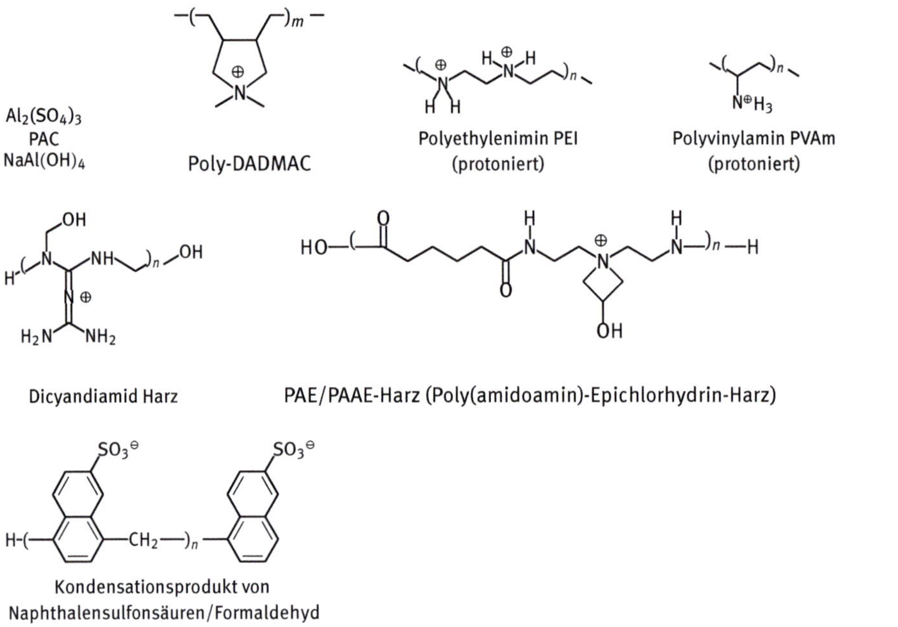

Abb. 6.30: Polymere, die als Fixativ bei der Papierherstellung dienen [185, Stichwort „Paper"], [161, Kap. 6.8], [163, ch. 3.6.1], [768, Kap. 14], [164, S. 74ff]. Einige Verbindungen tragen inhärent Ladungen, andere erreichen die Ladung bei geeignetem pH-Wert.

Kondensationsprodukte aus Hydroxyarylsulfonen und Arylsulfonsäuren mit Formaldehyd sind ähnlich den Resolharzen aufgebaut. Aufgrund der Reaktivitäten der Edukte (Sulfonsäuren wirken meta-dirigierend, Phenolgruppen ortho-/para-dirigierend) können wir Strukturen ähnlich dieser erwarten (die Punkte markieren die reaktiven Stellen):

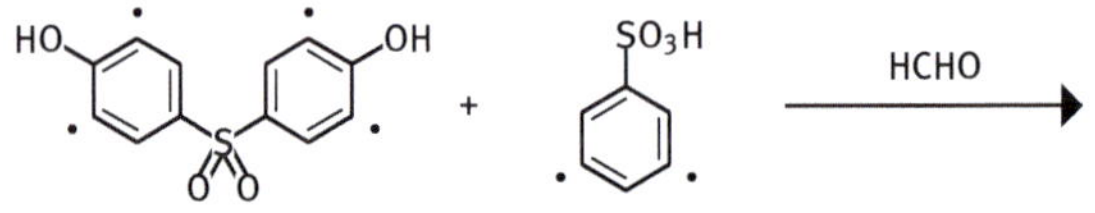

Hydroxyarylsulfon Arylsulfonsäure

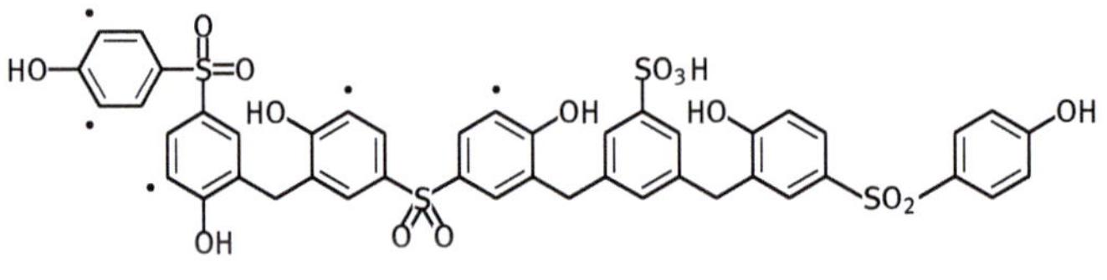

Ausschnitt eines Hydroxyarylsulfon-Arylsulfonsäure-Formaldehyd-Kondensats

Aluminiumsulfat, früher Alaun, ist das bekannteste Mittel zur Fixierung von Harzleimen. Es hydrolysiert in wäßriger Lösung unter Bildung von Aluminiumionen und Schwefelsäure:

$$Al_2(SO_4)_3 + 6\,H_2O \longrightarrow 2\,Al(OH)_3 + 3\,H_2SO_4$$

Bei der Reaktion stellt sich ein pH um 3,5 ein. Diese sauren Bedingungen führen zu Papierzerfall (►Abschnitt 6.7.8) und werden heute zunehmend vermieden.

Polyethylenimin ist ein polymeres sekundäres Amin, das eine hohe Zahl an geladenen Zentren aufweist. Die wirksame Ladung dieses Mittels ist umso höher, je niedriger der pH-Wert ist:

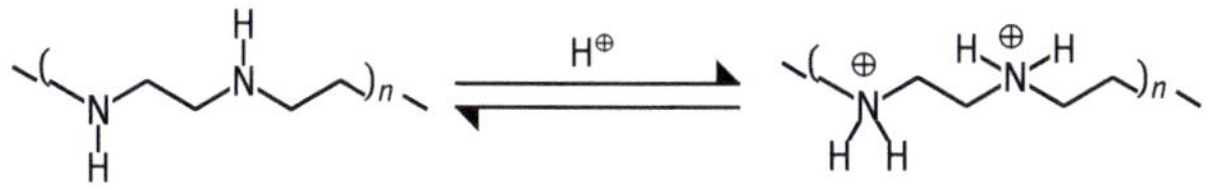

Polyethylenimin   Polyethylenimin geladen

Dicyandiamidharze werden aus Dicyandiamid, Formaldehyd und Ammoniumchlorid hergestellt [770, S. 21] und besitzen eine permanente kationische Ladung:

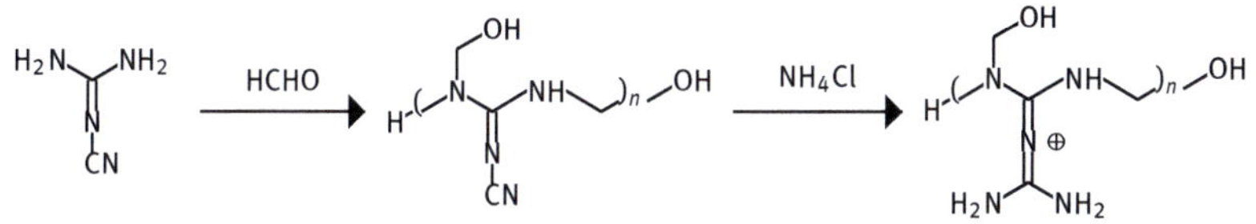

Dicyandiamid   Polydicyandiamid DMD   Dicyandiamid Harz

6.7.4 Leimen und Streichen

Das nach dem Pressen und Trocknen gewonnene Rohpapier besitzt eine rauhe Oberfläche und ist im Faserfilz von zahlreichen kapillaren Hohlräumen durchsetzt. Diese Hohlräume in Verbindung mit den hydrophilen Fasern führen dazu, daß rohes Papier eine große Wasseraufnahme- und Saugfähigkeit zeigt. In dieser Form ist es als Lösch- oder Filterpapier nutzbar, aber noch nicht als Schreib-, Druck- oder Zeichenpapier.

Um Zerfliessen der Schreib- oder Drucktinten bzw. Farben zu vermeiden und ein scharfes und sauberes Druck- oder Schriftbild zu erhalten, werden Schreib- und Malpapiere oberflächenbeschichtet, um einen festgelegten Grad an Saugfähigkeit und Farbstoffaffinität sowie Glätte und Undurchsichtigkeit zu erreichen [161, Kap. 6.2], [172, 764], [165, ch. 16, 20]. Zwei Vorgänge werden häufig kombiniert:

– Leimen (Sizing) wurde schon bei den ersten Papieren angewandt und dient dazu, die Oberfläche teilweise zu hydrophobieren, d. h. die Kapillarität und Saugfä-

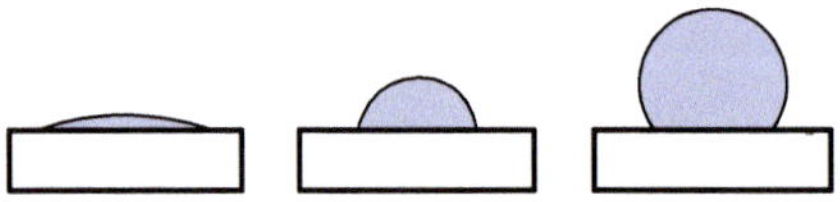

Abb. 6.31: Einfluß der Leimung auf wäßrige Schreibflüssigkeiten. Links: unbehandeltes Papier besitzt hohe Saugfähigkeit, die Schreibflüssigkeit (blau) wird rasch aufgesogen und verläuft weiträumig. Mitte: bei korrekter teilweiser Hydrophobierung steht die Farbe gut und scharf auf dem Papier. Rechts: zu starke Hydrophobierung führt zum Abstossen der Schreibflüssigkeit durch das Papier.

higkeit zu verringern, die Porengröße anzugleichen und die Glätte des Papiers zu erhöhen. Der Vorgang ist in ►Abbildung 6.31 dargestellt. Links ist unbehandeltes Papier zu sehen, das hohe Saugfähigkeit besitzt und die Schreibflüssigkeit rasch aufsaugt. Die Flüssigkeit verläuft weiträumig und blutet aus. Da enge Kapillaren Flüssigkeiten besonders stark anziehen, führen unterschiedlich große Kapillaren im Papierfilz zum Ausfiedern und unscharfen Rändern.
Im Idealzustand ist Papier teilweise hydrophobiert, die Farbe steht gut und scharf auf dem Papier (Mitte). Durch teilweise Verfüllung von Poren durch das Leimungsmittel werden die Kapillargrößen angeglichen und die Fiederung reduziert.
Rechts sehen wir die Folge einer zu starken Hydrophobierung: die Schreibflüssigkeit wird vom Papier abgestoßen und perlt in kleinen isolierten Tröpfchen ab. Ein solches Verhalten kann für Spezialpapiere wie Ölpapier oder Butterbrotpapier durchaus erwünscht sein.
Leimung versiegelt auch die Faser-Faser-Bindungsstellen und erhöht oder stabilisiert die Festigkeit des Papiers.

– Streichen (Coating) ist eine Oberflächenveredlung, die mit einer speziellen Streichfarbe ausgeführt wird. Ziel ist eine geschlossene glatte Oberfläche mit einheitlicher Porengröße, die durch Füll- und Farbstoffe hohen Weißgrad und hohe Opazität sowie eine bestimmte Haptik besitzt. Auch durch Streichen wird die Beschreib- oder Bedruckbarkeit erhöht.

Bei beiden Vorgängen werden Faserzwischenräume im Papierfilz, die als Kapillaren wirken, kontrolliert, große Hohlräume mit feinkörnigen Füllstoffen oder Leimungsmitteln verschlossen, kleine auf möglichst einheitliche Grösse gebracht. Eine Mindestsaugfähigkeit muss verbleiben, damit Schreib- oder Drucktinte so weit ins Papier eindringen kann, dass eine gute Haftung erreicht wird. Ein zu starkes Eindringen mit Zerfliessen der meist wässrigen oder hydrophilen Tinten wird durch die hydrophobe Beschichtung verhindert oder kontrolliert. Bei Kopierpapier sorgt die hydrophobe Beschichtung für gute Haftung des hydrophoben Toners. Die Beschichtung kann auch mit chemischen Hilfsstoffen zur Haftfestigkeit der Schreib-, Zeichen- oder Drucktinten beitragen.

Leimungsmittel

Zur Hydrophobierung von Papier können wir auf verschiedene Substanzen (*sizing agents*) zurückgreifen, die oft gleichzeitig Funktionen von Retentionshilfsmitteln, Fixativen oder Festigkeitsverstärkern erfüllen können. Ihre Geschichte ist so alt wie Papier selber: bereits vor 2000 Jahren wurde Reisstärke als Leimung aufgetragen. Um 1280 kam für lange Zeit die Leimung mit Tierleim und Alaun auf, woher das Verfahren auch seinen Namen hat und das bis 1806 maßgebend blieb. Um diese Zeit wurde die Neuerung der Harzseifenleimung eingeführt, erst ab 1950 traten moderne Polyme-

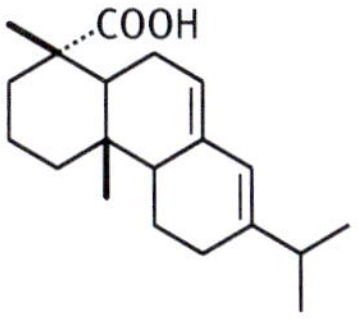

Abietinsäure

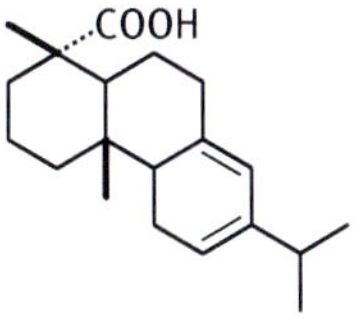

Lävopimarsäure

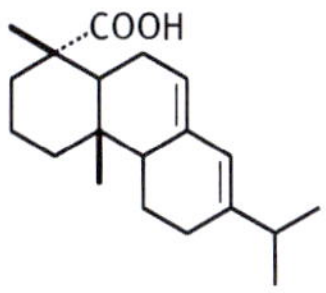

Dehydroabietinsäure

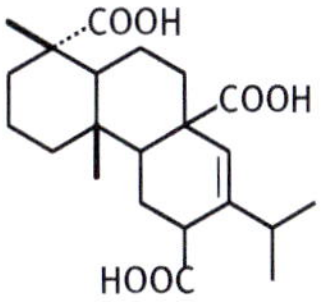

Lävopimarsäure-MSA-Addukt, hydrolysiert

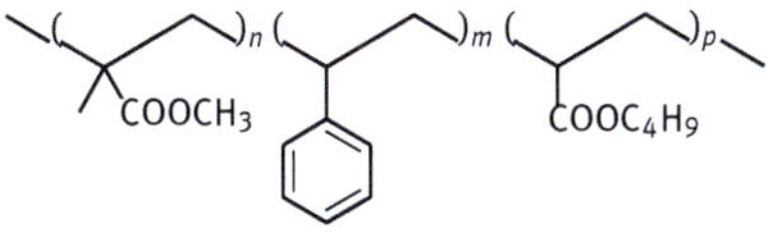

p(MMA-Styrol-BA)
kombiniert mit AA, MS und -ester (anionisch),
Acryloxethyltrimethylammoniumchlorid (kationisch)

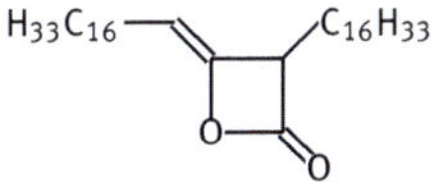

Alkylketen-dimer
AKD

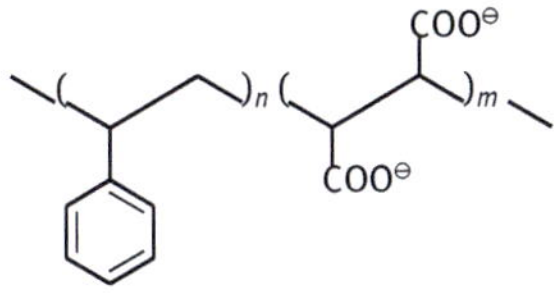

p(Styrol-MS)
kombiniert mit MS und -ester, Diisobutylen (anionisch),
Acrylnitril, Acrylamid (kationisch)

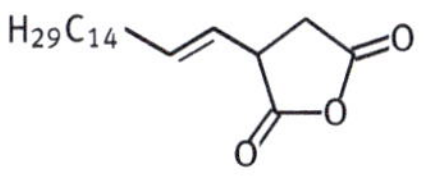

Alkenyl-bernsteinsäure-anhydrid, ASA

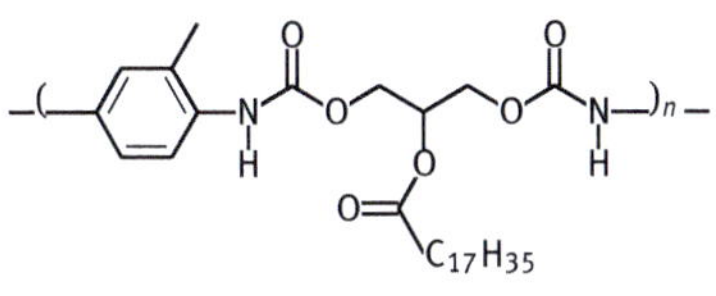

PU Toluoldiisocyanat-glycerinmonostearat

(Stärke nativ, oxid. abgebaut,
verestert, verethert)
(Tierleim)
(NaCMC)
(Casein)
Für Künstlerpapiere: Gelatine, Tierleim

Abb. 6.32: Mittel, die zur Papierleimung eingesetzt werden [159, ch. 14], [161, Kap. 6.2], [764], [164, S. 63ff], [163, ch. 3.6.4], [204, ch. 5.2], [165, ch. 16, 20]. Für Künstlerpapiere werden auch noch traditionelle Mittel wie Gelatine oder Tierleim eingesetzt.

re in Erscheinung. Moderne Mittel sind in ►Abbildung 6.32 dargestellt [159, ch. 14], [161, Kap. 6.2], [764], [164, S. 63ff], [163, ch. 3.6.4], [204, ch. 5.2], [165, ch. 16, 20]:

- Baumharze (Massenleimung),
- reaktive Monomere Alkylketen-Dimer AKD, Alkenyl-bernsteinsäure-anhydrid ASA (Massen- und Oberflächenleimung),
- Polymere wie Styrol-Acrylat-Copolymere, Styrol-Maleinat-Copolymere oder Polyurethane aus Toluoldiisocyanat und Glycerinmonostearat (Oberflächen-, aber auch Massenleimung).
- Heute für Oberflächenleimung weniger eingesetzt werden Stärkekleister sowie kationische, oxidierte und enzymatisch, thermisch oder sauer abgebaute Stärke, ►Tabelle 6.6 auf S. 512. Die genannten Derivate werden jedoch häufig als Festigungsmittel zugegeben.

Bei *Harzen* handelt es sich um alkalisch verseifte Balsamharze (►Abschnitt 7.4.8), also Alkalisalze der Harzsäuren Abietinsäure, Lävopimarsäure und Dehydroabietinsäure. Einige Harzsäuren können als Dien an einer Diels-Alder-Reaktion mit Maleinsäureanhydrid teilnehmen und werden zu einer modifizierten Harzsäure umgesetzt, die nach Hydrolyse des Anhydrids zwei zusätzliche Carboxylgruppen zur Verankerung enthält:

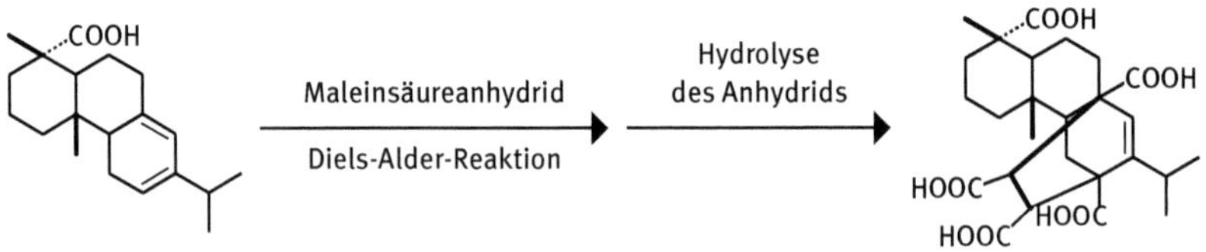

Lävopimarsäure

Lävopimarsäure-MSA-Addukt, hydrolysiert

Die Harzsäure-Anionen werden durch Aluminiumsalze (Aluminiumsulfat, Polyaluminiumchlorid, Alaun) gefällt [768, Kap. 17]. Für die Reaktion bedeutsam ist eine Reihe von Komplexen, die Aluminium in wäßriger Lösung bildet:

$$\underset{pH<4}{[Al(H_2O)_6]^{3\oplus}} \underset{H^{\oplus}}{\overset{OH^{\ominus}}{\rightleftharpoons}} \underset{pH=4}{[Al(OH)(H_2O)_5]^{2\oplus}} \underset{H^{\oplus}}{\overset{OH^{\ominus}}{\rightleftharpoons}} \underset{pH=5}{[Al(OH)_2(H_2O)_4]^{\oplus}}$$

$$\underset{H^{\oplus}}{\overset{OH^{\ominus}}{\rightleftharpoons}} \underset{5,5<pH<7,5}{[Al(OH)_3(H_2O)_3]} \underset{H^{\oplus}}{\overset{OH^{\ominus}}{\rightleftharpoons}} \underset{pH>8}{[Al(OH)_4(H_2O)_2]^{\ominus}}$$

Im benötigten sauren Bereich bilden Harzsäure-Anionen einen kationischen Aluminatkomplex, derionisch an der anionischen Faser adsorbiert wird (Ab = Abietinsäure-Anion). [161, Kap. 6.2] und [162, ch. 7.3] führen weitere Details dazu aus:

$$[Al(H_2O)_6]^{3\oplus} \xrightarrow[-\,H{-}Ab]{Ab^{\ominus}} [Al(OH)(H_2O)_5]^{2\oplus} \xrightarrow[-\,H_2O]{Ab^{\ominus}} [AbAl(OH)(H_2O)_4]^{\oplus}$$

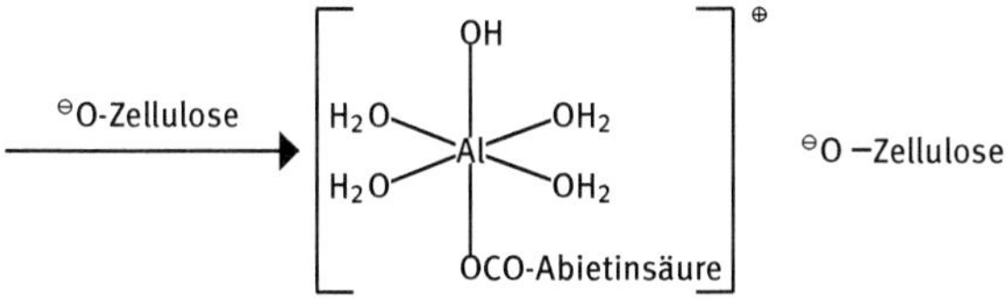

Zellulose-Al-Harz-Komplex I

Nach [159, ch. 14.3.2] können auch mehrkernige Aluminium-Komplexe an der Bindung der Zellulose an Harzsäuren beteiligt sein, z. B. ein dreikerniger Komplex wie II:

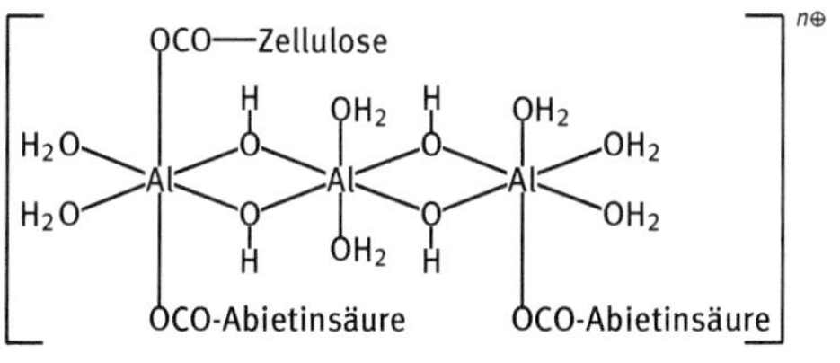

Zellulose-Al-Harz-Komplex II

Polymere können jeweils kationisch oder anionisch modifiziert werden. Für Massenleimung werden vorzugsweise kationische Polymere vorgesehen, da sie ionisch am Fasermaterial haften. Für Oberflächenleimung sind beide Ladungen in Gebrauch. Polymere wirken, indem sie auf dem Papier ein Moasik aus hydrophilen und hydrophoben Bereichen bilden und damit die Benetzbarkeit herabsetzen. Bei der Anwendung als Kopierpapier kann mit den hydrophoben Bereichen die Haftung des Tonerharzes verbessert werden.

Als hydrophobierende *Polyacrylate* werden Copolymere aus Methylmethacrylat, n-Butylacrylat, Styrol p(MMA-BA-Styrol) verwendet. Sie bilden wie in Acrylfarben einen Film und haften über elektrostatische und van der Waals-Kräfte auf der Oberfläche des Papiers. Mit geringen Anteilen an Acrylsäure oder Maleinsäureanhydrid werden anionische Polymere erhalten, mit tertiären oder quartären Aminoverbindungen kationische Polymere. Ein bekanntes Beispiel eines kationischen Monomers ist Acryloxyethyl-trimethylammoniumchlorid:

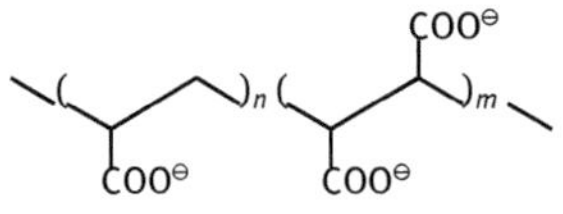

Polyacrylcomonomer anionisch p(AA-MS)

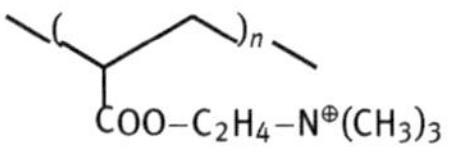

Polyacrylcomonomer kationisch

Durch die Möglichkeit, alle Komponenten in variierender Menge zu kombinieren, erhalten wir eine Reihe von polymeren Leimungsmitteln:

anionisch:	p(AA-MMA-BA-Styrol)
	p(AA-Styrol-MS)
	p(AA-Styrol-MSmonopropylester)
	p(Styrol-MS-MSmonoisopropylester-Diisobutylen)
kationisch:	p(MMA-BA-Styrol-Acryloxethyltrimethylammoniumchlorid)
	p(Styrol-Acrylnitril-Acrylamid)

Der Übergang zu Styren-Maleinsäure-Copolymeren p(Styrol-MS) ist fließend, dieses Polymer, eventuell mit Olefinen, Acrylsäure und Acrylsäurederivaten als weitere Comonomere, liefert ein anionisches Polymer mit alkalischem pH-Wert, das zur Oberflächenleimung dient.

Es werden auch Polyurethane aus Diisocyanaten und hydrophoben Diolen eingesetzt, die mit anionischen oder kationischen Monomeren mit einer Ladung versehen werden können. Ein Beispiel ist das Polyurethan aus Toluoldiisocyanat und Glycerinmonostearat, das kationisch modifiziert werden kann. Vernetzung mit Epichlorhydrin liefert ein anionisches Produkt.

Die hydrophoben Eigenschaften von *AKD* und *ASA* sind auf große kohlenwasserstoff-artige Bereiche zurückzuführen, die im Falle von AKD aus C_{8-22}-Fettsäuren herrühren, im Falle von ASA aus Alkenen, die durch Isomerisierung aus 1-Alkenen entstehen:

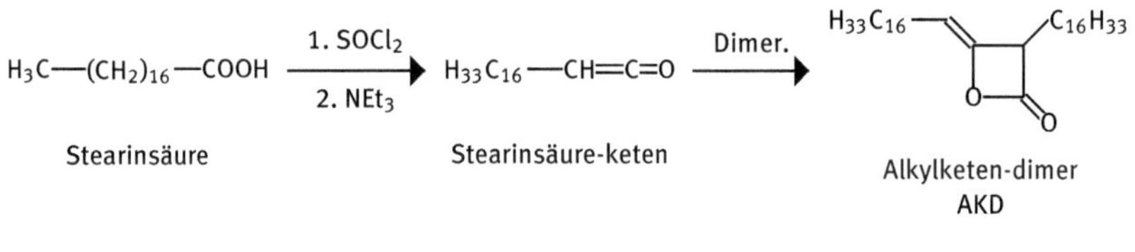

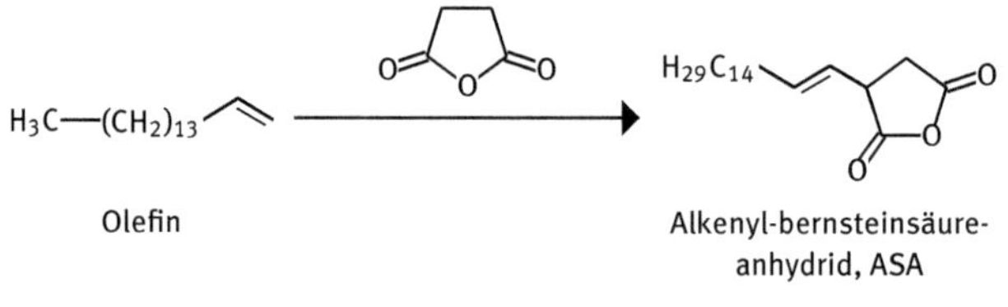

AKD und ASA reagieren mit Hydroxylgruppen der Zellulose zu einem Zelluloseester und haften über die Esterbindung kovalent am Papier:

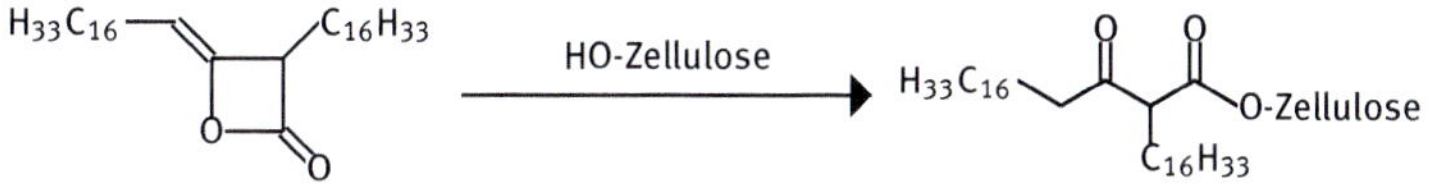

AKD

β-Keto-ester

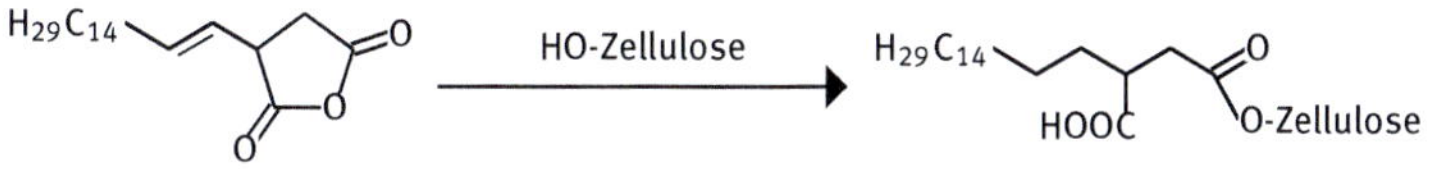

ASA

Streichfarbe

Neben oder zusammen mit dem Leimen kann das Papier mit einem weiteren Auftrag versehen werden, der *Streichfarbe* [159, ch. 16], [185, Stichwort „Paper", Abschn. 9.2], [163, ch. 3.6.9], [204, Kap. 5.3], [164, S. 86ff]. Ihr Zweck ist, dem gestrichenen Papier durch Füllstoffe eine glattere Oberfläche und eine bestimmte Optik und Haptik zu verleihen. Die Notwendigkeit der Oberflächenglätte ergibt sich aus der Tatsache, daß die Dimensionen der verwendeten Papierfasern in der Größenordnung einiger Millimeter Länge und 50–100 µm Breite liegen. Damit sind Rasterpunkte schon ab 300 dpi-Druck gleich groß wie oder sogar kleiner als die Fasern, sodaß ungeglättetes Papier die mögliche Auflösung stark begrenzt. Weiße Pigmente verbessern den Weißgrad und die Helligkeit des Papiers. Farbige Pigmente dienen zum Färben, es werden jedoch etwa 95 % der Papierfärbungen direkt in der Masse durchgeführt. Es ist möglich, auf das Streichen zu verzichten und die notwendigen Füllstoffe und Pigmente direkt der Papiermasse vor dem Pressen und Trocknen zuzugeben und so auf einen separaten Arbeitsschritt zu verzichten, falls die Chemie der Hilfsstoffe dies zuläßt. Eine typische Streichfarbe enthält (►Abbildung 6.33):

- Füllstoffe und Pigmente als Hauptinhaltsstoffe.
- Dispersionshilfsmittel zur Stabilisierung der Füllstoff- und Pigmentdispersion.
- Bindemittel, um die Stoffe mit dem Papier zu verbinden.
- Verdicker auf Zellulose- oder Polyacrylatbasis.
- Weitere Hilfsmittel wie Naßfestiger oder Entschäumer.

Füllstoffe und Pigmente sind mineralische oder synthetische Stoffe. Ob ein Stoff als Pigment gilt oder als Füllstoff, hängt im wesentlichen von seinem Brechungsindex ab, niedrigbrechende Stoffe dienen als Füllstoffe. Häufig verwendet werden Kaolin $Al_2O_3 \cdot 2\,SiO_2 \cdot 2\,H_2O$, kalzinierter Ton Al_2O_3/SiO_2, natürliches und gefälltes Kalziumkarbonat

Netz- und Dispersionshilfsittel
NaPPA
PAM
Stärke
Ligninsulfonsäuren
sulfonsäurehaltige arom.
Formaldehydharze

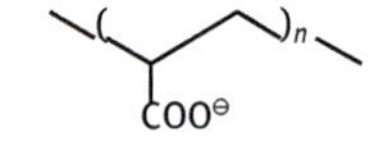

Polyacrylsäure PAA p(AA)

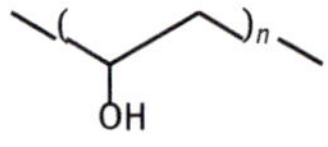

Polyvinylalkohol PVOH

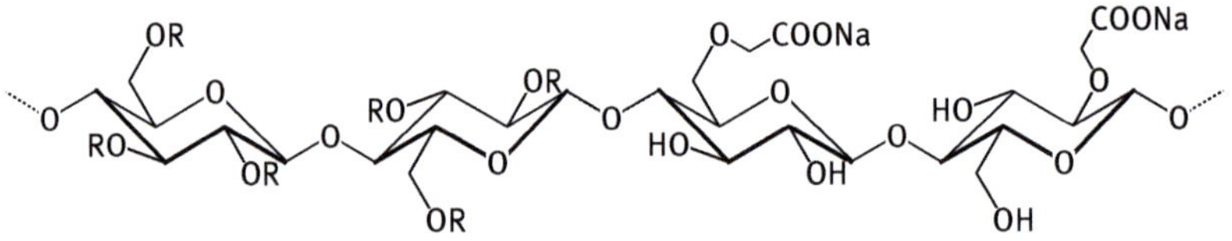

Carboxymethylzellulose NaCMC, R=$(CH_2COONa)_x(H)_{1-x}$

Bindemittel
Stärke (oxidiert, hydrolysiert, verestert, verethert)
Kasein
Sojaproteine
Zellulose (CMC, HEC)
PVOH

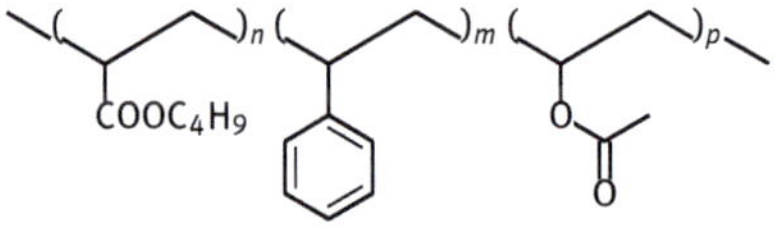

Styrol-butylacrylat (SA) p(BA-Styrol-VAc)

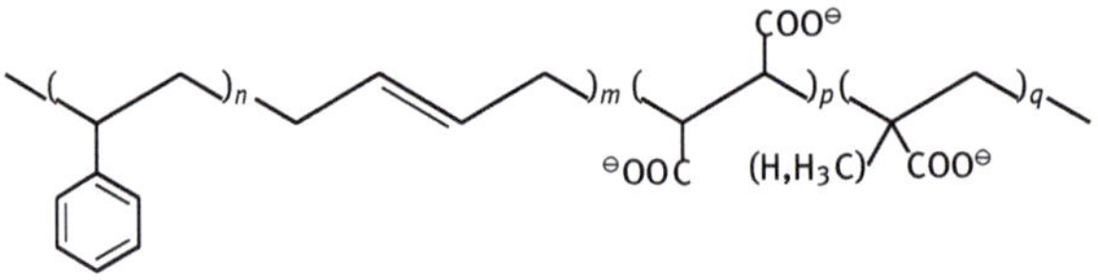

Styrol-Butadien-Copolymer carboxyliert (XSB) p(Styrol-Butadien)

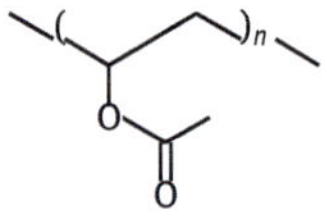

Polyvinylacetat PVOAc

Verdicker
PVOH, CMC, Copolymere p(AA/MAA-MA/EA/MMA/Acrylamid)
HEUR, HASE, HMHEC

Abb. 6.33: Bestandteile einer Streichfarbe: Netz- und Dispersionshilfsmittel, Bindemittel und Verdicker [159, ch. 16], [185, Stichwort „Paper", Abschn. 9.2], [163, ch. 3.6.9], [204, Kap. 5.3], [164, S. 86ff].

$CaCO_3$ (GCC, ground calcium carbonate, PCC, precipitated calcium carbonate), Talk $MgO \cdot 4\,SiO_2 \cdot H_2O$, Baryt oder Bariumsulfat (Blanc Fixe) $BaSO_4$, Aluminiumhydroxid $Al(OH)_3$, Gips $CaSO_4 \cdot 2\,H_2O$ oder Titandioxid TiO_2 [163, ch. 2.2.2].

Netz- und Dispersionshilfsmittel unterstützen das Anreiben der genannten Stoffe und das Dispergieren im Lösungsmittel. Die zugrundeliegenden Vorgänge betrachten wir in ►Abschnitt 6.3 genauer. Klassische Mittel sind Natrium- oder Ammoniumsalze von Polyacrylsäure oder Polyphosphorsäure $Na_5P_3O_{10}$. Aufgrund ihrer Ladung wirken sie elektrostatisch stabilisierend. Polymere wie Polyacrylamid (PAM), Stärke, Polyvinylalkohol (PVOH) bilden Schutzkolloide um die Partikel und wirken sterisch stabilisierend. Eine Kombination aus beiden liegt bei Carboxymethylzellulose CMC und Produkten aus Ligninsulfonsäuren und sulfonsäurehaltigen aromatischen Formaldehydharzen vor, die sowohl elektrostatisch als auch sterisch wirken. Einige Verbindungen agieren auch als Bindemittel, Retentionshilfsmittel oder Fixativ, siehe oben.

Eine ganze Reihe natürlicher Stoffe kann als *Bindemittel* eingesetzt werden. Zu ihnen zählen Stärke, Kasein, Sojaproteine und Zellulose. Stärke und Zellulose müssen modifiziert werden, um ihre volle Wirksamkeit zu erlangen, in Frage kommen oxidierte Stärke, hydrolysierte Stärke (auch Ester- und Etherderivate) und carboxylierte und veretherte Zellulose (CMC, HEC).

Wichtig sind vollsynthetische Bindemittel geworden. Hier sind vor allem Styrolacrylate (SA) und Styrol-Butadien-Latex (SB) zu nennen. Styrolacrylate sind Copolymere von Butylacrylat mit Styrol oder Vinylacetat p(BA-Styrol-VAc). Styrol-Butadien-Latices werden als carboxylierte Copolymere (XSB) eingesetzt, die Carbonsäuren stammen von kleinen Mengen an Acrylsäure, Methacrylsäure und Maleinsäure p(Styrol-Butadien-AA/MAA/MS). Auch Polyvinylalkohol oder Polyvinylacetet wird in Bindemitteln verwendet.

Verdicker stellen die Viskositätseigenschaften der Streichfarbe ein, um optimale Verarbeitbarkeit zu erreichen. Typische Verdicker sind Polyvinylalkohol (PVOH) sowie Hydrogelbildner auf Zellulose- oder Polyacrylsäurebasis, speziell carboxylierte Zellulose CMC, Polyacrylsäure-Copolymere aus Acrylsäure/Methacrylsäure mit Methylacrylat, Ethylacrylat, Methylmethacrylat oder Acrylamid p(AA/MAA-MA/EA/MMA/Acrylamid). Aus dem Bereich der assoziativen Verdicker werden Vertreter der hydrophobierten Polyurethane (HEUR), Polyacrylsäuren (HASE) und Zellulosen (HMHEC) verwendet. Wirkungsweise und Strukturen der genannten Verdicker haben wir in ►Abschnitt 6.4 im Detail besprochen.

6.7.5 Satinage

Das rohe Papier ist nach dem Entwässern mit leichtem Druck durch Filze naturrauh oder durch die Filze leicht texturiert, in allen Fällen aber matt. Auch geleimtes und gestrichenes Papier ist nach der Behandlung mit der Leim- oder Streichmasse matt.

Als *Satinage* oder Kalandrierung werden Operationen bezeichnet, bei denen die (feuchte oder schon getrocknete) naturrauhe matte Papierbahn durch verschiedenartige Walzensysteme (Kalander) geführt und dabei mehr oder weniger stark gepreßt wird [159, ch. 15]. Das Ziel der Satinage ist eine gleichmäßigere Oberfläche, die besser

beschreibbar oder mit starren Druckplatten besser bedruckbar ist oder höheren Glanz aufweist. Im einzelnen kann erreicht werden:
- Eine Festigung der Oberfläche, um das Stauben und Abreißen feiner Fasern zu verringern.
- Eine Verringerung der Porosität des Papiers, um die Saugfähigkeit und das Verlaufen von Farbe zu verringern und die Schärfe einer Zeichnung oder eines Druckbildes zu erhöhen. Da dabei die lokale Inhomogenität des Brechungsindex verringert wird, sinkt der Anteil an Streulicht, den das Papier produziert, und seine Helligkeit, während die Transparenz steigt.
- Verringerung der Oberflächenrauheit im Bereich von Millimetern bis zur Größe der Faserdurchmesser. Dies ist wichtig für Druckmethoden, die mit starren Druckplatten arbeiten und einen hinreichenden Kontakt von Papier und Druckplatte benötigen, wie Rotogravur oder Kupferdruck. Künstler greifen im Falle des Kupferdrucks auch gerne auf weiches Papier zurück, in das sich die Druckplatte entsprechend tief eindrückt.
- Verringern der Oberflächenrauheit im Mikrometerbereich, um glänzende Papiere zu erhalten. Der Glanz entsteht durch eine sehr glatte Oberfläche mit homogenem Brechungsindex, an der kaum diffuse Reflexion und Streuung auftritt.

Die Walzensysteme können aus zwei oder vielen Walzen bestehen, harten oder weichen sowie kalten oder geheizten. Typische Systeme enthalten:
- viele harte Walzen (bis zu 17), die auf bis zu 100 °C geheizt werden (Superkalander), zur Erzeugung sehr glatter Papiersorten wie WFC, LWC, SC (Rotogravur-Qualität),
- zwei weiche geheizte Rollen für LWC (Offset- und Zeitungsdruck),
- vier weiche geheizte Walzen für SC, LWC (Offset-Qualität) und
- viele weiche Rollen für glatte SC- und LWC-Typen sowie glänzende WFC (alle Rotogravur-Qualität).

Die Satinage ist nicht unabhängig zu betrachten, sondern spielt mit Leimung und Strich zusammen, wie wir am Beispiel der Künstlerpapiere deutlich sehen werden.

6.7.6 Papiersorten, allgemein und industriell

Je nach eingesetzten Rohstoffen bzw. Holzstoff- oder Zellstofftypen, Art und Anzahl der Bearbeitungsschritte kann der Papierhersteller eine große Anzahl unterschiedlicher Papiertypen produzieren, die wiederum verschiedene Anwendungsarten zulassen. Da bei jedem dieser Schritte eigene begriffliche Taxonomien verwendet werden, soll ►Abbildung 6.34 eine Übersicht liefern.

Die Einteilung nach der Materialbasis berücksichtigt die Herkunft der Pulpe und läßt eine Steigerung der Papierqualität in der Reihenfolge holzhaltige Papiere–Zell-

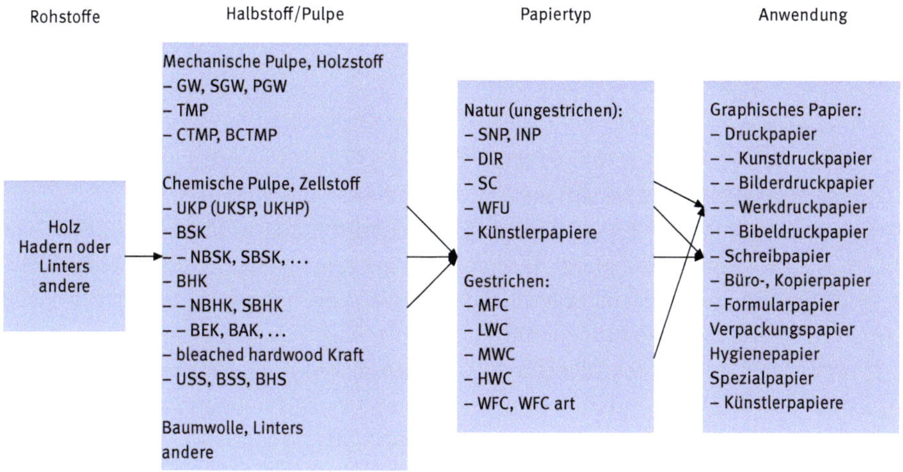

Abb. 6.34: Vier Stufen der Papierherstellung vom Rohstoff zum Anwendungsfall. In jeder Stufe gibt es eigene begriffliche Taxonomien, die häufig nebeneinander gebraucht werden. Aus den Rohstoffen werden Halbstoffe hergestellt, die für Holzstoffe und Zellstoffe als Typ standardisiert sind und weltweit gehandelt werden können. Die Zwischenstufen werden zu Pulpe-Mixturen kombiniert, die zu vielerlei Papiertypen verarbeitet werden. Die Papiertypen sind häufig ebenfalls standardisiert und können i. A. für mehrere Anwendungsfälle eingesetzt werden.

stoffpapiere–Hadernpapier erkennen:

- *Holzhaltige Papiere* werden zum größten Teil aus mechanischer Pulpe hergestellt, also aus Holzstoff bzw. gespantem oder geschliffenem Holz, ►Abschnitt 6.7.2.1. Da bei dieser Art der Pulpe-Herstellung Holzfasern zerrissen werden und sehr kurz sind, ist das Papier mechanisch wenig belastbar. Um dem entgegenzuwirken, werden für höherwertige Papiere für Magazine und Druckbeilagen bestimmte Zellstofftypen zugemischt, die aus längerfaseriger Zellulose bestehen und als Armierung dienen.

  Holzhaltige Papiere sind billig und oft von schlechter Qualität. Häufig enthalten sie Füllstoffe und Hilfsmittel zur Verbesserung ihrer Eigenschaften, die wir beim Verbrennen als Aschevolumina von etwa 14 % erkennen können.
- *Zellstoffpapiere* oder *holzfreie Papiere* bestehen aus reinem Zellstoff, also weitgehend reiner Zellulose, die aus chemischer Pulpe gewonnen wird und aus der unerwünschte holzige Bestandteile wie Lignin chemisch entfernt wurden, ►Abschnitt 6.7.2.2. Im wesentlichen verbleibt Zellulose in der Anordnung, in der sie schon im Holz vorliegt, also in Form langer, gut erhaltener Fasern. Im Vergleich zum holzhaltigen Papier sind die Fasern lange (1–3 mm), stabil und verfilzen gut. Da holzfreie Papiere keine Zuschlagstoffe enthalten, liefern sie praktisch keine Asche. Sie finden u. a. Verwendung als hochwertige Schreibpapiere, Papiere für graphische Arbeiten (gewerblicher Druck), Filterpapiere und in der restauratorischen Praxis. Auch Zeichen- und Layoutpapiere sind meist Zellstoffpapiere.

- *Hadernpapiere* wurden ursprünglich aus Lumpen hergestellt, die aus textilen Fasern von Flachs (Leinen), Baumwolle oder Hanf bestanden. Die Fasern sind lange, unverletzt und verfilzen sehr gut zu langlebigen, alterungsbeständigen Papieren, sodaß sie gern von Künstlern als Zeichen- und Malgrund genutzt wurden. Hadernpapiere enthalten nur wenige Zusatzstoffe. Für hochwertige Künstlerpapiere kommen auch heute bevorzugt Hadernpapiere in Frage, allenfalls bestimmte langlebige Zellstoffpapiere. Seit dem späten Mittelalter ist die Verfügbarkeit von Lumpen ein begrenzender Faktor bei der Papierherstellung, sodaß seitdem Baumwollfasern direkt zur Herstellung von Hadernpapier eingesetzt werden, ohne Umweg über Textilien. Die Faserrohstoffe liefern sehr reine reine Zellulosefasern, wie wir beim Verbrennen am typischen Aschevolumen von nur ca. 2 % des Papiervolumens sehen [762].

Nach der Anwendungsart werden vier Hauptgruppen unterschieden:
- Graphische Papiere umfassen alle Arten von Druckpapier, Papieren für Presseerzeugnise, Schreib- und Büropapiere, Kopierpapier und Papier für Formulare. Sie sind als Rolle oder Formatpapier erhältlich.
- Verpackungspapiere umfassen Papier, Karton und Pappe für Verpackungen, z. B. Einwickelpapier, Faltschachtelkarton oder Wellpappenrohpapier.
- Spezialpapiere umfassen Papiere und Pappen für technische und spezielle Verwendung, z. B. Tapeten-, Filter- oder Zigarettenpapiere. Für uns interessant sind die verschiedenen Arten von Künstlerpapieren sowie Inkjet-Papiere.
- Hygienepapiere umfassen Tissuepapiere (aus Zellstoff) und Krepppapiere (aus Holzstoff) für Toilettenpapier, Küchenrollen etc.

Papiere werden noch nach Art des Strichs unterschieden:
- Naturpapiere sind ungestrichene Papiere. Sie sind durch ihre natürliche Porosität weniger gut für die Wiedergabe von Bildern geeignet, aber ideal für Schreib-, Büro-, Kopier- und Laserdruckpapiere. Zur Kontrolle des Tintenflusses werden sie unterschiedlich stark geleimt. Eine leichte Pigmentierung unter 5–10 g/m^2, z. B. mit Kreide zur Glättung der Oberfläche und Erhöhung der Helligkeit, gilt nicht als Strich. Naturpapiere gibt es in verschiedenen Varianten:
  - Maschinenglatte Papiere, die außer der Verarbeitung zum Papier keine weitere Oberflächenbehandlung erfahren haben.
  - Einseitig glatte Papiere sind durch einen Glättzylinder geglättet, aber nicht gepreßt.
  - Satinierte Papiere wurden durch einen Kalander unter Druck und erhöhter Temperatur stärker geglättet. Mehrfache Kalandrierung oder Einsatz eines Superkalanders führt zu noch glatterer Oberfläche.

  Künstlerpapiere sind i. w. Naturpapiere.

- Gestrichene Papiere besitzen eine glattere und gleichmäßigere Oberfläche als Naturpapiere. Sie sind daher ideal zur hochwertigen Wiedergabe von Bildern mit brillanten Farben. Zu ihnen gehören:
  - Beidseitig gestrichene Papiere, wie LWC (light-weight coated), Kunstdruckpapier und Bilderdruckpapier.
  - Einseitig gestrichen Papiere überwiegend für Verpackungen, wie Etikettenpapier oder Faltschachtelkarton (Typenbezeichnungen SBB, SUB, FBB, WLC).

►Abbildung 6.35 stellt zur Übersicht wichtige heute gewerblich erhältliche graphische Papiertypen in einer groben Qualität-Wert-Beziehung dar, ►Tabelle 6.7 enthält Details zu wesentlichen Papiersorten. Künstlerpapiere werden wir im nächsten Abschnitt näher betrachten, Sie sehen aber schon hier, daß alle Kunstdruck- und Künstlerpapiere streng holzfrei und in höheren Qualitäten hadernhaltig sind.

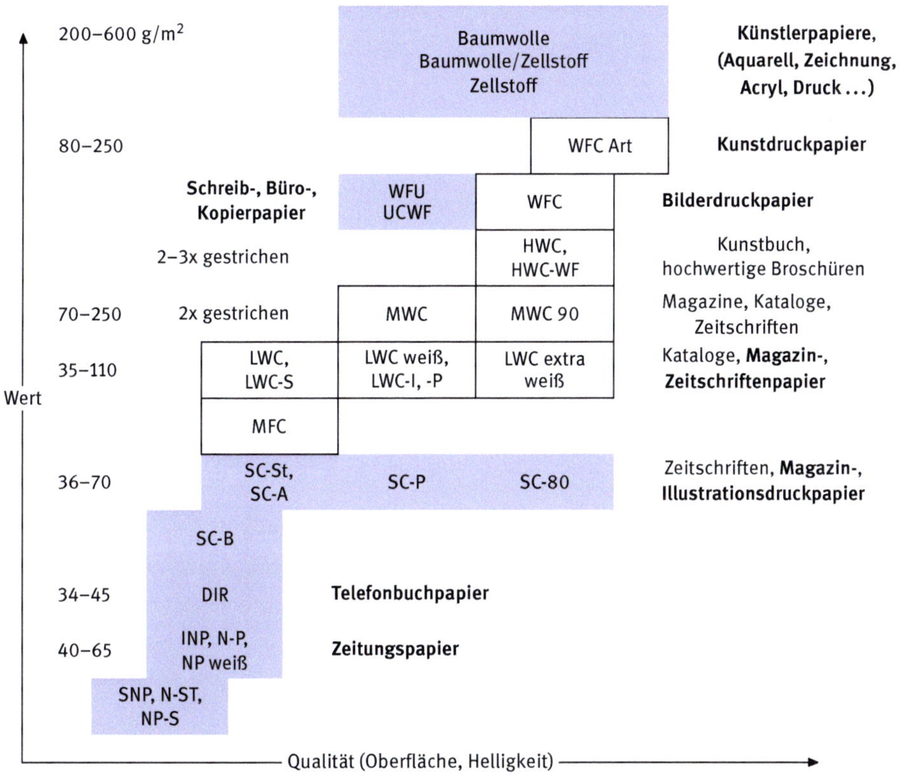

Abb. 6.35: Moderne gewerbliche graphische Papiertypen. Die Abszisse symbolisiert die Qualität des Produkts (Helligkeit, Oberfläche, Bedruckbarkeit), die Ordinate den „Wert" [774]. Die Zahlen links geben die Grammatur in g/m² an. Hellblau: Naturpapier (ungestrichen), weiß: Papier gestrichen. Die Künstlerpapiere werden in ►Abbildung 6.36 detailliert dargestellt.

Tab. 6.7: Übersicht über wichtige gewerbliche graphische Papiertypen und ihre Zusammensetzung bzw. Herstellungsmerkmale [160, ch. 9.5], [164, S. 101], [163, p. 98]. Hellere Typen enthalten mehr chemische Pulpe. ML Massenleimung, OL Oberflächenleimung zur Kontrolle des Tintenflusses.

Papiersorte	**Grammatur [g/m²]**	**Mechanische Pulpe (Holzstoff)**	**Chemische Pulpe (Zellstoff, Kraft)**	**Füllstoff**	**Sonstiges**
Zeitungspapier SNP, INP	42–49	+++	+	-	Evt. gebleicht und zur Verringerung der Durchsichtigkeit pigmentiert.
Telefonbuch DIR	34–45	+++		-	
Magazinpapier	49–60				
– SC		+++	+	++ (Tonerde)	Stark satiniert.
– LWC		++	++	++ (Tonerde)	Leicht satiniert, Strich 8–10 g/m².
– MWC	70–250	++	++	++	2x gestrichen.
Buch-, Werkdruckpapier	60–90	+++	+	-	Auf Volumen gearbeitet durch kurze Fasern.
Schreib-, Büro- und Feinpapier, holzfrei, WFU	75–160	+	+++	+++ ($CaCO_3$)	ML, OL, ungestrichen, evt. satiniert.
	Viele kurze Holzfasern (Birke), wenig lange Holzfasern (Kiefer).				
Bilderdruckpapier	Viele kurze Holzfasern (Birke), wenig lange Holzfasern (Kiefer), 2–3× gestrichen mit $CaCO_3$/Tonerde (Standardstrich), evt. Kunststoff für Hochglanz. Einfach gestrichen für mattes Papier, mehrfach gestrichen und satiniert für glänzendes Papier.				
– HWC, HWC-WF	80–250	-	+++	+++ ($CaCO_3$)	Kunstbuch, hochwertige Broschüren.
– WFC, WFU	80–250	-	+++	+++ ($CaCO_3$)	
Kunstdruckpapier		-	+++		2–3× gestrichen (hochwertig).

6.7.7 Spezialfall Künstlerpapier

Das bisher zu Papiergrundstoffen und Papiereigenschaften Gesagte gilt grundsätzlich nicht nur für die gewerblichen Papierprodukte wie Schreibpapier, Werkdruckpapier, Katalogpapier, sondern auch für Künstlerpapier. Dieser Bereich stellt jedoch eine Nische dar, in der es keine standardisierten Papiertypen gibt. Die vielfältigen, für den Künstler wichtigen Papiere ergeben sich aus dem Zusammenspiel einiger weniger Parameter:

- Oberflächenleimung,
- Pressung beim Entwässern, Satinage zur Oberflächentexturierung,
- Material bzw. Zellstoff-Mischung,
- Strich (Künstlerpapiere sind i. A. Naturpapiere, also nicht gestrichen),
- sorgfältig ermittelte Maschinenparameter (Temperatur, Pressdruck, ...),
- sauberes Wasser, am besten Quellwasser.

Spezialpapiere für eine bestimmte Kunsttechnik werden wir beim betreffenden Malsystem diskutieren, die genannten Parameter erlauben jedoch bereits allgemeine Aussagen. Neben dem Material entscheiden insbesondere Oberflächenleimung und Pressung bei Entwässerung bzw. Satinage wesentlich über Anwendungseigenschaften und Einsatzgebiete eines Künstlerpapiers, ►Abbildung 6.36 zeigt den Zusammenhang zwischen diesen beiden Parametern schematisch, ►Tabelle 6.8 stellt typische Eigenschaften von Künstlerpapieren zusammen.

Leimung

Künstlerpapiere werden immer in der Masse geleimt, um einen starken Zusammenhalt der Fasern zu gewährleisten und die notwendige mechanische Widerstandsfähigkeit zu erzielen. Es wird in der Regel AKD als Neutralleim verwendet. AKD kann durch Hydrolyse sauer reagieren, Künstlerpapiere werden jedoch i. A. mit 2–4 % Kalziumkarbonat $CaCO_3$ als Alkalireserve gepuffert, um den pH-Wert auf 7,5–9,5 zu heben und als alterungsbeständig nach DIN EN ISO 9706 zu gelten, ►Abschnitt 6.7.9. Im Zusammenspiel mit der Alkalireserve ergibt sich ein neutral-alkalisches Leimsystem. Daneben sind auch traditionelle Leimungen mit Tierleim (Gelatine) üblich.

Je nach Einsatzzweck des Papiers kann eine Oberflächenleimung folgen, um wesentliche Anwendungsparameter einzustellen:

- Eine Oberflächenleimung erhöht die Oberflächenfestigkeit und die Resistenz gegenüber mechanischen Einwirkungen wie
  - der Bewegung eines Radiergummis oder eines harten Bleistifts (Zeichenpapiere),
  - dem Abrubbeln von Maskiergummi oder Rubbelkrepp bzw. dem Abreißen von Klebeband (Aquarellpapiere),
  - den Pinselbewegungen beim Korrigieren oder Abnehmen von Farbe (Aquarellpapiere).

Tab. 6.8: Übersicht über Künstlerpapier und seine Zusammensetzung bzw. Herstellungsmerkmale [945]. ML Massenleimung, OL Oberflächenleimung zur Kontrolle des Farbflusses, zur Erhöhung der mechanischen Widerstandsfähigkeit und als Wasser-, Lösemittel- und Farbsperre. OL arbeitet mit Satinage zusammen. Als Zellstoff werden hochwertige, umweltfreundlich ECF- oder TCF-gebleichte Typen eingesetzt.

Anwendung	Grammatur [g/m^2]	Chemische Pulpe (Zellstoff)	Hadern (Baumwolle)	Füllstoff	Sonstiges
allgemein	Ungestrichen, i. A. ML, ggf. OL, naturrauh, matt oder satiniert. Bei Zellstofftypen Zugabe von > 2, 5 % $CaCO_3$ nach DIN EN ISO 9706 zur Verlangsamung der Alterung, Bezeichnung „alterungsbeständig“				
– einfach		+++	–	$CaCO_3$	Studienqualität.
– hochwertig		++	++	$CaCO_3$	
– höchstwertig		–	+++	–	
Aquarell	200–640	s. o.	s. o.	s. o.	Rauh, matt, satiniert. OL/Satinage erhöht Festigkeit ggü. Korrekturen, Rubbelkrepp, Klebeband.
Druck	130–320	s. o.	s. o.	s. o.	Weich, auf Volumen gearbeitet, i. A. keine OL, saugfähig, um Wegschlagen des Lösungsmittels zu unterstützen. Oberfläche rauh, matt, satiniert, für alle Techniken geeignet. Satiniert besonders für Holzschnitt, Siebdruck; weich und voluminös besonders für Tief- und Flachdruck geeignet.
Zeichnung, Pastell	80–250	+++	–	$CaCO_3$	OL erhöht Festigkeit ggü. Radieren, ggf. 2x geleimt. Oberfläche feinkörnig erleichert Farbabrieb an Bleistift, Kohle oder Kreide. Hohes Volumen erleichert das Festhalten der abgeriebenen Pigmente.
Bristol	180–920	+++	–	$CaCO_3$	OL, sehr glatt und weiß, Farben stehen gut und brillant. Klare Zeichnung.
Kalligraphie, Federzeichnung	170–250	+++	–	$CaCO_3$	Stark satiniert, evt. gestrichen. Farben und Zeichnung stehen gut und brillant.
Graphik, Illustration	75–220	+++	–	$CaCO_3$	i. A. OL, stark satiniert. OL und Satinage erhöhen Festigkeit ggü. Radieren und bilden Naß-, Lösemittel- und Tintensperre.

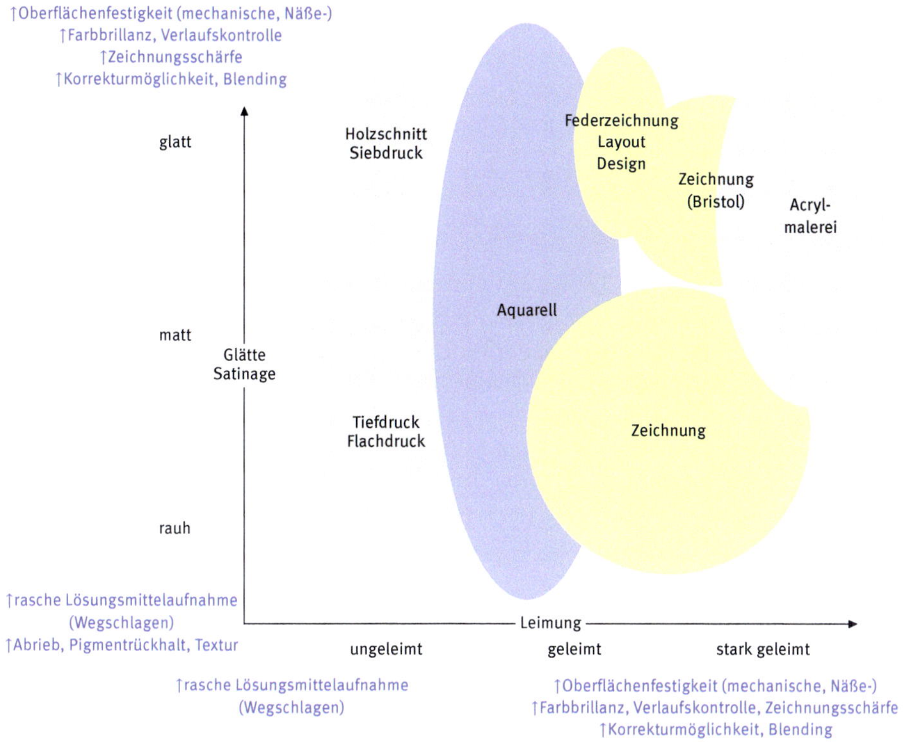

Abb. 6.36: Der Einfluß von Oberflächenleimung und Pressen bei Entwässerung bzw. Satinage auf die Anwendungseigenschaften und Einsatzgebiete von Künstlerpapieren (schematisch). Alle Papiere sind ungestrichen und bestehen aus Baumwolle, geringere Qualitäten teilweise oder ganz aus Zellstoff. Hellblau: die durch Leimung und Oberfläche erzielbaren Anwendungseigenschaften.

- Eine schwächere Oberflächenleimung verlangsamt, eine stärkere unterbindet die Wasser- bzw. Farbaufnahme des Papiers, sodaß
  - die Offenzeit höher ist, d. h. die Farbe eine Zeitlang korrigierbar, verwischbar oder auf dem Papier mit anderen Farben mischbar bleibt (Aquarell-, Layout und Fineliner-, Acrylmalpapiere),
  - eine Wasser- und Farbsperre vorhanden ist, die Papier für dünnflüssig-wäßrige und alkoholische Medien geeignet macht (Aquarell-, Acryl-, Layoutpapiere) und das Durchschlagen von dünnflüssiger Farbe verhindert (Bristol-, Layoutpapiere).
- Eine Oberflächenleimung verringert bzw. verhindert das Saugen und Verlaufen von Farbe, sodaß
  - Farben brillant auf dem Papier stehen (Aquarell-, Layout- und Bristolpapiere),
  - eine scharfe Zeichnung entsteht (Federzeichnungs-, Layout-, Bristolpapiere).

- Umgekehrt erlaubt eine fehlende Oberflächenleimung das rasche Wegschlagen von Lösungsmittel oder Wasser ins Papier, sodaß Drucke schnell trocknen (Tief-, Flachdruckpapiere) und große Wassermengen gleichmäßig und kontrolliert absorbiert und abgegeben werden (Aquarellpapiere).

Oberflächentextur

Die Oberfläche des Künstlerpapiers wird schon beim Abpressen des Wassers von der Pulpe definiert, indem verschieden strukturierte Filze zum Pressen eingesetzt werden, die rauhe (stärker strukturierte) oder matte (weniger strukturierte) Oberflächen erzeugen. Eine feinkörnige oder gar glatte Oberfläche kann durch Satinage, also Heißpressen, erreicht werden. Die Auswirkungen ergänzen die der Leimung:

- Eine glatte Oberfläche erhöht die Oberflächenfestigkeit und die Resistenz gegenüber mechanischen Einwirkungen (s. o.), verlangsamt die Wasser- bzw. Farbaufnahme des Papiers (s. o) und verringert bzw. verhindert das Saugen und Verlaufen von Farbe (s. o.).
- Umgekehrt erlaubt eine matte oder rauhe Oberfläche das rasche Wegschlagen von Lösungsmittel oder Wasser ins Papier, sodaß Drucke schnell trocknen (Tief-, Flachdruckpapiere) und große Wassermengen gleichmäßig und kontrolliert absorbiert und abgegeben werden (Aquarellpapiere).
- Eine matte oder rauhe Oberfläche erzeugt einen höheren Abrieb von pulvrig-festen Farbsystemen wie Bleistiften oder Pastellkreiden und kann die abgeriebenen Pigmentpartikel besser in den Poren des Papiers fixieren.

Material

Die hochwertigsten Künstlerpapiere bestehen heute zu 100 % aus Baumwolle, günstigere Sorten aus Mischungen von Baumwolle und Zellstoff bis hin zu 100 % Zellstoffpapier für Studienpapiere. Manche Sorten bestehen auch aus einjährigen zelluloseliefernden Pflanzen wie Bambus, die mit geringer Menge Baumwolle zu einem mixed media-Papier verarbeitet werden können.

Die Baumwolle stammte im Mittelalter aus Hadern, also textilen Lumpen, wurde aber schon bald wegen Knappheit dieser Ressource direkt aus der Baumwollpflanze gewonnen, die lange, äußere Samenhaare und kurze innere Samenhaare bildet, ►S. 488. Künstlerpapiere werden aus beiden Haararten hergestellt, wobei einige Hersteller die inneren, kurzen, weichen und sauberen Samenhaare, *Linters* genannt, bevorzugen. Die langen Fasern der Textilbaumwolle können beim Papierschöpfen verknoten und Gespinste bilden und so die Gleichmäßigkeit des Papiers stören. Auch beim späteren Malen und Rubbeln mit einem Pinsel könnte der Verknotungs- und Verfilzungsprozess stattfinden und unerwünschte „Papierwürste“ liefern. Durch den Farbauftrag würden die Störungen im Papier dann deutlich sichtbar. Linters-Fasern ergeben ein offenes volumenreiches Papier, das weich, aber robust ist und durch sein Volumen Feuchtigkeitspuffer für wäßrige Lösungsmittel (Wasser, Fineliner auf Alkoholbasis) ist.

Bei zellstoffhaltigen Papieren werden i. A. Zellstofftypen aus Weichholz, die weich und geschmeidig sind, mit Zellstofftypen aus Hartholz, die fest und strapazierfähig sind, gemischt, um optimale Papiereigenschaften zu erhalten.

Ein wichtiger Materialfaktor ist das erzielbare Volumen des Papiers. In einer Pulpe mit langen Fasern können sich die Fasern gut parallel orientieren und dichte quasi-kristalline Bereiche bilden, die hohe Festigkeit besitzen, aber das Papiervolumen niedrig halten. In Pulpe mit einem hohen Anteil kurzer Fasern können sich Fasern „querstellen" und ein offenporiges Papier bilden, das bei gleichem Flächengewicht 50–100 % höheres Volumen als ein festes Langfaserpapier hat. Hohes Volumen bedingt angenehmes Handgefühl, Steifigkeit und allgemein ein Gefühl der Wertigkeit. Für manche Drucktechniken ist das Papiervolumen auch technisch wichtig, um ein Wegschlagen des Binde- und Lösemittels der Druckfarbe zu ermöglichen. Beim Arbeiten mit Wasserfarben ist das Aufnehmen und Abgeben von Wasser durch das Papier wichtig. Weichholz-Zellstoffe aus Nadelhölzern wie Fichte sind typische Langfaser-Quellen, Kurzfasern stammen aus Hartholz-Zellstoffen von Laubholz (Birke, Eukalyptus) oder Linters.

6.7.8 Papierzerfall

Papier ist nicht nur einfach herzustellen, sondern zerfällt unter Umständen ebenso leicht, wie die Werke zeigen, die heute vom Zerfall bedroht sind [765–767]. Besonders die Holzschliff-Anteile billiger Papiere werden rasch zu niedermolekularen Produkten abgebaut. Aber auch höherwertige Papiere zeigen früher oder später Zerfallserscheinungen, da Zellulose als Polyether von Säuren langsam hydrolytisch gespalten wird, ►Abbildung 6.37 links. Zellulose wird auch oxidativ angegriffen, wobei die primäre Hydroxylgruppe an C^6 zur Carbonsäure oxidiert wird. Dies erhöht die Acidität des Papiers auch ohne Säurezugabe und stabilisiert die Zwischenstufe des protonierten Ethers, der zur Spaltung der Etherbindung führt, ►Abbildung 6.37 rechts.

Protonen können aus verschiedenen Quellen stammen, eine davon sind saure Tinten. Ein klassisches Problem bilden historische Eisengallustinten, aber auch moderne Farbstofftinten können sauer reagieren. Papiere, die mit Baumharzen und Alaun geleimt sind (also der Großteil der Papiere der letzten zwei Jahrhunderte), enthalten Schwefelsäure aus der Hydrolyse von überschüssigem Alaun:

$$KAl(SO_4)_2 + 3\,H_2O \longrightarrow Al(OH)_3 + KHSO_4 + H_2SO_4$$

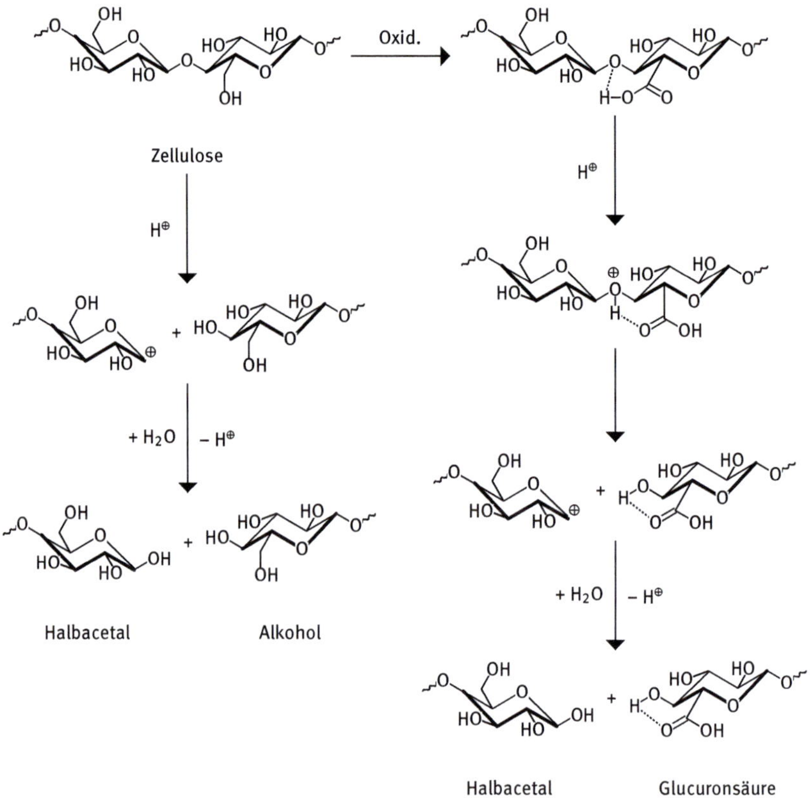

Abb. 6.37: Grundlegende Reaktionen beim Zerfall von Papier [765]. Links: Zellulose wird durch saure Hydrolyse in ein Carbo-Kation (→ Halbacetal) und einen Alkohol zerlegt. Rechts: Zellulose kann oxidativ in Glucuronsäure umgewandelt werden. Diese stabilisiert den protonierten Ether, der bei der sauren Hydrolyse entsteht, und begünstigt so das Vorprodukt der Hydrolyse.

Eine andere Quelle des Zerfalls finden wir bei graphischen Werken, für die grüne Kupferpigmente verwendet wurden. Wie [367] ausführt, katalysieren Kupfer-Ionen effizient die Depolymerisation der Zellulose. Der genaue Reaktionsverlauf ist noch nicht gesichert; im Falle von Vergoldungen oder Metallauflagen mit kupferhaltigen Metalllegierungen treten verschiedene Oxidationsstufen des Kupfers in Aktion, über die der Luftsauerstoff zur Zelluloseoxidation genutzt wird.

Sehr alte Papiere, die vor ca. 1850 hergestellt wurden, zeigen vergleichsweise weniger Zerfallserscheinungen, da für ihre Herstellung Hadern verwendet wurden. Diese liefern, wie bereits erwähnt, längere Fasern, die beim Verfilzen kristalline Regionen aus dicht gepackten und geordneten Zelluloseketten bilden können und dadurch die mechanische Festigkeit stark erhöhen. Im Gegensatz hierzu stehen holzhaltige Papiere späterer Zeiten, in denen kurze zerrissene Fasern wenig verflochten sind und schon bei wenigen Brüchen der Zelluloseketten zerfallen. Obendrein sind in diesen die kurzen Ketten noch von unpolarem Lignin umhüllt, das die Bildung von kristallinen Bereichen stark erschwert.

6.7.9 Alterungsbeständiges Papier

Gerade für Kulturgüter wie Malereien, Drucke und Zeichnungen auf Papier als Bildträger ist es von höchster Bedeutung, daß der Bildträger möglichst lange überdauert und nicht den geschilderten Zerfallserscheinungen sowie tierischen (Insekten) und pflanzlichen (Schimmelpilze) Schädlingen zum Opfer fällt. Während dies in früheren Zeiten durch die Wahl von Hadern als Papiergrundlage unterstützt wurde, müssen wir heute bei der Vielzahl an angebotenen Papieren genau darauf achten, wie sie zusammengesetzt sind und welche Beständigkeit der Hersteller ihnen zubilligt.

Eine Aussage über die Beständigkeit wird in Deutschland durch zwei Normenwerke möglich, die parallel und mit leicht verschiedener Zielsetzung existieren. Die rein deutsche DIN 6738 „Papier und Karton. Lebensdauerklassen“ definiert mit Hilfe künstlicher Alterungstests vier Qualitäts- oder *Lebensdauerklassen* (LDK), indem die Papiere bis zu 24 Tage lang einer Temperatur von 80 °C und einer relativen Luftfeuchtigkeit von 65 % ausgesetzt werden. Es wird dann die Differenz bestimmter mechanischer Papiereigenschaften vor und nach der Alterung gebildet. Um in die höchste Klasse LDK 24-85 eingeordnet zu werden, müssen die Papiere nach der Alterung noch mindestens 85 % der Eigenschaftswerte, bezogen auf die Differenz, aufweisen. Sie dürfen dann *alterungsbeständig* genannt werden.

Die internationale DIN EN ISO 9706 „Papier für Schriftgut und Druckerzeugnisse – Voraussetzungen für die Alterungsbeständigkeit“ definiert dagegen Qualitätsmerkmale, die ein Papier im Urzustand erfüllen muss. Zu diesen gehören bestimmte mechanische Eigenschaften, eine bestimmte Alkalireserve (üblicherweise als Kalziumkarbonat-Puffer $CaCO_3$), eine hohe Oxidationsbeständigkeit und ein leicht alkalischer pH-Wert von 7,5–10. Die Oxidationsbeständigkeit, ausgedrück als Kappa-Zahl, fordert über diese Zahl einen Maximalgehalt an Lignin von unter 1 %.

Künstlerpapiere werden von den Herstellern i. A. gemäß der EN ISO 9706 als *alterungsbeständig nach Museumsstandard* zertifiziert. Im direkten Vergleich beider Normenwerke sehen offizielle Landesarchive und Archivverwaltungen nur die EN ISO 9706 als geeignet an, um Kulturgüter dauerhaft zu schützen [947]. Es wird angeführt, daß die EN ISO 9706 strengere Maßstäbe an das Papier setzt als die DIN 6738, die selber auch von Lebensdauerschätzungen spricht und obendrein in einer Anmerkung auf die Kriterien der EN ISO 9706 verweist. So darf der Ligningehalt nach DIN viel höher als nach der EN ISO sein, ebenso der Anteil an saurem Altpapier. Ungeachtet der Zertifizierungen des Papiers wird die tatsächliche Erhaltung wesentlich von seinen Lagerbedingungen mitbestimmt.

6.7.10 Vergilbung

Holzhaltige Papiere zeigen unter Licht- oder Wärmeeinfluß Vergilbungserscheinungen [158, ch. 3.8], [766]. Je höher der Holzanteil ist, desto stärker ist die Vergilbung. Dies schränkt die Verwendbarkeit der mechanischen Pulpe für bestimmte helle Papiersorten ein.

Ursache der Vergilbung sind die Lignine, die im Holzanteil verblieben sind. Funktionelle Gruppen im Lignin können Licht von 300–400 nm absorbieren. Auch manche aromatische Ringe können direkt kurzwelliges Licht absorbieren. Dabei werden neue Chromophore gebildet, die im UV- und nahen sichtbaren Bereich absorbieren und gelblich erscheinen, z. B. Aryl-α-carbonyl- und Chinon-Strukturen. Die Reaktion verläuft über angeregte Carbonylgruppen als Photosensibilisator und Sauerstoff als Oxidationsmittel. Aus alkoholischen Hydroxylgruppen der Phenylpropan-Einheiten und phenolischen Hydroxylgruppen werden Carbonylgruppen gebildet:

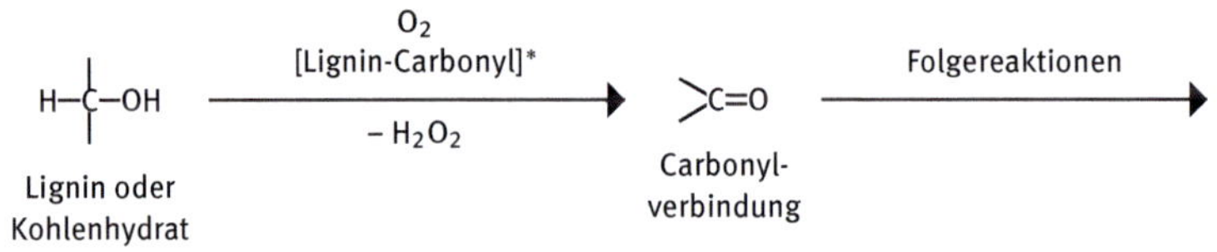

Die Carbonylgruppen können weiterreagieren und komplexe Strukturen aufbauen. Beim Vergilben unterscheiden wir eine schnelle und eine langsame Phase. In der ersten, schnellen Phase werden einfache Phenole mit Katechol- oder Hydrochinin-Strukturen in Chinone überführt:

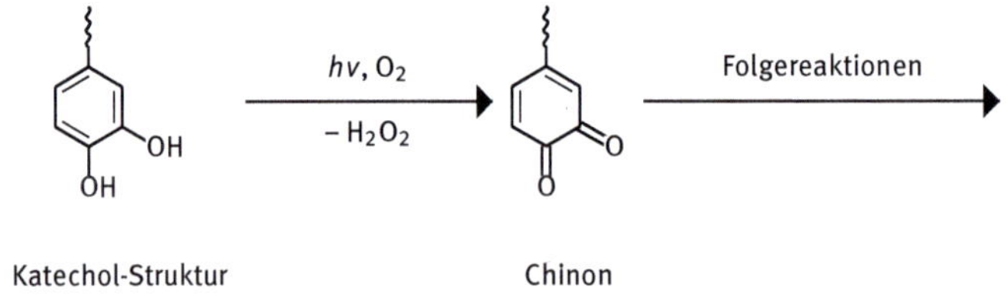

In der Folgephase finden verschiedenste Reaktionen statt, etwa die unspezifische Oxidation von aromatischen Ringen mit freien Hydroxylgruppen und von Benzylalkoholgruppen:

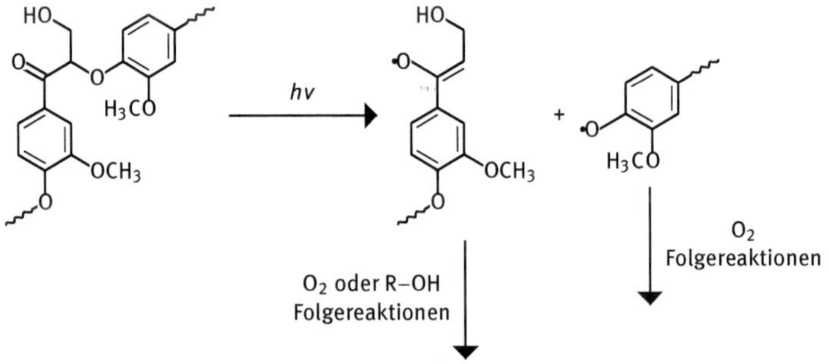

Die dabei entstehenden Radikale können mit Sauerstoff zu Sauerstofffunktionen reagieren oder mit aktiven Wasserstoffatomen anderer organischer Verbindungen. Ein Beispiel für die Bildung intensiv gefärbter Chinone ist folgendes:

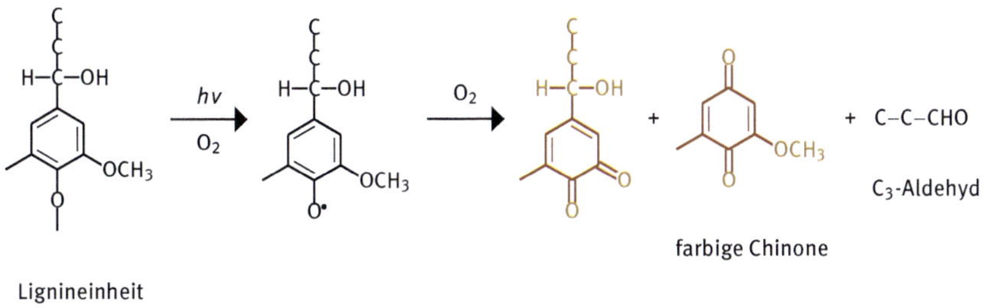

Bei diesem Vorgang werden Kohlenstoff- und Etherbindungen im Lignin aufgebrochen, sodass neben der gelben Farbe auch eine Schwächung der Papierstruktur auftritt und das Papier brüchig wird. Wir können hier deutlich erkennen, welche Bedeutung holzfreies Papier und die Entfernung der Holzbestandteile für ein Kunstwerk auf Papierbasis besitzt.

7 Malsysteme in der Kunst

Wir haben nun alle Bausteine zusammengetragen, um uns im Detail verschiedene wichtige Malsysteme in der Kunst anzusehen. Wir werden dabei die Kenntnisse von Pigmenten und Farbstoffen benötigen und konkrete Beispiele für Bindemittel und Hilfsstoffe kennenlernen.

7.1 Keramik und ihre Bemalung

Die Bemalung von Keramik ist nach der Höhlenmalerei eine der frühesten künstlerischen Ausdrucksarten und erreichte bereits in den Jahrtausenden vor der Zeitenwende einen hohen Stand. Wir wollen das Gebiet der Malsysteme und Bindemittel daher mit der Betrachtung keramischer Bemalung betreten [40, 446].

Im Gegensatz zur Wand- oder Tafelmalerei stellen bei der Bemalung keramischer Objekte die hohen Brenntemperaturen Bedingungen dar, denen nur wenige anorganische und keine organischen Pigmente standhalten können. Die zwei möglichen Lösungswege wurden bereits seit der Antike erfolgreich beschritten:

- Bemalung vor dem Brennen mit hochfeuerfesten Pigmenten (keramische Bemalung). Bei Keramik, die glasiert wird (also keine klassische Keramik), können wir noch unterscheiden nach
  - Unterglasurfarben, die vor der eigentlichen Glasur auf den Scherben aufgebracht werden und den Hochtemperatur-Brennvorgang mitmachen, und
  - Aufglasurfarben, die als niedrigschmelzende Dekor-Glasur auf die fertig glasierten Objekte aufgebracht und bei erheblich geringeren Temperaturen eingebrannt werden.
- Brennen des Objekts und Bemalung im kalten, fertig gebrannten Zustand (Kaltbemalung).

7.1.1 Klassische keramische Bemalung

Die keramische Bemalung mit hochfeuerfesten Farben begleitet die Entwicklung der Keramik seit frühester Zeit. Da die Pigmente auf die rohe Ware aufgetragen und zusammen mit dieser gebrannt werden, müssen sie die notwendigen hohen Temperaturen von mehreren hundert bis etwa 1200 °C unbeschadet überstehen, sodass nur eine kleine Anzahl anorganischer Pigmente in Frage kommt. Im Altertum waren dies im wesentlichen hitzestabile Eisen- und Manganoxide sowie Calciumkarbonate und Tonerden, die die Farben Schwarz–Braun–Rot–Weiß liefern. Durch die komplexe Chemie der Eisenoxide konnte der Farbraum nur schrittweise erschlossen werden, wie die Entwicklung der Keramik zeigt, ►Abbildung 7.1.

https://doi.org/10.1515/9783110649161-003

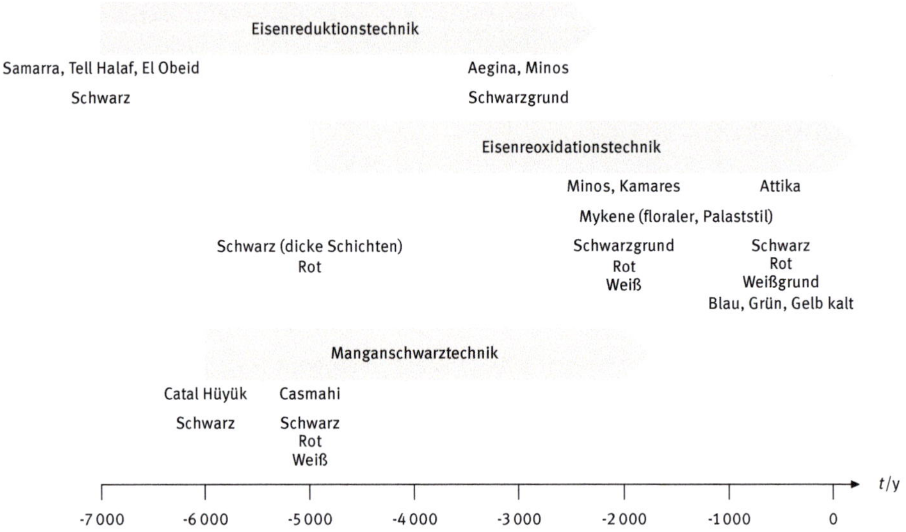

Abb. 7.1: Die frühen Entwicklungsphasen der keramischen Heißbemalung im Mittelmeerraum [40, 446].

Eisenreduktionstechnik

Die früheste zur Bemalung eingesetzte Technik ist die Eisenreduktionstechnik, mit der der Scherben mit einem schwarzen Überzug versehen wird (Schwarzglasur).

- Eine oxidierende Atmosphäre aufgrund voller Feuerung und ausreichender Sauerstoffzufuhr erlaubt die Erreichung hoher Brenntemperaturen, die für eine Sinterung der Keramik notwendig sind. Eisenverbindungen in den Ausgangsmaterialien (Tonerden, Ocker) werden zu rotem Eisen(III)oxid oxidiert.
- Zur Erzeugung der schwarzen Farbe werden die Objekte in einem zweiten Schritt durch Drosselung der Sauerstoffzufuhr und Zugabe von brennbaren Stoffen *reduzierend* gebrannt, wobei sich schwarze Eisen(II,III)-Verbindungen bilden. Da die roten Eisen(III)oxide ebenfalls reduziert werden, entsteht eine durchgehend schwarzgefärbte Keramik.

Eisenreoxidationstechnik, polychromer Brand

Eine Weiterentwicklung der Eisenreduktionstechnik erlaubte es, die verschiedenen Farben der Eisenoxide in unterschiedlichen Oxidationsstufen zur Herstellung mehrfarbiger Keramik zu nutzen. Dazu wurde ein Prozessschritt angeschlossen:

- Schritte 1 und 2 wie bei der Eisenreduktionstechnik
- Bei erneuter oxidierender Atmosphäre im Zuge der Abkühlung werden bestimmte Partien der schwarzen Oberfläche, die leicht durch Sauerstoff angreifbar sind, erneut zum roten Eisen(III)oxid reoxidiert.

Entscheidend für den Erfolg der Technik ist, daß gezielt die Partien bestimmt werden können, die reoxidiert werden. Die *frühe* Reoxidationstechnik nutzt die Tatsache, daß dicker aufgetragene eisenreiche Malschlicker weniger leicht durch Sauerstoff angegriffen werden. Brach man die Reoxidation rasch genug ab, wurden nur dünne Flächen oxidiert und zeigen eine rote Farbe, während dicke Malschichten noch schwarz sind oder unterschiedliche Brauntöne zeigen. Durch variable Schichtdicke konnten die Künstler so feine Farbübergänge zwischen Rot und Schwarz schaffen und plastische Wirkung erzielen.

Die ausgereifte *spätere* Reoxidationstechnik nutzt Malfarben unterschiedlicher Chemie und liefert sichere Ergebnisse. Als schwarze Farbe werden kaliumreiche Tone verwendet, die leichter versintern als der Scherben (oder die Malfarbe), der rot bleiben soll. Dadurch entsteht eine dichte Masse, die nicht von Sauerstoff angegriffen wird und für ihn undurchlässig ist. Der Kaliumgehalt kann durch Zugabe von Pottasche oder anderen kaliumreichen Zuschlägen gezielt erhöht werden.

Manganschwarztechnik

Die Manganschwarztechnik nutzt schwarze Eisen-Mangan-Spinelle zur Erzeugung der schwarzen Farbe. Sie ist jünger als die Eisenreduktionstechnik und setzt das Vorhandensein von manganhaltigen Ausgangsmaterialien wie Umbra voraus, die Mangan(IV)oxid $MnO_2 \cdot nH_2O$ enthalten. Ihr Vorteil ist, daß die schwarze Farbe zusammen mit dem roten Eisen(III)oxid in einem Arbeitsgang oxidativ erzeugt wird, da die in der Hitze entstehenden niedervalenten Manganspinelle stabil sind und ihre schwarze Farbe erhalten bleibt.

Die Pigmente der Heißbemalung

Schwarzpigmente Drei wesentliche Pigmenttypen dienen zur Erzielung von schwarzer Farbe:

- *Eisenoxidschwarz* besteht aus Eisenoxiden, vorzugsweise Magnetit Fe_3O_4, Maghemit γ-Fe_2O_3, Hercynit $FeAl_2O_4$ und Mischkristallen dieser Oxide, die während des Brennvorgangs, teilweise mit der Tonerde des Scherbens, entstehen. Abhängig von der genauen Zusammensetzung kann die schwarze Farbe durch steigende Anteile an Hämatit zu Braun, Rotbraun oder Gelbbraun abgewandelt werden.
  Überraschenderweise können auch die braunen und farblosen Eisenverbindungen Maghemit und Hercynit zum schwarzen Farbton beitragen, wenn durch Spinellbildung zwischen ihnen und Magnetit oder Verunreinigungen die Oxidationsstufen II und III gleichzeitig vorliegen. Die Farbe wird dann wie im Magnetit durch einen IVCT-Übergang $Fe^{II} \rightarrow Fe^{III}$ hervorgerufen.
- *Manganschwarz* umfaßt eine seltener auftretende Gruppe von schwarzen Eisen-Mangan-Spinellen, die Mangan in den Oxidationsstufen II und III enthalten: der Mischspinell $(Fe, Mn)_2O_3$, Hausmannit Mn_3O_4, Jacobsit $MnFe_2O_4$ und Bixbyit Mn_2O_3.

Die Mangangehalte sind stark schwankend und deuten darauf hin, daß Mangan teilweise nur als Verunreinigung enthalten ist, teilweise auch absichtlich zugeführt wurde, um den Mangangehalt und damit die Farbtiefe zu erhöhen. Aus den unterschiedlichen Mangan-Erden entstehen beim Brand durch Sauerstoffabgabe die Mn^{II}- und Mn^{III}-Verbindungen.
- *Kohlenstoff* tritt in Form von Graphit auf alten Keramiken auf, kann aber keine deckende Bemalung liefern. Besser ist feindisperser Ruß, der aber den Nachteil hat, beim Brand sehr oxidationsempfindlich zu sein, weswegen nur wenige Beispiele für diese Technik existieren.

Weißpigmente Nur wenige Verbindungen sind als Weißpigmente zur Heißbemalung verwendbar:
- Die Kamares-Keramik verwendet *Talk* $Mg_3(OH)_2Si_4O_{10}$, der in der Hitze zu Protoenstatit $MgSiO_3$ umgewandelt wird. Da die blättrige Struktur des Talks dabei erhalten bleibt, ist die weiße Malschicht nicht sehr abriebfest und kaum für Gebrauchsgegenstände zu verwenden.
- *Calcit* $CaCO_3$ wird am besten als feinteiliges Karbonat wie Kreide oder Mergel (Calcit mit hellem, eisen-armem Ton) verwendet. Eine beim Brand auftretende Dissoziation des Karbonats in CaO und CO_2 wird durch die spätere Karbonatrückbildung durch Kohlendioxid aus der Luft kompensiert.
- Helle *Tonminerale* mit Kaolinit $Al_2(OH)_4Si_2O_5$, der zu Metakaolinit $Al_2O_3 \cdot 2\,SiO_2$ zerfällt, bilden den Weißgrund oder die weiße Farbe auf den berühmten Vasen der griechischen Zeit. Da tonige Bestandteile verfärbend wirken, werden an die Reinheit der Kaolinerden hohe Anforderungen gestellt, sodass dieses Weißpigment erst relativ spät in Verwendung kam.

Rotpigmente Das einzige hitzestabile Rotpigment antiker Keramiken ist Hämatit α-Fe_2O_3. Eisenreiche Tone liefern somit bereits im Grundmaterial der Keramikobjekte eine rote Farbe. Zur Intensivierung der Farbe wurde häufig eine Anreicherung des Eisens durch Ocker vorgenommen. Als Ausgangsprodukt kommen neben roten auch die gelben Ocker in Frage, da das Eisenoxidhydrat während der Brennphase zu Hämatit umgewandelt wird.

7.1.2 Kaltbemalung

Bei der Kaltbemalung werden dekorative Farben erst nach dem Brand auf die fertige Keramik aufgetragen. Da keine hohen Temperaturen mehr auftreten, können im Prinzip alle in der Wand- oder Tafelmalerei eingesetzten Pigmente verwendet werden, Pigmente des Altertums sind in ►Tabelle 7.1 aufgeführt. Wir sehen, daß die Farbpalette durch Kaltbemalung um den wichtigen Farbraum Gelb–Grün–Blau erweitert wer-

Tab. 7.1: Pigmente, die häufiger in antiker keramischer Kaltbemalung aufgefunden wurden [40, 386, 441].

Pigment	Zusammensetzung
Gelb	
Goethit*	α-FeOOH
Jarosit	$(K, Na)Fe_3(SO_4)_2(OH)_6$
Rot	
Hämatit*	α-Fe_2O_3
Zinnober*	HgS
Krapp*	organisch
Grün	
Malachit*	$Cu_2(OH)_2CO_3$
Kupferhydroxychloride (Atacamit)*	$Cu(OH)Cl$, $Cu_2(OH)_3Cl$
Ägyptischgrün*	Kupfer-Silikatglas
Blau	
Kobaltblau*	$CoAl_2O_4$
Ägyptischblau*	$CaCu[Si_4O_{10}]$
Weiß, Schwarz, Braun	
Calcit*	$CaCO_3$
Dolomit	$CaMg(CO_3)_2$
Huntit	$CaMg_3(CO_3)_4$
Gips, Anhydrit	$CaSO_4 \cdot 2\,H_2O$, $CaSO_4$
Ruß, Pflanzenschwarz*	C
Eisen- und Manganoxide*	$(Fe, Mn)(Fe, Mn)_2O_4$

* das Pigment wurde auch häufig als Malerpigment eingesetzt.

den kann. Weiß wird durch den Grund gebildet, meist einem Kaolin-, Kalk- oder Gipsschlämmgrund. Da Kaltbemalung nicht mitgebrannt wird und keinen dichten Überzug bildet, fehlt ihr im Vergleich zur Keramikbemalung freilich deren hohe Stabilität gegenüber Umwelteinflüssen und Abrieb.

7.1.3 Keramische Schmelzfarben (Emaille- und Glasurfarben)

Die geschilderte begrenzte Palette keramischer Heißbemalung und die etwas größere Palette der Kaltbemalung blieb von der Erfindung der Keramik bis in die Neuzeit fast unverändert. Im Altertum selten, später dann immer häufiger, erfolgte ein Schutz keramischer Erzeugnisse durch Aufbringen von Glasuren, die eigenfarbig sein können oder eine dekorative Heißbemalung erlauben. In enger Verbindung mit der Technik farbiger Gläser entstanden früh Schmelzfarben, die sich auch zur Glasmalerei eigneten, ►Abschnitt 7.2.3 auf S. 565. Eine unterhaltsame und spannende Geschichte über die Entwicklung der Glasuren und ihrer Einfärbung ist in [43] gegeben, [41, 42, 44] gehen ins Detail der Farbmischung.

Die *moderne* keramische Bemalung erfolgt mit Schmelzfarben, die auf dem Scherben oder einer bereits vorhandenen Unterglasur farbige Glasuren bilden. Keramische Schmelzfarben bestehen aus drei Komponenten [186, Stichwort „Keramische Farben“]:

- Sog. *Fritten*, die die eigentliche Glasur bilden. Die Fritte nimmt die Farbkörper beim Schmelzen auf und umhüllt sie nach dem Erstarren mit einer fest haftenden Schicht. Sie ist somit das Bindemittel der keramischen Farben und ähnelt in ihrem Aufbau einem silikatischen Glas. Die ersten Fritten bestanden aus Bleisilikat, das durch Auftragen von Quarzmehl und Bleioxid gewonnen wurde. Heute werden Blei-, Blei-Bor-, Blei-Aluminium-, Blei-(Erd)alkali- oder Kalknatronsilikate eingesetzt.
- Farbkörper, die der Fritte bzw. der späteren Glasur die Farbe verleihen, s. u.
- Sog. *Flüsse*, niedrig schmelzende silikatische Gläser, die das Schmelzverhalten der Glasur und die Benetzbarkeit des Untergrundes verbessern. Heute werden meist Blei-Bor-, Alkali-Bor- und Alkali-Bor-Aluminium-Silikate verwendet.

Anhand des Schmelzpunkts der Glasurfritte unterscheiden wir zwei Reihen von keramischen Schmelzfarben:

- *Unterglasurfarben*, deren Fritte ab 900–1100 °C aufschmilzt. Fritte bildet die eigentliche Glasur des Gegenstandes und ist durch Farbkörper gefärbt. Die frühesten Funde von farbig glasierten Gegenständen datieren um 1500 v. Chr. in Ägypten.
- *Aufglasurfarben*, die meist auf Blei-Bor-Silikaten basieren und deren Fritte ab 500 °C aufschmilzt. Diese Farben werden über eine bereits zuvor aufgebrachte eigentliche Glasur gemalt und dienen der Kolorierung, nicht dem Schutz des Gegenstandes. Ihre Schmelztemperatur muss so niedrig sein, daß die vorhandene Glasur nicht beschädigt wird. Durch die notwendigen Kenntnisse der Glasurbereitung sind Aufglasurfarben erst seit dem 18. Jhd., dem Zeitalter des europäischen Porzellans, verfügbar.

7.1.3.1 Glasuren

Wie der Name vermuten lässt, stellen Glasuren einen weiteren Glastyp dar. Es sind glasartige Überzüge für die verschiedenen keramischen Materialien, die dem Gegenstand sowohl Schutz bieten als auch Härte, Glanz und Farbe verleihen. Ihre Zusammensetzung ist sehr variabel, und sie weisen oft niedrigere Schmelztemperaturen als der Scherben selber auf, um einen optimalen Auftrag und gleichmässigen Überzug des Gegenstands zu gewährleisten. Nicht zu verwechseln mit Glasuren sind glasartige

Überzüge auf Metallen, bei denen es sich um Emaille (►S. 294) handelt. Emaille ist aber aber durch die Notwendigkeit, auf einem artfremden Material (Metall) zu haften, anders aufgebaut.

Wie die folgenden Beispiele zeigen, sind Glasuren im Gegensatz zu Glas variabler und komplexer aufgebaut und unterscheiden sich je nach Anwendungsfall deutlich, wie einige Beispiele zeigen mögen [42, 44]:

Terrakotta-Blei-Glasur Eine Bleiglasur für Terrakotta-Keramiken enthält im wesentlichen Blei und SiO_2: Mennige 80 %, Kaolin 10 %, Quarz 10 %. Eine andere Zusammensetzung mit Boratanteil ist Mennige 40 %, Kaolin 5 %, Quarz 30 %, Borax 18 %, Kalifeldspat 8 %, $CaCO_3$ 2 %.

Baukeramik-Glasur Glasuren für Baukeramik können Natrium-Zirkonium-Silikate sein: Na_4SiO_4 34 %, Glas 11 %, ZrO_2 30 %, ZnO 15 %, SiO_2 5 %, Kaolin 5 %.

Majolika-Glasur Majolika-Waren werden mit Blei-Feldspat-Glasuren überzogen: Bleiweiß 47 %, ZnO 2 %, $CaCO_3$ 3 %. Feldspat 18 %, Kaolin 9 %, SnO_2 9 %, SiO_2 13 %.

Steingut-Glasur Diese können Bleiglasuren ($PbO \cdot 2SiO_2$ 70 %, $CaCO_3$ 5 %, Feldspat 10 %, Kaolin 15 %) oder Borat-Glasuren (Borax 23 %, Kreide 6 %, SiO_2 25 %, Feldspat 33 %, Mennige 14 %) sein.

Porzellan-Glasur Glasuren für feines Prozellan basieren auf Alumosilikaten: SiO_2 80–50 %, Al_2O_3 20–0 %, CaO 25–5 %. Eine andere Variante ist Feldspat-basiert: SiO_2 13 %, Feldspat 53 %, Dolomit 26 %, Kaolin 6 %.

7.1.3.2 Farbmittel für Glasuren

Glasurfarbmittel werden beim keramischen Brand Temperaturen bis zu 1000 °C ausgesetzt. Durch die hohen Temperaturen beim Sintern sind nur wenige Farbmitteltypen für keramische Farben geeignet [16, 385]:

- Cadmium-sulfoselenide, statbilisiert als Einschlusspigmente,
- kolloidal in der Glasurmatrix verteilte Metalle,
- in der Glasur aufgelöste Metalloxide und
- anorganische Mineralphasen mit Zusatz färbender Metall-Kationen (Mischoxide, komplexe anorganische Pigmente CICP), zu denen die wichtigen Farbkörper auf Zirkonia-Basis (ZrO_2) und auf Zirkon-Basis ($ZrSiO_4$) gehören.

Einschlußpigmente, Cadmium-sulfoselenide kennen wir bereits als sehr gute Pigmente für den Kunstmaler. Sie sind jedoch auch bedeutende keramische Pigmente, da sie den wichtigen Farbbereich Gelb-Orange-Rot erschliessen. In der Form, in der der Maler sie verwendet, sind Cadmiumpigmente nicht für die Anwendung als Keramikfarben geeignet, da sie thermisch viel zu instabil sind. Die Pigmente können jedoch durch Einschluß in eine kristalline Matrix gegenüber den Bedingungen des Sinterprozesses stabilisiert werden (*Einschlußpigment*). Die meistverwendete Matrix ist Zirkon $ZrSiO_4$, die in einer Festkörperreaktion aus ZrO_2 und SiO_2 unter Zugabe von Mineralisierungshilfsmitteln gebildet wird. In einem zweiten Schritt wächst die dank der Mineralisatoren flüssige zirkonhaltige Phase als Zirkon auf Kristalle von Cadmium-sulfoselenid auf, das separat hergestellt wird:

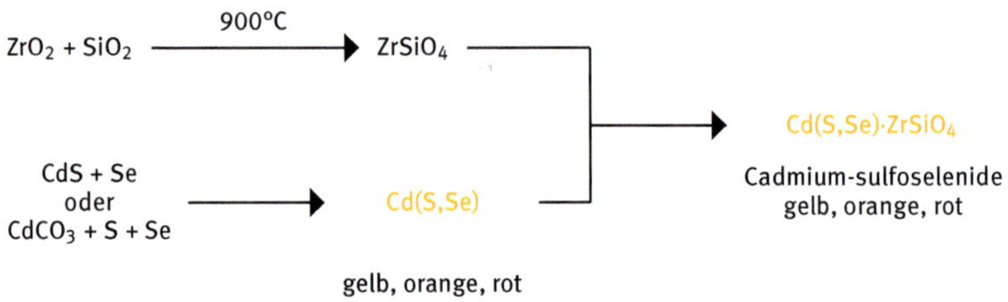

Die aufwendige Herstellung macht diese Art von Pigmenten teuer.

Analog zu den Cadmium-sulfoseleniden können weitere Farbmittel durch eine hochtemperaturfeste Schicht stabilisiert werden, das bekannteste Beispiel ist Zirkoneisenrosa $ZrSiO_4 \cdot Fe_2O_3$, das wir bei den Mischoxiden weiter unten behandeln.

Kolloidal in der Glasur verteilte Metalle färben durch freie Elektronen, die kollektive Schwingungen im Metallpartikel ausführen können. Bei geeigneter Abmessung der Metallpartikel kann die Schwingung in Resonanz zu sichtbarem Licht sein und das Licht absorbieren, was zur Farbe führt. Wir haben diese sog. Oberflächenplasmonen in Abschnitt ►Abschnitt 1.6.4 kennengelernt. Diese Art von Färbung wird vom Kunstmaler nicht verwendet und gehört zur Domäne der Keramikkünstler und Glasbläser (►Abschnitt 3.9.1.2).

Das wichtigste Metall für Zwecke der Färbung ist Gold. Es führt zu einer tiefen rosa, roten oder violetten Farbe, dem *Goldpurpur*. Solcherart gefärbtes Glas wird als *Goldrubinglas* bezeichnet. Elementare Goldpartikel werden über eine Redoxreaktion mit Sn^{II}-salzen hergestellt:

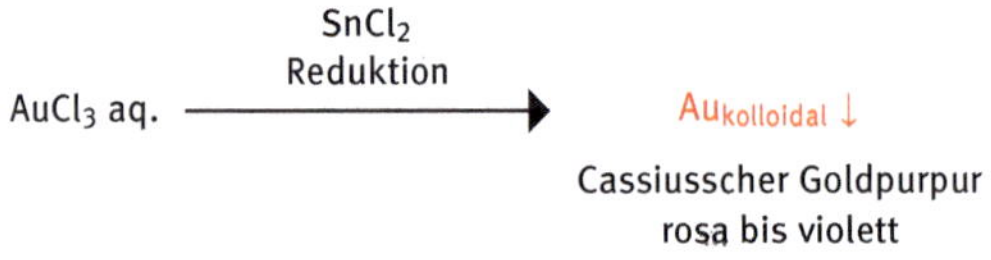

Die Reaktion findet in einer Aufschlämmung von Kaolin oder Ton statt, um die winzigen Goldpartikel gleich voneinander zu trennen und kolloidal zu halten. Ein Zusatz von AgCl führt zu rötlicherer Farbe, von CoO zu violetter. Weitere für diese Art dr Färbung geeignete Metalle sind Silber, Platin und Kupfer.

Nebengruppen-Metalloxide werden in einer glasigen Matrix aufgelöst und färben diese über die Ligandenfeldaufspaltung der *d*-Elektronen, die an den gelösten Metall-Kationen wirksam wird. Es handelt sich um denselben Prozess wie bei der Ionenfärbung von Glas, ►Abschnitt 3.9.1.1. Die Färbung von Glasflüssen mit Metalloxiden birgt einige Nachteile:

- Einige Metalloxide zerfallen unter Freisetzung von Sauerstoff, der beim Entweichen Defekte in der Glasur verursachen kann.
- Die Bedingungen im Ofen haben Einfluß auf die Lage aller Redoxgleichgewichte, u. a. auf die Oxidationsstufe, in der ein zugesetztes Metall-Kation vorliegt. Diese bestimmt direkt den Farbton.
- Die Farbe der Metall-Kationen hängt stark von der Koordinationschemie am Metall-Kation ab. Diese wird wesentlich von der chemischen Zusammensetzung des Glases bestimmt. Die Größe der anwesenden Anionen bestimmt, welche Koordinationspolyeder um das Metall-Kation gebildet werden können, und damit die Koordinationszahl am Metall-Kation. Die Anionen selber legen als Liganden direkt die Ligandenfeldstärke fest, die am Metall-Kation wirksam wird und damit die erreichte Farbe.
- Die An- oder Abwesenheit anderer Metalle hat Einfluß darauf, welche Verbindungen sich in der Glasmasse bilden, d. h. welche farbaktiven Metall-Komplexe überhaupt vorliegen.
- Die Menge an Verunreinigungen muss bestimmt werden, die noch tolerabel ist, bevor unbeabsichtigte Farbverfälschungen auftreten.

Neben den technischen Problemen ist die Vorhersage der Glasurfarbe schwierig, insbesondere wenn mehrere färbende Metalle zusammen auftreten. [42, 44] geben einen detaillierten Eindruck über die komplexen Erscheinungen. Auf der positiven Seite ist diese Art der Einfärbung von Glasuren sehr einfach.

Mischoxide sind geeignete Farbkörper, da die Bedingungen ihrer Darstellung bei 800–1400 °C denen des Sinterprozesses gleichen, ►Abschnitt 3.4.3. Geeignete farblose Wirtsgitter sind Spinell, Pyrochlor, Olivin, Granat, Phenazit und Periklas. In ►Tabelle 7.2 und ►Tabelle 7.2 sind Beispiel von Pigmenten für Schmelzfarben und Massenfärbungen gegeben. [186, Stichwort „Keramische Farben“], [188, Stichwort „Colorants for Ceramics“], [385, 948] enthalten eine Übersicht und [41, 42] zahlreiche Details und Rezepturen zur Darstellung der Farbkörper. Diese Art von Farbmitteln ist durch Ligandenfeldübergänge gefärbt, ►Abschnitt 3.4.3.

Farben wie Neapelgelb oder Kobaltblau waren schon lange Bestandteil der normalen Malerpalette, und auch moderne Mischoxide haben dort Einzug gehalten, wie Kobaltgrün PG26, Spinellbraun PY119, Chromzinnrosa PR233 oder Viktoriagrün PG51. Viele andere Mischoxid-Farbkörper der Tabellen wie Nickelsilikatgrün PG51 werden nur im keramischen Bereich eingesetzt.

Grüne Farbkörper sind wie immer selten, heute werden in der Technik die meisten grünen Keramikfarben durch Mischung von gelben und blauen Farbkörpern erhalten, z. B. Zirkonvanadiumblau und Zirkonpraseodymgelb, oder Kobalt-Chrom-Spinel-

Tab. 7.2: Pigmente in modernen keramischen Glasuren (Heißbemalung) [41, pp. 81], [42], [188, Stichwort „Colorants for Ceramics“], [39, 385].[385].

Pigment	Mineral	Zusammensetzung
Gelb		
Neapelgelb PY41	Pyrochlor	$Pb_2Sb_2O_7$
Zirkonpraseodymgelb PY159*	Zirkon	$(Zr, Pr^{IV})SiO_4$
Zinnvanadiumgelb, Vanadiumgelb PY158	Kassiterit	$(Sn^{IV}, Sn^{II}, V^{V})O_2$
Nickeltitangelb PY53, Nickelwolframtitangelb PY189	Rutil	$(Ti, Ni, (Sb, W))O_2$
Chromtitangelb PBr24*, Chromwolframtitanbraun PY163*	Rutil	$(Ti, Cr, (Sb, W))O_2$
Zirkonvanadiumgelb PY160, auch mit Indium und Yttrium	Baddeleyt	$(Zr, (V, In, Y)^{III}, V^{V})O_2$
Zirkoncadmiumgelb	Zirkon	$ZrSiO_4 \cdot CdS$
Zirkoncadmiumorange	Zirkon	$ZrSiO_4 \cdot Cd(S, Se)$
Nickelniobtitangelb PY161, Chromniobtitanbraun PY162	Rutil	$(Ti, (Ni, Cr), Nb)O_2$
Rot		
Aluminiumchromrosa PR230, Aluminiummanganrosa PR231*	Korund	$(Al, Cr)_2O_3$, $(Al, Mn)_2O_3$
Chromzinnrosa, Chromzinnviolett PR233	Sphen, Kassiterit	Cr_2O_3 in $CaO \cdot SnO_2 \cdot SiO_2$ oder SnO_2, Beteiligung von Cr^{IV}
Zirkoneisenrosa PR232	Zirkon	$ZrSiO_4 \cdot Fe_2O_3$
Zirkoncadmiumrot	Zirkon	$ZrSiO_4 \cdot Cd(S, Se)$
Yttriumrot	Perowskit	$Y(Al, Cr)O_3$
Aluminiumeisenrot	Korund	$(Al, Fe)_2O_3$
Hämatit PR101	Hämatit	Fe_2O_3
Aluminiumchromrot PR235	Spinell	$Zn(Al, Cr)_2O_4$
Zinkeisenchrombraun PBr33*	Spinell	$(Zn, Fe)(Fe, Cr)_2O_4$
Grün und Blau		
Kobaltzinkaluminatblau PB72*	Spinell	$(Co, Zn)Al_2O_4$
Kobaltblau PB28*, Kobalttürkis PB36, Kobaltgrün PG26	Spinell	$CoAl_2O_4 - Co(Al, Cr)_2O_4 - CoCr_2O_4$
Nickelsilikatgrün PG56	Olivin	Ni_2SiO_4
Viktoriagrün PG51	Granat	$3\,CaO \cdot Cr_2O_3 \cdot 3\,SiO_2$
Zirkonchromgrün, -kupferblau	Zirkon	$(Zr, Cr, Cu)SiO_4$
Nickel-, Zinkchromgrün	Spinell	$(Ni, Zn)Cr_2O_4$
Kobalttitangrün PG50	Spinell	Co_2TiO_4
Zirkonvanadiumblau PB71	Zirkon	$ZrSi_{1-x}O_4 : V_x^{4\oplus}$
Kobaltsilikatblau PB73	Olivin	Co_2SiO_4
Kobaltzinksilikatblau PB74	Phenazit	$(Co, Zn)_2SiO_4$
Chromgrün nur *	Korund	$(Cr, Al)_2O_3$

Tab. 7.2: (Fortsetzung)

Pigment	Mineral	Zusammensetzung
Grau		
Zinnantimongrau PBk23	Kassiterit	$Sb_2O_5 \cdot SnO_2$
Eisenkobaltchromschwarz PBk27	Spinell	$(Co, Fe, Ni, Mn)(Cr, Fe)_2O_4$
Titanvanadiumantimongrau PBk24	Rutil	$(Ti, V, Sb)O_2$
Kobaltzinnblaugrau	Spinell	Co_2SnO_4
Braun		
Manganchromantimontitanbraun PBr40	Rutil	$(Ti, Mn, Cr, Sb)O_2$
Manganniobtitanbraun PBr37	Rutil	$(Ti, Mn, Nb)O_2$
Eisenchromitbraun PBr35*	Spinell	$Fe(Fe, Cr)_2O_4$
Zinkeisenchromitbraun PBr33	Spinell	$(Zn, Fe)(Fe, Cr)_2O_4$
Manganzinkchromitbraun PBr39	Spinell	$(Zn, Mn)Cr_2O_4$
Nickelferritbraun	Spinell	$NiFe_2O_4$
Zinkferritbraun PY119	Spinell	$(Zn, Fe)Fe_2O_4$
Eisentitanbraun PBk12	Spinell	$Fe_2Ti_2O_4$
Schwarz		
Kupferchromitschwarz PBk22	Spinell	$CuCr_2O_4$
Eisenkobaltchromitschwarz PBk27	Spinell	$(Co, Fe)(Fe, Cr)_2O_4$
Manganferritschwarz PBk26	Spinell	$(Fe, Mn)(Fe, Mn)_2O_4$
Kobaltferritschwarz PBk29	Spinell	$(Fe, Co)Fe_2O_4$
Chromnickelferritschwarz PBk30	Spinell	$(Ni, Fe)(Cr, Fe)_2O_4$
Kobaltnickelzirkonschwarz nur *	Zirkon	$(Zr, Co, Ni)SiO_4$

* Pigmente, die in keramischen Ganzmassenfärbungen (z. B. Baukeramik) eingesetzt werden können.

le mit Cadmiumsulfid oder Neapelgelb. Weiße Farbkörper erhalten wir durch Zusatz von Trübungsmitteln, das heißt Stoffen, die sich in der Glasur nicht lösen, sondern feinstverteilt als Partikel vorliegen. Diese streuen das Licht und wirken daher weiß. Geeignete Trübungsmittel sind die hochtemperaturbeständigen Oxide Sb_2O_3, As_2O_3, CeO_2, SnO_2, TiO_2, ZrO_2 sowie $ZrSiO_4$.

Eine Gruppe von Mischoxiden, die mehr als 50 % der Weltproduktion keramischer Pigmente ausmacht, basiert auf den Wirtsgittern Zirkonia ZrO_2 (natürlich als Mineral Baddeleyit) und Zirkon $ZrSiO_4$. Problematisch dabei sind die sehr hohen Schmelztemperaturen von Zirkonia (2710 °C) und Zirkon (2550 °C).

Zirkonia-Pigmente besitzen als Wirtsgitter Zirkonia ZrO_2, das natürlich als Mineral Baddeleyit auftritt. Die Einführung von V_2O_5 führt zu gelben Pigmenten:

$$ZrO_2 + \underset{\text{Ammonium-metavanadat}}{NH_4VO_3} \xrightarrow[In_2O_3]{1400°C} \underset{\substack{\text{PY160} \\ \text{Zirkonvanadiumgelb, gelb bis orange}}}{(Zr,In^{III},V^{V})O_2}$$

Geringe Mengen an In_2O_3 führt zu intensiver gelber Farbe, andere Oxide variieren den Farbton zwischen grünlichem Gelb und Orangegelb. Um die Ladungsneutralität aufrechtzuerhalten, müssen neben V^{V} noch dreiwertige Kationen verfügbar sein, die über einen kompatiblen Ionenradius verfügen. In Frage kommen Ga^{III}, In^{III} oder Y^{III}. Die Bildung von V^{III} ist dann unterdrückt und reines Orangegelb wird erzielt. Vanadium-Zirkonia-Farben sind in Glasuren und keramischen Farben stabil bis 1350 °C.

Zirkon-Pigmente beruhen auf dem Wirtsgitter des Zirkons $ZrSiO_4$, das seit Mitte des letzten Jahrhunderts große Bedeutung gewonnen hat, da es den Erfordernissen der Bau- und Sanitärindustrie nach hochtemperaturbeständigen Farben entgegenkommt [387, 388]. Durch die Entwicklung des Zirkonvanadiumblau $ZrSiO_4 : V^{4\oplus}$ [389], des Zirkonpraseodymgelb $(Zr, Pr^{IV})SiO_4$ [394] und des Zirkoneisenrosa $ZrSiO_4 \cdot Fe_2O_3$ [395] wurde ein Primärfarben-Tripel bereitgestellt, das nicht nur temperaturbeständig ist, sondern auch sehr reine Farben zeigt. Das rote Pigment ist allerdings kein Mischoxidpigment, sondern ein Einschlußpigment wie die keramischen Cadmium-sulfoselenide. Da es kein kommerziell geeignetes Metall gibt, das im Zirkongitter rote Farbe hervorruft, musste für die rote Primärfarbe das Farbmittel Hämatit in einem Einschlußpigmente in Zirkonsilikat versiegelt werden [387]. Das hochtemperaturfeste Zirkonsilikat schützt Eisenoxid vor Veränderungen beim Brennen.

Alle drei Farbmittel sind stabil bis 1350 °C in allen Arten von Keramik. Die Farbe hängt von vielen Parametern ab, etwa dem Verhältnis von V_2O_5 zu NaF, der Reinheit des Rohmaterials, der Partikelgröße der Stoffe, von Einzelheiten der Vermischung und von der Reaktionsatmosphäre. Die Farbstärke des blauen Pigments hängt von der Menge an Vanadium ab, die im Farbkörper eingebracht werden konnte. Ein Bleizusatz zu Praseodym-Pigmenten intensiviert die Farbe, der Zusatz von Ce_2O_4 verschiebt den Farbton zu Orange.

Die genaue Position und Oxidationsstufe von Vanadium im Zirkonvanadiumblau war lange umstritten, diskutiert wurde neben anderen die Oxidationsstufe +IV und daraus abgeleitet die möglichen Substitutionen $Si^{4\oplus} \rightarrow V^{4\oplus}$ oder $Zr^{4\oplus} \rightarrow V^{4\oplus}$, was zu den Formeln $Zr(Si, V^{IV})O_4$ oder $(Zr, V^{IV})SiO_4$ führen würde. Heute herrscht die Meinung vor, daß $V^{4\oplus}$ einen irregulären Tetraederplatz namens „16g" im Zirkon besetzt und das Pigment dann als $ZrSi_{1-x}O_4 : V_x^{4\oplus}$ anzusprechen ist [390–393]. Die Ladungsneutralität wird erreicht, indem ein $Si^{4\oplus}$-Kation pro $V^{4\oplus}$ entfällt.

Die Farbe beruht danach auf LF-Übergängen im $V^{4\oplus}$-Kation, speziell $^2T_2 \rightarrow {}^2E$. Da durch die Verzerrung des Tetraeders um die Position 16g herum die T_d-Symmetrie aufgehoben ist, sind alle $3d$-Orbitale energetisch unterschiedlich und können zwei Gruppen ^2E (Grundzustand) und $^2T_2$ (angeregter Zustand) bilden, die den Elektronenübergang möglich machen, ►Abbildung 7.2. Leichte Unterschiede in der Farbe der produzierten Pigmente und Labormustern, die zwischen grünlichem und bläulichem Türkis schwankt, werden durch das geringere Kristallfeld im Industriepigment erklärt, in dem V hochkonzentriert vorliegt, sodaß hier $V_x^{4\oplus}$-Cluster statt isolierter $V^{4\oplus}$-Kationen mitwirken.

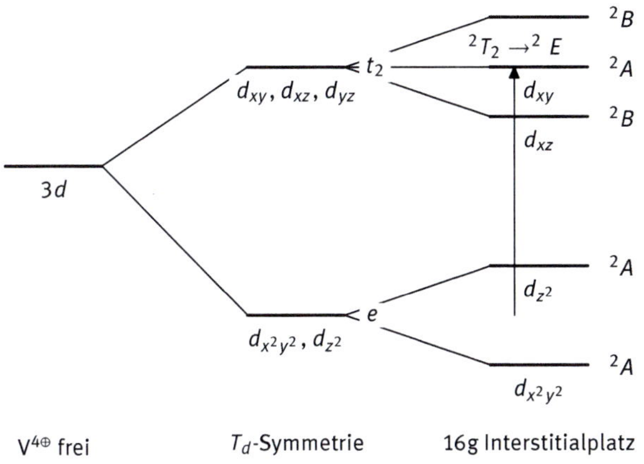

Abb. 7.2: Aufspaltung der $3d$-Orbitale von V in einem tetraedrischen Ligandenfeld bzw. die weitere Aufspaltung in einem verzerrten Tetraederfeld der 16g-Interstitialposition in Zirkonvanadiumblau ohne Berücksichtigung von Termen oder LS-Kopplung. Die beiden Orbitalgruppen ermöglichen einen Übergang $^2T_2 \rightarrow {}^2E$.

Die Zirkonmatrix wird aus ZrO_2 und SiO_2 in einer Festkörperreaktion aufgebaut und mit einem Vanadium-, Praseodym- oder Eisensalz kalziniert, um die genannten Basis-Farben zu erhalten:

$$ZrO_2 + SiO_2 + \underset{\text{Ammonium-metavanadat}}{NH_4VO_3} \xrightarrow[\text{Li-, Na- oder K-halogenid, besonders NaF}]{550\text{–}1200\,°C,\ 2\text{–}3\,h} \underset{\text{PB71 Zirkonvanadiumblau}}{ZrSi_{1-x}O_4{:}V_x^{4\oplus}}$$

$$ZrO_2 + SiO_2 + \underset{\text{Praseodym(III,IV)oxid}}{Pr_6O_{11}} \xrightarrow[\text{Na(F,Cl)}]{1250\,°C,\ 2\text{–}3\,h} \underset{\text{PY159 Zirkonpraseodymgelb}}{(Zr,Pr^{IV})SiO_4}$$

$$ZrO_2 + SiO_2 + \underset{\text{Eisen(II)sulfat}}{FeSO_4} \xrightarrow[\text{Na(F,Cl)}]{1000\text{–}1100\,°C,\ 1\,h} \underset{\text{PR232 Zirkoneisenrot}}{ZrSiO_4 \cdot Fe_2O_3}$$

Sehr wichtig ist der Zusatz von Mineralisierungshilfsmitteln, die die Mineralbildung ermöglichen. Zum Einsatz kommen Alkali- oder Erdalkalisalze, besonders NaF. Die Vorgänge sind komplex und noch nicht komplett gesichert, einen Eindruck über den wahrscheinlichen Ablauf gibt ►Abbildung 7.3.

Es ist notwendig, sehr reine Ausgangsstoffe zu verwenden, was die Pigmente verteuert. Preistreibend ist hier die Trennung der geringen Anteile ZrO_2 aus Zirkonsand, die nötig ist, um reintönige Keramikfarben zu erhalten. Ein neues Verfahren bildet die Farbmittel direkt aus Zirkonsand ohne Umweg über Zirkonia. Die Behandlung des Ausgangsmaterials Zirkon mit Alkaliverbindungen führt zu Alkali-Zirkonat-Silikaten, die durch Säure zu einer Zirkonia-Silika-Mischung zersetzt werden. Gibt man nun so

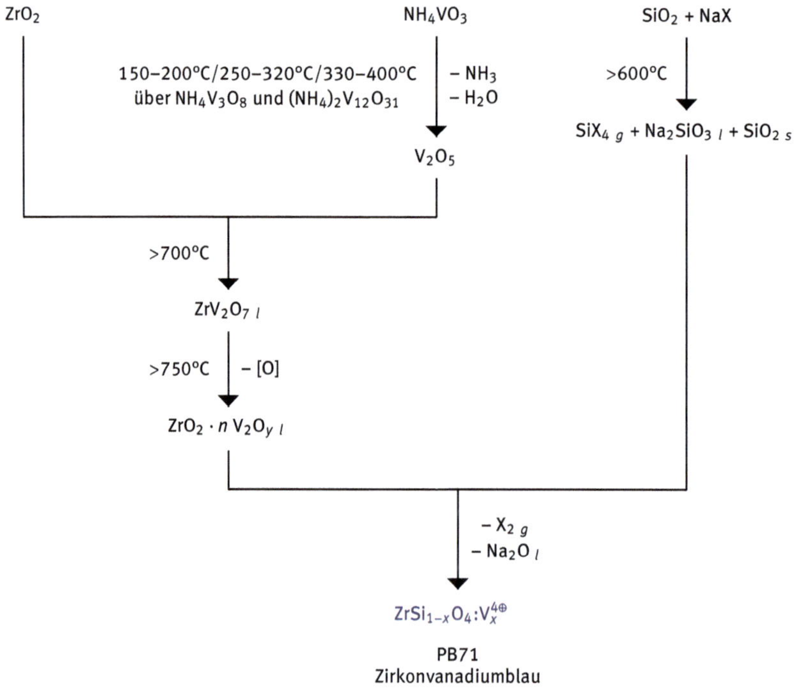

Abb. 7.3: Die Rolle der Mineralisierungshilfsmittel am Beispiel der Bildung von Zirkonvanadiumblau [388, 389]. Oberhalb 600 °C bilden die Alkalihalogenide flüchtige Siliziumhalogenide und flüssige Alkalisilikate, die mit dem ab 600 °C ebenfalls flüssigen Zirkonium-Vanadium-Verbindungen oberhalb 750 °C V-dotierten Zirkon bilden. Die Rolle der Mineralisierungsmittel besteht also darin, die hochschmelzenden Zirkonium- und Siliziumoxide in flüssige oder flüchtige Form zu bringen, um den Stofftransport zu ermöglichen und die Mineralbildung zu erleichtern.

viel SiO_2 hinzu, daß äquimolare Mengen an ZrO_2 und SiO_2 vorliegen, entsteht in einer nachfolgenden Kalzinierung das Zirkon-Gitter [388]:

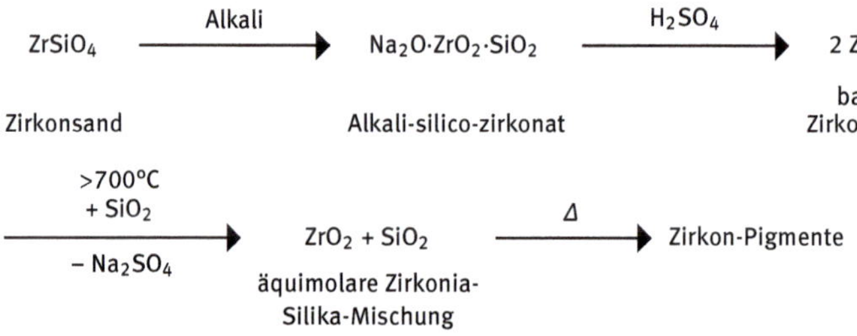

Die Kolloidmetalle sind nicht akut oder chronisch toxisch. Feinverteilte Kupfer-, Kobalt-, Mangan- oder Nickeloxide müssen entsprechend den Arbeitssschutzregeln behandelt werden. Zirkonia und Zirkon gelten als unkritisch. Die potentiell toxischen Schwermetalle verhalten sich, in der Mineralmatrix eingeschlossen, anders als die freien Metalle und Metallsalze, da ihre Bioverfügbarkeit in der unlöslichen Matrix stark herabgesetzt ist.

7.2 Glasmalerei

Künstlerische Gestaltungen rund um oder mit Glas können uns von unserem eigentlichen Thema Malerei weit fort- und zum Kunsthandwerk hinführen, sodaß wir diesen Bereich nur streifen werden, da die chemischen Grundlagen des Glases (►Abschnitt 3.9) und seiner Färbung (►Abschnitt 3.9.1) bereits gelegt sind. Ausführlichere Darstellungen bietet die Literatur [26, 27, 34, 37, 38, 116]. Ausdrucksformen in diesem Zusammenhang sind:

- Hinterglasmalerei, die nur in der Aufsicht betrachtet wird [82, 83],
- Mosaikfenster aus farbigen Glasteilen,
- eigentliche Glasmalerei, die in Durchsicht betrachtet wird.

Als Grundlage dient stets farbloses oder farbiges Glas, das eine lange Entwicklung hinter sich hat, wie wichtige Stationen seiner Geschichte zeigen [37, 116]:

1500 v. Chr.	Ägypten	Cu-Kolloidfärbung
1200 v. Chr.		Bronzezeitliches rotes Glas, Cu-Kolloid
	Mesopotamien	Neapelgelb, gelbe Glasuren
400 v. Chr.		Keltische Keramik, Metallkolloide (Cu und Cu_2O)
0	Rom	Rote Mosaike aus Cu- und Au-gefärbtem Glas
800	Iran, Irak	Irisierende Lüsterglanzglasuren auf Keramik
12./13. Jhd.	Nordeuropa	Cu-Kolloidfärbung
14. Jhd.	Venedig	Farbe durch Metalloxide (Grün, Rot: Cu, Gelb, Rot: Fe, Violett: Mn, Blau: Co)
14. Jhd.	Nordeuropa	Grünes Waldglas (Kaliumsilikatglas)
15. Jhd.	Venedig	Trüb- und Milchgläser, Opalgläser, irisierende Gläser. Mosaikglas: ZnO in Bleiglas (weiß), Emailglas: As_2O_3-getrübtes Bleiglas.
16. Jhd.	Venedig	Cristallo (Kalknatronglas, mit Mn farbkompensiert)
17. Jhd.	Nordeuropa	Böhmisches Kreideglas (Kalikalkglas, mit Mn farbkompensiert); Au-Kolloidfärbung
17. Jhd.	England	Bleikristallglas
	Deutschland	Goldrubinglas
18. Jhd.	Frankreich	Strass (Bleiglas mit Sb und Tl sowie Metallsalzen)
19./20. Jhd.	überall	Färbungen mit einer Vielfalt an Metallen und -verbindungen

Bereits in der Antike und der Bronzezeit konnten Glashandwerker färbende Metallkolloide herstellen, indem sie im Glas metallisches Kupfer und Gold abschieden. Wurde das Glas zu Gebrauchs- oder Schmuckzwecken verwendet, konnte ebenfalls schon früh eine Veredlung der Oberfläche durchgeführt werden, indem eine irisierende Schicht aufgebracht wurde (Lüster). Es handelt sich dabei um vielfarbig schillernde Oberflächen, die durch dünne lichtbrechende Schichten auf Glas oder Keramik realisiert werden. Im islamisch-mittelalterlichen Einflußbereich wurden dazu auf Keramikgefäße Glasuren aus Alkali- und Alkalibleigläsern aufgebracht, in denen Metallkolloide (Kupfer und Silber) mit Teilchendurchmessern um 10–15 nm in ein oder mehreren (meist zwei) geordneten Schichten angeordnet sind. Zur Herstellung wurden Kupfer- oder Silbersalze (Sulfate, Nitrate) auf die glasierte Keramik aufgetragen und im Ofen mit reduzierender Atmosphäre eingebrannt. Dabei diffundieren die Metall-Kationen durch Ionenaustausch ins Innere der Glasschmelze, wo sie zum Metall reduziert werden und zu Partikeln gewünschter Größe anwachsen:

$$Ag^{\oplus} + Na^{\oplus\ominus}Glas \xrightarrow{\text{Diffusion}} Na^{\oplus} + Ag^{\oplus\ominus}Glas$$

$$Ag^{\oplus\ominus}Glas \xrightarrow[\text{Reduktion}]{e^{\ominus}} Ag + {}^{\ominus}Glas$$

Größe, Form und Organisation der Metallpartikel hingen von der Temperaturführung während des Brandes ab und waren sehr unterschiedlich, was sich in unterschiedlichen Farbphänomenen äußert. Diese Technik gelangte über den Mittelmeerraum (Venedig) und Spanien nach Europa. Auch in moderner Zeit wird Lüsterglanz durch feinverteilte Metalle erzeugt, wie zwei Rezepte zeigen:

Lüsterglasur, TIFFANY 1884 2 Tl $SnCl_2$, 1 Tl $BaCO_3$, ½ Tl $SrCO_3$, 1 Tl $Cu(NO_3)_2$ verdampfen. Dampf auf gläserne Oberflächen niederschlagen ergibt irisierende Oberfläche.

Lüsterglasur, TIFFANY 1884 Metallresinat (Bi, Pb, Ag, Cu) mit Rauchfeuer zu Metall reduzieren und in Glas einschmelzen. Ergibt Lüsterglasur.

7.2.1 Hinterglasmalerei

Die Hinterglasmalerei hat sich zusammen mit der Entwicklung dekorierter Glaswaren, Glasfenster und Glasmalerei entwickelt [82–84]. Wir können übersichtsartig folgende Stationen erkennen:

2200 v. Chr.	Syrien	Goldradierung
100 v. Chr.	Syrien, Rom	Fondi d'oro (Glasscheibe, Blattgold mit radierter Zeichnung, Grundfarbe)
später		Silberfolie, farbige Radierung, Maltechnik mit Ölfarben, Kasein, Gouache, Aquarell, Tusche, Tinten, Kunstharzfarben
13. Jhd.	Italien	Einlegetäfelchen in Hinterglasmalerei oder Goldradierung
14. Jhd.	Deutschland	Lasur-Hinterglasmalerei mit Goldgrund
15./16. Jhd.	Deutschland	Schwarze/sepiafarbene Zeichnung auf Goldgrund oder übermalt mit Lasuren und malerischen Elementen (Riß in Leimfarbe, Flächenfarbe in Öl)
16. Jhd.	Italien	Hinterglasmalerei nach bekannten Gemälden für die Wand
ab 16. Jhd.	Venedig	Religiöse Motive und barocke Hochkunst
Renaissance		Graphik tritt zugunsten malerischer Elemente zurück, Blattgold tritt zurück, Ölfarben ohne Kontur
Barock, Rokoko		Städtische Werkstätten mit gewerblicher Produktionsweise
18./19. Jhd.	Alpenraum, Frankreich	Nochmalige Blüte durch volkstümliche und religiöse Darstellungen

Im Gegensatz zur Glasmalerei, bei der Schmelz- oder Emaillefarben auf das Glas aufgetragen und eingeschmolzen werden, handelt es sich bei der Hinterglasmalerei um eine Kaltfarbentechnik, d. h. es wird kein Aufschmelz- oder Einbrennprozess benötigt. Die Farben haften durch geeignete Bindemittel am Glas und werden zusätzlich durch die vordere Glasscheibe und einen Bildgrund geschützt. Hinterglasmalerei wirkt durch Auflicht und besitzt allgemein einen mehrschichtigen Aufbau:

> Glas – (Metallfolie) – Farbschicht (deckend bis lasierend) – (Grundfarbe) – (Metallfolie) – Träger (Brett, Metallgrund)

Es haben sich mehrere Varianten der Hinterglasmalerei entwickelt, die alle diesem Aufbau folgen, sich aber in der Verwendung der Farbschichten und Metallfolien unterscheiden, ►Abbildung 7.4.

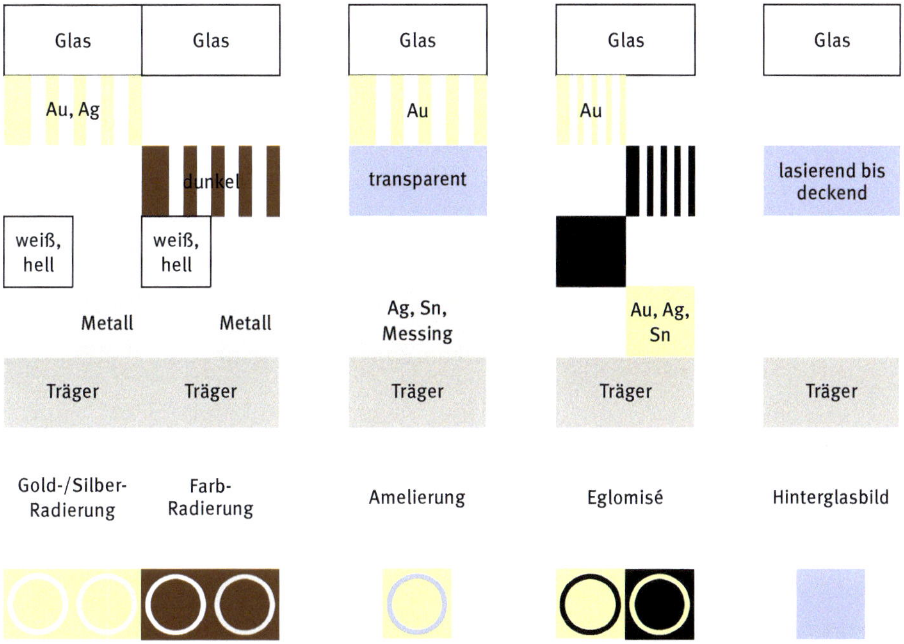

Abb. 7.4: Oben: Schichtaufbau der verschiedenen Glasmal-Techniken. Bei der Gold-, Silber- und Farb-Radierung wird die Zeichnung in die obere Gold- oder Silberfolie oder eine dunkle Farbschicht eingegraben, eine weiße oder helle Grundfarbe oder Metallfolie scheint durch die Zeichnung. Bei der Amelierung wird die Zeichnung ebenfalls in die obere Goldfolie eingegraben, eine transparente Farbe scheint durch die Zeichnung und erscheint durch die hinterlegte Metallfolie metallisch glänzend. Beim Eglomisé wird die Zeichnung in die obere Goldfolie oder eine schwarze Farbschicht eingegraben, eine schwarze Grundfarbe oder Metallfolie scheint durch. Bei der Glasmalerei werden transparente oder deckende Farbschichten gemäß ihrem Schichtaufbau sichtbar. Unten: Erscheinungsbild des Schichtaufbaus.

Farb- oder Metallradierung

Bei der Hinterglasradierung wird das Glas flächig einfarbig bemalt (meist mit einer dunklen Farbe → Farbradierung) oder mit einer Metallfolie belegt (meist Gold oder Silber, → Goldradierung, Silberradierung). Die Zeichnung wird mit groben und feinen Werkzeugen aus der Farbschicht oder Metallfolie herausgekratzt (radiert). Anschliessend wird das Bild mit einer i. A. kontrastierenden Farbe wie Weiß oder Gold vollflächig überstrichen, oder mit einer Metallfolie (Gold, Silber, andere Metalle) hinterlegt. Die Hintergrundfarbe oder Metallfolie leuchtet dann von vorne betrachtet aus der dunklen Grundfarbe heraus und erzielt die Bildwirkung.

Die Metallfolie kann mit geklärtem Eiweiß, Gummi arabicum, eingeweichten Quittenkernen oder einer Mischung aus Leinöl, Nußöl und evt. Mastixharz geklebt werden. Die Entstehung von Glanz und Farbe der Metallfolie wurde in ►Abschnitt 1.6.7 diskutiert.

Für die flächige Bemalung werden deckende Farben verwendet, z. B. Ölfarben, wasserfest auftrocknende Farben, oder Plakat-Tempera. Wasserlösliche Farben müssen mit einem Fixativ geschützt werden. Für die Hintergrundfarbe kann z. B. Plakatfarbe verwendet werden.

Amelierung

Bei der Amelierung handelt es sich um eine Metallradierung, die mit transparenten Farblacken bemalt und anschliessend mit Metallfolie (Silber, Zinn, Messing) hinterlegt wird. Die Folie verleiht den transparenten Farben ein glänzendes metallisches Aussehen. Die Farblacke werden mit Lärchenterpentin, Kiefernharz oder Mastixharz gebunden und mit Alkohol oder etherischen Ölen verdünnt, ihre Einfärbung erfolgt mit transparent färbenden Farbmitteln.

Eglomisé

Bei dieser Technik wird das Glas mit transparenten Farben bemalt und anschliessend mit Metall hinterlegt, um den Farben Glanz zu verleihen.

Farbiges Hinterglasbild

Das Hinterglasbild ist das eigentliche malerische Hinterglasbild. Es besteht aus einer schwarzen Rißzeichnung, die als Kontur mit feinen oder breiten Linien ausgeführt wird, auf der dann nacheinander die Farbschichten der Malerei folgen, die lasierend, halbdeckend oder deckend aufgetragen sein können. Die Abdeckung durch das Glas führt zu einer leuchtenden Farbwirkung.

In der historisch häufig verwendeten zeitsparenden Wasser-Öl-Technik werden für die Rißzeichnung wasserlösliche Farben benutzt, denen zur Verbesserung der Haftung auf fetthaltigen Glasoberflächen Ochsengalle zugegeben werden kann. Zuweilen wurde eine Grundierung mit Gelatine oder Eiweiß benutzt. Eine Vielzahl an Farben kann verwendet werden: Acrylfarbe, Kaseinfarbe, deckende Kunstharzdispersionen, Gouache, Tempera, Tinte, Tusche. In Wasserfarben wurden die jeweils zeitgenössischen Pigmente mit Gummi arabicum oder Hausenblasenleim als Bindemittel angerieben. Beispiele solcher Pigmente sind Krapplack, Gummigutt, Grünspan und Berlinerblau (Bayerischer Wald, Schlesien, 18. Jhd.) und Bleiweiß, Mennige, Zinnober, Berlinerblau, Ocker, braune Erde, Saftgrün und Kienspanruß (Österreich, 19. Jhd.) [82].

Für die Flächenfarbe und malerische Elemente wurden Ölfarben bevorzugt, die mit Leinöl, Nußöl und Terpentinöl verdünnt werden können. Ein schnell trocknendes Bindemittel ist gekochtes Leinöl (Leinöl-Firnis), das auch über eine gute Haftung auf Glas verfügt.

7.2.2 Glasfenster, Glasmosaik

Die beeindruckenden Glasfenster mittelalterlicher Kathedralen und öffentlicher Gebäude belegen, daß Malerei auf und mit Glas zunehmend als eigene Kunstform geschätzt wurde. Historische Merkpunkte der einsetzenden malerischen Elemente auf farblosem oder einfarbigem Glas in Europa finden wir im nächsten Abschnitt, der sich der eigentlichen Glasmalerei widmet.

Die zunächst sakralen, später auch öffentlich-bürgerlichen Glasfenster basieren auf dem jeweils verfügbaren durchgefärbten Glas, das in der Kapiteleinleitung und in ►Abschnitt 3.9 beschrieben wurde. Dies ist für die Monumentalfenster gothischer Kathedralen das grünliche Holzascheglas (Waldglas), das durch hohen Kaliumgehalt leider unbeständig ist und heute große restauratorische Probleme mit sich bringt. Nur für Farbtöne, bei denen der Grünstich des Glases störend wirkt, wurden klarere Sodagläser benutzt. Im 15. Jhd. geht Waldglas durch verbesserte Ofentechnik und Wechsel der Zusammensetzung in ein Holzasche-Kalk-Glas und Kalknatronglas mit erhöhten Kalk- und Sodaanteilen über. Die höhere Schmelztemperatur, die von etwa 1100 °C auf 1300 °C gesteigert werden konnte, ergab ein homogeneres, reineres, dünneres und durchsichtigeres Glas. Mit Hilfe von Läuterungsmitteln wie Arsenik und Antimonverbindungen neben den seit je her bekannten Manganverbindungen konnten Glashütten die Klarheit des Glases ebenfalls steigern. Alle Faktoren zusammen führten zu einem Material, das eine vorher nicht gekannte Klarheit und Lichtdurchlässigkeit besaß [26, 27, 81].

Zur Herstellung mittelalterlicher Glasfenster wurde das fertige Tafelglas nach dem Stand der Färbekunst durch Metall-Kationen und Metallkolloide wie in ►Abschnitt 3.9.3 beschrieben gefärbt. Wir finden oft die in ►Tabelle 7.3 genannten Bestandteile, grundsätzlich wurden aber alle in ►Tabelle 3.8 genannten Mittel außer Calciumantimonat zur Glasfärbung verwendet.

Tab. 7.3: Die wichtigsten färbenden Bestandteile mittelalterlichen Kirchenglases (Glasfenster) [27, Kap. 10], [567], daneben fanden die in ►Abschnitt 3.9.3 beschriebenen Farbmittel Verwendung.

Farbe	Bestandteile
Smaragdgrün	Holzasche-Blei-Glas mit Kupferoxid (CuO) in oxidierender Atmosphäre. Später Kalknatronglas mit CuO, FeO und Fe_2O_3.
Rot	Holzascheglas (später Kalknatronglas) mit Kupfer in reduzierender Atmosphäre, ergibt Cu_2O (Pigment) oder Cu^0 (Kolloid)
Blau	CoO in Soda-Asche-Glas oder Soda-Kalk-Glas mit Blei (da Holzascheglas zu grünstichig ist). Später Kalknatronglas mit FeO und MnO, türkis mit CuO und Eisen.
Gelb	Eisenpolysulfide („carbon amber") in Holzascheglas, aus Schwefel/Kohlenstoff erzeugt. Später Kalknatronglas mit kolloidalem Silber und (für Braungelb) Mn^{II}/Fe^{III}.
Violett, Inkarnat	Mn^{III} in Holzascheglas.

An die Bereitung des farbigen Tafelglases schließen sich folgende Schritte an:
- (Durchgefärbte oder farblose) Glasscheiben gemäß Vorzeichung in Stücke schneiden
- Glasstücke sauber in Form brechen
- Ggf. mit Schwarzlot und Silberlot bemalen (siehe nächster Abschnitt), die Farbe auf die bemalte Glastafel im Ofen einbrennen
- Verbleien, d. h. Fassen der fertigen Glasstücke in Bleiband
- Verlöten der Bleibänder
- Verkitten der Ränder der Bleibänder mit einem Kitte aus Kreide und Leinöl [36]

7.2.3 Glasmalerei

Die eigentliche, malerisch-dekorative Glasarbeit ist so alt wie das Material selbst, wie wir an folgender Grobübersicht sehen [116], [26, Kap. 7], [27, 81, 566]:

vordynastisch	Altägypten, Mesopotamien	Grüne und blaue Glasuren auf Quarzkeramik mit Cu^{II}. Gelbe Trübung mit Pb/Sb und Pb/Sn, weiße Trübungen mit $Ca_2Sb_2O_7$, Schwarz mit Fe^{III}, Violett mit Mn^{III}, Rot mit Fe_2O_3.
1470 v. Chr.	Ägypten	Gelbes Email, gelbes Glas (Neapelgelb)
500 v. Chr.	Babylon	Gelbe Emailziegel
6.–8. Jhd.	Ägypten	Silbergelb
841		Malerei auf Glas
8./9. Jhd.	Europa	Farbige Fenster in karolingischen und langobardischen Kirchen und Pfalzen, vor allem Grün, daneben Gelb, Blau, Braun. Schwarzlot zur Zeichnung und Malerei

9. Jhd.	Irak, Nahost	Farbig verzierte Gläser mit Emaillefarben, Lüsteremail; Silbergelb
12. Jhd.	Europa	Beginn der Waldglasproduktion (Holzascheglas)
um 1250	Europa	Bedarf an großflächiger Glasmalerei duch Neubauten gotischer Kathedralen, z. B. zu Köln, Regensburg, Straßburg, Freiburg
13. Jhd.	Europa	Frühgotische Schwarzlotmalerei, 1134 Grisaillemalerei in Zisterzienserklöstern
12.–14. Jhd.	Syrien	Farbig verzierte Gläser mit Emaillefarben, Lüsteremail
13./14. Jhd.	Europa	Hochphase der Verglasung gotischer Kathedralen
1300	Europa	Rotbraune Farbe für Konturen und Inkarnat
14. Jhd.	Europa	Radierung im Schwarzlot, Modellierung mit Pinseln (Stupfen). Schwarzlotreste trüben das Farbglas
15. Jhd.	Europa	Tafelmaler als Glasmaler, Aufkommen von Landschaftsdarstellungen
15. Jhd.	Venedig	Email mit opaken Farben auf eisenarmem, farblosem Glas
1300	Europa	Silberlot für Gelbglas
15. Jhd.	Venedig	Fayence, opake Farbe auf zinnweißer Glasur, Emailmalerei auf Glas, opake Farbe auf Farbglas
15./16. Jhd.	Europa	Härteres und reineres Holzasche-Kalk-Glas
15. Jhd.	Europa	Weiße und gelbe Emaillefarbe zum Abtönen und Schattieren, rote Lasuren (Sanguine oder Eisenrot) aus Fe_2O_3, lasierend bis deckend, braun bis gelb, rotbraun bis fleischfarben
15. Jhd.	Europa	Feinzeichnung und Schraffuren und ähnliche graphische Techniken liefern Chiaroscuro, Tonwerte, Plastizität. In der Spätgotik malerischere Behandlung, Bleiruten treten zurück, Schwarz- und Silberlot mit Radierung und Ätztechnik. Schmelz- oder Emaillefarben auf farblosem oder einfarbigen Gläsern
16. Jhd.	Venedig	Emailmalerei auf Klarglas, opake Farbe
	Deutschland, Österreich, Venedig	Kaltmalerei auf Glas, Feinmalerei auf Glas mit transparenten Farben (Schwarzlot, Silberlot, Eisenrot, Manganviolett, erste Aufglasurfarben für Porzellan)
16. Jhd.	Europa	Restloses Herauskratzen von Farbe mit Metallpinseln (Kratzstupfen) ergibt brillante Lichter
17. Jhd.	Venedig	Milchglas und Eisenrot (Sanguine)

Auf die Dekoration von Glas und keramischen Objekten mit Emaillen im Altertum folgt in der Römerzeit eine Phase der Dekoration und später Malerei auf gläsernen Gefäßen (Hohlglasmalerei). Die dabei erzielten Färbungen beruhen auf den in ►Abschnitt 3.9.1 genannten Mechanismen der Ionen- und Anlauffärbung. Im Frühmittelalter setzt sich eine malerische Behandlung durch, die mit der mosaikartigen Bildgestaltung durch einfarbige Glasstücke beginnt. Die nüchterne Strenge wird durch graphische Elemente wie dunkle deckende Konturen und Schraffuren ergänzt, die dann über eine freiere Behandlung zu halbdeckenden oder lasierenden Aufträgen und einer Tonwertmodellierung mit hoher Plastizität führen. Schließlich tritt die strenge Graphik zugunsten einer freien Malerei zurück. Herausgenommen aus dem sakralen Rahmen, entwickelt sich die Tafelmalerei auf Glas.

Schwarzlotzeichnungen, Silberlot, Sanguine oder Eisenrot

Malerei im strengeren Sinne auf ebenen Flächen erfolgte im frühen Mittelalter zunächst auf farblosem oder mehrfarbigem Glas mit einer Farbe, die *Schwarzlot* genannt wird und aus einem Gemisch von Kupfer- und Eisenoxid, einem niedrigschmelzenden Farbbleiglas, Wasser, Essig oder Terpentinöl und einem Bindemittel wie Gummi arabicum besteht. Das dick mit Terpentinöl angeriebene Schwarzlot dient dem Anfertigen der Rißzeichnung, der Konturen des Bildes, und der graphischen Elemente wie Schraffuren. Wäßriges Schwarzlot gestattet es, das farbige Glas flächig-dünn zu bemalen und die Leuchtkraft des Glases in diesem Bereich abzuschwächen. Mit borstigen oder feinen Pinseln können anschliessend Strukturen in die bräunlich-gräuliche Farbe gesetzt und Lichter wieder hervorgeholt werden. Mit dicker aufgetragenem Schwarzlot können die Künstler feine Strukturen, Gesichtszüge, Falten in Gewändern und Gegenstände zeichnerisch darstellen.

Nach beendeter Malerei wird die Glastafel mitsamt Schwarzlotzeichnung bei etwa 600 °C gebrannt. Dabei schmelzen die Glasbestandteile des Lots auf und verbinden die Metalloxide fest mit der Glastafel. Die Temperatur ist jedoch nicht so hoch, daß sich die Metalloxide ionisch färbend im Glas lösen, sondern eine lasierende bis deckende braungraue Masse bilden und durchfallendes Licht entsprechend der gemalten Struktur dämpfen.

Schwarzlot, nach THEOPHILUS [26, Kap. 7.6] Kupferoxid, grünes Glas, „saphirfarbenes Glas" (wahrscheinlich Bleiglas), Wein oder Urin

Schwarzlot [27, Kap. 10.3] Eisenoxid, Kupferoxid, Bleiglas

Schwarzlot [35] Eisen- oder Kupferoxid, Bleiglas, Essig oder Terpentinöl, Gummi arabicum

Die Rolle des Essigs wird damit erklärt, daß Blei(II)oxid im Bleiglas bei erhöhten Temperaturen leicht von Essigsäure angegriffen wird. Das Bleiglas wird beim Einbrennen angeätzt und porös, die Metalloxide können leichter ins Glas eindringen [566].

Das in Europa später hinzutretende *Silberlot* besitzt einen transparenten Charakter. Es besteht aus Silberchlorid und -sulfid, eventuell Sb_2S_3, Ocker und Ton, Wasser und einem Bindemittel wie Gummi Arabicum oder Öl. Sobald es (meist flächig) auf die Glastafel aufgetragen ist, wird es bei etwa 600 °C gebrannt. Dabei bildet sich durch

Reduktion mit Eisen(II)-Ionen kolloidales Silber, das das Glas je nach Temperaturführung und Branddauer transparent und leuchtend zitrongelb bis gelborange färbt.

Silberlot [26, Kap. 7.7] Silberpulver, Antimon(III)sulfid, Ton oder Ocker oder Lehm, Wasser, klebrige Substanzen

Zum Malen von Inkarnat diente das *Eisenrot* oder *Sanguine* aus Fe_2O_3, mit dem rote Lasuren gemalt werden konnten. Abhängig von Zusammensetzung und den Bedingungen beim Auftrag und Brand konnten die Glasmaler lasierende bis deckende Aufträge und Farben von Braun bis Gelbbraun und Rotbraun bis Fleischfarbe erhalten.

Emaillefarben

Die sich entwickelnde Emaillemalerei beruht auf Emaillefarben, die den in ►Abschnitt 3.10 und ►Abschnitt 7.1.3 genannten Emaillen und Keramikfarben stark ähneln [26, Kap. 7], [27, 28]. Einige altägyptisch-mesopotamischen Werke aus vordynastischer Zeit zeigen grüne und blaue Glasuren auf Quarzkeramik (Fayencen), die mit Kupfer gefärbt sind. Gelbe Trübungen mit Pb–Sb und Pb–Sn, weiße Trübungen mit $Ca_2Sb_2O_7$, Schwarz mit Fe^{III}, Violett mit Mn^{III} und Rot mit Fe_2O_3 sowie die in ►Abschnitt 3.9.3 genannten Farbmittel ergänzen die Palette [27, Kap. 2–4]. Eigentliche Emaillefarben treten im Hochmittelalter im islamischen Einflußbereich auf und basieren auf Halophytenasche-Bleiglas für Weiß, Gelb, Grün, Schwarz und auf Halophytenasche-Glas für Blau, Rot. Emaillefarben aus dem Nahen Osten aus dem 12. Jhd. zeigen z. B. folgende Zusammensetzungen: Blau Co^{II}, Schwarz $Fe^{II,III}$, Weiß SnO_2, Gelb $PbSnO_3$, Grün Cu^{II} [27, Kap. 9.7]. Mittelalterliche Glasuren auf Glas aus dem islamischen Raum um 1300 zeigen die in ►Tabelle 7.4 genannte Zusammensetzung.

Bei Emaillefarben handelt es sich um Mischungen leicht schmelzendes Glases (Fluß), meist Bleiglas, und färbender Metalloxide oder Metalle, die in Wasser und Gummi arabicum oder Öl und Terpentin zur Farbe angerührt wurden. Die Vermalbarkeit konnte durch Zusatz von Ei, Honig oder Zuckersirup verbessert werden. Binde-

Tab. 7.4: Zusammensetzung mittelalterlicher Glasuren aus dem islamischen Raum, um 1300 [28].

Farbloses Grundglas	Halophytenaschen-Kalknatronglas, MnO_2 zur Farbkompensation
Weiß	Sodaglas, mit SnO_2 und $Ca_3(PO_4)_2$ getrübt
Blau	Weißes Email, mit Lapis Lazuli oder Co^{II} gefärbt
Rot	Kalknatronglas, Fe_2O_3 als Hämatit, oder Bleiglas mit Fe_2O_3
Pink	Weißemail und Hämatit
Purpur	Blaue und rote Farbe mit Lapis Lazuli und Hämatit
Gelb	Bleiglas, Bleizinngelb
Grün	Bleiglas, Bleizinngelb oder Bleiantimonat, Kupferoxid
Braun	Bleiglas, Chromit (Mg–Fe–Al-Chromoxid)
Schwarz	Bleiglas, Chromit (Mg–Fe–Al-Chromoxid), Kupfer

mittel und Zusätze sind unkritisch, da sie beim Erhitzen verbrennen. In historischen Emaillefarben wurden die in Tabelle ►Tabelle 3.8 bereits genannten Zusätze zur Glasfärbung verwendet. Da im Zuge der malerischeren Vorgehensweise immer mehr Farbschichten übereinandergelegt wurden, wurden oft wäßrige und ölige Malmedien abwechselnd benutzt, damit folgende Farbschicht nicht schon vorhandene Schichten an- oder ablösen konnten. Eine endgültige Fixierung der Farbe erfolgte erst am Ende durch den Brand.

Bei etwa 600–700 °C verbindet sich die Emaillefarbe durch Aufschmelzen des Glases mit dem Grundglas. Für die zunächst opaken Farben wurde weißes Mosaikglas (►Abschnitt 3.9) zugrundegelegt, transparente Farben erhielt man durch borsäurehaltiges Bleiglas. Im Gegensatz zu Emaillefarben für die Metallbeschichtung enthalten Glasemaillefarben weniger Alkali, um die Wärmeausdehnung an das Grundglas anzupassen.

7.3 Fresko

Neben der keramischen Bemalung ist die Freskotechnik eine der ältesten Maltechniken, die bereits in der Antike ausgeführt wurde, ►Abbildung 7.5 [115, 122, 123, 125, 126].

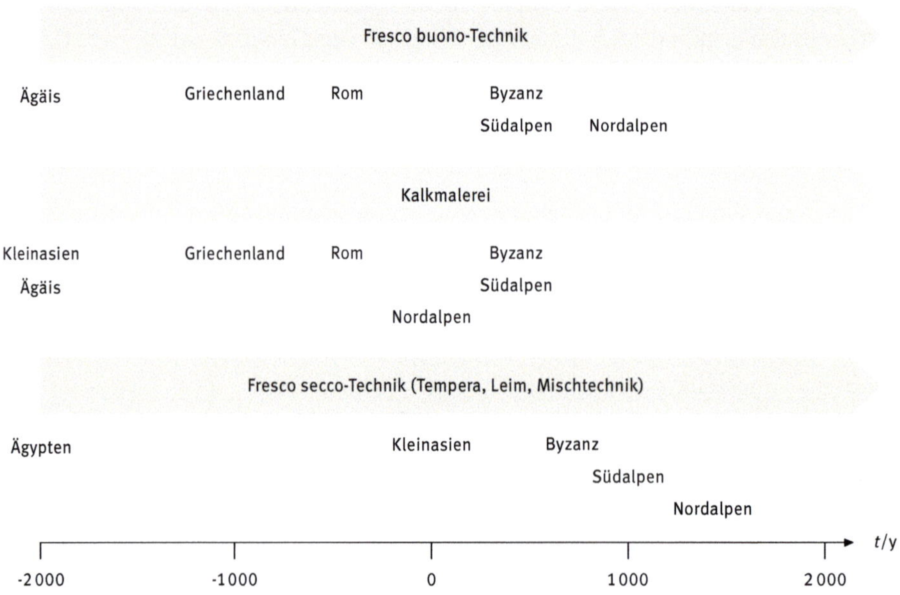

Abb. 7.5: Schematische zeitliche Nutzung der verschiedenen Techniken der Wandbemalung [114, S. 195].

Wir müssen begrifflich die echte Freskotechnik (fresco buono) von der fresco secco-Technik unterscheiden. Von der antiken Literatur bis zum modernen Sprachgebrauch wird häufig jede Art von Wandmalerei als Fresko bezeichnet. Dazu kommt die sog. Kalkmalerei. Die echte Freskotechnik verlangt, daß die Farbschichten auf einen feuchten Kalkputz aufgebracht werden, sich mit diesem verbinden und zusammen zu einer homogenen Schicht trocknen. Davon zu unterscheiden sind die secco-Techniken, bei denen die Farbe auf bereits trockenen Putz aufgebracht wird. Von der Antike bis heute wurden für die secco-Technik gummigebundene Farben, Leimfarben oder Temperafarben benutzt. Viele Wandmalereien ab dem 11. Jhd. sind in Kalkmilch, Hautleim, Kasein oder Leinöl gebunden [53, 115, 455–459].

7.3.1 Fresco buono-Technik

Die echte Freskotechnik ist sehr alt [114, S. 195]. Bereits 1500 v. Chr. wurden von der minoischen Kultur auf Kreta hervorragende Wandgemälde als fresco buono ausgeführt, die teilweise surrealistisch anmutende Unterseelandschaften zeigen. Sie war in der Ägäis verbreitet und wurde von Etruskern und Römern aufgegriffen und bis ins 4. Jhd. häufig verwendet. In der Spätantike wurde sie in Byzanz weitergeführt und später wieder nach Italien rückexportiert. Das Trecento erweitert sie um secco-Techniken, die eine differenzierte Maltechnik mit höherem Grad an Realismus möglich machen. Im Südalpenraum setzt sich diese Tradition bis zur Neuzeit fort. Im Nordalpenraum hat die buono-Technik keine Tradition, erst in der Romanik gelangt sie in den Nordalpenraum und kommt hier mit den illusionistischen Deckenausmalungen des Barock zu einem Höhepunkt. Die Wiederentdeckung des echten Freskos erfolgt im 19. Jhd. durch die Nazarener.

Im Gegensatz zur praktischen Ausführung, die vom Maler hohe handwerkliche Fertigkeiten verlangt, ist die Chemie des freso buono vergleichsweise einfach [115, 886]. Sie beruht auf zwei Schritten, von denen der erste bei der Herstellung von Kalkmörtel industriell ausgeführt wird. Er besteht in der Herstellung von Calciumoxid (gebranntem Kalk) durch Brennen von Kalkstein (Calciumkarbonat) bei hohen Temperaturen. Anschliessend wird aus dem Calciumoxid durch Einsumpfen in Wasser Calciumhydroxid (gelöschter Kalk oder Sumpfkalk) hergestellt:

$$CaCO_3 \xrightarrow[900\text{–}1200\,°C]{\text{Kalk brennen}} CaO + CO_2\uparrow$$

$$CaO + H_2O \xrightarrow{\text{Kalk löschen}} Ca(OH)_2$$

Der eigentliche Malvorgang beginnt damit, daß der Maler oder Verputzer mit Sand und Sumpfkalk eine Putzschicht herstellt, die als Malgrund und gleichzeitig als strahlend weiße Farbe dient. Die Pigmente werden mit Wasser oder Kalkmilch angerührt und naß-in-naß auf dem Putz vermalt. Da der Putz während der Malerei feucht ist, verbinden sich Wasser oder Kalkmilch leicht mit der Feuchtigkeit des Putzes und die aufgetragenen Pigmente sinken in den Putz ein. Dort werden sie von Kalklauge umschlossen. Beim Trocknen bindet der gelöschte Kalk durch Aufnahme von Kohlendioxid aus der Luft unter Recarbonatisierung ab, woran sich auch silikatische Bestandteile des Sandes beteiligen:

$$Ca(OH)_2 + CO_2 \xrightarrow{\text{Abbinden}} CaCO_3 + H_2O$$

$$2\,Ca(OH)_2 + CO_2 + SiO_2 \longrightarrow [CaCO_3,CaSiO_3] + 2\,H_2O$$

Die Pigmente sind damit lückenlos von einer festen, aber dünnen und durchscheinenden Kalkschicht umschlossen und gegen die Außenwelt geschützt, was die Stabilität dieser Art Malerei erklärt. Etwas heikel für die praktische Arbeit ist die hohe Geschwindigkeit, mit der das Abbinden des Kalks vor sich geht. Freskomaler teilen sich daher die Wandfläche in „Tagewerke" ein, also kleinere Abschnitte des Wandgemäldes, die innerhalb eines Tages verputzt und bemalt werden können.

Ist der Abbindevorgang schon fortgeschritten oder gar abgeschlossen, kann die Malerei nicht mehr *al fresco* ausgeführt werden. Es bleibt als Ausweg nur, in secco-Technik auf den trockenen Putz zu malen, in Kalkmalerei weiterzuarbeiten oder die verfestigte Putzschicht wieder abzuklopfen und die Stelle neu zu verputzen.

7.3.2 Kalkmalerei

Neben der fresco buono-Technik war seit 1500 v. Chr. in Ägäis, Rom, Byzanz und Südalpenraum auch die sog. Kalkmalerei verbreitet [114, S. 195]. Sie war nördlich der Alpen bis zur Romanik die einzige Wandmaltechnik und in allen Epochen im Einsatz. Auch in Kleinasien war sie zu allen Zeiten bekannt.

Im Unterschied zur buono-Malerei ist der Putzuntergrund bei der Kalkmalerei baufeucht oder gar trocken, also bereits abgebunden. Es wird dann eine Tünche aus gelöschtem Kalk aufgetragen, in der die Farben dann naß-in-naß vermalt werden können. Die Bindung der Farben erfolgt wie bei der *al fresco*-Technik durch den abbindenden Kalk, der die Pigmente mit einer Kalkschicht umschließt. Die Bindung ist damit viel besser als bei den secco-Techniken, bei der die Farbe nur oberflächlich auf dem Putz haftet, aber weniger gut als bei der fresco buono-Technik.

Die Anmutung einer Kalkmalerei ist im Vergleich zu einer *al fresco* bemalten Wand stumpfer, zeichnerischer und flächiger. Das echte Fresko kann durch die Ausrichtung von Pigmenten und Kalkkriställchen einen feinen Schimmer und Tiefe erhalten.

7.3.3 Fresco secco-Technik

Als Malerei *al secco* wird jede Malerei bezeichnet, bei der auf trockenen Putz gemalt wird. Je nach dem verwendeten Bindemittel gibt es verschiedene Varianten.

- Bindemittel der Leim- oder Kaseinmalerei ist tierischer oder pflanzlicher Leim aus z. B. Eiweiß, Tierhaut, Fischgräten, Kasein, Stärke oder Gummi arabicum. Diese Technik ist schon um 3300 v. Chr. in Ägypten bezeugt.
- In der Temperamalerei wird eine Emulsion als Bindemittel eingesetzt. Als wasserlösliche Komponente fungieren Kasein, Tierleime oder Pflanzengummen. Wasserunlösliche Bestandteile sind Öle, Harze oder Wachse. Der Ursprung der Tempera wird im nördlichen Europa des 13. Jhd. vermutet, in England oder Nordfrankreich. Von der breitet sie sich nach Süden aus, kann in Italien die fresco buono-Technik aber nicht verdrängen.

7.3.4 Mischtechnik

Bei Malereien in Mischtechnik werden mehr oder weniger ausgedehnte Partien eines Freskos *al secco* gemalt. Dies kann notwendig sein, um Korrekturen anzubringen, um Feinarbeiten und Details anzubringen oder um Zeit zu sparen. Als Mischtechnik wird die Malerei aber erst bezeichnet, wenn ein beträchtlicher Teil des Freskos *al secco* gemalt ist oder die secco-Technik aus künstlerischer Absicht ergänzt wurde.

7.3.5 Pigmentveränderungen

Pigmente können sich aufgrund ihrer Chemie oder den Wechselwirkungen mit ihrer Umwelt in unerwünschter Weise umwandeln. Vor allem Wandmalereien, die oftmals aus dem Mittelalter, der Spätantike oder gar der Frühzeit stammen, also 400–4000 Jahre alt sind, zeigen eine Fülle von Schadbildern, die auf solche ungewollten Pigmentveränderungen zurückzuführen sind, u. a.

- der Totalverlust der Farbigkeit unter Verbleib grauer oder schwarzer Farben,
- das Verbräunen von Mennige oder Bleizinngelb,
- die Schwärzung von Bleiweiß oder Zinnober,
- das Vergrünen blauer Kupferpigmente oder
- der Verlust gelber, violetter und blauer Farben in Mandorlen oder Regenbogendarstellungen.

Auch Zeichnungen, Aquarelle und Tafelbilder sind von Umwandlungen betroffen, wenn auch meist nicht im gleichen Masse wie Wandmalereien, ►Abschnitt 7.4.11. Leider ist der Kenntnisstand noch gering, es liegen erst wenige systematische Untersuchungen chemischer Art vor. Besonders betroffen sind nach bisherigen Forschungen kupfer-, blei- und quecksilberhaltige Pigmente [427].

Seit der Antike gab und gibt es Diskussion darüber, ob bestimmte Pigmente generell instabil in Kalk-Bindemitte sind, ob sie an sich unbeständig sind oder ob Wetterbedingungen, Feuchtigkeit und atmosphärische Gase ursächlich für Veränderungen sind. Plinius d. Ä. erklärt z. B. Azurit, Auripigment, Realgar, Zinnober, Mennige, Bleiweiß, Schüttgelb, Indigo, Karmin und Krapplack zu fresko-untauglichen Pigmenten. [115] erläutert, daß nicht die Kalkempfindlichkeit von Azurit das Problem sei, sondern der Eintrag von Chlorid-Ionen. Auch sei die Umwandlung von Azurit in Malachit nicht bewiesen. Bleiweiß bräune durch Oxidation oder Sulfidbildung, aber nicht aufgrund einer Kalkunverträglichkeit. Auch Zinnober sei gegenüber Licht und Wärme empfindlich, nicht gegenüber Kalk. Tatsächlich seien vor allem Lackpigmente und bestimmte Kupfer-, Blei-, Quecksilber- oder Arsenpigmente gegenüber Kalk empfindlich.

Erschwerend tritt hinzu, daß über die Jahrtausende hinweg eine Vielzahl verschiedener Namen für gleiche Pigmente, oder gleiche Namen für verschiedene Pigmente verwendet wurden, Namen außer Gebrauch geraten sind oder die Chemie der bezeichneten Pigmente teilweise oder völlig unklar war oder ist. Frühere Restauratoren haben auch oft nur die Veränderungen visuell beschrieben, ohne chemische Analysen der Urpigmente, der Zerfallsprodukte und der Umgebung.

[427] systematisiert die Veränderungen u. a. nach der Ursache:

- In der *Herstellungsphase* werden die Grundlagen für die Haltbarkeit eines Pigments im Malsystem gelegt. Das zukünftige Geschehen hängt von der Reinheit der Rohpigmente und der Zusatzstoffe ab, die bei der Herstellung verwendet wurden.
- Die *Malphase* beeinflußt das Pigment durch die Anwesenheit anderer Pigmente und durch die Art des Einschlusses bzw. Separation in der Malschicht. Dies ermöglicht oder verhindert Reaktionen der Pigmente untereinander und mit Umweltbedingungen wie atmosphärischen Gasen.
- Während der *Bewitterungsphase* sind die Pigmente verschiedensten Salzen (Chlorid, Sulfat) aus dem Boden und dem Mauerwerk, Feuchtigkeit, atmosphärischen Gasen wie CO_2, SO_2 oder O_3 ausgesetzt. Kalk kann so vergipsen und die Pigmente mit Gipskrusten einhüllen.

Anhand dieser wenigen Beispiele düfte klar werden, daß die Chemie der Pigmentveränderungen, an der Mauer oder in einem Tafelbild, komplex ist, sodaß wir hier nur beispielhafte Vorgänge schildern können.

Reaktionen von Kupferpigmenten

Blaue Kupferpigmente können vergrünen und sich bis hin zur kompletten Schwärzung verändern:

$$2\,CuCO_3 \cdot Cu(OH)_2 \xrightarrow{Cl^{\ominus}} Cu_2(OH)_3Cl \xrightarrow{[O]} CuO$$

Azurit, blau — Paratacamit, grün — Tenorit, schwarz

Dabei wandeln sich blaue Kupfercarbonate durch Eintrag von Chlorid-Ionen in grüne Kupferchloride um. Die nötigen Chlorid-Ionen können aus Mennige stammen, in der herstellungsbedingt immer Chlorid vorhanden war. In industrieller Zeit sind Fabriken, in denen Cl_2- und HCl-haltige Gase freigesetzt werden, eine regionale Chlorid-Quelle. Unter dem Einfluß eines Oxidationsmittels können Kupferpigmente sich in schwarzes Oxid als Endstadium der Veränderungen umwandeln. Umgekehrt können grüne Kupferpigmente verblauen:

$$CuCO_3 \cdot Cu(OH)_2 \xrightarrow{SO_4^{2\ominus}} Cu_3[(OH)_4SO_4] + Cu_4[(OH)_6SO_4]$$

Malachit, grün — Langit, blau — Brochantit, grün

Das zur Bildung der blauen basischen Kupfersulfate notwendige Sulfat-Anion kann aus Gipsanteilen oder aus SO_2 der Luft stammen. Auch grüne Kupferpigmente können sich infolge Oxidbildung schwärzen:

$$CuCO_3 \cdot Cu(OH)_2 \xrightarrow{[O]} CuO$$

Malachit, grün — Tenorit, schwarz

Reaktionen von Bleipigmenten

Bei den bleihaltigen Pigmenten wurden vor allem Veränderungen der bis ins späte Mittelalter hinein benutzten orangeroten Mennige untersucht. Beobachtete Phänomene sind das Bräunen der Mennige, das geradezu typisch für gotische Malereien ist, die Schwärzung oder das Verblassen:

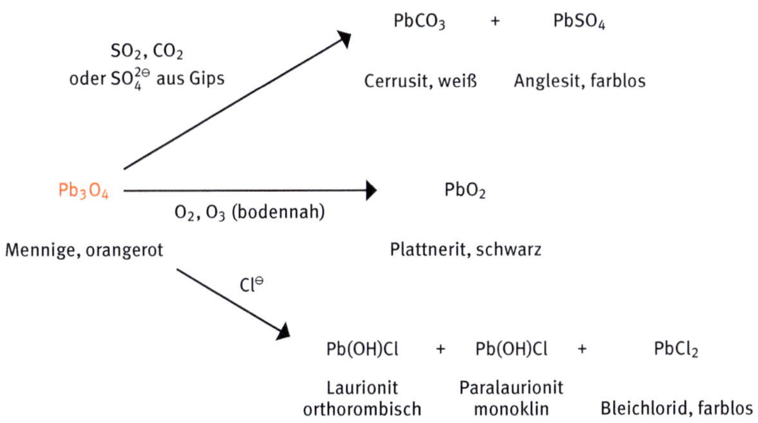

Der schwarze oder – in Mischung mit rotem Pigment braune – Farbeindruck wird durch schwarzes Bleidioxid verursacht, die Entfärbung durch Umwandlung in weiße oder farblose Bleisalze. Bleidioxid ist auch für die Schwärzung von Bleizinngelb ursächlich, die Bildung farbloser Sulfats für die Entfärbung von Massicot:

$$\text{Pb-Sn-Oxid} \xrightarrow{[O]} PbO_2$$

Bleizinngelb, gelb — Plattnerit, schwarz

$$PbO \xrightarrow{SO_4^{2\ominus}} PbSO_4$$

Massicot, gelb — Bleisulfat, farblos

Reaktionen von Zinnober

Zinnober kann durch Umwandlung der trigonalen roten in die schwarze kubische Modifikation eine Schwärzung erfahren. Die Phasenumwandlung verläuft unter Einwirkung von Licht und Wärme:

$$HgS \xrightarrow{h\nu} HgS \xrightarrow{Cl^{\ominus}} Hg_2Cl_2$$

Zinnober, rot, trigonal — Metazinnabarit, dunkel, kubisch — Kalomel, weiß

Folgereaktionen können zu farblosen Bleisalzen, z. B. Quecksilber(I)chlorid führen.

7.4 Ölfarbe

Ölmalerei, wie wir sie kennen, stammt aus dem späten Mittelalter und hat sich seit ca. 1500 zur Standardtechnik der europäischen Tafelmalerei entwickelt. Hierzu tragen sicherlich einige Eigenschaften bei, die von anderen Malsystemen nicht oder erst in der Neuzeit erreicht wurden:

- Die langsame Trocknung des Öls bedeutet eine lange Offenzeit der Farbe, das heißt das Bild bleibt lange feucht und veränderbar.
- Feine Farbabstufungen sind durch Verwischen und Vermischen möglich, bei der früheren Temperatechnik muß dies durch Strichelung erreicht werden.
- Sie kann sowohl dünn lasierend als auch plastisch dick aufgetragen werden.
- Die Farben verändern sich beim Trocknen nicht mehr.
- Der körperhafte Film zeigt deutliche Oberflächenstruktur (Pinselführung) und fördert Tiefenlicht (klare intensive Farben) statt Streulicht (matt-kreidige Farben).

7.4.1 Grundzusammensetzung von Ölfarben

Ölfarben bestehen aus Pigmenten, die in einem trocknenden Öl, in der Regel Leinöl, eingebettet sind. Einfache Ölfarben können wir nach diesem Grundrezept anreiben:

> **Ölfarbe** 1 Teil Leinöl oder ein anderes trocknendes Öl (für wasserverdünnbare Farben ein modifiziertes Öl nebst Emulgator), 1–3 Teile Pigment, eventuell Füllstoffe und Siccativ, für Harz-Ölfarben ein Harz (Dammar, Mastix, Acrylatharz)

Praktische Hinweise und Verfahren sind in [73] geschildert, das Werk beschäftigt sich explizit mit der Herstellung von Öl- und anderen Farben.

Für die Ölmalerei geeignete Öle sind trocknende fette Öle (nächster Abschnitt), die aufgrund ihres ungesättigten Charakter bei Sauerstoffzufuhr unter Vernetzung der Ölmoleküle trocknen und eine zähe klare Masse bilden, ►Abschnitt 7.4.3. Füllstoffe werden teuren oder stark färbenden Pigmenten zugesetzt. Weißpigmente oder billige Calciumcarbonate können zur Aufhellung des Tones oder zur Streckung des Pigmentes verwendet werden. Siccative unterstützen und beschleunigen durch ihre katalytische Wirkung den Trocknungsvorgang (►Abschnitt 7.4.5), es sind Verbindungen mit einem Metall als aktivem Bestandteil, zum Beispiel Kobalt oder Zink. Einige Pigmente wie Kobaltblau enthalten diese Elemente bereits, sodass sie neben ihrer Farbwirkung gleichzeitig trocknungsbeschleunigend wirken.

Das Anreiben von Ölfarbe ist kein einfacher Vorgang. Oftmals erhält man eine Masse, die äußerlich einer Ölfarbe ähnelt und sich mit Pinseln aufnehmen läßt, aber beim Auftragen auf die Leinwand abbröselt und zerstäubt. Hintergrund sind energetische Barrieren, die bei der Wechselwirkung von Pigmentpartikeln und Bindemittel auftreten und die wir mechanisch oder mit Hilfsstoffen überwinden müssen. Wir werden den Vorgang des Anreibens in ►Abschnitt 6.3 untersuchen.

7.4.2 Typen von Ölen

Öle sind für die Eigenschaften verantwortlich, die die Ölmalerei auszeichnen: Bildung eines dauerhaften transparenten Films, in den die Pigmente eingebettet sind und der es uns erlaubt, mit Oberflächen- und Tiefenlicht zu arbeiten. Grund genug, sich diese wichtigen Substanzen genauer anzuschauen [232, S. 581ff].

Öle können wir in nicht-trocknende und trocknende Öle unterteilen. Nicht-trocknende Öle polymerisieren nicht, können aufgrund ihres hohen Molekulargewichts aber auch nicht durch Verdunstung trocknen. Sie spielen für uns als Malmaterial daher keine Rolle und bewirken durch ihre anhaltende Weichheit sogar Zerstörungen der Bilder. Auch die sog. halb-trocknenden Öle wie Soja- oder Sonnenblumenöl, die wir aus der Küche kennen, trocknen zu langsam oder nur ungenügend, um als Malmaterial in Betracht zu kommen. Die trocknenden Öle zeichnen sich dadurch aus, daß sie nach dem Auftragen unterschiedlich lange flüssig bleiben und uns das Arbeiten a la prima erlauben, dann jedoch chemisch trocknen, das heisst polymerisieren und einen Film bilden. Für die Ölmalerei sind sie die wichtigsten Substanzen überhaupt.

Trocknende Öle werden aus Pflanzensamen oder Nüssen durch Pressung gewonnen. Die wichtigsten Öle sind Leinöl (aus den Samen der Leinpflanze, deren Fasern uns Leinwände liefern), Mohnöl (aus Mohnsamen), Safloröl (Färberdistel) und Walnußöl. Wie ein Blick in ►Tabelle 7.5 bestätigt, enthalten alle diese Öle hohe Anteile an mehrfach ungesättigten Verbindungen, die für die Polymerisierung verantwortlich sind. Sie sind im Öl als Ester mit Glycerin gebunden:

$H_3C-(CH_2)_{14}-COOH$

Palmitinsäure (16:0)

Ölsäure (18:1 Δ^9)

$H_3C-(CH_2)_{16}-COOH$

Stearinsäure (18:0)

Linolsäure (18:2 $\Delta^{9,12}$)

$H_3C-(CH_2)_{18}-COOH$

Arachinsäure (20:0)

Linolensäure (18:3 $\Delta^{9,12,15}$)

Tab. 7.5: Zusammensetzung wichtiger Pflanzenöle in Prozent [232, S. 589]. Fett gesetzt die im Kunstumfeld gebräuchlichen Öle.

Fettsäure	Raps	Weizenkeim	Maiskeim	Lein	Mohn	Walnuß	Saflor	Soja	Sonnenblumen
16:0 (Palmitinsäure)	4	17	10,5	6,5	9,5	8	6	10	6,5
18:0 (Stearinsäure)	1,5	1	2,5	3,5	2	2	2,6	5	5
20:0 (Arachinsäure)	0,5	0	0,5	0	0	1	0,5	0,5	0,5
18:1 (Δ^9) (Ölsäure)	63	20	32,5	18	10,5	16	12	21	23
18:2 ($\Delta^{9,12}$) (Linolsäure)	20	52	52	14	76	59	78	53	63
18:3 ($\Delta^{9,12,15}$) (Linolensäure)	9	10	1	58	1	12	0,5	8	0,5

Aus der Tabelle ersehen wir, daß das klassische Leinöl den höchsten Gehalt an dreifach ungesättigter Linolensäure aufweist. Wie wir gleich sehen werden, setzen alle Reaktionen, die zur Trocknung des Öles führen, mit steigender Anzahl an

Allylgruppen früher ein und laufen schneller ab. Leinöl besitzt daher besondes ausgeprägte Trocknungs-Eigenschaften.

Neben der Fähigkeit zu polymerisieren bringen die Doppelbindungen eine weitere Eigenschaft ins Molekül ein, nämlich die Absenkung des Schmelzpunkts. Da die Doppelbindungen (Z)-Konfiguration aufweisen, sind die Fettsäuremoleküle mit steigender Anzahl an Doppelbindungen stärker gekrümmt. Diese Gestalt verhindert die Bildung kristalline Bereiche im Molekülverband. Öle sind daher flüssig, während Fette, die überwiegend aus gesättigten oder wenig ungesättigten Fettsäuren aufgebaut sind, fest oder halbfest sind (→ Fetthärtung durch Hydrierung zur Margarine-Gewinnung).

Leinöl-Varianten

Leinöl kann auf verschiedenen Wegen gewonnen werden. Die Kaltpressung liefert das traditionelle, sehr reine Leinöl. Zur Erhöhung der Ölausbeute können die Samen mit heissem Wasserdampf extrahiert werden, was ein mit Wasserdampf und wasserlöslichen Substanzen verunreinigtes Öl liefert, das gereinigt werden muss und dann ebenfalls für den künstlerischen Einsatz geeignet ist.

Heizen wir Leinöl auf etwa 300 °C, wobei wir sorgfältig auf Luftausschluss achten, erhalten wir ein dickes Öl, das viel besser als das Ausgangsöl trocknet und *Standöl* genannt wird. Es ist teilweise polymerisiert, aber nicht oxidiert. Die Polymere entstehen durch Diels-Alder-Reaktionen zwischen verschiedenen Triglyceriden, die dadurch über Kohlenstoffbrücken vernetzt werden, ►Abschnitt 7.4.4. Besonders Öle mit konjugierten Doppelbindungen polymerisieren bei hoher Temperatur rasch, da diese bereits die Struktur eines Diens aufweisen. Standöl eignet sich weniger gut als eigentliches Bindemittel (obschon es seine Bindekraft nicht verloren hat), ist aber als Zusatz zu Lasuren und Malmitteln sehr geschätzt, da es die Viskosität und Glanz erhöht und angenehme Fliesseigenschaften hervorruft.

Geblasenes Leinöl entsteht, wenn wir bei mässiger Temperatur Luft durch Leinöl blasen. Durch die hohe Sauerstoffverfügbarkeit bei diesem Verfahren laufen die Vorgänge der oxidativen Trocknung beschleunigt ab, wir erhalten ein Öl, das über Ether- und Peroxo-Brücken vorpolymerisiert ist. Da die Vernetzung bereits stattgefunden hat, besitzt das geblasene Öl keine Bindekraft mehr, Maler verwenden es kaum.

In der Renaissance wurde ein gebleichtes Öl hergestellt, indem Leinöl heftig mit Wasser geschüttelt und die Mischung mehrere Wochen der intensiven Sonne ausgesetzt wurde. Das Leinöl wird dabei dicklich, oxidiert teilweise und polymerisiert. Es handelt sich um einen Übergang zwischen Stand- und geblasenem Öl, bei dem die Prozesse der normalen Trocknung zum Teil vorweggenommen werden.

7.4.3 Trocknung der Öle, Filmbildung

Eine der auffälligsten Erscheinungen der trocknenden Öle ist ihre Fähigkeit, einen klaren festen Film zu bilden, der die Pigmente einbettet und schützt. Damit diese Filmbildung stattfinden kann, müssen wir das frische Ölbild *sowohl Sauerstoff als auch Licht* aussetzen.

Um zu verstehen, was bei diesem Vorgang geschieht und warum gerade die normalerweise schädlichen Umweltparameter Licht und Luft notwendig sind, müssen wir uns mehrere Vorgänge ansehen, die ineinander verschränkt ablaufen [173, 245, 246], [232, S. 175ff], [834–846]. Viele Jahrzehnte chemischer Forschung haben gezeigt, dass der Dreh- und Angelpunkt der Öltrocknung *Hydroperoxide* sind, die durch Sauerstoff aus Fettsäuren gebildet werden. Es ist hilfreich, mehrere Phasen der Trocknung zu unterscheiden:

- Induktionsphase. Da alle Reaktionen der Trocknung radikalischer Natur sind, treten zunächst die natürlich vorhandenen Antioxidantien in Erscheinung. Erst wenn deren Kapazität erschöpft ist, beginnt die eigentliche Trocknung.
- Bildung der Hydroperoxide. Diese Phase stellt die reaktive Spezies aus den all-*cis*-Säuren unter *cis-trans*-Isomerisierung bereit und bestimmt damit die Geschwindigkeit der Öltrocknung.
- Zerfall der Hydroperoxide. Die gebildeten Hydroperoxide zerfallen in der Trocknungsphase, die Wochen bis Monate dauert, relativ leicht und führen zu zwei Reaktionstypen:
  - Vernetzung. Die beim Hydroperoxidzerfall gebildeten Radikale vernetzen mehrere Moleküle miteinander und führen durch den Aufbau eines Netzwerks zur gewünschten Filmbildung.
  - Spaltung. Die Hydroperoxide zerfallen unter Spaltung der Ölkomponenten. Da dabei die Vernetzung und Molekülgröße verringert wird, sinkt die Qualität des Films.
- Hydrolyse der Glyceride. In den Monaten und Jahren nach der Trocknung reagieren die Glycerinester auf Feuchtigkeit und bilden durch Hydrolyse Glycerin und freie Säuren. Da durch den atmosphärischen Sauerstoff stets Hydroperoxide nachgebildet werden, finden auch in dieser Phase immer wieder langsame Spaltungs- und Abbaureaktionen der Ölkomponenten statt.

Während der Öltrocknung zeigen die Mengenanteile bestimmter Verbindungsklassen einen typischen zeitlichen Verlauf: die Anzahl der Doppelbindungen sinkt mit der Zeit, wobei die Menge der *cis*-Bindungen stetig fällt, die der *trans*-Bindungen zunächst ansteigt und dann ebenfalls fällt. Die Menge der Hydroperoxide steigt bis zu einem Maximum, um dann zu fallen, die Menge an Aldehyden/Ketonen sowie Ethern und Peroxo-ethern steigt an. Polymere Ether und Peroxo-ether sind Ergebnisse der Filmbildung und uns erwünscht, während Aldehyde, Ketone und die daraus entstehenden Carbonsäuren und Alkohole Anzeichen eines Filmabbaus sind.

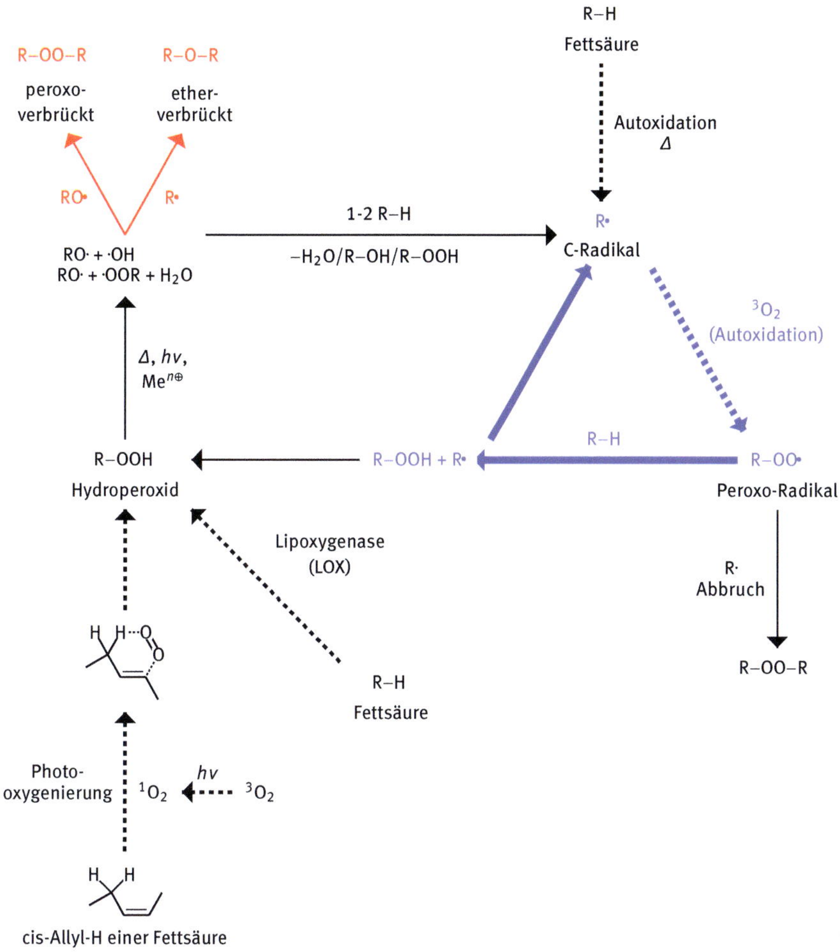

Abb. 7.6: Grundreaktionen bei der Trocknung von Ölen: Bildung der Startradikale durch Autoxidation, Lipoxygenase-Reaktion (LOX) oder Photooxygenierung (gestrichelte Pfeile), Kettenreaktion zwischen C-Radikal und Peroxo-Radikal (blaue fette Pfeile, auch Teil der Autoxidation) und vernetzende Reaktionen (Bildung von Peroxo- und Etherbrücken, rote Pfeile).

Im Weiteren werden wir die in ►Abbildung 7.6 summarisch gezeigten grundlegenden Prozesse genauer betrachten. Dabei wird uns die Frage begegnen, welches von mehreren möglichen Wasserstoffatomen radikalisch abstrahiert wird. Mithilfe eines Blicks auf die Bindungsenergien verschiedener Arten von Wasserstoff [232, S. 177]

$—CH_2—CH(H)—CH_2—$	410 kJ/mol	Alkyl-Wasserstoff
$—CH_2—CH(H)—CH{=}CH—$	320 kJ/mol	Allyl-Wasserstoff
$—CH{=}CH—CH(H)—CH{=}CH—$	270 kJ/mol	Bis-Allyl-Wasserstoff

erkennen wir, daß der Bis-Allyl-Wasserstoff am schwächsten gebunden ist, da das verbleibende Bis-Allyl-Radikal am stärksten mesomerie-stabilisiert ist.

Bildung der Radikale/Hydroperoxide

Die im Mittelpunkt aller Reaktionen stehenden Radikale werden entweder direkt gebildet oder über Hydroperoxide, die in Radikale zerfallen:

- Autoxidation. Hierbei handelt es sich um die homolytische Abspaltung eines Wasserstoffatoms aus einer Fettsäure unter Bildung eines Alkyl- oder Allylradikals, das zum Peroxo-Radikal oxidiert wird und die Kettenreaktion aufrechterhält. Diese Variante ist bei Raumtemperatur sehr langsam und erfolgt nur mit ungesättigten Fettsäuren.
- Lipoxygenase-Reaktion. In lebenden Zellen erzeugt das Enzym Lipoxygenase aus Fettsäuren Hydroperoxide. Da alle Malöle aus Pflanzen hergestellt werden, ist auch in frischem Öl stets ein kleiner Anteil an Hydroperoxiden enthalten.
- Photooxygenierung. Durch Bestrahlung mit Licht wird die Oxidation der Fettsäuren unter Bildung von Hydroperoxiden um einen Faktor Hundert beschleunigt. Dieser Geschwindigkeitsvorteil ist der Grund, dass wir unsere Gemälde beim Trocknen Licht und Luft aussetzen, um so die Durchtrocknung der Ölschicht zu fördern.

Autoxidation Die *Autoxidation* oder direkte Oxidation von Fettsäuren durch den gewöhnlichen (Triplett-)Sauerstoff

$$R{-}H \;+\; {}^3O_2 \;\not\longrightarrow\; R{-}OOH$$

ist spin-verboten, da die Lipide einen Singulett-Grundzustand besitzen. Die Barriere wird überwunden, indem der Triplett-Sauerstoff ein Fettsäure-*Radikal* unter Bildung eines Peroxy-Radikals angreift. Dieses geht anschließend in ein Hydroperoxid über, indem ein (allylisches) Wasserstoffatom von einem weiteren Molekül Fettsäure abstrahiert wird. Diese Reaktion ist Teil der Kettenreaktion und der geschwindigkeitsbestimmende Schritt:

$$R\cdot \xrightarrow{+\,{}^3O_2} RO_2\cdot \xrightarrow{+\,R-H} R{-}OOH \;+\; R\cdot$$

Das initiale C-Radikal kann auf mehreren Wegen gebildet werden:

- Durch Abstraktion eines Wasserstoffatoms direkt aus der Fettsäure (z. B. thermisch). Hierfür kommen nur die am lockersten gebundenen Wasserstoffatome in Frage, die in (mindestens) einer Allyl-Position stehen müssen:

$$R{-}H \xrightarrow{\Delta} R\cdot$$

– Durch Zerfall von Hydroperoxiden in Alkoxy-, Hydroxy- und Peroxy-Radikale unter dem Einfluß von Licht, Wärme oder Metall-Ionen. Die primären Radikale abstrahieren Wasserstoff von einem Molekül Fettsäure und erzeugen so das C-Radikal:

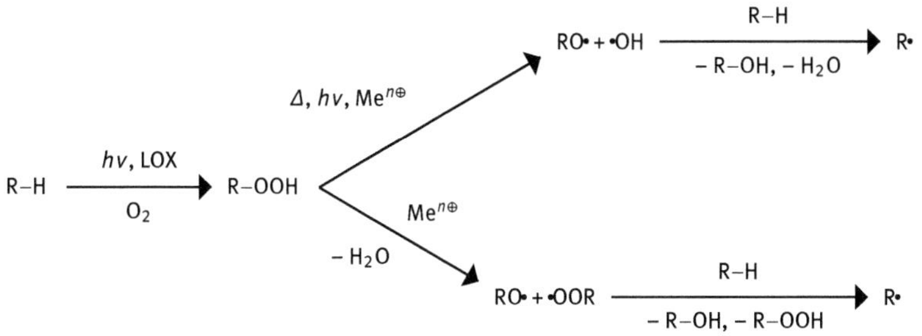

Die Hydroperoxide sind entweder bereits im natürlichen Material vorhanden oder aus Fettsäuren photooxidativ oder Lipoxygenase-katalysiert entstanden, s. u.

Wie ►Abbildung 7.7 zeigt, gibt die Mesomerie der Intermediate Anlass zu zahlreichen Isomeren, in allen Fällen erhalten wir aus den natürlichen *all-cis*-Verbindungen *cis-trans*- und *trans-trans*-Produkte. Mit steigender Temperatur steigt der Anteil der *trans*-Verbindungen. Radikale, die aus einem Bis-Allyl-System wie dem der Linolsäure entstanden sind, sind ca. vierzig-mal reaktiver als einfache Allyl-Radikale und führen bevorzugt zu entständigen Produkten.

Die gezeigten Oxidationsprodukte sind auch bei dreifach ungesättigten Fettsäuren zu beobachten. Bei diesen wirken die drei Doppelbindungen jedoch nicht zusammen und aktivieren sich noch stärker als zwei Doppelbindungen, sondern verhalten sich wie zwei isolierte Bis-Allyl-Systeme. Dies führt dazu, dass bei einigen Produkten endständige *cis*-Doppelbindungen verbleiben, die cyclische Peroxide bilden können. Das Radikal kann entweder ein Hydroperoxid bilden oder zu bicyclischen Verbindungen weiterreagieren:

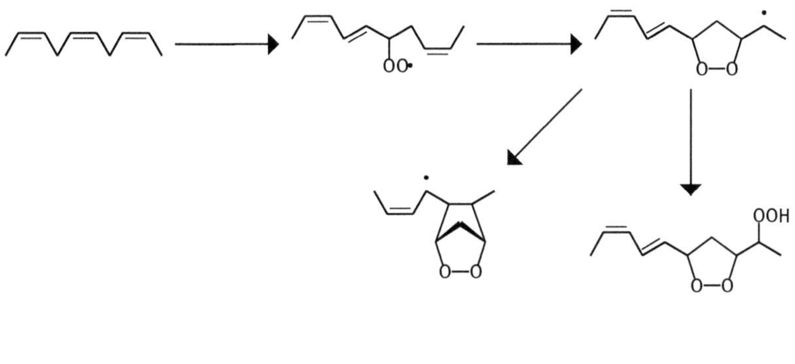

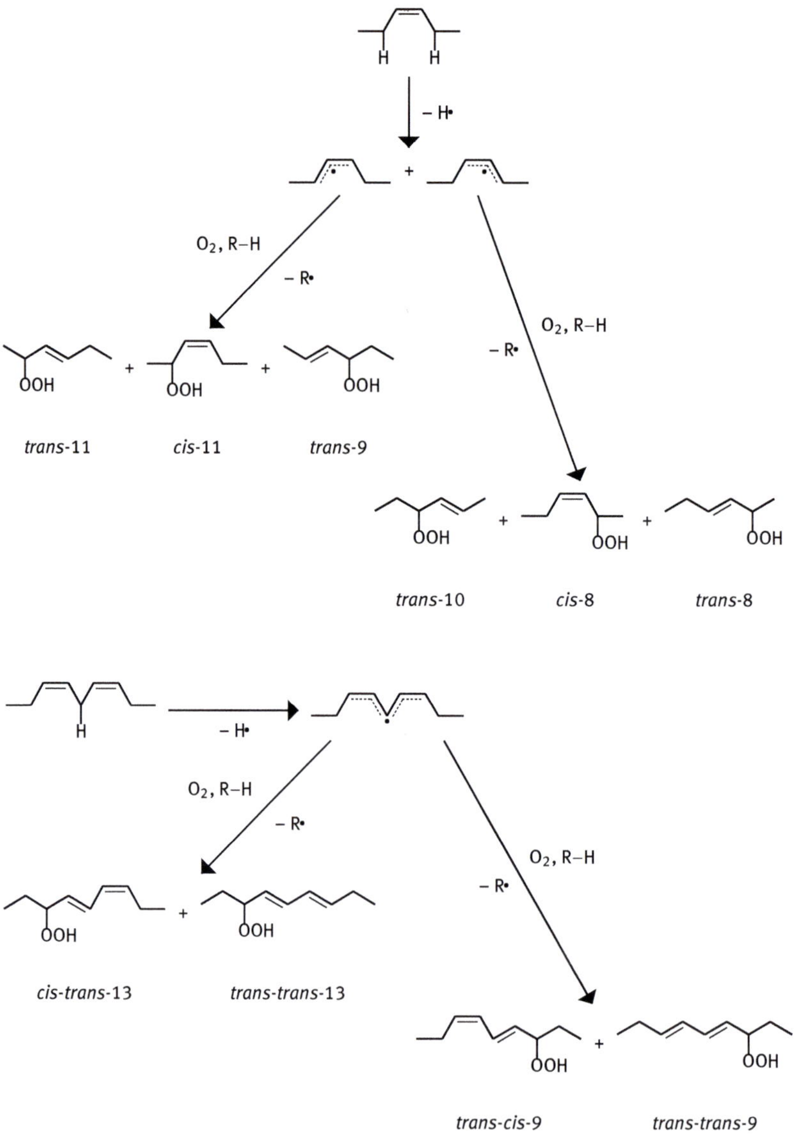

Abb. 7.7: Isomerisierungsmöglichkeiten während der autoxidativen Öltrocknung, hervorgerufen durch Mesomere des Allyl-Radikals. Oben: Bildung eines Radikals neben einer isolierten Doppelbindung. Bezifferung am Beispiel der Ölsäure. Unten: Bildung eines Radikals bei konjugierten *all-cis*-Doppelbindungen. Bezifferung am Beispiel der Linolsäure.

Lipoxygenase-Reaktion Die *Lipoxygenase* ist ein Enzym, das aus *cis*-Fettsäuren direkt Hydroperoxide liefert. Es gibt mehrere Arten dieses Enzyms, die jeweils spezifische Positionen angreifen und somit klar definierte Hydroperoxide liefern:

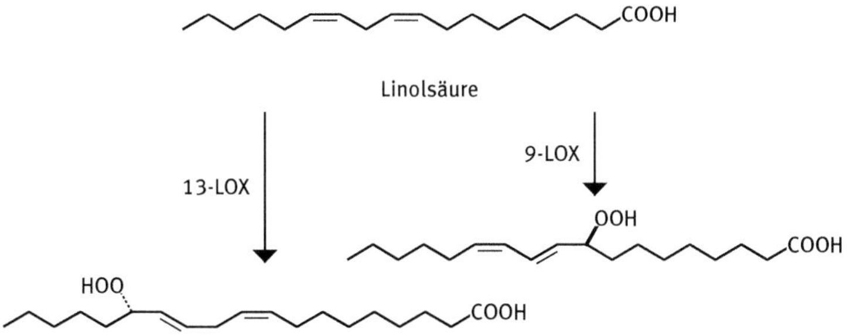

Die entstandenen Hydroperoxide können durch Zerfall die für die Kettenreaktion nötigen Radikale liefern, wie bereits bei der Autoxidation gezeigt.

Photooxidation Durch die *Photooxidation* umgehen wir die eingangs erwähnte Spin-Barriere der direkten Oxidation, indem wir Singulett-Sauerstoff als Reaktanden verwenden, den wir durch Bestrahlung aus Triplett-Sauerstoff gewinnen können:

$$^3O_2 \xrightarrow{h\nu,\ 90\ \text{kJ/mol}} {}^1O_2$$

Die Spin-Inversion kann entweder direkt erfolgen oder auf dem Umwege über einen Sensibilisator, der in erster Stufe aktiviert wird:

$$\text{Sensibilisator} \xrightarrow{h\nu} \text{Sensibilisator}^* \xrightarrow{^3O_2} {}^1O_2 + \text{Sensibilisator}$$

Als Ergebnis beider Varianten kann Singulett-Sauerstoff nunmehr leicht in einer Cycloaddition Doppelbindungen der Fettsäure angreifen. Im Gegensatz zur Autoxidation erfolgen Bindungslösung und -knüpfung in einer konzertierten Reaktion:

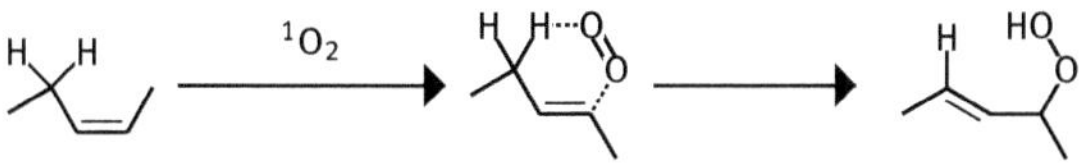

I Hydroperoxid

Auch bei der Photooxygenierung erhalten wir ein komplexes Isomerengemisch, da Wasserstoffatome beidseitig der Doppelbindung(en) zum Hydroperoxid-Wasserstoff werden können, ► Abbildung 7.8. Da kein freies Radikal auftritt, setzt sich das Produktgemisch anders zusammen als im Falle der Autoxidierung. Aus natürlichen *all-cis*-Verbindungen erhalten wir *trans*- oder *cis-trans*-Isomere. Mit steigender Reaktionsdauer

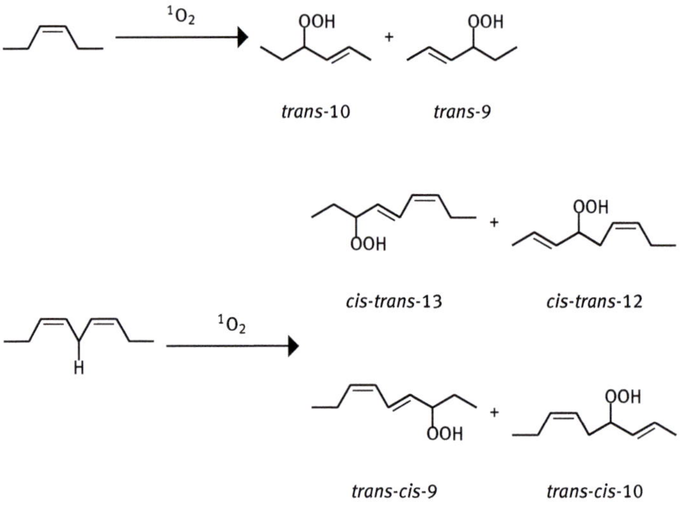

Abb. 7.8: Isomerisierungen bei der Öltrocknung durch Photooxygenierung, hervorgerufen durch die gleichwertigen Wasserstoffatome neben einer isolierten Doppelbindung (oben) und natürlichen *all-cis*-Doppelbindungen (unten).

und -temperatur verlagert sich das Gleichgewicht zunehmend auf Seite der *all-trans*-Verbindungen. Symmetrische Hydroperoxide werden nicht bevorzugt. Darüberhinaus können in einer konzertierten Reaktion sechsgliedrige zyklische Peroxide entstehen:

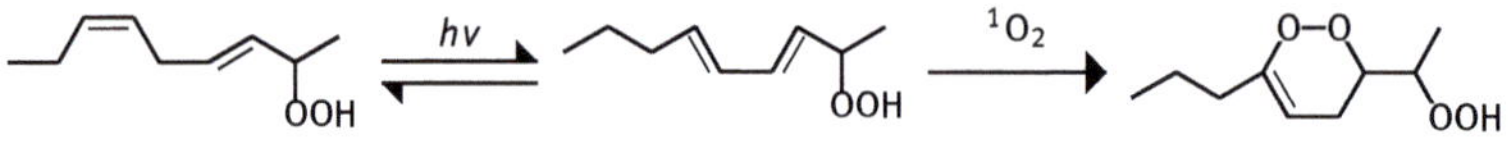

Auch die hierbei entstandenen Hydroperoxide können zerfallen und Radikale für die Kettenreaktion liefern.

Die Kettenreaktion

Im Kern der oxidativen Öltrocknung steht die Kettenreaktion eines Alkylradikals mit Sauerstoff unter Bildung eines Peroxy-Radikals, das einem weiteren Molekül Fettsäure ein Wasserstoffatom entreisst, damit ein Alkylradikal zurückbildet und ein Hydroperoxid bildet:

$$R^\bullet \xrightarrow{+\,^3O_2} RO_2^\bullet$$

$$RO_2^\bullet \xrightarrow[\text{(Bis-)Allyl-Wasserstoff}]{+\,R{-}H} R{-}OOH \; + \; R^\bullet$$

In summa wird pro Durchlauf ein Hydroperoxid aus Triplett-Sauerstoff gebildet.

Das Peroxy-Radikal ist im Vergleich zum Alkoxy- oder Hydroxyl-Radikal viel reaktionsträger und abstrahiert nur die am schwächsten gebundenen Wasserstoffatome der Reaktionspartner. Die Bindungsenergien verschiedenartig gebundener Wasserstoffatome zeigen, daß das Ziel des Peroxy-Radikals wiederum bevorzugt ein Allyl- oder Bis-allyl-Wasserstoff sein muß. Da die entstehende O–H-Bindung eine Energie von etwa 376 kJ/mol liefert, wird klar, daß gesättigte Fettsäuren bei Raumtemperatur gar nicht vom Peroxy-Radikal angegriffen werden können und für den Trocknungsprozess ungesättigte Fettsäuren erforderlich sind.

Zerfall der Hydroperoxide, Start des Filmaufbaus

Entstünden im Verlauf der oxidativen Trocknung lediglich isolierte Moleküle von Fettsäure-Hydroperoxiden, erhielten wir keinen Film. Die Hydroperoxide zerfallen jedoch relativ leicht in Alkoxy-Radikale, die für Polymerisationsreaktionen zur Verfügung stehen:

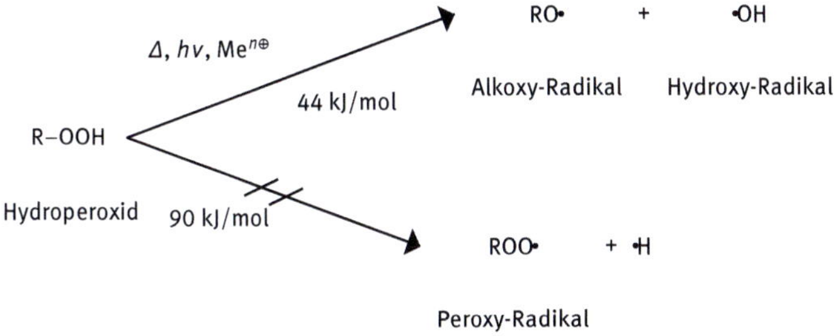

Schwermetalle, Erwärmung und Licht begünstigen den Zerfall (►Abschnitt 7.4.5) und erhöhen die Reaktionsgeschwindigkeit beträchtlich. Hydroperoxy-Radikale entstehen aufgrund der höheren Energiebarriere erst bei Zugabe von Radikalstartern zum Reaktionsgemisch.

Auch zwei Hydroperoxide können miteinander reagieren und dabei Hydroperoxy-Radikale und Alkoxy-Radikale bilden:

$$\underset{\text{Hydroperoxid}}{2\,R{-}OOH} \xrightarrow{Me^{n\oplus}} \underset{\text{Peroxo-Radikal}}{ROO\bullet} + \underset{\text{Alkoxy-Radikal}}{RO\bullet} + H_2O$$

Diese Reaktion tritt aber erst dann in Erscheinung, wenn die Konzentration an Hydroperoxid hinreichend groß geworden ist.

Polymerisation der Zerfallsprodukte

Die ersten Komponenten des entstehenden Ölfilms sind Dimere, die durch Rekombination der diversen vorliegenden Radikale entstehen:

$$2\,RO\bullet \longrightarrow R{-}OO{-}R \xrightarrow{\Delta} 2\,RO\bullet \xrightarrow{2\,R\bullet} 2\,R{-}O{-}R$$

$$2\,R{-}OO\bullet \longrightarrow \underset{\text{I, Tetroxid}}{R{-}OO{-}OO{-}R} \longrightarrow R{=}O + ROH + O_2$$

Die Rekombination zweier Peroxo-Radikale führt zum instabilen Tetroxid I, das unter Sauerstoffabgabe in sauerstoffhaltige Bruchstücke verschiedenster Natur zerfällt. Durch Abstraktion eines (allylischen) Wasserstoffatoms aus einem Kohlenwasserstoff können C-Radikale entstehen, die weitere Möglichkeiten zur Rekombination bieten:

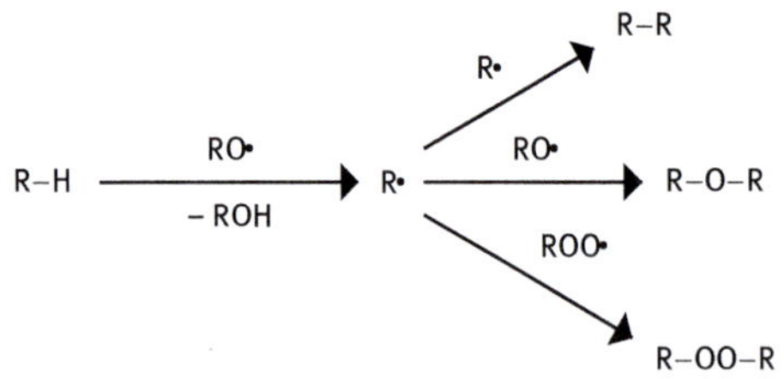

Hochmolekulare Polymere entstehen durch Addition eines Radikals an einen ungesättigten Kohlenwasserstoff, wobei der Radikalcharakter erhalten bleibt und die Addition als Kettenreaktion weitergeführt werden kann, ►Abbildung 7.9 Weg I. Da radikalische Angriffe bevorzugt an allylischen Positionen stattfinden, erhalten wir als Resultat aller oben genannten Reaktionen typische Verknüpfungsmuster mit ein bis zwei Sauerstoffatomen in der Brücke, ►Abbildung 7.9 Weg II. Jedes der intermediären Radikale kann mit Hydroxy-Radikalen, Sauerstoff oder Wasserstoff-Donoren zu verschiedenen sauerstoffhaltigen Produkten (Alkoholen, Ketonen) abreagieren.

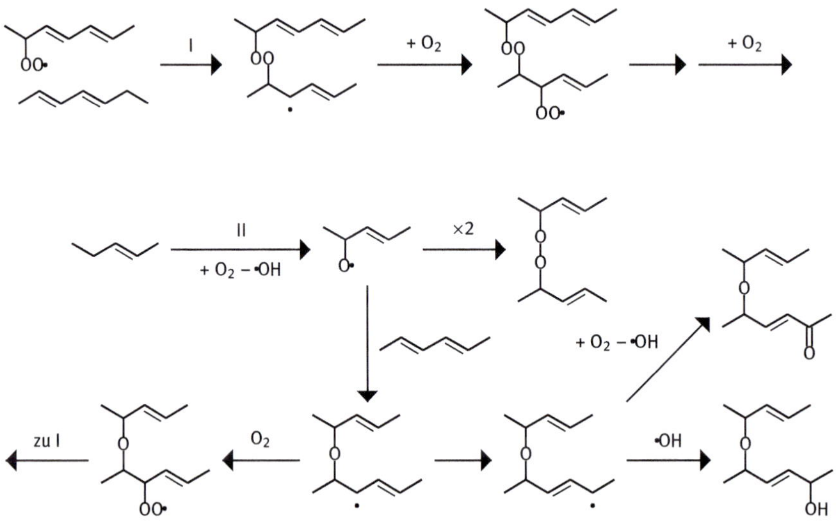

Abb. 7.9: Reaktionswege bei der Polymerisation von Ölfilmen: Radikale addieren an Olefine und tragen den Radikalcharakter zu Dimeren, Oligomeren usf. weiter. Rekombination mit verschiedenen Radikalen führt zu sauerstoffhaltigen Polymeren.

Die filmaufbauende Polymerisation wird begünstigt durch einen hohen Anteil an ungesättigten Fettsäuren und hoher Sauerstoffverfügbarkeit, wie es beim Trocknen von Ölgemälden gegeben ist. Bei Raumtemperatur werden bevorzugt Peroxo-Brücken gebildet, gefolgt von Ether-Brücken. C-C-Brücken entstehen erst bei höheren Temperaturen in nennenswerter Menge, wobei die Peroxide zerfallen und weitere Reaktionsmöglichkeiten ins Spiel kommen. Dies machen wir uns bei der heißen Polymerisation zur Gewinnung von Standöl zunutze, ►Abschnitt 7.4.4.

Zerfall der Hydroperoxide, Abbau- und Nebenreaktionen

Die beim Zerfall der Hydroperoxide entstandenen radikalischen Spezies gehen neben der Polymerisation eine Vielzahl weiterer Reaktionen ein. Diese Reaktionen sind zumeist unerwünscht, da sie zu niedermolekularen flüchtigen Spaltprodukten führen, die oft aggressiv sind, wie Carbonsäuren, Ester und Alkohole. Im Lebensmittelbereich gelten diese Spaltprodukte sogar als ausgesprochen unappetitlich: wir assoziieren mit ihnen Begriffe wie „ranzig“, „alt“, „fischig“ etc. Solange der Ölfilm von Gemälden atmosphärischem Sauerstoff ausgesetzt ist, werden langsam, aber stetig Hydroperoxide gebildet, deren Zerfall den weiteren Abbau des Ölfilms fördert.

In ►Abbildung 7.10 ist ein Überblick über diese Reaktionen gegeben. Die gezeigten Reaktionen beginnen in der ersten Phase der Trocknung von Ölen, der oxidativen Trocknung, während der Gehalt an Hydroperoxiden und ihren radikalischen Zerfallsprodukten hoch ist. Sie laufen aber weiter, solange ein Gemälde dem Luftsauerstoff ausgesetzt ist. Der bereits ausgehärtete Ölfilm wird dabei durch β- und Norrish-Spaltung abgebaut [848]. Die β-Spaltung ist ein Mechanismus, der Bindungen spaltet, die einem Radikal benachbart sind:

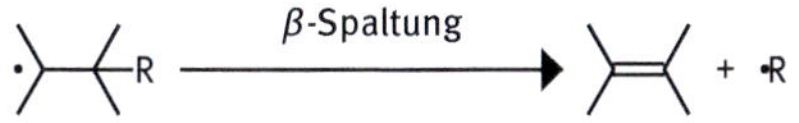

Die Norrish-Spaltung setzt an Carbonylverbindungen an. Peroxybrücken des Films werden durch Bestrahlung homolytisch gespalten und liefern Alkoxyradikale, die zu Ketonen, Alkoholen, Aldehyden und Carbonsäuren weiterreagieren. Etherbrücken und C-C-Brücken werden oxidativ gespalten und liefern ebenfalls Ester, Alkohole und Ketone.

Die entstandenen Radikale können mit Hydroxyl-Radikalen oder Sauerstoff verschiedene Sauerstoffderivate bilden. Die Verschiebung der Radikalfunktion nach dem Vinylogie-Prinzip führt zu weiteren Produkten:

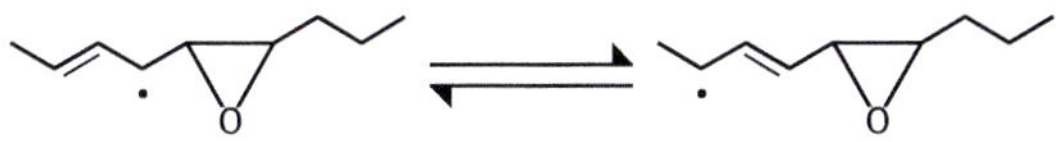

►Abbildung 7.10 zeigt auch den Ursprung der Vergilbung von Ölfilmen: mehrere konjugierte Doppelbindungen in α-Stellung zu einer Carbonylgruppe besitzen eine leicht gelbliche Farbe. Carbonylverbindungen entstehen bei der Rekombination zweier Peroxo-Radikale über ein labiles Tetroxid, oder durch β- und Norrish-Spaltung.

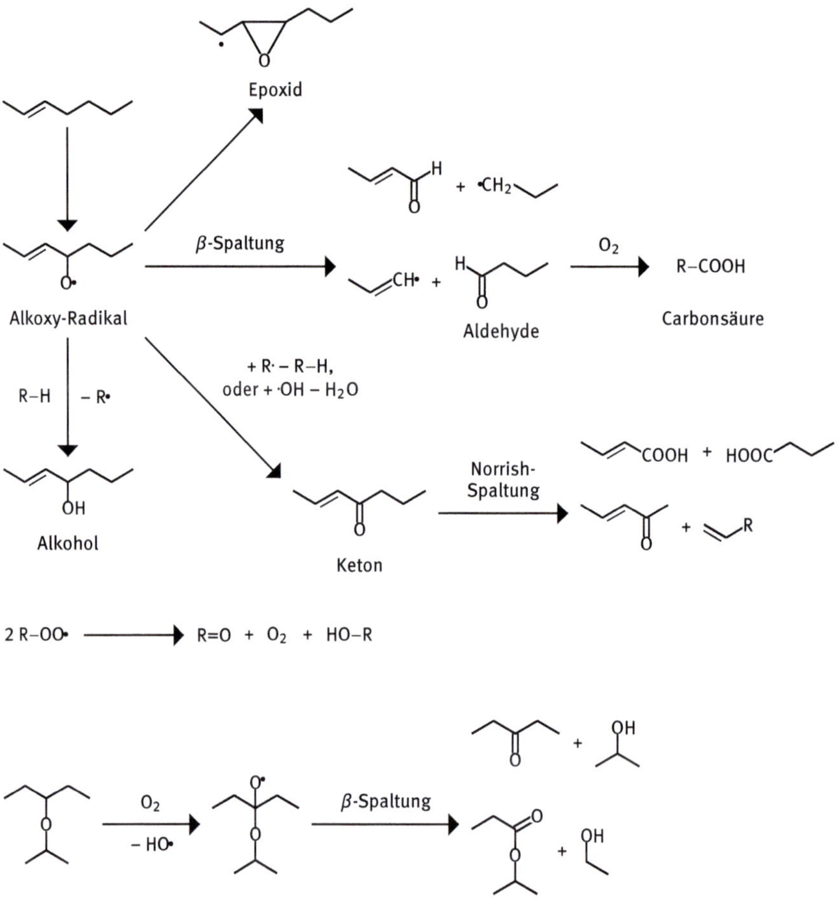

Abb. 7.10: Nebenreaktionen bei der Trocknung von Ölen: Bildung diverser Sauerstoff-Derivate aus den Fettsäuren (ggf. unter Spaltung der Ketten) sowie Disproportionierung von Hydroperoxid-Radikalen.

Neben der erwünschten Polymerisierung und der Bildung von niedermolekularen Spaltprodukten mit Bruch der Doppelbindung verbrauchen weitere Nebenreaktionen Doppelbindungen, nämlich die radikalische Epoxidierung und die radikalische Cyclisierung, ►Abbildung 7.11. Die Cyclisierung führt unter Dimerisierung zu einem

Cyclohexen, die Epoxidierung folgt häufig einem radikalischen Angriff auf eine Doppelbindung. Bei höheren Temperaturen, wie sie beim Kochen von Standöl üblich sind, erfolgen Cyclisierungen nicht radikalisch, sondern als [4+2]Cycloaddition oder Diels-Alder-Cyclisierung, ►Abschnitt 7.4.4.

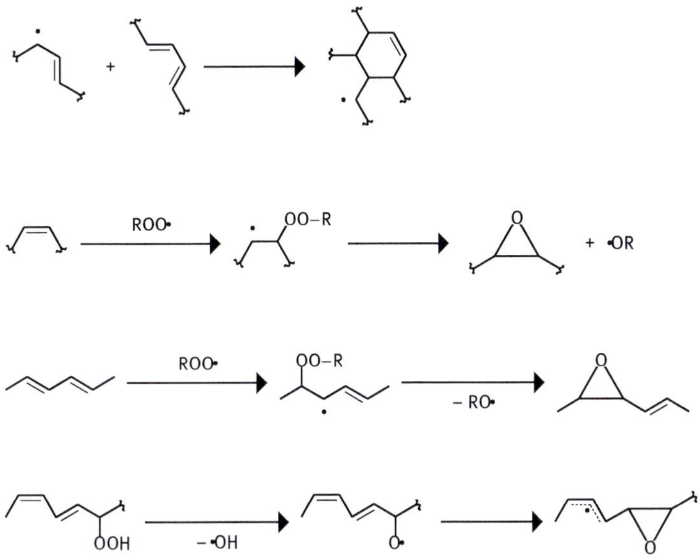

Abb. 7.11: Weitere Nebenreaktionen, hervorgerufen durch radikalischen Angriff auf Doppelbindungen, die zur Abnahme von Doppelbindungen führen.

Hydrolyse der Glyceride, Pigmentseifen

Nach der vollständigen Trocknung des Ölfilms, die mehrere Monate dauern kann, sind die Reaktionen noch nicht vollständig abgeschlossen. In den nächsten Jahren und Jahrzehnten werden die Glycerinester hydrolytisch gespalten und setzen Glycerin sowie die (vernetzten) Fettsäuren frei [847]. Einen Eindruck über den Zeitraum geben einige Zahlen: nach zwei Jahren waren 20 % der Glyceride hydrolysiert, bei 200 Jahre alten Problem ca. 80 %.

Die Hydrolyse ist einerseits für die Filmqualität von Bedeutung, da die Vernetzung im Film abnimmt und die entstandenen niedermolekularen Substanzen entweder den Film verlassen oder als freie Säuren aggressiv wirken. Gefördert wird die Hydrolyse von Feuchtigkeitsspuren und basischen Metalloxiden, wie sie in Pigmenten wie Bleiweiß vorkommen. Eine darauf fußende bekannte Erscheinung ist das Durchsichtigwerden von Malschichten, in denen aus Bleiweiß Bleicarboxylate („Bleiseifen") gebildet wurden, die als organische Bleisalze keine Halbleiter mehr sind und daher nicht mehr deckend weiß, sondern transparent sind. Auch Kupfer-Ionen können mit den freiwerdenden Carbonsäuren Kupfersalze bilden, hierzu gehören die früher bekannten, absichtlich lasierenden Kupfergrün-Farben ►S. 213.

7.4.4 Standöle

Standöl (engl. thickened oder bodied oil) ist eine zähflüssige Sorte von Leinöl, die wir bereiten können, indem wir Leinöl unter Luftausschluss (im Vakuum oder einer Stickstoffatmosphäre) auf 250–300 °C heizen und diese Temperatur einige Stunden halten [169, Bd. 1]. Dabei tritt eine nicht-oxidative Polymerisierung zu einem dicken Öl ein, das zahlreiche zyklische Verbindungen und Fettsäure-Oligomere enthält [97, 173, 836, 849–855, 870]. Bei den Reaktionen verschwinden ca. ⅔ aller Doppelbindungen, sodass – im Gegensatz zu geblasenen Ölen – ein Rest für eine normale oxidative Trocknung nach dem Aufstrich verbleibt. Beim Erhitzen werden auch große Teile der natürlich vorhandenen Antioxidantien verbraucht und können die Trocknung später nicht mehr verzögern. Standöle trocknen langsamer als normale Öle und nehmen durch die Vorpolymerisation weniger Sauerstoff auf. Dies ist von Vorteil, weil dadurch die Volumenvergrößerung des Ölfilms beim Aushärten nicht so stark ist und die Neigung zum Krinkeln verringert wird.

Das Produktspektrum des Standöls ist vielfältig und noch nicht vollständig verstanden. Ein wesentlicher Unterschied zur oxidativen Polymerisierung ist neben der großen Hitze das fast vollständige Fehlen von Sauerstoff und damit Hydroperoxiden. Anfänglich vorhandene Hydroperoxide werden rasch gespalten, ebenso zerfallen die bereits entstandenen peroxo-verbrückten Dimere zu sauerstoff-ärmeren Dimeren (R–OO–R → R–O–R, R–R). Das Reaktionsgeschehen wird von (Allyl)Radikalen, die durch thermische Dissoziation entstanden sind, dominiert:

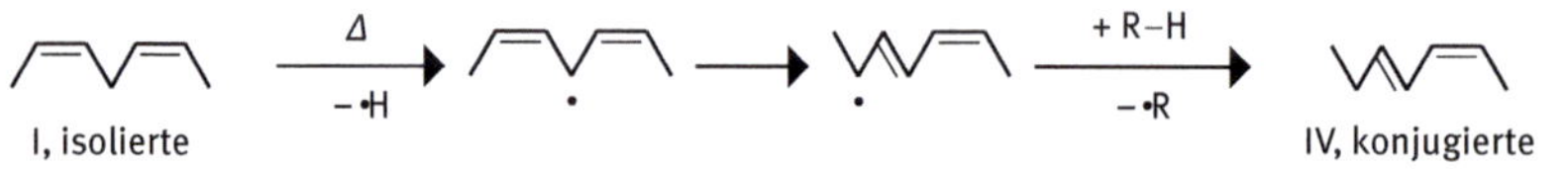

I, isolierte Doppelbindungen — II — III — IV, konjugierte Doppelbindungen

Infolge der Radikalbildung und der möglichen mesomeren Verschiebung der Radikalfunktion in die Nachbarschaft kann eine Verschiebung von isolierten Doppelbindungen in eine konjugierte Position stattfinden. Damit verändern sich die anfänglichen relativen Mengen an Fettsäuren, was für die Analytik und Identifizierung von trocknenden Ölen eine Komplikation darstellen kann.

Das Produktgemisch wird nicht wie bei der kalten Filmbildung unter Luftbeteiligung von Sauerstoff-, sondern von Kohlenstoffverknüpfungen bestimmt, die aus den Kohlenstoff-Radikalen entstanden sind: Radikale können rekombinieren oder an Doppelbindungen addieren. Die Addition erhält den Radikalcharakter und führt zu Oligomeren.

Polymerisierung über Radikal-Reaktionen

Die bei den hohen Temperaturen entstandenen Kohlenstoff-Radikale (II oder III, meist Allyl-Radikale) bilden mangels Sauerstoff keine Hydroperoxide, sondern rekombinieren oder gehen Polymerisierungen ein. Die Rekombination von zwei Radikalen führt zu einem kohlenstoffverknüpften Dimer:

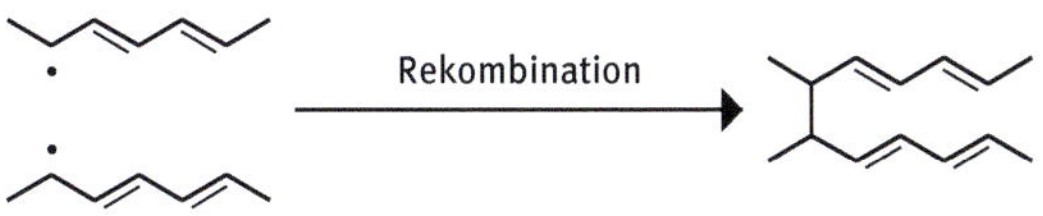

Addiert das Kohlenstoff-Radikal an eine Doppelbindung, entsteht ein neues Radikal, das eine Kettenreaktion in Gang hält, die zu Polymeren führt:

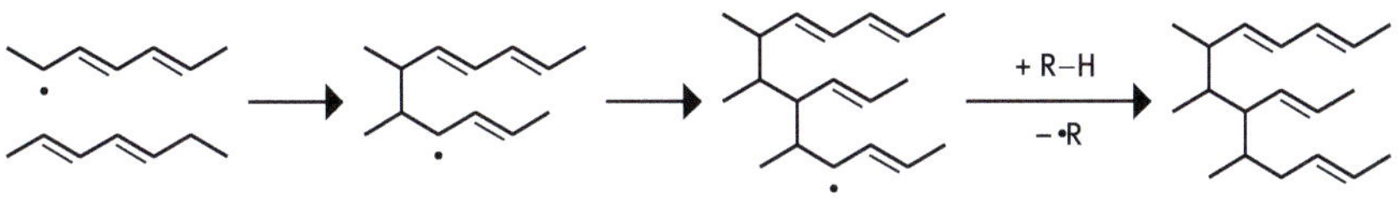

Polymerisierung über Diels-Alder-Reaktionen

Neben den Radikal-Reaktionen kann auch eine Diels-Alder-Reaktion zur Polymerisation führen, indem sie zwei ungesättigte Fettsäuren zu einem Dimer vernetzt, ►Abbildung 7.12. Enthält das Öl mehrfach ungesättigte Fettsäuren, können durch weitere Diels-Alder-Reaktionen mit den verbleibenden Doppelbindungen Oligomere entstehen. Ebenso kann die Doppelbindung des entstandenen Cyclohexens eine weitere Diels-Alder-Reaktion eingehen, was zu Tri- und Oligomeren führt. Praktisch entstehen aber höchstens Trimere.

Die Dien-Komponente der Diels-Alder-Reaktion erfordert konjugierte *trans*-ständige Doppelbindungen. Die ungesättigten Säuren des Leinöls können die Reaktion daher erst eingehen, wenn isolierte Doppelbindungen wie in (I) zum konjugierten System (IV) isomerisiert worden sind. Die Isomerisierung kann wie oben gezeigt über thermisch entstandene Radikale (II) und Umlagerung zu (III) und (IV) erfolgen, wobei auch *cis-trans*-Isomerisierungen stattfinden. Die Reaktion von (II) zu (III) ist begünstigt, da (III) durch die konjugierte Doppelbindung mesomer stabilisiert wird.

Die Umwandlung von isolierten zu konjugierten Doppelbindungen ist langsam und der geschwindigkeitsbestimmende Schritt der Standölproduktion. Enthält das Öl von vornherein konjugierte Fettsäuren, können Standöle rasch und einfach hergestellt werden: Öle mit konjugierten Doppelbindungen können schon bei 250 °C umgesetzt werden, Öle mit isolierten Doppelbindungen erfordern dagegen um die 300 °C [173].

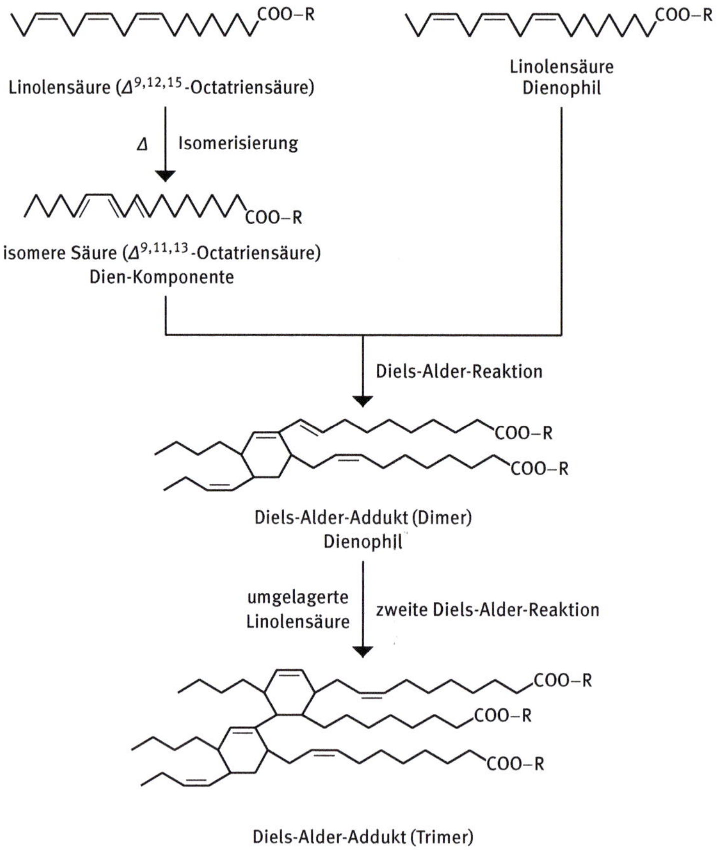

Abb. 7.12: Beispiel einer Diels-Alder-Reaktion, die beim Standöl-Kochen ablaufen kann und zu Dimeren führt. Evt. weitere Diels-Alder-Reaktionen führen zu Oligomeren. Fettsäuren ohne konjugierte Doppelbindungen wie Linolensäure müssen zunächst thermisch isomerisieren, bevor sie als Dien fungieren können. Das Diels-Alder-Produkt besitzt noch freie Doppelbindungen und kann über diese selber als Dienophil für weitere Diels-Alder-Reaktionen fungieren.

Weitere, niedermolekulare Produkte

Sekundärprodukte der Hitzebehandlung sind mono- und bizyklische Fettsäuren, die durch intramolekulare Ringbildung enstanden sind. Die folgenden Verbindungen mögen einen Eindruck geben, Anzahl und Position der Doppelbindungen und Brücken ist variabel:

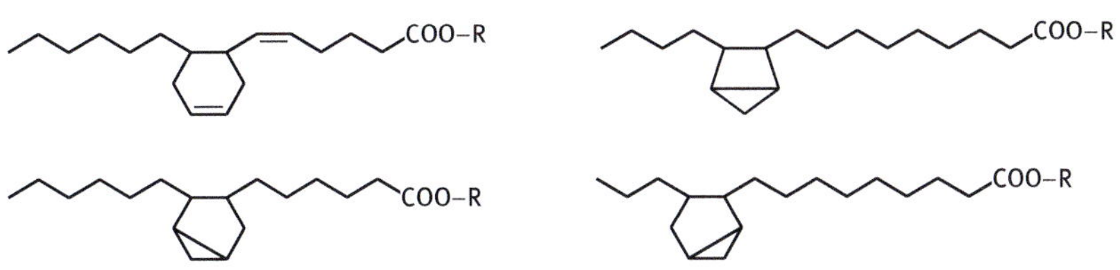

Aus mehrfach ungesättigten Fettsäuren können in der Hitze auch Cyclohexadiene entstehen, die ihrerseits als Dien-Komponente in einer Diels-Alder-Reaktion zu Oligomeren führen:

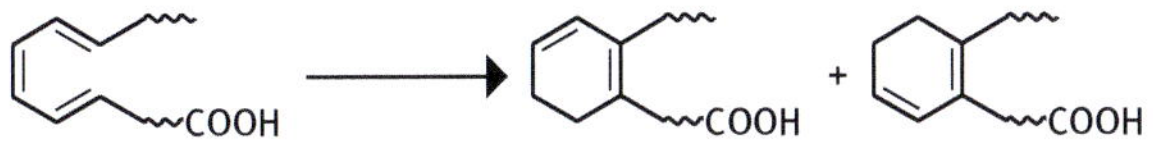

7.4.5 Wirkung von Schwermetallen, Sikkative

Salze von Schwermetallen wie Eisen, Kupfer, Kobalt oder Blei wirken in der Ölmalerei so deutlich trocknungsbeschleunigend, daß sie heute als sog. *Sikkative* kommerziell erhältlich sind. Schon die frühen Ölmaler wußten um dieses Phänomen und gebrauchten Farben, die diese Metalle als Bestandteil des Pigments enthielten, an erster Stelle Bleiweiß. Da Bleweiß in der altmeisterlichen Lasurmalerei in der Untermalung und in allen Stadien des Bildes verwendet wurde, war somit automatisch ein Trocknungsbeschleuniger gleichmäßig im Bild verteilt. Später übernahmen kobalt- oder manganhaltige Farben diese Rolle.

Die Wirkung der Metallsalze beruht auf der Zersetzung der vorhandenen Hydroperoxide zu Alkoxy- und Peroxo-Radikalen, die die Kettenreaktion der Filmbildung in Gang setzen:

$$\mathrm{Me}^{n\oplus} \xrightarrow[-\ \mathrm{RO}\bullet\ -\ \mathrm{HO}^{\ominus}]{+\ \mathrm{R{-}OOH}} \mathrm{Me}^{(n+1)\oplus} \xrightarrow[-\ \mathrm{RO_2}\bullet\ -\ \mathrm{H}^{\oplus}]{+\ \mathrm{R{-}OOH}} \mathrm{Me}^{n\oplus}$$

Das Metall-Kation wird im zweiten Schritt regeneriert und wirkt katalytisch. Wir benötigen für diese Reaktion ein Metall, das in zwei Oxidationsstufen vorliegen kann. Im ersten Schritt ist die reduzierte Form wirksam. Die theoretisch mögliche direkte Oxidation der Ölsäuren durch die oxidierte Form des Metalls ohne Beteiligung von Hydroperoxiden

$$\mathrm{Me}^{(n+1)\oplus} \xrightarrow[-\ \mathrm{R}\bullet\ -\ \mathrm{H}^{\oplus}]{+\ \mathrm{R{-}H}} \mathrm{Me}^{n\oplus}$$

ist sehr langsam und findet im Rahmen der Öltrocknung nicht statt.

7.4.6 Leinöl-Firnis

In engem Zusammenhang zu Standölen und Sikkativen stehen Produkte, die als *Leinöl-Firnis* bezeichnet werden. Es gibt leider keine strenge Definition des Begriffs, der sich teilweis auf ein Leinöl-Produkt bezieht, teilweise auf das Ergebnis der oxidativen Trocknung eines Leinöl-Produkts, den Film. Da der Firnis für verschiedenste Anwendungen angeboten wird (Schutzanstrich für Gartenmöbel, Holzmöbelpflege, Anstrich, Grundlage für Anstriche usf.), ist eine klare Begriffsbestimmung auch daher schwierig.

Meist wird als Leinöl-Firnis ein gekochtes Leinöl bezeichnet, dem Sikkative zur rascheren Trocknung zugesetzt wurden. Nach dieser Definition wäre Leinöl-Firnis also ein sikkativiertes Standöl. Im Handel gibt es auch „Leinöl-Firnisse", die aus „Leinöl" vermischt mit Terpentinöl und Trockenstoffen bestehen, oder aus „schnell trocknendem Leinöl". Gemeinsames Verständnis ist zumindest also, daß es sich um (gekochtes) Leinöl mit Trockenstoffen handelt.

Auch im Sinne dieses Buches werden wir als Leinöl-Firnis ein sikkativiertes gekochtes Leinöl ansehen. Die für uns interessante Verwendung von Leinöl-Firnis ist die als Bindemittel für Ölfarben und vor allem für Druckfarben.

7.4.7 Technische Verbesserung von Farb- und Malmitteln im 19. Jhd., Farbtuben

Im Zusammenhang mit der Ölmalerei wurde ein Produkt entwickelt, das uns heute überall entgegentritt: die wiederverschließbare Metalltube für Klebstoffe, Lebensmittel und zahllose weitere Artikel. Ihren Ursprung hatte sie 1841, als sie in Form einer Zinntube die bis dahin üblichen (Schweins-)Blasen zur Farbaufbewahrung ablöste [550].

Ab dem 19. Jhd. wurde es für die meisten Künstler üblich, ihre Ölfarben nicht mehr selber herzustellen, wie dies die Jahrhunderte zuvor üblich war. Stattdessen hatten sich ein neues Gewerbe etabliert, Farbenhändler und Farbenhersteller, die aus der beginnenden chemischen Industrie kamen oder als Künstler arbeiteten und Pigmente aller Art herstellten, vertrieben und verkauften und eben auch als fertige Farbe zurichteten. Erste Ansätze fertiger Farben gab es schon ab dem 17. Jhd., aber zu allen Zeiten hatten die Künstler das Problem, die Farbe – woher sie auch immer kam – in einem geeigneten Behälter aufzubewahren, wollten sie nicht für jede Sitzung eine kleine Menge Farbe herstellen oder kaufen.

Die Anforderungen waren ein luftdichter Verschluß, um vorzeitige Aushärtung durch Oxidation zu verhindern, sowie die Abgabe kleiner Teilmengen. Bis ins frühe 19. Jhd. waren Blasen die hauptsächlich benutzten Behälter, die an ihrer Öffnung dicht verschlossen wurden. Zur Entnahme wurden sie punktiert, die Farbe ausgepreßt und das Loch mit Nadel oder Knopf verschlossen. Nachteile gab es einige: einige Farben zerfallen oder verändern sich, die Oxidation tritt nach der ersten Öffnung ein, das Verschmieren von Farbe rund um das Loch ist der Normalfall, und ein Zerplatzen der Blase beim Ausquetschen der Farbe war nie auszuschliessen. Diese Nachteile wurden von den Berufsmalern nicht hinterfragt, der Bedarf an Alternativen stieg erst im 19. Jhd., als sich vermehrt Amateure mit Malerei beschäftigten und eine einfache Handhabung des Malmaterials erwarteten.

1804 schlug der englische Farbenmacher Rawlinson vor, einen Zylinder in der Öffnung der Blase zu befestigen und die Farbe durch diesen zu entnehmen. 1822 präsentierte J. Harris, ein Kunstlehrer aus Plymouth, eine verzinnte Spritze, durch deren Düse die Farbe leicht und sauber ausgepresst werden konnte. Die Fachwelt sah den Nutzwert, die Geräte waren aber zu teuer. 1840 patentierte W. Winsor, ein Maler und Mitbegründer der noch heute anerkannten Firma Winsor&Newton, Glasspritzen. Durch das Glas waren die darin enthaltenen Farben erkennbar, und die Glaszylinder konnten zur langfristigen Lagerung durch lackierte oder imprägnierte Membranen verschlossen werden. Zum Gebrauch wurden die Membranen punktiert und mit Düsen und Stempel versehen. Winsor&Newton kündigte diesen Behälter 1840 an, der gut aufgenommen wurde, aber auch Konkurrenz weckte. In [551] sind einige der Behälter zu sehen.

Infolgedessen verkauft T. Brown 1841 mit *Brown's patent collapsible colour tubes* die Lösung, die bis heute der Standard zur Aufbewahrung von Ölfarben ist: die Metalltube aus Zinn. Eigentlicher Erfinder ist J. G. Rand, ein amerikanischer Maler, Handwerker und Erfinder, der nach London gekommen war und die Tuben aus Zinnblech stanzt und die Zinnscheiben durch plötzlichen Druck kalt zur Tube verformt. Die Londoner Farbenhändler und -macher erkennen Zinntuben sofort als endgültige Lösung an, sehen aber nicht gerne einen anderen Namen als ihren auf ihren Farbtuben. Nach [550] arbeitet z. B. Winsor&Newton an eigenen Tuben und einigt sich erst nach öffentlich in Werbeanzeigen geführtem Streit mit Rand darauf, daß dieser die Zinntuben für die Firma liefert. Kurz darauf wird er auch Lieferant für weitere Farbenmacher.

Die verformbare Metalltube wurde rasch zur Aufbewahrung aller möglichen Waren genutzt und aus anderen Weichmetallen wie Blei hergestellt, ihr Ursprung ist aber die Suche nach einem geeigneten Behälter für Ölfarben. Als solcher wurde sie daher aus Zinn gefertigt, da Zinn im Gegensatz zu anderen Weichmetallen wie Blei nicht mit den Pigmenten reagiert, was Rand als Maler wußte. Berichte über frühe Bleituben in der Malerei sind daher mit Vorsicht zu genießen und sprechen oft über andere Anwendungsbereiche, die sich rasch fanden.

Heute werden Tuben für Farben aus Aluminium angeboten, die innen durch einen Einbrennlack geschützt sind. Da Aluminium erst 1825 rein dargestellt werden konnte und durch den schwierigen Herstellungsprozess im frühen 19. Jhd. zunächst nur zum Preis von Gold zu erhalten war, war dieses Material für die frühen Tuben noch nicht von Bedeutung. Erst in der zweiten Hälfte des 19. Jhd. fiel der Aluminiumpreis.

Metalltuben als Voraussetzung der plein air-Malerei?

Die einfache Handhabung stand bei der Erfindung der Farbtube nicht im Vordergrund, sondern der Nutzen als dicht schliessender Behälter zur Farberhaltung. Die Erfindung der *collapsible metal tube* wird zuweilen als Anstoß für die Freiluftmalerei der Impressionisten (ab 1870er Jahre) betrachtet, nach [550] und [552] können jedoch auch zeitgenössische chemische Entwicklungen rund um die Ölmalerei von Bedeutung sein. Die kommerziell angebotenen Tubenfarben dieser Zeit wiesen erheblich verbessertes Trocknungsverhalten auf, hauptsächlich durch Zusatz von Mangan- und Kobalt-Verbindungen als Sikkative. Neue farbstarke Pigmente wie Kobaltblau, Smaragdgrün, Chromoxidgrün feurig und Chromgelb mußten die Arbeit von Landschaftsmalern beflügeln. Wie Bindemittelanalysen zeigen, wurden auch verbesserte Malmittel angeboten und von den impressionistischen Künstlern verwendet. Hierzu zählt der Zusatz von vorpolymerisierten Standölen zu käuflichen Farben sowie die kommerzielle Verfügbarkeit schnell trocknender, pastos strukturierender Malmittel (Harz-Öl-Mischungen), die für Impastoeffekte bei der Darstellung von Laubwerk und Landschaften gefragt waren. Schließlich muß noch in Betracht gezogen werden, daß ab dem 19. Jhd. auch viele andere Hilfsmittel wie Leinwände, Grundierungen, tragbarer Staffeleien und Pinsel kommerziell angeboten wurden und es dem plein air-Maler zunehmend leichter machten.

Zu diesem differenzierteren Bild paßt, daß zunächst eher Portraitmaler und nicht plein air-Künstler Tubenfarben nutzten. 1840 bezog sich die Werbung von Winsor&Newton auf die Sauberkeit und Geruchsarmut der Tubenfarben und nicht auf ihre Freilufttauglichkeit. In Frankreich wurden Tubenfarben überhaupt erst ab 1859 von Lefranc produziert, und 1854 kauft E. Delacroix noch Farben in Blasen, die Mitnahme von Blasenfarben war bei französischen Malern üblich. Obendrein wurden für die teuren Tuben 5–10 Centimes mehr verrechnet, bei einem durchschnittlichen Farbenpreis von 25 Centimes. Auch war die Idee der plein air-Malerei keineswegs neu, sie lag den malerischen Aktivitäten der Schule von Barbizon schon in den 1820er–1850er Jahren zugrunde, wie Gemälde von Corot und Rousseau zeigen. Den eigentlichen Anstoss gab das „age of enlightenment“, das britische Künstler veranlaßte, malerische Wahrheiten vor Ort, in der Natur zu suchen und dort Ölskizzen zu fertigen, namentlich durch R. Wilson, T. Jones, J. W. M. Turner, J. Constable oder R. P. Bonington. Im Frankreich des frühen 18. Jhd. war es A.-F. Desportes, gefolgt von P.-H. de Valenciennes, C.-J. Vernet, J. Coignet, A. Enfantin, J. B. C. Corot und schließlich den Barbizon-Malern und den Impressionisten. [553] führt sehr schön durch die Geschichte der plein air-Malerei. All diese Landschaftsmaler hatten schon immer Farben in Blasen auch bei der Arbeit im Freien verwendet und Schwierigkeiten mit dem vorhandenen Material mit ihrem Können gemeistert. Unbestreitbar aber haben Tubenfarben die Arbeit im Freien für die Künstler des 19. Jhd. entscheidend vereinfacht. Heute sind Tubenfarben aus dem Atelier nicht wegzudenken.

7.4.8 Harze, Harz-Balsam, Terpentinöl

Außer fetten Ölen und den Pigmenten gehören die meisten Materialien, die wir für die Ölmalerei verwenden, zur großen Gruppe der *Terpene* oder *Isoprenoide*. Lösungsmittel wie Terpentinöl, Firnisharze wie Dammar und Mastix und Farbenadditive wie venezianisches Terpentin basieren auf Isopren

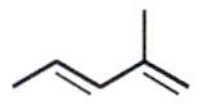

Mit einer wiederholten Verknüpfung von C_5-Isopren-Einheiten nach ►Abbildung 7.13 baut die Natur Körper bis zu C_{45} auf. Diese Stammkörper unterliegen Reaktionsmöglichkeiten wie Zyklisierung, Methylverschiebung, Hydroxylierung, und liefern so eine Fülle von Verbindungen. Die niedermolekularen C_5-Vertreter sind flüchtige, hocharomatische Verbindungen. Viele Aroma- und Duftstoffen gehören zu ihnen und überstreichen die weite Spanne von frischen Zitronen über Fenchel und Campher bis Zimt- oder Nadelholzaroma. Die nächsthöheren C_{15}-Verbindungen sind schwerer flüchtige Aroma- und Bitterstoffe, z. B. in der Grapefruit. Mit zunehmendem Molekulargewicht (C_{20} und mehr) gelangen wir zu den Harzsäuren. Sie dienen den Pflanzen als Wundverschluss, Insektizid oder Saponin, und wir werden sie gleich genauer betrachten, Noch höhere Oligomere ab C_{40} haben als gelbe und rote Carotine große Bedeutung als Pflanzenfarbmittel in Blattwerk, Obst und Gemüsen, ►Abschnitt 4.3. Während Pflanzen alle Stufen synthetisieren, produziert der Mensch vornehmlich Triterpene (Steroidhormone und Gallensäuren).

C_{10}- bis C_{30}-Verbindungen sind als Malmaterial von Interesse. Sie werden von vielen Pflanzenfamilien produziert und treten hauptsächlich in zwei Formen auf:

- *Harzbalsame* sind zähflüssige bis feste Massen, die von lebenden Bäumen abgeschieden werden und aus Di- und Triterpenen (Harzsäuren, C_{20-30}) bestehen. Die Harzsäuren sind in Mono- oder Sesquiterpenen (C_{10-15}) gelöst.
- Abgelagerte oder *fossile Harze* bestehen aus teilweise polymerisierten Harzsäuren und -terpenen. Ein im wahrsten Sinne schönes Beispiel ist der Bernstein. Tischler schätzen die fossilen Harze als Bestandteile wertvoller Möbel-Firnisse.

Die Harzbalsame liefern dem Maler wichtige Lösungsmittel und Firnisharze [169, Bd. 1], [97]. Zu ihrer Gewinnung werden bestimmte Bäume verletzt und der daraufhin austretende Wundsaft gesammelt [891]. Dieser besteht aus zwei Fraktionen:

- Flüssige Monoterpene. Das Harzbalsam von Coniferen (Pinien, Fichten, Tannen, Lärchen) liefert *Terpentinöl.*
- Feste Di- und Triterpene (Harzsäuren, Balsamharz). Aus Coniferen-Balsam können wir das *Kolophonium* gewinnen, aus bestimmten indonesischen Baumharzen das *Dammar-Harz*, aus Pistacia-Arten den *Mastix*.

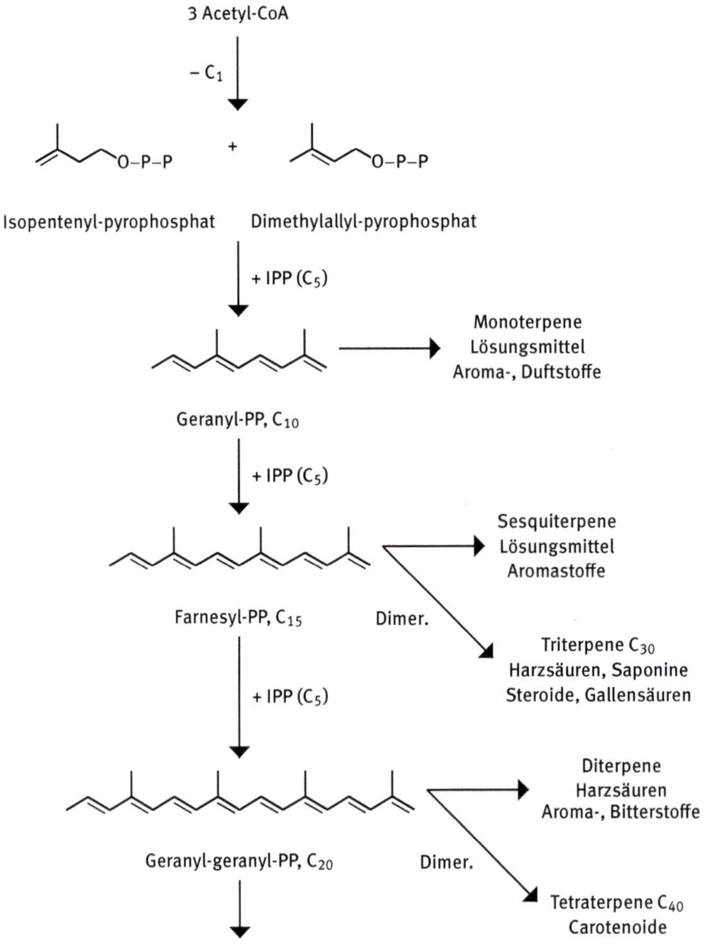

Abb. 7.13: Biosynthese der Isoprenoide aus Isopentenyl-pyrophosphat und Dimethylallyl-pyrophosphat [227, S. 89], [226, 228]. Gezeigt sind die für die Malerei relevanten Abzweige, die zu Lösungsmitteln (Terpentinöl), Harzen und Carotenoid-Farbmitteln führen.

Das Harz ist beim Ausfliessen zunächst flüssig, dickt aber rasch ein, sobald die flüchtigsten Monoterpene verdunstet sind. Die nicht-flüchtigen Balsamharze bleiben zurück und kristallisieren teilweise aus, sodass der Saft trübe wird. Durch Destillation und anschliessender Reinigung können wir die beiden Hauptkomponenten in reiner Form gewinnen. Da die Technik der Destillation in Europa erst seit dem 16. Jhd. bekannt ist, entwickelte sich die Ölmalerei erst mit der Verfügbarkeit dieses Lösungsmittels weiter.

Terpentinöl

Terpentinöl ist das gereinigte, flüchtige Destillat aus dem rohen Harz von Koniferen. Es werden fast ausschliesslich Pinienarten verwendet, da diese Bäume rasch wachsen, stark verbreitet sind und hohen Harzertrag bringen (bis ca. 3 kg pro Jahr), was die Kosten für das Terpentinöl senkt.

Die Zusammensetzung des Terpentinöls variiert stark mit seiner Herkunft, in der Regel besteht es aus Monoterpenen der ungefähren relativen Häufigkeit [169, Bd. 1], [97, 905, 907]:

α-Pinen > β-Pinen > Δ^3-Caren > Limonen > Myrcen > β-Phellandren

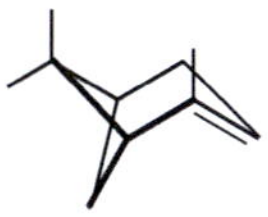
α-Pinen

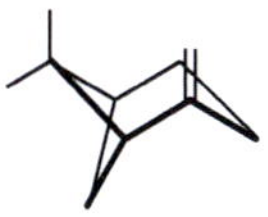
β-Pinen

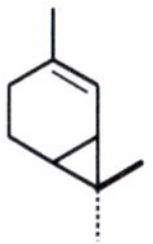
Δ^3-Caren

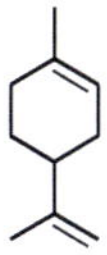
Limonen

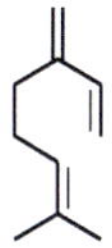
Myrcen

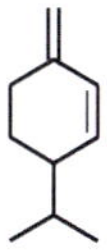
β-Phellandren

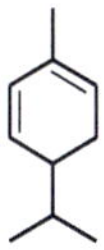
α-Phellandren

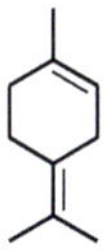
Terpinolen

α-Terpinen

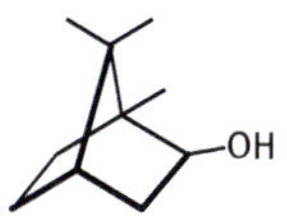

Borneol

Der Anteil an α-Pinen kann bis zu 70 % betragen. Aufgrund seiner Struktur ist Terpentinöl unpolar, durch die Sauerstoff-Funktionen jedoch polarer als reine Kohlenwasserstoffe. Wir können es daher als effizientes Lösungsmittel für fette Öle (Leinöl) und Naturharze (Kolophonium, Dammar, Mastix) einsetzen und auch Wachse dispergieren.

Gutes Terpentinöl ist mehrfach destilliert und verdunstet rückstandsfrei. Die Doppelbindungen können bei der Lagerung oder im luft-exponierten Ölfilm Anlass zu Oxidations- und Polymerisationsreaktionen (Verharzung) geben, ohne daß jedoch ein regelrechter Film gebildet wird.

Kolophonium, Dammar, Mastix

Die nach dem Abdestillieren der flüchtigen Harzöle aus dem Harz verbleibenden festen Bestandteile sind die eigentlichen *Balsamharze*. Je nach Herkunft des Harzes erhalten wir eine Reihe bekannter Produkte, ►Tabelle 7.6. Balsamharze bestehen aus einer komplexen Mischung von Harzsäuren mit Di-, Tri- oder Tetraterpengerüsten und einem Anteil an Fettsäuren und Fettalkoholen [905, 907].

Tab. 7.6: Botanische Herkunft wichtiger Balsamharze [97, 905].

Art	Produkt
Coniferae (*Pinaceae*)	
Pinus (Kiefer)	gewöhnliches oder Bordeaux-Terpentin, Kolophonium
Abies (Tanne)	Strassburger Terpentin, Kanada-Balsam
Larix (Lärche)	Venezianerterpentin
Leguminosae	
Hymenaea, *Copaifera* u. andere (Johannisbrotbaum)	Copal-Harze, Copaiba-Balsam
Dipterocarpaceae	
Hopea, *Shorea* (Flügelfruchtgewächs)	Dammar-Harz
Anacardiaceae	
Pistacia (Pistazie)	Mastix-Harz

***pinaceae*-Harze** sind uns in ihrer Zusammensetzung am besten bekannt. Obwohl sie Schwankungen unterliegt, können wir folgende grobe Häufigkeit wiedergeben:

pinus-Arten:
Lävopimarsäure/Pallustrinsäure > *iso*-Pimarsäure > (*neo*-)Abietinsäure > Dehydroabietinsäure, Pimarsäure, Sandaracopimarsäure

abies-Arten:
Abienol > Abietinsäure ≥ Lävopimarsäure/Pallustrinsäure > *neo*-Abietinsäure

larix-Arten:
Larixylacetat > *iso*-Pimarsäure > Lävopimarsäure/Pallustrinsäure > (*neo*-)Abietinsäure ≥ Epimanool/Larixol

Beim Destillieren tritt eine Isomerisierung der Doppelbindungen ein, sodass die originale Zusammensetzung sich verändert und wir z. B. im Kolophonium keine Lävopimarsäure mehr finden, dafür mehr Abietinsäure.

Bei den *pinus*-Harzen dominieren Carbonsäuren mit Abietan- und Pimarangerüst. Sie zeigen keine hohe Polymerisationsneigung und bilden die weichen Harze.

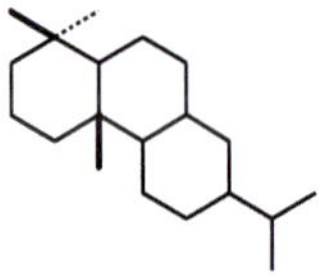

Abietan

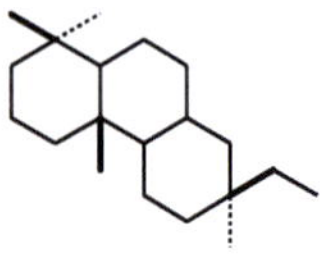

Pimaran

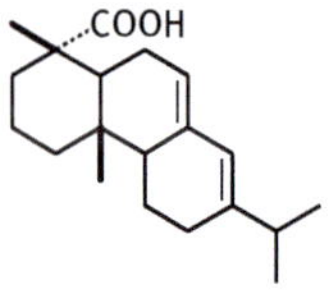

Abietinsäure

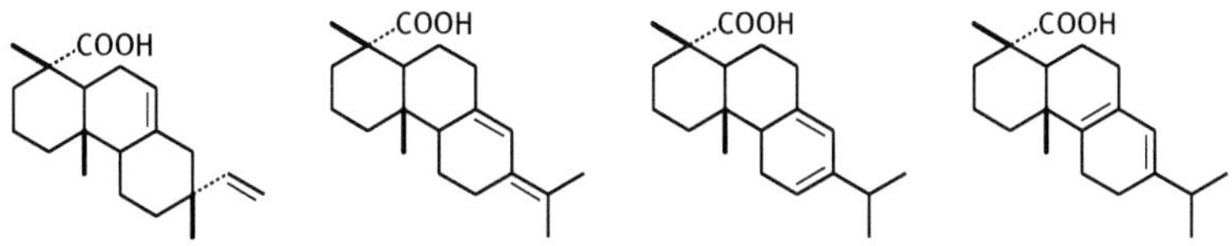

Isopimarsäure Neo-Abietinsäure Lävopimarsäure Palustrinsäure

abies- und *larix-*Balsamharze enthalten auch Verbindungen mit dem bizyklischen Labdangerüst:

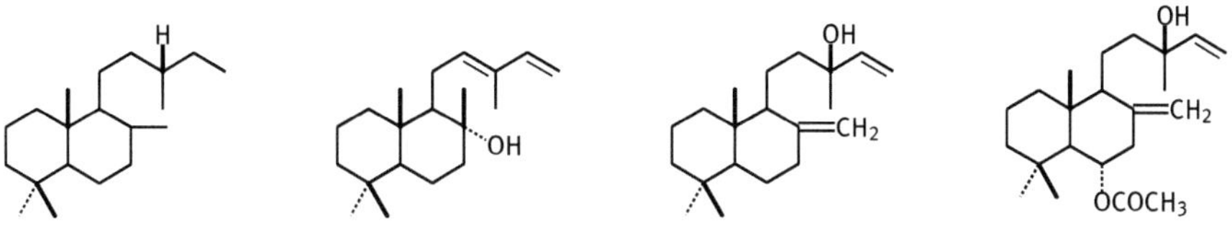

Labdan Abienol Epimanool Larixyl-acetat

Das Labdangerüst der *abies-*Arten kann polymerisieren und im Laufe der Zeit zu einer Härtung des Harzes führen. Die Polymerisation erfolgt über die Dien-Struktur [906], vornehmlich als 3,4-Addition und zu einem geringen Teil als 1,4-Addition, da die innere Doppelbindung sterisch abgeschirmt ist:

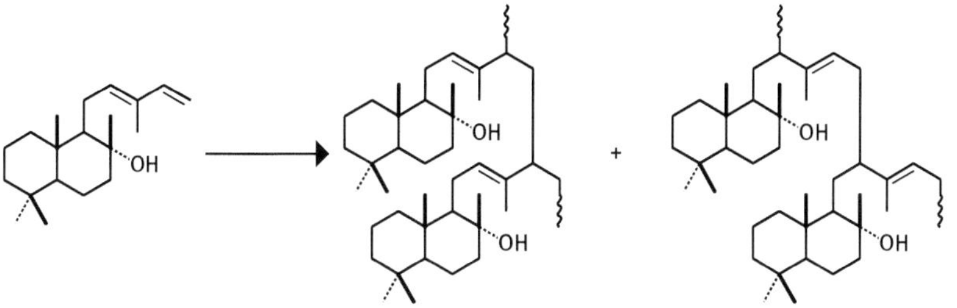

Poly-Abienol 3,4-Polymer Poly-Abienol 1,4-Polymer

***leguminosae*-Harze** liegen den Copal-Harzen zugrunde und basieren ebenfalls auf dem Labdan-Gerüst. Es gibt weiche, nicht-polymere Harze (Copaiba-Balsam), und harte Harze (Copal-Harze) auf Labdadien-Basis, in denen durch die konjugierten Doppelbindungen eine Polymerisation stattgefunden hat. Bemerkenswert ist, dass diese Harze fast nur die Enantiomeren der Inhaltsstoffe der *pinaceae-*Arten enthalten. Da viele der Harze noch vor dem Zeitalter der Gaschromatographie/Massenspektrometrie untersucht wurden, ist unsere Kenntnis weniger exakt als die der Koniferenharze:

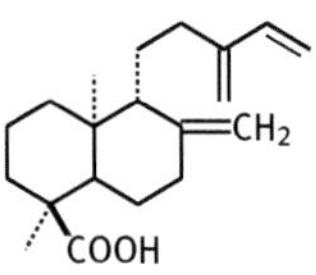

iso-Ozsäure

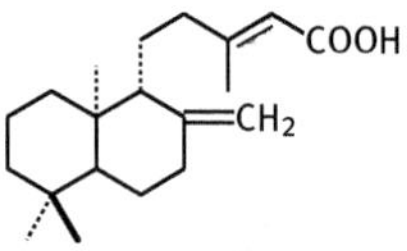

Copalsäure

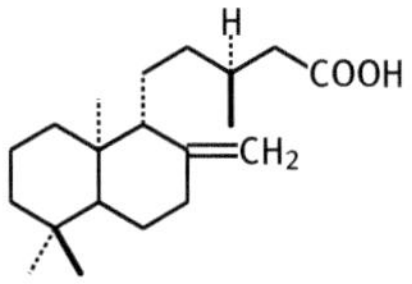

Eperusäure

Dammarharz wird aus Triterpenen aufgebaut. Eine unpolare, alkoholunlösliche Fraktion (*β*-Resen) besteht aus Poly-cadinen, der Rest (die polare, alkohollösliche und teilweise saure Fraktion, *α*-Resen) enthält Hydroxy- und Oxo-Derivate von tetra- und pentazyklischen Triterpenen mit den Gerüsten von Dammaran, Olean, Ursan und Hopan [97, 890, 891, 893, 905]:

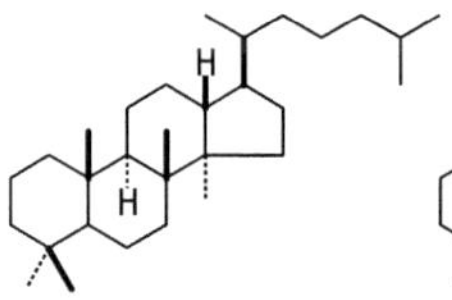

Dammaran

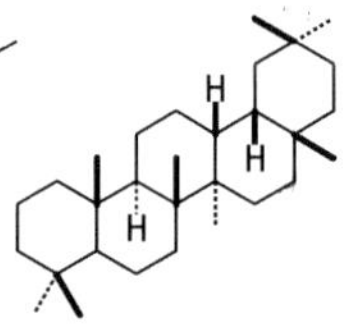

Olean

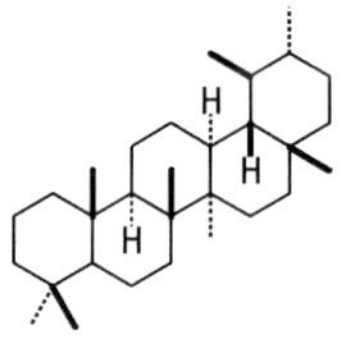

Ursan

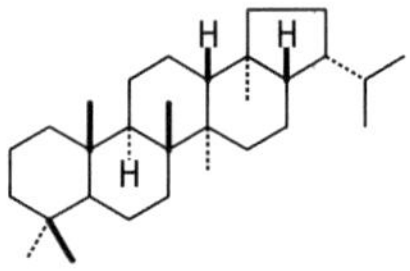

Hopan

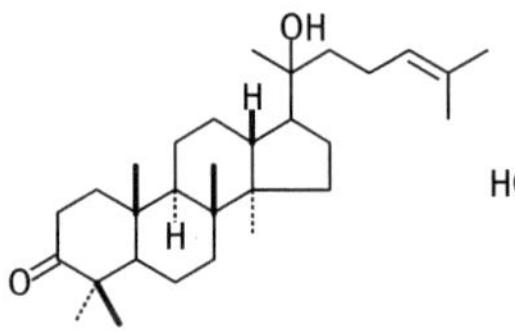

Hydroxy-dammarenon

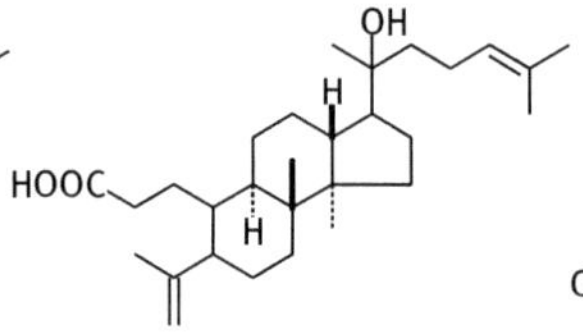

Dammarenolsäure

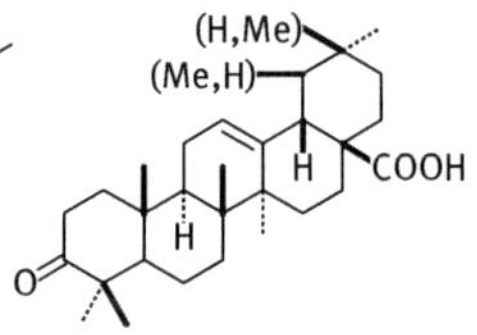

Oleanonsäure/Ursonsäure

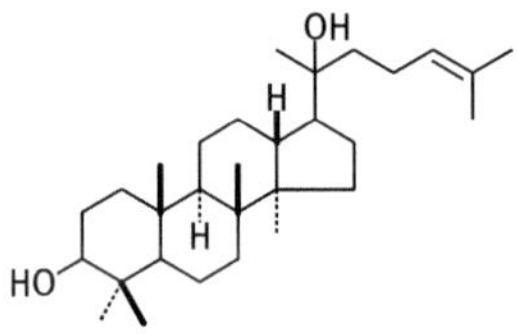

Dammarendiol

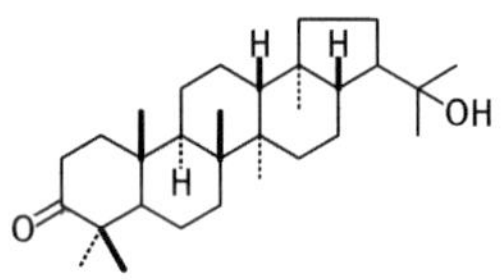

Hydroxy-hopanon

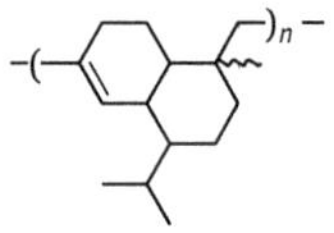

Poly-cadinen

Dammarharz ist in Wasser und anderen Lösungsmitteln schwer löslich, löst sich aber in Terpentinöl und schmilzt bei Temperaturen ab ca. 80 °C. Es ist seit dem 19. Jhd. ein klassisches Firnisharz, in ►Abschnitt 7.4.10 beleuchten wir die Rolle des Firnis näher.

Mastixharz war bereits im Altertum bekannt, da es aus Bäumen der Art *pistacia* gewonnen wird, die im Mittelmeerraum, vor allem der Insel Chios, beheimatet ist und somit im Lebensbereich der alten Kulturen vorkommt. Es ist ähnlich dem Dammarharz zusammengesetzt und enthält hohe Anteile an Verbindungen mit Euphan- und Oleangerüst sowie ein Polymer (*cis*-1,4-Poly-*β*-myrcen) [97, 893, 897, 905]:

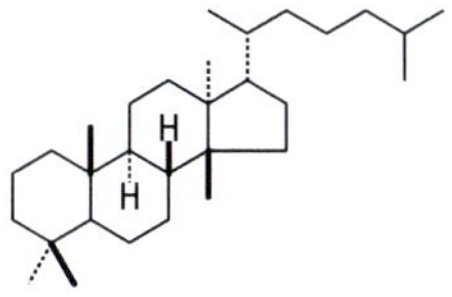

Euphan

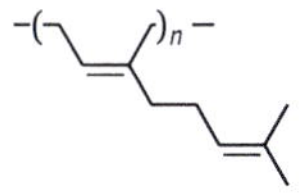

cis-1,4-Poly-*β*-myrcen

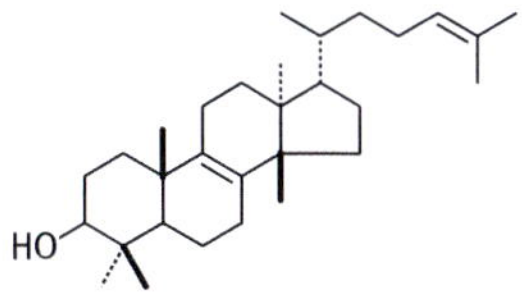

Tirucallol

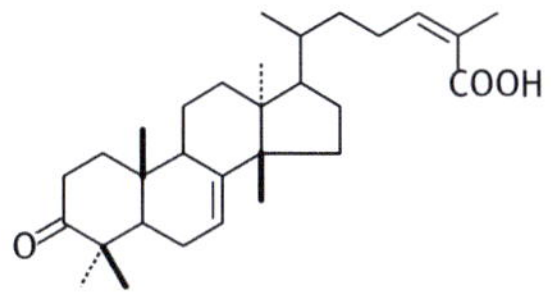

Masticadienonsäure

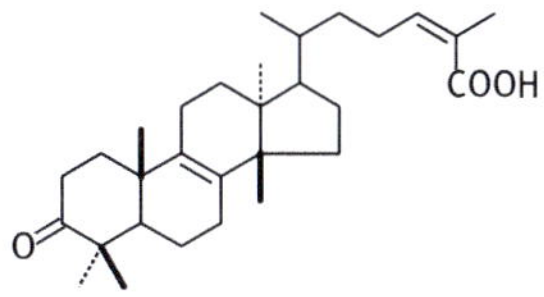

Isomasticadienonsäure

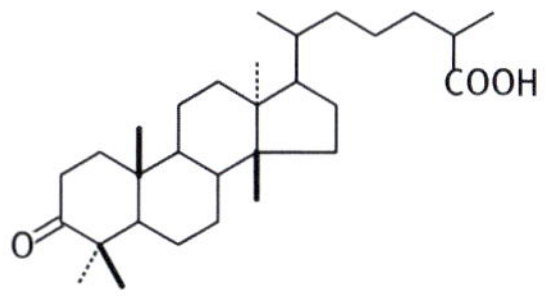

Masticonsäure

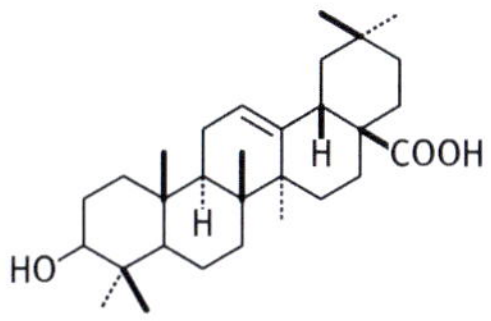

Oleanolsäure

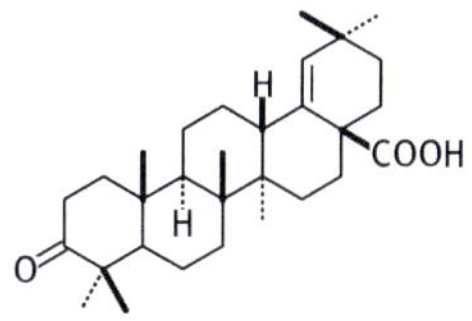

Moronsäure

Mastixharz besitzt einen Schmelzpunkt um ca. 100 °C und ist in Wasser und anderen Lösungsmitteln schwer löslich, leicht dagegen in Terpentinöl. Diese Lösung wird seit dem 17. Jhd. bis heute als Harzfirnis eingesetzt, ►Abschnitt 7.4.10.

Alterung, Oxidation der Harze

Die Schutzwirkung der Firnisse mit Dammar- oder Mastixharz ist umstritten, da die leichte Oxidierbarkeit der Terpen-Ketone im Laufe der Zeit zu zahlreichen niedermolekularen Abbauprodukten führt [890, 892–895]. ►Abbildung 7.14 zeigt zwei Wege, auf denen eine Öffnung der Terpen-Ringsysteme stattfinden kann. Beide folgen der typischen Kettenreaktion radikalischer Oxidationen:

$$\mathrm{R} \longrightarrow \mathrm{R\bullet}$$

$$\mathrm{R\bullet} \xrightarrow{+\ O_2} \mathrm{R{-}OO\bullet} \xrightarrow[-\ \mathrm{R{-}OOH}]{+\ \mathrm{R{-}H}} \mathrm{R\bullet}$$

$$\mathrm{R{-}OOH} \longrightarrow \mathrm{RO\bullet} + \mathrm{\bullet OH}$$

$$\text{2 Radikale} \longrightarrow \text{nichtradikalisches Produkt}$$

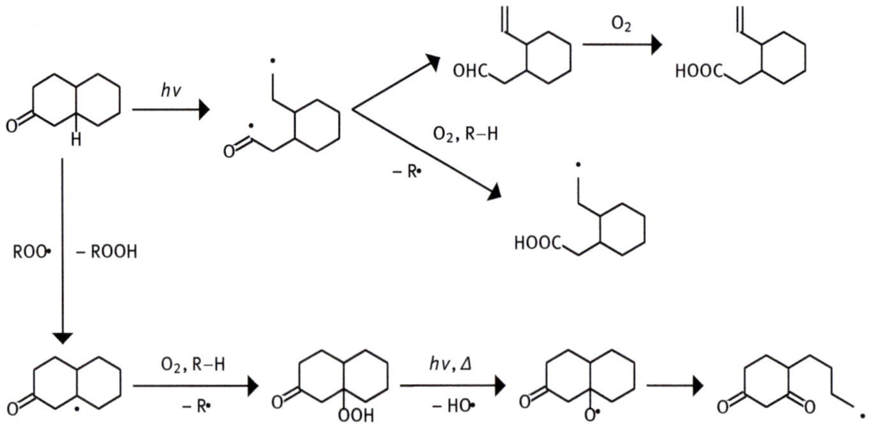

Abb. 7.14: Typische Reaktionen, die beim oxidativen Abbau von Dammar- und Mastix-Harzfirnissen auftreten. Gezeigt ist ein typisches Element der Triterpene und mögliche Folge-Reaktionen.

Die initialen Radikale werden bevorzugt neben Doppelbindungen oder Carbonylgruppen gebildet. Der Abbruch der Radikalkette erfolgt durch Rekombination oder Bildung neuer Doppelbindungen, es entstehen Alkene, Aldehyde, Carbonsäuren und Carbonylgruppen. Im Mastixharz werden auf diese Weise bis zu sechs Sauerstoffatome in ein Molekül eingeführt. Typische Oxidationsprodukte sind

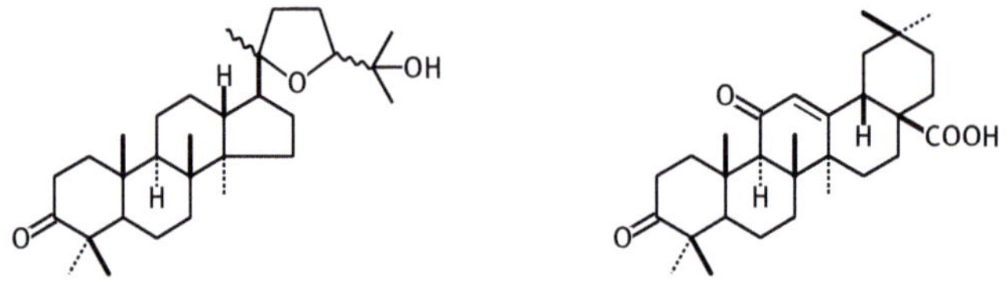

20,24-Epoxy-25-hydroxy-dammaran-3-on 11-Oxo-oleanonsäure

Interessanterweise tritt die Oxidation rasch und unabhängig von einer Lichtexposition ein, lediglich die Reaktionsgeschwindigkeiten variieren. So wurden nach 7 Wochen im Licht ähnliche Mengen an Abbauprodukten gefunden wie nach 31 Wochen in der Dunkelheit.

Als Folge der Oxidation werden die Gerüste der Triterpene verkleinert, verändert und hochfunktionalisiert. Polymerisation der Intermediate findet durch die rasche Weiterreaktion der Radikale zu Carbonylgruppen kaum statt. Die sauerstoffhaltigen Verbindungen sind hydrophil, häufig sauer und führen zur bekannten Löslichkeit gealterter Firnisse in Alkoholen.

Bedeutsam für die Konservierung alter Gemälde ist eine Versprödung und Vergilbung des Firnis, die durch Zersetzung der Harzkomponenten verursacht werden, Folgen sind fehlstichige oder verblasste Farben. Vergilbung tritt bekanntermaßen besonders bei Lagerung der gefirnissten Gemälde im Dunkeln auf; wir können dies durch lichtinduzierte Oxidation und Bleichung der gefärbten Abbauprodukte durch Sonnenlicht erklären. Die Färbung der Abbauprodukte wird von mehr oder weniger ausgedehnten Doppelbindungssystemen in Konjugation mit Carbonylgruppen hervorgerufen, wie sie bei der Autoxidation entstehen, ►Abbildung 7.15.

Viele der genannten Nachteile sollen in modernen Firnissen auf Basis von Cyclohexan o. ä. nicht mehr auftreten, deren sehr kurze moderne Produktzyklen jedoch bislang keine Aussagen über längere Zeit zulassen, ►Abschnitt 7.4.10.

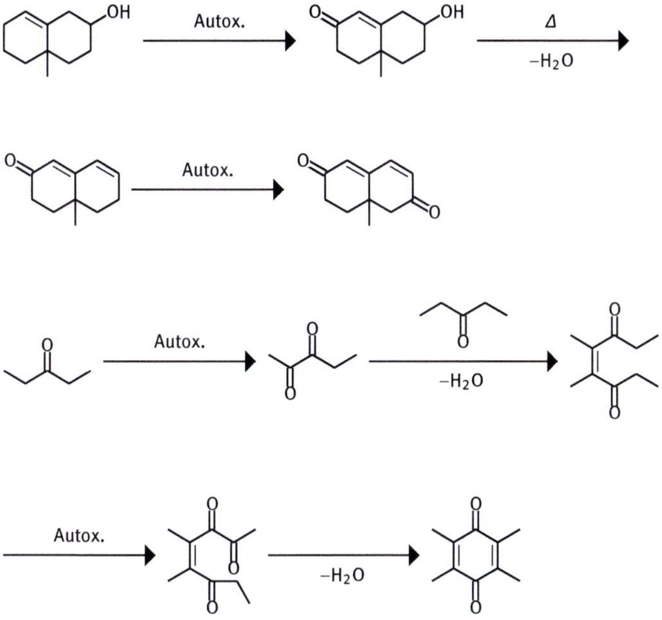

Abb. 7.15: Entstehung gefärbter, chinoider oder konjugierter Strukturen beim oxidativen Abbau von Harzfirnissen [898, 899].

7.4.9 Andere Lösungsmittel: Benzine, Terpentinersatz

Heute können wir neben pflanzlichen Balsamen wie Terpentinöl auch Lösungsmittel auf Basis von Mineralöl kaufen. Zu diesen gehören „Wundbenzin“, „Waschbenzin“, Nitroverdünner und Terpentinersatz. Diese Begriffe bezeichnen flüssige Mischungen aliphatischer und aromatischer Kohlenwasserstoffe, die bei der Benzinherstellung in Erdölraffinerien anfallen. Die Rohbenzinfraktion (Naphtha, Siedepunkt 30–220 °C) wird durch fraktionierte Destillation weiterzerlegt, wodurch wir verschiedene Gruppen von *Siedegrenzbenzinen* erhalten [856].

Aromatenfreie aliphatische Lösungsmittel

Sie bestehen im wesentlichen aus niederen Aliphaten und weisen einen niedrigen Siede- und Flammpunkt auf. Sie werden nach ihrem Siedeintervall eingeteilt und können durch fraktionierte Destillation weitgehend aromatenfrei erhalten werden:

- Petroleumbenzin 40–60 °C: n-Pentan, 2-Methyl-pentan, Cyclopentan und Cyclohexan
- Petroleumbenzin 60–80 °C: n-Hexan
- Universalbenzin, Waschbenzin, Petroleumbenzin 100–140 °C: iso-Oktan, Cyclohexan bis Cyclooktan, n-Hexan, n-Heptan
- Petroleumbenzin 140–165 °C: n-Oktan bis n-Dekan, iso-Oktan, iso-Dekan, Cyclooktan, Cyclononan

Aromatenhaltige aliphatische Lösungsmittel

Diese Lösungsmittel sind Mischungen aus Aliphaten und Aromaten:

- Naphthabenzin 100–140 °C: n-Hexan bis n-Nonan, iso-Heptan bis iso-Nonan, Cycloheptan, Cyclooktan, Toluol, Xylole
- Kristallöl 135–180 °C: n-Oktan bis n-Undekan, iso-Oktan bis iso-Undekan, Cyclooktan, Cyclononan, Xylole, Mesitylene, Cumol und andere Aromaten
- Terpentinersatz, Terpentinöl-Ersatz, Testbenzin 140–200 °C: n-Oktan bis n-Dodekan, iso-Nonan bis iso-Dodekan, Cyclooktan bis Cycldekan, Tri- bis Pentamethyl-Benzole

Sie werden heute auch de-aromatisiert angeboten, indem die aromatischen Bestandteile hydriert werden.

Aromatenreiche Lösungsmittel

Sie bestehen fast ausschließlich aus Aromaten und besitzen somit ein sehr gutes Lösevermögen und leider auch hohe Toxizität:

- 160–182 °C: Tri- und Tetramethyl-benzole, Cumol

7.4.10 Firnismaterialien

Bevor wir die als Firnis benutzten Materialien betrachten, müssen wir uns vor Augen halten, welche Funktion ein Firnis erfüllen soll:

- Ein Firnis verleiht dem Gemälde mehr Oberflächenglanz. Er gleicht mikroskopische Unebenheiten der Malschicht aus und liefert eine glattere Oberfläche. Damit verringert sich der Anteil an Licht, das an feinsten Inhomogenitäten diffus reflektiert und gestreut wird, ►Abschnitt 1.6.8. Stattdessen tritt verstärkt Tiefenlicht und gerichtete Reflexion auf, die sich als Oberflächenglanz manifestiert.

- Der Firnis verleiht dem Bild durch Tiefenlicht mehr Farbtiefe und Farbklarheit. Die verringerte Streuung führt dazu, daß mehr Licht durch die Malschichten dringt und als farbiges Tiefenlicht wieder austritt, die Farben wirken dunkler und satter, ►Abschnitt 1.6.8.
- Der Firnis verleiht dem Bild mehr Detailschärfe. Dies hängt damit zusammen, daß alle Pigmentkörper durch den Firnis in einen transparenten Körper mit einheitlichem Brechungsindex eingeschlossen werden. Das einfallende Licht wird damit einheitlich in den Firnis hinein gebrochen und nicht an verschiedenen Pigmentkörnern unterschiedlich stark.
- Firnisschichten schützen das Gemälde vor Umwelteinflüssen.

[900] beleuchtet diese Punkte genauer und diskutiert Vor- und Nachteile von Firnissen.

Über die frühen Firnisse ist nur wenig bekannt. Als Basis dienten immer Materialien, die bekannt und verfügbar waren. Ein Überblick ►Abbildung 7.16 zeigt wesentliche Eckdaten [887]. Frühe Firnisse waren Öle, die eingedickt oder mit verschiedenen Harzen zusammengeschmolzen wurden und dicke Schichten mit hoher Neigung zu Vergilbung und Bräunung bildeten. Im 17. Jhd. kam der erste, aus heutiger Sicht brauchbare Firnis auf Spiritus-Basis auf, Mastix wurde in Terpentinöl aufgelöst und avancierte im 19. und frühen 20. Jhd. zum wichtigsten Gemäldefirnis [901]. Auch Mastix zeigt eine langsame Vergilbung. Ab 1827 spielte Dammarharz eine Rolle, das aber im englischen und französischen Raum wenig geschätzt wurde und sich erst im späten 20. Jhd. vor allem im deutschsprachigen Raum durchsetzen konnte. Es vergilbt weniger als Mastix. Beide Harze sind anfänglich in Terpentinöl löslich, die Löslichkeit verliert sich beim Alterungsprozess zunehmend, und es steigt die Löslichkeit in Alkohol.

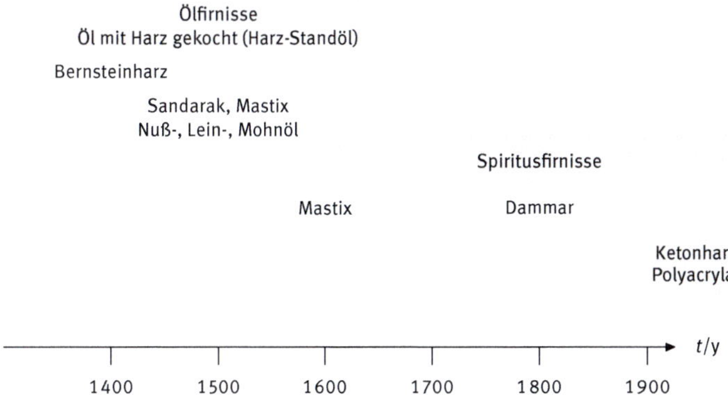

Abb. 7.16: Die Entwicklungsphasen der Firnisse.

Naturharz-Firnisse

Die wichtigste Anwendung gelöster Balsamharze im Bereich der Malerei ist die als Firnis, die seit dem 17. Jhd. ausgeübt wird. Zu diesem Zeitpunkt wurden die Terpentinöl-Destillate verfügbar, die zur Lösung der Harze benötigt werden.

Das Lösungsmittel verdunstet aus den Harzlösungen bereits kurze Zeit nach dem Aufstrich, und die dünn auf dem Gemälde verteilten verbliebenen Balsamharze bilden einen ersten festen, schützenden Film. Der Harzfilm trocknet zunächst rein physikalisch auf, eine Vernetzung findet auch im weiteren Verlauf kaum statt [890, 892–895]. Die eigentliche oxidativ-chemische Trocknung der fetten Öle erfolgt in und unter dem Harzfilm im Verlauf der folgenden Wochen.

Die Chemie der Dammar- und Mastix-Harze haben wir bereits in ►Abschnitt 7.4.8 auf S. 597 im Zusammenhang mit Balsamharzen im Detail kennengelernt und dabei auch die Frage der Alterung von Harzfilmen berührt. Zahlreiche Untersuchungen [890, 892–895] zeigen, daß die Schutzfunktion eines Naturharzfilms nach längerer Zeit nachläßt und schließlich unterbleibt. Eine detaillierte Untersuchung über die generelle Eignung des Dammarharzes als Firnis ist in [891] gegeben.

Synthetische polymere Firnisse

Synthetische Polymere werden immer wieder als Alternative zu den Naturharz-Firnissen mit ihren bekannten Nachteilen genannt. In [888] werden einige hochpolymere Materialien des 20. Jhd. (Acrylate, Polyester) besprochen, aber nicht als ernsthafte Alternative zu den herkömmlichen Harzfirnissen eingestuft.

So trocknen z. B. die niedermolekularen Naturharze spannungsfrei auf, da sich die kleinen Moleküle beim Verdunsten des Lösungsmittel frei anordnen können. Polymere hingegen sind in ihrer Beweglichkeit behindert und verbleiben nach dem Verdunsten in einem „eingefrorenen“ Spannungszustand, sodass der Zusatz von Weichmachern nötig ist. Im Falle von Polyacrylat-Polymeren können stattdessen Copolymerisate eingesetzt werden.

Cyclohexanon-Firnisse (Ketonharze)

Cyclohexanon-Firnisse gehören zu den niedermolekularen Materialien, die in [889] jedoch ebenfalls negativ bewertet werden, da ihre mechanischen und filmbildenden Eigenschaften sowie ihre Wiederanlösbarkeit und die Tendenz zur Versprödung ebenfalls nicht die Anforderungen eines Firnis erfüllen.

Die chemische Struktur der Cyclohexanon-Firnisse, die ab 1952 eine gewisse Verbreitung gefunden haben, ist nicht vollständig bekannt, das ihnen zugrundeliegende Harz bildet zwei Typen von Oligomeren mit den in ►Abbildung 7.17 gezeigten ungefähren Strukturen [889, 896]. Beide Typen gehen durch fortgesetzte Kondensation unter Wasserabspaltung aus Cyclohexanon oder Methyl-cyclohexanon hervor, wobei Einfach- oder Doppelbindungen gebildet werden. Es werden bis zu 12 Monomere in ein Molekül eingebaut.

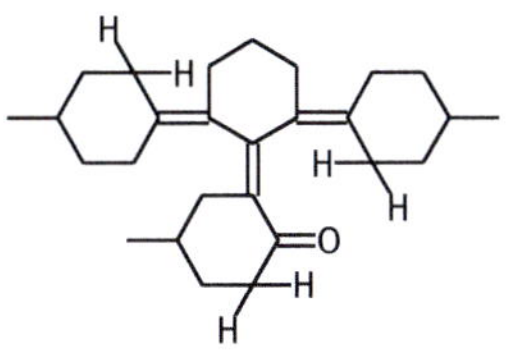

Typ I

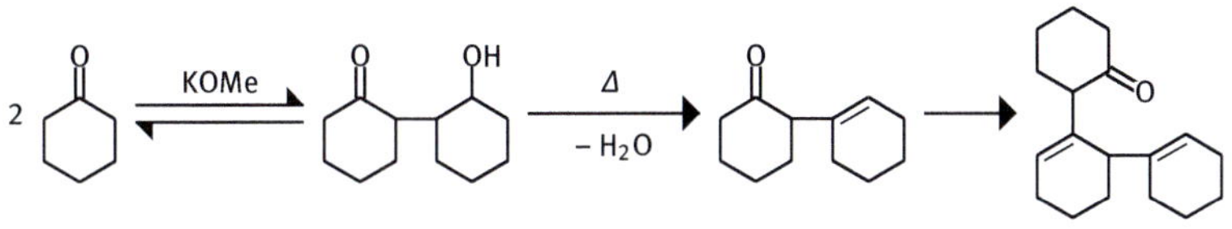

Typ II

Abb. 7.17: Die zwei Typen von Cyclohexanon-Harzen und die Synthese von Typ II-Harzen.

7.4.11 Pigmentveränderungen

Die unerwünschte, weil sich auf die Farbe auswirkende Veränderung von Pigmenten über lange Zeiträume hinweg haben wir bereits anhand der Schäden an Wandmalereien diskutiert, ►Abschnitt 7.3.5. Da Tafelbilder aus Öl, aber auch Zeichnungen und Aquarelle geschützter aufbewahrt werden, sind Schadbilder häufig nicht so ausgeprägt, dennoch gibt es auch hier eine Reihe unerwünschter Veränderungen, von denen wir uns nur typische Vertreter anschauen können, wie

- den (Total-)Verlust gelber Lacke (sichtbar in grün ausgemischten Partien unter Verbleib blauer Bäume und Pflanzen),
- den (Total-)Verlust roter Lacke (sichtbar an käsigen Gesichtern und matten Gewandstoffen),
- den (Total-)Verlust blauer Farbe von Berlinerblau oder Smalte (sichtbar an silbrig-grauen Himmeln und veränderter Tonalität des Gemäldes),
- die Alterung des Leinöl-Mediums (sichtbar am Versinken des Bildes in schwer lesbares, formloses Halbdunkel).

Farbänderung werden durch Veränderung des Pigments selbst, Veränderung des Bindemittels (Abbau, Vergilben) oder durch Reaktion von Pigmenten untereinander oder mit Bindemitteln ausgelöst. Wir werden im Folgenden Beispiele kennenlernen, für die schon ein grundlegender Kenntnisstand vorliegt. Insgesamt sind Pigment- und Gemäldeschäden jedoch ein aktuelles Forschungsthema der Kunsttechnologie.

Reaktionen von Eisenpigmenten

Während Eisenoxidpigmente sehr stabil sind, muß dies bei Eisenblaupigmenten (Berliner- oder Preussischblau) anders gesehen werden. Schon kurz nach der Einführung dieses an sich wertvollen Blaupigments Anfang des 18. Jhd. zeigte sich die Tendenz des Pigments zum Ausbleichen. Beispiele dafür finden wir in den Werken von R. Wilson, A. Watteau, Canaletto um 1730, T. Gainsborough um 1750 oder Tiepolo um 1750, vor allem in ausgebleichten, heute zu hellen Himmelspartien, die sich grünlich oder weißlich verfärben, oder in der Darstellung feiner blauer Stoffe. Unter Malern war diese Erscheinung bekannt, [377–379] bestätigen die Neigung des Berlinerblau zum Ausbleichen durch photochemische Reaktionen.

Die systematischen Untersuchungen zeigten, daß Ausbleichen nur bei Weißausmischungen auftritt, nicht beim reinen Pigment selber. Leider kann durch die hohe Farbstärke das Pigment kaum isoliert eingesetzt werden. Mitverantwortlich für die schlechte Haltbarkeit des frühen Pigments waren die obskuren Herstellungsprozesse: die Parameter des komplexen Herstellungsprozesses wurden durch Versuch und Irrtum festgelegt, ihr Einfluß auf die Pigmentqualität war unklar, ein Zusatz von Füllstoffen nicht nachvollziehbar.

Das moderne Pigment ist als moderat bis haltbar gelistet, außer in sehr dünnen Lasuren oder in starken Weißausmischungen. Ursächlich für die grundsätzlich gute Haltbarkeit ist die kontrollierte Herstellung aus reinen Ausgangsstoffen.

Reaktionen von Kobaltpigmenten

Während Kobaltblau-Pigmente sehr stabil sind, konnte dies von Smalte nicht gesagt werden. Dieses günstige kobalthaltige blaue Glas, wurde über einen längeren Zeitraum als Ergänzung für den schwierigen Blaubereich genutzt, es war jedoch bald bekannt, daß das Glas ausbleicht, sichtbar etwa an Gemälden von P. Veronese, B. Bruegel oder J. Beuckelaer, alle um 1560–1570, oder T. Gainsborough um 1750 [372, 498, 505]. Die optischen Schäden umfassen den Totalverlust blauer Partien, das Vergrauen und die Verfärbung zarter blauvioletter Schatten, sowie gelbbraune Verfärbungen des Mediums. Durch die Verwendung in Himmeln und zur Tönung von Schattenpartien wird durch diese Veränderungen oft die ganze Tonalität des Gemäldes verändert.

Nach [372–374] tritt der Farbverlust als Folge eines Strukturverlustes des Kaliglases ein, das die Grundmatrix von Smalte bildet. In Smalte liegt Kobalt als tetraedrisch koordiniertes $Co^{2\oplus}$-Kation vor, dessen LF-Übergänge durch die Tetraedersymmetrie symmetrieerlaubt und intensiv sind (CoO_4-Chromophor). Kaliglas ist jedoch als Weichglas bekanntermaßen anfällig für Feuchtigkeit und Säuren, die langsam die Alkali- und Erdalkali-Kationen herauslösen, im Falle von Smalte besonders Kalium. Kalium spielt jedoch eine Rolle bei der Stabilisierung der Tetraederstruktur, sodaß sich nach Migration von K die chemische Umgebung von $Co^{2\oplus}$ ändert und sich die

Koordinationszahl bis zur Oktaederkoordination erhöht. Damit ist nun jedoch ein symmetrieverbotener LF-Übergang für die Farbe verantwortlich, die durch das Verbot erheblich schwächer ausfällt:

$$\text{Kaliglas:Co}^{2\oplus}_{\text{tetraedrisch}} \text{ oder } [CoO_4] \xrightarrow[-\text{K}]{\text{Feuchtigkeit, Säuren}} \text{Restglas:Co}^{2\oplus}_{\text{oktaedrisch}} \text{ oder } [CoO_6]$$

Smalte, blau — Smalte, farblos

Verfärbungen des Mediums gehen einher mit komplexen Veränderungen, die durch Bildung von Kalium-Seifen ausgelöst werden.

Reaktionen von Quecksilberpigmenten

Die Schwärzung von Zinnober ist ein bekanntes Phänomen [342]. Roter Zinnober kann über hunderte von Jahren stabil sein, während er in anderen Gemälden eine silbergraue oder schwarze Kruste ausbildet, die den Bildinhalt stark verunstaltet. Beispiele reichen durch alle Jahrhunderte, von G. del Ponte um 1420, P. Uccello um 1440, B. Gozzoli um 1460 bis J. Jordaens um 1620 oder A. Cuyp um 1650.

Untersuchungen zeigten, daß die Verunreinigungen aus der naßen Herstellung die Schwärzung begünstigen, dennoch zeigt auch der stabilere Zinnober aus der trockenen Herstellung Schwärzung, zuweilen im gleichen Gemälde neben gut erhaltenen Partien. Meist wurden schwarze und weiße Abbauprodukte nebeneinander aufgefunden. Es wurde gezeigt, daß das weiße Abbauprodukt Quecksilber(I)chlorid (Kalomel) ist, daß unter Mitwirkung von Chlorid aus der Luft oder Schmutz, Licht und Feuchtigkeit entsteht:

$$HgS \xrightarrow{\text{HCl oder NaCl, Feuchtigkeit}} Hg_3S_2Cl_2 \xrightarrow[-\text{S}]{h\nu} Hg_2Cl_2 + HgS$$

HgS: Zinnober, rot — $Hg_3S_2Cl_2$: Corderoit — Hg_2Cl_2: Kalomel, weiß — HgS: Metazinnober, schwarz oder amorphes Sulfid, schwarz

Weitere Versuche legen nahe, daß die Reaktion über Corderoit verläuft, der beim Zerfall – wie an Gemälden beobachtet – zusätzlich schwarzes Quecksilbersulfid liefert.

Neben der Reinheit des Zinnobers besitzt die Malweise entscheidenden Einfluß auf die Frage, ob Zinnober schwärzt oder nicht. Beispiele zeigen, daß sich Zinnober dort erhalten hat, wo er durch weitere Malschichten geschützt wird, die entweder die Lichtmenge reduzieren oder eine Barriere gegen z. B. Chlorid-Ionen bilden.

Reaktionen von Arsenpigmenten

Realgar ist ein leuchtend orangerotes Pigment, das in einigen Bildern starke Veränderung zu einem gelben Pulver hin zeigt, z. B. an J. Tintorettos Gonzaga-Zyklus, dessen expressiv gelbe Glanzlichter auf Stoffen und in Flammen ursprünglich mildere Orangetöne zeigten [495]. In [354] wird eine Umwandlung von Realgar in gelbes Auripigment formuliert:

$$3\,As_4S_4 + 3\,O_2 \longrightarrow 4\,As_2S_3 + 2\,As_2O_3$$

Realgar, orange — Auripigment, gelb

Nach [59] ist Auripigment jedoch thermodynamisch instabiler, sodaß die Umwandlung stattdessen mit gelbem Pararealgar als Endprodukt formuliert werden muss:

$$As_4S_4 \xrightarrow{h\nu} As_4S_4$$

Realgar, orange — Pararealgar, gelb

Es handelt sich um eine mineralogisch wohlbekannte Umwandlung, bei der die schwachen As–As-Bindungen im Realgar getrennt werden und freies Arsen entsteht, das die Realgar-Struktur destabilisiert und sich mit den umgebenden Arsen- und Schwefelatomen zur pulverigen Struktur des Pararealgars gruppiert. Pararealgar hat trotz gleicher Summenformel einen anderen Aufbau als Realgar. Ebenfalls in den Quellen erwähntes Arsenik (weißes Arsen(III)oxid) kann als Oxidationsprodukt entstehen.

Reaktionen von Bleipigmenten – Veränderungen des Bindemittels

[495] schildert eine Veränderung an einem Bilderzyklus von J. Tiepolo, die großflächig wirksam ist, da sie das Bindemittel betrifft: das Versinken weiter Bereiche des Bildes in ein schwer lesbares Halbdunkel ohne klare Konturen oder Farben. Dieses Beispiel ist nur eines von zahllosen anderen, wie Gemälde der verschiedensten Maler und Epochen zeigen, etwa die Niederländer des 17. Jhd. wie Rembrandt, A. van der Neer, J. van Goyen, J. Steen, F. Hals, J. Vermeer, N. Berchem oder auch V. van Gogh 1888. Betroffen sind Ölbilder vom 15. Jhd.–20. Jhd. auf Leinwand, Papier, Holz oder Kupfer, aber auch Malschichten in Eitempera oder Firnislagen können die Schadbilder zeigen. Zu der genannten visuellen Veränderung gehören in unterschiedlicher Kombination physikalische Schäden am Bildmaterial: mikroskopische Löcher von 100–200 µm Größe, die über das Bild verteilt sind, streifenförmige dunkle Stellen, Inkrustationen und Abplatzungen von Teilen der Malschicht. Die große Anzahl solcher beunruhigender Schadbilder veranlaßte schon Anfang des 20. Jhd. Restauratoren, Techniker und Chemiker zu Erklärungsversuchen.

Der Chemiker A. P. Laurie erklärte die erhöhte Transparenz ganzer Malschichten mit einer altersbedingten Zunahme des Brechungsindex des Leinölmediums. Frisches Leinöl besitzt einen Brechungsindex von ca. 1,48, der beim Altern auf ca. 1,6 steigt (►Tabelle 1.16 auf ►S. 52). Die Deckkraft eines Pigments hängt von der Differenz seines Brechungsindex zu dem des Mediums ab, ►Abschnitt 1.6.8. Da der Brechungsindex von z. B. Malachit, Grünspan, Beinschwarz und Smalte nahe bei dem des frischen Leinöls liegt (►Tabelle 1.19 auf ►S. 69), können ursprünglich deckende Schichten aus diesen Pigmenten schon bei kleiner Erhöhung des Brechungsindex des Mediums heute transparent wirken.

Blei- und Zinkseifen Diese Erklärung ist für die genannten niedrigbrechenden Pigmente zutreffend, erklärt aber noch nicht, wieso auch Malschichten mit so hochbrechenden Pigmenten wie Bleiweiß betroffen sind, deren Brechungsindex selbst in gealtertem Leinöl noch deutlich über dem Medium liegt. Der Chemiker A. EIBNER vertrat Anfang des 20. Jhd. die Ansicht, daß Pigmente und Sikkative Blei-Kationen freisetzen, die mit freien Fettsäuren des Leinöls niedrigbrechende Bleiseifen (Bleisalze von Fettsäuren) bilden und so die Transparenz verursachen. Im folgenden wurden Schäden auch durch weitere Bleiverbindungen wie Bleizinngelb oder Mennige bekannt. Im späten 20. Jhd. wurde das Thema „Bleiseife“ und allgemeiner „Metallseife“ Gegenstand einer breiteren Forschung, die sich mit den Phänomenen und Schadbildern der Alterung von Malschichten befaßt. Die Zwischenergebnisse zeichnen ein Bild der Malschicht als System voller Dynamik [857–862]:

- Der Brechungsindex von frischem Leinöl von 1,48 steigt im Laufe der Alterung auf ca. 1,6. Damit werden niedrigbrechende Pigmente durchsichtig oder lasierend.
- Bleiseifen bestehen hauptsächlich aus Bleisalzen von Stearinsäure, Palmitinsäure und Azelainsäure. Sie bilden amorphe voluminöse Aggregate, migrieren zur Oberfläche und durchbrechen sie. Dies führt zu physischen Veränderungen durch Volumenvergrößerung: Abblättern und Abflocken von Malschichten, Abheben, Mikroperforieren und Kraterbildung in Malschichten, Ausblühungen, Schleier und Inkrustationen auf Malschichten.
  Der Schaden kann lokal sein, wenn Untermalungen ursächlich sind, oder bildübergreifend, wenn die Metallseifen in der Grundierung gebildet werden.
- Bleiseifen führen zu erheblichen visuellen Veränderungen: bleiweißhaltige Malschichten, Imprimaturen und Grundierungen werden transparent, ►Abbildung 7.18. Dies geschieht durch Absenken des Brechungsindex von 1,9–2,1 für Bleiweiß auf 1,50–1,55 für die gebildeten Bleiseifen, also auf einen Wert, der sehr nahe am Leinöl liegt und verseiftes Bleiweiß praktisch durchsichtig macht, da kein oder kaum noch Streulicht auftritt. Die damit verbundene visuelle Veränderung hängt von der Farbe der betroffenen Schicht und dem Schichtaufbau im Ganzen ab:
  - Form- und konturgebende obere Schichten lassen darunterliegende Schichten sichtbar werden, besonders wenn wenig deckende Pigmente wie Smalte in Himmeln verwendet werden. Untermalungen und Pentimenti scheinen durch. Das Bild wird schwer lesbar durch Formverlust und Verschwinden des beabsichtigten Hell-Dunkel-Kontrastes.

  - Weiße oder helle Imprimituren verschwinden optisch und lassen die tieferen Gründe durchscheinen, die oft dunkel oder braungrau sind, oder gar den Bildträger selber, z. B. dunkles unregelmäßiges Holz. Das Bild versinkt im Untergrund.
- Dicke Lagen von Bleiweiß sind weniger gefährdet als dünne.

Alle Effekte arbeiten zusammen, um ein komplexes Schadbild zu ergeben. Bisher wurden hauptsächlich Seifen mit Beteiligung von Blei- oder Zink-Kationen identifiziert, wobei schwer zwischen Metall-Kationen aus einem Pigment oder einem Sikkativ zu unterscheiden ist. Schadbilder mit Zinkseifen sind auf Bildern des 19. Jhd. und 20. Jhd. zu finden, als Zinkweiß intensiv eingesetzt wurde. Als Quelle von Blei-Kationen kommt vor allem Bleiweiß in Frage, aber auch Bleizinngelb oder Mennige oder Sikkative. In geringem Maße kommen Kupfer- und Kaliumseifen vor. Als Fettsäuren wurden hauptsächlich Palmitin- und Stearinsäure gefunden, zu einem kleinen Teil auch Azelainsäure als oxidatives Abbauprodukt, ►Abbildung 7.19.

Die Bereitstellung der Fettsäuren erfolgt durch Hydrolyse der Triacylglycerine (TAG) des Ölmediums. Untersuchungen an niederländischen Bilder des 17. Jhd. zeigen dunkle Verfärbungen, die die Rillen des Holzträgers nachzeichnen. Hier hat sich in den Rillen des Holzes Kalkgrund in dicken Schichten angesammelt und Öl aus dem Medium aufgesogen. Damit wird zusätzlich zu den oben genannten Verdunkelungen auch die Grundierung noch durchsichtig durch Angleichen des Brechungsindex an den von Öl. Es wird vermutet, daß solche dicken Schichten einer porösen Kalkgrundierung Öl wie ein Schwamm aufsaugen und sich daraus im Zuge der Alterung durch Hydrolyse die nötigen freien Fettsäuren punktuell in hoher Konzentration bilden und entsprechend punktuell Schäden verursachen. Dieses Beispiel zeigt, daß die konkreten Schadbilder stark vom Bildaufbau abhängen und damit einer zugrundeliegenden Schule bzw. Epoche oder Künstlergruppe zugeordnet werden können.

Die genauen Vorgänge sind noch Gegenstand der Forschung, [857, ch. 3 u. a.], [862] fassen die Ergebnisse zusammen. Danach stellt in einem *ersten Schritt* gealtertes Leinöl mit seifenbildenden Pigmenten ein *Ionomer* dar, ein vernetztes anionisches Polymer mit Carboxylgruppen aus Hydrolyse- und Spaltungsreaktionen. Metall-Kationen, die aus dem Pigment freigesetzt wurden, diffundieren durch das Ionomer, bis sich ein dynamisches elektrostatisch-chemisches Gleichgewicht eingestellt hat und die Carboxylgruppen an Metall-Kationen gebunden sind (I):

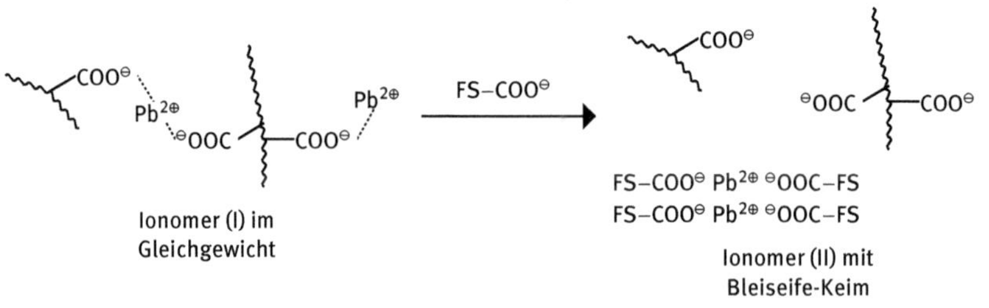

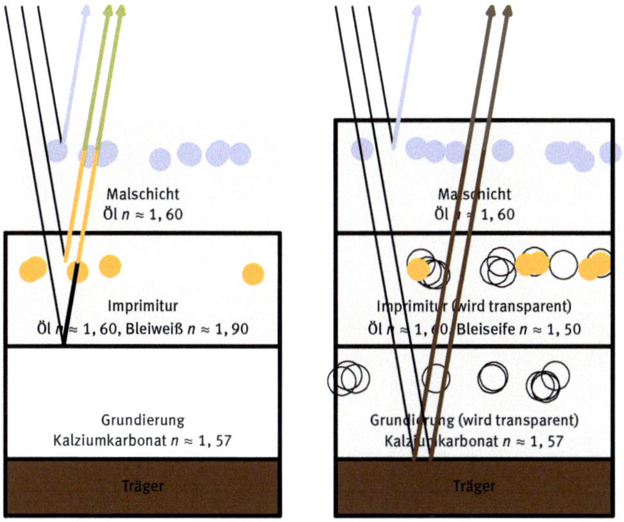

Abb. 7.18: Erhöhung der Transparenz ganzer Malschichten durch Bleiseifen [857, 858, 861]. Die Veränderung wird sichtbar, wenn unter der durchsichtig gewordenen Schicht keine weiße Malschicht liegt. Das jetzt auftretende Tiefenlicht macht die unteren Malschichten oder gar die ganze Grundierung sichtbar. Hat sich die Grundierung mit Öl vollgesogen, wird auch sie durchsichtig. Die oft dunkle Grundierung sorgt für ein allgemeines Halbdunkel, die fehlende Passgenauigkeit tieferer Malschichten mit den zuoberst sichtbaren Motiven für Konturlosigkeit und mangelnde Lesbarkeit. Verstärkt wird das Problem durch oberflächlichen Schmutz und vergilbende Bindemittel. Grundlage sind Streuphänomene, ►Abschnitt 1.6.8.
Links: junges getrocknetes Gemälde. Die Grundierung im Beispiel ist Kalziumkarbonat, $n = 1{,}57$ (weiß). Imprimitur und Malschicht bestehen aus gealtertem Leinöl, $n = 1{,}60$, Bleiweiß $n = 1{,}9$, Gelbocker $n = 2{,}3$ und einem blauen Pigment. Die Farbwirkung wird wie beabsichtigt von der Malschicht zusammen mit der Imprimitur bestimmt.
Rechts: gealtertes Gemälde. Leinöl ist von der Grundierung aufgesogen worden und hat den Unterschied im Brechungsindex verschwinden lassen, die Grundierung ist praktisch durchsichtig geworden. Bleiweiß ist in Bleiseife umgewandelt worden und in Leinöl ebenfalls durchsichtig, $n \approx 1{,}50$. Licht kann ungehindert bis zum Bildträger vordringen und als dunkles Tiefenlicht den visuellen Eindruck stark verfälschen.

Die Partner in diesen Metallcarboxylaten sind nicht dauerhaft gebunden, die Metall-Kationen können diffundieren und neue lose koordinative Bindungen eingehen.

In einem *zweiten Schritt* tritt Hydrolyse der Ester (Triacylglyceride), die in trocknenden Ölen enthalten sind, ein. Dies erfolgt entweder spontan durch Feuchtigkeit oder durch Mitwirkung der diffundierenden Metall-Kationen. Kationen wie $Pb^{2\oplus}$ können als Lewis-Säure wirken und koordinativ von Carbonylgruppen der Ester gebunden werden. Durch ihre elektronenziehenden Eigenschaften schwächen die gebundenen Metall-Kationen die Esterbindung und erleichtern so die Hydrolyse durch Feuchtigkeit. Die Metall-Kationen können an die entstandenen Fettsäure-Carboxylate binden und lange haltbare metastabile Systeme bilden.

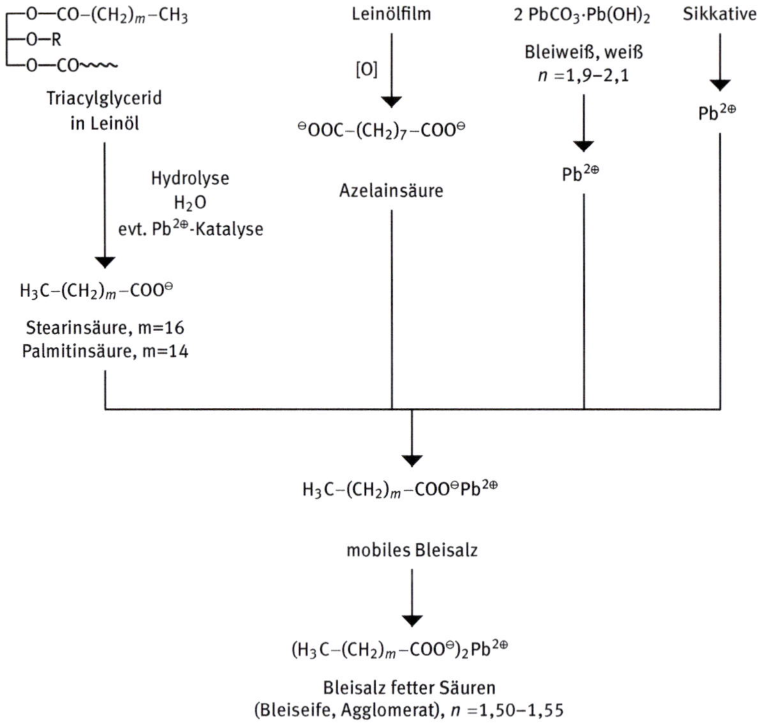

Abb. 7.19: Bildung transparenter Bleiseifen aus Fettsäuren und Blei-Kationen. Die Fettsäuren stammen aus der Hydrolyse von Triacylglyceriden des Leinöls oder aus der oxidativen Spaltung von Fettsäuren (Azelainsäure), die Blei-Kationen aus bleihaltigen Pigmenten, typischerweise Bleiweiß oder Bleizinngelb, oder bleihaltigen Sikkativen [857–859].

Im *dritten Schritt* können sich dann schnell Seifen bilden, wenn das Gleichgewicht gestört und ein größerer Teil freier Fettsäure-Carboxylate verfügbar wird, entweder durch Hydrolyse oder durch Zugabe von z. B. Bienenwachs oder Aluminiumstearaten. Die Verseifung verläuft schnell und irreversibel, da die entstandenen Metallseifen unlöslich in Leinöl sind (s. o. Struktur (II)). Nach Bildung von Kristallisationskeimen diffundieren freie Fettsäure-Carboxylate und Metall-Kationen zu den Keimen und vergrößern sie bis zu makroskopischen Aggregaten. Die genauen Vorgänge hängen von den Konzentrationen aller Partner (Fettsäure-Carboxylate, Metall-Kationen etc.) und den Diffusions-, Hydrolyse- und Kristallisationsraten ab. Letztlich sind die Spaltungsprozesse, die zu den freien Fettsäuren führen, komplex und hängen von den Bedingungen in der Malschicht und Umweltparametern ab. So führt hohe Luftfeuchtigkeit zur Photolyse von Fettsäuren in kürzere Dicarbonsäuren wie Azelainsäure, während höhere Temperaturen die Hydrolyse zu gesättigten Fettsäuren beschleunigen.

Weitere Metallseifen Besonders in Verbindung mit Smalte konnten auch Kaliumseifen gefunden werden, die entstehen, wenn sich das Glas abbaut und K ins Medium migriert und dort mit Fettsäuren reagiert. Dieser Prozess wird für die braunen Verfärbungen des Mediums und oberflächliche Trübungen verantwortlich gemacht. Kupferseifen sind lange bekannt als Reaktionsprodukte von Kupferpigmenten mit Öl.

Weitere Schadbilder durch Bleipigmente Neben den genannten Schadbildern gibt es weitere, die bei Anwesenheit von Smalte die Bildung feiner weißer Schleier oder dichter weißer Krusten aus komplexen Salzmischungen umfassen. Die Salze wurden als Blei-Kalium-sulfat und Calciumoxalat identifiziert. Blei- und Kalium-Kationen stammen aus dem Kaliglas der Smalte, $Pb^{2\oplus}$ auch aus Bleiweiß, der nötige Schwefel aus der Atmosphäre. Die Bildung der Bleiseifen fördert diese Reaktion, da sie die Auflösung von Bleiweißes und die Mobilmachung von Blei-Kationen fördert:

$$\underset{\text{Bleiweiß, weiß}}{2\,PbCO_3\cdot Pb(OH)_2} \longrightarrow \underset{\text{Bleiseife, farblos}}{(H_3C{-}(CH_2)_m{-}COO)_2Pb} \xrightarrow[]{\text{+ S (Atmosphäre)}\;\text{+ K (Glas)}} \underset{\text{komplexe Salzmischung}}{PbSO_4,\ K_2SO_4,\ \text{Bleioxalat}, \ldots}$$

Reaktionen roter und gelber Lackpigmente

Häufige und augenfällige Beispiele für den Abbau organischer Pigmente finden wir im Bereich der gelben und roten Lacke [347–349, 495, 505]. Zu den *gelben Lacken* gehören verlackte Flavonoide wie Schüttgelb aus Kreuzbeeren, oder gelbe Harze wie Gamboge. Die Bedeutung der gelben Lacke für Grünausmischungen und die mit ihnen verbundenen Probleme haben wir bereits angesprochen, ►S. 23. Aufgrund der dort genannten Probleme treten über die Zeit hinweg typische, deutlich sichtbare Veränderungen in Gemälden auf.

Augenfällig sind Partien gemalten Blattwerks oder ganze Wälder und Landschaften sowie Obst, die im Extremfall heute grau-blau oder streifig-braun erscheinen, wie auf Bildern von J. v. Huysum, J. Steen, M. Hobbema, C. Lorrain, P. Lastman 1618, A. Cuyp 1650, J.-B. Geuze Ende 18. Jhd.. Hier sind die gelben Lacke der Grünausmischung komplett zerfallen. Gelblacke verlieren nicht nur ihre Farbe, sondern hinterlassen beim Zerfall obendrein weißes Material aus dem Substrat und unbekannten Zerfallsprodukten, die die Bildpartien wie blanchiert, kreidig oder getrübt erscheinen lassen.

Die genannten Veränderungen sind glücklicherweise nicht zwingend. So zeigt der überwiegende Teil der altmeisterlichen Gemälde Zerfallserscheinungen gar nicht oder nur in moderatem Ausmaß, ohne die Bildwirkung spürbar zu beeinträchtigen. Es ist daher ein Ziel heutiger Forschung, die genauen Umstände zu klären, unter denen es zum Zerfall kommt. Stabile Gelbpigmente sind Bleizinngelb (deckend), Neapelgelb (deckend), Gelbocker und in modernerer Zeit Chromgelb.

Zu den *roten Lacken* gehören Krapplack, Karminrot und Lac Dye. Auswirkungen des Ausbleichens roter Lacke sind in Gemälden ab dem 14. Jhd. feststellbar, etwa von

J. di Cione 1370, L. di Monaco 1414 (Lac Dye), B. Daddi, A. Gaddi und weiteren florentinischen und frühitalienischen Gemälden des 14. Jhd. und später des 15. Jhd., von Tintoretto 1580, Campana 1590, J. Reynolds 1760 (Cochenille-Lack) oder T. Gainsborough 1770 (Cochenille-Lack). Während gelbe Lacke häufig in Landschafts- und Naturdarstellungen Mißtöne verursachen, zeigen sich zerfallene rote Lacke in käsig-weißen Gesichter, denen Frische, Lebendigkeit und Modellierung fehlt, und stumpffarbige Kleidung und Draperien, die in den Kreisen der adligen Auftraggeber kaum so getragen wurde.

Bei den roten Lacken wurden bereits systematisch Einflußgrößen und ihre Auswirkungen untersucht [347]. Generell ist schon die Frage des verwendeten Substrats bzw. des zur Verlackung gelangten Metalls schwer zu beantworten. Vor dem 19. Jhd. war das Substrat der Lackpigmente weiß und durchscheinend im Bindemittel, gewöhnlich Aluminium-oxid-hydrat Al_2O_3, AlOOH, $Al(OH)_3$ oder $Al_2O_3 \cdot n\,H_2O$. Häufig wurde ein Ca-Salz wie $CaCO_3$ anstelle oder ergänzend zum Fällungsreagenz hinzugefügt, sodaß ein Ca–Al-Salz entsteht. Überschüsse des Ca-Salzes würden als Füllmaterial bis ins Endprodukt gelangen. Auch Zusätze von Ton oder anderem weißem inerten Material waren gebräuchlich, sodaß der finale Aluminiumgehalt sehr gering gewesen sein konnte. Damit wäre eine entsprechend geringe Haftung des Farbmittels am Substrat erreicht worden. Obendrein würde Ca anstelle von Al im Komplex die erzielte Farbe des Lacks beeinflussen. Verschiedene Einflußfaktoren wurden identifiziert und ihre Auswirkungen untersucht:

- **Struktur des Farbmittels** Die Stabilität der Anthrachinone gegenüber Licht fällt mit steigender Substitution. Brazilholz (Brasilein) ist noch weniger lichtecht als das labilste Anthrachinon. Krapplack (pflanzliches Anthrachinon) ist stabiler als Karmin (tierisches Anthrachinon). Es ergibt sich eine Stabilitätsreihenfolge:

  Modernes Alizarinkarmesin (synthetisches Rein-Alizarin), ist stabiler als
  Krapplack in Laborherstellung (Natur-Alizarin, Begleitstoffe, kontrollierte Herstellung und Substrat), ist stabiler als
  Krapplack (Natur-Alizarin, Begleitstoffe, variable Herstellung und Substrat), ist stabiler als
  Kermes-Karmin (Natur-Karminsäure, Begleitstoffe, variable Herstellung und Substrat), ist stabiler als
  Cochenille-Karmin (Natur-Karminsäure, Begleitstoffe, variable Herstellung und Substrat), ist stabiler als
  Lac Dye, Brasilholz-Lack (Naturfarbmittel, Begleitstoffe, variable Herstellung und Substrat).

  Bei Flavonoiden ist eine exakte Aussage im Moment noch schwierig, Lacke aus Kreuzbeere oder Quercitron sind stabiler als Waidextrakt.
- **Extraktionsverfahren** Der Zerfall an Licht erfolgt schneller, wenn der Farbstoff aus Wolle (alten Textilien) extrahiert wurde als wenn das Farbmittel direkt aus dem Ursprungsmaterial gewonnen wird. Es könnte eine fraktionierte Extraktion mit Wolle als konkurrierendem Substrat stattfinden. Es liegen offenbar schwächere Bindungen zwischen Farbmittel und Substrat vor, wenn zusätzlich Wollfasern

und Beizmittel im System vorliegen. Die Art des Farbwechsels im Gemälde ist aber bei beiden Extraktionsverfahren gleich.

- **Substrat** Die Natur des Substrats spiegelt sich in folgender Reihenfolge fallender Stabilität wieder:

  $Al(OH)_3$, ist stabiler als
  $Al(OH)_3 + CaSO_4$ oder $CaCO_3$, ist stabiler als
  SnO_2.

  Lacke auf reinem Aluminiumhydroxid-Substrat sind am stabilsten. Ca-Komplexe der Farbmittel sind weniger stabil als Al-Komplexe. Die Ca-Salze können schon bei der Fällung in Konkurrenz zu den Al-Kationen treten, die stabilere Komplexe bilden. Auch nach der Fällung verringern niedergeschlagene Ca-Salze die Menge an stärker gebundenen Al-Komplexen, generell vermindern Füllstoffe die Stabilität der Lacke.
- **Licht** Schädlich ist vor allem energiereiche UV-Strahlung unterhalb 400 nm Wellenlänge. Ein UV-Filter kann die Lichtgefährdung verringern. Das im altmeisterlichen Bildaufbau häufig verwendete Bleiweiß absorbiert selber kein UV-Licht und kann den Zerfall der Lacke nicht bremsen. Im Gegensatz dazu kann TiO_2 in Titanweiß UV-Licht absorbieren und einen effektiven Lichtschutz darstellen.
- **Medium** Der Einfluß des Malmediums zeigt sich in folgender Reihenfolge fallender Beständigkeit:

  Öl oder hoch pigmentierter (Wasser-)Farbauftrag, ist stabiler als
  Eitempera, ist stabiler als
  wäßriges Medium (Gummi o. ä.).

  Ein fettes Medium bzw. der daraus entstandene körperhafter Film und eine hohe Pigmentdichte schützen vor gefährlichem UV-Licht und zu intensiver Bestrahlung. Magere Medien wie Tempera oder Wasser bieten keinen Schutz. Lacke in wäßrigen Medien (Aquarell) sind am wenigsten lichtecht, da kaum schützendes Medium vorhanden ist und eine hohe Rückstrahlung von Licht durch das weiße Papier vorliegt.

Die genaue Art der Abbauprodukte ist derzeit unklar. Bei roten Lacken entstehen beim Abbau gelbe Zwischenprodukte.

Können auch heutige Lackpigmente zu ähnlichen Problemen führen? Das ist unwahrscheinlich, denn moderne Lackpigmente wie Alizarinkarmesin ähneln den früheren meist nur noch im Namen. Wesentliche Unterschiede sind:

- Synthetische Lacke enthalten reine Farbmittel wie Alizarin statt einer natürlichen Mischung vieler ähnlicher Derivate.
- Die moderne Extraktion von Pflanzen und Tierfarbmitteln ist viel präziser auf die Erfassung des isolierten Farbmittels ausgerichtet als die summarische Extraktion aller möglichen färbenden und begleitenden Stoffe.

- Im 14. Jhd.–16. Jhd. war es üblich, pflanzliche und tierische rote Lacke aus gefärbtem Lumpen zu extrahieren, also alte gefärbte Textilien als Farbstoffquelle zu nutzen statt der Direktquelle (Pflanzen, Insekten). In beiden Fällen wurden neben den Farbstoffen alle möglichen akzessorischen Stoffe mitextrahiert und beeinflußten die Pigmentqualität. Heute erfolgt die Herstellung mit definierten Reinstoffen.
- Die bei der Fällung und als Substrate benutzten Salze beeinflußen Farbe und Stabilität. Historisch wurden Salze unbekannter und wechselnder Zusammensetzung benutzt und verschiedene Stoffe zugemischt. Heute erfolgt die Verlackung nach kontrollierten Parametern.

7.5 Protein-Systeme (Plakat-, Gouache-, Leimfarben)

Zahlreiche wässrige Malsysteme, unter ihnen einige der frühesten, die wir überhaupt kennen, beruhen auf der Fähigkeit einiger natürlich vorkommender Proteine, Gele und dauerhafte Filme zu bilden:

- *Albumin* gehört zu einer Gruppe von einander ähnelnden Proteinen, die im Eiklar (Eiweiß) und im Serum des Blutes vorkommen. Aufgrund dieser einfach zugänglichen Ausgangsmaterialien kann es uns nicht verwundern, dass Eiklar und Blut bereits im Altertum zur Anfertigung von Malfarben herangezogen wurden. Während Blut nicht zum klassischen Bindemittel aufstieg, konnte sich Eiklar in der mittelalterlichen Buchmalerei behaupten und wird noch heute zum Fixieren von Blattgold auf dem Untergrund verwendet.
- *Kollagen* und seine leichteren Hydrolysate sind die Proteine, die dem tierischen Leim seine Klebekraft verleihen. Die Ausgangsmaterialien sind seit dem Altertum bekannt und haben zu einer Reihe von Leimen geführt: Hasenleim aus Haut- und Fellabfällen, Fischleim aus Haut und Gräten, Haut- und Knochenleim aus Haut und Knochen verschiedener Tiere.

  Heutzutage kennen wir Leimfarben von Dekorationsfarben her: Plakat- und Gouachefarben beruhen auf wässrigem Leim-Binder.
- *Kasein* ist das calcium-bindende Protein der Milch, das in Kaseinfarben eine hohe Bindefähigkeit entwickelt. Leim aus Kasein war daher schon im Altertum als Bindemittel verfügbar.

Filmbildung

Die Filmbildung durch Proteine beruht auf den Möglichkeiten der kettenförmigen Proteinmoleküle, sich zu verschlaufen, ähnlich wie die Fäden eines Wollknäuels. Die Filme entstehen durch intermolekulare Bindungen, die verschiedene Proteinmoleküle miteinander vernetzen und dabei geordnete Strukturen bilden, das Analogon der Wolle ist ein fester Filzstoff.

Bei Bindemitteln für die Malerei liegt unser Interesse bei flächig ausgedehnten Filmen. Die gleiche Filmbildung liegt jedoch auch den Proteinschäumen zugrunde, etwa dem Eischnee aus Albumin oder dem Milchschaum aus Kasein. Sie ist daher auch technisch-wirtschaftlich bedeutsam, und es ist nicht verwunderlich, daß zahlreiche Untersuchtungen zu ihr vorliegen [241], [238, Kap. 6], [239, Kap. 4.4], [810–813]. Sie untersuchen die Möglichkeit, Verpackungsfilme für Lebensmittel herzustellen, oder die Verfestigung von Schäumen beim Backen. Besonders [205] liefert zahlreiche Details über die Triebkräfte der Filmbildung, die auf enthalpische und entropische Faktoren zurückgeht.

Als Vorstufe zum Film bildet das Bindemittel ein Gel, in dem das Protein ein mehr oder weniger loses Netzwerk im Lösungsmittel Wasser bildet. Das Gel kann als Flüssigkeit charakterisiert werden, die den Kollaps des Proteinnetzwerks verhindert, oder als Proteinmatrix, die das Ausfließen des Wassers verhindert. In der Malerwerkstatt entsteht das Gel oft bei der Zubereitung des Bindemittels.

Das Gelnetzwerk ist das Resultat eines Gleichgewichts zwischen den intramolekularen Wechselwirkungen innerhalb eines Proteinmoleküls sowie den intermolekularen Protein-Protein- und Protein-Wasser-Wechselwirkungen. Viele Proteine, die wir als Bindemittel nutzen, zeigen in nativer Form in wäßriger Lösung eine Tertiärstruktur, die im wesentlichen durch intramolekulare Wechselwirkungen gekennzeichnet ist. Meist ist nur eine geringe Anzahl an Molekülen an ihr beteiligt, oder eine Lösung findet gar nicht statt. Diese Struktur isolierter Moleküle bleibt auch beim Auftrocknen der Lösung erhalten, sodass eine Gel- oder Filmbildung mit hoher Reißfestigkeit und Klebkraft nicht stattfindet.

Zur Gel- und Filmbildung müssen wir die intermolekularen Proteinwechselwirkungen zur dominanten Kraft werden lassen und die Proteine so weit entfalten, daß sie mit möglicht vielen Nachbarn in Kontakt kommen können. Die dazu notwendige *Denaturierung* kann in der Lebensmitteltechnologie durch Hitze, Lösungsmittel, Salze, Basen und Säuren sowie Grenzflächenexposition (Oberflächendenaturierung) hervorgerufen werden. Zur Bereitung des Bindemittelgels für die Malerei nutzen wir folgende Mechanismen:

- Albumin wird beim Aufstreichen durch Exposition an der Luft/Wasser-Grenzfläche oberflächen-denaturiert. Dabei werden die hydrophoben Bereiche des Proteins, die in wässriger Lösung im Inneren des kugeligen Moleküls verborgen sind, durch Auffaltung an der hydrophoben Luftseite deponiert.
- Im Kollagen heben wir die Struktur durch Kochen mit heißem Wasser auf und erhalten eine zähe Lösung der mehr oder weniger entflochtenen Kollagenketten.
- Kasein besitzt per se bereits die Struktur eines offenkettigen Proteins ohne Sekundär- oder Tertiärstruktur. Wir müssen es zur Verwendung als wäßriges Bindemittel aber mit Alkalien versetzen, um das unlösliche Protein in ionisierter Form in Lösung zu bringen und das Gel zu erhalten.

Mit Beginn der Denaturierung zeigt das Protein in der wäßrigen Lösung eine mehr oder minder starke Assoziation oder Koagulation, die sich in einem Anstieg der Viskosität und Klebrigkeit der Lösung bemerkbar macht. Der Übergang vom Gel zum Film ist durch den fortschreitenden Entzug des Lösungsmittels (Wasser) gekennzeichnet. Beim Auftrocknen der Lösung durch Verdunstung des Wassers werden die Moleküle immer enger zusammengeschoben, das lose Netzwerk bildet einen Film aus miteinander verflochtenen Proteinmolekülen, der sich durch häufigere Ausbildung stärkerer intermolekularer Bindungen zunehmend verfestigt. Typische Strukturelemente eines Proteinfilms sind:

- Verdrillte Helices (Kollagen)
- Zusammengelagerte β-Faltblatt-Strukturen, Disulfidbrücken (Ovalbumin)
- Lineare Aggregationen hydrophober Bereiche (Kasein)

Starke Gele und Film werden bei Proteinen mit hohem Molekulargewicht und einem hohen Anteil an Thiolen und hydrophoben Aminosäuren erhalten.

Die bindenden Wechselwirkungen, die zur Bildung der Sekundär- und Tertiärstruktur führen und die Kohäsion der Gele und Filme bewirken, setzen sich aus mehreren Komponenten zusammen ([232], Energien entnommen aus [239, Kap. 2.2.5]), die wir prinzipiell auch bei der Bindung von Farbstoffen wiederfinden werden, ►Abschnitt 6.1.4. Der Anteil der einzelnen Kräfte an der Gel- und Filmfestigkeit variiert je nach Protein stark:

- Van der Waals-Bindungen (1–9 kJ/mol) zwischen permanenten und induzierten Dipolen in hydrophoben Abschnitten (Leucin, Alanin, Phenylalanin, Prolin, Valin, Tryptophan).
- Hydrophober Effekt (4–12 kJ/mol) zwischen aliphatischen oder aromatischen Seitenketten. Die durch hydrophobe Molekülteile erzwungene Ordnung von Wassermolekülen ist thermodynamisch ungünstig und kann durch Zusammenlagerung mehrerer Moleküle unter Bildung größerer hydrophober Regionen aufgehoben werden. Der Effekt ist stark lösungsmittelabhängig.
- Wasserstoffbrücken (8–40 kJ/mol) zwischen hydroxylierten Aminosäuren (Serin, Threonin) oder der Amin- und Carbonylgruppe der Amidbindung. Sie stabilisieren sekundäre Strukturelemente (α-Helix und β-Faltblatt).
- Elektrostatische Kraft (40–80 kJ/mol) zwischen geladenen Gruppen (sauren und basischen Aminosäuren, Serin, Threonin, Tyrosin, Asparagin- und Glutaminsäure, Lysin, Histidin, Arginin).
- Kovalente Bindungen (330–380 kJ/mol) über Disulfidbrücken (bei Thiolen wie Cystein) und verschiedenen anderen Gruppen, ggf. bei UV-Bestrahlung (Licht).
- Bildung proteintypischer Super-Strukturen, z. B. Tripelhelices bei Kollagen oder geschichtete Lagen von β-Faltblättern

Trotz ihrer geringen Bindungsstärke kann der Zusammenhalt der Proteinmoleküle sehr stark durch die hydrophobe Wechselwirkung bestimmt werden, wenn das Protein wie Kasein ausgedehnte hydrophobe Regionen aufweist. Mit steigender Konzentration des Proteins tragen auch zunächst kleine Anteile zunehmend zur Gesamtbindung bei.

Oberflächenaktivität

Mit ihren hydrophilen und hydrophoben Regionen sind Proteine prinzipiell oberflächenaktiv und zeigen tensidartige Wirkung, da hydrophile Bereiche in eine wäßrige, hydrophobe Regionen dagegen in eine nichtwäßrige oder Luft-Phase orientiert sein können [238, Kap. 3]. Besonders Proteine mit hohem Anteil hydrophober Regionen zeigen hohe Oberflächenaktivität und senken die Oberflächenspannung zwischen dem Lösungsmittel Wasser und Luft deutlich ab: Ovalbumin 61 mN/m, κ-Kasein 54 mN/m [239, S. 116], 12 %ige Eiklarlösung 49,9 mN/m [232], Wasser pur 72 mN/m. Als Folge zeigen proteinhaltige Bindemittel eine gegenüber Wasser verbesserte Benetzung des Malgrunds, was für die Malerei, besonders die Buch- und Miniaturmalerei vorteilhaft ist.

7.5.1 Albumin als Bindemittel (Vollei, Eiklar)

Albumine sind eine Gruppe sehr ähnlicher Proteine, die u. a. im Serum des Blutes, im Eiklar, im Eidotter und in der Molke enthalten sind. Aufgrund seiner Struktur können wir sie als wäßrige Bindemittel verwenden, was unsere Vorfahren bereits seit dem Altertum getan haben, um Wand- und Tafelbilder anzufertigen [94]. Im frühen Mittelalter wurden sie dann in Eitempera verwendet.

Eiklar wurde bereits im Altertum und später in der mittelalterlichen Buchmalerei als Binder, sog. *clarea*, benutzt [103, 725]. Zur Verbesserung der Benetzbarkeit der Pigmente und der Malgründe wurde zuweilen Ochsengalle als Netzmittel zugesetzt. Das Fixieren von Blattgold auf dem Untergrund beim Vergolden erfolgt bis heute mit Eiklar. Körperhaft dicke oder pastose Schichten sind spröde und brüchig und dürfen nicht mit Eiklarfarbe ausgeführt werden. Heute können wir Albumin aus Hühnereiweiß (Ovalbumin) als fertig präpariertes Pulver kaufen, es wird aus Eiklar durch Entfernung der Saccharid-Bestandteile und Sprühtrocknung gewonnen.

Um eine eiweiß-gebundene Farbe herzustellen, werden nur wenige Zutaten benötigt, wie das folgende Rezept zeigt [87, S. 84]:

> Eiklar, Pigment, evt. Netzmittel (Ochsengalle, synthetisches Netzmittel), mit Wasser zur gewünschten Konsistenz und Bindekraft verdünnen

Nach Einrühren von Pigmenten in das mit Wasser verdünnte Eiklar ist diese Farbe ähnlich einer Wasserfarbe für dünnflüssige Malereien auf Papier geeignet.

Albumin

Der Begriff *Albumin* bezeichnet eine Familie von Proteinen mit mehreren unterschiedlichen Vertretern, die wir u. a. im Serum des Blutes (Humanalbumin oder Rinderalbumin BSA, bovines Serumalbumin), im Eiklar (Ovalbumin), im Eidotter und in der Molke finden [232], [238, S. 289], [239, Kap. 6.2], [243, Kap. 6]. Sie sind für die Aufrechterhaltung des kolloid-osmotischen Drucks des Serums verantwortlich und dienen als Carrier für verschiedenste Stoffe wie Fettsäuren. Eiklar besteht zu circa 10 % aus Proteinen, von denen Ovalbumin 54 % ausmacht und aufgrund seiner Denaturierungseigenschaften besonders zur Filmbildung befähigt ist.

Als globuläres Phosphoglycoprotein liegt Albumin in wäßriger Lösung in kugeliger (globulärer) Form vor. Die polaren phosphatierten Saccharidanteile zeigen überwiegend nach außen in die wäßrige Phase, während apolare Bereiche und Thiolgruppen im Inneren der Globule verborgen sind. Da keine nennenswerte Vernetzung der Globulen in der Lösung stattfindet, ist Albuminbinder im Gegensatz zu Kaseinbinder oder Leim kein Gel, sondern eine dünnflüssige Lösung.

Eikläre, clarea

Wir können Eiklar ohne weitere Behandlung mit Wasser verdünnen und zum Malen verwenden. Zur Bereitung der *clarea* des mittelalterlichen Buchmalers jedoch wird Eiklar (wiederholt) zum Schnee geschlagen und eine Zeitlang stehengelassen. Als Bindemittel dient die klare dünnflüssige Flüssigkeit, die aus dem Schaum abrinnt [103, Kap. 6.3.1.1] und noch mit Wasser verdünnt werden muß. Je nach Verwendungszweck wurde sie noch mit Gummi arabicum oder Honig vermischt.

Bei diesem Zubereitungsprozess wird Ovalbumin in der ablaufenden Flüssigkeit konzentriert, nach [821, 826] werden in ihr im Vergleich zum ursprünglichen Eiklar bis zu 95 % des Ovalbumins wiedererhalten. Die meisten der unerwünschten anderen Bestandteile des Eiklars (►Tabelle 7.7) bauen entweder den entstandenen Eischnee auf oder werden darin festgehalten, nach viermaligem weiterem Aufschlagen des Ablaufs wurde eine Abnahme der meisten Proteine außer Ovalbumin auf unter ein Drittel des ursprünglichen Wertes festgestellt [823–826]. Die gewonnene Flüssigkeit ist verglichen mit dem Eiklar dünnflüssig und enthält im wesentlichen Ovalbumin, das aufgrund seiner leichten Oberflächendenaturierung die schon besprochene Eignung als Bindemittel besitzt.

Aufgrund der Proteineigenschaften ist anzunehmen, dass die Globuline (G2, G3) beim Einschlagen der Luft leicht oberflächendenaturiert werden. Die im Inneren der Globulen verborgenen hydrophoben Bereichen besetzen beim Entfalten sofort die neu gebildeten Grenzflächen zur Luft und bilden rasch einen Schaum. Die Energie zur Konformationsänderung führen wir in Form mechanischer Energie durch den Schneebesen zu. Die Vernetzung der Proteine in den Lamellen um die Luftblasen durch Ovomucin stabilisiert den Schaum, auch können Ovalbumin, Conalbumin und Lysozym mit steigender Zeitdauer des Aufschlagens Polymere oder Aggregationen bilden. Ovomucin erhöht darüberhinaus die Viskosität der Flüssigkeit in den Lamellen und verlangsamt den gravitationsbedingten Abfluss der Flüssigkeit. Das austretende Wasser führt große Mengen des gewünschten wasserlöslichen Ovalbumins ab, während die meisten anderen Substanzen im Schaum oder der Lamellenflüssigkeit verbleiben. In Übereinstimmung dazu wurde in [243, Kap. 10.1.2.2]

Tab. 7.7: Die wichtigsten Proteine im Eiklar [232], [238, S. 289], [239, Kap. 6.2], [243, Kap. 6].

Ovalbumin	54 %	Zur Gelbildung befähigt, leicht oberflächendenaturierbar beim Spreiten, daher schaumbildend, globuläres Phosphoglycoprotein mit vier Thiol- und zwei Disulfidgruppe (maskiert, werden durch Denaturierung freigelegt und aktiviert) sowie ca. 50 % hydrophoben Aminosäuren, gut wasserlöslich.
Conalbumin (Transferin)	13 %	Thermisch denaturierbar, bildet mit Metallen Komplexe, koaguliert beim Schäumen, keine Thiol-, aber 15 Disulfidgruppen, beste Schaumbildungseigenschaften.
Ovomucoid	11 %	Konzentriert im dickflüssigem Eiklar, hoch hydratisiertes Glycoprotein mit Sialinsäure und hohem Anteil an α-Helices, rigide Struktur durch neun Disulfidgruppen, unlöslich in Wasser.
Ovomucin	1,5 %	Mit einer unlöslichen Fraktion konzentriert im dickflüssigem Eiklar, oberflächendenaturierbar, schaumbildend, sehr großes Faser-Glycoprotein, durch hohen Sialinsäuregehalt elektrostatisch gestreckt und aufgefasert, erhöht Viskosität der wäßrigen Lösung.
Lysozym	3,5 %	Vier Disulfidgruppen, antibakteriell wirksam, basisch, bindet an Ovomucin, Ovotransferin und Ovalbumin.
G_2, G_3 Globulin	4 %	Leicht oberflächendenaturierbar, haben im Inneren hydrophobe Bereiche, die neu gebildete Luft-Wasser-Grenzflächen leicht besetzen können (Schaumbildner).

festgestellt, daß Ovalbumin, Conalbumin, Ovomucoid, Lysozym und Globuline für die Schaumbildung verantwortlich sind, und in [242, ch. 8 III.C], daß die Fähigkeit zur Schaumbildung in der Reihe Globuline > Ovotransferin > Ovomucoid > Ovalbumin > Lysozym abnimmt. Ovalbumin bildet, auch aufgrund seines Mengenanteils, die Hauptmasse des Schaumes, zeigt aber eine Tendenz zur Renaturierung und kann dann offenbar mit der ablaufenden Flüssigkeit wieder aus dem Schaum austreten.

Filmbildung

Das Eiweiß des Eiklars (Ovalbumin) trocknet physikalisch zu einem klaren festen Film auf [241, Kap.9] sowie [814–822], in dem hervorragend Pigmente gebunden werden können. Versuche zum technischen Einsatz von Albumin-Bindern haben gezeigt, dass zur optimalen Filmbildung ein leicht alkalischer pH-Wert und mässige Erwärmung notwendig sind. Dabei wird das Protein denaturiert, d. h. es wird entfaltet und polare wie hydrophobe Bereiche offengelegt, die anschließend über intermolekulare Wechselwirkungen verschiedene Moleküle miteinander verbrücken. Sichtbar sind diese Vorgänge beim Gelierung der Albuminlösung, u. a. bei der Verfertigung von gestockten Eiern oder Spiegelei. Bei diesen Beispielen kann die Gelbildung leicht zu einem festen Produkt führen, das als starker dreidimensionaler Film betrachtet werden kann.

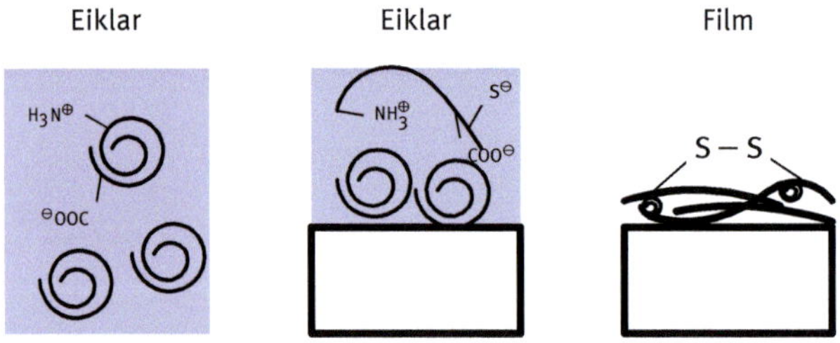

Abb. 7.20: Verfilmung des Albumins. Links: Albumin im Eiklar als dichtes zwitter-ionisches Knäuel, d. h. als im Wasser (blau) gelöste Globulen. Mitte: Denaturierung des Albumins an der Oberfläche der Lösung, polare Gruppen ragen in die wäßrige Lösung (blau). Hydrophobe innere Bereiche werden zur Luftseite ausgerichtet, Globulen entfalten sich und bauen ein dichtes Netzwerk auf. Rechts: beim Eintrocknen lagern sich weitere Moleküle über stabile hydrophobe und polare kristalline Bereiche zusammen. Disulfidbrücken stabilisieren den Film.

Die Vorgänge sind unter den Bedingungen der Malerei (Raumtemperatur, neutraler pH-Wert) ähnlich, hier findet an der Luft/Wasser-Grenzfläche eine *Oberflächen-Denaturierung* statt [232], [238, S. 289], [239, Kap. 6.2]. Da Proteine aufgrund ihrer polaren und unpolaren Anteile oberflächenaktive Stoffe sind, werden sie leicht an der Grenzfläche adsorbiert und ändern ihre Konformation so, daß die meisten der polaren Gruppen Kontakt mit der wäßrigen Phase, die meisten unpolaren Bereiche Kontakt mit der Luft haben, ►Abbildung 7.20.

Im Falle des Albumins verlieren die adsorbierten Globulen unter Entfaltung ihre Kugelform. Das Albumin kann auf diese Weise Grenzflächen mit hoher Spannung (Luft-Wasser) verkleinern und solche mit niedriger Spannung (Luft-apolare Bereiche und Wasser-polare Bereiche) vergrößern und somit die Oberflächenenergie verringern (Tensidwirkung).

Aufgrund der Adsorptionsneigung des Albumins an der Wasseroberfläche ist die Konzentration des aufgefalteten Proteins in der oberflächennahen Schicht hoch, sodaß intermolekulare Reaktionen und Vernetzungen der polaren und apolaren Bereiche über van der Waals-, elektrostatische und hydrophobe Wechselwirkung einsetzen können. Helikale Strukturen könnne in β-Faltblatt-Strukturen umgewandelt werden, die große Flächen für intermolekulare Wechselwirkungen bieten [827, pp. 31]. Auch die freigelegten Seitenketten der hydrophoben Aminosäuren können durch hydrophobe Wechselwirkungen zur Festigung und Aggregation beitragen. Da diese Kräfte erheblich vom Abstand der Bindungspartner abhängen, werden sie mit der fortschreitenden Verdichtung bei der Trocknung rasch stärker, das Netzwerk verfestigt sich. Die kohärenten Kräfte sind so stark, daß der gebildete Eiweißfilm hart und spröde ist. Mit Farben wie Eitempera oder Buchfarben können wir daher keine dicken Schichten anlegen oder pastos malen, die Anmutung der eibasierten Malerei wird stark von der Chemie der Proteine bestimmt. Da Denaturierung vorzugsweise an der Oberfläche stattfindet, wird in den tieferen Schichten der Film aus eher nativem Albumin gebildet.

Vom maltechnischen Standpunkt aus bedeutsam ist das Vorhandensein freier Thiolgruppen der Aminosäure Cystein in Albumin, die bei der Filmbildung langfristig wirksam werden [821, 827]. Nach dem Auftrocknen bilden sie durch Oxidation Disulfidbrücken und stabilisieren das Netzwerk irreversibel. Langfristig kann das Protein auch über Kohlenstoffbrücken polymerisieren, da UV-Strahlung aus Phenylresten Radikale bildet, die unter Knüpfung von kovalenten C-C-Bindungen rekombinieren. Bei der Filmbildung bleiben die inhärenten hydrophilen Eigenschaften des Eiweiß erhalten, sodass auch getrocknete Filme ein gewisses Maß an Empfindlichkeit gegenüber Feuchtigkeit bewahren. Durch die langsam fortschreitende Polymerisierung verringert sich diese Empfindlichkeit im Laufe der Zeit.

7.5.2 Kollagen als Bindemittel (Leim-, Plakat-, Gouachefarben)

Bereits im alten Ägypten wurden als Bindemittel Leime aus dem tierischen Protein textitKollagen bereitet [94]. Auch die modernen Plakat-, Gouache- und Leimfarben basieren auf solchen tierischen Leimen, die aus Abbauprodukten des Kollagen bestehen, sog. *Glutin*: Hasenleim aus Haut- und Fellabfällen, Fischleim aus Haut und Gräten, Haut- und Knochenleim aus Haut und Knochen verschiedener Tiere. Perlleim bezeichnet eine Handelsform tierischer Leime und keinen besonderen Stoff. Die bekannte *Gelatine* ist ein Tierleim, der besonders gereinigt und sehr hell ist. Alle Leim-Bindemittel trocknen physikalisch unter Bildung eines stabilen Netzwerks. Die Zutatenliste für Leimfarben ist kurz [73, pp. 223]:

Leimfarbe Leim (1 Raumteil auf 10 Raumteile Wasser), Pigment (3 Raumteil auf 1 Raumteil Leimlösung), für deckende Farben Füller wie Kreide (1 Raumteil pro Raumteil Pigment)
Leim einen Tag lang in kaltem Wasser vorquellen lassen, danach im warmen Wasserbad zu einer zähen Flüssigkeit auflösen. Die erforderlichen Temperaturen hängen vom Leimtyp ab, die Lösung darf nicht kochen, da sonst die Klebefähigkeit verlorengeht.
Sobald der Leim die notwendige Konsistenz erreicht hat, Pigmente und Füllstoffe zumischen und ggf. mit Wasser verdünnen. Nichtkonservierte Leimfarbe darf nicht lange aufbewahrt werden, da Proteine ein guter Nährboden für Mikroorganismen sind. Als Konservierungsmittel wurden früher Nelkenöl oder Kampher, später Phenol verwendet. Heute können Iso-thiazolinon-Derivate und eine Reihe weiterer Stoffe eingesetzt werden.

Kollagen

Der wesentliche Bestandteil der Leime ist Kollagen, das in höheren Tieren der Baustein aller Bindegewebe und mit ca. 30 % Anteil am Gesamteiweiß das häufigste Protein ist [828–832], [241, Kap.11], [238, Kap. 6], [239, Kap. 6.2], [244]. Es besteht aus ca. 600–3000 Aminosäuren ($M_R \approx 100\,000$) mit einem hohen Anteil an Glycin, Hydroxyprolin und Prolin. Aufgrund dieser Zusammensetzung nimmt das Molekül helikale Gestalt an: das im Proteinrückgrat enthaltene Prolin bildet „Ecken“, kleine Glycinmoleküle bieten Flexibilität, um enge Windungen aufzubauen. Eine Stabilisierung dieser Spiralstruktur erfolgt über den Raumbedarf der Prolingruppen und über Cluster gleichgeladener polarer Aminosäuren, die in bestimmten Abständen auftreten und eine elektrostatische Abstoßung aufeinander ausüben.

In natürlichen Bindegewebsfasern tritt als Struktureinheit *Tropokollagen* auf, das aus Tripelhelices besteht, in denen drei einzelne Kollagenstränge verdrillt sind. Diese Struktur ähnelt einem starken Tau, das aus einzelnen dünnen Seilen gedreht ist. Tropokollagen-Stränge werden über zahlreiche Wasserstoffbrücken (direkt sowie über eingelagertes „Brücken-Wasser") stabilisiert, die von Peptidbindungen, Hydroxyprolin und polaren Aminosäuren ausgehen. Die Brücken sind erste Angriffspunkte beim Herstellen von löslichem Leim.

Während ein Lebewesen altert, entstehen darüberhinaus kovalente Quervernetzungen zwischen den Tripelhelices, die die Strukturen weiter versteifen und beim Leimkochen gelöst werden müssen. Diese Vernetzungen entstehen zu verschiedenen Zeitpunkten im Laufe des Lebens [244, ch. 4]. An die Kollagensynthese schliesst sich zunächst eine oxidative Desaminierung von (Hydroxy-)Lysin an, ►Abbildung 7.21. Die entstandenen Allysine reagieren in jungem Gewebe mit weiteren (Hydroxy-)Lysinresten aus anderen Kollagensträngen zu Aldiminen und Ketoaminen und verknüpfen so zwei Stränge. Mit fortschreitender Alterung treten Verknüpfungen mit weiteren Kollagensträngen über Histidin- und (Hydroxy-)Lysinreste hinzu, die das Gewebe über aromatische Ringe zunehmend versteifen. Zu weiteren möglichen Querverbindungen gehören:

- Ester zwischen β- oder γ-Carboxylgruppen von Asparaginsäure und Glutaminsäure sowie den Hydroxylgruppen von Serin oder hydroxylierten Aminosäuren.
- Isopeptide zwischen terminalen Carboxylgruppen von sauren Aminosäuren und der ϵ-Aminogruppe von Lysin.

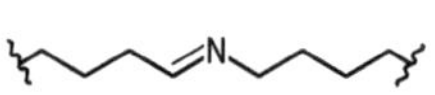

Aldimin

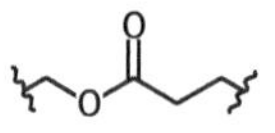

Ester aus Serin und Glutamat

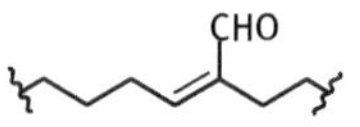

Aldol-Kondensat aus Allysin und Allysin

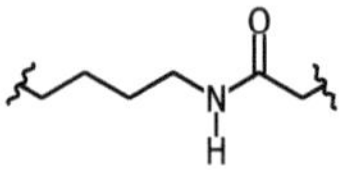

Isopeptid

Durch die Quervernetzungen und kristallinen Bereiche aus zusammengelagerten Helices besitzt Kollagen eine hohe Zugfestigkeit, in kaltem neutralem Wasser ist es unlöslich. Die Tendenz von Kollagen, Tripelhelices zu bilden, ist so hoch, daß die Chemie des Leimes maßgeblich von dieser Eigenschaft bestimmt wird. Die unterschiedliche Leichtigkeit, mit der verschiedene Gewebe (Haut, Knochen usf.) zu Leim verkocht wer-

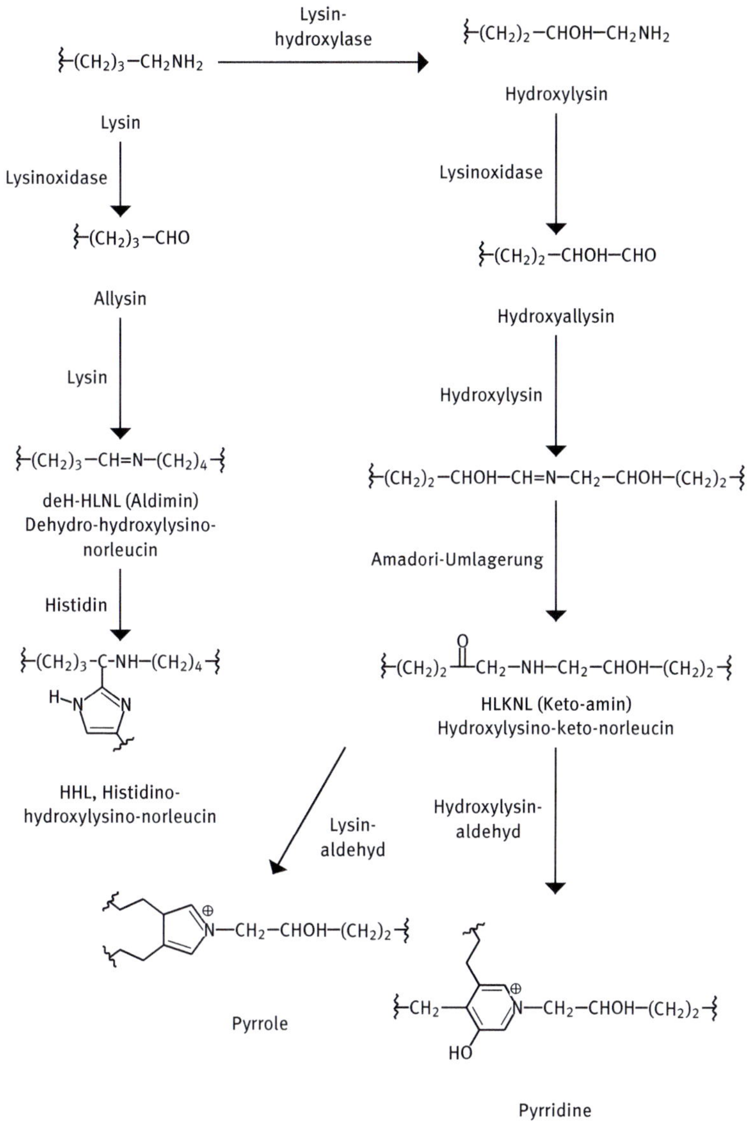

Abb. 7.21: Häufige Quervernetzungen in Kollagenen [244, ch. 4]. Lysinoxidasen überführen Lysin und Hydroxylysin in Aldehyde, die in jungem Gewebe mit (Hydroxy-)Lysinresten aus anderen Kollagensträngen zu Aldiminen oder Ketaminen reagieren und die beteiligten Stränge vernetzen. Im Zuge der Alterung reagieren Histidin- und (Hydroxy-)Lysinreste weiterer Stränge mit der Vernetzungsstelle unter Bildung aromatischer Ringe und erhöhen die Vernetzung.

den können, erklärt sich aus der Art der Vernetzungen. Aldimine, die aus Allysin entstanden sind, können durch verdünnte Säuren leicht hydrolytisch gespalten werden, während die aus Hydroxyallysin hervorgegangenen Ketoamine, z. B. aus Knochengewebe, stabiler gegenüber Hydrolyse sind.

(Glutin-)Leim

Leime werden durch Extrahieren der tropokollagen-haltigen Ausgangsmaterialien mit heißem Wasser und sauren oder basischen Zusätzen (Kalkmilch) gewonnen. Das heiße Wasser dringt zunächst teilweise in die (Tropo-)Kollagen-Strukturen ein, ersetzt Wasserstoffbrücken und trennt auf diese Weise (Mehrfach-)Stränge voneinander. Auch andere quervernetzende Bindungen werden aufgebrochen. Zugesetzte Säuren oder Basen können nun in den separierten Strängen offengelegte hydrophile Aminosäuren des Kollagens ionisieren, deren elektrostatische Abstoßung die bereits aufgetrennten Kollagenstränge vollends voneinander separiert. Die Kollagenstränge liegen nun mehr oder weniger frei vor und stehen nur noch punktuell miteinander in Kontakt, sodass ein weitmaschiges Netz oder Gel entstanden ist.

Die zähe lösliche Masse bildet den Leim und besteht aus einem Gemisch einzelner Kollagenstränge, die im Vergleich zum Tropokollagen ein geringeres Molekulargewicht mit breiter Verteilung besitzen ($M_R \approx 60\,000$). Bei unvollständiger Auftrennung der Helices werden auch Doppel- oder gar Dreifachhelices gefunden. Das Leimgemisch wird auch *Glutin* genannt.

Beim Trocknen des gekochten Leims findet eine Reorganisation der Kollagenstränge zu Tripelhelices statt. Das zähe Gel schränkt die Beweglichkeit der Stränge stark ein und läßt die Bildung ausgedehnter kristalliner Strukturen nicht mehr zu: der trockene Leim hat gegenüber dem Tropokollagen an Stabilität verloren und kann vor Gebrauch mit warmem Wasser leicht wieder verflüssigt werden. Schon ab ca. 40 °C lösen sich die mäßig geordneten Tripelhelices wieder auf, und Einfachhelices gehen in eine ungeordnete weiträumige Gelstruktur über.

Filmbildung

Bei der Gelierung findet eine partielle Renaturierung zur Form der Tripelhelix statt. Das in der Leimlösung vorliegende Gel aus punktuell miteinander verknüpften Kollagensträngen kann sich beim Trocknen verdichten und verfestigen, da sich Stränge einander annähern und versuchen, geordnet-helicalen Bereiche zurückzubilden, ►Abbildung 7.22. Erfolgt die Trocknung langsam genug, und ist die Leimkonzentration hoch genug, werden Tripelhelices unter Beteiligung *verschiedener* Kollagenstränge gebildet. Die Stränge verfilzen sich und Tripelhelices werden wiederum Bestandteil höhergeordneter Strukturen. Die Tendenz zur Kristallisation der Glutine ist so hoch, daß Leimfilme mit einer hohen Spannung auftrocknen und noch lange Zeit unter weiterer Verfestigung weiterschrumpfen.

Bei rascher Abkühlung oder niedriger Kollagen-Konzentration können keine solchen kristallinen Bereiche entstehen: häufig können sich nur Abschnitte des gleichen Stranges unter Bildung einer „Schlaufe" zusammenlagern, sodass keine gleichmäßige Verfilzung stattfindet, sondern lose zusammenhängende Teilbereiche entstehen und nur eine geringe Gesamtfestigkeit erreicht wird.

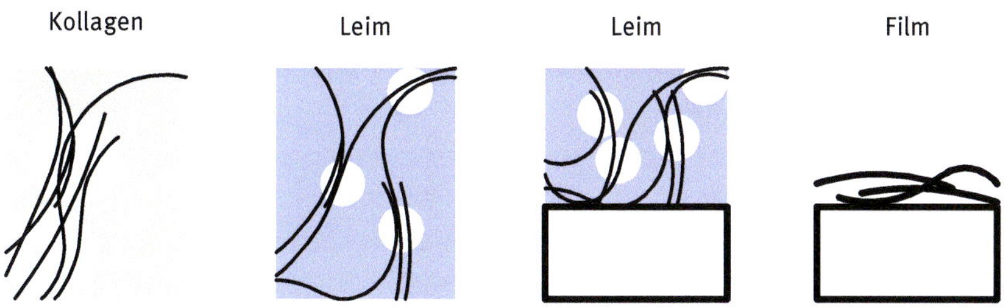

Abb. 7.22: Verfilmung des Kollagen (weiss dargestellt tripel-helikale Bereiche). Links: trockener Leim mit unregelmässigen, dichten Kollagen-Tripelhelices. Mitte: in wäßriger Lösung (blau) sind die dichten Tripelhelices aufgelöst. Einzelne ungeordnete Kollagenstränge sind durch tripel-helikale Bereiche vernetzt, ein zähes klebriges Netzwerk ist die Folge. Rechts: beim Eintrocknen bilden sich die Tripelhelices weiträumig zurück und verfestigen den Film.

7.5.3 Kasein als Bindemittel

Kaseinfarben werden mit einem Leim gebunden, der sich ergibt, wenn Topfen oder Quark mit Alkalien wie Borax oder Calciumhydroxid aufgeschlossen wird. Dieses Bindemittel ist außerordentlich klebrig und trocknet mit hoher Spannung auf. Traditionell wurde Kasein aus Milch selber hergestellt, wir können es heutzutage als Pulver auch fertig kaufen.

Kasein bzw. Milch als Ganzes könnte nach [105] schon vor 49 000 Jahren in Südafrika zur Herstellung einer flüssigen Malfarbe aus Ocker und Milch verwendet worden sein. Diese Anwendung nutzt noch nicht die Bindekraft von Kasein aus, das durch ein Reagenz wie gelöschtem Kalk, Holzasche oder Natriumtetraborat aufgeschlossen wird. Dies geschieht erst später. Im 8. Jhd. wurde Kasein als Basis von fresco secco verwendet, im 13. Jhd. zur Buchmalerei [94]. Bevor Dispersionsfarben zur dominierenden Farbe aufstiegen, wurden Kaseinfarben häufig zum Ausmalen von Innenräumen eingesetzt, da sie eine hohe Atmungsaktivität besitzen und Wände im Gegensatz zu den Dispersionsfarben nicht versiegeln. Wenn sie mit warmen Erdpigmenten abgetönt werden, geben sie Innenräumen ein südländisches Flair und stellen eine hochwertige ökologische Farbe dar. Das folgende exemplarische Rezept zeigt den grundsätzlichen Aufbau einer Borax-Kasein-Farbe [87, S. 56], [86]:

Borax-Kasein-Farbe 12,5 g Kasein in 80 ml Wasser, 4,13 g Natriumtetraborat (Borax) in 20 ml heißem Wasser, 40 g Kreide in 60 ml Wasser, 12,5 g Pigment in 10 ml Wasser.
Kasein, Kreide und Pigment über Nacht im Wasser quellen lassen. Am nächsten Tag Natriumtetraborat in heißem Wasser auflösen und zum Kasein hinzufügen. Es entsteht ein dicker, klebriger Brei. Nach einer halben Stunde die Kreidemasse und das gesumpfte Pigment zugeben (zusätzliches Wasser je nach gewünschter Konsistenz). Für Lasuren die Kreide fortlassen, die Farbe ist dann für eine größere Fläche ausreichend. Saugt der Untergrund stark, kann ein Voranstrich mit stark verdünnter Farbe oder reiner Kasein-Borax-Lösung erfolgen. Die Farbe ist von mikrobiellem Befall gefährdet und sollte frisch verbraucht werden.

Kasein

Kasein ist ein Protein der Milch und stellt mit ca. 80 % Anteil oder etwa 25 g/l den Hauptbestandteil der Proteinfraktion dar [234, 235, 240], [241, Kap.7], teilweise auch [815–820]. Seine biologische Funktion ist die Komplexierung und der Transport von Calciumionen aus Calciumphosphat, die in den Wachstumsphasen junger Säugetiere benötigt werden, sowie deren Ernährung. Dieser Funktion entsprechend, kann Kasein auch mit anderen kleinen Ionen Komplexe bilden, weist aber keine Tertiärstruktur für enzymatische oder sonstige Funktionen auf.

Kasein besteht aus vier phosphorhaltigen Komponenten mit Molekulargewichten um 20.000–25.000 und typischen Eigenschaften, die in ►Tabelle 7.8 aufgeführt sind. Phosphor liegt als Phosphorsäureester mit Serin vor und vermittelt die Fähigkeit zur Calciumbindung, die Phosphatreste sind auch für die hohe Ladung der serinreichen Regionen der Proteine verantwortlich.

Tab. 7.8: Die Komponenten des Kasein, ihr Anteil am Gesamtkasein und besondere Eigenschaften [234, 235, 240], [241, Kap.7].

α_{s1}	40–45 %	8–9 Serylphosphate pro Mol, kein Cystein, zwei ausgeprägt hydrophobe terminale Regionen mit hohen Anteile an Prolin und hydrophoben Aminosäuren wie Valin, Leucin, Isoleucin, Phenylalanin. Zwischen den hydrophoben Regionen liegt eine calcium-bindende polare Region mit Serylphosphat.
α_{s2}	10 %	10–13 Serylphosphate und 2 Cystein pro Mol, ausgeprägte negative Ladung an einem, positive Ladung am anderen Kettenende.
β	35–40 %	5 Serylphosphate pro Mol, kein Cystein, typischer Aufbau eines Tensids mit hydrophobem und hoch geladenem hydrophilen Kettenende.
κ	9–15 %	1–2 Serylphosphate und 2 Cystein pro Mol, Glykoprotein mit hydrophoben, hydrophilen sowie Polysaccharidanteilen. Stabilisiert mit Saccharidketten Micellen aus den anderen Einheiten (sterisch wirksames Schutzkolloid).

Die Kaseine, besonders β-Kasein, enthalten einen hohen Anteil an Prolin, das sich schlecht in Sekundärstrukturelemente wie α-Helices oder β-Faltblätter einfügt. Sie besitzen daher keine ausgeprägte Sekundärstruktur und liegen eher als flexible, ungeordnete Proteine vor. Über ihre ausgedehnten hydrophoben Regionen können Kaseine, besonders β und κ, höhermolekulare Aggregationen bilden und mit Grenzflächen interagieren, während das leicht oxidierbare Cystein Disulfidbrücken zur Versteifung der Aggregate ausbilden kann. In der Milch liegen Kaseine in Form grösserer Komplexe oder Micelle vor. Deren genauer Aufbau ist recht kompliziert und wird im Detail noch diskutiert, sodass wir uns auf einen Überblick beschränken wollen.

Calcium-Bindungsstellen

Der für die Komplexierung wirksame Bereich der α_{S1}-Untereinheit besteht aus Phosphoserin, die gebundenen Phosphate stellen Calcium-Bindungsstellen dar:

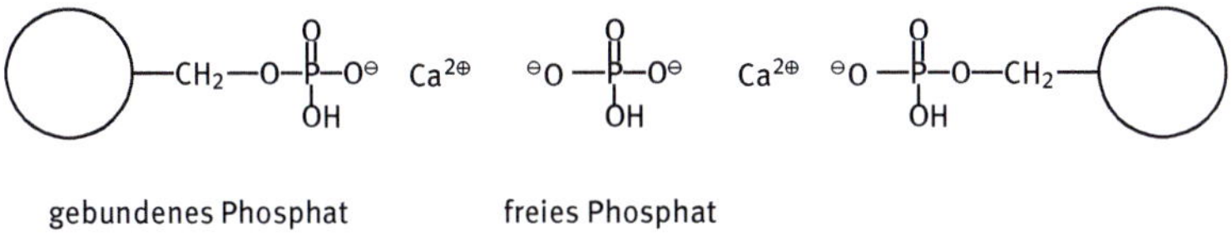

Daneben bildet eine große Anzahl freier Phosphate das „kolloidale Calciumphosphat" (CCP), das sich wie ein fluider Kitt zwischen den calcium-bindenden Komponenten verhält und die Calcium-Komplexierung verstärkt.

Hydrophobie, Assoziationstendenz

Hydrophile und hydrophobe Regionen des Kasein werden durch den hohen Prolinanteil der Ketten irregulär zu „random coils " geknickt, so daß sich keine geordneten Strukturen bilden können [238, Kap. 6], [239, Kap. 6.2]. Da strukturerhaltende Disulfidbrücken fehlen, liegt Kasein bei Raumtemperatur weitgehend entfaltet (denaturiert) vor und besitzt weder Sekundär- noch Tertiärstruktur. Auch bei Erhitzung ändert sich die Struktur kaum, sodass Kasein sehr hitzeresistent ist.

Durch die Auffaltung fehlt eine abschirmende Tertiärstruktur. An der Oberfläche der Kaseinkomplexe liegen neben Calcium-Bindungsstellen auch hydrophobe Regionen offen, sodass Kasein in Wasser unlöslich ist. Die hydrophoben Bereiche führen über van der Waals- und hydrophobe Kräfte zu einer starken Assoziationstendenz, der wir die Eignung als Bindemittel und Filmbildner verdanken. In der Milch entstehen dadurch Micelle aus wenigen zehn bis hundert Kaseinmolekülen, die durch die sterische Abstossung der Saccharidketten der oberflächennahen κ-Kaseine als Emulsion stabilisiert werden.

Im aufgestrichenen Kasein-Bindemittel besetzen Kaseine die Grenzfläche zum hydrophoben Medium Luft und orientieren sich mit ihren geladenen bzw. hydrophoben Bereiche zur wäßrigen bzw. Gasphase. Dies erfolgt leicht und schnell, da kaum geordnete Strukturen entfaltet werden müssen. Beim Eintrocknen werden durch die Orientierung der Moleküle intermolekulare Wechselwirkungen und die Bildung eines stabilen Films möglich.

Emulgierung, Stabilisierung, Ausfällung von Kasein

Ohne weitere Stabilisierung könnten die Micellen der Milch zu immer größeren Einheiten aggregieren. Sie werden jedoch durch die κ-Komponenten emulgiert, die als amphiphile Proteine in der Oberflächenschicht der Micelle eingebaut sind. Die langen Polysaccharidketten der κ-Kaseine ragen 5–10 nm in die Lösung und verleihen den Micellen eine haarige Struktur. Die sterische Repulsion der Saccharidketten verhindert das Fortschreiten der Aggregation, unterstützt durch elektrostatische Abstossung von Phosphat-, Carboxylat- und Hydroxylatgruppen.

Zur Fertigung eines milchbasierten Bindemittels benötigen wir reines Kasein, das wir aus der Milch durch Zugabe von Säure ausfällen können. In den natürlichen Milchprodukten, die zur Herstellung von Kaseinfarbe eingesetzt werden (Topfen etc.) ist dies bereits durch mikrobielle Tätigkeit geschehen.

Beim Ansäuern werden Calciumionen aus den Micellen in Lösung überführt, da die komplexierenden Phosphat-, Hydroxylat- und Carboxylatgruppen protoniert und neutralisiert werden. Dadurch wird der lose Kitt aus Calciumionen entfernt und die Micelle zerfallen. κ-Kasein geht in Lösung, nach der elektrostatischen entfällt auch die sterische Repulsion. Die nun frei beweglichen Kaseinkomponenten können, durch thermische Bewegung und damit entropisch getrieben, über ihre hydrophoben Regionen wechselwirken und koagulieren schließlich. Auch die enzymatische Hydrolyse des κ-Kaseins führt zu einer Aufhebung der stabilisierenden Wirkung und in Folge zur Aggregation der Micelle.

Die erhaltene weiße Masse ist nach Reinigung und Trocknung ein weißes, in Wasser unlösliches Pulver, das in dieser Form keinerlei Klebeeigenschaften zeigt. Diese entwickeln sich erst, wenn das Pulver mit Hilfe von Alkalien (Ammoniak, Natriumtetraborat, Calciumhydroxid) wieder in eine anionische Form und damit in Lösung gebracht wird. Borax wirkt als Base und reagiert mit den Carbonsäuren des Kaseins unter Freisetzung von Borsäure zu wasserlöslichem Natrium-kaseinat:

$$2\,\text{Kasein–COOH} + Na_2B_4O_7 + 5\,H_2O \longrightarrow 2\,\text{Kasein–COONa} + 4\,H_3BO_4$$

Durch elektrostatische Abstossung zwischen den Phosphat-, Carboxylat- und Hydroxylatgruppen wird beim Lösen die Dissoziation der einzelnen Kaseinmoleküle unterstützt.

Verfilmung

Durch Zugabe alkalischer Aufschlussmittel kann wie oben geschildert das unlösliche Kasein in Lösung gebracht werden. Durch die Flexibilität und Aggregationstendenz der gelösten Kaseine liegen in Lösung lange Ketten vor, die viel Wasser binden. Das resultierende große hydrodynamische Volumen führt zu einer hohen Viskosität der Kaseinlösung.

Die starke Klebewirkung der zähen Lösung wird von den ausgedehnten hydrophoben Regionen des Kaseins verursacht, die über van der Waals-Wechselwirkung weitmaschige Netzwerke bilden, ►Abbildung 7.23. Da Kasein zu den am stärksten hydrophoben Proteinen gehört, entstehen beim Eintrocknen so dichte und stabile Netzwerke, daß diese kaum noch wiederanlösbar sind und einen ausgesprochen dauerhaf-

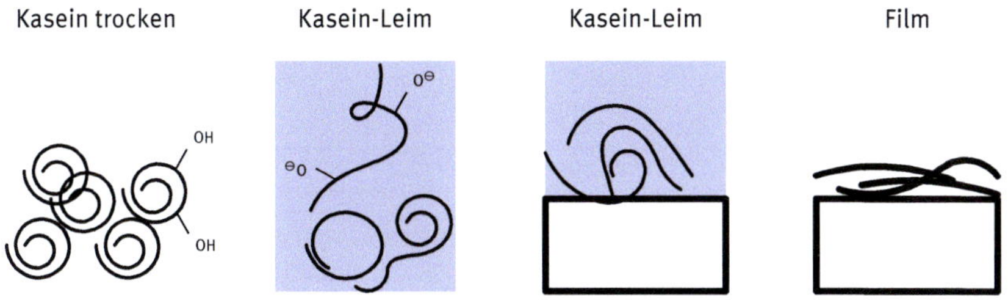

Abb. 7.23: Verfilmung des Kaseins. Links: ausgefälltes reines Kasein in dichtem Knäuel. Mitte: durch den alkalischen Aufschluss werden die Kaseinknäuel in ihre anionische Phosphat-, Hydroxylat- und Carboxylat-Form überführt und weiten sich durch elektrostatische Repulsion auf. Das entstehende Netzwerk und die langen wasserbindenden Kaseinketten führen zu einer klebrigen viskosen wäßrigen Lösung (blau). Rechts: beim Eintrocknen verfestigt sich der Film unter Bildung stabiler kristalliner Bereiche durch hydrophobe Wechselwirkungen und Wasserstoffbrücken.

ten Film bilden. Elektrostatische Wechselwirkungen und Wasserstoffbrücken tragen einen weiteren Teil zur Filmstabilität bei.

Zweiwertige Kationen wie $Ca^{2\oplus}$ erhöhen die Filmhärte, da sie zwei Peptidstränge ionisch verbrücken und fixieren können, während die Aggregation fortschreitet. Dies erklärt die guten Filmbildungseigenschaften von Kalk-Kasein-Binder, der mit Calciumhydroxid als alkalischer Komponente hergestellt wird.

Wird kein reines Kasein, sondern Milch verwendet, kann auch das in der Milch enthaltene β-Lactoglobulin über seine Thiolgruppen langfristig intermolekulare Disulfidbrücken bildet und so zur Filmverhärtung beitragen [814].

7.6 Tempera

Die Technik der Tempera verweist in eine Zeit, die lange vor der Erfindung der klassischen Ölmalerei zahllose Meisterwerke schuf. Leider ist der Begriff nicht einfach zu fassen; gerade in der Zeit, in der Tempera ausgiebig genutzt wurde, existierte eine Vielzahl an Benennungen. Danach gab es nicht minder viele Deutungen, was denn Tempera genau sei. Erschwerend kommt hinzu, dass in jeder Sprache der Begriff andere Systeme bezeichnet. Wir können uns einen Begriff von der Problematik durch Lektüre von [833] machen, worin versucht wird, dem Wesen der Tempera im Laufe der europäischen Malerei auf die Spur zu kommen.

Aus naturwissenschaftlicher Sicht stellt Tempera kein eigenes Bindemittel dar, sondern bezeichnet ein Malsystem, das durch Emulgieren eines wässrigen und eines nicht-wässrigen Systems entstanden ist. Eines der Systeme dominiert und definiert damit das eigentliche Bindemittel, dessen Eigenschaften vom zweiten System modifiziert werden.

Der Begriff „Tempera“ ist somit nicht eindeutig, wir können durch Kombination der möglichen wässrigen und öligen Basissysteme zahlreiche Varianten bilden, einige wichtige Beispiele mögen uns reichen [94]:
- Gummi-Öl-Tempera, aus wässrigem Pflanzengummi und trocknenden Ölen.
- Eitempera, ein besonderer Fall aus wässrigem Eiweiß-Bindemittel und trocknendem Öl, dazu das Eigelb als weiteres Emulsionssystem.

Obschon die Komponenten der Tempera fast beliebig kombinierbar sind, denken wir häufig zuerst an die klassische *Eitempera*. Doch auch von dieser gibt es mehrere Varianten, wie wir gleich sehen werden …

Tempera ist nicht nur für die Tafelmalerei geeignet, auch in der Anstrichtechnik der Vor-Kunststoff-Zeit war sie weit verbreitet. Möchten wir uns nicht nur der Malerei, sondern auch der Holzausstattung unserer Werkstatt mit Liebe und Sorgfalt widmen, können wir über diese Anwendung in [86] viel erfahren.

Da in der Tempera zwei gegensätzliche Phasen vereinigt sind, bedürfen wir zu ihrer Herstellung eines Emulgators. Einige wäßrige Bindemittel haben den Vorteil, Emulgatoren in Form von Proteinen bereits mitzubringen: wenn Proteine ausgeprägte hydrophile und hydrophobe Bereiche aufweisen, wirken sie grenzflächenaktiv und vermitteln zwischen Wasser und der nichtwäßrigen Phase. Besonders hydrophobe Proteine wie Kasein, die obendrein bereits denaturiert vorliegen, zeigen starke Emulgierfähigkeiten [238, Kap 3], [239, Kap. 4.7.5]. Aber auch globuläre Proteine wie Ovalbumin, die oberflächendenaturieren können, stabilisieren Emulsionen in gewissem Maße. Besonders wertvoll in dieser Beziehung sind die meisten Bestandteile des Hühnereis und vor allem das Eigelb, weswegen wir insbesondere Eitempera näher untersuchen wollen.

7.6.1 Eigelb-Tempera

Die einfachste und sehr alte Art, Temperafarben herzustellen, basiert auf dem Grundstoff Ei, entweder als reiner Eidotter oder als Vollei. Vorteile (und Nachteile) dieses Mittels sind:
- Die schnelle Verdunstung des Wassers führt zu einer raschen Trocknung der Farbe und zu einer vollständigen Durchtrocknung
- Durch den Lecithin- und Ölgehalt trocknet Tempera spannungsfrei auf (reine Leimfarben-Filme zeigen dagegen hohe Spannungen)
- Eigelb-Tempera ist ein mageres Mal- und Bindemittel
- Der getrocknete Film kann durch ätherische Öle (Terpentinöl) nicht mehr angelöst werden und vergilbt auch nicht, da fette Öle fehlen
- Die Inhaltsstoffe des Eigelb reagieren nicht wie fette Öle mit Bleifarben, sodass weisse Flächen nicht durch Bildung farbloser Bleiseifen transparent werden und dunkle Untermalungen durchscheinen lassen (Nachdunkelung)

- Der Film ist spröde (eigentliches Bindemittel ist Eiweiß)
- Farben hellen beim Trocknen auf, da kein körperhafter Film um die Pigmente herum entsteht

Nach DOERNER [833] ist Eigelb-Tempera die ursprünglich in der frühen europäischen Tafelmalerei eingesetzte Tempera, was auch Schriften von CENNINI um 1390 bestätigen (Herstellung einer Tafelbildtempera mit Eigelb, einer Mauerwerktempera mit Vollei). Durch Bildung eines spröden Eiweißfilms neigt diese Tempera in dicken Schichten dazu, abzuplatzen. Da die deckenden Untermalungen (Weißhöhungen) der späteren Altmeistermalerei häufig solche Schichten bilden, war der Bedarf zur Entdeckung der fetten Eitempera gegeben, siehe unten.

Die eigentliche Eitempera wird auf einfache Weise hergestellt [87, S. 88]:

Eitempera Eigelb (ohne Dottersack), Pigment
Ein unbeschädigtes Eigelb so anstechen, daß der Inhalt ohne Dottersack in ein Gefäss ausfliessen kann. Die dickliche Flüssigkeit wird mit einem Teelöffel Wasser vermischt, danach mit der gleichen Menge Pigment verrieben.

Die Inhaltsstoffe des Eidotters bilden ein komplexes System, das als fettes Leim-Bindemittel klassifiziert werden kann:

Lecithin (Emulgator) + Ei-Öl (nichttrocknend, 30 %) + Eiweiß (Leim-Bindemittel, 15 %) + Wasser (50 %)

Lecithin ist ein sehr effizienter Emulgator für ein System aus Eiweiß und fetten Ei-Ölen. Es handelt sich um Phosphatidylcholin, das eine tensidartige Struktur mit einem hydrophoben Ende aus Fettsäuren und einem hydrophilen Ende aus einem quartären Ammoniumsalz aufweist:

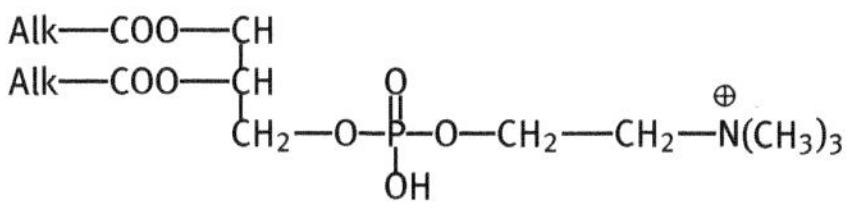

Auch Lipoproteine und anderen Phospholipide des Eidotters spielen eine Rolle als Emulgator, wenn auch keine so große wie Lecithin.

Ei-Öl besteht größtenteil aus nichttrocknenden Ölen, vor allem $C_{16:0}$- und $C_{18:1}$-Triglyceriden, etwas $C_{18:2}$- und $C_{18:0}$-Triglyceriden (die Angabe n:m bedeutet „*n* Kohlenstoffatome, *m* Doppelbindungen“). Es trägt zur Filmbildung nicht bei. Alleiniges Bindemittel ist Albumin, ein Eiweiß des Dotters. Albumine bilden spröde Filme aus, sodass ein wichtiger Beitrag des Ei-Öls darin besteht, den Albuminfilm geschmeidig zu machen.

Da der größte Teil des Farbvolumens aus Wasser besteht und verdunstet, verbleibt nur ein dünner, körperloser Film, der – im Gegensatz zur Ölfarbe – die Pigmente in hohem Maße in den Vordergrund stellt. Es entsteht die typische matte Anmutung der mageren Temperaoberfläche, Tiefenlicht und Sättigung der Farbe fehlen weitgehend. Ein ähnliches Erscheinungsbild zeigt sich uns bei Acryl-Filmen. Der Mechanismus wird in ►Abschnitt 7.4.10 näher diskutiert.

7.6.2 Eitempera

Um pastosere Farben herzustellen, benötigen wir mehr Bindemittel. Da bei der Eigelb-Tempera das Bindemittel Albumin ist, liegt es nahe, mehr Eiweiß hinzuzufügen und dazu das *Eiklar* mitzuverwenden. Wenn wir das ganze Ei verwenden, erhalten wir folgendes Malsystem:

Ganzes Ei = Eigelb-Tempera + Eiklar (Albumine, 87 % Wasser)
= Emulsions-Bindemittel + Leim-Bindemittel

Wir haben dem Emulsionsbindemittel Eigelb-Tempera noch mehr eines reinen Leimbindemittels zugegeben (das identisch zu dem bereits vorhandenen Eiweiß im Eigelb ist). Da nun mehr Eiweißbinder vorhanden ist, ist die Tendenz zu spröder Filmbildung noch größer und die Bedeutung der weichmachenden Bestandteile (Ei-Öl) nimmt zu.

7.6.3 Fette Eitempera

Durch den effizienten Emulgator im Ei kann eine Ei(gelb)-Tempera wahlweise mit Wasser oder mit fetten Ölen versetzt werden, ohne daß die Emulsion bricht. Auf diese Weise können der Tempera z. B. Eigenschaften der Ölfarben verliehen werden, was der eigentlichen Entdeckung der VAN EYCKS entspricht. Diese haben die alte Eigelb-Tempera durch die Erfindung der Wasser-Öl-Emulsion verbessert und so die Grundlage der altmeisterlichen Schichten- und Lasurmalerei gelegt, in der abwechselnd Temperalagen (Untermalungen, Weißhöhungen) und Ölfarbenschichten (Lasuren) folgen (DOERNER in [833]). Nach der Renaissance avanciert die fette Eitempera daher zur Haupttechnik der alten Meister.

Die Zusammensetzung einer solchen Temperafarbe ist nach Rezepten verschiedener Künstler:

Fette Eitempera 1 Volumteil Ei (ganz), 1 Volumteil einer Mischung aus Standöl (oder Leinöl), Dammarfirnis oder Terpentinöl (z. B. im Verhältnis 1:1:1), evt. 1–2 Volumteile Wasser, Pigment
Das ganze Ei in ein Glas geben und Eigelb und Eiklar miteinander vermischen. Das gleiche Volumen der fetten Komponenten dazugeben und alles erneut vermischen. Die Mengenanteile der Öle und Harze können variiert werden. Schließlich maximal das zweifache Ei-Volumen an Wasser hinzugeben und wiederum alles sorgfältig vermischen. In dieses Bindemittel das Pigment reiben.

Die erhaltene Farbe trocknet schneller als Ölfarben, aber langsamer als Tempera, und erlaubt das Verwischen von Farbe sowie pastosen Auftrag. Als Malmittel dient Wasser, falls wir Wasser zugefügt haben, sonst die unpigmentierte Emulsion.

Die zugegebenen fetten Öle verbessern den spröden Eiweißfilm einer reinen Eitempera, sodaß es möglich wird, pastose und deckende Partien ohne Gefahr des Abplatzens anzulegen. Indem wir mit dem Öl ein zweites Bindemittel hinzugefügt haben, das im Gegensatz zum Eiweiß-Leim eine sehr hohe Trockenzeit aufweist, können wir nun längere Zeit verändernd am Bild arbeiten. Beim Trocknen bildet die fette Eitempera einen transparenten körperhaften Ölfilm, der im Vergleich zur mageren Tempera Tiefenlicht erzeugt sowie Glanz besitzt.

Das zugegebene Wasser ist dagegen als Malmittel zu sehen, das rasch verdunstet und keinen Einfluß auf die Filmbildung hat. Ein wesentlicher Vorteil ist allerdings, daß Pinselstriche, die mit wässriger Emulsion gezogen sind, auf fetten Malschichten klar konturiert stehen, was mit den Ölfarben nicht zu erreichen ist. Nur durch solche Wasser-auf-Öl-Technik wird die feine, klare Zeichnung von Fell, Haaren und duftigen Stoffen möglich.

7.7 Aquarellfarben

Aquarellfarben als Spezialfall von Wasserfarben gehören zu den ältesten Malsystemen. Besonders schöne Beispiele sind ohne Zweifel die kunstvoll ausgeführten Arbeiten der mittelalterlichen Buchmaler, aber schon weit vorher wurden Pigmente mit Pflanzengummis zu einer wässrigen Farbe verrührt. Ab etwa 1700 erfreuten sich auch deckende Wasserfarben, die sog. *Gouachen*, einer großen Beliebtheit.

Wasserfarben bestehen aus sehr fein gemahlenen Pigmenten, die in Wasser aufgeschlämmt sind und idealerweise transparenten Charakter haben, obwohl auch deckende Pigmente durch geeignet feine Mahlung transparent werden können. Pigmente müssen im Aquarell höchste Lichtechtheit besitzen, da keine weiteren Bestandteile der Malschicht an der Lichtabsorption beteiligt sind und sie daher die Energie der auftreffenden Strahlung allein aufnehmen müssen.

Der eigentliche Malgrund für Aquarellfarben ist ein rauhfaseriges, strukturiertes Papier, in das die Pigmentsuspension tief eindringen kann. Sehr wichtig ist die Fähigkeit des Papiers, Pigmentteilchen zwischen den Fasern einzulagern und – genau wie Farbstoffe – allein durch sekundäre Wechselwirkungen zu fixieren. Zusammen mit der Transparenz der Pigmente können wir durchaus von einer Färbung im Sinne eines Farbstoffes sprechen. Aquarellfarben enthalten aber immer noch einen Pflanzengummi als Bindemittel, meist Gummi arabicum, gemischt mit niederen Zuckern (Glukose, Honig) oder Glykolen als Weichmacher.

7.7.1 Grundzusammensetzung von Aquarell- oder Wasserfarben

Den grundsätzlichen Aufbau zeigt das folgende Rezept zum Bereiten einer Aquarellfarbe [73, 99]:

> **Aquarellfarbe** 1 Raumteile Wasser, 1 Raumteil Gummi arabicum, 1/4 Raumteile Feuchthaltemittel Glycerin, Pigment, für deckende Wasserfarben (Gouache) etwa die gleiche Menge Kreide wie Pigment, evt. Netzmittel (Ochsengalle oder synthetisches, einige Tropfen), evt. Konservierungsmittel (Nelkenöl, einige Tropfen)
> Wasser erhitzen und Gummi arabicum hinzufügen. Nach ein bis zwei Tagen ist das Gummi vollständig gelöst. Glycerin hinzufügen. Das Pigment in die Lösung einrühren, bis ein dicker Brei entsteht. Diesen zur Aufbewahrung in kleine Dosen oder Schachteln füllen und bei Bedarf mit Wasser anrühren.

Es bewährt sich, aus dem Pigment zunächst eine Vordispersion herzustellen: das Pigment wird mit einigen Tropfen Ethanol als Netzmittel, dann mit Wasser zu einem Brei angerührt, der die Konsistenz von Ölfarbe hat. Nach Zugabe des Bindemittels kann die eigentliche Farbe mit Hilfe eines Glasläufers angerieben werden. Dabei verdunstet Wasser und die Farbe dickt ein. Dies wird durch Besprühen mit etwas Wasser ausgeglichen, bis die Farbe innig verrieben ist. Keinesfalls darf Bindemittel zum Anfeuchten verwendet werden, da sonst zuviel Bindemittel in der Farbe verbleibt!

Wenn Sie konkret an die Eigenherstellung denken, finden Sie in [73, 85, 99] zahlreiche Anregungen; alle Werke beschäftigen sich explizit mit der Herstellung von wasserbasierten Farben.

Das Bindemittel

Vom chemischen Standpunkt aus sind Aquarellfarben einfach aufgebaut, da sich die Chemie auf Pigmente und Bindemittel (Pflanzengummis, meist Gummi arabicum) beschränkt.

Das Bindemittel wirkt in Aquarellfarben rein physikalisch, das heisst nach Verdunsten des Wassers verbleibt das unveränderte Gummi als dünne Schicht auf dem Papier und umschliesst die Pigmente. Da die verwendeten Gummis hochmolekulare Polysaccharide sind, besteht diese Schicht aus miteinander über Wasserstoffbrücken verbundenen Polymermolekülen (Saccharid-Film). Wie hart so ein Film sein kann, können wir uns vorstellen, wenn wir an ähnliche Fälle aus der Natur denken, in denen Polysaccharide eine im wahrsten Sinne des Wortes tragende Rolle übernehmen: Bäume (Zellulosefasern), bakterielle Zellwände, mit Stärke gestärkte Hemden und das ausserordentlich stabile altbackene harte Brot. (Die Vergleiche hinken etwas, da diese Beispiele zellulose-/stärke-artige Polysaccharide umfassen. Diese sind durch ihre lineare Struktur für die Ausbildung sehr stabiler kristalliner Strukturen prädestiniert. Pflanzengummis sind verzweigt, sodass wir keine dermassen stabile regelmässige Strukturen erwarten dürfen.)

Das Grundrezept kann noch weiter modifiziert werden, indem dem Gummi arabicum andere Polysaccaride wie Dextrin zugesetzt werden. Hiermit kann der professionelle Hersteller die Eigenschaften des Films genauer steuern. Bei der Selbstherstellung dürfte eine sinnvolle Auswahl solcher ergänzenden Stoffe aber kaum möglich sein.

Feuchthaltemittel

Durch das hohe Molekulargewicht der Gummis und die Vernetzung der Moleküle kann der entstandene Film mit Wasser nicht mehr so leicht wiederangelöst werden, wie es bei Verwendung von einfachen Sacchariden (Zucker, Honig) der Fall wäre. Wir merken dies bei der Selbstherstellung der Farbe: nehmen wir einen zu hohen Anteil an Gummi arabicum, können wir die Farbe schon im Näpfchen kaum noch anlösen. Daher enthalten Aquarellfarben stets Feuchthaltemittel, das hilft, vollständige Eintrocknung zu verhindern, sodass wir die Farbpaste rasch wiederanlösen können. Als Feuchthaltemittel kommen polare, zuckerartige Substanzen mit einem mässig hohen Dampfdruck in Frage, also niedrige Polyalkohole wie Glycerin. Einfache Zucker wirken ebenfalls, verdunsten aber nicht und bleiben dauerhaft als lösliche Komponente im Film.

Solange die Farbe im Napf lagert, wirkt Glycerin als Weichmacher und verhindert eine vorzeitige Vernetzung, indem es sich zwischen die Polysaccharide drängt und einen zu engen Kontakt verhindert. Ausserdem nimmt es nicht an der Vernetzung teil, sodass beim Wiederanlösen auch das Wasser zwischen die vom Glycerin separierten Polysaccharid-Moleküle drängen kann und der Lösevorgang gestartet wird. Nach dem Auftragen der Farbe verdunstet das Glycerin, sodass keine lösliche Substanz zurückbleibt und der Film stabiler gegenüber Feuchtigkeit wird.

Konservierungsmittel

Durch die Verwendung von Polysacchariden als Bindemittel ist die Lagerung von Aquarellfarben problematisch; einige Versuchsansätze, die allerdings als feuchte Farbpaste gelagert waren, zeigten nach 8 Monaten Schimmelbildung. Gut getrocknete Ansätze fielen bislang nicht negativ auf. Die Zugabe eines Konservierungsmittels ist zu empfehlen, wenn man anstelle der klassischen trockenen Aquarellfarbe eine teigig-feuchte, tubenartige Masse herstellen möchte. Traditionell wurden hierzu ätherische Öle wie Nelkenöl benutzt, heutzutage können wir unter verschiedenen synthetischen Produkten wählen.

7.7.2 Gummi arabicum

Gummi arabicum ist ein Extrudat aus Bäumen der Art *acacia senegal*, das bei Verletzung der Rinde in Form von 2–7 cm großen Tropfen austritt und mehr oder weniger klar erstarrt [230, 231]. Es kommt aus Afrika, hauptsächlich dem Sudan.

Chemisch ist Gummi arabicum ein verzweigtes Polysaccharid mit einem Molekulargewicht zwischen190 000 und 600 000. Es setzt sich aus vier Hauptsacchariden mit folgendem ungefähren Molverhältnis zusammen:

3,5 mol L-Arabinose (L-Ara*f*)
2,9 mol *β*-D-Galaktose (*β*-D-Gal*p*)
1,6 mol *β*-D-Glucuronsäure (*β*-D-Glc*p*A) 1,1 mol *α*-L-Rhamnose (*α*-L-Rha*p*)

Die Hauptkette wird über (1→3)-verknüpfte Galaktopyranose gebildet, Verzweigungen sind über die 6-Position möglich. Zweige können aus einer weiteren, kürzeren Polygalaktose-Kette bestehen, oder aus kurzen Büscheln aus Arabinose, Glucuronsäure und Rhamnose, ►Abbildung 7.24. Das Molekül ist durch die Möglichkeit, die Hauptkette in der Seitenkette zu duplizieren, in gewissem Maße selbstähnlich und bildet eine sphärische Form aus.

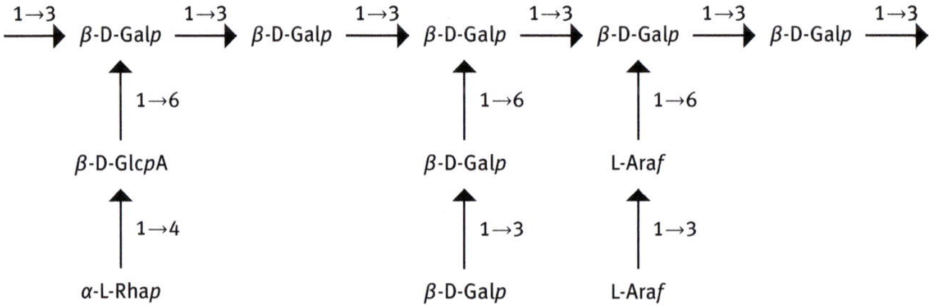

Abb. 7.24: Ausschnitt aus der Struktur von Gummi arabicum mit einer verzweigten Galaktose-Grundstruktur und Seitenketten aus Galaktose, Arabinose, Glukuronsäure und Rhamnose [232, Kap. 4.4.4.5]. Es bedeuten: Gal*p* Galaktopyranose, Ara*f* Arabinofuranose, Glc*p*A Glukuronsäure, Rha*p* Rhamnopyranose.

Durch den Gehalt an Glucuronsäure bildet Gummi arabicum neutrale bis leicht saure Salze mit Kalzium, Magnesium oder Kalium, als Polysaccharid und Uronsäure ist es darüberhinaus außerordentlich gut wasserlöslich, wir können ohne weiteres 50 %ige Lösungen herstellen. Eine Zunahme der Viskosität wird erst bei hohen Konzentrationen merkbar, da die Gummi-Moleküle sphärisch geformt sind und daher kein ausgedehntes Netzwerk bilden, das Voraussetzung zur Gelbildung ist (ähnlich einer Acryldispersion). In der Lebensmittelindustrie wird das Gummi daher gern als Emulgator und Stabilisator verwendet.

Das geschilderte Verhalten macht Gummi arabicum als Bindemittel für Wasserfarben sehr geeignet; der Farbauftrag bleibt wäßrig-dünnflüssig, nach dem Verdunsten des Wassers verbleibt ein dünner Film des nichtflüchtigen Polysaccharids, der durch Wasserstoffbrücken und van der Waals-Kräfte stabilisiert ist und für die Bindung des Pigments sorgt. Da sich das Bindemittel beim Trocknen nicht chemisch verändert, behält es seine Wasserlöslichkeit allerdings bei. Die Stabilität eines Aquarells ist dennoch hoch, da die in den Papierfasern abgelagerten Pigmente vom Papier über sekundäre Wechselwirkungen adsorbiert werden können, so wie auch die nicht-kovalent gebundene Farbstoffe eine recht hohe Haftung erreichen können (►Kapitel 5 auf S. 409).

7.7.3 Gummi traganth

Ein weiterer Pflanzengummi ist Traganth, der aus Bäumen der Art *astragalus gummifer* gewonnen wird, die in trockenen Gebirgen der Türkei und des Irans vorkommen [230, 231]. Er wird ebenfalls als wäßriges Bindemittel und im Lebensmittelbereich als Emulgator und Verdicker eingesetzt, aber in geringerem Umfang, da die Vorkommen merklich geringer sind und der Preis höher liegt.

Chemisch handelt es sich beim Traganth-Gummi ebenfalls um ein Polysaccharid, das aber aus zwei Komponenten besteht: einem Arabino-galaktan (ca. 30–40 %), und der „Traganthsäure", einer Poly-Uronsäure, ►Abbildung 7.25. Arabino-galaktan ist aufgrund seiner sphärischen Form wie Gummi arabicum leicht löslich, die Traganthsäure jedoch ist stäbchenförmig aufgebaut und bildet leicht Gele. Daher löst sich Traganth nicht vollständig in Wasser, sondern bildet bereits ab 2 % Anteil hochviskose Lösungen und schleimartige Gele.

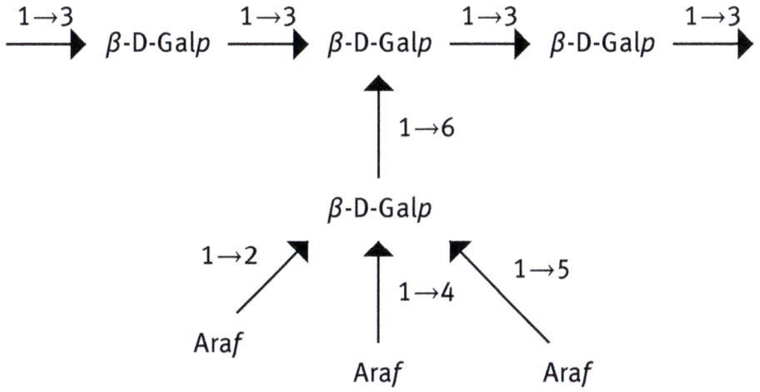

(a) Arabino-galaktan mit Galaktose-Grundgerüst.

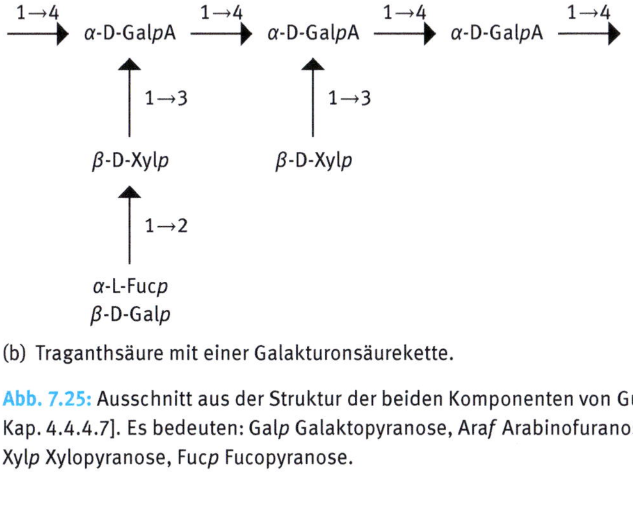

(b) Traganthsäure mit einer Galakturonsäurekette.

Abb. 7.25: Ausschnitt aus der Struktur der beiden Komponenten von Gummi Traganth [232, Kap. 4.4.4.7]. Es bedeuten: Gal*p* Galaktopyranose, Ara*f* Arabinofuranose, Gal*p*A Galakturonsäure, Xyl*p* Xylopyranose, Fuc*p* Fucopyranose.

7.7.4 Ochsengalle

Galle besteht zu ca. 80 % aus Wasser, als funktionelle Bestandteile finden wir anorganische Elektrolyte, Lipide und als Hauptbestandteil ca. 12 % Salze von Gallensäuren. Bei diesen handelt es sich um hydroxylierte Carbonsäuren mit Steroidgerüst, die wie alle Steroide aus dem Tetraterpen-Stoffwechsel stammen. Cholsäure ist die wichtigste Gallensäure und Ausgangspunkt weiterer Derivate (Desoxy-, Cheno-, Lithocholsäure etc.). Die Gallensäuren kommen nicht in freier Form, sondern als Amide („konjugierte Gallensäuren“) mit Taurin (→ Taurocholsäure) und Glycin (→ Glykocholsäure) vor:

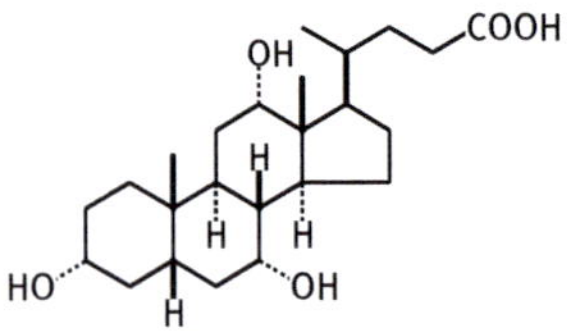

Cholsäure

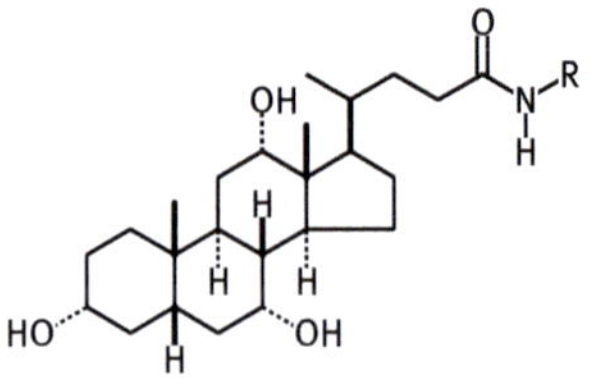

Taurocholsäure, R=$CH_2CH_2SO_3H$,
Glykocholsäure, R=CH_2COOH

Die Funktion der Galle im Körper besteht darin, als Tensid und Emulgator im Rahmen der Fett-Verdauung Fette zu emulgieren, was sie als Waschmittel für hartnäckige Fälle („Gallseife“) und als Netzmittel für die Wasserfarben-Bereitung qualifiziert. In dieser Hinsicht wird – neben der Galle als Ganzes – inbesondere Taurocholsäure verwendet, die nach J. Horadam (1893) die günstigsten Anwendungseigenschaften zeigt (noch heute führt die Firma Schmincke „Horadam Aquarellfarben“), weniger geeignet ist Glykocholsäure und die anderen Gallensäuren.

7.7.5 Das Papier

Die grundsätzliche Zusammensetzung, die Funktion der Komponenten und die Herstellung von Papier haben wir in ►Abschnitt 6.7 vorgestellt, Besonderheiten von Künstlerpapieren in ►Abschnitt 6.7.7. *Aquarellpapier* ist ungestrichen und wurde traditionell aus Hadern hergestellt, was die erwünschte hohe Licht- und Alterungsbeständigkeit sicherstellt. Auch heute noch werden hochwertige haltbare Aquarellpapiere zu 100 % aus Hadern gefertigt [945]. Die hohlen Baumwollfasern verleihen dem Papier hohe Adsorptions- und Pufferkapazität für Wasser, was gerade für eine Maltechnik wie Aquarell, die vom kontrollierten Feuchtigkeitsverlauf auf dem Papier auch bei großen Wassermengen lebt, notwendig ist.

Neben 100 %-Hadernpapieren gibt es heute Papierqualitäten aus Mischungen von Hadern und ligninfreiem Zellstoff oder aus reinem Zellstoff [945]. Bei der Zellstoff-Produktion werden vergilbungs- und alterungsanfällige Holzstoffe (Lignine) entfernt. Ein Zusatz von wenigen Prozent $CaCO_3$ als Puffer gegen Säure verlangsamt den Alterungsprozesse, sodaß die meisten angebotenen Papiere als *alterungsbeständig nach DIN EN ISO 9706* bezeichnet werden dürfen.

Aquarellpapier wird nicht satiniert, wenn eine naturrauhe Oberfläche erwünscht ist. Matte oder feingerippte Texturen können bereits durch die Siebstruktur beim Entwässern oder durch Prägung eingebracht werden. Für brillant und klar stehende Farben, wie sie z. B. bei botanischen Aquarellen erwünscht sind, wird durch Satinage und/oder Oberflächenleimung eine glatte Oberfläche erzeugt. Die Grammatur bewegt sich im Bereich 200–600 g/m^2.

Um das Papier gegen aquarelltypische mechanische Beanspruchungen zu schützen, wird eine Oberflächenleimung durchgeführt. Zu diesen Beanspruchungen gehört das Entfernen (Wegrubbeln) von Maskierflüssigkeit oder „Rubbelkrepp“, das Ablösen von Klebeband zum Fixieren des Papierbogens und eine intensive Pinselarbeit an einem Punkt, um Korrekturen vorzunehmen oder Farbe abzunehmen. Als neutrales Leimungsmittel kann AKD benutzt werden.

Nach [163, p. 98] können hohe Opazität und einheitliche Oberfläche auch durch Kreide und niedrigmolekulare Polymere (modifiziertes Polyethylenimin, Polyamin, Polyvinylamin) erreicht werden. Eine eventuelle Leimung erfolgt dann mit kationischem Styrol-Acrylat und CMC, Stärke und/oder niedermolekularem Polyacrylamid oder Polyvinylformamid. Diese Mittel kontrollieren Wasser- und Ölaufnahme und Papiersteifigkeit. Die notwendige Abriebfestigkeit wird in diesem Fall durch eine Oberflächenleimung mit Stärke oder einem Copolymer aus Polystyrol und Polyacrylat erzielt.

7.8 Alkydfarben

Seit längerer Zeit können wir Künstlerfarben kaufen, die auf Alkydharzen als Bindemittel basieren [92, 169, 173, 177, 179]. Als Vorteile wird eine im Vergleich zu Ölfarben deutlich kürzere Offenzeit genannt, unter Erhalt von Transparenz und Körper eines ölartigen Films.

Im Gegensatz zu Acrylfarben, die ebenfalls rasch trocknen, aber keinen körperhaften Film bilden, gleichen die in einem glasklaren, ölartigen Alkydharz gebundenen Farben in Auftragverhalten, Deckkraft, Transparenz, Intensität und Leuchtkraft den Ölfarben. Alkydharz trocknet innert Tagesfrist übermalbar auf, sodass wir Bilder auch in altmeisterlicher Maltechnik mit zahlreichen Lasuren rasch fertigstellen können.

Für den Kunstmaler sind Alkydfarben eine recht neue Entwicklung. Sie sind in der Anstrichtechnik jedoch seit fast hundert Jahren bekannt, und Alkydharze zählen mit einem Anteil um 45 % an den Lackharzen zu den am meisten verwendeten Bindemittelsystemen. Dies beruht auf ihren guten Filmbildungseigenschaften und den preiswerten Ausgangschemikalien: fette Öle, die billig aus natürlichen Quellen erhalten werden können, und Säuren wie Phthalsäure, ein billiges petrochemisches Großprodukt.

Chemisch besehen, handelt es sich bei Alkydharzen um synthetische Polyesterharze, der Name *alcyd* (= alcohole and acid) deutet bereits die Bestandteile Alkohol und Säure an. Um Polymere anstelle einfacher Ester zu erhalten, müssen wir polyfunktionelle Carbonsäuren und Polyole einsetzen, ►Abbildung 7.26.

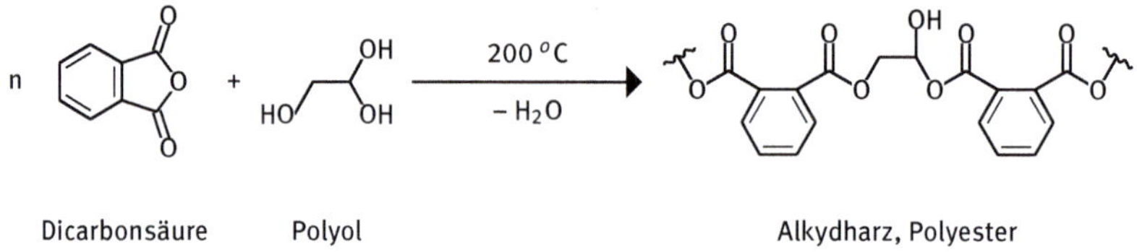

Abb. 7.26: Darstellung von Alkydharzen aus Dicarbonsäure und Polyol.

Das gezeigte Alkydharz ist ölfrei. Die ersten Alkydharze waren aus Glycerin (Polyol) und Phthalsäureanhydrid (Dicarbonsäure) zusammengesetzt. Diese *Glyphthal-Harze* besassen jedoch Eigenschaften, die sie für eine Anwendung ungeeignet machten: das trifunktionelle Glycerin führte entweder sofort zu einer zu starken Vernetzung, oder verhinderte eine solche, ausserdem trocknen reine Polyester nur physikalisch auf. Glyphthal-Harze waren jedoch mit fetten Ölen unverträglich, sodass auch keine Harz-Öl-Mischungen hergestellt werden konnten, die chemisch vernetzen würden.

Ölmodifizierte Alkydharze

Der Durchbruch erfolgte erst um 1930 mit der Erfindung der *ölmodifizierten Alkydharze* durch KIENLE, der als Polyol ein Monoglycerid verwendete. Pro Monomer ist ein Fettsäuremolekül in der Struktur vorhanden, das die Ölverträglichkeit sichert und zusätzlich nach Art der Ölfarbe chemisch trocknet. Durch rasche Trocknung, bessere Filmhärte und Witterungsbeständigkeit wurden Öl-Alkyd-Harze rasch ein Erfolg.

Je nachdem, welches Öl wir einsetzen, erhalten wir verschiedene Typen von Alkydharzen. Im Künstlerfarbenbereich sind Glyceride aus fetten Ölen von Bedeutung, die zu *Langöl-Alkyden* führen. Das Monoglycerid wird durch Umesterung eines gewöhnlichen Triglycerids (Fett oder Öl) mit Glycerin gewonnen. Dabei findet eine statistische Verteilung der Säurereste der höheren Fettsäuren auf Glycerinmoleküle statt:

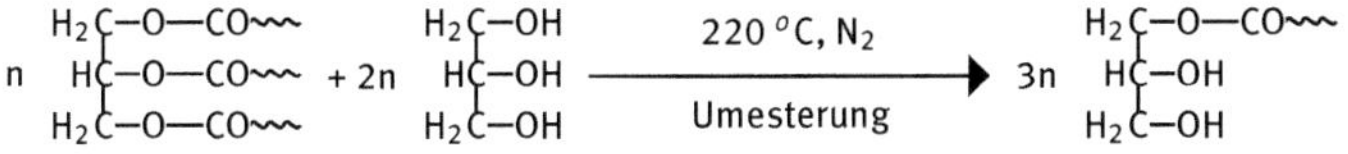

Triglycerid Glycerin Monoglycerid

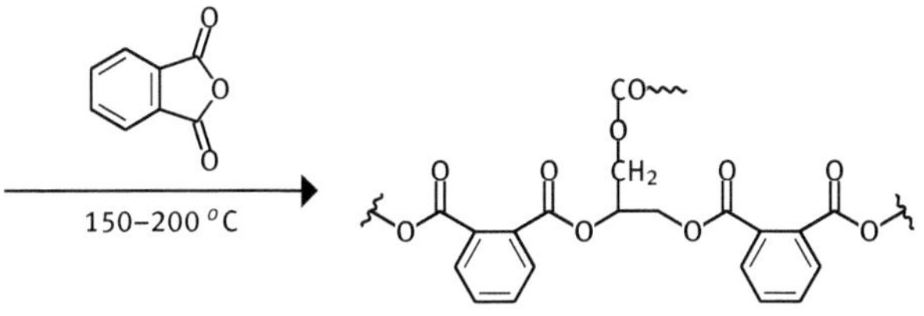

Öl-Alkydharz

Eine zweite Variante setzt das Triglycerid zunächst mit der Dicarbonsäure um, wobei die Fettsäure frei wird:

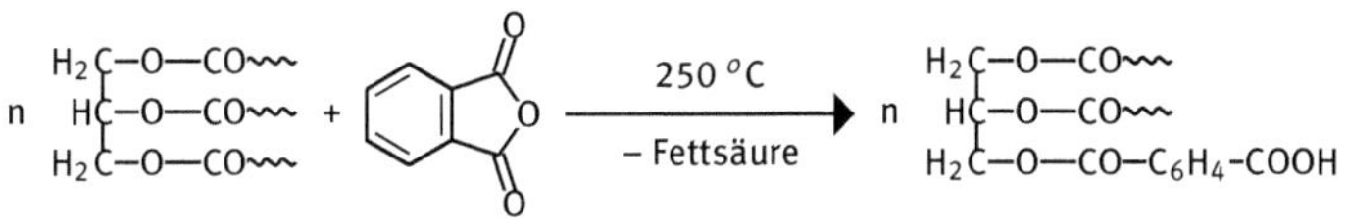

Triglycerid gem. Triglycerid

$\xrightarrow[-\text{ Fettsäure}]{}$ Öl-Alkydharz

Die dritte Möglichkeit ist die direkte Synthese aus Alkohol, Säure und Fettsäure. Sie wird heute in großem Massstab angewandt, da alle Ausgangsprodukte großtechnisch erzeugt werden.

Aufgrund der großen Bandbreite an Monomeren und den Kombinationsmöglichkeiten können zahlreiche Harze mit verschiedenen Eigenschaften präpariert werden. Das Harz soll dabei in gängigen Lösungsmitteln (aromatische und aliphatische Kohlenwasserstoffe, Terpene, Alkohole und seit kurzen auch Wasser) löslich sein. Der Einbau hydrophiler Bereiche (Polyether, Polyole) erhöht die Wasserverträglichkeit beträchtlich, ebenso wie die Einführung freier Carbonsäuren, deren Salze ebenfalls wasserlöslich sind. Löslichkeit kann aber auch durch Zugabe von Emulgatoren erreicht werden.

Dicarbonsäure-Komponente

Als Dicarbonsäure wird hauptsächlich die billig und in großen Mengen verfügbare Phthalsäure eingesetzt, daneben weitere Benzoldicarbonsäuren sowie einige aliphatische Dicarbonsäuren:

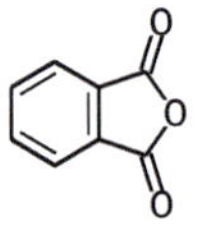

Phthalsäureanhydrid

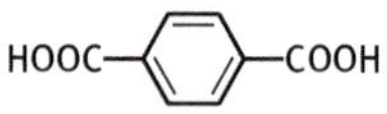

Terephthalsäure

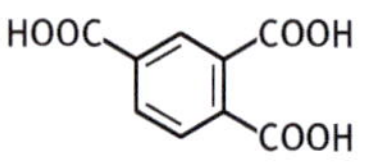

Trimellinsäure

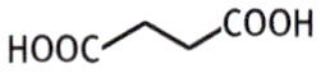

Bernsteinsäure

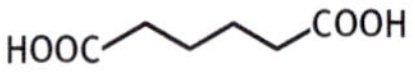

Adipinsäure

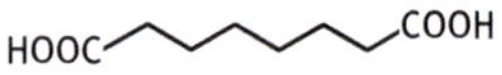

Sebacinsäure

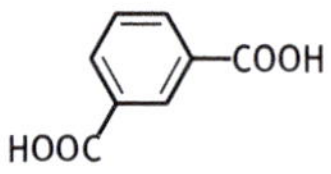

Isophthalsäure

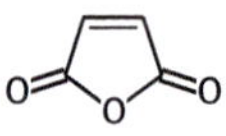

Maleinsäureanhydrid

Aliphatische Säuren bilden weichere Harze, werden aber seltener verwendet. Maleinsäure ist ein Zusatzstoff zur Modifizierung der Eigenschaften (→ Maleinat-Öle). Trimellinsäure ist Bestandteil wasserlöslicher Alkydharze, da die freie Carboxylgruppe lösliche Salze bilden kann.

Polyol-Komponente

Als Polyol-Komponente kommen einfache Alkohole, vor allem Glycerin und Pentaerythritol, zum Einsatz:

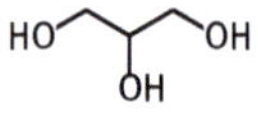

Glycerin

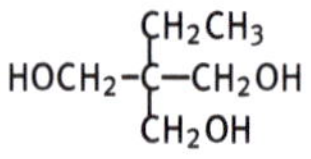

Trimethylolpropan

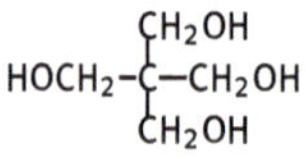

Pentaerythrit

neo-Pentylglykol

Ethylenglykol

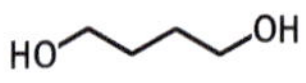

1,4-Butandiol

1,6-Hexandiol

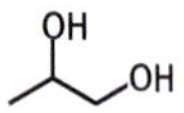

1,2-Propylenglykol

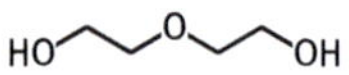

Diethylenglykol

Glykole werden hauptsächlich für Kurz- und Mittelöl-Alkyde genutzt. In ölmodifizierten Harzen finden wir vorzugsweise Glycerin, verestert mit einer Reihe natürlicher

C_{18}-Fettsäuren, Pelargonsäure (C_9), den Iso-C_8- bis C_{10}-Säuren, Laurinsäure (C_{12}) sowie Milchsäure. Früher griff man gerne auf die fetten Triglyceride natürlicher Pflanzenöle (Leinöl) zurück, die in einem Eintopf-Verfahren eingesetzt wurden. Aufgrund der Vergilbungstendenz dieser Öle (►Abschnitt 7.4.3 auf S. 585) wird heute eher Sojaöl verwendet, das ähnliche Trocknungseigenschaften, aber ohne Neigung zur Vergilbung zeigt. Noch besser (und teurer) ist Saffloröl.

Trocknung und Filmbildung

Reine Alkydharze bestehen aus dem Polyester, der in einem Lösungsmittel gelöst ist und nach dem Verdunsten des Lösungsmittels rasch physikalisch zu einem Film auftrocknet. Ölmodifizierte Alkydharze wie z. B. die Künstler-Alkydfarben von Winsor&Newton [936] zeigen über ihren Anteil an ungesättigten Fettsäuren in der Folgezeit auch chemische Filmbildung, die der oxidativen Trocknung von Leinöl entspricht, ►Abschnitt 7.4.3.

7.9 Acrylfarben

Die Mitte des vergangenen Jahrhunderts war eine fruchtbare Zeit für Künstler, da sie neben Alkydharzen eine weitere Alternative zum klassischen Ölbindemittel hervorgebracht hat: das Bindemittel der *Acrylfarben* ist eine Dispersion von Copolymeren aus Acrylsäure und Methacrylsäure [169, mehrere Bände], [92, 93, 775, 779]. Uns Heutigen ist polymerisierte Acrylsäure in Form von Plexiglas gut bekannt, der Weg dahin wurde durch Arbeiten von O. Röhm geebnet, der um 1901 begann, die wertvollen Eigenschaften der Acrylsäure und ihrer Derivate zu erforschen: ihre Polymerisationseigenschaften und die Fähigkeit ihrer Polymere, Dispersionen zu bilden.

Die ersten Acryldispersionen waren ausschließlich lösemittel-löslich und dienten der Anstrichtechnik, Experimente mit wäßrigen Dispersionen um 1930 wurden zunächst nicht fortgesetzt. Erst um 1950 kamen erste Künstler-Acrylfarben in den Handel, die zunächst ebenfalls lösemittelhaltig waren, in den folgenden Jahren aber auf wäßrige Dispersionen umgestellt wurden (AC-33 als Methylmethacrylat/Ethylacrylat-Copolymer). Da die Forschung 40 Jahre lang die Eigenschaften in allen Bereichen kontinuierlich verbesserte ([776] zeigt einige Meilensteine dieser interessanten Entwicklung), konnten sich wäßrige Dispersionen durch ihre einfache Handhabung rasch als Standard neben traditionellen Ölfarben etablieren. Zu ihren Vorteilen gehören:

- Kurze Offenzeit, bereits nach einer Viertelstunde kann eine neue Farbschicht auf das Bild aufgetragen werden.
- Gute Haftung auf vielen verschiedenen Untergründen (Papier, Leinwand, Mauer, Metall, Holz, ...).
- Wasserlöslichkeit und damit einhergehend unproblematische Verarbeitung.
- Sie können lasierend und deckend eingesetzt werden, zahlreiche Malmittel und Medien verleihen ihnen geringe oder hohe Viskosität.

- Bildung nicht-gilbender, flexibler nichtreißender Filme.
- Übermalbarkeit durch Acryl-, aber auch Ölfarben, sodaß sich eine quasi altmeisterliche Mischtechnik mit rascher Acryluntermalung und finaler Ausarbeitung in Öl etablieren konnte.

Acrylfarben sind freilich auch komplex aufgebaute Farben und stellen für Restauratoren große Probleme beim Reinigen und Konservieren dar, wie in [779–781] gezeigt wird: Acryloberflächen sind extrem empfindlich gegenüber Lösungsmitteln und Berührung im Zuge eines Reinigungs- oder Konservierungsprozesses. Zur Betrachtung der Haltbarkeit von Acrylfarben siehe [784].

Acrylbasierte Dispersionen sind vielfältig einsetzbar [169], im gesamten Bereich der Außen- und Innenanstriche, Beschichtungsstoffe, Lacke, aber auch als Klebstoffe, Dicht- und Fugenmassen. Für einen Einsatz im Malerbereich werden Ester der Acryl- und Methacrylsäure verwendet und je nach Einsatzzweck mit Styrol oder einer Reihe von Vinylverbindungen (Vinylalkohol oder Vinylacetat) copolymerisiert. Durch Wahl der Monomeren und der Mengenverhältnisse können die Eigenschaften des Polymers in weiten Grenzen gesteuert werden. Acrylpolymere werden entweder in organischen Lösungsmitteln (Toluen etc.) gelöst in den Verkehr gebracht, oder in Wasser dispergiert. Bei der ersten Variante stehen industrielle Anwendungen wie Beschichtung oder Lackierung im Vordergrund. Wässrige Acryldispersionen sind die Mittel der Wahl für Kunstmaler und Innenanstriche.

Das Trocknen von Acryldispersionen erfolgt auf physikalischem Wege, nach dem Auftragen verdunstet das Wasser rasch. Die in der Dispersion voneinander isolierten Acrylpolymerpartikel rücken dicht zusammen und verschmelzen zu einem Film, der sich auch bei erneuter Lösungsmittelzugabe nicht mehr anlösen lässt. Der Film entsteht nicht wie ein Ölfilm durch Polymerisation der Bestandteile zu einem großen Netzwerk, sondern durch sekundäre Wechselwirkungen der Polymerpartikel untereinander.

Aus diesem Mechanismus heraus können wir zwanglos einige große Unterschiede zwischen Ölgemälden und Acrylbildern erklären: Ölfilme erleiden beim Trocknen keinen Materialverlust durch verdunstetes Lösungsmittel, die dicken transparenten Ölfilme haben Körper und können einen hohen Anteil an Tiefenlicht entwickeln. Das Licht durchstrahlt unter Umständen zahlreiche transparente, farbige lasierende bis deckende Schichten, ein komplexes Farberlebnis ist die Folge.

Dem getrockneten Acrylfilm dagegen fehlt jeder Körper, da das Lösungsmittel vollständig verdunstet und damit viel Material verlorengeht. Es verbleibt nur ein relativ kleiner Anteil des eigentlichen Bindemittels. Der Farbeindruck wird hauptsächlich von Streulicht bestimmt, ähnlich einer ölarmen matten Prima-Ölmalerei. Die durch die geringe Filmmasse bedingte hohe PigmentkKonzentration kann rasch zu harten und grellen Farbeindrücken führen.

7.9.1 Grundzusammensetzung

Die Grundzusammensetzung einer Acrylfarbe ist komplex [169, Kapitel 2 und 3], [92, 93, 175, 179, 775–777, 779, 782, 783, 796, 797, 936, 939, 944]:
- Reststoffe der Polymerisation (Initiatoren wie Kaliumpersulfat, „chain control agents" wie Dodecylmercaptan zur Beeinflussung der Kettenlänge),
- Acryldispersion als Bindemittel, ggf. stabilisiert durch anionische und nichtionische Tenside,
- pH-Puffer,
- Pigmente,
- Dispersionsstabilisatoren,
- Netzmittel (Tenside) als Benetzungs- und Dispersionshilfsmittel,
- Filmbildner,
- Verdicker und Rheologiemodifizierer zur Einstellung der Viskosität,
- weitere Additive (Konservierungsmittel, Entschäumer, Fungizide, Modifikatoren für das Tau- und Gefrierverhalten).

Wir können allerdings einfach Pigmente in einer käuflichen Acryldispersion, die es speziell für die Verfertigung von Künstlerfarben gibt, verreiben. Dabei müssen wir genau wie bei Ölfarben auf eine möglichst feine Verteilung achten. Bei einer solchen Eigenfabrikation lassen wir am besten weitere Additive außer Acht, da einerseits käufliche Acryldispersionen für Künstlerfarben bereits gute Eigenschaften mitbringen, und wir andererseits die nötige Kenntnis von Substanzen und Eigenschaften für eine gute Formulierung einer Farbe wohl nicht besitzen.

Dispersionen

Dispersionen haben wir in allgemeiner Form bereits in ►Abschnitt 6.3.2 angesprochen, wir konzentrieren uns daher auf Acryldispersionen. Im Zusammenhang mit Künstlerfarben meinen wir damit speziell Suspensionen von Polyacrylaten in wäßrigen Lösungsmitteln. Die Polyacrylate sind Copolymere aus verschiedenen acrylsäurebasierten Monomeren.

Die in Frage stehenden wässrigen Suspensionen werden auch als Latex-Dispersionen bezeichnet, da als erstes Polymer für Dispersionen Naturlatex verwendet wurde. Dispersionen bestehen aus annähernd kugelförmigen Polymerpartikeln in der Grössenordnung von 1 µm abwärts, die in Wasser fein verteilt sind. Größere Partikel verleihen der Dispersion ein weisses milchiges Aussehen, kleinere unterhalb von 0,05 µm das einer transparenten Flüssigkeit. Dazwischen zeigt die halbtransparente Dispersion einen grauen oder bläulichen Schimmer. Ursache dieser Farberscheinungen ist die Streuung von Licht, ►Abschnitt 1.6.6.

(Rein-)Acrylatdispersionen

Die Polymere in Acrylatdispersionen sind Copolymere, basierend auf Methacrylsäureestern (kettenaufbauend) und Acrylsäureestern (kettenmodifizierend) [777]. Unterschiedliche Säuren und Alkohole bringen unterschiedliche Eigenschaften in das Copolymer ein und erlauben es, das Optimum für einen Anwendungsfall zu erzielen, da die Monomerzusammensetzung für das Copolymer fließend eingestellt werden kann. Die Copolymere werden aufgrund des geringen Marktanteils kaum speziell für Künstler entwickelt, sondern stammen i. A. aus dem Bereich witterungsbeständiger Hausanstriche, die ähnlich einem Gemälde ebenfalls möglichst lange unverändert erhalten bleiben sollen.

Die wichtigsten Monomere im Künstlerfarbenbereich sind Methylmethacrylat (MMA), Ethylacrylat (EA), Ethylmethacrylat (EMA), Methylacrylat (MA), seit den 80ern in steigendem Maße n-Butylacrylat (BA) sowie in geringerem Ausmaß 2-Ethylhexylacrylat (EHA) [92, 93, 175, 775, 776, 797, 939, 944]. Geringe Anteile der unveresterten Acrylsäure (AA) oder Methacrylsäure (MAA) stabilisieren die Dispersion elektrostatisch. Das Polymer hat folgenden typischen Aufbau:

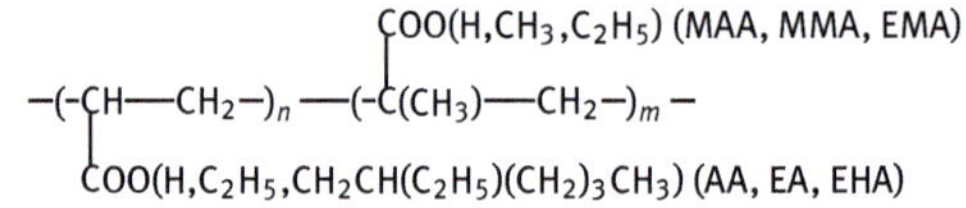

Eine wichtige Eigenschaft ist die *Glastemperatur*. Unterhalb dieser Temperatur sind die Polymerketten in den amorphen Bereichen des Polymers in einem glasartigen Zustand eingefroren, darüber beginnen sie, sich zu bewegen und zu einer zähflüssigen oder gummiartigen Masse zu erweichen, die in eine Schmelze übergeht. (Im Gegensatz hierzu besitzt die Schmelztemperatur einen festen Wert und beschreibt die Erweichungstemperatur der kristallinen Bereiche im Polymer.) Die in Künstlerfarben verwendeten Monomere bilden Homopolymere mit folgenden Glastemperaturen: Methylmethacrylat 105 °C, Ethylmethacrylat 65 °C, Methylacrylat 8 °C, Ethylacrylat −22 °C, n-Butylacrylat −54 °C, 2-Ethylhexylacrylat −55 °C. Die Daten zeigen, daß Methacrylate mit hohen Glastemperaturen zu harten, Acrylate dagegen zu weichen Homopolymeren führen. Wir können uns das qualitativ durch die verringerte Beweglichkeit der Methacrylatketten im Vergleich zu den Acrylatketten erklären, da die zusätzliche Methylgruppe eine freie Bewegung sterisch behindert. Ganz analog können wir den Einfluß der zunehmenden Verzweigung vom Methyl- zum Ethylhexylester erklären.

Hart heißt auch spröde und abriebfest, weich heißt geschmeidig und klebrig. Um je nach Anwendungsfall Dispersionen mit idealen Eigenschaften zu erhalten, variieren Hersteller daher die Anteile der Monomere entsprechend.

Käufliche Acrylbinder wie Primal®AC 33/34//234 p(EA-MMA), Primal®AC 35, Paraloid®B-72 p(EMA-MA), Primal®AC 235 p(BA-MMA), Plextol®D 360, D 498, D 528, B 500 p(BA-MMA, BA-MMA, BA-MMA, EA-MMA) oder Mowilith®DM 771 enthalten im wesentlichen das dispergierte Copolymer sowie Wasser und ggf. niedrige Alkohole als Lösungsmittel. Typische Kenndaten einer solchen Dispersion sind: Korngrösse um 0,1 µm, Mindestfilmbildungs-Temperatur 8 °C, Glastemperatur 16 °C.

Nach [779] treten unter den vielen auf dem Markt erhältlichen Acryldispersionen auch solche auf, die nicht reine Acrylate, sondern auch billigere Polyvinylacetate oder Polystyrole enthalten. Ausgewiesene gemischte bzw. Nichtacrylatbinder sind z. B. Mowilith® 20 (Polyvinylacetat PVOAc), Mowiol®4-88 (Polyvinylalkohol PVOH), Klucel® E (Hydroxypropylzellulose HPC) und Mowilith® DM 5 (Polyvinylacetat-n-butylacrylat p(VAc-BA)) [175, 797, 930].

7.9.2 Die irreversible Filmbildung

Die irreversible Filmbildung ist der bedeutendste Prozess in der Acrylmalerei [170, 778], [169, Bd. 3, S. 139ff], [179, 785–789, 795]. Die grundlegenden Prozesse bei der Annäherung zweier Partikel der Dispersion haben wir bereits in ►Abschnitt 6.3.2 kennengelernt. Betrachten wir ►Abbildung 6.7 als Energiekurve der Annäherung zweier Acrylpolymerpartikel, endet sie mit dem Erreichen des primären Energieminimums (Punkt (1) in der Abbildung). Die auf kurze Distanzen sehr starken van der Waals-Kräfte halten die Partikel fest zusammen, die verfügbare Energie reicht nicht aus, um das System aus dem tiefen Potentialminimum herauszubewegen. Darüberhinaus verschmelzen Partikel an diesem Punkt miteinander, und ihre Moleküle verflechten sich so, dass ein Wiederanlösen in Wasser nicht mehr möglich ist.

Wie kann es zum Erreichen dieses primären Minimums kommen und welche Prozesse spielen sich im Detail ab? Nach dem Auftrag der wässrigen Acryldispersionfarben befindet sich das System als stabile Dispersion im Punkt (3), dem sekundären Minimum. Nachfolgend beobachten wir vier Phasen, ►Abbildung 7.27.

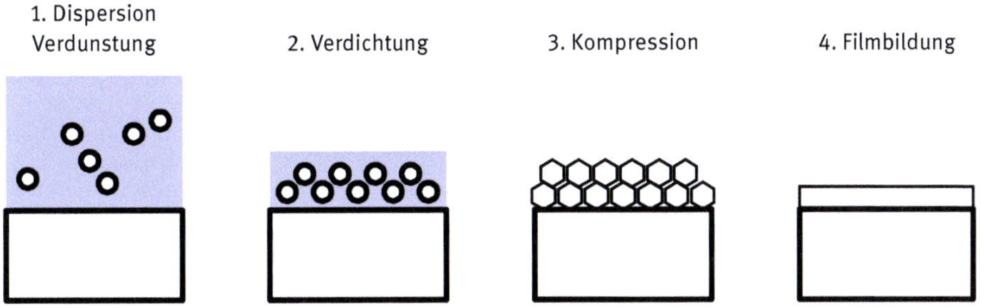

Abb. 7.27: Der Prozess der Filmbildung von Acrylfarben in vier Phasen: Verdunstung des Lösungsmittels (blau), Verdichtung der Latex-Partikel, Kompression der Partikel unter Verlust der eigenen Form und Filmbildung durch Koaleszenz der Partikel [169, Bd. 3, Kap. 3.2.1.8], [787, 788, 795]. Der weiße Block stellt den Bildträger dar.

Verdunstungsphase Wasser verdunstet, die Konzentration der Polymerpartikel steigt, ihr gegenseitiger Abstand verringert sich. Ein eventuelles Maximum (2) wird überwunden.

Verdichtungsphase Wasser ist weitgehend verdunstet, die annähernd kugelförmigen Polymerpartikel bilden eine dichte Kugelpackung. Sie werden durch die im Nahbereich starken van der Waals-Kräfte im primären Minimum (3) fixiert, behalten aber noch ihre Identität, sodass wir noch nicht von einem Zusammenhalt oder gar Film sprechen.

Kompressionsphase In dieser Phase werden die Polymerpartikel verformt und dicht zusammengepresst, die dichte Kugelpackung wird zu einer Packung aus dodekaedrisch verformten Partikeln. Diese Packung ist lückenlos, enthält keine Zwischenräume und auch kein Wasser mehr.

Optisch erkennen wir diesen Punkt daran, dass die milchig-weisse Dispersion transparent wird. Das nunmehr homogene Polymermaterial weist einen einheitlichen Brechungsindex auf, es findet keine Streuung durch Schwankungen im Brechungsindex von Wasser und Polymer mehr statt.

Zur Verformung der Partikel muss die Temperatur über der *Mindestfilmbildungstemperatur* (MFT) des Polymers liegen. Unterhalb dieser Temperatur sind die Partikel zu steif, um ausreichend verformt zu werden, und beeinträchtigen damit die Filmbildung. Daher ist die Verarbeitungstemperatur eine wesentliche Größe für die Filmqualität bei Dispersionsfarben.

Als Triebkraft für die Deformation ist eine Reduktion der Oberfläche zwischen Polymerpartikel und Umgebung zu nennen, und damit einhergehend die Minimierung der Oberflächenenergie (►Gleichung 6.13 auf S. 466). Die auftretenden Drücke bewegen sich im Bereich bis zu hundert Bar. In der Literatur werden verschiedene Möglichkeiten diskutiert, wie diese Kraft aufgebracht werden kann [92, 173, 785–789, 795]. Einige der vorgeschlagenen Möglichkeiten (vergleichende Werte für Grenzflächenenergien können in ►Tabelle 8.5 auf S. 706 nachgeschlagen werden):

- Beim *wet sintering* stellen Polymer-Wasser-Grenzflächen den dominanten Faktor dar. Die Deformation verkleinert oder eliminiert Grenzflächen und gewinnt entsprechend Oberflächenenergie. Wir sprechen hierbei von Oberflächenspannungen im Bereich $\gamma_{wp} \approx 15\,\mathrm{mN/m}$ (VANDERHOFF [793]).
- Beim *dry sintering* sind die Grenzflächen zwischen Polymer und Luft der entscheidende Faktor. Sie existieren in Hohlräumen zwischen Polymerpartikeln, aus denen Wasser bereits verdunstet ist. Durch die Deformation werden diese Grenzflächen mit $\gamma_{pa} \approx 30–40\,\mathrm{mN/m}$ zur Luft minimiert und ebenfalls Oberflächenenergie gewonnen (DILLON [790]).

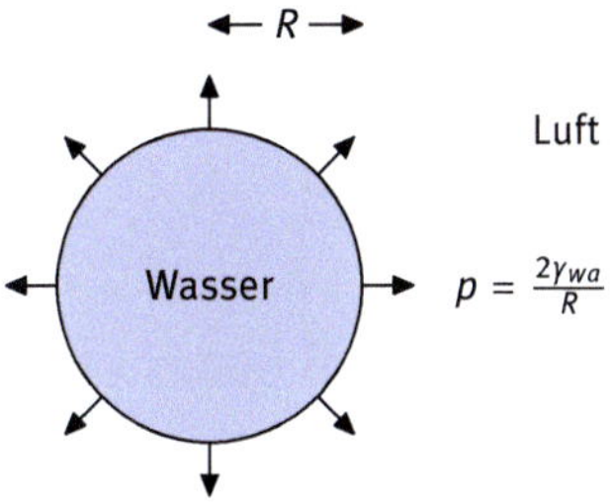

Abb. 7.28: Entstehung des Kapillardrucks bei Tröpfchen. Die Oberflächenspannung γ_{wa} versucht eine Kugel aus Wasser mit Radius R zu komprimieren. Dieser Kompression wirkt der Kapillardruck p entgegen, der nach aussen gerichtet ist.

– Kapillarkräfte, die durch den Wasser-Luft-Meniskus des eingeschlossenen Wassers auftreten (Brown [791]). Nach der Gleichung von Young-Laplace übt eine Kugel aus Wasser mit Radius r in Luft einen Druck („Kapillardruck“)

$$p = \frac{2\gamma_{wa}}{r} \tag{7.1}$$

auf ihre Umgebung aus, da die Oberflächenspannung γ_{wa} die Wasserkugel zusammenpressen will, um deren Oberfläche zu minimieren. Der innere Druck p gleicht diese Spannung aus und erhält die Kugel im stabilen Kräftegleichgewicht, ►Abbildung 7.28.
Durch fortwährendes Entweichen von Wasser beim Trocknen der Dispersion nähern sich Polymerpartikel soweit an, daß das zwischen ihnen eingeschlossene Wasser keine Tröpfchen oder Kugeln bildet, sondern einen Meniskus, wie wir ihn von Kapillarröhrchen her kennen. Diese konkave Oberfläche kann als Kugel mit negativem Radius $R < 0$ beschrieben werden, die einen Kapillardruck

$$p_c = \frac{2\gamma_{wa}}{R} \qquad R < 0 \tag{7.2}$$

oder

$$p_c = -\frac{2\gamma_{wa}}{R} \qquad R > 0 \tag{7.3}$$

hervorruft. Die konkave Wasseroberfläche zieht ihre Umgebung (Polymerpartikel) also mit einem Druck p_c zusammen, ►Abbildung 7.29. Beim anhaltenden Verdunsten des Wassers nimmt R ab, p_c steigt weiter, d. h. es ist ein immer grösserer Druck notwendig, um die zunehmende Krümmung der Oberfläche zu erzeugen. Ist das Wasser restlos aus den Kanälen zwischen den Partikeln verdampft, können wir die Betrachtung auf Wasserkugeln ausdehnen, die im Zwickel zwischen den dicht zusammengelagerten Partikeln verblieben sind. Diese sind „echte Kugeln“ mit konvexer Oberfläche ($R > 0$).
Typische Werte für die in Frage kommende Oberflächenspannungen sind $\gamma_{wa} \approx 75\,\text{mN/m}$.
– Weitere Mechanismen, z. B. Diffusion (Sheetz [792]).

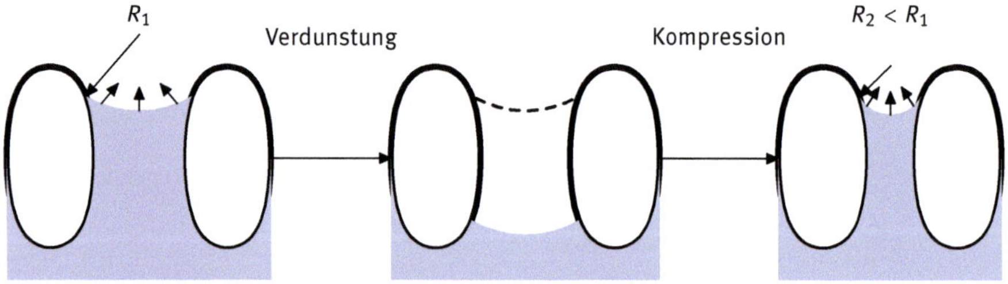

Abb. 7.29: Entstehung der Kapillarkräfte, die zur Kompression der Polymerpartikel (weiße Ovale) führen. Das wäßrige Medium (blau) verdunstet (links), sodass sich die Grenzfläche Polymer-Luft und damit die Oberflächenenergie des Polymersystems vergrößert (Mitte). Wenn die Polymerpartikel dichter zusammenrücken, kann die Grenzfläche Polymer-Luft wieder verringert (oder die Fläche Polymer-Wasser vergrößert) werden (rechts).
Der Meniskus kann jeweils als Kugel mit negativem Radius R_1 und R_2 beschrieben werden; der innere Druck dieser umgestülpten Kugel wirkt nicht als Druck nach aussen, sondern als Zug nach innen und zieht die Partikel zusammen.

Filmbildungsphase Unter dem anhaltend hohen Druck reissen die Oberflächen der individuellen Partikel auf. Die abstossenden Kräfte sind überwunden und es tritt Koaleszenz ein, das heißt Polymere verschiedener Partikel treten miteinander in Kontakt. Durch die Verkleinerung der zuvor großen Partikeloberfläche wird ein Zustand niedrigerer Energie erreicht. Ein erster Film mit noch geringer Festigkeit ist entstanden.

Im folgenden diffundieren Polymere in die benachbarten Partikel, was einige Tage dauern kann. Diese Diffusion spielt sich in einer Schichtdicke der Grössenordnung 20–150 Å ab. Damit die Polymere eine ausreichende Beweglichkeit besitzen, muss die Temperatur über der Glastemperatur des Polymers liegen. Unterhalb dieser Temperatur sind die Polymerketten eingefroren und diffundieren nur unzureichend. Eine bessere Filmbildung erreichen wir durch Erhöhung der Temperatur, Erniedrigung der Glastemperatur oder Zusatz von Weichmachern.

Beim Vorgang der Diffusion verschlaufen sich die Polymerketten oder bilden teilkristalline Bereiche, der bisher noch weiche Film verfestigt sich erheblich und erreicht allmählich seine Endfestigkeit. Die nun im Nahbereich zwischen den Polymerketten wirkenden anziehenden van der Waals-Kräfte werden so stark, dass die Aggregation der Polymerketten irreversibel ist und der entstandene Film nicht wieder mit Wasser aufgelöst werden kann.

7.9.3 Retarder

Im Acrylfarbensektor können wir aus einer reichen Auswahl an Hilfsmitteln wählen, die die kurze Offenzeit der Acrylfarben verlängern, ihnen mehr Körper, eine glänzende oder eine matte Oberfläche verleihen, als Malmittel fungieren oder die rheologischen

Eigenschaften verändern, vor allem die niedrige Viskosität der wäßrigen Dispersion erhöhen [169, Kap. 4], [179, 775, 936, 939].

Retarder verlängern die niedrige Offenzeit der Acrylfarben von wenigen Minuten in den Bereich von Stunden. Sie nehmen damit eine Mittelstellung zwischen Lösungsmittel (leicht flüchtig) und Weichmacher (sehr wenig flüchtig) ein und ähneln beiden in ihrem Aufbau [936, 939]: Alkohole oder Alkohol-ether mit niedrigem Molekulargewicht wie Propandiol (Propylenglykol) oder Dipropylenglykolmonobutylether. Amino-alkohole wie 2-Amino-2-methylpropanol-1 fungieren im Zusammenhang mit ASE-Verdickern (s. u.) gleichzeitig als schwache Base, die für die Quellung des Verdickers notwendig ist:

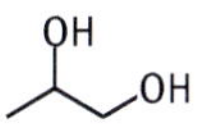

1,2-Propylenglykol

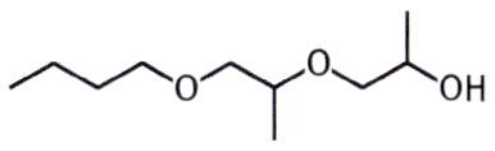

Dipropylenglykol-monobutylether

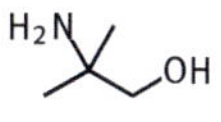

2-Amino-2-methylpropanol-1

Alkohole erniedrigen die Verdunstungsgeschwindigkeit des Wassers durch Wechselwirkung der polaren Gruppen. Sie verbleiben längere Zeit im sich bildenden Film, der somit länger vermalbar, aber auch wasserempfindlich bleibt. Um eine reguläre Verfilmung zu gewährleisten, darf der Anteil an Retarder nicht zu hoch werden. In diesem Falle würden die Prozesse der Kompressions- und Filmbildungsphase stark verzögert oder unvollständig verlaufen und wären lange Zeit störenden und wechselnden Einflüssen ausgesetzt.

7.9.4 Medien, Verdicker, Gele, Acrylbutter

Diese Hilfsmittel verändern die Konsistenz der dünnflüssigen wäßrigen Dispersion. Sie bestehen aus dem gleichen Bindemittel wie die Farben selber, die Medien von Lascaux und Winsor & Newton z. B. aus den Copolymeren p(EA-MMA) und p(BA-MMA) [92, 93], [169, Kap. 4], [775, 782, 783, 936, 939]. Verdicker und Gele sind mit Wasser und einem Zellulosederivat oder einer modifizierten Polyacrylsäure auf die gewünschte Konsistenz eingestellt. Die verdickende Wirkung der Gele und Medien beruht auf den zwei Typen „Hydrogel-Bildner“ und „assoziativer Verdicker“, ►Abschnitt 6.4.

Neben der Viskosität während der Verarbeitung steuern diese Gele auch die Oberflächenanmutung des fertigen Films. Bei glänzenden Gelen entsteht der Glanz durch den Acrylfilm selber. Viskosität und Rheologie des Gels erlaubt es den Polymerpartikeln, zu einem Film mit glatter Oberfläche zu verlaufen, die zu gerichteter Reflexion führt, evt. mit Anteilen an Streulicht, ►Abbildung 1.21 und ►Abbildung 1.25 links und Mitte. Eine saubere Filmbildung kann ggf. durch filmbildende Hilfsmittel (Texanol) unterstützt werden.

Matte Gele enthalten weisse Silika-Partikel (mikrokristallinen Quarz), die zu kleinen Unregelmäßigkeiten der Filmoberfläche führen. Als Folge wird das Licht diffus reflektiert und es entsteht ein höherer Anteil an Streulicht, der zur matten Erscheinungsqualität beiträgt, ►Abschnitt 1.6.8, speziell ►Abbildung 1.25 rechts.

Medien sind Gele, die auf eine dünnflüssigere Konsistenz eingestellt sind und als Malmittel verwendet werden können.

Modelliermassen oder Strukturgele enthalten zusätzlich Füllstoffe wie Marmormehl oder Quarzstaub, die eine strukturierbare und nach dem Verfilmen körperhafte Masse bilden.

Zellulose-basierte Hydrogel-Bildner

Für uns interessante Hydrogelbildner auf Zellulosebasis sind in Produkten wie Klucel® E oder Tylose®zu finden. Sie enthalten Methylhydroxyethylzellulose (MHEC, Tylose®MH [932]), Methylhydroxypropylzellulose (MHPC, Tylose®MO [932]), Hydroxyethylzellulose (HEC, Tylose®H, HS, HA [932]), Hydroxypropylzellulose (HPC, Klucel® [930]), Natrium-carboxymethylzellulose (NaCMC) oder Natrium-carboxymethyl-hydroxyethylzellulose (NaCMHEC), ►Abschnitt 6.4.

Polyacrylsäure-basierte Hydrogelbildner

Im Künstlerbedarf ist ASE 60®erhältlich, ein Copolymer aus Methacrylsäure und Ethylacrylat p(MAA-EA), das wir in ►Abschnitt 6.4 besprochen haben. Es ist in der Lieferform eine saure, dünnflüssige Dispersion von undissoziierter Polyacrylsäure, die beim Neutralisieren mit einer starken Erhöhung der Viskosität reagiert. Wenn das Medium von sich aus genug Alkalikapazität aufweist, ist es möglich, den verdickenden Effekt auch ohne vorherige Neutralisierung zu erreichen.

Assoziative Verdicker

Als assoziative Verdicker werden Produkte aus den Gruppen Ether-urethane (HEUR, als Beispiel Tafigel® [931]), Polyacrylsäuren/ASE (HASE, ein Beispiel ist Tafigel® AP [931]) und Hydroxyethylzellulose (HMHEC) verwendet.

7.9.5 Netz- und Dispergiermittel

Die Bedeutung von Netz- und Dispergiermitteln wurde in ►Abschnitt 6.3 herausgestellt. Auch bei der Herstellung von Acrylfarben müssen die Besonderheiten einer Pigmentdispersion beachtet und durch geeignete Hilfsmittel unterstützt werden [93, 777, 779–783]. Als *Netzmittel* für Acrylfarben sind die in ►Abschnitt 6.3.1 genannten nichtionischen Tenside (Alkylphenol-ethoxylate), anionischen Tenside (Alkylsulfate und Alkylarylsulfonate, z. B. Natriumlaurylsulfat und Natriumdodecylbenzolsulfonat), Sulfosuccinate und Polyphosphate geeignet. Der Künstlerbedarfshandel bietet darüberhinaus Verbindungen wie Triton® X100 (Octylphenoxypolyethoxyethanol) oder Surfynol® 61 (3,5-Dimethyl-1-hexin-3-ol) an:

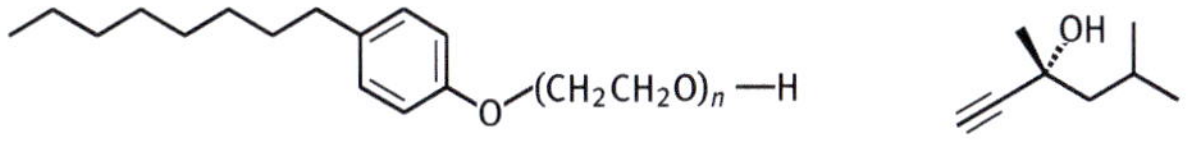

Triton X100 Surfynol 61

In ►Abschnitt 6.3.3 haben wir konkrete *Dispergiermittel* für Acrylfarben am Beispiel der Acryldispersion untersucht, neben den oben genannten, auch als Netzmittel wirksamen Verbindungen u. a. Hydroxyethylzellulose (HEC), Polyvinylalkohol (PVOH), Polyvinylpyrrolidon (PVP) oder Fettsäure-polyglykolester und Polyglykolether. Als ionisch und sterisch wirksame Stabilisatoren werden heute gerne Polycarboxylate eingesetzt, die auf Methacrylsäure basieren. Beispiele aus dem Handel sind Orotan® 731K und Tamol® 960 als Natrium-polycarboxylat auf Basis einer Polymethacrylsäure [943], Tamol® 731A und Orotan® 731A, ein Copolymer von Diisobutylen und Maleinsäureanhydrid [940–942]:

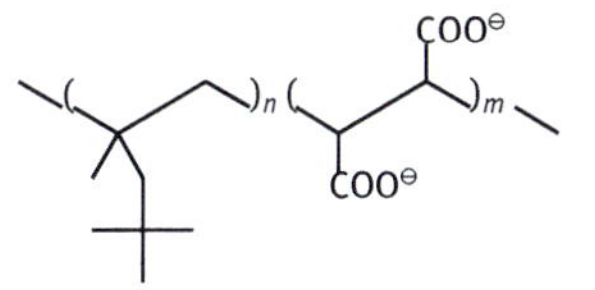

Diisobutylen-Maleinsäure-Copolymer (DIBMA)

7.9.6 Filmbildungshilfsmittel

Die oben geschilderte Filmbildung kann nur dann störungsfrei verlaufen, wenn wir bei der Verarbeitung die Mindestfilmbildungstemperatur MFT einhalten, sodass die Polymerpartikel hinreichend deformierbar sind. Bei üblichen Künstler-Acryldispersionen liegt diese in etwa bei Raumtemperatur oder leicht darunter. Um auf jeden Fall eine gleichmäßige Filmbildung auch bei niedrigeren Temperaturen sicherzustellen, können wir Filmbildehilfsmittel zufügen, die die MFT zeitweilig herabsetzen. Ihre Funktion, generellen Aufbau sowie häufig eingesetzte Verbindungen haben wir in ►Abschnitt 6.5 bereits betrachtet. Im Bereich Künstlerfarben finden wir neben verschiedenen Glykolen und Glykolethern Pyrrolidone wie N-Methyl-2-pyrrolidon, Ester der Benzoesäure oder Dibutylphthalat. Ein Beispiel aus dem Künstlerbedarfshandel ist seit den 70er Jahren Texanol® (2,2,4-Trimethylpentan-1,3-diol-monoisobutyrat oder

(3-Hydroxy-2,2,4-trimethylpentyl)-2-methylpropanoat), Velate® 386 (2-Ethylhexylbenzoat) oder Velate® 262 (Isodecylbenzoat):

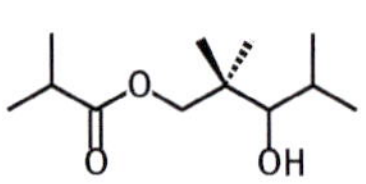

Texanol

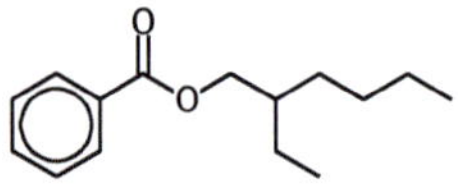

Velate 386

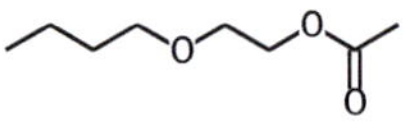

Ethylenglykolbutylether-acetat

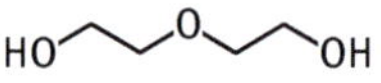

Diethylenglykol

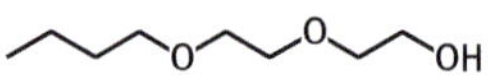

Diethylenglykolbutylether

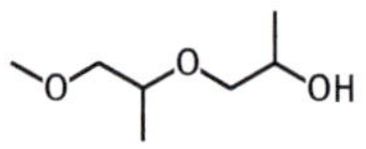

Dipropylenglykol-methylether

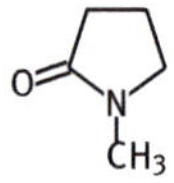

N-Methyl-pyrrolidon

7.9.7 Weitere Zusatzstoffe

Acrylfarben können zahlreiche weitere Inhaltsstoffe enthalten [782, 783]:

- Schaumbremser zur Verhinderung des Schäumens der Dispersion während der Verarbeitung, z. B. Mineral- oder Siliconöle (Poly-dimethyl-siloxane).
- Hilfsstoffe zur Kontrolle des Gefrier- und Wiederauftauverhaltens (freeze-thaw). Zu diesen zählen Ethylen- und Propylenglykol.
- Konservierungsstoffe zur Verbesserung der Lagerungsfähigkeit. Verwendet werden Bariummetaborat $BaB_2O_4 \cdot H_2O$ oder Isothiazolinon-Derivate.

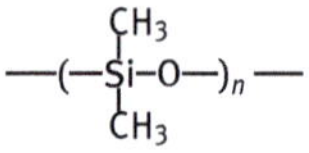

Poly-dimethyl-siloxan

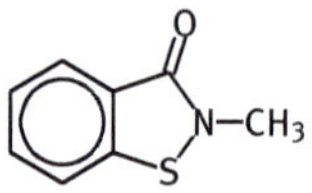

N-Methyl-benzisothiazolinon

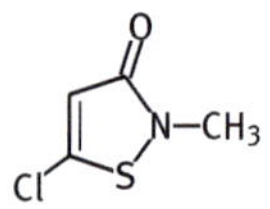

3-Chlor-N-methyl-isothiazolinon

7.10 Steindruck, Lithographie

Der Steindruck ist ein Druckverfahren, das hochgradig vom fein ausgewogenen Zusammenspiel chemischer Komponenten abhängig ist [554]. Es lohnt sich daher, diese Technik näher zu betrachten. Die geschilderte Abfolge von Zeichnung, Ätzung mit Gummi-Säure-Lösung und Abwaschen ist nur eine Möglichkeit, mit lithographischen Verfahren zu arbeiten, [554] stellt weitere vor.

Bis ins 19. Jhd. standen zur Vervielfältigung von Texten und Bildern nur Hoch- und Tiefdruck zur Verfügung. Der Hochdruck in Form des Holzschnitts war die verbreitetste Technik, um Buchillustrationen und Drucksachen herzustellen, erlaubte aber im wesentlichen Schwarz-Weiß-Darstellungen. Obendrein war das Schneiden der Linien ins Holz eine mühsame Sache, und die Lebendigkeit der Linien ging oft verloren. Der Tiefdruck in Form des Kupferstichs erlaubte differenzierte Ausdrucksmöglichkeiten. Aber auch hier bremste die Zähigkeit des Metalls, in das die Linien eingegraben werden müssen, die Lebendigkeit der Linien. Die Radierung mit der Ätzung von Linien und der Möglichkeit, in Zwischentönen zu arbeiten, verbreiterten die Ausdrucksmöglichkeiten immer mehr, insgesamt waren die Verfahren aber aufwendig und die erreichbaren Auflage-Zahlen niedrig.

Zu Beginn des 19. Jhd. erfand A. Senefelder den *Flachdruck* auf Stein, bei der druckende und nicht-druckende Bereiche der Druckvorlage nicht mehr separat vorliegen, sondern nebeneinander in der gleichen Ebene liegen, sich aber durch ihre chemischen Eigenschaften unterscheiden, vor allem in ihrer Hydrophilie bzw. Hydrophobie. Senefelder nannte sein Druckverfahren daher auch die *chemische Druckerey*, heute ist das Verfahren als Steindruck oder Lithographie bekannt. Der Flachdruck wurde sofort überall verwendet, da er billiger als der Kupferdruck war, sehr viel höhere Auflagen und schnellen Druck erlaubte.

Grundlage der Lithographie ist eine ebene feinporige Steinplatte, in die fetthaltige Zeichenmedien (Lithographietusche bzw. -kreide) eindringen können. Seit Beginn des Steindrucks ist der Solnhofer Plattenkalk besonders geeignet, da er zu über 97 % $CaCO_3$ in Form feinster Foraminiferen-Schalen besteht. Qualitätsmerkmal der Steinplatte ist eine gleichmäßige Körnung, die die Zeichenmedien durch Kapillareffekte aktiv aufnimmt.

Auftragen der Zeichnung mit Lithographietusche

In der Lithographiekreide, die zum Gebrauch angefeuchtet wird, und der Lithographietusche ist Natriumstearat $C_{17}H_{35}COONa$ (Seife) enthalten. Die Carboxylgruppe ist ebenso wie die Steinoberfläche hydrophil und lagert sich an die Steinplatte an. Der lipophile Alkylrest wird dagegen vom Stein abgestoßen. Es entstehen so im Bereich der gezeichneten Linien oder gemalten Flächen hydrophobe Bereiche.

Erste Präparation und Ätzung

Nachdem die Zeichnung als hydrophobes Muster vorliegt, wird ganzflächig eine wäßrige Lösung aus Gummi arabicum und 2–4 %iger Salpetersäure aufgetragen. Hiermit werden die hydrophoben Bereiche der Zeichnung und die hydrophilen Restbereiche im Stein verankert.

Die Salpetersäure setzt aus der Seife die Stearinsäure frei, die mit dem Kalk der Steinplatte zu einer Steinseife (Calciumstearat) reagiert und damit die Alkylreste der Seife fest im Stein verankert:

$$\underset{\text{Natrium-stearat}\atop\text{Seife}}{H_3C{-}(CH_2)_{16}{-}COONa} \xrightarrow[-\,NaNO_3]{HNO_3} \underset{\text{Stearinsäure}}{H_3C{-}(CH_2)_{16}{-}COOH} \xrightarrow[-\,CO_2\atop -\,H_2O]{CaCO_3} \underset{\text{Calcium-stearat}\atop\text{Steinseife}}{(H_3C{-}(CH_2)_{16}{-}COO)_2Ca}$$

Während auf diese Weise die hydrophobe Zeichnung im Stein verankert wird, kann die Säure an den unveränderten Stellen des Steins das Karbonat auflösen:

$$\underset{\text{Calciumkarbonat Kalkstein}}{CaCO_3} \xrightarrow[-\,CO_2,\ -\,H_2O]{HNO_3} \underset{\text{Calciumnitrat (löslich)}}{Ca(NO_3)_2}$$

Die freigeätzten Poren nehmen die Gummi arabicum-Lösung gut auf und stellen das Negativ der Zeichnung dar.

Nach Abspülen der Gummi-Säure-Lösung wird nochmals Gummi arabicum-Lösung aufgetragen, um die hydrophilen Bereiche zu verstärken. Fönen fördert die Trocknung der Gummilösung, die zu einem dauerhaften Film auftrocknet, der sich auch durch Anfeuchten nicht mehr in Wasser löst. Damit liegt die Zeichnung als hydrophobes Positiv und hydrophiles Negativ vor.

Verstärkung der fettführenden Zeichnung

Eventuelle Seifereste können mit Terpentinöl abgewaschen werden. Zur Verstärkung der Zeichnung wird nun hydrophobe Steindruckfarbe aufgewalzt, die nur an den hydrophoben Bereichen, der Zeichnung, haftet. Die Farbe enthält Standöl (Leinöl-Firnis) als Bindemittel.

Zweite Ätzung

Eine zweite Ätzung mit wäßriger Gummi arabicum-Lösung und Salpetersäure, diesmal 4–6 %ig, verstärkt die Unterschiede zwischen hydrophoben und hydrophilen Bereichen. Die Säure oxidiert das Leinöl an den Doppelbindungen, vernetzt die Fettsäurereste dabei über Sauerstoffbrücken und sorgt so für eine Verfestigung des hydrophoben Films, während der Stein tiefer geätzt wird und mehr Gummi aufnimmt.

Verstärkung und dritte Ätzung

Die überschüssige Druckfarbe kann jetzt mit Terpentinöl abgewaschen werden. Es wird neue Druckfarbe aufgewalzt, mit Kolophonium bestäubt und mit Talkum abgerieben und anschliessend mit einer Lötlampe erhitzt („eingebrannt"). Talkum und Kolophonium schmelzen, verbinden sich mit der Druckfarbe, und dringen im heißen dünnflüssigen Zustand tief in den Stein und bilden einen säurefesten Film.

Die Ätzung wird mit Gummi-Säure-Lösung 6–8 %ig weitergeführt und so viel Stein abgeätzt, daß die hydrophobe Zeichnung nun leicht über der Steinfläche liegt.

Gummi arabicum und Druckfarbe werden nun mit Wasser und Terpentin entfernt und der eigentliche Druckvorgang kann beginnen.

7.10.1 Lithographietuschen und -kreiden

Lithographiekreide besteht aus Seife, Fett, Ruß und Bindemitteln. Typische Zusammensetzungen sind in [554] aufgeführt:

Lithographiekreide Wachs 10 Teile, Talg 5 Teile, Seife 5 Teile, Ruß 2 Teile, Gummi arabicum 2 Teile, Schellack 40 Teile, Natriumcarbonat 6 Teile.

Lithographiekreide Wachs 30 Teile, Seife 50 Teile, Ruß 8 Teile, Gummi arabicum 10 Teile.

Lithographiekreide Wachs 48 Teile, Seife 36 Teile, Ruß 20 Teile.

Ruß ist bei dieser Kreide das Farbmittel. Je nach Härte der Kreide überwiegt Talg oder Wachs. Da es vor allem auf die Übertragung von Fett auf Stein ankommt, können zum experimentellen Steindruck auch z. B. Wachsmalkreiden eingesetzt werden. Gummi arabicum und Schelllack, der durch Natriumkarbonat aufgeschlossen ist, dienen als leichte Bindemittel zum Zusammenhalt der Kreide in Stiftform. Zum Gebrauch wird der Stift angefeuchtet.

Auch die flüssige Lithographietusche enthält Ruß als Farbmittel, Wachs und Seife als Fette und Schellack als Bindemittel, wie folgende Rezepte aus [554] zeigen:

Lithographietusche Wachs 12 Teile, Talg 4 Teile, Seife 5 Teile, Ruß 1 Teil, Mastix 2 Teile, Terpentin 1 Teil, Schellack 2½ Teile.

Lithographietusche Wachs 8 Teile, Talg 2 Teile, Seife 4 Teile, Ruß 2 Teil, Mastix 2 Teile, Terpentin ½ Teile.

Lithographietusche Wachs 3 Teile, Talg 3 Teile, Seife 4 Teile, Ruß ¾ Teile.

Lithographietusche Wachs 5 Teile, Talg 3 Teile, Seife 3 Teile, Ruß 1½ Teile.

7.10.2 Umdruck und Materialien für Umdruck

Statt direkt auf Stein, kann die Zeichnung auch bequemer auf Umdruckpapier gezeichnet werden. Diese Zeichnung kann anschließend auf den Stein umgedruckt werden. Um dies zu ermöglichen, besitzen Umdruckpapiere einen wasserlöslichen Aufstrich, der Zeichnung und Papier trennt und verhindert, daß Fette der Lithographietusche ins Papier eindringen. Mögliche Aufstriche sind in [554] gegeben:

Aufstrich für Umdruckpapier Knochenleim 2 Teile, Stärke 1 Teil, Kreide 2 Teile, Alaun ½ Teil.

Aufstrich für Umdruckpapier Knochenleim ½ Teile, Stärke 4 Teile, Gummi arabicum 2 Teile, Gummi tragant 1 Teil.

Aufstrich für Umdruckpapier Knochenleim 1 Teil, Stärke 2 Teile, Kreide 1 Teil, Gummi arabicum 1/4 Teile, Gummi tragant 1/2 Teile.

Aufstrich für Umdruckpapier Knochenleim 1 Teil, Stärke 5 Teil, Glycerin 1 1/4 Teile.

Das Umdrucken erfolgt durch Auflegen des Papiers mit der Zeichnungsseite auf den Stein, Anfeuchten von der Rückseite her mit Wasser und mehrmaligen Aufpressen mit der Handpresse. Dabei wird die Zeichnung fast vollständig vom Papier auf den Stein übertragen und kann nach einem Tag mit einer schwachen Ätzung präpariert werden.

7.10.3 Lithographie-Druckfarben

Druckfarben für die Lithographie bestehen aus einem Pigment und Leinöl-Firnis als Bindemittel, also Leinöl, das bei 300–320 °C eingedickt wurde, evt. unter Zusatz von Sikkativen. Die Farben können Zusatzstoffe enthalten, wie Sikkative (Kobalt-, Mangan- und Bleisalze) oder Verdickungsmittel (Bologneser oder Champagner-Kreide). Zur Verzögerung der Trocknung können tropfenweise nicht-trocknende Öle wie Mais- oder Mandelöl zugegeben werden.

7.11 Silikatfarben

Der Vollständigkeit halber seien noch die Silikatfarben angesprochen, deren Bindemittel *Wasserglas* ist [179]. Wasserglas ist das Alkalisalz der Polykieselsäure und entsteht durch Schmelzen von Quarzsand mit Alkalicarbonat bei hoher Temperatur:

$$Na_2CO_3 + 4\,SiO_2 \xrightarrow{1400\text{–}1500\,°C} Na_2O \cdot 4\,SiO_2 + CO_2$$

Die entstehende Glasmasse kann bei ca. 100 °C unter Druck in Wasser gelöst werden und bildet Wasserglas. Wasserglas härtet chemisch durch Zersetzung, die bereits durch Kohlendioxid der Luft eintritt:

$$n\,Na_2O \cdot m\,SiO_2 \cdot H_2O + n\,CO_2 \xrightarrow{100\,°C} m\,SiO_2 \cdot H_2O + n\,Na_2CO_3$$

Das entstandene hydratisierte SiO_2 ist (amorphes) Kieselgel, das die Pigmente dicht einschliesst und die Malerei konserviert.

Farben auf Silikat-Basis verwenden wir nicht in der Tafelmalerei, sie sind dagegen für Wandanstriche und Wandmalereien vorteilhaft zu verwenden. Rezepturen und Anwendungshinweise können wir [86] entnehmen.

7.12 Bindemittelarme Systeme: Kreiden und Stifte

Wir dürfen davon ausgehen, dass der Abrieb eines farbigen Stückes Material auf einem rauhen Untergrund zu den frühesten Zeichenmitteln gehörte, derer Menschen sich künstlerisch bedienten. Zu Anfang mag ein natürlich vorkommendes Stück weisser Kreide, farbiger Ockererde, eines farbigen Steines oder Holzkohle als handlich geformtes frühes Kreidestück benutzt worden sein. Zu diesen tritt im 15. Jhd. Rötel hinzu, roter Ocker, der mit Ton gemischt ist.

Da der Abrieb solcher Zeichenmittel nicht fixiert wird, sind keine Überlegungen bezüglich eines Bindemittel erforderlich. Die Haftung des Pigments erfolgt lediglich durch Adsorption auf dem Malgrund. Die Wirkung dieser Zeichenmaterialien beruht einzig auf der diffusen Reflexion und Streuung am Pigmentpulver. Wollten wir die Zeichnung fixieren, würden wir durch den unvermeidbar entstehenden Film die Streuung vermindern und durch Tiefenlicht ersetzen und somit den spezifischen Charakter zerstören.

Die Entwicklung der abriebbasierten Zeichenmittel ist denn auch hauptsächlich davon geprägt, farbige Massen zu finden, die hinreichend weich sind, um deutlich und flüssig abzureiben, dabei aber formstabil und auch nicht zu spröde sind. Versuche, die farbigen Massen in einer handlichen Form anzubieten, führten zur Erfindung von Stangen (Zeichenkohle, Kreide) und Stiften.

7.12.1 Tafelkreide

Diese meist weisse Kreide besteht nur teilweise aus echter Kreide, mineralogisch Calciumkarbonat $CaCO_3$ [185, Stichwort „Drawing and Writing Materials"]:

> **Gepresste Tafelkreide** Naturkreide 67,5 %, Talk 5 %, Bentonit 5 %, Bindemittel Carboxymethylzellulose 2 %, Netzmittel 2 %, Wasser 10 %.

Heutige Tafelkreide basiert auch auf weissem wasserfreien Calciumsulfat $CaSO_4$ (Alabastergips), das mit Füllstoffen (Kaolin $Al_2O_3 \cdot 2SiO_2 \cdot 2H_2O$, Talk, Kreide) zur Verbesserung der Schreibeigenschaften verschnitten ist:

> **Gegossene Tafelkreide** Alabastergips 6 Teile, Wasser 5 Teile, Füllstoffe (Talk, Kaolin, Kreide), Bindemittel (Zellulosederivate, Gummi arabicum).

Je nach dem Verhältnis Wasser–Gips erstarrt die in Formen gefüllte Mischung zu Stangen unterschiedlicher Härte. Zur Vermeidung von Staubbildung wird ein leichtes Bindemittel wie Carboxymethylzellulose oder Gummi arabicum zugesetzt.

Farbige Kreiden unterscheiden sich nur durch den Zusatz von Farbmitteln von weisser Kreide, die Zumischung von Pigmenten wie auch Farbstoffen ist möglich. Selbverständlich werden nur ungiftige Farbmittel verwendet.

Wir können Kreide selber herstellen und nach Wunsch färben:

Selbstgemachte Kreide 1 Teil Champagnerkreide, 1 Teil Alabastergips, Wasser je nach gewünschter Härte (Erfahrungswert), ungiftige Pigmente nach Belieben
Gleiche Teile Kreide und Gips mischen, die Mischung mit Wasser zu einem steifen Brei anrühren und diesen in Papierhülsen füllen, in denen er in zylindrischer Form erstarrt. Nach dem Ablösen der Hülse die Kreidestangen trocknen.
Zur Herstellung von farbiger Kreide beliebige Mengen ungiftiger Pigmente hinzufügen, bis der gewünschte Farbton erreicht ist. Eventuell muss der Anteil an Kreide entsprechend reduziert werden, da die Kreidestangen zerpulvern, wenn zuwenig Bindemittel (Gips) in ihnen enthalten ist.

7.12.2 Pastellkreiden

Diese Kreiden sind ihrem Wesen nach farbige Tafelkreiden und werden aus einer wäßrigen Paste geformt, die nur minimale Mengen an Binder enthält, um die Form der Stifte und Kreiden zu wahren [90].

Pastellkreide Anorganische ungiftige Pigmente 10–15 Gew.-%, mineralische Füllstoffe (Gips $CaSO_4$, Kreide $CaCO_3$, Talk, Kaolin $Al_2O_3 \cdot 2SiO_2 \cdot 2H_2O$) 60–70 Gew.-%, Bindemittel (Traganth, Gummi arabicum, Alginate, Zellulosederivate oder Polyvinylalkohol) 5–10 Gew.-%, Bentonit 3–5 Gew.-%.

7.12.3 Bleistifte

Auch der Bleistift führt uns gern in die Irre: er bestand nur in der Antike und frühen Neuzeit aus Blei und hinterliess zu dieser Zeit eher unspektakuläre, schwachgraue Linien. Seine erste Ausprägung waren flache Bleistücke, die der Künstler mit der Schmalseite zur Erzielung feiner Linien nutzen konnte.

Grössere Farbtiefe und Schwärze erlangte dieses Medium erst durch die Entdeckung reicher Vorkommen reinen Graphits in Borrowdale im 16. Jhd., womit der Siegeszug der Graphitstifte begann. Blei wurde durch Graphit ersetzt, die formlosen Stücke wurden im 17. Jhd. zum Schutz der Minen vor Bruch und zum Schutz des Benutzers vor Schmutz in Holzschalen eingelegt. Um 1800 taucht schließlich die Mine aus einem Graphit-Ton-Gemisch auf.

Auch heutige Bleistifte bestehen zum Teil aus Graphit, zum anderen Teil aus Ton (15–60 Gew.-%) sowie Füllstoffen wie Kaolin $Al_2O_3 \cdot 2SiO_2 \cdot 2H_2O$ oder Talk [185, Stichwort „Drawing and Writing Materials“]. Als Bindemittel dienen die Aluminiumsilikate, Methylzellulose oder Lignin. Alle Komponenten werden je nach dem gewünschten Härtegrad gemischt, zusammengeknetet und bei 900–1200 °C gebrannt. Silikatische Tonminerale fungieren als Bindemittel, da sie bei diesen Temperaturen Wasser verlieren und sintern. Die porösen Graphitstangen werden abschliessend in eine heisse

Mischung aus Fetten und Wachsen getaucht. Diese füllen die Poren der Graphitstangen, die bis zu 20 % des Volumens ausmachen können, und sorgen für einen weichen und leichten Abrieb des Farbkörpers.

Neben klassischen Bleistiften kennen wir heute auch Minen, die sehr dünn sind (0,3–1 mm) und lose verkauft werden. Sie können in Druckbleistifte oder technische Zeichenstifte eingelegt werden und brauchen nicht mehr gespitzt zu werden. Die hierfür notwendige Festigkeit kann durch Graphit-Ton-Minen nicht erreicht werden, es wird statt Ton ein thermoplastischer Kunststoff (Polystyrol, Polyvinylacetat) oder Lignin verwendet. Beim Brennen pyrolysiert der Kunststoff und hinterlässt ein steifes Kohlenstoff-Skelett, das die Rolle des Tonsinters übernimmt und hohe Festigkeit aufweist. Farbgebend ist nach wie vor der Anteil an Graphit, der seine Struktur beim Brennen nicht verändert hat und in das Polymerkohlenstoffskelett eingelagert ist. Auch diese Polymerminen werden abschliessend mit einer Fett-Wachs-Mischung imprägniert.

7.12.4 Buntstifte

Die Zusammensetzung und Herstellung von Buntstiften unterscheidet sich stark von der der Bleistifte [185, Stichwort „Drawing and Writing Materials"]. Der Hauptgrund ist die Temperaturempfindlichkeit farbiger Pigmente im Gegensatz zu Graphit.

Bei der Herstellung von Buntstiften wird daher auf den Brennvorgang verzichtet, die Grundmasse besteht aus einem Bindemittel, Pigmenten und Füllstoffen (Kaolin $Al_2O_3 \cdot 2SiO_2 \cdot 2H_2O$, Talk, Kreide $CaCO_3$). Das Bindemittel kann entweder in Wasser (Methylzellulose, Polystyrol, Polyvinylacetat) oder in einem organischen Lösungsmittel (Zellulosenitrat, Ethylzellulose) anschwellen und die Pigmente homogen umschliessen. Nach dem Trocknen bei unter 100 °C sind die farbgebenden Bestandteile fest in die Bindemittelmatrix eingelagert. Auch hier schliesst sich eine Durchtränkung mit einer Fett-Wachs-Mischung an.

Buntstifte, die später wasservermalbar sein sollen (Aquarellfarbstifte), enthalten von vorneherein Fette und Emulgatoren oder Tenside, die abschliessende Durchtränkung mit der Fett-Wachs-Mischung entfällt. Emulgatoren und Tenside stellen sicher, daß die lipophile Farbmasse mit Wasser angefeuchtet und dispergiert werden kann.

7.12.5 Das Papier

Die grundsätzliche Zusammensetzung, die Funktion der Komponenten und die Herstellung von Papier haben wir in ►Abschnitt 6.7 vorgestellt, Besonderheiten von Künstlerpapieren in ►Abschnitt 6.7.7. Traditionell wurde für Zeichnungen Pergament verwendet. Heute werden für Zeichen- und Pastellpapiere holzstofffreie Papiere aus Zellstoff eingesetzt, die in der Masse geleimt und meist auch noch oberflächengeleimt sind [166, 167]. Es gibt auch billige holzhaltige Schulzeichenpapiere, die durch die Alterungsprobleme von Holzstoff aber für künstlerische Zwecke nicht in Frage kommen.

Eine Oberflächenleimung, z. B. mit AKD, sorgt für eine Festigungssteigerung des Papiers gegenüber Scherkräften, die beim Zeichnen mit harten oder spitzen Stiften und besonders beim Radieren auftreten können. Damit die Pigmente gut von der Mine oder der Kreide abgerieben werden können, ist Zeichenpapier fein- bis grobkörnig texturiert.

Ein Zusatz von wenigen Prozent $CaCO_3$ als Puffer gegen Säure verlangsamt Alterungsprozesse, sodaß solche holzfreien Papiere meist als *alterungsbeständig nach DIN EN ISO 9706* bezeichnet werden dürfen.

7.13 Fingerfarben

Die Betrachtung der Kreide bringt uns nicht nur Erinnerungen an die Schul- und Studienzeit, sondern führt auch unmittelbar in den Bereich der kindlichen Kreativitätsmaterialien. Ein anderer Beitrag hierzu sind Farben, die unter Umgehung jegliches Pinselmaterials direkt mit den Händen vermalt werden (und woran sicher auch erwachsene Künstler Spass haben). Bei dieser Anwendung steht die Ungefährlichkeit der Materialien an erster Stelle, entsprechend werden die Komponenten dieser Farben ausgewählt [650]:

- Die Bindemittel bestehen aus ungiftigen naturnahen Substanzen. Bewährt hat sich modifizierte Zellulose und Stärke.
- Füllstoffe geben den Farben Körper und Deckkraft. Da viele der üblichen Füllstoffe chemisch recht inert und ungiftig sind, finden wir wohlbekannte und für Lebensmittel zugelassene Verbindungen wie Schlämmkreide (Calciumcarbonat), Gips, Silikate, Kaolin, Tonerde (Al_2O_3), Magnesiumoxid und Titanweiß.
- Als Feuchthaltemittel werden Polyglykole und Glycerin benutzt.
- Gerade die natürlichen oder modifizierten Naturbindemittel, die in essbaren Farben verwendet werden, sind anfällig gegenüber mikrobiellem Befall, den Farben müssen daher Konservierungsmittel zugesetzt werden. Eine effiziente Kombination ist 2-Methyl-2,3-dihydro-isothiazolin-3-on und 5-Chlor-2-methyl-2,3-dihydro-isothiazolin-3-on.

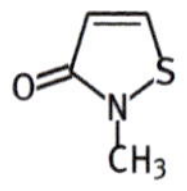

2-Methyl-2H-isothiazolin-3-on

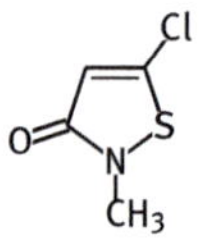

5-Chlor-2-methyl-2H-isothiazolin-3-on

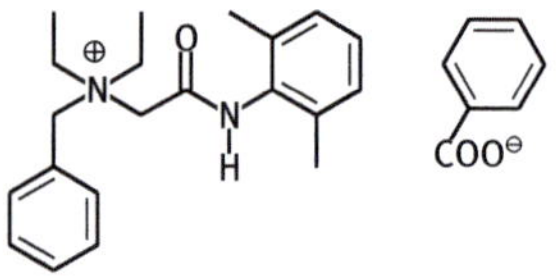

Denatoniumbenzoat

- Um jede Gefahr des Verschluckens von Spielfarben auszuschliessen, werden nicht nur ungefährliche Inhaltsstoffe gefordert, die Farben müssen auch geschmacklich eindeutig von Lebensmitteln unterschieden werden. Es haben sich Bitterstoffe bewährt, die signalisieren „Nichts zum Essen". Von bitteren Orangenschalen her kennen wir Naringin, synthetische Mittel sind Saccharose-oktaacetat oder das besonders wirksame Denatoniumbenzoat.
- Die Hauptinhaltsstoffe, Pigmente und Farbstoffe, unterliegen strengen Regelungen und müssen zugelassene Lebensmittelfarbmittel sein. Es kommt z. B. das Farbtripel Chinolingelb (E104), Ponceaurot (E124) und Patentblau (E131) in Frage, Mischungen liefern weitere Farbtöne wie Grün und Violett. Mögliche Pigmente sind PY1, PY42, PR5, PB15:1, PG7 und PBk7 [916].

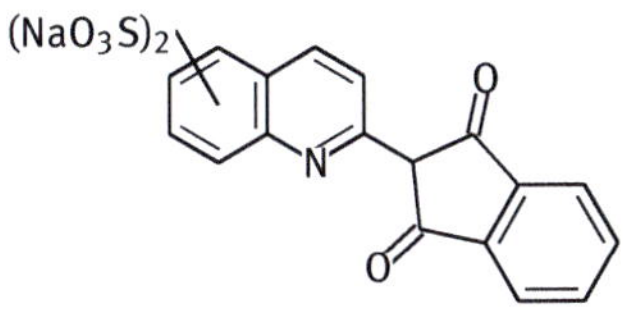

AY3, CI 47005, Food Yellow 13, E104
Chinolingelb, gelbe Tinte

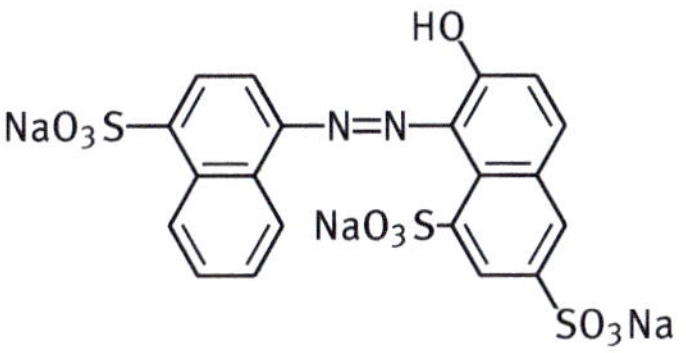

AR18, CI 16255, Food Red 7, E124
Ponceau 4R, rote Tinte

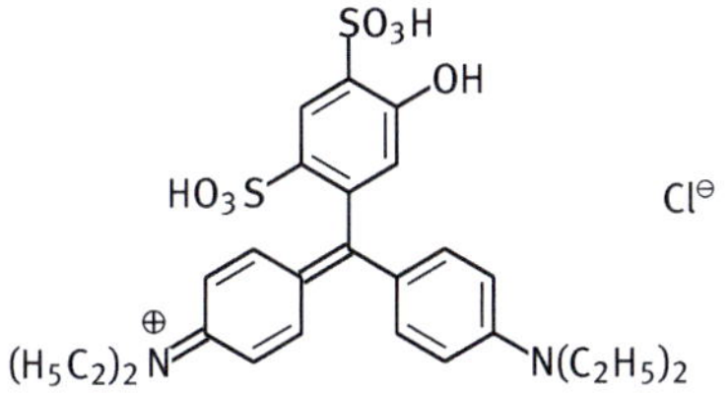

AB3, CI 42051, Food Blue 5, E131
Patentblau

7.14 Intarsienkunst

Das Hervorbringen von Mustern durch Zusammenfügen verschiedener Hölzer (Intarsien) ist dem Kunsthandwerk zuzurechnen, wird für unser Thema aber interessant, da gefärbte Hölzer Verwendung fanden. [721, 722] listen einige um 1570 bis ins 18. Jhd. hinein verwendete Materialien auf, ►Tabelle 7.9.

Gelbe, rote und blaue Holzfärbungen werden durch Flavonoide (►Abschnitt 4.4.4), Neoflavonoide (►Abschnitt 4.4.6) und Anthrachinone (►Abschnitt 4.6.3) hervorgerufen. Die Farbstoffe können dem Holz durch Färbungen hinzugefügt werden oder sind – wie im Falle des Fisetholzes – natürlicherweise bereits im Holz enthalten. Natürliche blaugrüne Hölzer verdanken ihre Farbe einem Befall durch Pilze: die Micelle von *chlo-*

Tab. 7.9: Gefärbte Hölzer, die vom 16.–18. Jhd. für Intarsienarbeiten verwendet wurden [721, 722].

Farbe	Herkunft des Farbstoffs	Farbstoff
Gelb	Färberwau	Luteolin (Flavon/Flavonoid)
	Berberitze	Berberin (Isochinolin)
	Perückenstrauch	Fisetin (Flavon/Flavonoid)
Rot	Brasilholz	Brasilin (Neoflavon/Flavonoid)
	Cochenile	Karminsäure (Anthrachinon)
Blau	Indigo	Indigotin
	Indigokarmin	Indigotin-5,5'-disulfonsäure
	Blauholz	Hämatein (Neoflavon/Flavonoid)
Grün	Kupfer	Grünspan
	verschiedene Mischungen	verschieden
	Chlorociboriapilz	Xylindein (Naphthochinon)

rociboria sondern den Farbstoff Xylindein, ein Naphthochinon, ab. Die Pilze wurden seinerzeit regelrecht auf dem Holz gezüchtet, die farbigen Hölzer hernach gesammelt. Berberin aus der Berberitze ist eine der wenigen Farbbasen auf Isochinolinbasis.

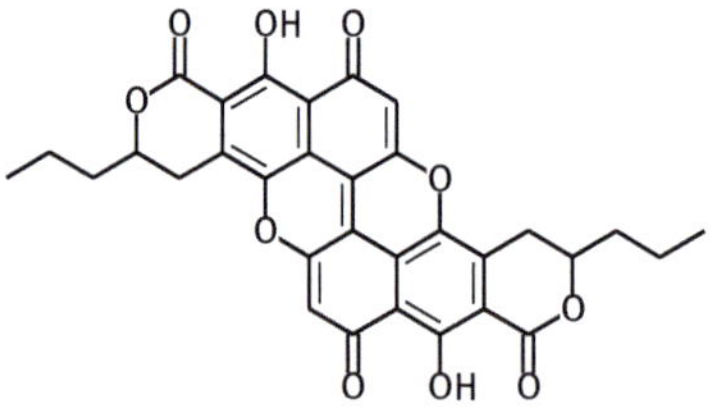

Xylindein

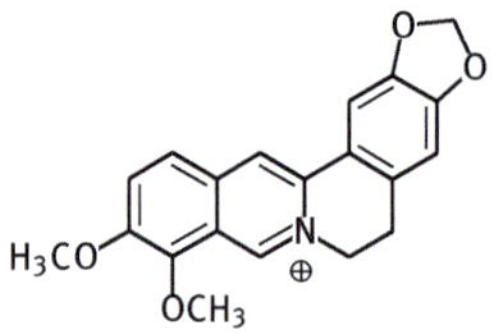

Berberin

8 Tinten

In diesem Kapitel befassen wir uns mit *Tinten*, einem Malsystem, das durch seine Eignung für Zeichnung und Schrift seit frühester Zeit größte Bedeutung für die kulturelle Entwicklung der Menschheit besitzt. Einführende Informationsquellen sind neben speziellen Literaturangaben [149], [185, Stichwort „Drawing and Writing Materials“], [186, Stichwort “Tinten und andere Schreibflüssigkeiten“].

Tinten sind gefärbte Flüssigkeiten, die benutzt werden, um sichtbare Spuren (Schriftzeichen oder Zeichnungen) auf Materialien wie Papier aufzutragen [751]. Die Bestandteile wechselten im Laufe der Zeit auf typische Weise, die wir als Ordnungsprinzip zugrundelegen wollen. ►Abbildung 8.1 zeigt den groben zeitlichen Verlauf der Tintenentwicklung, ►Tabelle 8.1 die hauptsächliche Zusammensetzung.

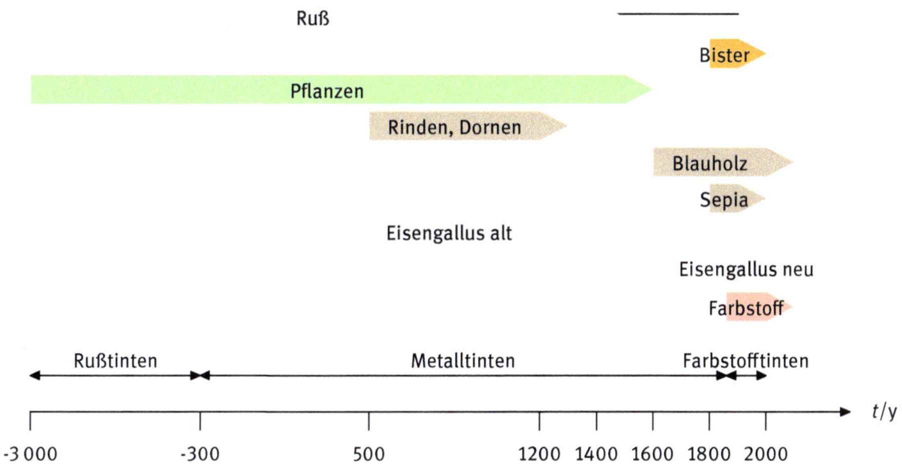

Abb. 8.1: Grober zeitlicher Überblick über die wichtigsten Tinten [149]. Für Schreibzwecke dominieren nach der Ära der Rußtinten die Metall-Tinten (Eisengallustinte) bis zur Entdeckung der Farbstofftinten.

Rußtinten Bereits vor 5 400 Jahren wurde auf ägyptischen Papyri eine schwarze Tinte aus Lampenschwarz und Gummi arabicum gefunden. Später wurden rote Tinten mit Hämatit/Zinnober/Mennige als Pigment verwendet [723]. Suspensionen von Ruß in einem Bindemittel waren lange Zeit das Mittel der Wahl für schwarze Tinten.

Naturfarbstofftinten Ebenfalls seit dem Altertum wurden farbige Pflanzensäftee und -extrakte, selten auch tierische Produkte, genutzt. So soll z. B. schon Sepia verwendet worden sein, die belegbar ab dem 18. Jhd. auftritt. Besonders die Schreiber der mittelalterlichen Klosterscriptorien entwickelten aus Naturmaterial wie Rinden, Dor-

https://doi.org/10.1515/9783110649161-004

Tab. 8.1: Wesentliche Klassen von (historischen) Tinten und ihre schematische Zusammensetzung [149].

Klasse		Zusammensetzung (außer Wasser)
Kohlenstoff	Rußtinte	Ruß, Bindemittel
	Bister	Fetter Holzruß, Leim
Metall	Eisengallustinte	alt: Galläpfel, Vitriol, Bindemittel neu: Gallussäure, Tannin, Eisen(II)sulfat, Salzsäure, Wasser, Bindemittel
	Rinden/Dornentinte	Rinden/Früchte/Schalen, Vitriol, Bindemittel
Farbstoff	Blauholztinte	Blauholz, Alkali, evt. Metallsalz, Bindemittel
	Farbstofftinte	Farbstoff, Bindemittel
Pflanzen	Rinden/Dornentinte	Rinden/Früchte/Schalen, Bindemittel
	Blauholztinte	Blauholz, Bindemittel
	Pflanzentinte	Farbige Pflanzenextrakte, Bindemittel

nen und Metallverbindungen braune und schwarze Tinten. Aus zahlreichen Pflanzen gewannen sie farbige Tinten, die in der Buchmalerei ihre schönste Anwendung fanden.

Metall-basierte Tinten Fast 2000 Jahre alt sind Eisengallustinten, die eine dauerhafte Farbe bilden und schon um 300 v. Chr. auf Papyri gefunden wurden [723]. Sie wurden aus Vitriol (Eisen(II)sulfat) und wäßrigen Auszügen aus Galläpfeln hergestellt. Anstelle des Vitriols wurden später oft alte Eisenstücke benutzt. Diese frühen Eisengallustinten enthielten den fertigen, unlöslichen Farbstoff in der Tinte suspendiert. Die Suspension wurde durch das Bindemittel (meist Gummi arabicum) stabilisiert.

1856 stellte A. Leonhardt erstmals die moderne Eisengallustinte her, die später auch in Füllfederhaltern benutzt werden konnte. Durch Zusatz von Säure entsteht zunächst nur lösliches farbloses Eisen(II)gallat. Der unlösliche Farbstoff entsteht erst im Laufe der Zeit durch die Oxidation von $Fe^{2\oplus}$ zu $Fe^{3\oplus}$ durch Luftsauerstoff beim Trocknen der Schrift, eine vorzeitige Oxidation in der Tinte wird durch den Säurezusatz verhindert. Um die Schrift schon im Moment des Schreibens zu sehen, wird ein Farbstoff zugesetzt, der zur späteren schwarzen Schriftfarbe nicht beiträgt.

Farbstofftinten Heute finden wir neben klassischen Schreibtinten farbige Tinten für Schreib- oder künstlerische Zwecke, für Kugelschreiber, Füllhalter, Filzstifte, für Computerdrucker (Inkjettinten) und Drucktinten für die verschiedensten Druckverfahren und Industriebereiche. Durch den Einsatz synthetischer Farbstoffe und Pigmente steht eine vollständige Farbpalette zur Verfügung, verschiedene Lösungsmittelkombinationen erlauben es, auf Papier, Folien, Kunststoffen und Metallen zu schreiben.

8.1 Rußtinten

Schwarze Schreibflüssigkeiten sind bereits seit dem Altertum bekannt [149–151, 723]. Schon um 3000 v. Chr. besteht der schwarze Farbkörper ägyptischer Tuschen aus Ruß, und bis in die Neuzeit hinein ist Ruß der Hauptbestandteil vieler Tinten. Die grundsätzliche Zusammensetzung zeigt folgendes Rezept:

Einfache Rußtinte [149] Kohlenstoff (Ruß/Lampenschwarz oder Kohle), Gummi arabicum.

Arabische Rußtinte [150] Ruß (aus Kienspänen, Sesam-, Lein- und anderen Ölen, Töpfen) oder Kohle (aus Fruchtkernen und -schalen), Gummi arabicum, Duftstoffe (Moschus, Kampheröl, Weihrauch, Rosen), Farbmodifikatoren (Rote Beete, Ultramarin).

Der notwendige Kohlenstoff wurde je nach Stand der Technik (und nach Kostenrahmen) aus verbrannten oder verkohlten, gemahlenen Pflanzenteilen (Holz, Fruchtkerne, Ranken, Zweige) gewonnen. Feiner und damit erheblich besser geeignet war Ruß, der von Pfannen und Töpfen gekratzt wurde oder in speziellen Verbrennungsvorrichtungen produziert wurde. Verbrannt wurde harzreiches Holz und andere Pflanzenteile, Harze, Öle, Pflanzengummi, Leim.

Die nach diesen Rezepten bereiteten Tinten stellen Suspensionen von Ruß in einem Bindemittel dar, die häufig auch als Tusche angesprochen werden können, ►Abschnitt 8.8. Als Bindemittel fungieren im Mittelmeerraum (Ägypten, Griechenland, Rom) Polysaccharide wie Gummi arabicum ►Abschnitt 7.7.2. Im asiatisch-islamischen Bereich finden wir eher Proteine wie Kasein oder Albumin, die aus Milch, Knochen- und Hautleim stammen (chinesische/indische Tinte, ►Abschnitt 7.5). Die polymeren Bindemittel sind besonders geeignet, da sie die Rußdispersionen als Nebeneffekt kolloidal stabilisieren. Zu Stäbchen geformt und getrocknet, konnten diese Tinten sogar gelagert und bei Bedarf wieder zur flüssigen Tinte redispergiert werden.

Bister ist ein Buchenholzruß, der durch Produkte einer unvollständigen Verbrennung rötlich gefärbt ist. Mit Leim in Wasser suspendiert, besaß er ab dem 17./18. Jhd. große Beliebtheit zum Lavieren von Federzeichnungen.

8.2 Chemie der phenolischen Tintenbestandteile

Bevor wir uns genauer mit Natur- und Eisengallustinten befassen, müssen wir uns mit der Chemie natürlicher Phenole auseinandersetzen, die die Grundlage der braunen Rinden- und Dornentinten wie auch der frühen Eisengallustinten sind. Wir beginnen mit den wichtigen Oxidationsreaktionen, die natürliche Phenolverbindungen eingehen. Es folgt eine Übersicht über drei wichtige Stoffklassen, die im Zusammenhang mit Extrakten zur Tintenbereitung eine Rolle spielen und in Blättern, Rinden, Früchten, Samen und Hölzern weit verbreitet sind:

- *Hydrolysierbare Tannine* sind farblos, aber als natürliche Quelle von Gallussäure bedeutsam zur Gewinnung von Eisengallustinten, ►Abschnitt 8.4.
- *Kondensierte Tannine* (Proanthocyanidine, PA) sind ebenfalls farblos und tragen hauptsächlich zum Aroma und der Adstringenz von Naturprodukten wie Obst und Säften bei.
- *Tannin-artige Gerbstoffe* umfassen heterogen zusammengesetzte einfache und polymere Verbindungen, die häufig rot, braun oder dunkel gefärbt sind und zur Bereitung brauner Naturtinten dienten, ►Abschnitt 8.3.2.

Bei diesen Verbindungen handelt es sich um Vertreter der *Gerbstoffe*, womit recht unscharf Polyphenole, also phenolische Verbindungen mit zahlreichen Hydroxylgruppen, bezeichnet werden. Sie können recht geringe, aber auch hohe Molekulargewichte haben; die niedermolekularen Vertreter sind wasserlöslich, farblos, gelb, rot oder braun, während die höhermolekularen oder polymeren Verbindungen unlöslich und intensiver rot bis braun gefärbt sind.

Der Name leitet sich vom Einsatz der Verbindungen zum Gerben der Tierhäute für die Lederbereitung im Altertum ab. Durch die große Anzahl an Hydroxylgruppen können diese Phenole eine Vielzahl starker Wasserstoffbrücken mit den Amidgruppen der Proteine in den Häuten ausbilden, speziell mit denen der Kollagene. Die Proteine werden dadurch in eine andere Konformation gezwungen und denaturiert oder gegerbt [248, pp. 374].

Auch in der Mundhöhle üben sie ihre gerbende Wirkung auf die Proteine des Speichels aus. Wir nehmen die Denaturierung dieser Proteine als adstringierenden oder zusammenziehenden Geschmack wahr [248, pp. 192]. Die Mundhöhle ist mit einer Schleimhaut ausgekleidet, die ständig von Sekreten der Speicheldrüsen befeuchtet wird. Dieses Sekret enthält neben Polysacchariden fast ausschliesslich *PRP* (salivary proline rich protein), das zu etwa 40 % aus Prolin besteht. Polyphenole können über zahlreiche Wasserstoffbrücken PRP komplexieren, miteinander vernetzen und schliesslich ausfällen. Die Speichelsekretion verliert auf diese Weise ihr „Schmiermittel", was zum Trockenheitsgefühl im Mund führt. (Beim Hinzufügen von Milch zum Schwarztee komplexieren dessen Gerbstoffe das Milchkasein anstelle der PRP, sodass sich der adstringierende Geschmack stark vermindert.)

8.2.1 Oxidation und Polyphenole

Um die Natur der Gerbstoffe zu verstehen, müssen wir uns mit einigen Eigenschaften des Grundkörpers Phenol vertraut machen. Phenole sind leicht oxidierbar, in Früchten und Pflanzen sind sie anfällig gegen enzymatische Oxidation, an der Luft gegen nicht-enzymatische Oxidation mit Luftsauerstoff:

- Ein Enzym der sog. *enzymatischen Bräunung* ist die Polyphenol-oxidase PPO (auch Catechol-oxidase, Tyrosinase, Phenolase, o-Diphenol-oxidase genannt), deren bevorzugte Substrate o-Diphenole sind. Sie tritt u. a. in Früchten auf und ist für die Bräunung des Fruchtfleiches nach dem Anschneiden verantwortlich. Sie kann durch Tiefkühlung und schweflige Säure gehemmt werden (→ Schwefelung des Weines).
  In intakten Fruchtzellen sind Enzym und Substrat in separaten Zellkompartimenten gelagert (Cytoplasma resp. Vakuole), sodass die enzymatische Reaktion erst bei der Zerstörung der Zellstruktur durch Schneiden oder Quetschen, Lagerschäden oder einfach Alterung in Gang kommt.
- Ein weiteres Enzym ist die Laccase oder p-Diphenol-oxidase, deren Substrate vielfältig sind: Monophenole, o- und p-Diphenole, Triphenole et cetera. Sie reagiert nicht auf Sulfit-Behandlung.
- Die nicht-enzymatische Reaktion mit dem Sauerstoff der Luft erfolgt langsamer als die enzymatische, liefert aber ähnliche Endprodukte.
- Neu gebildete Chinone, die primäre Endprodukte der enzymatischen Oxidation sind, können ihrerseits als starke Oxidationsmittel oxidierend auf Phenole wirken (chemische Bräunung).

Einen guten Überblick über die interessante Chemie der Phenoloxidation können wir mit [672, 673, 687, 694, 696, 713, 718] und [693, 707] erhalten, die uns Mechanismen, Reaktionsklassen und die Vielfalt an (natürlichen) Endprodukten vor Augen führen. Den letzten Aspekt hebt insbesondere [695] hervor. Besonders interessant für unser Thema ist [697], dort werden farbige Oxidationsprodukte von Phenolen auf ihre Eignung als mögliche Lebensmittelfarbstoffe untersucht.

Die bei der Phenoloxidation ablaufenden Reaktionen führen von 1,2- oder 1,4-Diphenolen zu Chinonen und C-C- resp. C-O-verknüpften Dimeren:

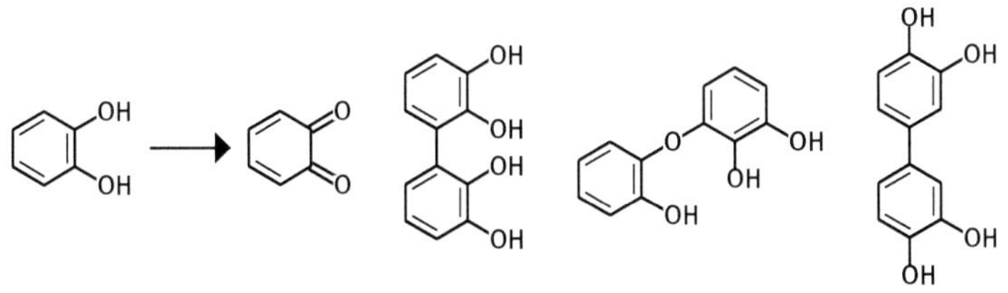

►Abbildung 8.2 zeigt den Mechanismus der Oxidation am Beispiel eines einfachen Phenols, die primär zu den Chinonen und C-C-verknüpften Dimeren führt, aber auch O-verknüpfte Produkte („Depsidone") sind möglich. Die entstandenen, eventuell leicht gefärbten, Chinone sind sehr reaktiv und können in einer vinylogen nukleophilen Addition von Phenolen angegriffen werden, wobei wir C-C-verknüpfte Dimere I erhalten, ►Abbildung 8.3. Diese lagern sich rasch in die korrespondierenden aromatischen Verbindungen II um.

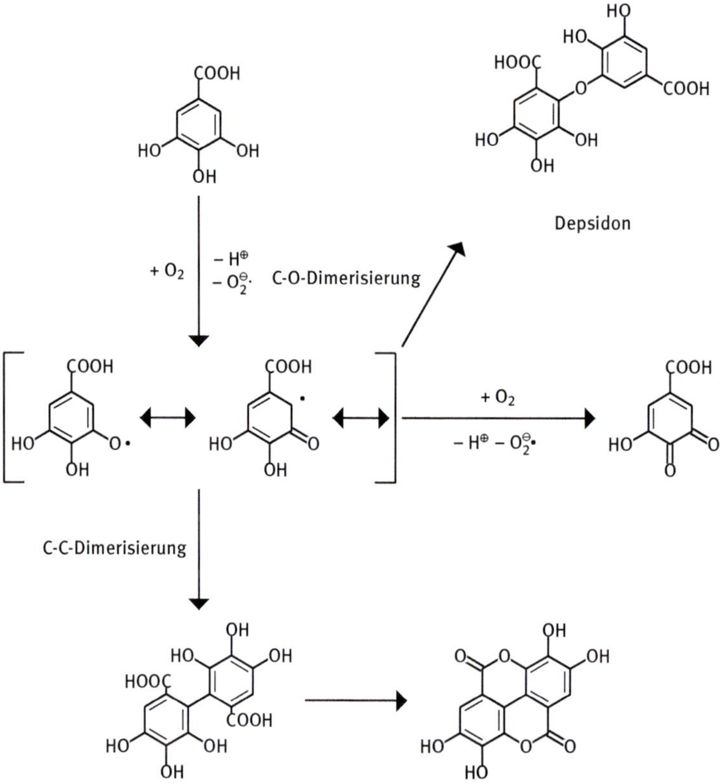

Abb. 8.2: Schema der Oxidation von Polyphenolen [672, 687, 694, 696]. Aus dem Phenol entsteht ein Sauerstoffradikal, das weiter zum o-Chinon reagiert oder mit einem zweiten Radikal C-C- und C-O-Bindungen knüpfen kann und Dimere bildet.

Unter oxidativen Bedingungen können die Dimere zu chinoiden Strukturen IV reagieren, den sog. Chinonmethiden. Als Chinon-Analoga sind sie intensiv farbig (gelb bis rot) und führen häufig ein chromophores Element in die Oxidationsprodukte ein. Einige für unser Thema wichtigen Chinonmethide haben wir bei den Rotholz-Flavonoiden kennengelernt, ►Abschnitt 4.4.7. Weitere Reaktionen an den Chinonmethiden können zu polyzyklischen Dicarbonylverbindungen führen, wie sie in Insektenpanzern anzutreffen sind. Je nach Ausgangsstoff erhalten wir schnell hochmolekulare Strukturen [695]:

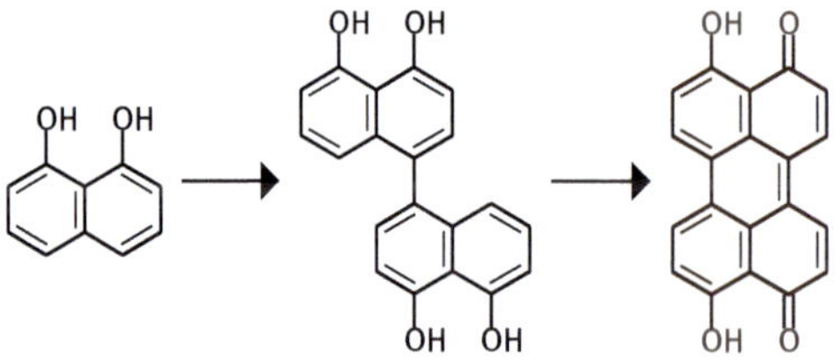

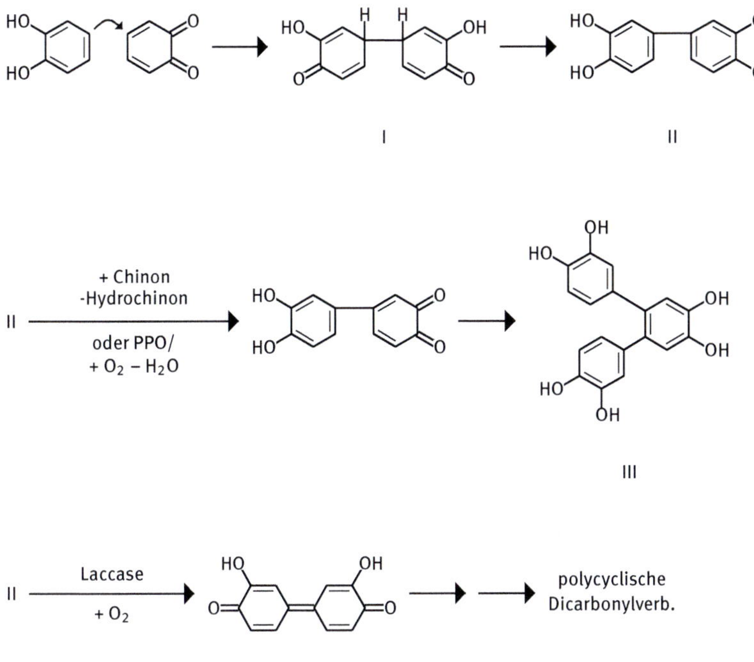

Chinonmethid, IV

Abb. 8.3: Schema der nukleophilen Addition von Polyphenolen an Chinone [672, 687, 694, 696]. Das zunächst entstehende dimere Enon I bildet sehr leicht den aromatischen Ring II zurück. Da II erneut die o-Dihydroxyphenol-Struktur zeigt, kann II zum Trimer III und Oligomer weiterreagieren. Durch enzymatische Oxidation können aus II auch erweiterte Diphenochinone oder Chinonmethide IV entstehen.

Das Endprodukt zeigt Chinonmethid-Struktur, häufig sind polyzyklische Endprodukte dunkelbraun bis schwarz gefärbt. Solche Aufbaureaktionen sind im Stoffwechsel von Verrottungspilzen angesiedelt, sodaß Zersetzungs- und Modererscheinungen mit unattraktiven dunklen Farben verbunden sind.

Da die Produkte II aus ►Abbildung 8.3 wieder die Struktur der Ausgangsstoffe aufweisen und Phenole und Chinone oxidativ leicht ineinander umgewandelt werden, können die Dimere in gleicher Weise zu höhermolekularen Oligomeren III weiterreagieren. Die Produkte weisen mit steigendem Polymerisationsgrad ausgedehnte π-Elektronensysteme, auxochrome Hydroxylgruppen und chinoide Strukturen auf und sind dann gelb, rot oder braun gefärbt. Solche braunen Pigmente sind für Rinden, Wurzeln, Hölzern, Schalen und Blättern typisch.

Auch Wasser oder Aminogruppen können als Nukleophil wirken und an den Chinonen angreifen. Wie ►Abbildung 8.4 (oben und Mitte) zeigt, führt die Addition von Wasser zur Einführung einer weiteren Hydroxylgruppe. Ist der Sauerstoff Bestandteil einer Hydroxylgruppe innerhalb des Chinons, kann über einen intramolekularen Angriff auf das Chinon ein komplexes chinoides Ringsystem und damit ein Chromo-

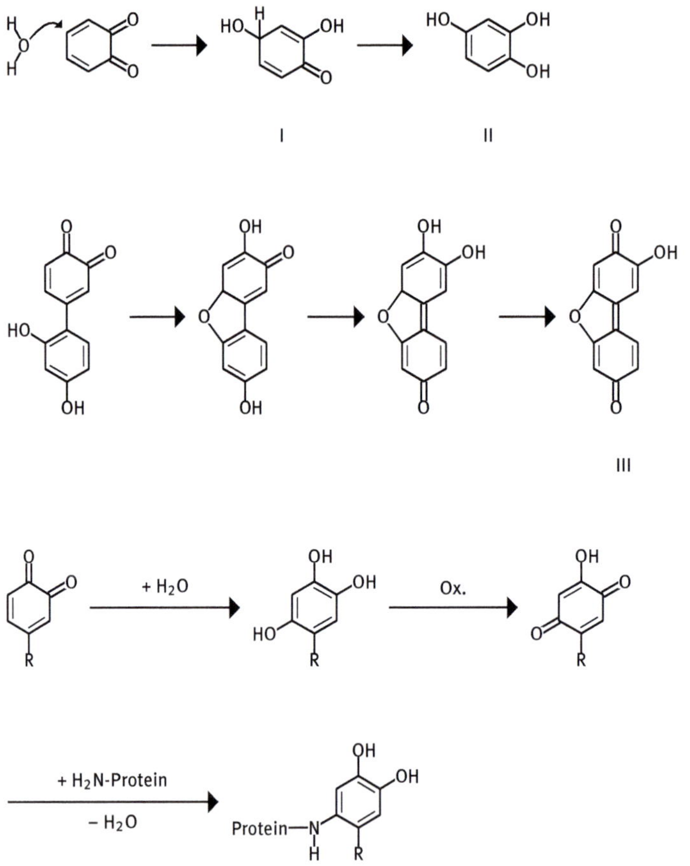

Abb. 8.4: Oben: Schema der nukleophilen Addition von Wasser oder Hydroxylgruppen an Chinone. Mitte: Durch intramolekulare Addition können auch weit entfernte Hydroxylgruppen in komplexe chinoide Ringsysteme III einbezogen werden. Unten: Nukleophile Addition von proteinischen Aminogruppen an phenolische Oligomere.

phor entstehen. Durch nukleophile Addition von proteinischen Aminogruppen werden phenolische Oligomere mit Proteinen zu komplexen Strukturen verbunden, ►Abbildung 8.4 unten.

8.2.2 Hydrolysierbare Gerbstoffe

Wir haben gesehen, wie durch grundlegende Reaktionen aus Phenolen chromophore Elemente gebildet werden, aber auch eine Vielzahl farbloser Verbindungen. Zu diesen gehören die farblosen *hydrolysierbaren Tannine*, das sind Ester von Sacchariden (typischerweise Glukose) mit Phenolcarbonsäuren [675, 676], [248, pp. 51], [254, pp. 193], [691, 692]. Wir unterscheiden zwei Gruppen:

- *Gallotannine* sind Ester der Gallussäure mit Glukose oder Gallussäure, Beispiele sind Glucogallin (1-O-Galloyl-glukose) und 3-O-Galloyl-gallussäure.
- In *Ellagentanninen* treten Phenolcarbonsäuren wie Hexahydroxy-diphensäure, Ellagsäure oder Valonsäure auf, die durch oxidative Verknüpfungen und Kondensationen aus Gallussäure hervorgehen (►Abschnitt 8.2.1, ►Abbildung 8.2). Diese mehrbasigen Säuren können mit Sacchariden mehrere Esterbindungen gleichzeitig eingehen und eine Vielzahl an (makrozylischen) Strukturen bilden, wie im Eugeniin, in dem neben normalen Gallussäureestern ein Diester der Hexahydro-diphensäure auftritt. Über solche Diester können verschiedene Saccharide verbrückt sein, ein Saccharid kann mehrere Diester-Ringe tragen.

Die Substanzbezeichnung „Tannin“ oder „Gerbsäure“ an sich stellt eine mit Gallussäure und m-Galloylgallussäure penta-O-substituierte Glukose dar. Von den fünf Substituenten bestehen dabei in der Regel einer oder zwei aus einem Galloylrest, die restlichen aus m-Galloyl-galloylresten. Aus der großen Vielfalt können wir nur einige Beispiele ansehen:

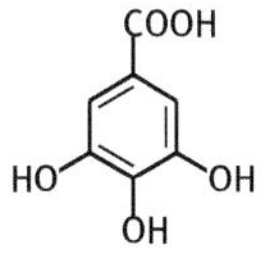

Gallussäure

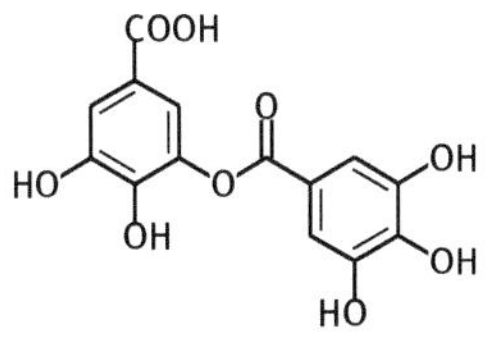

m-Galloyl-gallussäure
ein Depsid

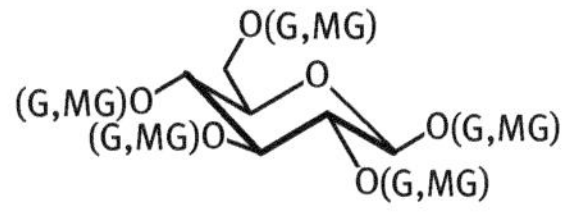

Hydrolysierbares Tannin
G=-Galloyl
MG=-m-Galloylgalloyl, Tetragalloyl etc.

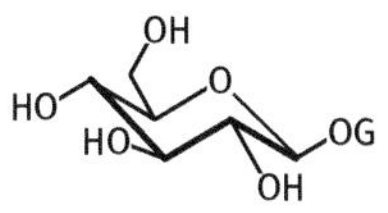

Glucogallin
G=-Galloyl

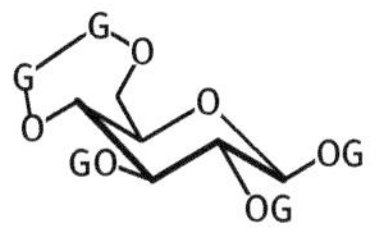

Eugeniin
G=-Galloyl, G-G=-hexahydro-diphenoyl

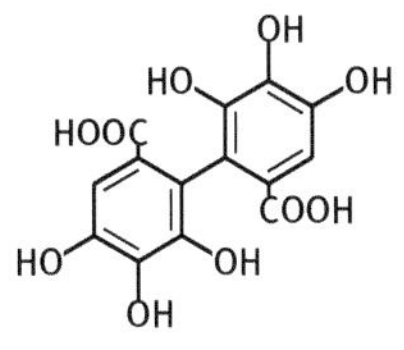

Hexahydro-diphensäure

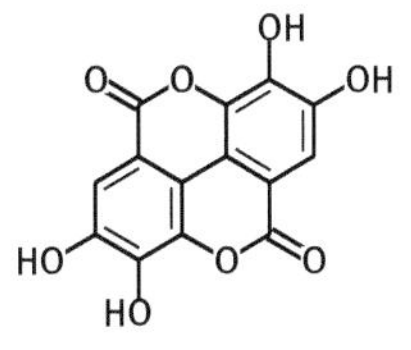

Ellagsäure

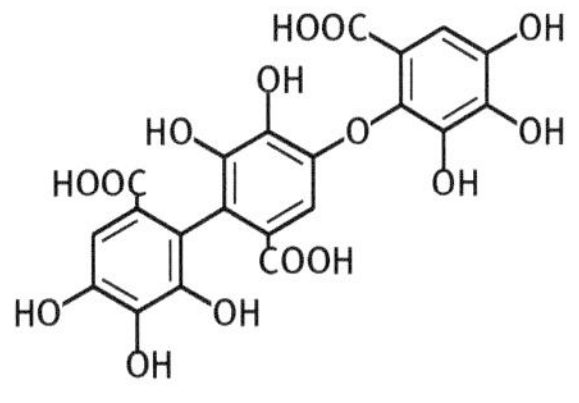

Valonsäure

Hydrolysierbare Tannine finden wir z. B.in der Sumachpflanze, Ellagentannine in Schwarzerlen, Eichen, Fichten, Kiefern und Kastanienschalen. Diese Tannine sind farblos, spielen aber eine wichtige Rolle als Quelle für Gallussäure und Polyphenole zur Bereitung von Eisengallustinte, ►Abschnitt 8.4. Früher wurde mit Sumach- und Catechu-Tanninen auch die Schwarzfärberei betrieben (Natural Brown 6 und 3).

8.2.3 Kondensierte oder nicht-hydrolysierbare Gerbstoffe

Für den adstringierenden Geschmack von Tee, Wein und Frucht- oder Samenschalen und die gerbende Wirkung vieler Pflanzenextrakte sind farblose Oligomere des Catechins verantwortlich, die *kondensierten Tannine* oder *Proanthocyanidine*. In ihnen sind bis zu vier Flavan-3-ole (Catechine) über ihre A-Ringe durch C-C-Bindungen verknüpft. Im Gegensatz zu den hydrolysierbaren Tanninen sind diese C-C-Bindungen nicht einfach hydrolytisch zu spalten, bei Anwendung starker Säuren erhalten wir aber die zugrundeliegenden Flavanole in Form von Anthocyanidinen – eine Tatsache, der diese Stoffgruppe ihren Namen verdankt.

Die Struktur der Proanthocyanidine und ihre Stellung im Flavonoid-Stoffwechsel (►Abschnitt 4.4) ist gut bekannt [668–670, 684, 688], [254, pp. 193]. ►Abbildung 8.5 zeigt die wesentlichen Verzweigungen, die über farblose zu gelben/roten und schließlich zu braunen Folgeprodukten führen.

Da die einzelnen Flavanole über eine oder zwei Bindungen miteinander verknüpft werden können, bei jeder Bindung die Stereochemie variieren kann und auch Verknüpfungen über Sauerstoffatome möglich sind, existiert eine große Vielzahl an bekannten Proanthocyanidinen [668, 670], [248, pp. 23]. Sie sind farblos und daher für

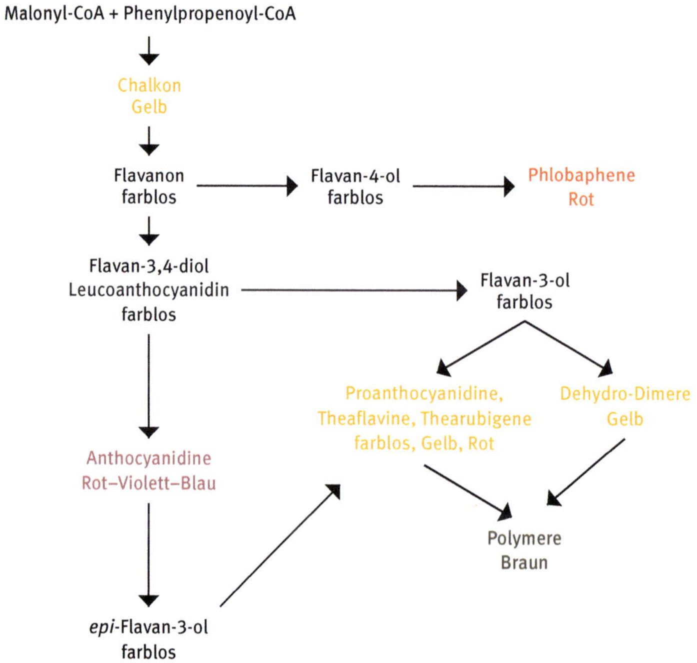

Abb. 8.5: Übersicht über die phenolischen Farbstoffe und Pigmente im sekundären Stoffwechsel von Pflanzen [668–670, 684]. Während die flavanoiden Grundkörper meist farblos sind, sind die Dimeren und höhere Oligomere durch oxidative Entstehung von Chinon-Chromophoren häufig gelb, rot oder braun gefärbt.

unser Thema nicht von allzu großem Interesse, einige Beispiele mögen daher zur Illustration reichen:

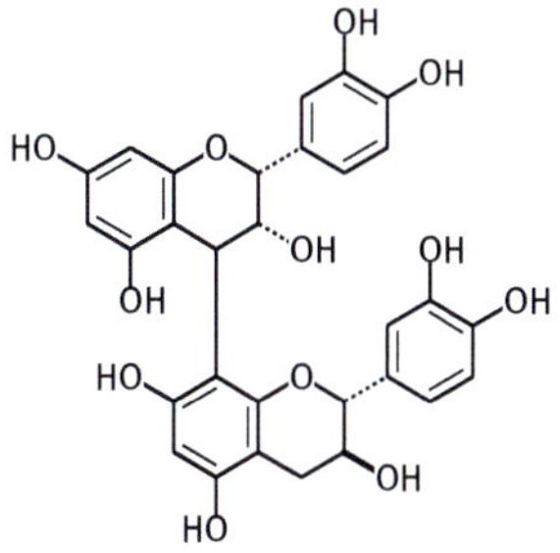

Proanthocyanidin B-1
4,8-Dicatechin

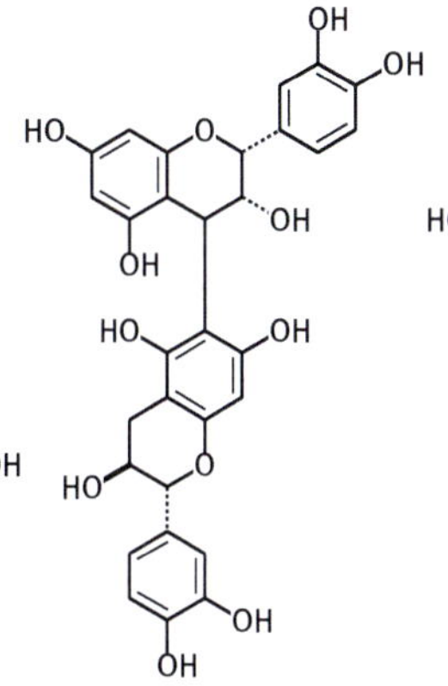

Proanthocyanidin B-5
4,6-Dicatechin

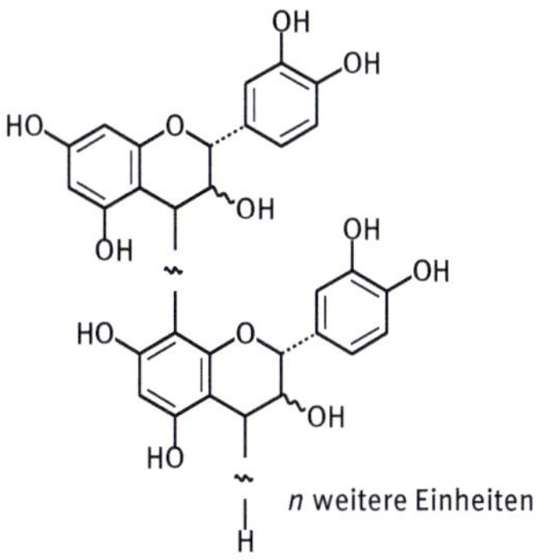

4,8-*all*-Tetracatechin

8.2.4 Tannin-artige Gerbstoffe

Einfache Polyphenole können oxidativ zu Oligomeren verknüpft werden, die in ihren Eigenschaften (Adstringenz, Gerbfähigkeit, Polyphenolcharakter) stark Tanninen ähneln, aber eine Vielfalt komplexer Strukturen zeigen [669, 671, 674, 678, 680, 681]. Im Gegensatz zu den farblosen Tanninen sind diese Stoffe oft gelb, rot oder braun gefärbt und daher für braune Tinten von Interesse.

Diesen Pigmenten und Verbindungen liegen Flavonoide zugrunde, besonders Flavan-3-ole (Catechine), Flavan-4-ole und die Anthocyane. Ihre Position im Flavonoidstoffwechsel ist in [684] und [668–670] dargestellt, sowie in ►Abbildung 8.5.

Flavonoide unterliegen den in ►Abschnitt 8.2.1 geschilderten Oxidationsvorgängen. Durch enzymatische Oxidation mit Polyphenoloxidase (PPO) und Peroxidase (POD) werden o- und p-Diole in Chinone überführt, die mit Phenolen, Thiolen oder Aminen zu einer Vielzahl farbiger Kondensationsprodukte weiterreagieren. U. a. können dunkelbraune bis schwarze unlösliche Produkte entstehen. Auch die intermediär entstandenen Chinone können Flavonoide oxidieren (chemische oder nicht-enzymatische Oxidation), sodass sich das Spektrum der farbigen Produkte nochmals erweitert.

Die Reaktionen werden häufig durch Spuren von Metallen katalysiert. In vielen Pflanzen treten Bräunungserscheinungen bei Ernte oder Verarbeitung (z. B. Auspressen von Früchten zur Saftgewinnung) auf, da die Zellkompartimente zerstört werden und die Enzyme auf ihre Substrate (Flavanole) treffen. Zahlreiche Pflanzen bilden farbige Oxidationsprodukte auch in absterbenden oder toten Geweben (Rinden).

Wie Sie der vagen Formulierung „farbige Produkte“ entnehmen können, bilden die Reaktionsprodukte eine heterogene Gruppe, die wir weiter unterteilen.

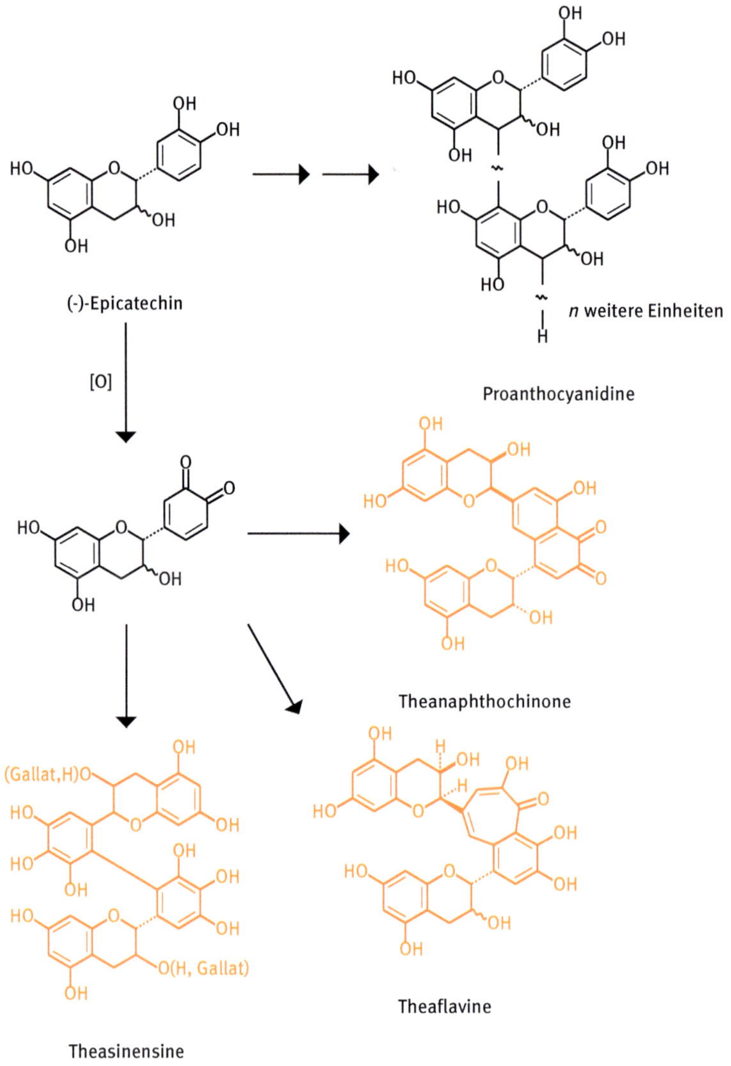

Abb. 8.6: Entstehung einiger Oxidationsprodukte von Flavonen, die zu den kondensierten oder nicht-hydrolysierbaren Gerbstoffen gehören. Viele von ihnen sind farbig (gelb, rot, braun). Theaflavine, Theasinensine und Theanaphthochinonen verleihen z. B. dem schwarzem Tee die schöne kupferrote Farbe.

Dimere Produkte

Die oxidative Dimerisierung der Flavonoide führt zu einer Reihe verschiedener Reaktionsprodukte, ►Abbildung 8.6 [671, 674, 681]. Allen Produkten gemein ist die Verknüpfung von B- oder A-Ringen zweier Catechinmoleküle. Je nach Art der Verknüpfung unterscheiden wir mehrere Dimerklassen, deren chemische Struktur bekannt ist und die aufgrund ihrer chinoiden Strukturen gelbe bis rote Farben zeigen. Sie tragen zum Farbton vieler Naturprodukte bei, unter anderem von Tee, weißem und rotem Wein, und auch Naturtinten aus pflanzlichem Material, oft Rinden oder Hölzern.

Theaflavine sind leuchtend gelbe, orange oder braune Verbindungen, die zur rotgoldenen Farbe von Schwarztee beitragen, ►Abschnitt 4.4.3. Das charakteristische Element ist ein farbgebender Benzotropolonring, der durch die oxidative Kondensation der B-Ringe aus Catechinen und Gallocatechinen und anschliessender Ringerweiterung entstanden ist. Eine ähnliche Verbindung ist das orangefarbene Purpurogallin, ein Abbauprodukt der braunen Eisengallustinte. Dessen Bildung illustriert den Mechanismus der oxidativen Ringerweiterung, wir sehen, wie aus 2 C_6-Körpern ein C_{11}-Körper entsteht, ►Abschnitt 8.4.3.

Theasinensine sind gelbe bis braune Dimere von Flavan-3-olen, deren B-Ringe über Biphenylbindungen verknüpft sind. Dunkler gefärbte Oligomere entstehen, wenn Biphenylbindungen viele Flavonoide fortlaufend über ihre B-Ringe zu einer Polyphenylkette verbinden, ähnlich braunen Pigmenten im älteren Rotwein [683].

Theanaphthochinone sind farbige Dimere, bei denen die B-Ringe der beteiligten Catechine zu einem *o*-Naphthochinon verschmolzen sind.

Theacitrine, Oolongtheanine, Dicatechine sind gelbe oder orangefarbene Dimere, bei denen die Verknüpfung von B-B- und A-A-Ringen zu komplizierten, chinoiden Ringsystemen führt.

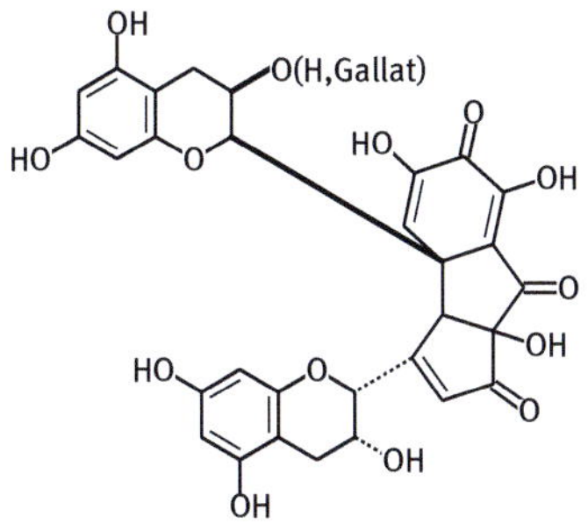

Theacitrine

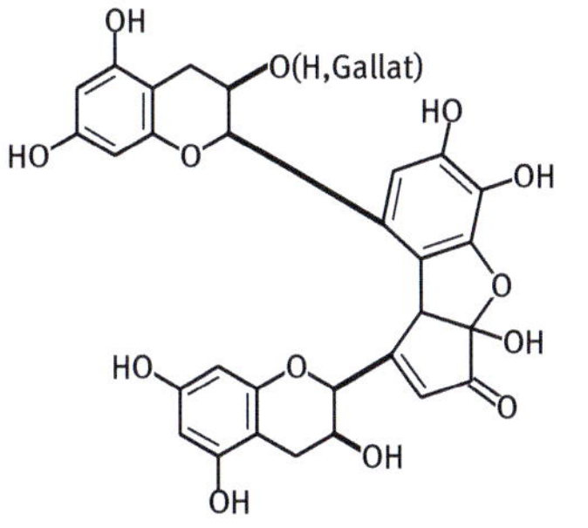

Oolongtheanine

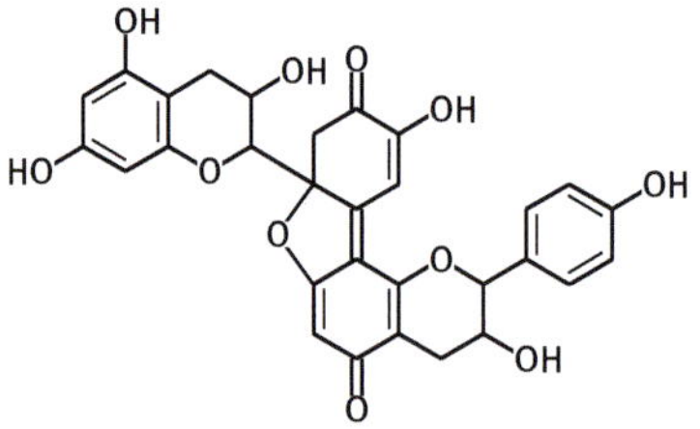

Dehydro-di-epicatechin A

Polymere

Die bisherigen dimeren Flavonoide zeigen bereits gelbe bis rote Farben. Für unser Thema „Tinte“ noch interessanter sind die höhermolekularen oder polymeren Produkte, die rot bis braun gefärbt sind. Aufgrund der komplexen Zusammensetzung sind sie in ihrer Struktur leider noch weitgehend unerforscht.

Phlobaphene sind die rotbraunen und braunen Bestandteile vieler Rinden, Hölzer und Wurzeln. Es handelt sich um Flavan-4-ole, die über den A-Ring polymerisieren, so wie es auch bei Proanthocyanidinen der Fall ist [669]. Leider sind gerade von diesen, für uns so interessanten Verbindungen Strukturen und Bildungsweg unbekannt. Wir müssen oxidative und Kondensationsreaktionen annehmen, die die farblosen Polyflavanole in rotbraune Verbindungen überführen. Vorstellbar ist das Auftreten chinoider Strukturen II, ähnlich denen, die für Rotweinpigmente diskutiert werden [679, 687, 688].

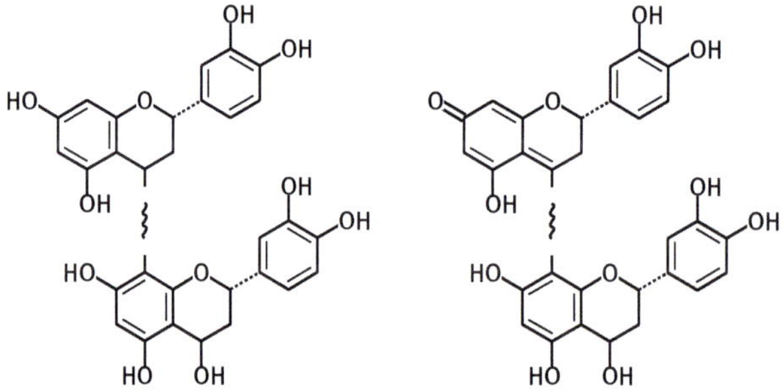

Phlobaphen allg.
Oligo-flavan-4-ol, farblos

II
chinoides Derivat, farbig

Thearubigene sind rotbraune, nur unzureichend identifizierte komplexe Verbindungen, die bis zu 60 % der phenolischen Substanzen im fermentierten Schwarztee ausmachen. Sie entstehen aus Flavan-3-olen als Produkte einer unregelmässigen oxidativen Polymerisation mit Molekulargewichten bis etwa 2500 [671] und tragen zur kupferroten Farbe des Schwarztees bei. Das Problem der Charakterisierung bestand bis vor kurzem darin, daß Thearubigene aus vielen tausend Einzelsubstanzen bestehen und die angewandten analytischen Methoden nicht in der Lage waren, diese Substanzen aufzutrennen. In [681], [248, pp. 335] wurden Strukturvorschläge vorgestellt, aber erst in jüngster Zeit konnte durch fortgeschrittene Analytik ein klares Bild gewonnen werden [699–701].

Danach handelt es sich bei Thearubigenen um Catechine, die in vier Stufen, der sogenannten „oxidativen Kaskade", zu komplexen und strukturell ähnlichen Oligomeren umgewandelt werden.

1. In der ersten Stufe dimerisieren Catechine zu Theaflavinen, Theasinensinen, Theacitrinen oder Theanaphthochinonen. Die Dimere reagieren auf die gleiche Weise mit weiteren Catechinmolekülen, bis Oligomere aus zwei bis sieben Catechinmolekülen und zwei bis vier Gallussäureresten entstanden sind.
2. Diese Oligomere können leicht zu *o*-Chinonen oxidiert werden und reagieren dann gemäß ►Abbildung 8.4 mit Wasser zu höher hydroxylierten Verbindungen. Dies kann solange erfolgen, bis sämtliche Reaktionsstellen hydroxyliert sind.
3. Die in diesen Polyhydroxyverbindungen vorkommenden vicinalen Hydroxylgruppen können wiederum zu *o*-Chinonen oxidiert werden.
4. In einem abschliessenden Schritt werden die (chinoiden) Polyhydroxyverbindungen weiter modifiziert, z. B. durch Methylierung oder Glykosylierung.

Einige dieser Modifikationen (Polyhydroxylierung, Chinonbildung) seien am Beispiel eines dimeren Theaflavins illustriert:

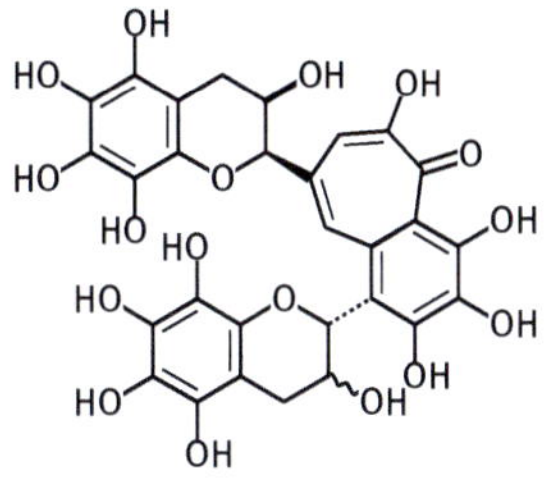

Polyhydroxy-theaflavin

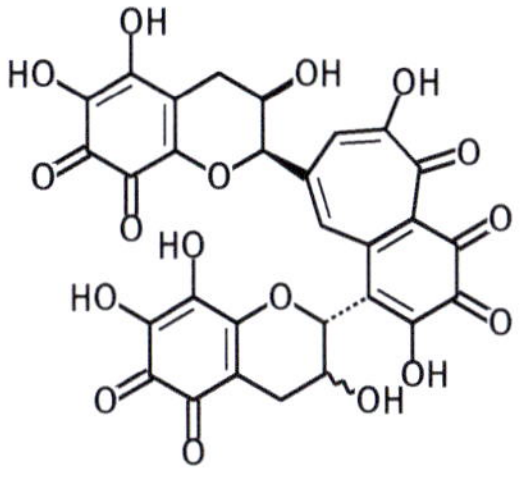

Polyhydroxy-theaflavin-chinon

8.3 Natur- und Pflanzentinten, Buchmalerei

Tinten aus natürlichen Materialien wie farbigen Pflanzensäften dürften schon von je her verwendet worden sein. Aufgrund ihrer geringen Beständigkeit kennen wir jedoch vor allem aus dem Mittelalter Pflanzenextrakte, die sowohl als Schreibflüssigkeit als auch als Wasserfarben zur Buchmalerei in Verwendung waren. Gleichzeitig wurden auch pigmentierte Tinten genutzt.

8.3.1 Farbige Naturtinten, Buchmalerei

Farbige Naturtinten wurden zu jeder Zeit und in jedem Kulturraum hergestellt. Wir wollen besonders den Zeitraum der mittelalterlichen Buchmalerei zwischen dem 2. Jhd. und dem 15. Jhd. betrachten, da sie die Erkenntnisse seit der Antike zusammenfasst und einen Höhepunkt darstellt.

Mit den Materialien und dem Vorgehen der Buchmalerei beschäftigen sich besonders [70, 103, 113, 725], auch [22, 66, 69, 150, 442, 667, 744] liefern Informationen zum Thema. Wollen wir Tinten selber herstellen, können wir [89] mit einer ausführlichen Rezeptesammlung für farbige Pflanzentinten heranziehen.

Beschreibstoffe

Als Beschreibstoff diente in der Antike Papyrus, der zu Schriftrollen verarbeitet wurde. Im Zeitraum vom 2. Jhd. bis 15. Jhd. dominiert Pergament (gegerbte Tierhäute), das beständig und für wertvolle Ausgaben geeignet war und in Form der *codices* unseren heutigen Bücher ähnelt. Die ebene Schreibfläche bot Vorteile für eine dickere Bemalung mit viskosen Farben und stellte gleichzeitig einen Rahmen für eine malerische Ausarbeitung dar. Nach dem 15. Jhd. machte Pergament im Zuge der Einführung des Buchdrucks, des Holzschnitts und Kupferstichs dem Papier Platz.

Bindemittel

Die Farbmittel wurden in altägyptischer Zeit und im Mittelmeerraum mit Gummi arabicum ►Abschnitt 7.7.2 auf S. 639 oder dem Saft der Papyruspflanze, einem Gemisch aus Galaktose, Arabinose und Rhamnose, gebunden [723]. Im asiatisch-islamischen Bereich wurden Proteine aus Haut- und Fischleim, Eiern und Milch genutzt (Kollagen, Fischleim, Albumin und Kasein) sowie Kirschgummi und Gummi arabicum [150]. Im Mittelalter arbeiteten die Mönche mit Fischleim, Eiklar (*clarea*) und Gummi arabicum [70, 113], [103, Kap. 6.3], [725]. Die benutzten Proteine sind oberflächenaktiv und haben als Bindemittel den Vorteil, die Oberflächenspannung der wäßrigen Schreibflüssigkeit abzusenken und die Benetzbarkeit des Untergrundes zu verbessern, ►Abschnitt 7.5.

Eikläre wird in den Manuskripten seit der Antike durchwegs erwähnt. Da sie spröde auftrocknet, wird sie als Bindemittel oft mit anderen Stoffen gemischt, z. B. mit Gummi arabicum und Essig als Bindemittel für Farben, und mit Gummi arabicum und Honig als Glanzmittel. Wie in ►Abschnitt 7.5.1 auf S. 622 beschrieben, ist das eigentliche Bindemittel die niederviskose Flüssigkeit, die aus mehrfach geschlagenem Eischnee nach einiger Wartezeit abläuft. Sie wurde zur Benutzung mit Wasser verdünnt und trocknet mit der Alterung wasserunlöslich auf.

Eidotter ist in der Regel ein Zusatz zu anderen wäßrigen Bindemitteln, so wird er z. B. tropfenweise zu Eikläre gegeben und in der Rubrik verwendet, da die so entstandene Farbe eine dickere Konsistenz und durch den Ölgehalt einen höheren Glanz aufweist. Beispielhafte Mischungen sind

clarea, Eidotter, Zinnober (Farbe für Rubrik)
clarea, Gummi arabicum, Eidotter, Mennige (Farbe für Rubrik)
Gummi arabicum, Eidotter (schwarze Tusche)

Die oft verwendeten *Glutinleime* sind Umwandlungsprodukte von Kollagen und werden aus tierischem Bindegewebe gewonnen, z. B. Pergament, Leder, Haut, Knochen, Gräten und Schwimmblasen, ►Abschnitt 7.5.2. Kollagen erlangt seine Klebkraft durch Verkürzung der Proteinketten, sodaß zur Leimherstellung das Material verkocht, d. h. hydrolysiert wird. Auch durch Faulung von Leim verkürzt sich die Kettenlänge. Die Kohäsion wird vermindert, die Adhäsion dagegen erhöht, sodaß alter Leim gern für Goldgrundierungen benutzt wurde. Die Konservierung des empfindlichen Material erfolgte durch Mistelbeerensaft, der zelltoxisch wirkt, oder durch Alaun.

Pflanzengummen sind als Bindemittel ebenfalls seit der Antike bekannt. Sie weisen eine große Varianz in ihrer Zusammensetzung auf und besitzen unterschiedlich hohe Klebkraft. Gummi traganth oder der Auszug aus Aloe hepatica ist wenig klebend, trocknet aber elastisch auf, ►Abschnitt 7.7.3. Gummi arabicum, das wichtigste Gummi, ist stärker klebend, aber spröde, ►Abschnitt 7.7.2. Gummi arabicum wird als Bindemittel allein („Gummiwasser"), mit Eikläre, Essig oder in Kombination mit beiden eingesetzt. Mögliche Zusätze sind Honig, Wein, Zucker, Essig. Mit Gummi traganth kann die Sprödigkeit ausgeglichen werden. Vorteile der Gummen sind, daß sie als Heteropolysaccharide in Wasser weniger mikrobiell angreifbar sind als Proteine.

Farbmittel

Für farbige Tinten gebrauchte man die meisten, bereits seit der Antike bekannten und bis in die Neuzeit unveränderten Farbmittel, nur die Kenntnis über Ägyptischblau ging allmählich verloren. Die in Buchmalereien verwendeten Pigmente sind in ►Tabelle 8.2 aufgelistet, wir haben sie in ►Kapitel 3 auf S. 199 bereits kennengelernt. [103, Kap. 6.2] geht ausführlich auf sie ein.

Während einige Farbmittel eindeutig einem Pigment zugeordnet werden können, ist dies bei anderen schwieriger, insbesondere bei den blauen und grünen Farben, die auf einer Vielzahl an oftmals nicht näher bestimmten Kupferverbindungen beruhen ►Abschnitt 3.2 auf S. 212. Erschwerend für die Forschung in diesem Bereich ist, daß die meisten der angegebenen Rezepte nur mangelhaft oder unvollständig ausgeführt sind. Vieles wird als bekannt vorausgesetzt, viele Reaktionen beruhen lediglich auf Verunreinigungen der Ausgangsstoffe oder nicht genauer ausgeführte Mischungen oder wird fehlgedeutet, teilweise in alchemistischer Manier. So ist z. B. von einem Silberblau die Rede, obwohl aus Silber kein blaues Farbmittel zu gewinnen ist, sodaß wohl ein Kupferpigment gemeint ist, das aus einer Silber-Kupfer-Legierung ent-

Tab. 8.2: Gebräuchliche Pigmente für historische farbige Tinten [70, 103, 113, 150, 442, 468, 469, 723–726].

Quelle	Pigment	Zusammensetzung
Weiß		
Kreide, Eierschalen	Eierschalen-, Muschelweiß	Calciumcarbonat
künstlich	Bleiweiß, *cerusa*	basisches Bleicarbonat
Mineral	Gips	Calciumsulfat
Knochen, Hirschhorn	Knochen-, Hornweiß	Apatit
Gelb		
Mineral	Auripigment	Arsensulfid
künstlich	Massicot (Bleigelb), *cerusa flava*	Bleioxid
künstlich	Bleizinngelb I	Bleioxid
Ockererde	Gelber Ocker, *ogra*	Eisenoxidhydrat
Rot		
künstlich	Gebrannter Ocker, *rubeum*	Eisenoxid
Mineral	Rotocker, Hämatit, Rötel, Bolus	Eisenoxid
Mineral	Mennige, *minium*	Bleioxid
Mineral	Zinnober, *cenobrium*	Quecksilbersulfid
Mineral	Realgar	Arsensulfid
Grün		
künstlich	Grünspan, *viride*	basisches Kupferacetat, oft auch -chlorid, -hydroxid, -carbonat
Erdmineral	Grüne Erde, *prasinus*	Eisensilikat
Mineral	Malachit	basisches Kupfercarbonat
künstlich	Ägyptischgrün	Kupfersilikat
Blau, Violett		
künstlich	Ägyptischblau	Kupfersilikat
künstlich	Kalkblau	Calcium-kupfer-acetat, -hydroxid oder -chlorid
Waid	Indigo, *indicum*	Indigotin
Mineral	Azurit, *lazur*	basisches Kupfercarbonat
Mineral	Ultramarin, *lazur*	Schwefel-Alumosilikat
Braun, Schwarz, Sonstiges		
Erden	Braunocker, Umbra	Eisenoxide
Pflanzen	Holzkohlenschwarz, Pflanzenschwarz, *atramentum*	Kohlenstoff
Öl	Ruß, Lampenschwarz, *atramentum*	Kohlenstoff
künstlich	Eisen-Gallustinte	Eisen-Phenol-Komplex
Erz, Metalle	Silber, Gold	Silber, Gold

steht. Auch aus Quecksilber kann kein blaues Farbmittel gewonnen werden, das erwähnte Quecksilberblau wird heute als bläulich-schwarzer Metacinnabarit gedeutet.

Da Lichtbeständigkeit für Malereien, die größtenteils innerhalb von Büchern vor Licht geschützt waren, kein Hauptkriterium ist, konnten für Buchmalereien eine Vielzahl an natürlichen Farbstoffen aus Früchten oder Pflanzenteilen benutzt werden, ►Tabelle 8.3.

Tab. 8.3: Gebräuchliche Farbstoffe für historische farbige Tinten sowie Farblacke, die aus den genannten Farbstoffen durch Verlackung mit Aluminium- (Alaun), Eisen- und Zinnsalzen entstehen [22, 66, 69, 70, 103, 113, 150, 442, 667, 744]. Zahlreiche weitere Pflanzensäfte, Blüten- und Fruchtauszüge werden ebenfalls genannt.

Quelle	Farbstoff	Eigenname des Farbmittels
Gelb		
Färbermaulbeere	Morin (Flavonoid)	
Färberwau, Reseda	Luteolin (Flavonoid)	
Färberginster	Luteolin (Flavonoid), Genistein (Isoflavonoid)	
Färbereiche	Quercetin (Flavonoid)	
Kreuzbeeren (unreif)	Rhamnetin (Flavonoid)	Stil de Grain, Schüttgelb
Safran	Crocetin (Carotinoid)	croceum
garcinia-Baum	Gambogasäure, Morellasäure (Xanthon)	Gummigutt, Gamboge
Färberdistel, Saflor	Saflorgelb A und B (Chinochalkon)	
Curcuma	Curcumin	
Schöllkrautsaft	Berberin, Sanguinarin, Chelerythrin, Coptisin (basische Farbstoffe)	
Berberitze	Berberin (Isochinolin)	
Tiergallen	Bilirubin, Biliverdin	
Rot		
Färberdistel, Saflor	Carthamin (Chinochalkon)	
Färberröte, Krappwurzel	Alizarin (Anthrachinon)	Krapplack
Kermes	Kermessäure (Anthrachinon)	Kermeskarmin
Kerria lacca	Laccainsäure (Anthrachinon)	Lac Dye
Cochenille	Carminsäure (Anthrachinon)	Karminrot
rocella- und andere Flechten	Orcein (Phenoxazin)	Orseille
Brasilholz, Rotholz	Brasilin (Neoflavon)	
Drachenbaum	Dracorubin (Chinonmethid)	Drachenblut
Grün		
Kreuzbeeren (reif)	Rhamnetin (Flavonoid), Anthocyan	Saftgrün
Schwertlilien, Lauch, Kohl, Petersilie, Raute, Efeu	Mangiferin (Xanthon), Anthocyan	succus
Blau, Violett		
Heidelbeeren, Holunder, Liguster, Veilchen, Berberitze, Rittersporn, Tollbeere, Attich	Delphinidin, Cyanidin, Malvidin, Petunidin (Anthocyanidine und ihre Glykoside)	
Blauholz	Hämatein (Neoflavon)	succus
Braun, Schwarz		
Tintenfisch-Beutel	Eumelanin (Polymer)	Sepia
Rindenextrakt	kompliziertes Gemisch chinoider Verbindungen	
Hölzer- und Rindenextrakt, Galläpfel mit Eisen-Salzen	Eisen-Gallussäure-Komplex	„Eisengallus-Tintenlack“

Die den Farbstoffen zugrundeliegenden Verbindungen (Flavonoide, Carotinoide und Anthrachinone) waren Thema des Kapitels ►Kapitel 4 auf S. 295. Einige von ihnen können als Direktfarbstoffe direkt vermalt werden (►Abschnitt 5.4), die meisten mußten jedoch durch Komplexierung mit Metallsalzen stabilisiert und evt. durch Verlackung in ein Pigment überführt werden.

Eine ausführliche Beschreibung der verwendeten Farbmittel erfolgt in [103, Kap. 6.2]. Viele der natürlichen Farbstoffe stellen komplexe Gemische ähnlicher Verbindungen dar, deren genaue Zusammensetzung von der Ursprungspflanze, den verwendeten Pflanzenteilen und der Verarbeitung abhängt. Viele Pflanzen liefern ähnliche Farbstoffgemische, und manche Farbmittel sind nicht endgültig in ihrer Zusammensetzung oder Struktur aufgeklärt.

Herstellung der Pflanzenfarben

Die aus Pflanzenteilen, -säften, Früchten oder Blüten extrahierbaren Farbstoffe sind organischer Natur und liegen im Rohzustand häufig als Glykoside vor. Zur Vermeidung von mikrobiellem Befall und Gewinnung der eigentlichen Farbmittel muss das pflanzliche Material daher extrahiert und hydrolysiert werden.

Die Extraktion erfolgte mit Pottasche K_2CO_3, Kalklauge oder altem Urin im basischen Milieu, mit Wasser im neutralen, mit Essig oder Wein im sauren. Je nach Natur der Farbstoffe beeinflußt die Wahl des pH-Wertes oft die Farbe des Extrakts und eröffnet damit die Möglichkeit, mehrere Farben zu gewinnen. Ein gutes Beispiel sind Anthocyanfarbstoffe, die eine breite Farbpalette zeigen: sauer–rot, neutral–violett, alkalisch–blau. Die Hydrolyse der Glykoside und ihre Entfernung erfolgte enzymatisch durch Vergären oder Verfaulen, oder chemisch durch Kochen, ggf. mit Säuren oder Alaun.

Eine Stabilisierung des Farbextraktes konnte durch Komplexierung mit Metallsalzen erfolgen. Als Beizmittel fanden bis ins Mittelalter hinein meist Alaun, Kupferhammerschlag CuO, Eierschalenkalk CaO oder Alaun-Kreide Verwendung. Dabei entstehen Aluminium-, Kupfer-, Calcium- oder Aluminium-calcium-Komplexe der Farbstoffe, die den Farbton des Extraktes ebenfalls verändern können, in der Regel zu dunkleren Tönen oder kürzeren Wellenlängen hin, ►Abschnitt 2.6.3. Die Produkte sind durch die Metall-Sauerstoff-Bindungen lichtstabiler, die Senkung des pH-Wertes durch Alaun erniedrigt den oxidativen Einfluss des Luftsauerstoffs. Die Erhöhung des Molekulargewichts und der Molekülgröße durch die Komplexierung vermindert zusätzlich die Löslichkeit der Farbstoffe in einer erwünschten Weise.

Aus den tintenartigen alaunhaltigen Farbstofflösungen lassen sich durch Zugabe von alkalischen Fällungsreagenzien körperhafte Farblacke hergestellen, die wie Pigmente vermalt werden können. Wie in ►Abschnitt 2.6 geschildert, handelt es sich dabei um Substrate wie Aluminiumhydroxid, Kreide oder Gips, auf denen der Farbstoff niedergeschlagen ist und damit Körper gewinnt. Häufiger geschah dies bei Flavonfarbstoffen (gelbe Lacke, ►Abschnitt 4.4.4), Brasilholz- und Anthrachinonfarbstoffen (Karmin- und Krapplack, ►Abschnitt 4.6.3), seltener bei Anthocyanfarbstoffen (blaue Lacke, ►Abschnitt 4.4.5).

Saftfarben, Blasenfarben, Tüchleinfarben

Die flüssigen farbigen Produkte konnten als *Saftfarben* direkt als farbige Tinten und für Buchmalereien verwendet werden. Sie waren vorzugsweise im sauren Medium stabil; zur längeren Aufbewahrung wurden sie eingedickt. Durch die Aufbewahrung in Tierblasen oder Muscheln wurden sie auch *Blasenfarben* oder Muschelfarben genannt. Eine vollkommene Trocknung wurde erreicht, indem mit der Farblösung Leinentüchlein mehrfach überfärbt wurden. Die intensiv gefärbten Tüchlein konnten jahrelang aufbewahrt werden. Zur Nutzung der Farbe wurden die Farbmittel mit Wasser oder einem wäßrigen Bindemittel aus dem Tuch extrahiert, die entstandene farbige Lösung konnte unmittelbar verwendet werden.

8.3.2 Braune Tinten

Die einfachste Gewinnung brauner Schreibtinten ist die Extraktion brauner Farbmittel aus Säften, Rinden, Hölzern und Samenkapseln von Bäumen und Sträuchern, wobei vor allem Eichen, Weiden und Schlehen in Frage kommen. Auch Galläpfel, durch Gallwespen verursachte Wucherungen an Eichenzweigen, sind eine wichtige Quelle brauner Verbindungen. Vermischt mit einem Bindemittel, ist die braune Tinte bereits fertig. Besonders vom 6.–13. Jhd. erfreuten sich solche Rinden- und Dornentinten großer Beliebtheit in Scriptorien [149].

Dornentinte THEOPHILUS 1100, [149] Dornenrindenextrakt, Wasser, Wein, Gummi arabicum. Ist die Farbe zu schwach, Vitriol, glühendes Eisen oder Rost hinzufügen.

Die genannten Pflanzenteile enthalten Gerbstoffe in wechselnder Zusammensetzung, als Farbträger vor allem tannin-artige, ►Abschnitt 8.2.4. Niedermolekulare Vertreter sind wasserlöslich, farblos, gelb, rot oder braun und liefern mehr oder weniger braune Tinten, während höhermolekulare, oligo- und polymere Verbindungen unlöslich und intensiver rot bis braun gefärbt sind. Sie müssen mit geeigneten Mitteln dispergiert werden, sodass hier eher pflanzliche Tuschen vorliegen. Eine gute Übersicht über alle Tintentypen ist in [744] gegeben.

Da Gerbstoffextrakte auch Gallussäure und -glykoside enthalten, konnte aus ihnen eine braunschwarze *Eisengallustinte* gewonnen werden, indem Eisensalze hinzugefügt wurden, wie beim Theopilus-Rezept beschrieben. Wir werden uns in ►Abschnitt 8.4 mit dieser wichtigen Art von Tinte befassen.

8.4 Haltbare Schreibtinten (Eisengallustinten)

Die früheste schwarze Schreibflüssigkeit basiert auf Ruß, schon um 3000 v. Chr. wurde in ägyptischen Tuschen Ruß als Farbkörper genutzt. Vor zweitausend Jahren beginnt die Entwicklung einer weiteren schwarzen Flüssigkeit auf Basis von Eisensalzen und Gallussäure [149, 150]. Wir kennen von 200 v. Chr. römische Rezepte für Eisengallattinten, entsprechende Verbindungen sind auch aus Ägypten bekannt [723]. Eisengallustinten verbreiten sich im frühen Mittelalter in Mitteleuropa und werden schließlich zur dominierenden Tinte, bis in der Neuzeit Farbstofftinten den Spitzenplatz einnehmen. Das vorstechende Merkmal der Eisengallustinten ist ihr tiefschwarzer Farbstoff, der so stabil ist, daß sie als dokumentenecht gelten. Zur Bereitung von Eisengallustinte benötigen wir zwei Ingredienzien, ein Fe^{II}-Salz und einen gallussäurehaltigen Gerbstoff [750].

Alte Eisengallustinten

Zwei Stufen sind bei der Entwicklung der Eisengallustinten erkennbar. Die erste, mit Rezepten aus römischer Zeit beginnend, ist gekennzeichnet durch Rezepte wie diesem:

Eisengallustinte Tegernsee, um 1500, [149] 5,2 g Galläpfel, 3,9 g Vitriol, 3,5 g Gummi arabicum, 100 ml Wasser/Wein

Die Ausgangsstoffe sind natürlichen Ursprungs und wurden noch nicht in strengen Mengenverhältnissen eingesetzt oder aufeinander abgestimmt. Als Gerbstoff fanden verschiedenste Substanzen Verwendung, wie sie auch zur Bereitung brauner Pflanzentinten benötigt wurden (►Abschnitt 8.3), hauptsächlich Baumrinden- und Galläpfelextrakte. Galläpfel sind durch ihren höheren Gehalt an Gallussäure besser geeignet. Als Eisensalz wurde historisch vor allem Eisenvitriol, metallisches Eisen oder Rost eingesetzt. Natürliches Vitriol enthält neben Eisen(II)sulfat stets Eisen(III)-, Kupfer- und andere Metallsulfate.

Zu dieser Grundmischung wurden wechselnde Hilfsstoffe zugesetzt und Verfahren angewandt, deren Zweck es war, aus hydrolysierbaren Gerbstoffen Gallussäure freizusetzen: Wein, Bier, Essig, Kochen, Fermentieren/Vergären, Erhitzen. Besonders im arabischen Raum wurden Duftstoffen hinzugefügt (Rose, Myrrhe, Weihrauch, Campher). Da Gerbstoffe auch beim Ledergerben eine Rolle spielen, war diese Reaktion ebenso lederverarbeitenden Handwerkern bekannt: zum Schwarzfärben von Lederwaren wurden gegerbte Häute mit Eisenvitriollösung behandelt, woraufhin sich die gleichen Vorgänge wie bei der Tintenbereitung abspielten.

Der wesentliche Punkt alter Rezepturen ist, daß sich das unlösliche schwarze Farbmittel bereits *während der Zubereitung oder Lagerung* bildet. Die mit einem Fe^{II}-Salz hergestellte Tinte ist zunächst farblos, durch Oxidation mit Luft und durch im Vitriol bereits vorhandene Fe^{III}-Salze entsteht das unlösliche schwarze Pigment bereits während der Zubereitung. Das zugesetzte Gummi arabicum dient damit nicht nur als Bindemittel, sondern auch zur Stabilisierung dieser Pigmentdispersion.

Exkurs: Alte Eisengallustinte im Labor

i

Die Einfachheit dieser frühen Eisengallustinte verleitete mich dazu, sie in einem Laborexperiment selber herzustellen, ►Abbildung 8.7 enthält die verwendeten Rezepturen und zeigt die wesentlichen Schritte sowie die erzielten Ergebnisse für zwei Tinten, die mit Tannin als Quelle von Gallussäure sowie alten Eisenschrauben bzw. $FeSO_4$ als Fe^{II}-Quelle präpariert wurden. Tinte Nr. 2 mit Eisen(II)sulfat zeigt erwartungsgemäß augenblicklich tiefe Schwärze aufgrund der sofortigen Verfügbarkeit der Eisen-Kationen, während Tinte Nr. 1 im Laufe mehrerer Tage in dem Maß nachdunkelt, in dem Eisen aus dem Eisenrost gelöst wird. Die Rolle eines Kolloid-Stabilisators wie Gummi arabicum wurde ebenso deutlich. Der erste Ansatz flockt unregelmäßig, während Tinte Nr. 2 mit der Gummi-Lösung trotz der hohen Farbmittel-Konzentration eine gleichmäßig schwarze kolloide Lösung bildet, die zum Schreiben geeignet ist. Die Reflexionsspektren beider Tinten zeigen einen fast gleichmäßigen Verlauf, was die tiefe neutralschwarze Farbe der Tinte Nr. 2 erklärt, ►Abbildung 8.8. Inwieweit die braune Farbe des Ansatzes Nr. 1 auf die langsame Reaktion mit Eisenrost und nur geringe Bildung des schwarzen Farbmittels zurückzuführen ist, oder Ausdruck der in ►Abschnitt 8.4.3 beschriebenen Phenoloxidation ist und keine eigentliche Eisengallustinte darstellt, kann mit den vorhandenen Mitteln nicht entschieden werden. Ansatz Nr. 2 zeigt durch die Bildung feinster Farbmittelhäutchen bei der Luftoxidation auf dem Papier ein metallisch-schillerndes Farbenspiel von Interferenzfarben, ►Abbildung 8.7(e).

Moderne Eisengallustinten

Die zweite Entwicklungsstufe begann 1856 mit der Entwicklung der Alizarintinte durch A. LEONHARD. Dieser fügte den Rezepturen Säure und einen der neuen synthetischen Teerfarbstoffe hinzu. Schematisch sieht die Rezeptur wie folgt aus:

Eisengallustinte [149] 3 TL Galläpfel, 1 TL Eisen(II)sulfat, 1 TL Gummi arabicum, 40 TL Wasser, 1/4 TL Salzsäure, Farbstoff (Alizarin, Indigosulfonsäure, Blauholz).

Deutsches Reichs-Rezept zur Bereitung einer offiziell genehmigten Tinte 1888 [743] 30,0 g Eisen(II)sulfat, 23,4 g Tannin, 7,7 g Gallussäure, 10,0 g Gummi arabicum (Stabilisator, Bindemittel), Farbstoff (z. B. aus Blauholz und Alaun oder ein synthetischer Farbstoff; primärer Farbstoff, bis sich das Eisenschwarz entwickelt hat), 1,0 g Phenol (Konservierungsmittel), 10,0 g Salzsäure oder Essigsäure, ad 1000 ml Wasser.

Späte Rezepte verwenden reine Chemikalien anstelle der Naturstoffe, geben eindeutige Mengenverhältnisse an und fügen Konservierungsmittel hinzu. Vom 18. Jhd. an bereiteten die Arbeiten von SCHEELE (Isolierung der Gallussäure), DEYEUX/SEGUIN (Entdeckung der Gerbsäure oder Tannin) und LEWIS (Quantifizierung der Tintenbestandteile, Entdeckung des Schwarzpigments als Eisen-Gerbstoff-Komplex) den Boden.

Die entscheidende Neuerung ist ein Säurezusatz, der die vorzeitige Bildung des Schwarzpigments während der Zubereitung und im Gefäß verhindert. Die Umwandlung von $Fe^{2\oplus}$- in $Fe^{3\oplus}$-Kationen wird durch Säure blockiert und findet erst beim

(a) Ansatz der Eisengallustinte Nr. 2.

(b) Sofortige Reaktion zur schwarzen Tinte Nr. 2.

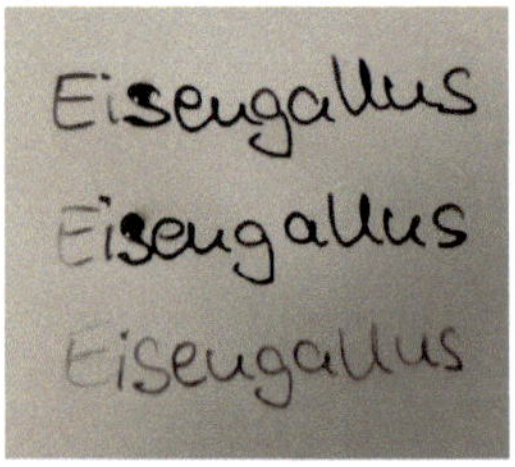

(c) Schriftprobe von Tinte Nr. 2 im Abstand weniger Sekunden geschrieben, unten die jüngste Schrift.

(d) Farbprobe der dunkelrotbraunen Tinte Nr. 1, alte Eisenschrauben als Fe^{II}-Quelle.

(e) Farbprobe der schwarzen Tinte Nr. 2, $FeSO_4$ als Fe^{II}-Quelle.

Abb. 8.7: Einfache Bereitung einer Eisengallustinte. Zur Bereitung der Tinte Nr. 1 wurde Tannin in heißem Wasser gelöst und rostige Eisenschrauben hinzugefügt. Die Reaktion zum dunkel-rotbraunen Farbstoff (d) setzt innerhalb weniger Minuten bis Stunden ein und liefert über die nächsten Tage violettschwarz-flockige Lösung und eine rotbraune Tinte. Zur Bereitung der Tinte Nr. 2 wurde 1,4 g Tannin in 12 ml Wasser gelöst und mit 1,8 g $FeSO_4$, ebenfalls in 12 ml Wasser gelöst, vermischt und 1 ml gesättigte Gummi arabicum-Lösung als Schutzkolloid hinzugefügt. Die Reaktion zur schwarzen Tinte setzt augenblicklich ein und liefert eine schwarze kolloidale Lösung (a, e). Die Schriftprobe zeigt, wie die Tinte innerhalb weniger Sekunden zum tiefen Schwarz oxidiert (c).

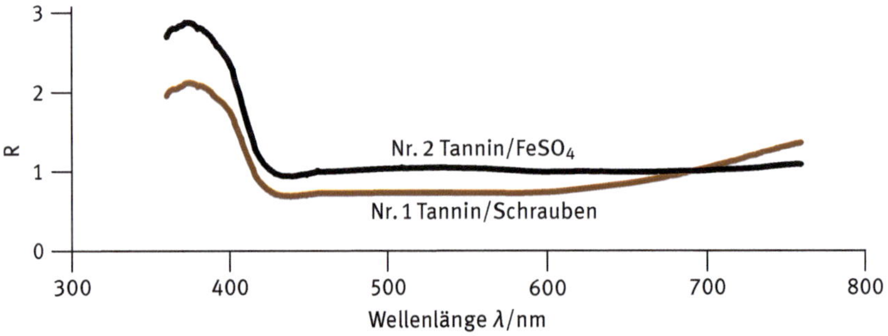

Abb. 8.8: Reflexionsspektrum von Eisengallustinten aus eigener Herstellung, normiert auf eine beliebige Einheit: Tannin mit Eisenschrauben (Tinte Nr. 1) und Tannin mit Eisen(II)sulfat (Tinte Nr. 2). Zu sehen ist eine gleichmäßige Absorption fast über den ganzen Wellenlängenbereich, was die ausgewogen tiefschwarze Farbe der Tinte Nr. 2 erklärt. Mit vorhandenen Mitteln kann nicht geklärt werden, ob die braune Farbe von Nr. 1 auf Phenoloxidation zurückzuführen ist, ►Abschnitt 8.4.3.

Schreiben durch den Luftsauerstoff statt. Die entstehenden Hydroxylionen neutralisieren die Säure:

$$4\,Fe^{II} \longrightarrow 4\,Fe^{III} + 4\,e^{\ominus}$$

$$4\,e^{\ominus} + O_2 + 2\,H_2O \longrightarrow 4\,OH^{\ominus}$$

Die schwarze Schriftfarbe entwickelt sich nach dem Schreiben innerhalb der nächsten Stunden und Tage. Um die Schriftzüge bereits im Moment des Schreibens zu erkennen, ist ein Farbstoffzusatz notwendig, der die sofortige Lesbarkeit sicherstellt.

Die Bedeutung dieser Entdeckung lag darin, daß nun eine Tinte zur Verfügung stand, die für flüssiges Schreiben mit den neu entwickelten Stahlfedern und Füllfederhaltern war. Die alten Eisengallustinten mit dem fertigen Farbmittel hätten das fragile Kapillarsystem der Federn leicht von Beginn an oder spätestens im Laufe der Benutzung bei Luftzutritt verstopft.

8.4.1 Chemismus der Eisengallustinten

Wir können mit Erstaunen feststellen, daß ungeachtet des hohen Alters der Eisengallustinten die Struktur der farbgebenden Verbindung erst in den letzten zwei Jahrzehnten aufgeklärt wurde, obwohl sich während der ganzen Geschichte der Chemie zahlreiche Arbeiten diesem Thema gewidmet haben [746, 747].

Beim farbigen Prinzip handelt es sich um einen unlöslichen, mehrkernigen 1:1-Komplex aus Fe^{III} und der in der Tinte enthaltenen Gallussäure, in dem Eisen oktaedrisch von sechs Sauerstoffatomen umgeben ist. Nach [741, 742] entsteht der Komplex wie folgt:

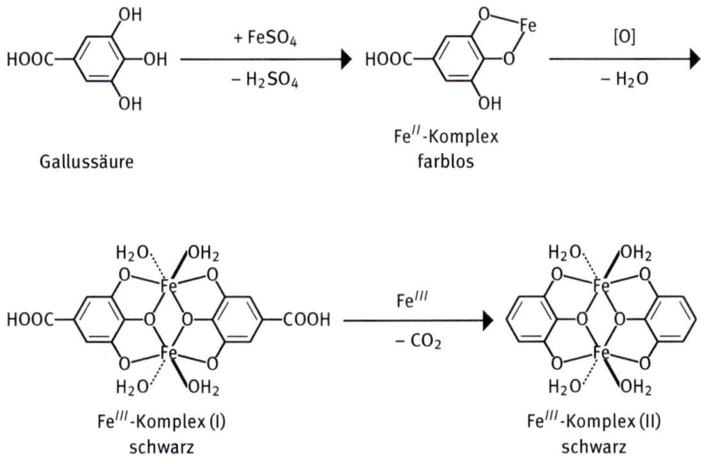

Der Fe^{II}-Komplex ist farblos, wasserlöslich und entsteht, sobald die Reaktanden vermischt werden. Entscheidend für die Eignung als Tinte ist die Bildung des unlöslichen schwarzen Fe^{III}-Komplexes, die erst durch die Oxidation einsetzt. Beim gezeigten Verlauf tragen die Autoren dem Umstand Rechnung, daß in realen Tinten von Beginn an im Vitriol kleine Mengen an $Fe^{3\oplus}$-Ionen in der Tinte enthalten sind, die eine radikalische Decarboxylierung der Gallussäure zu Pyrogallol katalysieren.

Durch die Zusammensetzung als 1:1-Komplex enthält eine ideale Eisengallustinte stöchiometrische Mengen (1:1) an Eisensulfat und Gallussäure (oder 1:3,6 für Tannin); dies ist in historischen Tinten nur teilweise verwirklicht, da keine reinen Substanzen zur Verfügung standen (Vitriol enthält Eisen(III)sulfat sowie Sulfate von Kupfer, Zink, und anderen Metallen; natürliche Gerbstoffe schwanken in ihrer Zusammensetzung stark und enthalten wechselnde Mengen an Gallussäure). Dies gibt häufig Anlaß zu Schadensbildern an alten Dokumenten: ein Überschuß an $Fe^{3\oplus}$-Ionen wird für die Bräunung alter Schriften mitverantwortlich gemacht, siehe unten.

Untersuchungen zum schwarzen Pigment unter Laborbedingungen [743, 745] kommen zu einer abweichenden Struktur für gezüchtete Kristalle, die nach

$$2\,Fe^{II}SO_4 + H_2O + 2\,C_7H_6O_5 \xrightarrow{[O]} 2\,[C_7H_6O_5 \cdot Fe^{III}]^{\ominus}\,H_3O^{\oplus} + 2\,H_2SO_4$$

entstehen. In ihnen liegt ebenfalls ein 1:1-Komplex von Gallussäure und Fe^{III} vor, in dem Eisen ebenfalls oktaedrisch von sechs Sauerstoffatomen koordiniert ist. In diesem Vorschlag teilen sich jedoch nicht zwei Gallussäuremoleküle zwei Eisenatome, sondern je zwei von drei Molekülen koordinieren je zwei von drei Eisenatomen nach Art von Formel I. Die beiden verbliebenen Koordinationsstellen des Eisens werden durch Sauerstoffatome der Carboxylgruppen benachbarter Komplexe besetzt (Formel II). Da unter Laborbedingungen Gallussäure nicht decarboxyliert, werden die Eisenkomplexe über Carboxyl-Sauerstoff zu einer polymeren Struktur aus Ketten und Bändern verbunden. Zur besseren Übersicht sehen wir in den Formelbildern die Koordination mit Hydroxyl- resp. Carboxylgruppen getrennt:

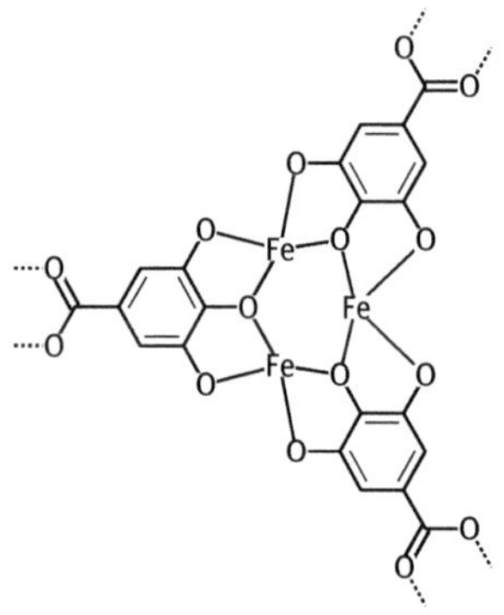

I

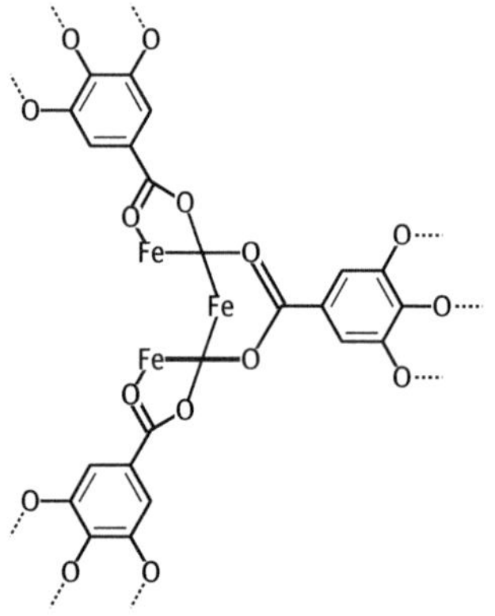

II

Inwieweit diese Struktur auch in Tinten auftritt, ist unklar.

8.4.2 Farbe der Eisengallustinten

In allen vorgeschlagenen Strukturen wird die intensive Farbe von einem LMCT-Übergang (Ligand-Metall charge-transfer) $O^{2\ominus} \rightarrow Fe^{III}$ verursacht, wodurch das Pigment in die Nähe von rotem Ocker, Hämatit und anderen LMCT-basierten Farbmitteln rückt. Auch bei diesen wird Ladung unter Lichteinfluß aus Liganden- in Eisen-Orbitale übertragen, ►Abschnitt 2.4.1. Der angeregte Zustand kann als Radikal mit zahlreichen mesomeren Grenzstrukturen formuliert werden, das sich letztlich über beide Eisenatome und das ganze Molekül verteilt:

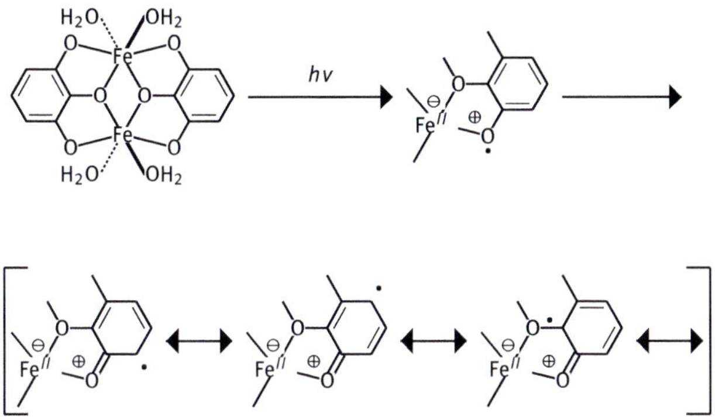

Da der farbgebende Eisenkomplex zur Bildung $Fe^{3\oplus}$-Kationen benötigt, ist die mit Eisen(II)sulfat hergestellte Tinte zunächst farblos. Durch Oxidation von $Fe^{2\oplus}$ zu $Fe^{3\oplus}$ durch den Luftsauerstoff entsteht allmählich die eigentliche, haltbare schwarze Farbe. Bis der schwarze Farbstoff sich entwickelt hat, muß die Tinte durch einen zugesetzten Farbstoff sichtbar gemacht werden.

8.4.3 Braune Eisentinten

Nicht immer sind Eisengallustinten tiefschwarz: zuweilen schon von Beginn an, oft auch erst nach langer Zeit, können wir einen deutlichen Braunton beobachten. Diese Farbe wird organischen Abbauprodukten zugeschrieben, die durch Oxidation der Gallussäure und anderer Polyphenole entstehen und eine mehr oder weniger intensive braune Farbe aufweisen, wobei als Zwischen- oder Endprodukte Chinone auftreten. Beispiele solcher Produkte sind Purpurogallin, Ellagsäure sowie Eisenoxide und verschiedene Phenole [748]:

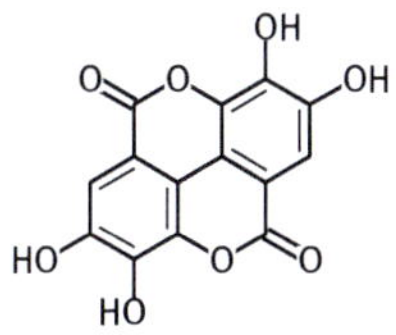

Ellagsäure

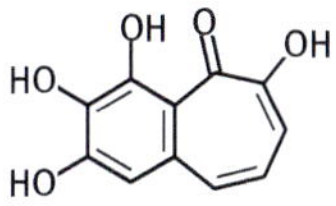

Purpurogallin

Als Oxidationsmittel für diese Reaktion kommen überschüssige Fe^{3+}-Kationen in Frage, die nicht zur Bildung des Pigments verbraucht wurden, und Fe^{2+}-Kationen, die durch Luftsauerstoff zu Fe^{3+} oxidiert wurden. Die Phenoloxidation ist leicht möglich, da unter den Bedingungen der Tinten die Redoxpotentiale der Reaktionstypen Fe^{II}/Fe^{III} und Phenol/Chinon praktisch gleich sind. Beide Reaktionen können daher nebeneinander ablaufen. Eine gute Übersicht über die Phenoloxidation ist in [672] gegeben, worin auch die Bildung von Purpurin erläutert wird:

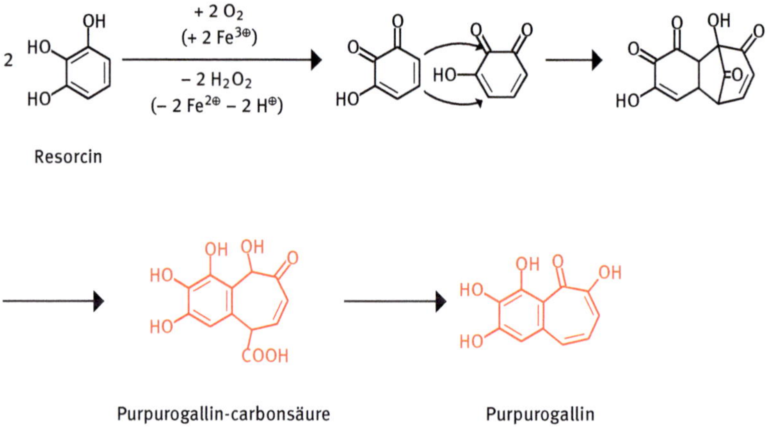

In [749] wird gezeigt, wie Phenole von Fe^{2+}- oder Fe^{3+}-Kationen über die Bildung von Peroxo- oder Hydroxyl-Radikalen angegriffen werden können. Dies geschieht im übrigen auch mit beschriebenem Papier, weswegen alte Handschriften oft dem Tintenfraß unterliegen:

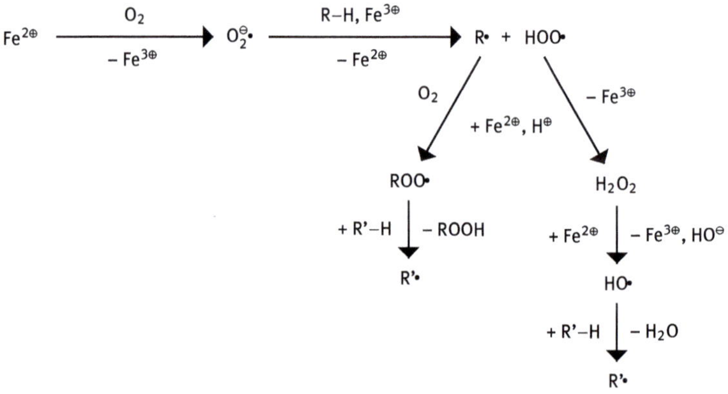

Die Annahme, durch Verwendung von Kupfervitriol eine braune „Kupfergallustinte" herstellen zu können, wurde durch die genannten jüngsten Arbeiten entkräftet, da keine farbigen Kupferkomplexe entstehen. In unreinem historischem Kupfervitriol ist stets genügend Eisensulfat enthalten, um eine normale Eisengallustinte bilden zu können.

8.4.4 Exkurs: Die Eisen-Phenol-Reaktion

Die Grundbestandteile der Eisengallustinte, Fe^{III}-Salze und ein Polyphenol, wecken Erinnerungen an eine klassische Farbreaktion von Metall-Kationen, meist $Fe^{3\oplus}$-Kationen, mit Phenolen. Sie wurde bereits 1834 von Runge beschrieben und häufig als unspezifischer Nachweis für ein- und mehrwertige Phenole, Naphthole, aber auch Oxime, Hydroxamsäuren etc. genutzt. Zu einer Zeit, die noch keine hochspezifischen Reagenzien kannte, war diese schöne Reaktion auch ein Mittel der photometrischen quantitativen Analyse, da sie in Abhängigkeit von Phenol und Metall zahlreiche Farben im ganzen Spektrum von Gelb bis Violett liefert. Für eine universelle Farbreaktion haben sich letztlich Fe^{III}-Salze am geeignetsten erwiesen [619, 620].

Über die Konstitution dieser farbigen Komplexe wurde bereits früh viel geschrieben und nicht immer sofort Klarheit erreicht, heute hat das Thema erneut Bedeutung erlangt: Eisen-Phenol-Komplexe spielen eine Rolle bei gewollten und ungewollten Verfärbungen im Lebensmittelbereich (Färbung von Oliven [627]), bei der Resorption von Eisen beim Essen unter Teezufuhr oder bei der Korrosion von Stahlsägeblättern durch Phenole aus Holz [628].

Aus heutiger Sicht bildet Eisen mit Phenolen oktaedrische Komplexe. Wenn durch geometrische oder andere Faktoren die Koordinationszahl 6 nicht durch phenolische Liganden erreicht wird, spielt Wasser die Rolle eines Sekundärliganden.

Einwertige Phenole bilden geladene Komplexe $[FeL]^{2\oplus}$ im Verhältnis 1:1 mit Eisen I, wobei sich bei Hydroxy-benzoesäuren auch der Carboxyl-Sauerstoff unter Bildung eines Chelatrings beteiligt II [620, 621]. Mehrwertige Phenole oder o-Hydroxy-carbonylverbindungen können generell fünf- oder sechsgliedrige Chelatringe III–V bilden [619, 622, 698]:

$[Fe^{III}(OC_6H_5)]^{2\oplus}$

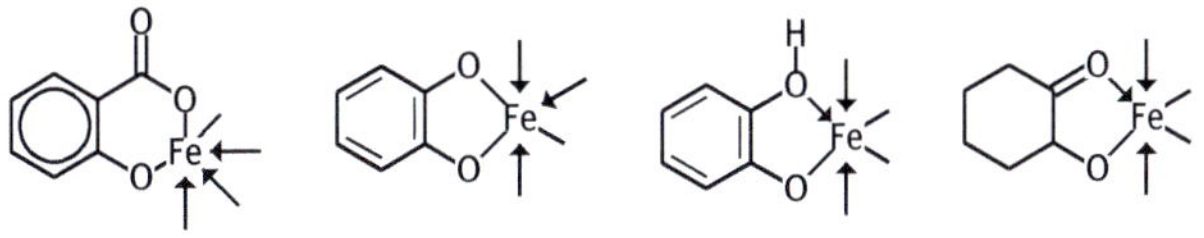

I II III IV V

Zur Erreichung der oktaedrischen Koordination des Eisens treten durch Pfeile angedeutet ggf. Lösungsmittelmoleküle (Wasser) als Sekundärliganden hinzu.

Bei dieser Reaktion regelt der pH-Wert über die Deprotonierung der Hydroxylgruppen die Verfügbarkeit der Liganden. In Abhängigkeit von der Reaktandenkonzentrationen können Komplexe mit unterschiedlichem Eisen:Ligand-Verhältnis FeL, FeL_2 und FeL_3 entstehen und sich ineinander umwandeln [618, 623–626]:

$$Fe^{3\oplus} \underset{-2\,H^{\oplus}}{\overset{+\,HL_2}{\rightleftharpoons}} [FeL]^{\oplus} \underset{-2\,H^{\oplus}}{\overset{+\,HL_2}{\rightleftharpoons}} [FeL_2]^{\ominus} \underset{-2\,H^{\oplus}}{\overset{+\,HL_2}{\rightleftharpoons}} [FeL_3]^{3\ominus}$$

Hydrolysereaktionen, die zu Hydroxokomplexen wie $[FeL(OH)_2]^{\ominus}$ führen, sind ebenso möglich wie Oxidationsprodukte der Phenole (Chinone), die zu farbigen Niederschlägen führen können, ►Abschnitt 8.2.4 und [617].

Die Farberscheinung

Ligandenfeldübergänge In den oktaedrischen Komplexen tragen Ligandenfeldübergänge des $Fe^{3\oplus}$-Kations zur Farbe bei, aber auch andere Übergangsmetalle mit teilgefüllten *d*-Orbitalen kommen in Frage, ►Abschnitt 2.3. Über die Ligandenfeldstärke sind die Übergangsenergien von der Natur der Liganden (Phenole) abhängig, Untersuchungen zeigen eine vollständige Abdeckung des sichtbaren Spektrums [616, 618–620, 623–626, 698]. Aufgrund der pH-Abhängigkeit des oben erwähnten Gleichgewichts zwischen 1:1-, 1:2- und 1:3-Komplexen ist die Farbe der Komplexe pH-abhängig.

Schwache gelb-braune Farben deuten darauf hin, dass die Absorption in diesen Fällen im wesentlichen im UV-Bereich erfolgt. Nur ein Ausläufer des Peaks ragt in den VIS-Bereich hinein und absorbiert unspezifisch und mit geringer Intensität vor allem im blauen Bereich, sodass eine gelbliche Gesamtfarbe resultiert.

LMCT-Übergänge Liganden mit ortho- und peri-Dihydroxygruppen, die fünf- und sechsgliedrige Chelate bilden, zeigen mit manchen Metall-Kationen hohe Extinktion (molarer Extinktionskoeffizient $\epsilon > 2000$ im Vergleich zu $\epsilon \approx 20–50$ für „normale" Phenole) und damit intensive Farbe. Sie wird von einem Ligand-Metall-Ladungstransfer (LMCT-Übergang) verursacht, wie wir ihn auch bei Chromaten, Permanganaten und im Hämatit beobachten, ►Abschnitt 2.4.1. Ladung in Form von π-Elektronen wird vom Phenolring über den Hydroxyl-Sauerstoff in Molekülorbitale transferiert, die mehr oder weniger vollständig am Metall lokalisiert sind. Wir können dies bei einem klassischen Farbpigment beobachten: im Krapplack wird die unscheinbare orangerote Farbe des freien Alizarins durch Komplexierung mit Aluminium zum leuchtenden Rot intensiviert. Durch Elektronentransfer vom Alizarinsystem in freie $3p$-Orbitale, die am Metall lokalisiert sind, tritt eine intensive CT-Komponente hinzu, ►Abschnitt 2.6.3, besonders ►S. 197.

Auch bei LMCT-Übergängen beobachten wir eine Veränderung der Farbe bei unterschiedlichen Liganden und Metallen. Substituenten mit hoher Elektronenaffinität im aromatischen Kern z. B. senken die Elektronendichte, die über den Sauerstoff zum Metall verlagert werden kann, und treten so in Konkurrenz zum CT-Übergang. Die Absorptionsbande ist hypsochrom verschoben. Eine hohe Stabilität der Metall-Sauerstoff-Bindung erleichtert dagegen den Elektronentransfer zum Metall und führt zu einer bathochromen Verschiebung der Bande.

Hypsochrom verschoben wird die Bande mit steigender Ligandkoordination: FeL (blau) vs. FeL_2 (violett) vs. FeL_3 (rot). In dieser Reihe werden zunehmend Aquo- oder Hydroxo-Liganden durch aromatische Ringsysteme ersetzt, die eine stärkere Ligandenfeldaufspaltung hervorrufen.

Chinon-Bildung Einige Kationen wie $Ba^{2\oplus}$ liefern eine Farbreaktion, obwohl sie weder zu den typischen farbgebenden Kationen noch zu denen mit Neigung zu CT-Übergängen gehören. In solchen Fällen sind Oxidationsprodukte der Polyphenole (►Abschnitt 8.2) die Ursache der Farberscheinung [619]. Auch durch das hohe Oxidationspotential von Eisen(III)-Ionen können manche Polyphenole zu Chinonen oxidiert werden, wir beobachten grüne bis blaue, auch rote Farben [623].

8.5 Farbstofftinten (Füllhalter, Kugelschreiber, Inkjet-Druck)

Mit der Entdeckung des ersten synthetischen Farbstoffs aus Steinkohlenteer (Mauvein 1856) begann die Ära der Farbstofftinten. Die Möglichkeit, (fast) beliebige Farbtöne zum Schreiben zu erhalten, Farbbrillanz und -intensität und der gute, kontrollierbare Fluß führte rasch zu einer großen Auswahl an Schreibtinten auf Basis synthetischer Farbstoffe. Als größter Nachteil solcher Tinten ist ihre geringe Beständigkeit gegenüber Licht und Luft zu nennen.

Zu Beginn waren Farbstofftinten noch einfach zusammengesetzt; Wasser, der Farbstoff, Gummi arabicum als Bindemittel sowie ein Konservierungsmittel (Phenol oder Salizylsäure) erfüllte die Ansprüche zunächst. Als Farbstoffe kamen Mauvein, Nigrosin, Eosin, Fuchsin, Methylviolett oder Methylgrün in Frage.

Überdenken wir die Eigenschaften, die von zahllosen Anwendungsbereichen heute von einer Tinte gefordert werden, wird verständlich, daß eine moderne Tinte ein hochkomplexes System mit zahlreichen Komponenten und Wechselwirkungen ist. Die Grundzusammensetzung von Tinten ist gleichgeblieben: ein feinverteiltes Pigment oder ein Farbstoff in einem Lösungsmittel, oft Wasser. Zu dieser Grundmischung treten heute zahlreiche Hilfsstoffe und Cosolventien: Bindemittel, Tenside, pH-Regulatoren, Netz- und Dispersionshilfsmittel, Feuchthaltemittel, Biozide, Dispersions-Stabilisatoren. Die genaue Zusammensetzung wird vom Einsatzgebiet bestimmt, wie die folgenden beispielhaften Rezepte zeigen mögen [185, Stichwort „Drawing and Writing Materials"], [13, pp. 501], [729, 730, 751, 754].

Schreibtinte wäßrig Gewöhnliche Schreibtinten basieren auf Wasser mit anionischen Triphenylmethan- oder Säurefarbstoffen und haben eine sehr niedrige Viskosität.

Schreibtinte Farbstoff Acid Blue 93 0,5 %, Cosolvens Glykol, Glycerin, Sorbitol 1,5 %, H_2SO_4 0,2 %, Spuren von Bioziden, Spuren von Tensiden, Lösungsmittel Wasser 97,5 %.

Schreibtinte Farbstoff Indigokarmin 0,2 g, Bindemittel Gummi arabicum 0,2 g, Biozid Salicylsäure 0,03 g, Lösungsmittel Wasser 10 g.

Vielfarbige Tinte für Füller, Filzstifte, Marker Farbstoff gemäß ►Tabelle 8.4 0,1–10 Gew.-%, Bindemittel Gummi arabicum 0,1–2 Gew.-%, Konsistenzregulator Bienenwachs 0,05–5 Gew.-%, Feuchthaltemittel Diethylenglykol, Glycerin, Propylenglykol 10–40 Gew.-%, Emulgator Glycerinfettsäureester, PEG-Fettsäureester, Pentaerythritfettsäureester 1–7 Gew.-%, Puffer Triethanolamin 0,1–3 Gew.-%, Konservierungsmittel tert. Butylhydroperoxid, Monophenylglykolether 0,1–3 Gew.-%, Lösungsmittel Wasser 34–88,5 Gew.-%.

Tab. 8.4: Mischungsmöglichkeiten zur Erzielung vielfältiger Farben für wäßrige Füller-, Filzstift- und Markertinten mit Farben aus dem Lebensmittelbereich [729].

Schwarz	1,9 Gew.-% FB2	3,7 Gew.-% FR7	1,3 Gew.-% FY4
Braun	0,8 Gew.-% FB2	3,5 Gew.-% FR7	2,2 Gew.-% FY3
Violett	0,7 Gew.-% FB2	1,5 Gew.-% FR14	
Hellblau	0,7 Gew.-% FB2	0,2 Gew.-% FR14	
Hellgrün	0,3 Gew.-% FB2		2,5 Gew.-% FY4
Dunkelgrün	3,6 Gew.-% FB2		1,8 Gew.-% FY4
Orange		0,3 Gew.-% FR7	2,5 Gew.-% FY4
Gelb		0,1 Gew.-% FR7	2,7 Gew.-% FY4
Pink		2,8 Gew.-% FR14	
Rot		0,5 Gew.-% FR14, 2,7 Gew.-% FR7	0,9 Gew.-% FY4

Filzstift, wäßrig und nicht-wäßrig, Marker Filzstifte enthalten eine dünnflüssige wasserbasierte Tinte aus sauren oder basischen Farbstoffen, die in einem schwammartigen Reservoir aus synthetischen Fasern vorgehalten wird. Sie wird durch eine feine

Spitze aus Nylon, Acrylnitril oder Polyester gleichmäßig auf das Papier übertragen. Die Spitze besteht aus einem Bündel feiner Fasern, die die Tinte durch Kapillarkräfte transportieren.

Das dünnflüssige Lösungsmittel (Viskosität ca. 4 mPa · s, Oberflächenspannung ca. 30 mN/m) aus Wasser und Glykolen ermöglicht leichtes Schreiben und Zeichnen auch feiner Linien. Ein hoher Anteil an Glykolen verhindert das rasche Austrocknen bei offengelassener Spitze, geringe Mengen an Kunstharzen (Polyvinylpyrrolidon) das Auslaufen der Tinte in die Papierfasern. Tenside verbessern das Fließverhalten. Die Konzentration an Farbstoffen kann für satte Schwarztöne und Fineliner mit geringer Strichbreite auf bis zu 10 % steigen.

Filzstifttinte Farbstoff AB9 3 %, Cosolventien 1,2-Propylenglykol 25 %, Polyvinylpyrrolidon 0,1 %, Spuren von Tensiden, Lösungsmittel Wasser 72 %.

Filzstifttinte Pigmentdispersion 5–20 %, Cosolventien Diethylenglykol/Glycerin 20–40 %, Spuren von Tensiden, Lösungsmittel Wasser 80–55 %.

Filzstifttinte Farbstoff 1–10 %, Glykole 20–30 %, Tensid 0,1 %, Bindemittel 2 %, Lösungsmittel Wasser auf 100 %.

Nichtwäßrige Tinten werden vor allem benutzt, um auf Oberflächen wie Glas, Metall oder Plastik zu schreiben (Whiteboardstifte, Marker). Die früher gern eingesetzten aromatischen Lösungsmittel (Toluen, Xylen) sind durch nieder- und höhersiedende Alkohole ersetzt, womit gleichzeitig eine gegenüber Wasser raschere Trocknung erreicht wird. Die Farbstoffe in diesen Rezepturen sind kationisch oder Solvent Dyes, auffallend ist der hohe Gehalt an Filmbildner (Kunstharz, Polyacrylat), der eine gute Wasser- und Wischfestigkeit vermittelt:

Nichtwäßrige Markertinte Basischer Farbstoff 15 %, Cosolvens Butanol 10 % und Methoxypropanol 15 %, Bindemittel Polyacrylat 10 %, Lösungsmittel Ethanol 55 %.

Pigmentierte Markertinte Pigment-Präparation 5–10 %, Cosolvens Isopropanol 30–40 % und Diethylenglykol 30–20 %, Bindemittel Polyurethan, Polyvinylbutyrat 0–5 %, Lösungsmittel Ethanol 40–30 %.

Nichtwäßrige Filzstifttinte Farbstoff 2–15 %, Butanol 10 %, Methoxypropanol 15 %, Bindemittel 10 %.

Speziell Whiteboardmarker wollen wir leicht abwischen können. Diese Forderung kann durch Zusatz von Polyglykolen oder Silikonöl erfüllt werden, wodurch die Adhäsion der Tinte gegenüber dem Untergrund verringert wird.

Kugelschreiber Für die pastose Kugelschreibermasse werden hochkonzentrierte basische oder lösliche Farbstoffe oder Pigmente in Ölsäure oder sauren Harzen suspendiert und in organischen Lösungsmitteln (Benzylalkohol, Glykole, Glykolether, Polyethylenglykole) gelöst. Hohe Farbstoffkonzentrationen bis zu 40 % gewährleisten trotz des dünnen Striches und der damit verbundenen geringen Farbmenge ausreichende Farbstärke des Strichs. In der Farbpaste können auch Pigmente eingesetzt werden, z. B. Phthalocyaninpigmente oder Metallkomplexfarbmittel. Diese sind in der Regel lichtechter als Farbstoffe, phthalocyaninhaltige Pasten sogar dokumentenecht. Das Auslaufen der Farbpaste aus dem Stift wird durch die hohe Viskosität von 10–20 Pa · s zusammen mit einer Oberflächenspannung um 40 mN/m verhindert.

Kugelschreibertinte Farbstoff SB89 30 %, Ölsäure 10 %, Lösungsmittel Benzylalkohol 35 %, Bindemittel Polyacrylsäure 25 %.

Kugelschreibertinte Farbstoff 30 %, Ölsäure 10 %, Lösungsmittel Phenylglykol 30 %, Benzylalkohol 2 %, 1,2-Propandiol 8 %, Bindemittel Kunstharz 10 %, Polyvinylpyrrolidon 0,2 %.

Die geforderten Fließeigenschaften werden durch das Kunstharz (z. B. Phthalat- oder Cyclohexanonharz) in Benzylalkohol, Phenyl- oder Propylenglykol sowie Polyvinylpyrrolidon eingestellt.

Wäßrige Kugelschreibertinte Farbstoff (sauer, basisch, Direkt, Pigment) 2–15 Gew.-%, Lösungsmittel Wasser 20–75 Gew.-%, Cosolvens 5–35 Gew.-%, adhäsionsverstärkende Harze (Acrylharze, Styrol/Maleinsäure-Copolymere, Zellulosederivate, PVP, PVOH, Dextrin) 1–30 Gew.-%, Bindemittel Polyvinylalkohol, anionisches Tensid Natrium-2-ethylhexylsulfosuccinat 5–20 Gew.-%, Cocoylamid-propyldimethylaminoessigsäurebetain 2–10 Gew.-%.

Rollerballstifte arbeiten im Gegensatz zu den klassischen Kugelschreibern mit einer dünnflüssigen wasserartigen Tinte, die in einem Schwamm aufbewahrt wird. Anstelle der Ölsäure werden Polyole als Schmiermittel für die Schreibkugel verwendet, die gleichzeitig das rasche Eintrocknen der Spitze verhindern:

Rollerballtinte Farbstoff 2–8 %, Polydiole (Ethylenglykol, Diethylenglykol, andere Glykole) 20–30 %, Tensid 0,5 %, Lösungsmittel Wasser auf 100 %.

Inkjet wasserbasiert Der Tintenstrahl- oder Inkjet-Druck stellt besondere Ansprüche an Tinte: die geringen Systemdimensionen (mikrometerfeine Düsen und Kanäle) erfordern ein Farbmittel größter Reinheit mit einer Feinheit unter 1 µm. Es soll in der Tinte gut löslich, später aber wasser- und abriebfest sein. Die Tinte darf auch nach langem Nichtgebrauch nicht eintrocknen, soll aber auf dem Papier rasch trocknen und muss zum Druckkopfreinigen sofort lösbar sein. Sie soll stabile Tropfen bilden, ihre Oberflächenspannung darf aber die problemlose Leitung in den feinen Kapillaren nicht verhindern. Sie soll leicht Tropfen bilden, darf aber nicht spritzen und nicht zu zäh oder zu dünnflüssig sein. Die Farbmittel dürfen sich nicht absetzen, verkrusten, schimmeln oder korrosiv aktiv sein.

Aus diesen Forderungen heraus hat sich eine Spezialdisziplin entwickelt, sodass wir uns Rezepte nur prinzipiell anschauen wollen. Geeignete Werte für die Oberflächenspannung von Bubble-Jet-Tinten sind 30–60 mN/m, für Piezo-Jet-Tinten 30–35 mN/m. Typische Viskositätswerte von Bubble-Jet-Tinten sind 1–5 mPa · s, von Piezo-Jet-Tinten 10–20 mPa · s. Der pH-Wert liegt zwischen 6 und 9.

Inkjettinte Säure- oder Direktfarbstoff für gute Haftung auf Papier (Zellulose) 4 %, Cosolvens Diethylenglykol 10 %, N-Methyl-2-pyrrolidon 5 %, Triethanolamin 0,5 %, Spuren von Bioziden, Lösungsmittel Wasser 80 %.

Zyanfarbene Inkjettinte 2-Pyrrolidon 8 %, 1,5-Pentandiol 9 %, 2-Ethyl-2-hydroxymethyl-1,3-propandiol 8 %, DB199, Wasser.

Pigmentierte Inkjettinte N-Methyl-N-oleyl-taurat 1,4 %, Diethylenglykol 8 %, Glycerin 12 %, Pigment 2,25 %, Wasser.

Inkjettinte allgemein 2–8 % Farbmittel, 35–80 % Lösungsmittel (Wasser, Alkohole wie Methanol und Ethanol, Methylethylketon, Ethylacetat, aliphatische Kohlenwasserstoffe, Öl), 0,1–2 % Oberflächenspannungsregler (Tergitol 15-S-5, sekundäre Alkohol-ethoxylate), 10–30 % Feuchthaltemittel, 1–5 % Penetrationshilfsmittel (Isopropanol, hilft beim Durchdringen des Papiers zum schnelleren Trocknen), 1–3 % Viskositätsregler, 2–5 % Lösungshilfsmittel für Farbstoff (N-Methylpyrrolidon, hält Farbstoff auch bei hoher Konzentration nahe des Druckkopfs löslich), 3–8 % Dispersionshilfsmittel (spezifisch pro Pigment), 1–3 % Fixativ (wasserlöslicher Latex, Polyamide, PVP, Styrol-acrylat-Latex), 0,1–1 % pH-Puffer, 0–50 % Hilfsmittel zur Verminderung der Papierwelligkeit.

Inkjet für industriellen Druck Industrielle Tinten sind häufig für eine Haftung auf Metall oder Kunststoffoberflächen ausgelegt. Da Wasser für diese Bedruckstoffe eine zu große Oberflächenspannung aufweist, basieren sie auf organischen Lösungsmitteln wie Glykolester und -ether-ester oder niederen Ketonen. Farbstoffe und Bindemittel sind dem organischen Lösungsmittel angepaßt.

Lösungsmittelbasierte Inkjettinte Löslicher Farbstoff SBk27 5 %, Lösungsmmittel Methylethylketon 80 %, Cosolvens Propylenglykol 10 %, Bindemittel Polyvinylchlorid-Polyvinylacetat-Copolymer 5 %.

Lösungsmittelbasierte Inkjettinte für kontinuierliche Produktkennzeichnung (CIJ) [160, ch. 9.6.5] Farbstoff 2 %, Lösungsmittel Methanol 42 %, Cosolvens Methyl-ethyl-keton 30 %, Cosolvens Wasser 1,5 %, Trocknungsverzögerer Ethylenglykol-methylether 9 %, Bindemittel Harzsäure-methylester 1,4 %, Bindemittel Styrol-Acrylsäure-Copolymer 13 %, Netzmittel Nonyl-phenolpolyethoxy-ethanol 4 %.

Wasserbasierte Inkjettinte [160, ch. 9.6.5] Farbstoff 2,8 %, Lösungsmittel Wasser 73,5 %, Cosolvens Glycerin 18 %, Biozid 0,2 %, Netzmittel 5,5 %.

8.5.1 Funktion der Komponenten

Anhand einer Menufolge zur „création“ einer Tinte ►Abbildung 8.9 können wir untersuchen, welche Funktion die einzelnen Bestandteile haben. Polymere erfüllen dabei viele Funktionen: Stabilisation von Pigmentdispersionen, Adhäsion auf dem Substrat, Filmbildung, Abriebfestigkeit, Druckqualität, Rheologiekontrolle.

Lösungsmittel und Cosolventien
Alkohole (Ethanol, n-Propanol, Isopropanol, Glycerin, n-Butanol, 1,2-Butandiol, 2-Isopropyloxyethanol, Benzylakohol, (Di)Ethylenglykol, Butyl(di,tri)glykol, (Poly-)Propylenglycol), Ester (Ethylacetat, Butylacetat),
Ether (Monomethyl-, Monoethyl-, Monopropyl-, Monobutylether von (Di-)Ethylenglykol, (Di-) Propylenglykol sowie Ethylenglykol-phenylether)
sowie Benzamid, Butyrolacton, Diisopropanolamin, N,N-Butyl-1-ethanolamin, Mono- bis Triethanolamin, Propylencarbonat, Ethylencarbonat, 2-Pyrrolidon, N-Methyl-2-pyrrolidon.

Farbmittel
Farbstoffe oder dispergierbare Pigmente.

Dispersions-Hilfsmittel
Tierische Leime (Proteine wie Kollagen), Polyvinylalkohol, Methyl-zellulose, Hydroxyethyl-zellulose, Carboxy-methyl-zellulose, andere wasserunlösliche Polymere, Polyacrylate, Tenside.

Feuchthaltemittel
Hygroskopische mehrwertige niedrige Alkohole (Diethylenglykol, Triethylenglykol, 1,1,1-Trishydroxymethylpropan=Trimethylolpropan, 1,2-Ethandiol, 1,2-Propylenglycol, Butyldiglykol, Glycerin, 1,4-Butandiol, 1,5-Pentandiol, 1,6-Hexandiol, PEG-n),
Heterozyklen (2-Pyrrolidon oder N-Methyl-2-pyrrolidon)
sowie Thiodiglycol, Harnstoff, Caprolactam, N,N-Dimethylharnstoff.

Oberflächenspannungs-Regler
Dialkyl- und Dialkenyl-sulfosuccinate (C_7–C_{18} linear und verzweigt), Natrium-laurylsulfat, Acetylenglykole, Alkylphenyl-Polyethylenglykole (z. B. Nonylphenol-ethoxylat, Nonoxinol-n), Polyethylenglykol-Fettalkohol-ether (Lauryl C_{12}, Myristyl C_{14}, Cetyl C_{16}, Stearyl C_{18}), Alkylpolyglycoside, Alkylsulfonate, Acoylamin-propyldimethylaminoessigsäurebetain (z. B. Cocoyl C_{7-17}), Alkyldimethylaminoessigsäurebetain (z. B. Stearyl C_{18}), Alkylphenylsulfonate, Dimeticonpropolyole, Alkylpyrrolidone (Surfadon LP 100), Surfynol 465, Triton X

Viskositäts-Regler
Alginsäure, Polyvinylpyrrolidon-Polymere und -Copolymere, Polyacrylsäure.

pH-Regulator
Niedrige organische Säuren (Glycolsäure, Essigsäure, Bernsteinsäure, Zitronensäure), 3-Morpholinopropansulfonsäure,
organische Amine (Triethanolamin, 2-Amino-2-hydroxymethyl-propan-1,3-diol).

Bindemittel
Einfache Zucker, Polysaccharide (Gummi Arabicum),
Polymere auf Vinyl- (Polyvinylalkohol, Polyvinylpyrrolidon) oder Acrylbasis (Ethyl-acrylat, Methyl-methacrylat, n-Butyl-acrylat, 2-Ethylhexyl-acrylat, Poly-methacrylsäure, Poly-acrylsäure), Styrol/Maleinsäure-Copolymere.

Emulgatoren
Alkylierte Amine und Fettsäure-amide (Dodecylamin, Cocoyl-trimethyl-ammoniumchlorid, Natrium-N-cocoyl-3-aminobutyrat, N-Cocoyl-diaminopropan, N-Oleyl-1,3-diaminopropan), Fettsäureester (Glycerinfettsäureester, PEG-Fettsäureester, Pentaerythritfettsäureester).

Abb. 8.9: Menufolge für Tinten [13, pp. 501], [729, 730, 751, 754].

Lösungsmittel

Die Wahl des Lösungsmittels (►Abbildung 8.10 zeigt eine Auswahl) richtet sich nach der zu beschreibenden Oberfläche. Die Flüchtigkeit sowie das Lösevermögen für den Farbstoff spielt für die Anwendbarkeit eine große Rolle. Eine weitere, unmittelbar mit dem Lösungsmittel verknüpfte Eigenschaft ist seine Oberflächenspannung. Die Oberflächenspannung einer Tinte hat wesentlichen Einfluß auf die Schreib-, Zeichen- und Druckqualität des Produkts, da die Tinte in Schreibgeräten durch Kapillarkräfte im Tintenleiter angesaugt und auf Vorrat gehalten bzw. am direkten Ausfließen gehindert wird, entsprechendes gilt für Druckköpfe von Tintenstrahldruckern. Für eine einwandfreie Funktion muss die Tinte eine niedrige Viskosität und die richtige Oberflächenspannung besitzen, ein guter Wert für Schreibtinten ist etwa 50 mN/m. Eine hohe Oberflächenspannung erschwert das Benetzen der zu beschreibenden Oberfläche sowie die Zuführung der Tinte zu Federspitzen und Druckköpfen oder macht das Schreiben sogar ganz unmöglich. Umgekehrt führt eine niedrige Oberflächenspannung dazu, daß die Tinte zu schnell und in zu großer Menge aus der Füllhalterspitze oder dem Druckkopf fließt, auf dem Medium zerfließt und faserige Schrift bildet oder unscharfe

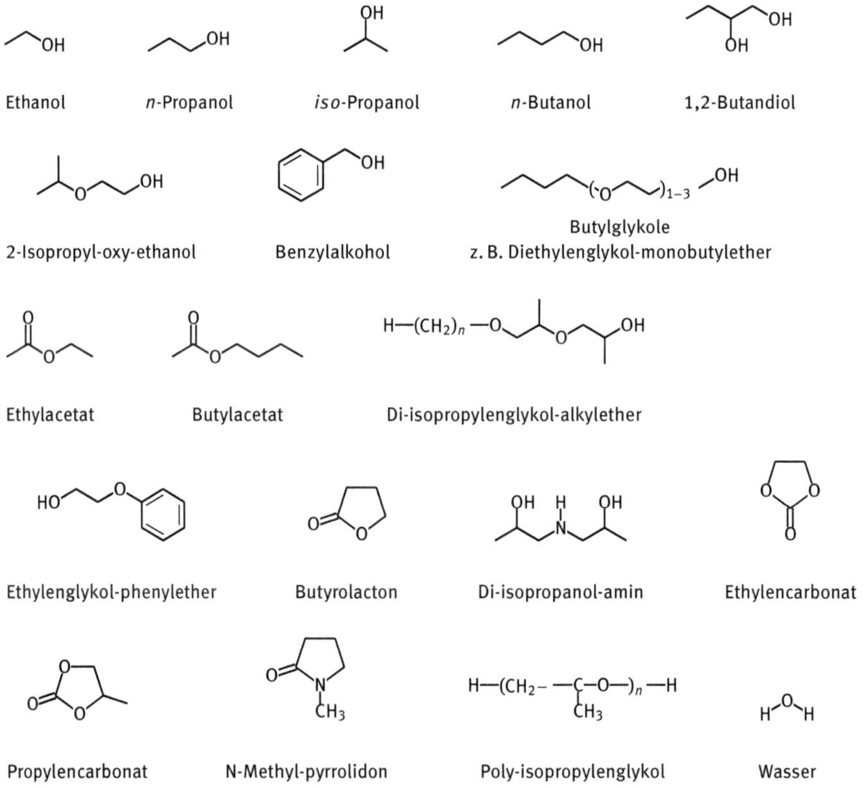

Abb. 8.10: Für Tinten verwendete Lösungsmittel und Cosolventien.

Verlaufsspuren hinterläßt. Letzlich muss für die Auswahl des richtigen Lösungsmittels die Kombination Schreibgerät/Druckkopf plus Druckmedium betrachtet werden. [156, Kapitel 2] beleuchtet die Physik der kapillaren Tintenleitsysteme am Beispiel des Füllhalters.

Für Schreib- und Drucktinten auf Papier ist Wasser häufig das Mittel der Wahl. Zum Schreiben auf Glas, Metall oder Kunststoff (Whiteboards) werden leichtflüchtige organische Lösungsmittel (einfache Ketone wie Ethylmethylketon oder Ester wie Ethylacetat und Butylacetat) benutzt. Zum Drucken im industriellen Bereich mit seinen zahlreichen unterschiedlichen Anforderungen werden viele der auch im Labor bekannten organischen Lösungsmittel herangezogen. Für Inkjet-Tinten werden wäßrige oder organische Lösungsmittel benutzt, je nach Anwendungsgebiet. Sie müssen niedrige Viskosität aufweisen (maximal 20 mPa · s, besser < 10 mPa · s) und unterteilen sich wie folgt [160, ch. 9.6.5]:

- Wäßrige Inkjet-Tinten. Das Lösungsmittel ist Wasser, es sind aber Cosolventien (Alkohole, Glycerin, Diethylenglykol-monobutylether) und Netzmittel bzw. Detergentien notwendig. Sie trocknen durch Wegschlagen ins Papier und durch Verdunstung.
- Lösemittelbasierte Inkjet-Tinten. Das Lösungsmittel ist organischer Natur, wie Methanol oder Methylethylketon (Butanon). Sie trocknen durch Wegschlagen ins Papier und durch Verdunstung.
- Ölbasierte Inkjet-Tinten. Das Öl ist ein aliphatischer Kohlenwasserstoff, die Trocknung erfolgt durch Wegschlagen des Öls ins Papier.
- Hot melt-Inkjet-Tinten. Das heiß schmelzende Wachs ist eine Mischung aus Wachs und Amiden mit einer scharfen Glastemperatur $T_G \approx 70$–$120\,°C$. Das Wachs kühlt auf dem Papier ab und verfestigt sich.

Die lösemittel- und ölbasierten Typen sind aus den oben genannten Gründen für industrielle Zwecke geeignet, im Büro- und Heimbereich finden wir bevorzugt unschädliche wäßrige und Hot Melt-Tinten.

Ein bedeutender Motor für neuere Entwicklungen war die Abkehr von lösungsmittelhaltigen Tinten hin zu wasserlöslichen Formulierungen. Diese führte besonders im Drucksektor zunächst zu Qualitätsproblemen: die Oberflächenspannung organischer Lösungsmittel γ_L liegt mit 20–30 mN/m geringfügig unter der Spannung γ_F der zu benetzenden Oberflächen und Pigmente (►Tabelle 8.5). Mit $\gamma_L < \gamma_F$ erfüllen Lösungsmittel eine wichtige Bedingung für erfolgreiche Benetzung und Bildung eines dünnen gleichmässigen Films, ►Abbildung 8.11 rechts. Lösemitteltinten zeigen beim Druck scharfe Ränder und gleichmäßige Farben [146, 727].

Da Wasser eine erheblich höhere Oberflächenspannung aufweist, ist die Benetzung von Bedruckmaterial und Pigmenten schlechter, da über ►Gleichung 6.3 in ►Abschnitt 6.3 der Kontaktwinkel θ u. a. von γ_L abhängt: soll der Term $\gamma_L \cos\theta$ beim Wechsel des Lösungsmittels zu Wasser gleich bleiben, muss $\cos\theta$ halbiert und damit θ grös-

Tab. 8.5: Wichtige Kenndaten von Wasser, Lösungsmitteln und Beschreibmaterial für Tinten-Systeme [201, p. 23], [727, p. 171].

	Verdampfungsrate (Ether=1)	Verdampfungswärme [kJ/kg]	Oberflächenspannung [mN/m]
Wasser	45	2236	75,87
Ethanol	8,3	841	23,3
2-Propanol	10,5	675	21,4
n-Butanol			26,11
Glykol			49,34
Ethylacetat	2,9	367	26,84
n-Hexan			21,31
Aceton			23,3
Benzol			28,9
Toluol			30,76
Polyethen-Film			31
Polypropylen-Film			29
Polyester-Film			43
Polyamid-6,6-Film			46

ser werden. Mit Wasser erhalten wir isolierte Tropfen, Druckschichten haften schlecht und sind ungleichmässig und glanzlos. Als Massnahme werden wäßrigen Tinten z. B. Polyacrylate zugesetzt, die einen zusammenhängenden Acrylfilm bilden und die notwendige Gleichmässigkeit und Abriebfestigkeit vermitteln.

Ein weiteres Problem beim Wechsel zu wäßrigen Tinten ist die Verdampfungswärme von Wasser, die ca. dreimal höher als die üblicher Lösungsmittel ist, ►Tabelle 8.5. Es ergaben sich erhebliche Veränderungen in den Trocknungseigenschaften (Geschwindigkeit, Temperaturen), die durch konstruktive Merkmale ausgeglichen werden mussten.

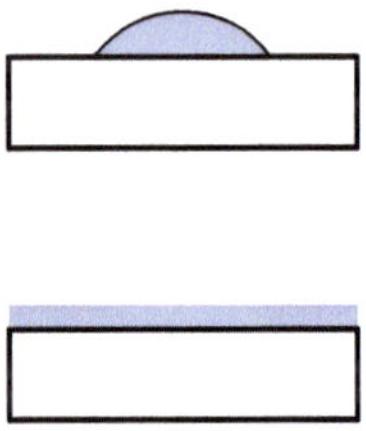

Abb. 8.11: Benetzungsfähigkeit eines Lösungsmitttel auf einer Oberfläche. Oben: $\gamma_L > \gamma_F$. Das Lösungsmittel L (blau) mit der hohen Oberflächenspannung kann die Oberfläche des Feststoffs F nicht benetzen, isolierte Tropfen entstehen durch den Kontaktwinkel $\theta > 0$. Unten $\gamma_L < \gamma_F$. Durch niedrige Oberflächenspannung kann das Lösungsmittel einen glatten Film bilden, der Kontaktwinkel $\theta \approx 0°$.

Farbmittel

Es werden sowohl Pigmente als auch Farbstoffe als Farbträger eingesetzt. In neuerer Zeit werden einige chemisch mögliche Farbmittel aufgrund kanzerogener Eigenschaften nicht mehr eingesetzt [731].

Farbstoffe können verschiedenen Farbstoffklassen angehören: Solvent Dye, Lebensmittel-, Säure-, Direkt-, Schwefel- oder Reaktivfarbstoff. Hauptkriterium ist die Natur des Mediums (Wasser, Lösungsmittel), in dem sich der Farbstoff optimal lösen muß.

Aufgrund der geringen Farbstoffmenge, die nach dem Schreiben auf dem Untergrund verbleibt, kommen nur Farbstoffe mit hoher Färbekraft in Frage. Da Farbstoffe das Licht nicht streuen und durch ihre chemische Struktur auf Farbreinheit optimiert werden können, liefern sie häufig brillante Farben.

Trotz vieler weiterer günstiger Eigenschaften (niedrige Kosten, keine Sedimentation oder Verstopfung) sind Farbstoffe problematisch, da sie normalerweise geringe Lichtechtheit aufweisen. Nur wenige Farbstoffstrukturen wie die wasserlöslichen Phthalocyanin-Direktfarbstoffe zeigen hohe Lichtechtheit. Ein direkter Vergleich der Licht- und Farbechtheit von Farbstoff- und Pigmenttinten ist in [804] gegeben.

Die meisten Schreibtinten basieren auf wasserlöslichen Säure- und Triphenylmethanfarbstoffen, da hier geringe Lichtechtheit zugunsten brillanter Farben in Kauf genommen werden kann. Der erste, 1858 von HOFMANN patentierte Farbstoff war Tintenblau (Acid Blue 93), das bis heute für königsblaue Tinten in Benutzung ist. Schwarze Farbstoffe sind problematisch, schwarze Tinten werden daher aus mehreren Farben ermischt, z. B. Gelb, Rot und Blau (AY23, AR18/AR52, AB1).

Pigmente sind nicht nur lichtechter, sondern auch optisch dichter und wasserbeständiger. Sie werden für deckende Tinten eingesetzt und müssen fein dispergiert werden. Eigenschaften wie Deckkraft und Färbevermögen verbessern sich mit abnehmender Teilchengrösse, typische Teilchen besitzen 10–200 nm Durchmesser [728], da die Deckkraft ein Maximum bei Teilchen durchläuft, deren Grösse bei der halben Wellenlänge des Lichts liegt, also 0,2–0,4 µm. Für Tinten, die in sehr dünnen Lagen (typisch ca. 3 µm) im Vierfarbdruck übereinanderliegen, ist Transparenz und Färbekraft wesentlich und geringe Teilchengröße (10–100 nm) erforderlich. Feinkörnige Pigmente weisen hohe Oberflächenenergien auf und tendieren zu Aggregation, um ihre Oberfläche zu verringern. Dies erfolgt bereits bei der Synthese der Pigmente und führt zu fest gebundenen Aggregaten, die wiederum locker aggregieren. Während des Dispersionsprozesses können wir im wesentlichen nur diese losen Aggregate zerteilen, sodass der richtigen Syntheseführung große Bedeutung zukommt, um die gewünschte Partikelgröße zu erzielen.

Wichtige Eigenschaften des Pigments werden neben seiner chemischen Struktur von makroskopischen Schlüsselfaktoren wie Kristallform, Kristallgittertyp und Oberflächencharakter bestimmt und sind mikroskopisch durch die Molekülgestalt vorgegeben. Die meist völlig eben gebauten farbigen organischen Moleküle tendieren dazu, sich wie Münzen zu Stapeln zusammenzulagern. Die Stapel werden durch van der Waals-Kräfte oder Wasserstoffbrücken zusammengehalten und bilden größere Strukturen bis hin zu plättchen-, würfel- oder stäbchenförmigen Kristallen. Die Moleküle können gegen die Stapelachse um einen Winkel verdreht sein, der vom chemischen Aufbau abhängt. Die Elektronensysteme der einzelnen Moleküle können in diesen Strukturen intensiv miteinander wechselwirken wie in den Diketo-pyrrolo-pyrrol-Pigmenten.

Durch die Ausrichtung der Moleküle und Strukturen sowie der elektronischen Wechselwirkung ergibt sich, dass elektronisch-optische Eigenschaften in den Kristallen im Vergleich zum isolierten Molekül stark verändert sind. Existieren mehrere Kristallmodifikationen, unterscheiden sich auch diese voneinander, siehe z. B. die Farbtöne der einzelnen Modifikationen von Kupferphthalocyanin. Die Kristalle sind anisotrop aufgebaut, sodass wir unterschiedliche physikalisch-chemische Eigenschaften entlang der unterschiedlichen Kristallachsen (Stapelachsen) und Kristallflächen erwarten müssen.

Die Kristallgeometrie hat somit positive oder negativen Einfluß auf die Tinte, die wir mit den Kristallen pigmentieren. Einzelne Kristallformen können z. B. an bestimmten Kristallflächen hydrophile Gruppen der Moleküle exponieren, sodass diese Form für wässrige, polare Tinten besonders gut geeignet sind. Andere Kristallformen führen vielleicht zu höherer Härte, sodass ein erhöhter Abrieb bei Druckmaschinen resultiert.

Erwünschte Kristallformen können wir bevorzugen, indem wir Mischkristalle mit geringen Mengen von anderen Pigmenten herstellen. Oft lässt sich mit diesem Verfahren das Kristallwachstum des Hauptpigments in der erwünschten Richtung beeinflussen. Auch die richtige Wahl der Synthesebedingungen ist entscheidend und trägt zu einem guten Pigment bei.

Dispersionshilfsmittel

In pigmentierten Tinten muß die Pigmentdispersion stabilisiert werden. Klassisch wurde dies mit tierischen Leimen (Proteinen) oder Gummi arabicum erreicht, heutzutage steht eine Reihe von Additiven zur Auswahl. Einige davon sind breit verwendbare polymere Dispersionsstabilisatoren, die wir bereits in ►Abschnitt 6.3.3 kennengelernt haben. Stabilisatoren, die speziell für den Einsatz in Inkjettinten vorgesehen sind, werden wir bei der Besprechung der Inkjet-Farbmittel in ►Abschnitt 8.5.4 auf S. 720 kennenlernen.

Cosolventien

Cosolventien haben zahlreiche Funktionen: sie sind Feuchthaltemittel, Kristallisationsverhinderer und Löslichkeitsverbesserer für Farbstoffe, sie regulieren Viskosität und Oberflächenspannung und den pH-Wert. Damit stellen sie sicher, dass die Tinte trotz gewünschter Flüchtigkeit des Lösungsmittels nicht zu rasch eintrocknet, dass sie gut aus der Feder oder dem Druckkopf fliesst, das Papier oder Substrat angemessen rasch benetzt, aber nicht zerfliesst und nicht spritzt. Zur Regelung der Oberflächenspannung geignet sind Alkohole und kurzkettige Alkylether von Glykolen. Bei wäßrigen Inkjet-Tinten werden Alkohole, Glycerin oder Ether wie Diethylenglykol-monobutylether eingesetzt.

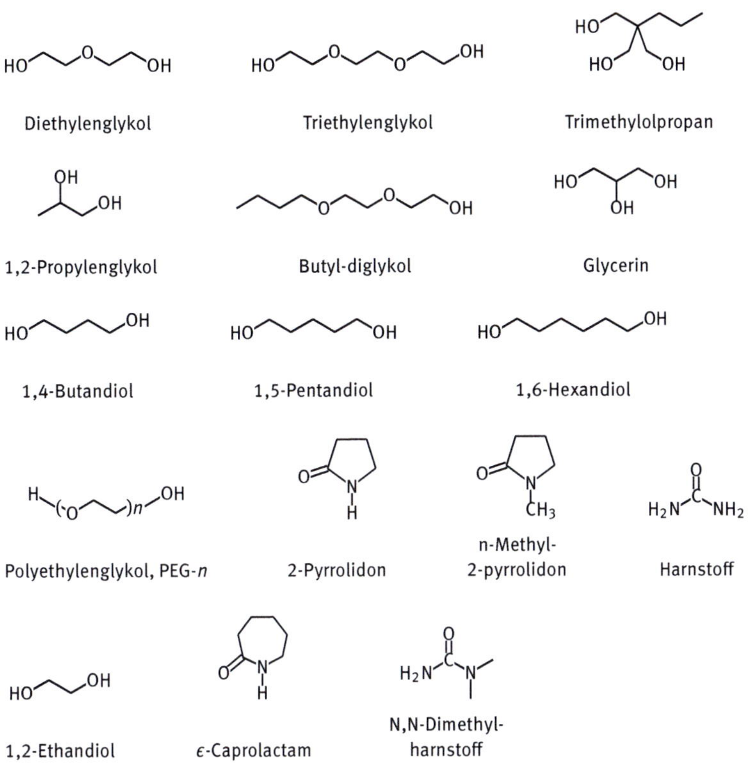

Abb. 8.12: Für Tinten verwendete Feuchthaltemittel.

Feuchthaltemittel

Feuchthaltemittel für Tinten (►Abbildung 8.12 zeigt eine Auswahl) sind Stoffe, die im Lösungsmittel löslich sind und einen so hohen Dampfdruck aufweisen, daß sie unter normalen Anwendungsbedingungen langsamer verdampfen als das Lösungsmittel und daher ein Eintrocknen der Tinten verhindern. Beim Auftragen auf saugende Medien werden sie kapillar verteilt und verdunsten langsam. Nachteilig ist dieses Verhalten beim Beschreiben von nicht-saugenden Oberflächen wie Metall, Glas und Kunststoff oder stark geleimten Papieren: die Tinte bleibt lange feucht und verwischbar. Neuere Patente schlagen Beimischung von Feststoffen vor, die ein Eintrocknen verhindern können. Geeignet sind hygroskopische mehrwertige niedrige Alkohole und einige Amide. Die Alkohole Sorbitol, Glycerin oder Glykole werden oft verwendet und können einfach hergestellt werden, ►S. 460.

Oberflächenspannungsregler

Die Oberflächenspannung kann durch Wahl des Lösungsmittels oder geeigneter Cosolventien kontrolliert werden, auch die zugesetzten Feuchthaltemittel beeinflussen diesen Parameter. Eine weitere, präzise Steuerung dieses Parameters gelingt mit De-

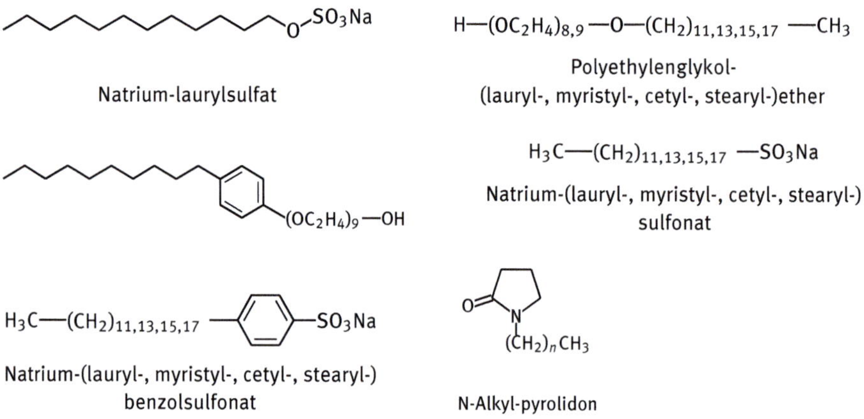

Abb. 8.13: In Tinten verwendete Regulatoren der Oberflächenspannung.

tergentien oder (anionischen) Tensiden. Es werden einfach herstellbare, billige Alkylsulfonate, Glykole oder Alkoholate verwendet (►Abschnitt 6.3.1), ►Abbildung 8.13 zeigt eine Auswahl.

Viskositätsregler

Die Viskosität kann außer durch Cosolventien auch durch dedizierte Verdickungsmittel wie Alginsäure, Polyvinylpyrrolidon-Polymere und -Copolymere, Alginate, Polyacrylsäuren eingestellt werden. Die richtige Viskosität sorgt durch guten Tintenfluß für ein gutes Schreibgefühl. Bei pigmentierten Tinten kann mit diesen Stoffen auch die Dispersion stabilisiert werden.

Emulgatoren

Emulgatoren dienen dazu, die in der Tinte evt. auftretenden wäßrigen und apolaren Phasen (z. B. höhere Alkohole zur Verhinderung der Austrocknung) in einer Emulsion zu halten [188]. Auch als Emulgator werden Tenside eingesetzt (►Abschnitt 6.3.1); je nach pH-Wert der Tinte können neben anionischen Tensiden, die wir als Regler für Oberflächenspannungen kennengelernt haben, auch kationische Tenside notwendig sein, die sich von alkylierten Aminen oder Amiden ableiten, ►Abbildung 8.14 zeigt eine Auswahl.

Der Cocoyl-Rest ist keine klar definierte Substanz, sondern eine Mischung aus Fettsäuren mit 8–18 Kohlenstoffatomen, die durch Verseifung von Kokosöl hergestellt wird. Hauptbestandteile sind mit ca. 50 % Laurinsäure (C_{12}) sowie Ölsäure ($C_{18:1}$) und Linolsäure ($C_{18:2}$). Der Tallyl-Rest bezeichnet die Fettsäuren, die durch Verseifung des Tall-Öls entstehen, einem Nebenprodukt der Papierherstellung aus Holz, das auch Baumharze und sonstige Abbauprodukte des Lignins enthält, ►Abschnitt 6.7. Hauptbestandteile sind hier C_{18}-Fettsäuren mit einer und zwei Doppelbindungen (Ölsäure und Linolsäure).

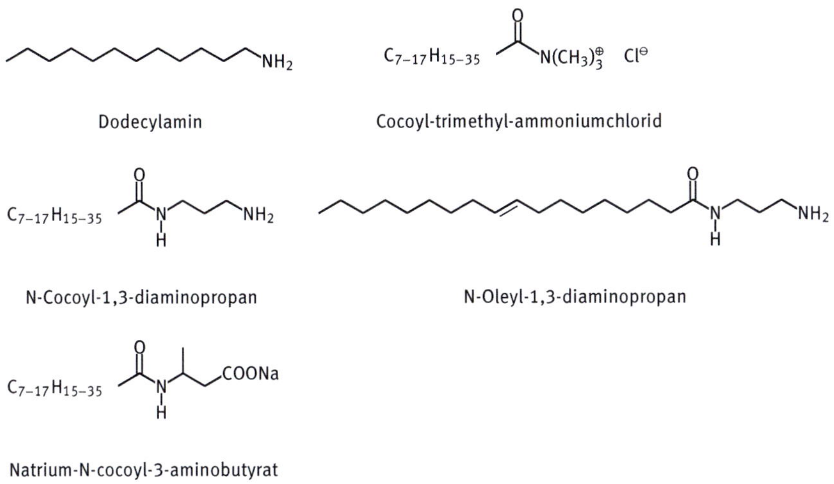

Abb. 8.14: In Tinten verwendete Emulgatoren.

Als Emulgatoren sind auch Tenside auf Basis von Glykol, Polyethylenglykol oder anderen Alkoholen (z. B.Pentaerythritol) geeignet, die mit Fettsäuren verestert sind.

pH-Regulatoren

Der pH-Wert wird durch niedrige organische Säuren wie Glycolsäure, Essigsäure, Bernsteinsäure, Zitronensäure oder 3-Morpholinopropansulfonsäure sowie organische Amine wie Triethanolamin reguliert. Sie stellen den Ionisierungsgrad von Säure- oder kationischen Farbstoffen ein, um die richtige Löslichkeit, Farbtiefe und -brillanz zu erreichen. Auch Rheologiehilfsmittel (Verdicker) und Bindemittel benötigen bestimmte pH-Bereiche, um wirksam zu sein.

Bindemittel

Bindemittel können einfache Zucker, Polysaccharide wie Gummi Arabicum oder Polymere auf Vinyl- oder Acrylbasis, Polyamide oder PVP sein. Acrylate sind häufig Copolymere aus Styren, Ethylacrylat, Methylmethacrylat, n-Butylacrylat, 2-Ethylhexyl-acrylat, Methacrylsäure oder Acrylsäure [172]. Sie sind vor allem bei pigmentierten Tinten nötig und sorgen dafür, daß die Pigmente nach dem Verdunsten des Lösungsmittel auf dem Medium mehr oder weniger dauerhaft haften. Bei Inkjet-Tinten ist kaum Bindemittel vorhanden, sodaß Fixative im Papier vorhanden sein müssen. Farbstoffe können durch die in ►Kapitel 5 auf S. 409, besonders ►Abschnitt 5.1 und ►Abschnitt 5.2 beschriebenen Mechanismen von sich aus auf dem Medium haften.

In Tinten mit selbsthaftenden Farbstoffen (Direkt- oder Säurefarbstoffen) verhindern schwache Bindemittel wie Polyvinylpyrrolidon das Auslaufen der Tinte in die Papierfasern. Polyvinylpyrrolidon, das in Wasser gut löslich ist, kann auf Glas, Metall und Kunststoffen harte, klare und glänzende Filme bilden. Gleichzeitig kann es als Verdicker und Dispersant für Pigmente wirken.

Konservierungsmittel

Biozide sollen beim Stehen der Tinte Fäulnis verhindern. Zu den einfachen und frühen Bioziden zählen Phenol und Salizylsäure. Heute existiert eine große Vielzahl an Bioziden mit heterogener Chemie [169, Bd. 4].

Spezielle Additive

Gerade im Bereich der Inkjettinten mit den speziellen Anforderungen werden kleine Anteile spezieller Additive zugemischt [145, 757]. Zu diesen gehören z. B. *Penetrationshilfsmittel* (niedere Alkohole wie Isopropanol), die das Eindringen des Lösungsmittels ins Papier unterstützen, um die Trocknung zu beschleunigen. Bei einigen Druckverfahren werden *Lösungshilfsmittel* benötigt, die den Farbstoff auch dann in Lösung halten sollen, wenn die Konzentration hoch geworden ist, z. B. nahe des Druckkopfs. Weitere Additive können zugemischt werden, um das Wellen des nassen Papiers zu vermindern. Hierzu werden oft niedere Alkohole (Pentandiol) benutzt, die die Wechselwirkung der Tinte mit den Papierfasern vermindern. Das Wellen des Papiers kann allerdings auch vermindert werden, indem das Papier mit weniger Spannung in den Fasern hergestellt wird.

8.5.2 Farbmittel für Füllhaltertinten

Konkrete Farbstoffe für farbige Schreibtinten sind in ►Tabelle 8.6 aufgeführt. Viele Tintenfarben werden nicht durch einen einzigen Farbstoff erhalten, sondern durch Mischung mehrerer Farbstoffe, wie uns ►Tabelle 8.4 auf S. 699 bereits zeigte. Besonders

Tab. 8.6: Farbstoffe für Schreibtinten [911, p.54], [918, p.10f], [920, 921], [13, pp. 495], [729, 751, 927].

Gelb	AY3, AY5, AY9, AY23, AY36, AY42, AY73, DY5, DY11, DY86, DY132, RY37, SY62, SY79, SY81, SY82, SY83:1
Orange	AO4, AO7, AO10, AO56, DO102, SO3, SO41, SO54, SO56, SO62, SO99
Rot	AR18, AR51, AR52, AR73, AR87, AR92, DR75, DR239, DR254, RR23, RR24:1, RR120, RR180, SR8, SR49, SR89, SR91, SR92, SR118, SR119, SR122, SR124, SR127, SR160
Violett	AV17, AV49, AV66, BV3, SV8
Blau	AB1, AB9, AB15, AB90, AB91, AB93, AB104, DB86, DB199, SB4, SB44, SB45, SB70
Grün	AG1, AG16
Braun	ABr4, ABr101, ABr268, SBr42
Schwarz	ABk2, ABk194, ABk234, DBk19, DBk154, RBk8, RBk31, SBk5, SBk27, SBk29, SBk45
Essbare Schreibtintenfarbstoffe	
Gelb	E100=FY3, AY3=E104=FY13, AY23=E102=FY4, E110
Magenta	AR18=E124=FR7, AR51=E127=FR14
Cyan	AB9=E133=FB2, AB3=E131=FB5
Schwarz	E152=Food Black 2

Schwarz wird aus mehreren Farbtönen ermischt. Wir können dies durch eine einfache Chromatographie sehen, indem wir schwarze Tinte auf Kaffeefilterpapier tropfen. Auf den Fleck tropfen wir Wasser als Laufmittel, das schlecht geeignet ist, aber leicht verfügbar. Das erhaltene Chromatogramm zeigt uns grob verschiedene Komponenten der Tinte, für Schwarz z. B. Gelb, Violett und Blau.

Viele der Farbstoffe haben wir bereits im Kapitel über Farbstoffe kennengelernt, einige Lebensmittelfarbstoffe seien noch genannt:

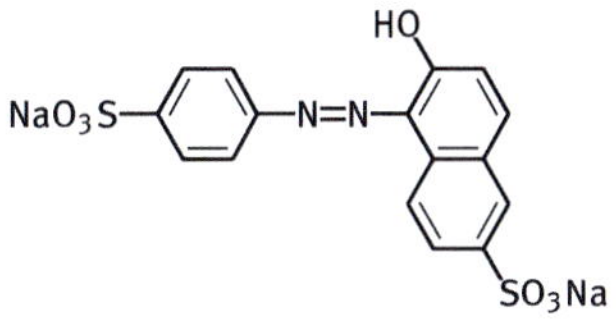

Food Yellow 3, CI 15985, E110
Gelborange S

Food Black 2, CI 27755, E152

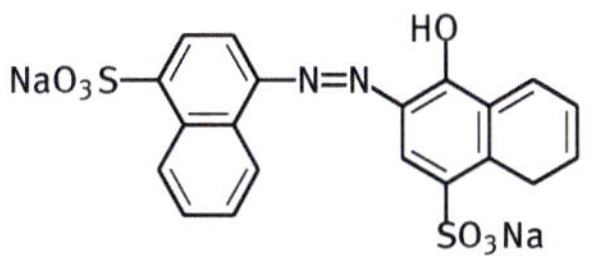

AR14, CI 14720, Food Red 3, E122
Karmesin, Azorubin

Food Black 1, CI 28440, E151
Brillantschwarz BN

CMYK-Primärtinten

Typische Spektren von Farbstoffen, die als Primärfarben des CMYK-Systems in Frage kommen, können wir auf einfache Weise anhand der zahlreichen auf dem Markt erhältlichen Schreibtinten ermitteln. ►Abbildung 1.8(a) in ►Abschnitt 1.5.4 zeigt die Spektren der gelben, magenta- und cyanfarbenen Tinte eines auf dem CMYK-System basierenden Farbmischsystems für Schreibtinten. Die darin verwendeten Farbmittel sind klassische Schreibtintenfarbstoffe AY23, RR180 und AB9.

Der Tintenkiller

Tintenkillerstifte enthalten eine weiße Filzspitze mit einer bleichenden Lösung, deren Zweck es ist, die blaue Schreibtinte in eine unsichtbare Form zu überführen („zu killern"), sowie eine blaue Filzspitze mit einem Farbstoff, der – anders als die normale Schreibtinte – gegenüber dem Bleichmittel beständig ist.

Als Bleichmittel kommen für gängige königsblaue Schultinten Nukleophile wie Hydrogensulfit-Anionen zum Einsatz. Das Hydrogensulfit-Anion entsteht aus Natriumsulfit Na_2SO_3 in wäßriger Lösung über eine Säure-Base-Reaktion:

$$Na_2CO_3 + H_2O \rightleftharpoons 2\,Na^{\oplus} + HSO_3^{\ominus} + HO^{\ominus}$$

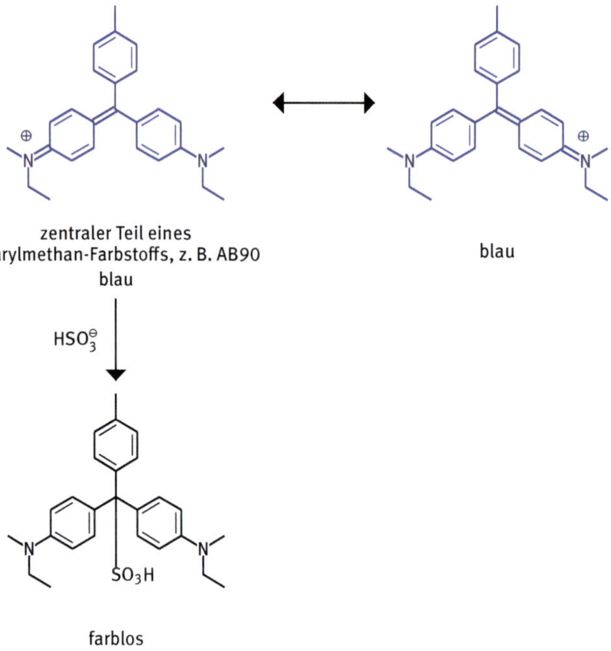

Abb. 8.15: Wirkung eines Tintenkillers durch Zerstörung des π-Systems des Chromophors.

Seine Bleichwirkung beruht auf der Addition des nukleophilen Hydrogensulfit-Anions auf das zentrale Kohlenstoffatom eines Triarylmethan-Farbstoffes, ►Abbildung 8.15.

Durch die Addition entsteht ein Zentrum mit tetraedrischer sp^3-Geometrie. Das vormals ebene Molekül verliert durch das entstandene tetraedrische Zentrum seine Planarität und die Möglichkeit der Mesomerie über das ganze Molekül wird aufgehoben. Damit ist die Grundlage der Farbigkeit verloren und ein farbloser Leukofarbstoff entstanden.

Farbstoffe, die gegenüber der Addition des Hydrogensulfit-Anions stabil sind, lassen sich nicht mit dem Tintenkiller löschen. Dies ist z. B. bei den üblichen schwarzen Tinten der Fall, wie auch bei der blauen Tinte, die in der Überschreibspitze des Tintenkillers enthalten ist.

Eine weitere Möglichkeit zur Farbstoffbleiche ist die Verwendung eines Reduktionsmittels wie Natriumdithionit $Na_2S_2O_4$. Dabei wird der Farbstoff zur farblosen Leukoform reduziert. Ein Beispiel des großtechnischen Einsatzes einer solchen Reaktion ist die Behandlung von Indigo mit Natriumdithionit zur Herstellung einer farblosen bis schwach gelblichen wäßrigen Lösung („Küpe") von Leuko-Indigo, die die reduzierte und damit farblose Form von Indigo enthält, ►Abschnitt 4.7.3 auf S. 349.

Schließlich können auch starke Oxidationsmittel einen Tintenfarbstoff zerstören, z. B. Hypochlorite wie Chlorkalk (Calciumhypochlorit $Ca(OCl)_2$) oder Natriumhypochlorit $NaOCl$. Chemikalien dieser Art werden in Tintenkillerstiften allerdings nicht eingesetzt.

8.5.3 Farbmittel für Filz-, Faser-, Kugelschreiber

Zur Herstellung von Farbpasten für Filz-, Faser- und Kugelschreiber können die in ►Tabelle 8.7 enthaltenen Farbmittel benutzt werden. Grundsätzlich sind alle Säure- oder Basenfarbstoffe sowie Pigmentdispersionen verwendbar. Besonders Feinzeichenstifte (Fineliner) mit Strichbreiten um $1/10$ bis $1/2$ mm erfordern ultrafeine Dispersionen mit Pigmentkörnern im Größenbereich unter 0,5–1 µm. Auch hier finden wir Farbstoffmischungen, wie sie in ►Tabelle 8.4 auf S. 699 wiedergegeben sind, vor allem für schwarze Strichfarben.

Tab. 8.7: Pigmente und Farbstoffe für Filz-, Faser- und Kugelschreiber [912, 913, 920], [918, p.10f], [13, pp. 495], [751, 924].

Gelb	PY3, PY13, PY16, PY17, PY74, PY83, AY3, AY5, AY9, AY17, AY23, AY73, BY2, BY29, DY86, DY156, SY56, SY62, SY79, SY82
Orange	PO13, PO34, PO43, AO7, AO10, BO2, SO3, SO43, SO45, SO54, SO56, SO58, SO99
Rot	PR112, PR146, PR170, PR179, PR184, PR187, PR188, PR208, PR222, AR18, AR52, AR53, AR73, AR87, AR92, AR94, AR249, AR289, BR1, BR10, BR22, DR23, DR81, RR24:1, SR1, SR23, SR24, SR89, SR119, SR122, SR127, SR132, SR160
Blau	PB15:1, PB15:3, AB1, AB9, AB19, AB93, BB7, BB26, DB1, DB86, DB199, SB4, SB38, SB48, SB70, SB80, SB89
Grün	PG7, AG1, AG16, BG4, SG3
Violett	PV19, PV23, AV17, AV49, BV16, SV8
Braun	PBr25, PBr27, ABr4, ABr101, ABr268
Schwarz	PBk7, ABk2, ABk194, DBk19, DBk22, DBk154, DBk168, DBk171, SBk3, SBk5, SBk7, SBk27, SBk29, SBk35, SBk45, Food Black 2
Weiß	PW6
Fluoreszenzfarbstoffe (Textmarker)	
Gelb	AY73, AY254, BY40, SY160:1
Rot	AR52, AR87, BR1
Blau	BB3, DB199
Grün	SG7
Violett	BV10

8.5.4 Farbmittel für Tintenstrahldruckfarben

Tintenstrahldruckfarben werden sowohl mit Farbstoffen als auch mit Pigmenten realisiert, wie ►Tabelle 8.8 zeigt. Sie enthält Beispiele für Farbmittel, die speziell für den Bereich Tintenstrahldruck geeignet sind. Eine gute Gesamtdarstellung des Bereichs Inkjet liegt mit [144, 752, 754, 755] vor, teilweise auch mit [6, pp. 145]. In der Tabelle sind die für den Vierfarbdruck notwendigen Primärfarben Gelb, Magentarot, Cyanblau und Schwarz gezeigt. Primärfarben aus dem Lebensmittelfarben-Sortiment erlauben es uns, essbare Bilder zu drucken, sofern der Untergrund passend gewählt wird.

Tab. 8.8: Pigmente und Farbstoffe für Tintenstrahldruck, Vierfarb-Grundfarben und erweiterte Prozess-Grundfarben [914, 915], [910, p. 14], [918, p. 10f], [13, p. 500], [187, 752, 754, 760, 922, 924, 927].

Pigmentierte Vierfarbdruck-Primärfarben	
Gelb	PY13, PY74, PY77, PY83, PY120, PY126, PY128, PY139, PY151, PY154, PY155, PY180, PY181
Magenta	PR57:1, PR122, PR146, PR147, PR168, PR176, PR184, PR185, PR202, PV19
Cyan	PB15:3, PB15:4
Schwarz	PBk7
Pigmentierte erweiterte Prozess-Primärfarben	
Orange	PO34, PO43, PO64
Grün	PG7, PG36
Violett	PV23
Farbstoff-Primärfarben Vierfarbdruck	
Gelb	AY5, AY17, AY23, AY36, DY11, DY86, DY132, RY37, SY82, SY83:1
Magenta	AR14, AR37, AR52, AR149, AR249, DR75, DR254, RR23, RR24:1, RR120, RR180, SR49, SR91, SR119, SR127, SR160
Cyan	AB9, AB92, DB199, RB19, SB4, SB27, SB44, SB45, SB70
Schwarz	ABk194, ABk234, RBk8, RBk31, Food Black 2, SBk27, SBk29, SBk45, DBk168, DBk19
Farbstoffe für erweiterte Prozess-Primärfarben	
Orange	AO10, BO2, SO3, SO43, SO45, SO54, SO56, SO58, SO99
grün	BG4, SG3
Violett	AV17, AV49, BV3, BV10, SV8
Essbare Vierfarbdruck-Primärfarben	
Gelb	AY23=E102
Magenta	E122, AR18=E124
Cyan	AB9=E133
Schwarz	E151 + E110 + AY3=E104

Besonders auf dem Verbrauchersektor wird ausschliesslich mit CMYK-Grundfarben gearbeitet. Die spektrale Charakteristik guter CMYK-Grundfarben wurde bereits in ►Abschnitt 1.5.4 mit Hilfe von Schreibtinten illustriert. Im professionellen Bereich dagegen, etwa beim Druck von Flyern und Broschüren, kommen immer mehr erweiterte Farbpaletten zum Einsatz, um eine hochwertige Farbwiedergabe zu erzielen. Solche Tintenstrahldrucker werden mit sechs oder mehr Grundfarben anstelle von vier beschickt. Ein Beispiel ist das PANTONE Hexachrome System, das neben den CMYK-Grundfarben noch Orange und Grün verwendet. Als weitere Grundfarbe kann Violett hinzutreten.

Der Chemismus der Tintenstrahltinten ist uns aus anderen Bereichen schon vertraut, die getroffene Auswahl muss die Besonderheiten des Tintenstrahldrucks berücksichtigen. In den dünnen Farbschichten sind Farbmittel stark lichtexponiert, sodass Tinten mit einfachen Farbstoffen lange Zeit Probleme mit Ausbleicherscheinungen aufwiesen. Folge war die Entwicklung pigmentierter Tinten, bei denen sich Vorteile (höheres Deckvermögen, hohe Lichtechtheit) und Nachteile (feindisperse

Verteilung, Verstopfung des Druckwerks) gegenüberstehen. Da Drucksachen im Gegensatz zu Gemälden mechanischen Beanspruchungen ausgesetzt sind, müssen die eingesetzten Farbmittel hohe Affinität zum Druckuntergrund (Papier, Overhead-, Verpackungsfolien) besitzen.

Farbstofftinten

Die ersten Inkjettinten waren Farbstofftinten [13, ch. 5.6], [13, ch. 5.6.3.1], [145, 752]. Sie enthielten Farbstoffe aus dem Lebensmittel- und Textilfarbenbereich, die nur gereinigt wurden. Ein frühes Primärfarben-Quartett aus dem Bereich der Säurefarbstoffe ►Abschnitt 5.7 ist AY23/AR52/AB9 sowie Food Black 2, das noch heute in essbaren Druckfarben genutzt wird. Die Farbstoffe zeigen eine gute Löslichkeit in wässrigen Tinten, was aber gleichzeitig schlechte Wasser-, Wisch- und Markerfestigkeit bedeutet. Triphenylmethane und Xanthene sind ausserdem ausserordentlich lichtempfindlich.

Ab den 80er Jahren stieg der Bedarf an lösungsmittelfreien (wäßrigen) Tinten, die auf normalem Schreibpapier ohne besondere Beschichtung haften sollten. Dies erfolgte aus Gründen des gestiegenen Umweltbewußtseins, des Preises und der speziellen Haptik der dicken beschichteten Spezialpapiere. Die veränderte, niedrige Viskosität der Tinten führte zunächst zu dünnen, durchscheinenden Farbflächen mit ausgefransten Rändern und unscharfen Druckpunkten.

In der Folge wurden lichtbeständigere Grundkörper eingesetzt. Für den Blaubereich werden bis heute sehr stabile Phthalocyanine verwendet, die zu Farbstoffen umgewandelt werden mußten (DB199). Im Bereich Gelb und Rot kommen Azofarbstoffe zur Anwendung (RR180, AR37, DY86, DY132, AY17, AY23), im Schwarzbereich Polykis-Azofarbstoffe (DBk19, DBk154). Die Farbstoffe haben wir in den Abschnitten zu Direktfarbstoffen ►Abschnitt 5.4, Reaktivfarbstoffen ►Abschnitt 5.3 und Säurefarbstoffen ►Abschnitt 5.7 bereits kennengelernt.

Metallierung steigert die Lichtechtheit weiter (RR23, RBk31), im industriellen Beschriftungsdruck werden lichtechte metallierte, lösungsmittel-lösliche Farbstoffe wie SBk27 eingesetzt [761]:

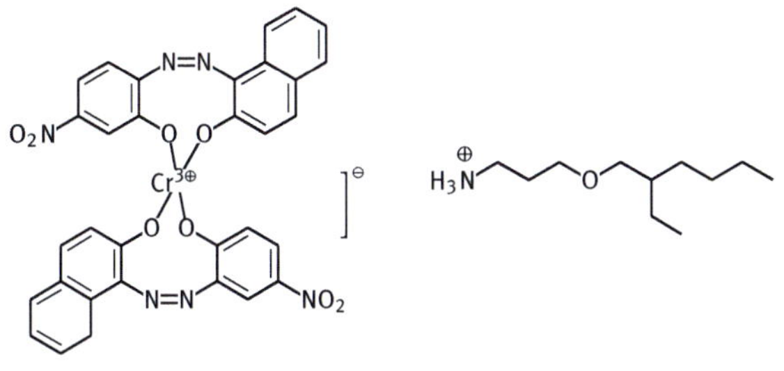

SBk27

Ein weiterer Schritt hin zu hoher Lichtechtheit ist die Verwendung von Pigmenten, wie wir im nächsten Abschnitt sehen werden.

Das Problem der Löslichkeit in Wasser bei gleichzeitiger Wasserfestigkeit kann durch Ersatz der stark ionisierten Sulfonsäuren und Sulfate durch Carbonsäuren oder schwach basische Amine mit pK_a-Werten zwischen 6,5 und 8 gelöst werden. Diese Verbindungen zeigen eine stark pH-abhängige Ionisierbarkeit; in alkalischen Tinten (pH zwischen 7,5 und 10) zeigen sie hinreichend hohe Dissoziation und damit Löslichkeit, auf saurem Papier (pH zwischen 4 und 6,5) geht die Dissoziation stark zurück und die Farbstoffe aggregieren unter Verringerung der Löslichkeit. Carbonsäuren können auch mit flüchtigen Basen wie Ammoniak oder niedrigen Aminen als lösliche Ammoniumsalze in die Tinte eingeführt werden. Nach dem Druck und Verdunsten der Base verbleibt die unlösliche Carbonsäure.

Beispiele sind modifiziertes DY86, RR180, DB199 und DBk195 [760, 761]:

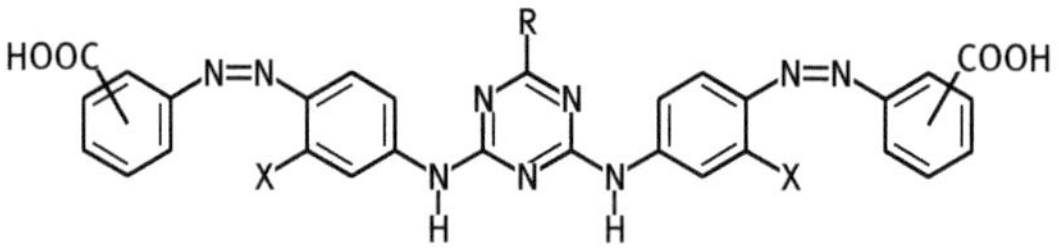

Modif. DY86 (nutzt Carbonsäuren)

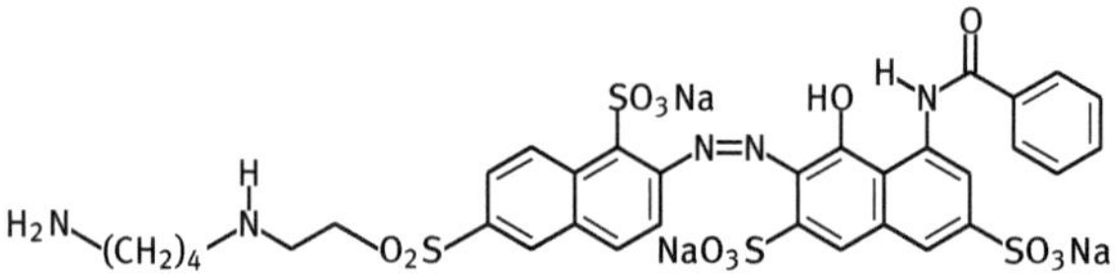

Modif. RR180 (nutzt Amin)

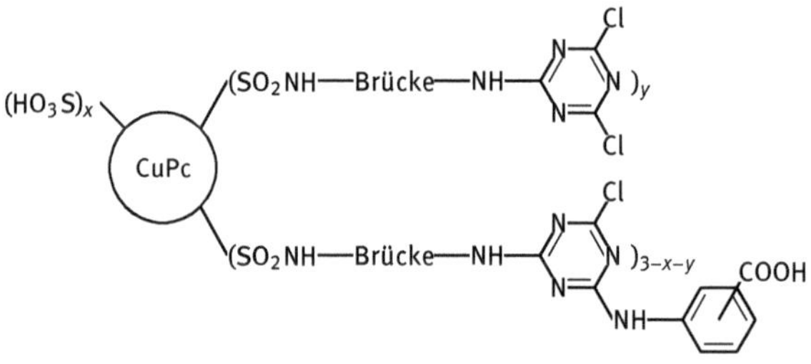

Modif. DB199 (nutzt Carbonsäuren)

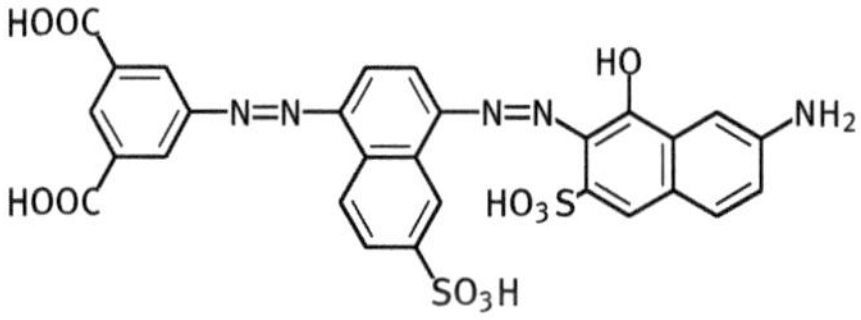

DBk195

Die modifizierten DY86 und DB199 nutzen Carbonsäuren anstelle von Sulfonsäuren zur pH-abhängigen Verminderung des Ionisierungsgrades. Im modifizierten RR180 vermittelt ein schwach basisches Diamin die pH-Abhängigkeit. In DBk195 sind beide Möglichkeiten kombiniert.

Eine weitere Möglichkeit, die Wasserfestigkeit zu erhöhen, besteht darin, dass Molekulargewicht zu vergrössern. Am einfachsten geschieht dies durch Verdoppeln des Moleküls durch Verbrücken mit aliphatischen, aromatischen oder heterozyklischen Brücken [760]. Im DY86 oder DY132 ist dies bereits mit einer Triazin- oder Harnstoff-Brücke erfolgt. Einfache rote Monoazofarbstoffe können z. B. mit einer Di-triazinyl-diamin-Brücke zum Dimeren gekoppelt werden:

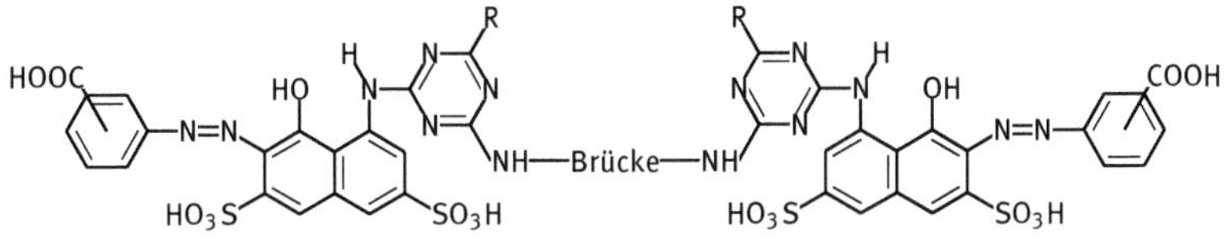

Modif. einfaches Azopigment

Schwarze Trisazofarbstoffe wie DBk168 besitzen von Natur aus ein hohes Molekulargewicht und dienen gleichzeitig als ungiftiger Ersatz für ältere Farbstoffe wie DBk154 mit Brückenkomponenten, die Benzidin freisetzen könnten:

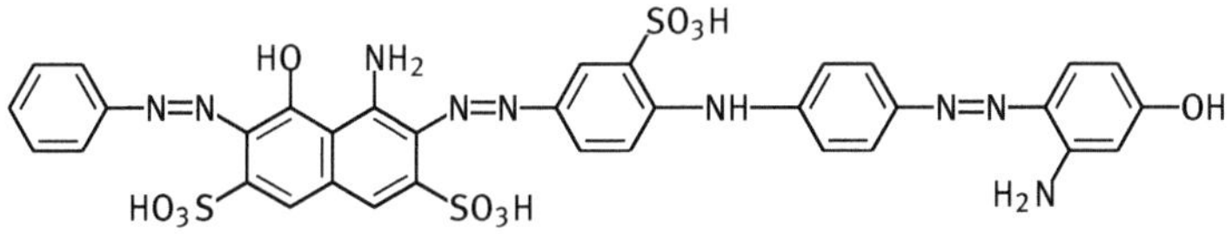

DBk168
schwarze Inkjettinte

Die Löslichkeit kann durch Verwendung des Lithiumsalzes und Einführung einer Hydroxyethylsulfonylgruppe verbessert werden, wobei die Wasserfestigkeit erhalten bleibt [761]:

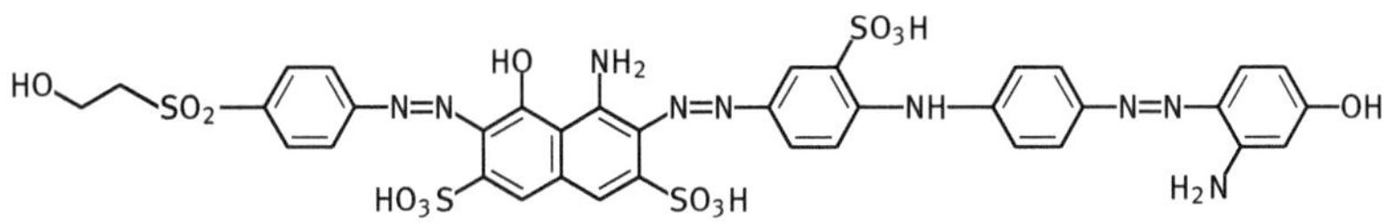

Modif. DBk168

Weitere Modifikationen, die zu verbesserter Haftung auf Papier führen können, haben wir in ►Abschnitt 5.2.3 kennengelernt.

Pigmentierte Tinten

In Tintenformulierungen werden Pigmente als Farbmittel eingesetzt, wenn hohe optische Dichten (Deckvermögen) und hohe Lichtechtheit erforderlich ist. Trotz schwieriger Einsatzbedingungen (siehe unten), setzen sich pigmentierte Tinten [144] aufgrund ihrer Vorteile zunehmend durch.

Während als Zyankomponente praktisch ausschließlich Phthalocyanine (PB15:3) eingesetzt werden, ist die Auswahl an Magentapigmenten größer. Der Bereich wird von lichtechten Chinacridonen dominiert (PR122 oder die wärmeren PV19 oder PR202). Die ebenfalls roten Naphthol AS-Pigmente wie PR184 weisen unter Umständen nicht die benötigten Echtheiten auf. Am größten ist die Bandbreite der Gelbkomponente, da die hohen Anforderungen an moderne gelbe Pigmenttinten von kaum einem Pigment gleichermassen erfüllt werden. Häufig wird das wenig lichtechte PY74 eingesetzt, die besseren Benzimidazolonpigmente PY180, PY120, PY154 oder PY175 sind schlechter dispergierbar. Geeignet, aber farbschwächer ist PY155. Billige und farbstarke Diaryl-Gelbpigmente (Beispiel PY13) setzen vor allem bei thermischen Inkjet-Verfahren potentiell Benzidine frei und kommen daher nicht in Frage. Sehr lichtecht, aber farbschwach durch sein hohes Molekulargewicht ist das Disazokondensationspigment PY128. Seit den 30er Jahren bekannt, aber erst vor kurzem mit neuer Synthese verfügbar sind Chinolo-chinolone (strukturell verwandt mit den Chinacridonen) wie PY220. Sie sind sehr lichtecht und bilden mit Phthalocyaninen (Zyan) und Chinacridonen (Magenta) ein auch für den Außeneinsatz geeignetes Farbtripel.

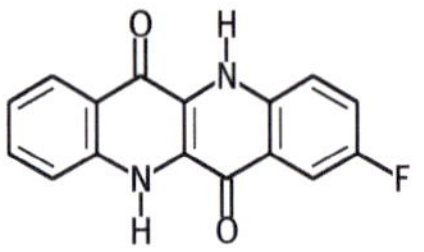

PY220
Standard-Gelb

Die Farbmittel pigmentierter Inkjettinten müssen im Gegensatz zu Künstlerpigmenten als feine Partikel vorliegen. Zum einen dürfen sie die feinen Zuleitungen und Düsen des Druckwerks nicht verstopfen, zum anderen müssen die Pixel sehr klein sein, um hohe Bildschärfe und Auflösungen im Ausdruck zu ermöglichen. Die Partikelgröße heutiger Inkjettinten liegt bei 25–150 nm. Diese Grösse wird durch Mahlung gröberer Partikel erreicht oder durch eine geeignete Syntheseführung, sodass die Pigmente direkt als mikrokristalliner Niederschlag oder feinteilig in Emulsionen anfallen. Auf ►S. 707 haben wir uns bereits mit dieser Problematik befaßt.

Die so gewonnenen Pigmentpartikel werden als Dispersion verwendet, um ein Absetzen und Verstopfen zu vermeiden. Eine technologische Herausforderung liegt darin, daß dispergierte Pigmente zu Reaggregation neigen und gröbere Klumpen bilden. Diese Vorgänge und mögliche Stabilisierungsmaßnahmen (elektrostatische oder sterische Stabilisierung) haben wir in ►Abschnitt 6.3 bereits im Allgemeinen diskutiert.

Dispersionshilfsmittel

Pigmentierte Tinten enthalten Dispersionshilfsmittel, die insbesondere polymerer Natur sind, ►Abschnitt 6.3.3. Sie können der Tinte als separate Komponente zugesetzt werden, aber auch durch chemische Modifikationen des Pigments fest am Pigment verankert werden [728]:

- Das Additiv ist ein klassischer sterisch wirksamer Stabilisator, der ohne Pigmentmodifikation zugesetzt wird: ein AB- oder ABA-Blockcopolymer verankert sich über die B-Gruppe am Pigmentkristall, die A-Gruppen stabilisieren sterisch, ►Abbildung 8.16 ganz links.
- Das Pigment wird mit zusätzlichen polaren Gruppen versehen und als Additiv zugegeben. Der Grundkörper dieses Additivs wird in Pigmentaggregationen eingebaut und bindet an den polaren Gruppen Moleküle des in der Tinte vorhandenen Bindemittels. Das modifizierte Pigment bildet so einen Anker für eine Schicht an Bindemittel, die die Dispersion sterisch stabilisiert, ►Abbildung 8.16 links. Beispiel Phthalocyaninpigment:

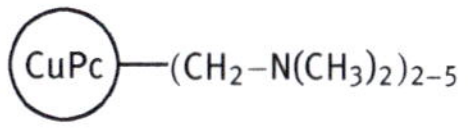

- Als Hilfsmittel dient das Pigment, das kovalent mit sterisch oder elektrostatisch wirkenden Schutzgruppen versehen ist. Das modifizierte Pigment wird wiederum an den wachsenden Pigmentkristallen adsorbiert und bildet an diesen eine Stabilisierungsschicht, ►Abbildung 8.16 rechts.
- In einer Kombination der Varianten Eins und Zwei werden zwei Additive verwendet: ein mit polaren Gruppen modifiziertes Pigment wird in die wachsenden Pigmentkristalle eingebaut, das zweite, unabhängige Additiv ist ein sterisch oder elektrostatisch wirksamer Stabilisator, der an den polaren Gruppen adsorbiert wird und die eigentliche Schutzschicht bildet, ►Abbildung 8.16 ganz rechts.

Das Hilfsmittel kann auch auf dem Pigment gefällt werden und bleibt mit diesem durch Adsorption lose verbunden. Die Gefahr besteht, dass andere Bestandteile des Tintensystems das Hilfsmittel wiederauflösen, was zur Koagulation der Dispersion führen würde. Die Formulierung der Tinte muss hierauf Rücksicht nehmen.

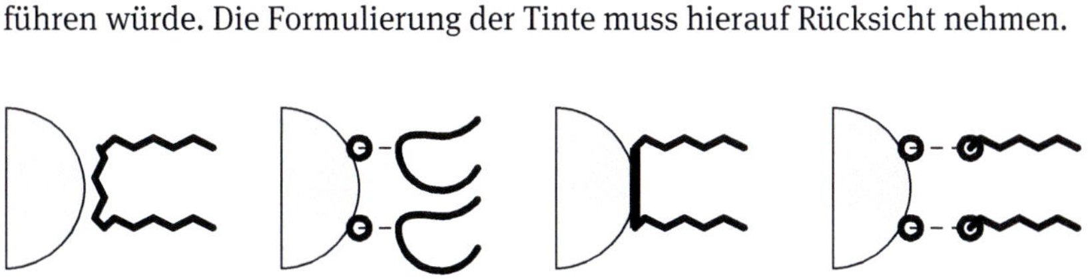

Abb. 8.16: Vier Möglichkeiten, Pigmentdispersionen zu stabilisieren (gezeichnet nach [728]). Die Kreise symbolisieren polare Gruppen, Zickzacklinien das sterisch oder elektrostatisch wirkende Additiv, geschwungene Linien das Bindemittel. Die graue Fläche stellt die Pigmentaggregation dar.

Typ Eins, Separate Dispersionshilfsmittel Geeignete Mittel für den Typ Eins sind u. a. Polyvinylalkohol, Methyl-zellulose, Hydroxyethyl-zellulose, Carboxy-methyl-zellulose, Tenside oder Acrylat/Styrol- oder Acrylat/Pyrrolidon-Copolymere. Polyacrylate, die speziell für den Einsatz in Inkjettinten vorgesehen sind, werden in [804] genauer untersucht. Sie wirken über ionische und sterische Repulsion und weisen dementsprechend zwei Blöcke auf. Ein hydrophober Block A p(MMA/BMA/EHMA) dient der Haftung am Pigment und besteht aus Methylmethacrylat (relativ hydrophil), Butylmethacrylat oder Ethylhexylmethacrylat (hydrophob). Ein hydrophiler Teil B erstreckt sich in die wässrige Phase und verursacht die sterische und ionische Repulsion. Er besteht aus einem Copolymer zwischen dem Monomer von Block A und Methacrylsäure (MMA/MAA, EHMA/MAA oder BMA/MAA). Die Wirkung kann durch ►Abbildung 6.8 auf S. 467 (rechtes Bild) und ►Abbildung 6.9 auf S. 468 (rechtes Bild) illustriert werden.

Typ Drei, kovalent gebundene Dispersionshilfsmittel Eine stabile kovalente Bindung ans Pigment erreichen wir, wenn wir als Hilfsmittel ein Styrol-Maleinsäureanhydrid-Polymer wählen und zugleich eine Ankergruppe wie die Methylaminogruppe in das Pigment einbringen. Anhydrid und Amin bilden dann eine kovalente Amidbindung zwischen Pigment und Polymer aus:

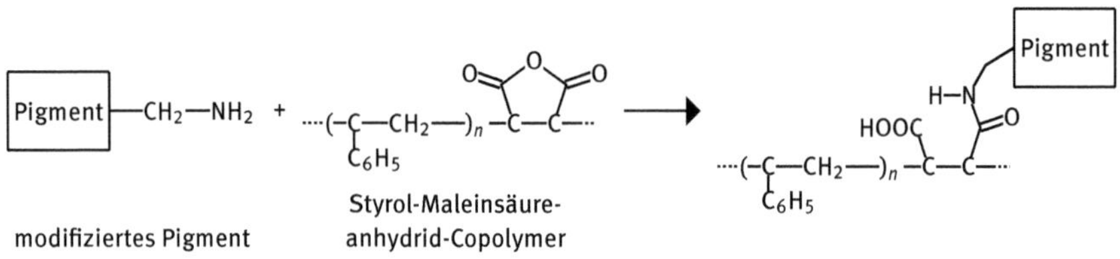

Die Methode setzt voraus, dass das Pigment geeignet modifiziert werden kann. Besonders einfach ist dies bei synthetischen organischen Pigmenten. Bei diesen können wir das Dispersionshilfsmittel bereits beim Pigmentdesign berücksichtigen und raumgreifende oder ionisierbare Gruppen einführen. Beispiele sind die Benzimidazolongruppe oder Alkylketten (sterisch anspruchsvoll) oder Sulfonate, Sulfonsäuren oder Carbonsäuren (ionisierbar):

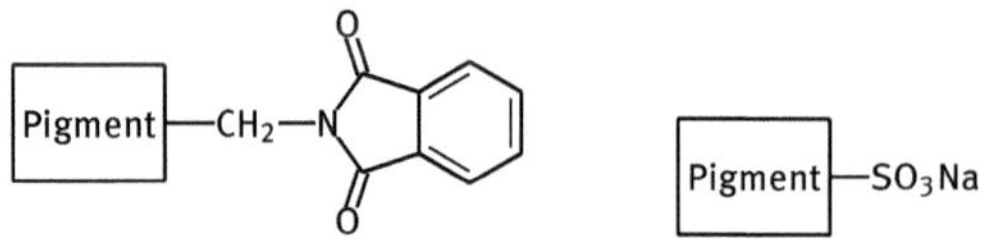

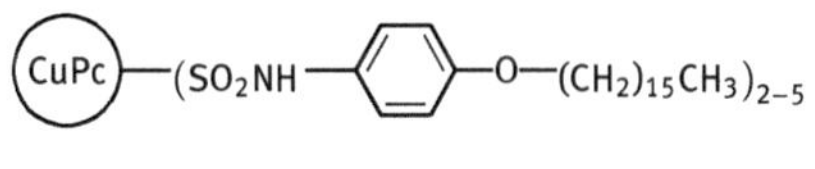

Typ Zwei und Vier, Einführung von (polaren) Ankergruppen Ankergruppen können auf verschiedene Arten nachträglich in das Pigment eingeführt werden. Beim häufigsten schwarzen Pigment, dem Kohlenstoffschwarz können wir durch Oberflächenoxidation eine Vielzahl an funktionellen Gruppen schaffen (Hydroxy-, Carboxy-, Oxogruppen), ►Abschnitt 3.1 auf S. 203.

Kohlenstoff in organischen Pigmenten können wir mit diazotierten Reagenzien angreifen und damit Sulfonsäuren, Carbonsäuren oder Phosphate einzuführen, ►Abbildung 8.17 oben. Phosphate sind besonders bei Tinten für den Papierdruck interes-

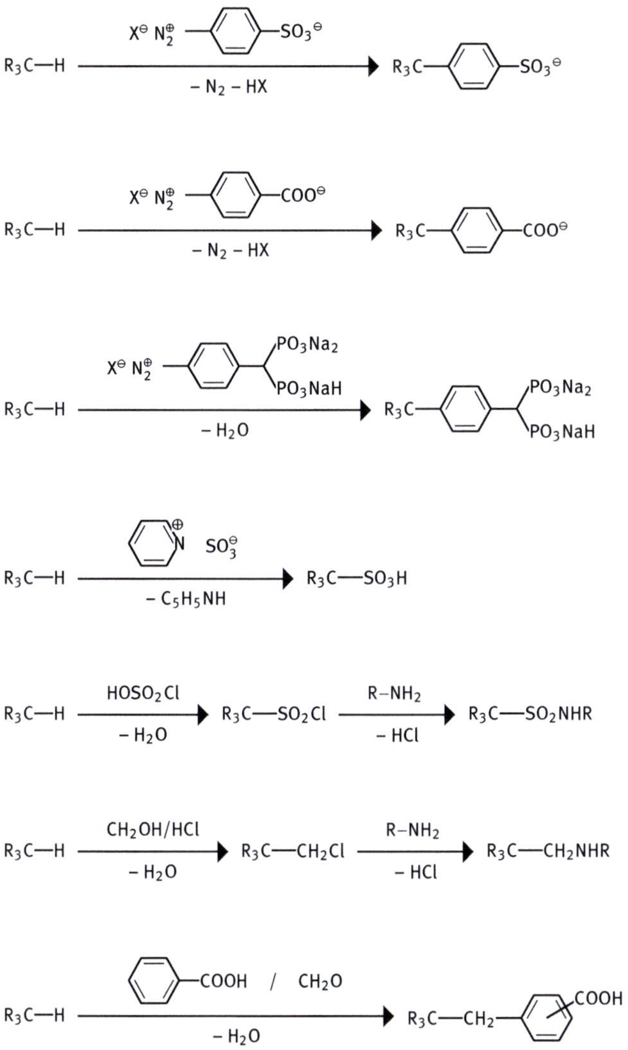

Abb. 8.17: Verschiedene Möglichkeiten, organische Pigmente mit Ankergruppen zu versehen, um Dispersionshilfsmittel und andere Reagenzien kovalent zu verankern.

sant, da sie mit Calciumspuren des Papiers Komplexe bilden und auf diese Weise die Haftung des Pigments auf dem Trägerpapier verbessern. Weitere Möglichkeiten sind Sulfonierungs- und Chlormethylierungsreaktionen, ►Abbildung 8.17 unten.

8.5.5 Das Papier, Inkjet-Trägermaterialien

Wir wollen nun einen Blick auf das Material werfen, auf dem die Farbmittel beim Druck letztlich platziert werden – nicht zuletzt, um zu verstehen, wieso ein Büromaterialgeschäft mittlerweile mehr als zehn verschiedene Druckerpapiere führen kann. Die grundsätzliche Zusammensetzung, die Funktion der Komponenten und die Herstellung von Papier haben wir in ►Abschnitt 6.7 vorgestellt. Beim *(satinierten) Schreibpapier* handelt es sich wie beim Kopier- oder dem multifunktionellem Büropapier um ungestrichenes, in der Regel holzfreies Papier, das zusätzlich durch Satinage geglättet sein kann. Durch Leimung werden die Oberflächeneigenschaften an die Erfordernisse der wäßrigen Schreibtinte angepaßt. Die Leimung muß stark genug sein, um das Verlaufen der dünnflüssigen Tinte auf saugfähigem Papier zu verhindern und ein sauber stehendes Schriftbild zu erhalten, aber schwach genug, um die wäßrige Tinte nicht abzustoßen. Der bestimmende Faktor hier ist die hohe Oberflächenspannung von Wasser.

Auf die Besonderheiten von Künstlerpapieren sind wir in ►Abschnitt 6.7.7 bereits eingegangen. Hochwertiges Design- und Layoutpapier besteht aus holzfreiem Zellstoff, der massegeleimt ist, um die Festigkeit zu erhöhen. Eine Oberflächenleimung verhindert das Verlaufen der Tinte und das Durchschlagen der niederviskosen Farbe auf die Rückseite. Die Leimung muß auf das Lösungsmittel in der Tinte abgestimmt sein. Während viele Tinten wäßrig sind, werden von Designern, Comiczeichnern, Illustratoren und mixed media-Künstlern häufig auch Marker und Fineliner mit alkoholischen Tinten verwendet, die erheblich niedrigere Oberflächenspannungen besitzen und damit leichter als wäßrige Tinten verlaufen.

Für besonders brillante Farben oder gestochen scharfe Zeichnungen wird die Oberfläche daher zusätzlich durch Satinage geglättet (Bristol). Leimung und Satinage wirken zusammen und erhöhen die Offenzeit der Farben, d. h. verlangsamen das Wegschlagen der Lösungsmittel, sodaß noch eine kurze Zeit naß-in-naß gemalt werden kann. Auch die Schärfe der Zeichnung wird durch Satinage erhöht.

Designer arbeiten auch auf Papieren mit hohen Flächengewichten, sog. Karton. *Chromokarton* ist ein mehrlagiger Karton mit einer Decklage aus Zellstoff, die mit 18–20 g/m^2 gestrichen ist, um eine dichte glatte Oberfläche für brillante Farben und klare Zeichnung vorzuweisen [166, 167]. Das Flächengewicht liegt bei 250–500 g/m^2. *Bristolkarton* ist ein aus drei oder mehr Schichten geklebter Karton mit einer holzfreien Deckschicht und einer meist holzhaltigen Einlage. Er ist mit Grammaturen von

250–1000 g/m^2 erhältlich. Holzhaltige Qualitäten sind für künstlerische Arbeiten mit hoher Lebenserwartung nicht zu empfehlen.

Komplexer ist der Aufbau der modernen Trägermaterialien für den Tintenstrahldruck. In seiner Anfangszeit wurde einfaches Büropapier verwendet und mit damals handelsüblichen Farbstoffen aus dem Textilbereich bedruckt. Rasch stellte sich heraus, dass das gewöhnliche Papier zu porös war und eine zu hohe Saugkraft aufwies. Es wurden daher Beschichtungen auf Basis silikatischer Tone entwickelt, die die Saugkraft reduzieren und das Druckbild verbessern. Weitere Probleme brachten wässrige Tinten, die normales Papier wellten und seine Festigkeit im Nasszustand erheblich herabsetzten.

Die Aussage „Das ist ja nur Papier" stimmt für modernes Tintenstrahlpapier nicht mehr [753, 755–759], [160, ch. 9.5]. Da erst um 1992 Tinten- und Farbstoffformulierungen entwickelt wurden, die für normale Büropapiere geeignet sind, wurde die Suche nach besseren Trägermaterialien begonnen. Sie führte zu Beschichtungen für Normalpapier, zu wasser-reissfesten und formstabilen Papieren und zu Folien.

Immer noch werden große Anstrengungen in der Forschung geleistet, da das Trägermaterial auf die sich stetig fortentwickelnden Farbstoffe und Pigment abgestimmt sein muss. Heutige Papiere für den Tintenstrahldruck werden mit einer Streichfarbe mit Silicagel, Polyvinylalkohol, CMC, niedermolekularen Polymeren (modifiziertes Polyethylenimin, Polyvinylamin, Polyacrylamid) versehen [163, p. 98]. Das Basispapier wird mit AKD, ASA oder Baumharzen geleimt. Die Papiere weisen einen komplexen Aufbau aus mehreren Schichten auf, ►Abbildung 8.18: IRL (ink reception layer), Substrat (Träger) und Backing (Rückseite).

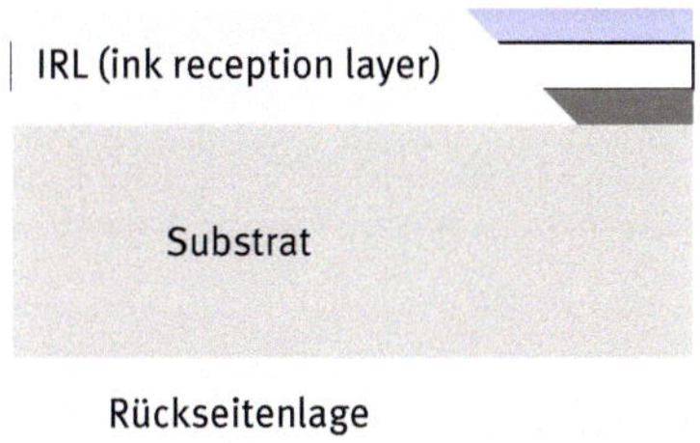

Abb. 8.18: Prinzipieller Aufbau eines modernen Tintenstrahl-Papiers. Auf einem stabilen Träger (Substrat) ist eine Rückseitenbeschichtung und ein *ink reception layer* (IRL) aufgebracht, der die Oberfläche für den Druck präpariert. Der IRL kann aus mehreren dünnen einzelnen Schichten aufgebaut sein, wie hier angedeutet.

Substrate

Als eigentlichen mechanischen Träger können wir heute zwischen Papier, synthetischen Papieren und Polymerfilmen wählen. Die Hauptfunktion ist die mechanische Stabilität, das Substrat kann jedoch auch dazu dienen, unmittelbar nach dem Druck das Lösungsmittel der Tinte (meist Wasser) aufzunehmen. Wir erhalten so einen rasch finger-trockenen Ausdruck, der über die nächste Zeit verzögert das Lösungsmittel verdunstet.

Papier Als einfachstes Substrat bietet sich normales Papier an, ►Abschnitt 6.7. Durch seine poröse Struktur kann es große Mengen des Lösungsmittels der Tinte aufnehmen, hat jedoch den Nachteil, dass seine Formbeständigkeit und Reissfestigkeit im Nasszustand gering sind. Zu stark saugendes oder ungünstig poröses Papier führt zu verwaschenen und auslaufenden Drucken. Ob ein gutes Druckbild entsteht, hängt stark von den konkreten Eigenschaften der Papierbeschichtung ab.

Papier, das speziell für den Tintenstrahldruck konzipiert ist, enthält optische Aufheller für brillante Farben und Substanzen, die das Wellen und Verformen im Nasszustand verhindern sollen. Eine endgültige Lösung zu diesem Problem ist jedoch noch nicht in Sicht.

Synthetisches Papier Die schlechte Wasser- und Reissfestigkeit und Formbeständigkeit von Normalpapier machen es für Aussenanwendungen ungeeignet. Es gibt heute daher synthetische Papiere aus Kunststofffasern, die ihre Eigenschaften auch im nassen Zustand nicht ändern und im Freien (form-)stabil bleiben. Zu diesen gehören Teslin®und Tyvek®, die aus Polyethylen-Fasern bestehen. Sie sind ähnlich saugend wie traditionelles Papier, aber wasser- und reissfest. Mehr wie Filme verhalten sich Crisper®(Polyester), Kimdura®(Polypropylen, PP) und Typar®(PP).

Die Polymere werden als Faser verschweisst und können durch mikroskopische Einschlüsse von Luft opak gestaltet werden („micro voided"), während sie im Normalzustand transparent sind.

Filme Besonders für Overheadprojektion und Durchlichtdruck werden Kunststofffolien benötigt, die nicht aus polymeren Fasern, sondern aus gewalzten oder geblasenen Filmen bestehen. Als Kunststoffe haben sich Polyethylenterephthalat (PET) und Polyvinylchlorid (PVC) durchgesetzt. Die farblosen Kunststoffe liefern durchsichtige Folien; opake Folien werden durch weisse Pigmentierung oder mikroskopische Lufteinschlüsse erhalten. Folien sind gegenüber synthetischen Papieren erheblich steifer, was meist auch gewünscht ist.

Composites Für den Druck von digitalen Photographien werden sehr gleichmässige und feinporige Papiere mit Polyethen oder Polypropylen beschichtet. Wir finden viele verschiedene sandwich-artige Aufbauprinzipien, meist ist das Papier beidseitig beschichtet. Die Frontlage besitzt eine glatte gleichmässige Oberfläche und ist oft pigmentiert und mit optischen Aufhellern versehen. Weitere Front- oder rückseitige Lagen vermitteln mechanische Stabilität und Steifigkeit auch bei Nässe. Sie sind meist transparent und lassen Signets durchscheinen.

Ink Reception Layer (IRL)

Während das Substrat primär ein mechanischer Träger ist, handelt es sich beim IRL um ein- oder mehrlagige Beschichtungen, die in Verbindung mit der Tintenformulierung für saubere und haltbare Druckbilder sorgen. Sie kontrollieren vor allem die

Ausbreitung des Lösungsmittels der Tinte und die Ablagerung der Farbstoffe und Pigmente an den richtigen Stellen. Um rasch fingertrockene Drucke zu erhalten, nehmen sie Lösungsmittel auf oder leiten sie ans Substrat weiter. Von dort aus erfolgt dann in den nächsten Minuten eine langsame Verdunstung. ►Abbildung 8.19 zeigt links den Aufbau eines Inkjet-Papiers mit einem porösen IRL, rechts den eines mehrschichtigen Papiers mit Schichten zur Farbstofffixierung und einer Flüssigkeitssperre, die gleichzeitig eine optische Aufhellung erzeugt.

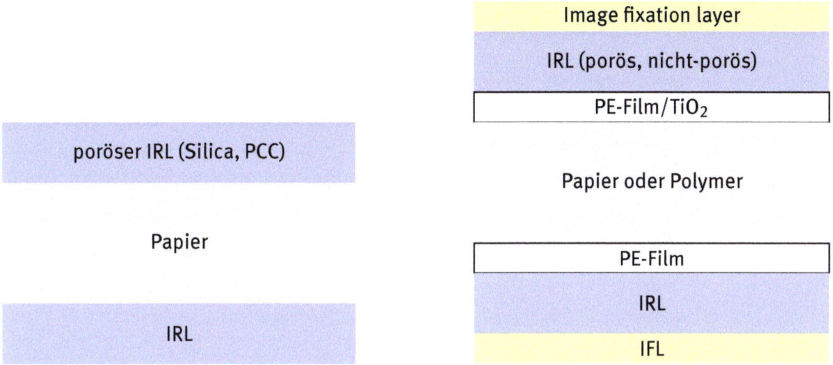

Abb. 8.19: Reale Beispiele für Inkjet-Papiere [160, ch. 9.5.6]. Links: Aufbau eines Inkjet-Papiers mit porösem IRL auf Papiersubstrat. Der IRL besteht aus Silica oder gefälltem Calciumcarbonat (PCC). Rechts: Mehrschicht-Aufbau eines Photodruckpapiers mit Image fixation layer auf Papier- oder Polymersubstrat. Das Substrat wird durch einen PE-Film gegen Flüssigkeit geschützt. Der PE-Layer kann mit TiO_2 als helle Grundschicht ausgebildet werden. Der IRL kann porös oder homogen sein.

Poröse IRL bestehen aus feinen Partikeln und einem Bindemittel. Als Partikel werden silikatische Tone (Montmorillonit, Bentonit, synthetischer Laponit), amorphes Silica SiO_2, Tonerde Al_2O_3 oder Calciumcarbonat $CaCO_3$ benutzt (PCC, precipitated calcium carbonate). Die Grösse der Teilchen schwankt zwischen unter 100 nm und 1 µm. Die Dicke der IRL auf Papier beträgt typischerweise 10–20 µm, auf Filmen dagegen 30–50 µm, um hinreichend Volumen für das aufzunehmende Lösungsmittel anzubieten. Die Kapillarkräfte, die in den Zwischenräumen der Poren wirken, sorgen nach dem Druckvorgang für eine rasche Aufnahme des Lösungsmittels der Tinte.

Als Bindemittel werden wasserlösliche hydrophile Polymere verwendet. Sie fixieren die poröse Beschichtung, unterstützen durch ihre hydrophile Eigenschaften die Kapillarvorgänge und nehmen nach dem ersten raschen Aufsaugen der Flüssigkeit durch die Poren langsam weiteres Lösungsmittel auf. Dieses geben sie in der Folge in dem Maße, in dem die Flüssigkeit aus den Poren verdunstet, wieder ab.

Als Polymere eignen sich Polyvinylalkohol (PVOH), Polyvinylpyrrolidon (PVP), Polyacrylsäure (PAA), Styrol-Acrylat-Latices (Styrol-AA-Copolymere), Polyacrylamid, Styrol-Butadien-Latices, Polyvinylacetat (PVOAc), Methylzellulose, Zellulosederivate oder Gelatine. Das Monomer für PVOH ist Vinylacetat, sodaß sich die polymeren Produkte in ihrem Hydrolysegrad unterscheiden, so besteht z. B. Selvol 540®, das in High-End-Photopapieren verwendet wird, aus 87–89 % PVOH und 11–13 % PVOAc [949].

Durch die feinen Partikel sind poröse IRL von Natur aus matt; ein mehrlagiger Aufbau aus drei oder mehr Schichten führt zu glänzenden IRL. Solche IRL bestehen aus einer grobporigen Lage, die für die Verteilung der Flüssigkeit zuständig ist, und dünneren Lagen aus feinen Partikeln, die gewünschte Oberflächeneigenschaften wie Glanz, Ausbreitung und Deponierung der Farbstoffe und Pigmente bestimmen.

Nicht poröse IRL bestehen aus homogenen, polymeren Filmen. Da keine Poren verfügbar sind, müssen die Polymere selber das Lösungsmittel aufnehmen und zwischenspeichern. Für wässrige Tinten werden Beschichtungen aus natürlichen Polymeren benutzt, die hinreichend rasch anschwellen und Flüssigkeit absorbieren. Geeignet sind Gelatine und Polysaccharide (Zellulosederivate). Synthetische Polymere müssen hydrophil sein, wie PVOH, PVP, Poly-ethylenoxid (PEO) und Poly-2-ethyl-2-oxazolin (POx). Ggf. sorgen auch hier weitere Hilfsstoffe wie Beizen für gute Fixierung der Farbmittel im IRL.

Homogene IRL zeigen in der Regel eine mehrschichtige Struktur, wobei dicke Lagen für Flüssigkeitsverteilung und -speicherung zuständig sind, und dünne für optische Eigenschaften. Durch den homogenen Film ist es einfach, glänzende Oberflächen zu erhalten, besonders auf glatten Substraten wie Folien und Filmen. Für ein mattes Erscheinungsbild müssen dagegen Mattierungsmittel zugesetzt werden, z. B. amorphe Silica-Partikel der Grösse 1–50 µm.

Image fixation layer, dye fixation layer Je nach eingesetzter Tinte werden Hilfsstoffe zur Kontrolle des Druckbilds benutzt. Anionische Farbstoffe werden durch kationische Beizen fixiert, die aus Poly-diallyldimethyl-ammoniumchlorid (polyDADMAC), Polyvinylamin (PVOH), Polyethylenimin (PEI), Styrol-Maleinimid-Harzen, Polyaluminiumchlorid (PAC), Alaun, Polyamidoaminen, Polyvinyl-benzyl-ammoniumchlorid oder kationisch modifizierten Polyvinylalkoholen bestehen. Der Mechanismus ist derselbe wie bei Beizenfarbstoffen (►Abschnitt 5.5), viele der Fixative haben wir im Bereich Papierbeschichtung als Retentionshilfsmittel und Fixativ kennengelernt, ►Abschnitt 6.7.3 auf S. 506 und ►S. 516.

8.5.6 Farbmittel für Stempelkissen

Inwieweit das Stempeln etwa von Graphiken als künstlerische Tätigkeit angesehen werden kann, möchte ich der Leserschaft überlassen. In jedem Fall eignen sich viele der bisher vorgestellten Farbstoffe auch zur Einfärbung von Stempelkissen, daher soll ►Tabelle 8.9 einen Überblick über Farbmittel zur Befüllung von Stempelkissen geben.

Tab. 8.9: Farbstoffe zur Einfärbung von Stempelkissen [924, 927].

Gelb	AY17, AY23, BY40, DY11, DY86, SY56, SY62, SY82
Orange	AO10, BO2, SO43, SO45, SO54, SO56, SO58, SO99
Rot	AR18, AR52, AR87, AR92, AR94, AR249, AR289, RR120, SR23, SR24, Sr89, SR119, SR122, SR127, SR132, SR160
Violett	AV17, AV49
Grün	BG4, SG3
Blau	AB1, AB9, AB93, BB7, DB1, DB199, SB38, SB48, SB80
Schwarz	ABk2, ABk234, DBk19, DBk22, DBk154, SBk3, SBk5, SBk7, SBk27, SBk29

8.6 Laser-/Kopiertoner

Mit gewisser Freiheit können wir Kopiergeräte und Laserdrucker als künstlerische Medien ansehen und in unseren Streifzug durch die Welt der Farbe einbeziehen. Während die bisher angesprochenen Druckverfahren auf Tinten basieren, die durch die Zeichenbewegung der Hand oder den Druckkopf geeignet auf dem Papier plaziert werden, wird das Farbmittel beim Laserdruck oder Kopiergerät auf elektrographischem Wege aufgetragen. Im Gegensatz zu Tinten sind Toner von Laser- und Kopiergeräten nicht nur Farbmittel, sondern auch Teilnehmer dieses elektrographischen Prozesses und zeigen daher einen komplexen Aufbau.

Das Druckprinzip

Eine gute Übersicht über den Laserdruck liegt in [727, 733–737] vor, wir wollen uns hier nur das grundlegende Prinzip ansehen, um die Anforderungen an die Farbmittel zu verstehen.

Beim Kopier- oder Laserdruck (►Abbildung 8.20) wird im Prinzip zunächst auf einer (negativ) geladenen Belichtertrommel ein unsichtbares Abbild der Vorlage oder der Druckdatei erzeugt, indem ein Licht- oder Laserstrahl Teile der Trommel entlädt. Kopiergeräte verwenden zur Entladung helles (weißes) Licht, das von der Vorlage auf die Belichtertrommel reflektiert wird, in Laserdruckern wird der Laserstrahl durch die Druckvorlage direkt gesteuert.

Die belichtete Trommel wird sodann mit elektrisch gleichartig geladenem Toner in Kontakt gebracht, wobei der Übertragungsprozess elektrisch und magnetisch gesteuert wird. Der Toner wird von allen Stellen, die nicht belichtet wurden und somit noch elektrisch geladen sind, abgestossen und bleibt nur an den belichteten Stellen auf der Trommel haften. Der Toner wird dann von der Trommel auf das Papier übertragen und durch Erwärmung auf dem Papier fixiert. Bei diesem Vorgang wird das Tonerharz und das darin eingebettete Pigment auf das Papier aufgeschmolzen. An frisch bedruckten Bögen können wir noch die Restwärme dieser Schmelzfixierung wahrnehmen.

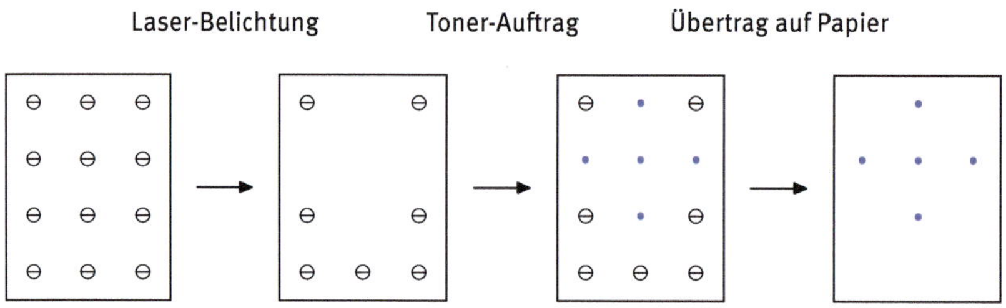

Abb. 8.20: Prinzip des Laserdruckers und Kopierers. ⊖ stellen negative Ladungen auf der Belichtertrommel oder dem Carrier/Toner dar, • ist der pigmentierte Toner. Die vollständig geladene Belichtertrommel (links) wird gemäss der Vorlage (oder des Druckbildes) partiell entladen (Mitte links). Negativ geladener Toner bleibt an den belichteten, entladenen Stellen haften (Mitte rechts). Nach dem Übertragen des Toners auf Papier wird der Toner fixiert.

Der Toner

Um Pigmente mit den notwendigen elektrischen Eigenschaften zu versehen, können Zwei- oder Ein-Komponenten-Systeme zum Einsatz kommen. In beiden Fällen besteht der Toner zum überwiegenden Teil aus einem thermoplastischen Harz, das mit 0–15 % eines Wachses kombiniert sein kann. Die Harz-/Wachs-Zusammensetzung bestimmt die Fliesseigenschaften des geschmolzenen Toners beim Heiß-Fixieren, das Wachs verbessert die Rheologie der Schmelze und sorgt darüberhinaus für den gewünschten Glanzgrad des ausgekühlten Toners. Um Tonerablagerungen auf mechanischen Elementen des Geräts zu vermeiden, finden wir oft Gleitmittel wie Zinkstearat.

Da die Harzmischung das spätere Bindemittel für das Pigment darstellt, wird sie hauptsächlich aufgrund ihrer Rheologie ausgewählt, um eine optimale Haftung auf den möglichen Trägermaterialien (Papier, Folien, …) zu gewährleisten. Sie schmilzt zwischen 50–100 °C und kann dann leicht in die Poren eines rauhen Trägers wie Papier eindringen, zeigt aber auch gute Adhäsion auf glatten Oberflächen wie Folien. Als Harz wird ein Styrol/n-Butylacrylat-, Styrol/n-Butylmethacrylat-, Styrol/Butadien-Copolymer, ein Polyester oder ein Phenol-Epoxidharz mit Molekulargewichten zwischen 5 000 und 100 000 benutzt.

Einige Geräte verwenden keine Heißfixation, sondern pressen das Harz auf den Träger. Hierfür werden leichtere Polymere aus Polyethylen, Polypropylen oder einem Ethylen/Vinylacetat-Copolymeren verwendet, die Molekulargewichte bis etwa 15 000 haben.

Beim Vierfarbdruck sind die Pigmente farbig. Die Herausforderung für Farbtoner besteht u. a. darin, trotz sehr hoher und unregelmäßiger Bedeckung (bis zu 30 % pro Farbe) gleichmäßigen Glanz, Haftung und Schichtdicke zu erzielen. Zum Vergleich: Schwarz-Weiß-Toner wird bis etwa 8 % Bedeckung in einer einzigen Lage gleichmäßig auf den Träger aufgebracht.

Zwei-Komponenten-Toner bestehen aus einem Carrier (95 Gew.-%) und dem farbigen Toner (5 Gew.-%), der auf den Carrier aufgebracht wird. Die Eigenschaften von Carrier und Toner sind so gewählt, dass sie *triboelektrisch* sind, das heisst sie laden sich entgegengesetzt elektrisch auf, wenn sie im Kopiergerät vor dem Auftrag auf die Belichtertrommel mechanisch aufgeschüttelt werden. Diese Ladung ist notwendig, um einerseits den Toner mit dem Carrier transportieren zu können und andererseits den Toner gezielt auf den belichteten, ungeladenen Partien der Trommel zu deponieren. Die Ausrichtung des Carriers selber erfolgt magnetisch.

Als Carrier werden magnetische Materialien wie Eisen, Stahl, Ferrit ($ZnO \cdot NiO \cdot Fe_2O_3$) oder Magnetit von 50–500 µm Partikelgröße verwendet, die mit einem Polymer beschichtet sind, um den Carrier triboelektrisch laden zu können [738]. Im Gegensatz zum Tonerharz wird diese Beschichtung aufgrund ihrer triboelektrischen Eigenschaften ausgewählt. Je nach gewünschter Ladung (Vorzeichen und Stärke) werden Polyacrylate (n-Butyl-acrylat, Methylmethacrylat) oder halogenierte Ethylene (Polytetrafluorethen, Polytrifluorchlorethen, Polyvinylidenfluorid) verwendet.

Carrierpartikel sind etwa zehnmal so groß wie der eigentliche Toner. Dieser besteht zu 70–90 % aus dem thermoplastischen Harz, enthält 0–15 % Wachs, 1–15 % Pigment und evt. 2 % eines *charge control agent*. Die Partikel des Toners sind kleiner als 10 µm und haften elektrostatisch auf dem Carrier, ►Abbildung 8.21.

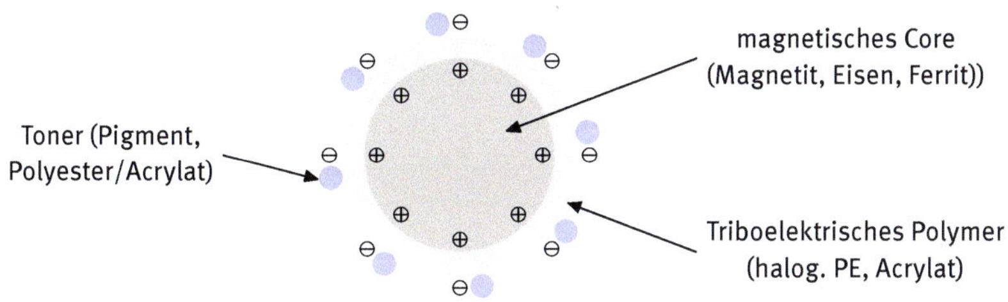

Abb. 8.21: Aufbau des Carriers eines Zwei-Komponenten-Toners. Dunkelgrau: der magnetische Kern (Magnetit, Ferrit, Eisen), hellgrau: das triboelektrische Polymer, blau: Tonerpartikel.

Ein-Komponenten-Toner enthalten die Druckfarbe und zeigen gleichzeitig die notwendigen elektrischen Eigenschaften. Sie bestehen aus thermoplastischen Harzpartikeln von 5–15 µm Grösse, in denen Farbmittel, Wachs und 30–50 % magnetische Partikel eingebettet sind. Als magnetisches Material wird u. a. Magnetit Fe_3O_4 verwendet. Da er dunkelgrau bis schwarz ist, kann er in schwarzen, jedoch nicht farbigen Tonern eingesetzt werden.

Flüssigtoner Neben pulverförmigen Trockentonern gibt es Flüssigtoner, in denen das Pigment in einem Kohlenwasserstoff dispergiert ist, typischerweise Nonan bis Dodekan [739].

Pigmente

In ►Tabelle 8.10 sehen wir Farbmittel, die in Kopiergeräten und Laserdruckern als Schwarz- oder Farbtoner verwendet werden. Gezeigt sind Primärfarben für den Vierfarbdruck Gelb, Magentarot, Cyanblau und Schwarz. Die Pigmente sind uns bereits bekannt und gehören zu einem Tripel von sehr lichtechten Pigmenten, unter denen sich Phthalocyanin-Cyan (PB15:3), Chinacridon-Magenta (PR122) und Azo-Gelb (PY12, PY74, PY155) besonders etabliert haben. Als schwarzes Pigment wird ausschliesslich Kohlenstoff eingesetzt. Da beim modernen Geschäftsdruck etwa von Flyern und Broschüren Einschränkungen des CMYK-Farbraums spürbar sind, bieten Hersteller auch Tonerpigmente für die erweiterten Prozessfarben Orange, Grün und Violett an, mit denen der druckbare Farbraum deutlich erweitert wird.

Tab. 8.10: Pigmente für Laserdruck- und Kopiertoner, Primärfarben für den Vierfarbdruck [13, pp. 500,pp. 545], [914, 915] und Spot Colours für Schmuckfarbendruck und erweiterte Prozessfarben Orange, Grün und Violett.

Vierfarbdruck-Primärfarben (CMYK-System)	
Gelb	PY12, PY13, PY17, PY74, PY83, PY97, PY136, PY139, PY155, PY170, PY174, PY180, PY185
Magenta	PR48, PR53:1, PR57:1, PR81, PR122, PR146, PR184, PV1
Cyan	PB15:3, PB15:4
Schwarz	PBk7
Erweiterte Prozess-Primärfarben	
Orange	PO34
Grün	PG7
Violett	PV23
Spot Colours (Schmuckfarben)	
Gelb	PY17, PY97, PY139, PY151, PY175, PY185, PY214
Rot	PR184, PR185, PR254, PV19

Wir sehen, dass die Auswahl im Vergleich zu Schreibtinten gering ist, was die hohen Anforderungen des elektrographischen Drucks an Farbmittel zeigt. Sie müssen die hohe thermische Belastung der Schmelzfixation aushalten und gehören daher zu den stabilsten Klassen organischer Farbmittel.

Beim elektrographischen Prozess sind weitere Farbstoffe beteiligt, die wir als solche nicht wahrnehmen, da sie im nahen UV oder IR absorbieren. Sie dienen zur Erzeugung der elektrischen Ladung auf der Belichtertrommel (charge generation agent, CGA), der Ladungsverteilung im Drucksystem (charge transport agent) und der Ladungskontrolle (charge control agent, CCA). Beim Farbdruck ist die Zahl der Hilfsstoffe noch höher, da jede Primärfarbe einen anderen Chemismus und damit andere elektrische Eigenschaften aufweist, die separat kontrolliert werden müssen. Details sind in [727] zu finden.

8.7 Druckfarben

Farben für den Druckbereich (gewerblich wie künstlerisch) folgen dem allgemeinen Aufbau von Farben: Pigment, Bindemittel, Lösungsmittel, Hilfsstoffe. Da die heute verwendeten Druckverfahren (Hoch-, Tief-, Flachdruck) unterschiedliche Anforderungen an Druckfarben stellen, gibt es viele Formulierungen, die sich in Binde- und Lösungsmitteln und Hilfsstoffen unterscheiden. Im wesentlichen werden gewerblich drei Arten von Druckfarben unterschieden, ►Tabelle 8.11 [935]:

- Pastose Farben werden für Buchdruck, Zeitungshochdruck, Offsetdruck und Stichtiefdruck verwendet. Zu letzterem zählen die künstlerischen Varianten Radierung und Kupferstich. Bindemittel sind trocknende Öle, Alkyd-, Kolophonium- oder Maleinatharze. Die Farben trocknen durch Wegschlagen ins Papier und chemisch-oxidativ. Zum Verdünnen werden Mineral- oder pflanzliche Öle zugegeben. Aufgrund der langen Trocknungszeit der Öle werden für bestimmte Druckverfahren Sikkative zugegeben. Anwendungsgebiet neben Druckgraphik sind Drucksachen, Zeitungen, Bücher, Verpackungen.
- Flüssige Druckfarben werden bei Illustrationstiefdruck, Flexohochdruck und Verpackungstiefdruck benötigt. Auch gängige Farben für Holz- und Linolschnitt sind flüssig. Bindemittel sind vorwiegend Zellulosederivate, Kolophonium und synthetische Polymere. Im Künstlerbereich wird auch Gummi arabicum genutzt. Die Trocknung erfolgt physikalisch durch Verdunstung des flüchtigen Lösungsmittels. Als solche werden beim Illustrationstiefdruck organische Lösungsmittel gewählt, bei Flexodruck niedere Alkohole oder Wasser. Anwendungen außer Linoldrucken und Holzschnitten sind Illustrierte, Kataloge, Zeitungen, Massendruckartikel und Verpackungen.
- Siebdruckfarben sind spezielle Druckfarben, die flüssig sind, aber höhere Viskosität haben als Tief- oder Flexodruckfarben. Bindemittel sind synthetische Polymere, Zellulosederivate und Alkydharze, Lösungsmittel sind Kohlenwasserstoffe, Alkohole, Ester und Ketone.

[160, ch. 9.6] und [152] geben zu diesem Thema erschöpfend Auskunft, die nachfolgenden Tabellen listen die wichtigsten verwendeten Materialien. [731] enthält Informationen zu Druckfarben, z. B. zu ihrer Umweltverträglichkeit oder ausgeschlossenen, weil kanzerogenen Farbmitteln.

8.7.1 Pigmente

►Tabelle 8.12 zeigt Pigmente, die in käuflichen Farben für den künstlerischen Druck verwendet werden, und zwar für Linolschnitt, Holzschnitt, Kupferstich und Tiefdruck. In diesem Bereich werden üblicherweise bekannte Malerpigmente verwendet, so empfahlen z. B. Hollenberg und Preissig Kremser Weiß, Deckweiß, Chromgelb, Gelb-

Tab. 8.11: Gewerblich eingesetzte Grundtypen von Druckfarben und ihre Hauptcharakteristiken [935]. Künstlerische Drucktechniken sind hierbei nicht erfaßt.

Typ	Anwendung	Viskosität	Bindemittel	Lösungsmittel	Trocknung
Offsetdruck	Bogen-, Rollenoffset, Buchdruck, Zeitungshochdruck. Drucksacken, Zeitungen, Zeitschriften, Etiketten, Formulare, Verpackungen, Bücher	hochviskos	pflanzliche trocknende Öle, Alkydharze, phenolmodif. Kolophoniumharze, Maleinatharze, Kohlenwasserstoff-Harze	Mineralöle, pflanzliche Öle	Wegschlagen, oxidativ, physikalisch
Siebdruck	Vielfältig, Bedruck von Papier, Pappe, Kunststoff, Holz, Metall, Keramik, Glas. Kunstdruck, Plakatdruck, Werbematerial, Verpackung, Kennzeichnung	„flüssig", aber höher viskos	Polymere, Zellulosederivate, Alkydharze	flüchtige organische Alkohole, Ester, Ketone, Kohlenwasserstoffe, Wasser	physikalisch, oxidativ
Tiefdruck, Flexodruck	Illustrationstiefdruck, Verpackungs-, Spezialtiefdruck, Flexodruck Illustrierte, Kataloge, Zeitschriften, Massendrucksachen, Verpackungen, Tapeten, Möbeldekore	niederviskos	Illustrationsdruck: Kolophonium Acrylate, modif. Kolophoniumharze, Zellulosenitrat, synthetische Harze	Illustrationsdruck: Toluol Flexo- und Verpackungsdruck: Ethanol, Ethylacetat, Methoxy- oder Ethoxypropanol, Wasser	physikalisch

Tab. 8.12: Pigmente für künstlerischen Kupferstich und Tiefdruck, Linol- und Holzschnitt [937, 938]. Eingeklammert: Bestandteile früherer Druckfarben ohne Nennung nach CI-System nach HOLLENBERG und PREISSIG [77, 78].

Weiß	PW4, PW6 (Kremser Weiß, Deckweiß)
Gelb	PY3, PY7, PY42, PY74, PY83, PY153, PY154 (Chromgelb, Gelblack)
Orange	PO13, PO36, PO62
Rot	PR3, PR4, PR48:2, PR83, PR101, PR102, PR112, PR122, PR188, PR254, PR255, PR264 (Karmin, Kadmiumrot, Krapplack)
Violett	PV19, PV23
Blau	PB15:1, PB15:3, PB27, PB29 (Kobaltblau, Pariser oder Berlinerblau)
Grün	PG7, PG8
Braun	PBr6, PBr7 (Siena gebrannt, Siena, Umbra)
Schwarz	PBk6, PBk7, PBk9, PBk10, PBk11 (Lampenschwarz)

lack, Karmin, Kadmiumrot, Krapplack, Kobaltblau, Pariser oder Berlinerblau, Siena gebrannt, Siena, Umbra, Lampenschwarz [77, 78]. [76] enthält eine umfangreiche Tabelle (alt-)bekannter Malerpigmente, die auch für den Druck geeignet sind.

In Tinten für die Druckindustrie können prinzipiell die meisten auch sonst verwendeten Pigmente (und Farbstoffe) eingesetzt werden, ►Tabelle 8.13 listet Farbmittel auf, die allgemein für Druckfarben verwendbar sind. Details können Sie in [152, Kap. 10.2f] und den in der Tabelle angegebenen Quellen nachschlagen. Die Tabelle enthält die für den Vierfarbdruck notwendigen Primärfarben Gelb, Magentarot, Cyanblau und Schwarz. Ein häufig genutztes Pigmentquartett ist PY12 oder PY13, PR57, PB15 und PBk7 [935].

Tab. 8.13: Pigmente und Farbstoffe für gewerbliche Druckfarben, Primärfarben für den Vierfarbdruck und weitere Farbtöne [143, 152, 919], [918, p.10f], [911, pp. 8], [911, p.24], [927], Auswahl unvollständig.

Vierfarbdruck-Grundfarben	
Gelb	PY1, PY12, PY13, PY126, PY127, PY155, PY180, SY82
Magenta	PR57:1, PR122, PR184, PR185, RR24:1, SR119, SR160
Cyan	PB15:3, SB70
Schwarz	PBk7, SBk5, SBk27, SBk29
Weitere Farben	
Gelb	PY14, PY55, PY74, PY83, PY101, PY111, PY138, PY139, PY151, PY154, PY175, PY185
Orange	PO5, PO13, PO34, PO43
Rot	PR2, PR12 (bordeaux), PR48:1/2/4, PR53:1, PR57, PR81:2, PR95 (karmin), PR112-Lack (signalrot), PR169, PR170, PR209, PR257
Violett	PV1, PV2, PV3, PV19, PV23, PV27
Blau	PB1, PB15:1, PB62
Grün	PG1, PG7, PG36
Schwarz	PBk7, PBk31

Vergleichen wir ein altes Handbuch zu Drucktinten [148], stellen wir fest, dass einige alte Pigmente – wie auch bei der Malerpalette geschehen – aus dem Sortiment des Druckers verschwunden sind, z. B.

Gelb:	Chromgelb	→	Azopigmente
Rot:	Zinnober, Cadmiumrot	→	Chinacridonpigmente
Blau:	Eisenblaupigmente	→	Kupfer-Phthalocyanine

Aktuelle Forschungsprojekte untersuchen die Eignung von Pigmenten aus umweltverträglichen nachwachsenden und seit alters her bekannten Rohstoffen. Gelbpigmente (Luteolin- und Rhamnetinlack) können aus Reseda (Färberwau) und Kreuzbeeren gewonnen werden, Rotpigmente (Krapplack) aus Krapp und Blaupigmente (Indigo) aus Waid. Für einige Anwendungsfälle scheinen diese natürlichen Druckfarben geeignet zu sein [719].

Nicht für alle Arbeiten greift der Drucker zum Vierfarbdruck, gerade im Bereich des Buch- oder Geschäftsdrucks (Briefbögen im Firmendesign und -farbschema) sollen oft fertige Farbtöne eingesetzt werden, die nicht aus Primärfarben ermischt werden müssen, sog. *Schmuckfarben*. Einige Möglichkeiten zu ihrer Pigmentierung sind ebenfalls in der Tabelle enthalten. Die Bandbreite hier ist naturgemäss groß, da keine Beschränkung auf bestimmte Standardfarbtöne existiert. Entscheidend für die Frage, ob sich eines der zahlreichen bekannten Pigmente für den Druck eignet, sind im Einzelfall Licht- und Migrationsechtheit, Lösungseigenschaften und sonstige anwendungstechnisch relevanten Eigenschaften.

8.7.2 Bindemittel

►Tabelle 8.14 enthält die wichtigsten Bindemittel für gewerbliche und künstlerische Druckfarben. Sie dienen in erster Linie der Fixierung der Pigmente. Darüberhinaus bestimmen sie zusammen mit Lösungsmitteln die Trocknungseigenschaften der Druckfarben und damit die Druckgeschwindigkeiten, die für das jeweilige Druckverfahren möglich sind und bedeutend variieren können. Die Wahl des Bindemittels hat damit direkte verfahrenstechnische und ökonomische Konsequenzen. Im gewerblichen Bereich müssen Pigmente der Druckfarbe zudem mit einer höheren Abriebfestigkeit gebunden werden als die anderer Farben, da solche Druckwerke häufig intensiv genutzt werden.

Pastose Druckfarben

Die drei Gruppen von Druckfarben unterscheiden sich hinsichtlich ihrer Bindemittel [160, ch. 9.6], [935]. Pastose Farben für Buch-, Zeitungs- und Stichdruck enthalten trocknende Öle wie Leinöl oder Alkydharze, die oxidativ-chemisch trocknen und eine hohe Offenzeit haben, ►Abschnitt 7.4 und ►Abschnitt 7.8. Die Alkydharze enthalten ungesättigte C_{18}-Carbonsäuren und Dicarbonsäuren wie Phthalsäure und ihre Isome-

Tab. 8.14: Wichtige Bindemittel für gewerbliche Druckfarben und künstlerische Stichtechniken wie Kupferstich. Kursiv gesetzt sind weniger genutzte Mittel. Abkürzungen: IT Illustrationstiefdruck, ST Spezialtiefdruck, F Flexodruck, OL Offsetdruck+Letteroffset, B Buchdruck, S Siebdruck, Cu Kupfer- und Stichtiefdruck, HLS Holz- und Linolschnitt [160, ch. 9.6], [152, Kap. 10.5], [76, Kap. 16.5, 18.2], [75, 79, 80, 937].

Naturharzderivate	
Maleinatharze	IT, ST, F, OL, B
Erdalkali- und Zinkresinate	IT
Leinölstandöl, Öl-Harz-Verkochung, Leinöl-Firnis	OL, B, Cu
Kolophoniumester (hard resin), Phenolharze	IT, OL, B, F
Zellulosederivate	
Nitrozellulose, *Zellulosebutyrat*	ST, F
Fette und fette Öle	
Leinöl, *Raps-, Soja-, Sonnenblumen-, Holzöl*	OL, B, Cu, HLS
Polyester	
Alkydharze	OL, B, S
Polyesterharze	ST, F
Urethanalkyde	S
Polymerisate	
Polyacrylate, Polyvinylbutyrat, *Polymethacrylate*	ST, F
Polyurethane	ST, F, S
Ketonharze u. a.	
Ketonharze, Polyamidharze	ST, F, S
Naturstoffe	
Gummi arabicum, Leim, Borax-Schellack	HLS

ren. Als Sikkative kommen Kobalt- und Mangansalze in Frage, die die oxidative Trocknung beschleunigen, während Antioxidantien sie verlangsamen.

Weitere, weitverbreitete Bindemittel stammen aus dem Bereich der Harzsäurechemie oder Kolophoniumchemie, nämlich Hartharze (Kolophoniumester und -salze), Maleinatharze und phenolmodifizierte Kolophoniumharze. Sie basieren auf Balsamharzen und den in ihnen enthaltenen Harzsäuren und trocknen ohne Vernetzung, d. h. physikalisch, zum Film auf. Die natürlichen trocknenden Öle besitzen ein niedriges Molekulargewicht um 900 herum. Sie sind damit relativ niederviskos und benötigen lange, um einen hochmolekularen vernetzten widerstandsfähigen Film aufzubauen. Beides ist für technische Anwendungen im Bereich der Farben, Tinten und Lacke häufig störend, daher wurden schon früh Verfahren entwickelt, um die Molekülgröße vor der Benutzung zu erhöhen und die für eine Anwendung optimale Viskosität zu erreichen. Zu diesen Verfahren gehören:

– Erhitzen von Leinöl auf 260–300 °C über mehrere Stunden hinweg, um durch die thermische Vorpolymerisation ein höher viskoses Produkt zu erhalten. Beim Produkt handelt es sich um ein *Standöl*, das auch der Maler kennt, ►Abschnitt 7.4.4.

- Erhitzen von Leinöl auf 100–150 °C bei gleichzeitigem Einblasen von Luft. Das Ergebnis ist *geblasenes Öl*, das über Sauerstoffbrücken vernetzt ist, ►Abschnitt 7.4.2 auf S. 575.
- Verschneiden des Öls mit festen Naturharzen. Die damit erzielte große Viskositätserhöhung muss durch Lösungsmittel wieder auf das benötigte Maß reduziert werden. Zumischung von Hartharzen führt zu rascher physikalischer Trocknung, die trocknenden Öle zu langsamer chemisch-oxidativer Vernetzung.

Ein traditionell genutztes und bis heute in der Lackindustrie weit verbreitetes Naturharz ist Kolophonium. Es ist Bestandteil von *Balsam*, der aus Bäumen (Koniferen) beim Verletzen des Stammes als harzig-klebriges Öl austritt, um die Wunde am Stamm zu verschliessen. Kolophonium verbleibt als Rückstand, wenn durch Wasserdampf- oder fraktionierte Destillation aus Balsam das *Terpentinöl* gewonnen wird, ►Abschnitt 7.4.8. Ein großer Vorteil von Kolophonium ist seine hohe Ölverträglichkeit, Nachteile sein geringer Erweichungspunkt von ≈ 65 °C und der hohe Anteil saurer Gruppen (Carbonsäuren). Beide Nachteile können durch Veresterung mit Polyolen oder durch Neutralisation bzw. Salzbildung beseitigt werden, wobei wir Kolophoniumester und -salze erhalten. Die Umsetzung von Kolophonium mit Maleinsäure zu Tricarbonsäuren und deren Veresterung mit Polyolen führt zu hochmolekularen Maleinatharzen. Die Reaktion von Kolophonium und -derivaten mit Phenolharzen liefert phenolmodifizierte Kolophoniumharze. Struktur und Bildung dieser drei Kolophoniumderivate werden in ►Abschnitt 8.7.3 gesondert behandelt.

Auch Kunstdruckfarben für Tiefdruckverfahren wie Kupferstich oder Radierung sind zäh. Sie basieren auf trocknenden Ölen wie Leinöl und Standöl, heute auch auf Acrylbindemitteln [75], [76, Kap. 18.2], [938]. In den letzten Jahren kamen wasserabwaschbare Farben auf den Markt, die ölbasierte Emulsionen enthalten [938].

Die folgenden Rezepte geben einen Eindruck über die Zusammensetzung pastoser Druckfarben [75]:

Buchdruckfarbe Gutenberg, um 1440 [76, Kap. 18.2] 17–22 % Ruß, Leinöl.

Kupferstichfarbe nach Trevelyan [76, Kap. 18.2] 1 Teil Frankfurterschwarz (d. h. wahrscheinlich Rebschwarz, Elfenbeinschwarz oder Holzkohleschwarz), 2 Teile Französisches Schwarz (wahrscheinlich französisches Frankfurterschwarz), Leinöl-Firnis.

Offsetdruckfarbe [160, ch. 9.6] Pigment (0,1–0,5 µm) 15–20 %, Hartharz 20–30 %, Alkydharz 8–12 %, Triglycerid-Öl trocknend 10–20 %, Mineralöl oder Öl-Ester nichttrocknend 15–25 %, Wachse, Sikkative, Antioxidantien 3–5 %.

Für Kupferstich-, Strichätzungs- und Kaltnadeltechniken können Farben „strenger" oder „kürzer", d. h. mit zäherer Konsistenz verwendet werden. Für Aquatinta und Mezzotinto können sie mit Leinöl oder Lavendelöl verlängert werden.

Flüssige Druckfarben

Flüssige Druckfarben für den Illustrationstiefdruck und Flexodruck auf Lösungsmittelbasis benutzen Zellulosederivate als Bindemittel, besonders Nitrozellulose, die gute Benetzbarkeit gegenüber Pigmenten zeigt und mit anderen Bindemitteln wie Polyacrylaten verträglich ist. In Lösungsmittel-Tinten und wäßrigen Tinten gleichermassen verwendbar sind synthetische Polymere wie Polyacrylate. Sie liegen in wäßrigen Tinten entweder bei hohem pH-Wert ionisch, d. h. gelöst, vor oder emulgiert als Latex. Bindemittel für Tinten auf Alkoholbasis (Ethanol, n-Propanol) sind Kolophoniumester oder Polyamide. Alle genannten Bindemittel trocknen durch Verdunstung des Lösungsmittels physikalisch zum Film auf. Einige Rezepte für moderne flexographische Tinten mögen die grundsätzliche Zusammensetzung zeigen [160, ch. 9.6]:

Flexotinte Lösungsmittelbasis für PE-Filme Pigment 12 %, Polyamid 22 %, Nitrozellulose 4 %, n-Propanol 34 %, Ethanol 13 %, n-Propylacetat 12 %, PE-Wachs 2 %, Amid-Wachs 1 %.

Flexotinte Lösungsmittelbasis für Faltschachteln Pigment 14 %, Nitrozellulose 11,5 %, Maleinharz 8 %, n-Propanol 25 %, Ethanol 25 %, n-Propylacetat 10 %, Weichmacher 5 %, PE-Wachs 3,5 %.

Flexotinte Wasserbasis für nichtsaugende Untergründe Pigment-Dispersion 50 %, lösliches Polyacrylat 10 %, Polyacrylat-Latex 30 %, Wasser 5 %, organische Amine 1 %, PE-Wachs 3 %, Antischaummittel 0,5 %, Netzmittel 0,5 %.

Flexotinte Wasserbasis für saugende Untergründe Pigment-Dispersion 40 %, lösliches Polyacrylat 30 %, Polyacrylat-Latex 12,5 %, Wasser 13 %, organische Amine 1 %, PE-Wachs 3 %, Antischaummittel 0,5 %.

Siebdruckfarben werden mit Zellulosederivaten, Alkydharzen oder synthetischen Polymeren gebunden. Metallresinate sind Bindemittel in lösungsmittelbasierten Illustrationstiefdruckfarben, Nitrozellulose für solche auf Wasserbasis. Flüssige Druckfarben für den künstlerischen Gebrauch können mit vielfältigen Bindemitteln formuliert sein, es gibt Farben auf Öl-, Acryl- oder Gummibasis. Für Linol- und Holzschnitt werden komplett wasserbasierte Farben angeboten, Bindemittel ist Gummi arabicum [937]. Es können grundsätzlich aber Tuschen, Aquarell- und Gouachefarben, also Farben auf Basis von Borax-Schellack, Gummi arabicum, Glycerin und/oder Leim, benutzt werden [79, 80]. Da Aquarell- und Gouachefarben oftmals zu dünnflüssig sind, müssen sie angedickt werden, z. B. mit Gummi arabicum oder Leim. Ölhaltige Bindemittel für Holz- und Linolschnitt enthalten Leinöl, Terpentin oder andere Öle [79, 80]. Auch die wasserabwaschbaren Kupferdruckfarben auf Basis einer Ölemulsion können für Linoldruck und Holzschnitt verwendet werden.

8.7.3 Kolophoniumderivate als Bindemittel

Der Substanz Kolophonium widmen wir einen eigenen Abschnitt, da sie als leicht verfügbares Naturprodukt seit Jahrhunderten wichtige Komponenten für den Maler, Graphiker und Drucker lieferte. Es haben sich zahlreiche Derivate herausgebildet, von denen wir uns Kolophoniumester und -salze, Maleinatharze und phenolmodifizierte Kolophoniumester näher anschauen werden. Herkunft und Aufbau von Kolophonium haben wir beim Thema „Harze für Ölfarben“ und „Terpentinöl“ bereits kennengelernt, ►Abschnitt 7.4.8. Die Produkte werden in Leinöl gelöst oder dispergiert.

Kolophoniumester (Hartharze, hard resins) sind höhermolekulare Ester eines Polyalkohols wie Pentaerythrol, Glykol, Diethylenglykol oder Glycerin mit Balsamharzsäuren (►S. 597), die auch dimerisiert oder polymerisiert sein können, ►Abbildung 8.22. *Kolophoniumsalze* wie Erdalkali- oder Zinkresinate sind Calcium- oder Zinksalze von Balsamharzsäuren, ►Abbildung 8.22. Da die eingesetzten Harzsäuren in der Regel einbasisch sind, erhalten wir auf diese Weise trotz der Verwendung von Polyolen nur Produkte mittleren Molekulargewichts.

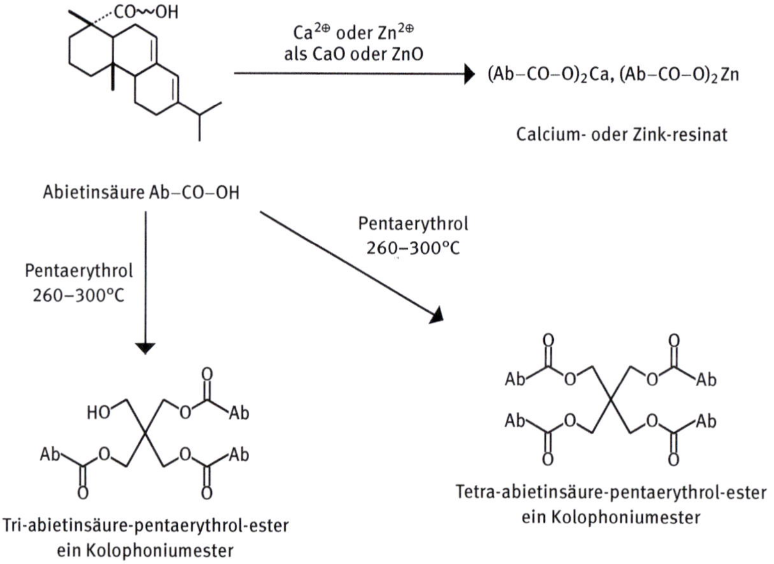

Abb. 8.22: Bildung von Kolophoniumestern und -seifen am Beispiel der Abietinsäure (abgekürzt Ab). Die Balsamharzsäuren können mit bivalenten Metall-Kationen Salze oder mit mehrwertigen Alkoholen wie Pentaerythrol, Glykol, Diethylenglykol und Glycerin Kolophoniumester bilden [180], [181, S. 39ff].

Kolophonium kann auf weitere Weise in wertvolle Lack- und Tintenbestandteile verwandelt werden. *Maleinatharze* sind Produkte der Diels-Alder-Reaktion zwischen Balsamharzsäuren und Maleinsäure oder Maleinsäureanhydrid. Maleinsäure stellt das Dienophil dar, die Harzsäuren das Dien, ►Abbildung 8.23. Da die Doppelbindungen

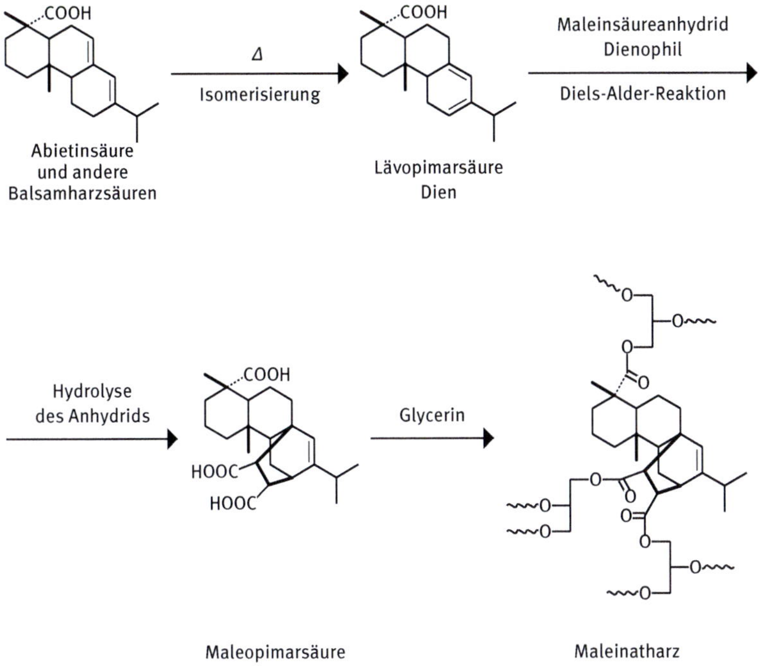

Abb. 8.23: Bildung von Maleinatharzen aus Harzsäuren und Maleinsäure in einer Diels-Alder-Reaktion. Die meisten Harzsäuren müssen zunächst thermisch zu Lävopimarsäure isomerisiert werden, die über die notwendige 1,3-Dien-Konfiguration verfügt. Die zunächst entstehende Maleopimarsäure reagiert mit einem Polyol, z. B. Glycerin, zum dreidimensional vernetzten Maleinatharz [180], [181, S. 39ff]. Die Schlangenlinien deuten Quervernetzungen zu weiteren Harzsäuren oder anderen Harzbestandteilen an.

nur in Lävopimarsäure in der notwendigen 1,3-Dien-Konfiguration vorliegen, müssen andere Harzsäuren durch thermische Isomerisierung mehr oder weniger vollständig zu Lävopimarsäure umgewandelt werden, bevor die Diels-Alder-Reaktion einsetzen kann. Das Maleinatharz entsteht dann aus Maleopimarsäure, die drei Carbonsäuren als Ankerpunkte enthält, und einem Polyol wie Glycerin, das seinerseits drei Hydroxylgruppen als Ankerpunkte für ein hochmolekulares dreidimensionales Polyester-Netzwerk bietet.

Phenolmodifizierte Kolophoniumharze sind Kondensationsprodukte aus Balsamharzsäuren und Phenol-Formaldehyd-Präpolymeren oder *Resolen*. Grundlage ist die Phenolharzbildung aus Phenolen und unterschüssigem Formaldehyd. Dabei findet eine elektrophile Addition von Formaldeyd an das Phenol statt, gefolgt von einer Polykondensation zum Novolak:

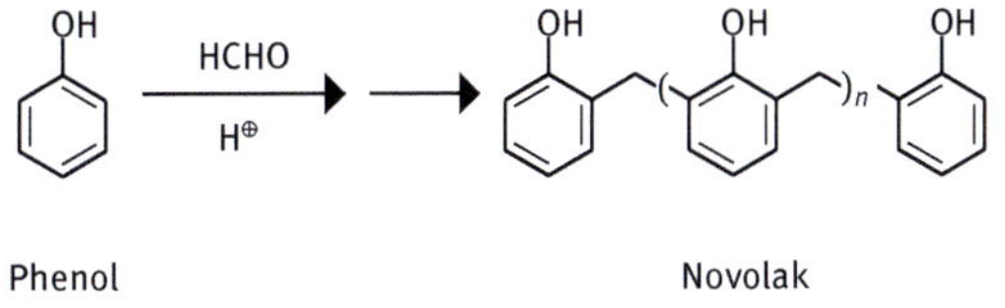

Dieses polymere Produkt leitet in den Bereich der Phenolharze über. Für unser Thema ist eine Variation dieser Reaktion bedeutsam: durch Anhebung des pH-Wertes bei der Reaktion kann die Reaktionsgeschwindigkeit so verlangsamt werden, daß Zwischenstufen der Polykondensation erhalten werden, die *Resole*:

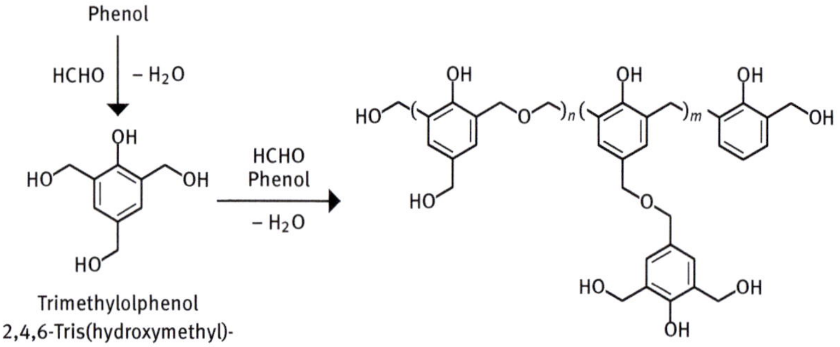

Trimethylolphenol
2,4,6-Tris(hydroxymethyl)-phenol

Resol, eine mögliche Konfiguration

Die Phenolkerne können über die verschiedenen Methylolgruppen Etherbrücken bilden und sich so vernetzen. Resole sind reaktive Harze, da sie freie Hydroxymethylengruppen enthalten. Dies und die mangelnde Elastizität von Resolen verhindern den Einsatz als Filmbildner in Lacken. Obendrein sind Resole unlöslich sowohl in Öl als auch in Wasser und nur gelöst in Spiritus als Lackharz nutzbar.

Resole können jedoch mit Baumharzsäuren zu phenolmodifizierten Kolophoniumharzen modifiziert werden. 10–20 % Resol werden mit Kolophonium bei hoher Temperatur umgesetzt. Anstelle der zu erwartenden Veresterung zwischen den Hydroxylgruppen des Resols und der Harzcarbonsäure findet eine Addition der Hydroxymethyl- und der phenolischen Hydroxylgruppen an eine Doppelbindung der Harzsäure statt, wobei ein Chroman entsteht [153, ch. XIII], [154, ch. 8.3.1]. Das Resol kann auch über seine Methylolgruppe an die Doppelbindung addieren, wobei ein Ether entsteht [180]. Das saure Reaktionsprodukt wird anschliessend mit einem Polyol wie Glycerin oder Pentaerythrol verestert, um die Säurezahl zu senken, ►Abbildung 8.24.

Phenolmodifizierte Kolophoniumharze sind harte klare Feststoffe mit einem Schmelzpunkt von 100–125 °C für weiche und von 125–160 °C für harte Resole. Die Resole können ins Öl eingekocht oder darin aufgelöst werden, um eine Lackbasis für Druckfarben und Firnisse herzustellen.

8.7.4 Lösungsmittel

Zähe Kunstdruckfarben für Kupfer- und Tiefdruck, die Standöl oder Bindemittel auf Ölbasis enthalten, können mit Leinöl verdünnt werden. Linol- und Holzschnittfarben auf der Basis von Wasser oder Ölemulsion enthalten Wasser als Lösungsmittel.

►Tabelle 8.15 enthält die wichtigsten Lösungsmittel für gewerbliche und künstlerische Druckfarben. Zusammen mit Bindemitteln verleihen sie der Druckfarbe die

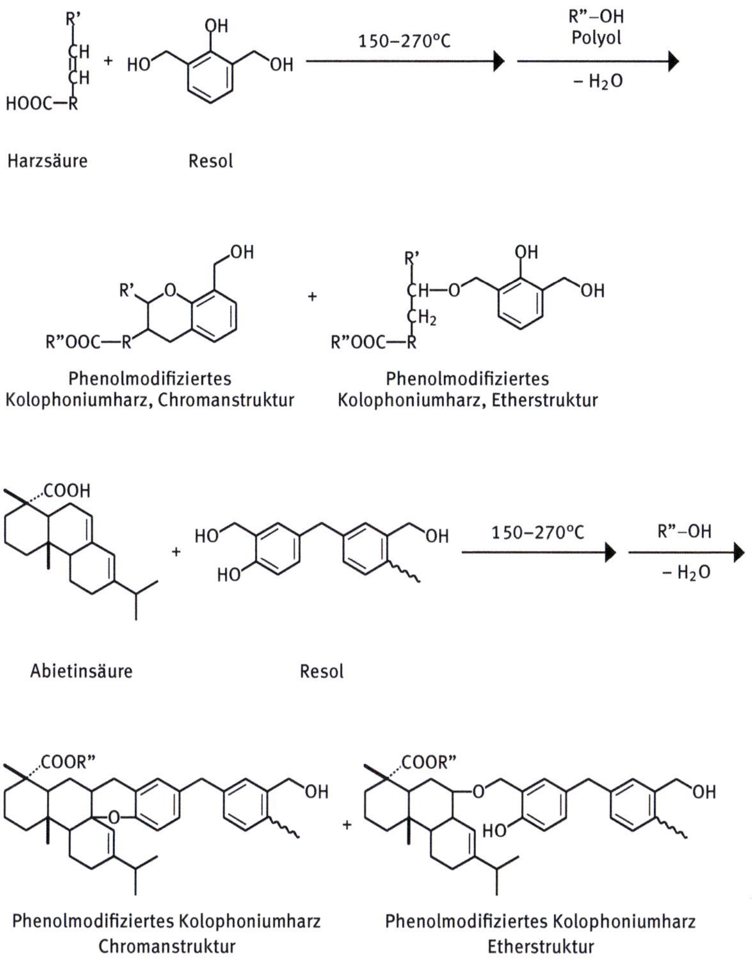

Abb. 8.24: Bildung von phenolmodifizierten Kolophoniumharzen aus einem Resol-Präpolymer und einer Harzsäure mit Ether- [180] oder Chromanstruktur [153, ch. XIII], [154, ch. 8.3.1]. Oben der grundsätzliche Reaktionsverlauf, unten die Reaktion mit Abietinsäure. Die Resolstruktur ist nur angedeutet. Als Alkohol für die Veresterung der Harzsäure wird ein Polyol (Glycerin, Pentaerythrol) verwendet, das ebenso wie das Resol zu Vernetzung führen kann.

notwendigen Trocknungseigenschaften und -geschwindigkeiten. Die Lösungsmittel unterscheiden sich bei den drei Gruppen von Druckfarben [935]. *Pastose Farben* für Buchdruck, Offset- und Stichtiefdruck enthalten keine flüchtigen Lösungsmittel, sondern Mineral- oder Pflanzenöle. Rasch trocknende *flüssige Farben* enthalten Toluol als flüchtiges organisches Lösungsmittel (Illustrationstiefdruckfarben) oder Alkohole und Wasser (Flexodruckfarben). *Siebdruckfarben* enthalten Mineralöle, Alkohole, Ester und Ketone. Farben für künstlerische Stichtechniken wie Kupferstichfarben werden herkömlich mit Leinöl oder pflanzlichen Ölen wie Lavendelöl verdünnt [160, ch. 9.6], [76, Kap. 16.5, 18.2].

Tab. 8.15: Wichtige Lösungsmittel für gewerbliche Druckfarben und künstlerische Stichtechniken wie Kupferstich, kursiv gesetzt sind weniger genutzte Mittel. Abkürzungen: IT Illustrationstiefdruck, ST Spezialtiefdruck, F Flexodruck, OL Offsetdruck+Letteroffset, B Buchdruck, S Siebdruck, Cu Kupfer- und Stichtiefdruck, HLS Holz- und Linolschnitt [160, ch. 9.6], [152, Kap. 10.6], [76, Kap. 16.5, 18.2], [79, 80, 937].

Kohlenwasserstoffe (Mineralöle)	
Toluol	IT
Benzin, Mischungen aliphatischer/aromatischer Kohlenwasserstoffe	OL, B, S, Cu
Alkohole	
Ethanol, *1-Ethoxy-propanol-2*, *1-Methoxy-propanol-2*, *Propanol-1*	ST, F
Propanol-1	ST, F, S
Ester	
Ethylacetat, *iso-Propylacetat*, *n-Propylacetat*	ST, F
Ketone	
Butanon	ST, F
Cyclohexanon	S
Sonstige	
Wasser	ST, F, HLS
Leinöl	Cu, HLS
Lavendelöl	Cu

8.7.5 Hilfsstoffe

Binde- und Lösungsmittel geben wesentliche Eigenschaften der Druckfarbe vor, die durch eine Vielzahl an Hilfsstoffen feinjustiert werden. Wichtige Komponenten sind [152, Kap. 10.7] Gleitfähigkeitsverbesserer, Netzmittel und Sikkative.

Wachse erhöhen die *Gleitfähigkeit* und Scheuerfestigkeit des Farbauftrags. Es werden sowohl Naturwachse verwendet als auch synthetische Wachse. Zu diesen zählen Polyethylenwachse, Paraffine, Montanwachse, Polyethylenglykol-Wachse, höhere Fettsäuren (z. B. Stearinsäure) und deren Amide.

Tenside werden der Farbe als *Netzmittel* und zur Beeinflussung der Fliesseigenschaften hinzugefügt. Gängige Substanzen sind Aluminiumstearate, Lithiumseifen, Fettsäure- und Fettalkoholpolyglykolester und -ether, tensidische Sulfate und Sulfonate, Aluminiumalkoholate.

Sikkative (Trocknungsbeschleuniger) beschleunigen katalytisch die oxidative Trocknung von trocknenden Ölen, wie wir es bei Ölfarben diskutiert haben, ►Abschnitt 7.4.3. Es handelt sich um Salze von Kobalt^{II}, Barium^{II}, Calcium^{II}, Cer^{III}, Kupfer^{II}, Mangan^{II}, Zink^{II}, Aluminium^{III} oder Eisen^{III} mit C_{6-19}-Fettsäuren. Sie werden ölhaltigen Kupfer- und Tiefdruckfarben beigegeben.

8.7.6 Das Papier

Die grundsätzliche Zusammensetzung, die Funktion der Komponenten und die Herstellung von Papier haben wir in ►Abschnitt 6.7 vorgestellt, Besonderheiten von Künstlerpapieren in ►Abschnitt 6.7.7. Für Druckpapiere mit einer Grammatur von ca. 250–320 g/m^2 ist hohes Volumen und hohe Saugfähigkeit notwendig, um das Wegschlagen des Lösungsmittels zu erleichtern. Die Oberfläche ist ungestrichen und ungeleimt, um die rasche Aufnahme des Lösungsmittels zu gewährleisten. Sie kann satiniert sein, um bei manchen Drucktechniken, etwa bei Holzschnitt, ein scharfes Druckbild zu erzielen. Das Papier ist in der Masse geleimt, um den Faserzusammenhalt und die Festigkeit zu erhöhen.

Traditionell wurde Pulpe aus 100 % Hadern verwendet, und auch heute noch bestehen hochwertige Druckpapiere aus 100 % Baumwolle, wobei die kurzen Fasern des Linters volumenerhöhend wirken [945]. Günstigere Papierqualitäten bestehen ganz oder anteilsweise aus holzfreiem Zellstoff, ein Zusatz von wenigen Prozent $CaCO_3$ als Puffer gegen Säure verlangsamt Alterungsprozesse, sodaß viele Zellstoffpapiere als *alterungsbeständig nach DIN EN ISO 9706* bezeichnet werden dürfen.

Kupferdruckpapier oder *Radierungspapier*, die weich und voluminös sein sollen, werden Basis eines Weichzellstoffs ohne Füllstoffe und Leimung hergestellt [164, S. 101], bei ihnen wird das hohe Volumen durch Zusatz von Kurzfaser-Zellstoff aus Hart- oder Laubhölzern erreicht. Das resultierende weiche ungeleimte Papier läßt sich nach dem Anfeuchten leicht in die Druckplatte pressen, um scharf begrenzt genügend Druckfarbe aufzunehmen.

8.8 Tusche

Tuschen unterscheiden sich in ihrem Aufbau nur wenig von Tinten. Sie basieren auf Pigmenten und sind daher deckend im Auftrag [744, 751], [185, Stichwort „Drawing and Writing Materials"]. Zur dauerhaften Fixierung des Pigments auf dem Beschreibstoff haben sie im Vergleich zu Tinten einen hohen Anteil eines Bindemittels, das beim Trocknen einen Film bildet. In diesem Film wird das Pigment wie in der Malschicht eines Gemäldes fixiert. Die frühen Tuschen waren nach dem Trocknen meist wieder anlösbar. Moderne Tuschen bilden oft einen Film, der sich nach dem Trocknen nicht mehr anlösen lässt, was bei technischen Zeichnungen etc. gewünscht ist.

Als Pigmente kamen vor allem Ruß oder Kohle zum Einsatz, später dann auch Bister oder Sepia. *Bister* (Natural Brown 11) ist ein rotes bis braunes Produkt aus unvollständig verbrannten Buchenhölzern, das aus Ruß und halbverkohlten phenolischen Ölen, Harzen und Fetten besteht. *Sepia* ist ein braunes Melaminpigment, das durch Trocknen der Tinte von bestimmten Tintenfischen entsteht. Während der lebende Tintenfisch durch enzymatische Dispersion des Pigments eine Art Tinte besitzt, ist Sepia selber unlöslich in Wasser. Farbige Tuschen enthielten die zur jeweiligen Zeit üblichen Pigmente, wie Bleiweiß, Massicot, Bleizinngelb, Auripigment, Realgar, Ocker, Mennige, Zinnober, Indigo/Kreide, Grünspan, Umbra und Ultramarin, ►Abschnitt 8.3.1. Heute werden ultrafeine Pigmentdispersionen eingesetzt (Konzentration ca. 3–5 %, schwarz: 10–12 %).

Um gleichzeitig hohe Deckkraft, leichte Auftragbarkeit und Farbbrillanz schwarzer Tuschen zu erhalten, können ultrafein-disperse Kohlenstoffdispersionen zusammen mit gröberen Kohlenstoffpigmenten eingesetzt werden.

Die Pigmentdispersion müssen wir durch ein Schutzkolloid stabilisieren, was früher mit Gummi arabicum, anderen Pflanzengummis, Stärkekleber oder Leim erreicht wurde, die gleichzeitig als Bindemittel fungierten. In modernen Tuschen verwenden wir Polymere wie Polyvinylalkohol, Methylzellulose, Hydroxyethylzellulose oder Carboxymethylzellulose, ►Abschnitt 6.3.3.

Die Widerstandsfähigkeit des getrockneten Film gegenüber Wasser wurde früher durch Schellack als Bindemittel erzielt, der für den Gebrauch mit einer schwachen Base wie Borax, Ammoniak, Morpholin oder Ammonium-hydrogencarbonat in eine lösliche Form überführt wurde („Seife“, Salzbildung). Um eine gleichbleibende Qualität sicherzustellen, werden heute anstelle des Schellacks zunehmend Polyacrylate (→ Acrylfarben, ►Abschnitt 7.9) als Filmbildner verwendet.

8.8.1 Sepia, Natural Brown 9

Das Pigment der Sepia-Tuschen besteht aus der getrockneten Tinte des Tintenfisches *sepia officinalis* [714]. Es ist seit dem 17. Jhd. bekannt, wird aber erst seit dem 19. Jhd. in großem Masse verwendet. Heutige Sepiatuschen umfassen nicht nur echte Sepia, sondern charakterisieren mehr den Farbton und schliessen viele andere Farbmittel mit ein. Der Prozess der Tintengewinnung ist einfach: die dunkle Flüssigkeit aus dem Farbbeutel des Tintenfisches wird mit Gummi arabicum und etwas Wasser versetzt, woraufhin die Tinte verwendet werden kann.

Die Basis dieses schönen rotbraunen Pigments ist Melanin, das auch dem Haar, der Haut und zahlreichen anderen biologischen Systemen ihre Farbe verleiht. Melanin entsteht durch oxidative Polymerisierung aus o-Diphenolen (speziell Tyrosin) und deren o-Chinonen und ist in seiner Zusammensetzung variabel [257, 710–713, 716, 718]. Als Basis der o-Chinone kommen vor allem Dopa, Dopamin und Cysteinyl-Dopa in Frage:

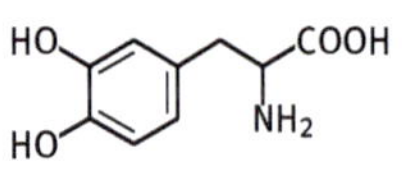

Dopa

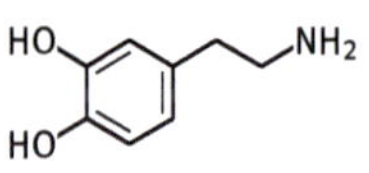

Dopamin

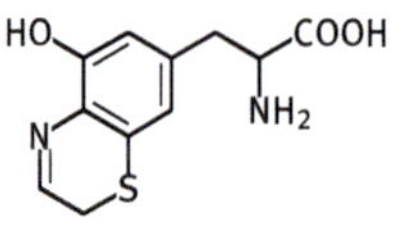

Cysteinyldopa

Dopa und Dopamin sind Vorläufer der braunen und schwarzen *Eumelanine*, Cysteinyl-Dopa baut die gelben, roten und braunen *Phäomelanine* auf. Im Falle eines Eumelanins wie Sepia werden Dopa und Dopamin zu o-Chinonen oxidiert, durch anschließende intramolekulare Addition der Aminogruppe an die o-Chinone entsteht das Indol-Gerüst. Sepia-Melanin ist ein Copolymer aus 5,6-Dihydroxy-indol (ca. 20 %) und 5,6-Dihydroxy-indol-2-carbonsäure (ca. 75 %):

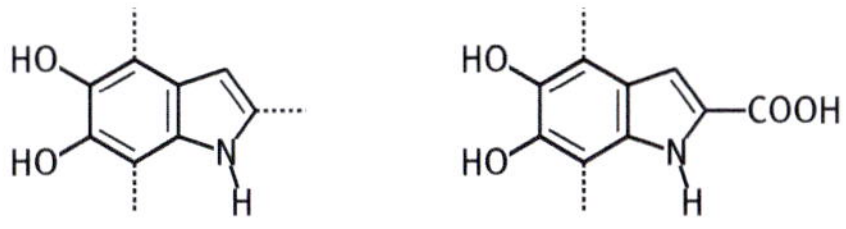

5,6-Dihydroxy-indol 5,6-Dihydroxy-indol-2-carbonsäure

Über die 4,7'-Verknüpfung der Benzen-Ringe wird eine fortlaufende Kette aufgebaut, die über eine 2,2'-Verknüpfung der Indol-Ringe quervernetzt ist. Die 2,4'-Verknüpfung von Indol- zu Benzenringen führt zur Verzweigung der Melanin-Kette. Alle Monomere sind statistisch verteilt, anstelle der o-Diphenole können auch Chinone sowie diverse Abbauprodukte auftreten.

Wir können nun die Frage stellen, warum Sepia braun ist, Eumelanin aber braun–schwarz? In gleicher Weise können wir fragen, wie aus nur zwei Pigmenten (Eumelanin und Phäomelanin) die verschiedenen Farben der Haare, von blond über rot und braun zu schwarz zustandekommen können. Ein wichtiger Einflussfaktor ist die Konzentration, die stark absorbierenden Melanine rufen schnell einen dunklen Farbeindruck hervor. Weiterhin sind Melanine stark streuende Substanzen, die an den Molekülen Rayleigh-Streuung und an den farbigen Zellen Mie-Streuung hervorrufen. Je nach Konzentration, Partikel-Gestalt und genauer Zusammensetzung des Pigments und der Zelle treten dadurch vielfältige Farbeffekte auf, die von bläulicher Reflexion bis zu rötlich-braunem Durchlicht reichen [257, 713, 717].

8.8.2 Schellack

Schellack [902, 903] ist ein natürliches Harz, das in Form von spröden, transparenten, Blättern oder Pulver in den Handel gelangt. Hochgereinigte Formen sind fast farblos, je nach Ursprung besitzt Schellack jedoch eine schöne warm-goldgelbe bis granatrote Farbe.

Das Harz ist ein Sekret der Lackschildlaus-Weibchen *kerria lacca*, die im asiatischen Raum, vor allem Indien, Pakistan, Sri Lanka und Thailand heimisch sind. Die Läuse stechen zunächst bestimmte Bäume mit ihrem Saugrüssel an und saugen deren Saft auf. Dieser wird umgewandelt und zum Schutz der Brut auf Zweige abgesondert, wo er eine harte Umhüllung für die Eier bildet. Durch die Vielzahl der Insekten entstehen mehrere Zentimeter dicke Lackkrusten, die abgekratzt und gereinigt werden. Dabei werden viele wasserlösliche Bestandteile entfernt.

Der so erhaltene blättrige Schellack ist gelb bis rot gefärbt, kann aber in weiteren Schritten gebleicht werden. Er ist in heissem Alkohol vollständig, in kaltem Wasser unvollständig löslich. Mit Borax kann Schellack verseift werden und bildet dann wässrige Lösungen, die als Filmbildner in Tusche, als Poliermittel oder in Siegellack enthalten ist. Aufgrund seiner Ungiftigkeit dient Schellack auch zum Beschichten von Tabletten und Dragees sowie als Bindemittel für Eierfarben und Nagellacke.

Exkurs – Siegellacke

An dieser Stelle kann ich als Liebhaber gepflegter Kommunikation nicht widerstehen, einige Rezepturen von Siegellacken wiederzugeben [933] – schliesslich ist ein handgeschriebener, gesiegelter Brief auf schwerem Papier auch ein Kunstobjekt ;-) Die Grundzusammensetzung ist stets Schellack und venezianisches Terpentinharz, Pigment und Terpentinöl. Eine Parfümierung des Lackes kann mit wohlriechenden Harzen wie Perubalsam, Tolubalsam oder Benzoeharz erfolgen.

Roter Siegellack, fein Schellack 350 Teile, Venetianisches Terpentin 240 Teile, Zinnober 260 Teile, Magnesiumoxid 60 Teile, Terpentinöl 90 Teile.

Roter Siegellack, billiger Schellack 240 Teile, Kolophonium 160 Teile, Venetianisches Terpentin 280 Teile, Zinnober 180 Teile, Kreide 60 Teile, Gips 60 Teile, Terpentinöl 20 Teile.

Andersfarbige Siegellacke Dieselbe Harzmischung wie beim roten Lack, als Pigmente kommen in Frage: Ruß, Mineralschwarz, Rebenschwarz, Bleiweiß, Zinkweiß, Chromgelb, Chromgrün, Ultramarin, Ocker, Zinnober, Mennige, Umbra, Karminrot, Krapplack, Pariserblau, Bronzen und Glimmer. Ggf. können Füllmaterialien wie Kreide, Gips, Tonerde, Magnesiumkarbonat, Schwerspat zugesetzt sein.

Zusammensetzung

Die Hauptbestandteile von Schellack [225, Droge: Kerria], [97, 904] sind partiell veresterte Hydroxycarbonsäuren, insbesondere Aleuritinsäure (fast 50 % der Substanz), und sesquiterpenoide Säuren wie Schellolsäure (knapp 1/4 der Masse). Es wird jedoch vermutet, dass die sesquiterpenoiden Säuren letztlich von der Muttersubstanz Jalarinsäure abstammen:

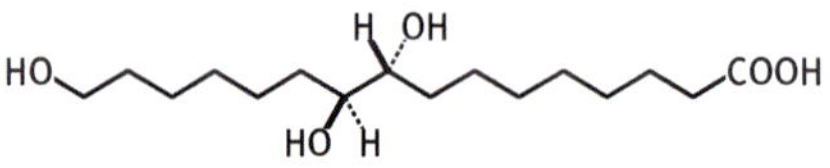

Aleuritinsäure
9,10,16-Trihydroxypalmitinsäure

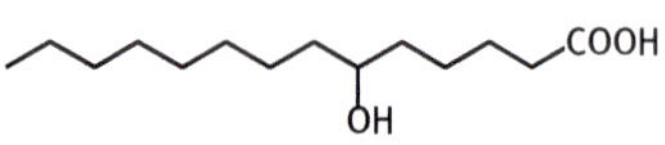

Butolsäure

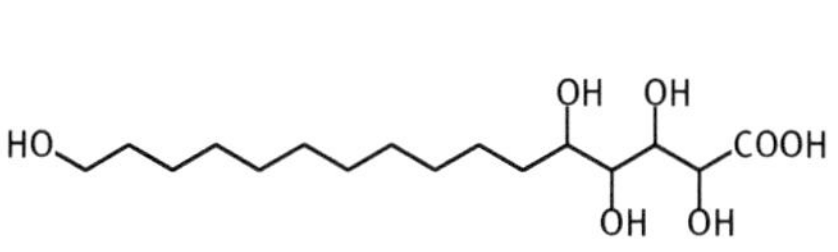

Kerrolsäure

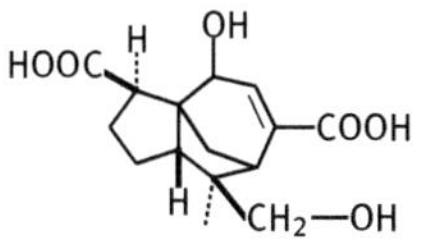

Schellolsäure

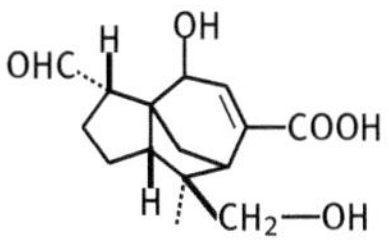

Jalarinsäure

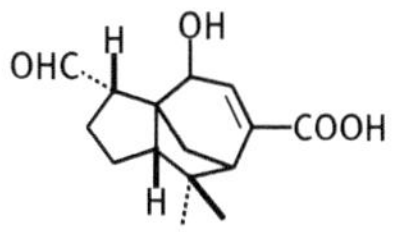

Laccijalarinsäure

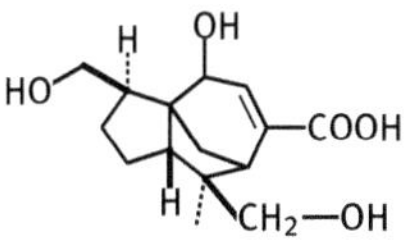

Laksholsäure

Die Carbonsäuren sind dafür verantwortlich, daß wir Schellack in einer wäßrigen Boraxlösung auflösen („verseifen") können. Borax wirkt als Base und reagiert mit den Carbonsäuren unter Freisetzung von Borsäure zu wasserlöslichen Natriumsalzen:

$$R\text{-}COOH + Na_2B_4O_7 + 5\,H_2O \longrightarrow 2\,R\text{-}COONa + 4\,H_3BO_4$$

Mit etwa 5 % sind auch Wachse im rohen Schellack enthalten. Diese bestehen aus den für Wachse üblichen Myricylalkohol (Triacontanol, Melissylalkohol, C_{30}) und Cetylalkohol (Hexadecanol, C_{16}). Die Alkohole treten frei sowie als Fettsäureester auf. Auch die Fettsäuren gehören zu den für Wachse üblichen: Cerotinsäure (Hexacosansäure, C_{26}), Melissinsäure (Triacontansäure, C_{30}), Ölsäure (*cis*-9-Octadecensäure, C_{18}) und Palmitinsäure (Cetylsäure, Hexadekansäure, C_{16}).

Die Hydroxycarbonsäuren des Schellacks können mit sich selber Polyester bilden. Die Produkte umfassen zwei bis vier Einheiten und sind dementsprechend weicher oder härter (AS = Aleuritinsäure, BS = Butolsäure, JS = Jalarinsäure):

$$H\text{-}(O\text{-}AS/BS\text{-}CO\text{-}O\text{-}JS\text{-}CO)_{1-4}\text{-}OH$$

beispielhaft mit jeweils drei Einheiten Butolsäure und Jalarinsäure:

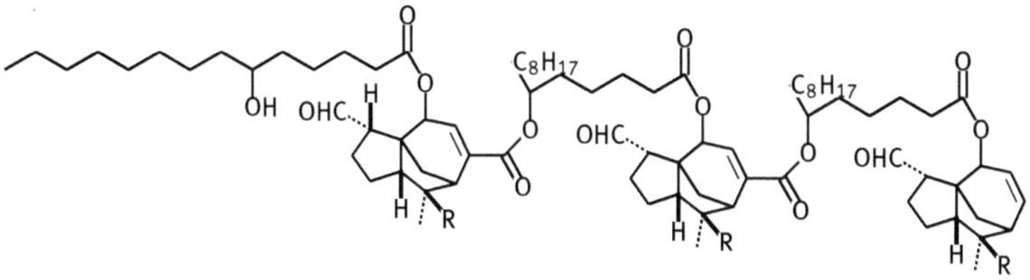

$$H\text{-}(O\text{-}BS\text{-}COO\text{-}JS\text{-}CO)_3\text{-}OH$$

Die Aldehydfunktion der Jalarinsäure kann nach dem Aufstrich durch Luftsauerstoff zur Carbonsäure oxidiert werden. Zusammen mit den unveresterten Hydroxylgruppen der Oligomere können so im Laufe der Zeit durch weitere Veresterung Quervernetzungen entstehen, die den Film weiter härten. Der genaue Mechanismus ist jedoch noch unklar.

Farbe

Falls Sie sich für das Tischlergewerbe oder schöne Holzarbeiten begeistern, kennen Sie vermutlich warm-goldene oder rote Polituren, die mit einem tieffarbigen Lack aus Schellack ausgeführt werden. Je nach Ursprung und Reinigung kann Schellack goldgelb oder tiefrot sein. Für die Farbe zeichnen Anthrachinonfarbstoffe verantwortlich, die wir bereits im Zusammenhang mit Cochenille- und Kermes-Rot kennengelernt haben: gelbes Erythrolaccin und die rote Mischung aus den Laccainsäuren A–D, ►S. 338.

Filmbildung

Für die Verfilmung sind vor allem die Eigenschaften der linearen Fettsäuren, insbesonders Aleuritinsäure, entscheidend. Kennzeichnend ist der Aufbau aus hydrophoben Kettenabschnitten und zahlreichen Hydroxyl- und Carboxylgruppen. Diese ermöglichen einerseits eine Zusammenlagerung der Alkanketten, andererseits auch eine Nachhärtung des Films durch intermolekulare Veresterung der verbliebenen Hydroxyl- und Carbonsäuregruppen oder Ausbildung von Wasserstoffbrücken.

Literatur

[1] *Colour Index*, mehrere Bände, Society of Dyers and Colourists, Bradford, 1971

[2] H. Zollinger, *Color Chemistry*, Wiley-VCH Weinheim, 3rd edition 2003, ISBN 978-3906390239

[3] P. F. Gordon, P. Gregory, *Organic Chemistry in Colour*, Springer-Verlag, 1983, ISBN 3-540-11748-2

[4] J. Griffiths, *Colour and Constitution of Organic Molecules*, Academic Press Inc., London 1976, ISBN 0-12-303550-3

[5] J. Fabian, H. Hartmann, *Light Absorption of Organic Colorants*, Springer Verlag 1980, ISBN 3-540-09914-X

[6] P. Bamfield, *Chromic Phenomena*, The Royal Society of Chemistry 2001, ISBN 0-85404-474-4

[7] A. Bartecki, J. Burgess, *The Colour of Metal Compounds*, Gordon and Breach Science Publishers 2000, Amsterdam, ISBN 90-5699-250-3

[8] A. T. Peters, H. S. Freeman (editors), *Colour Chemistry*, Elsevier Applied Science, London und New York 1991, ISBN 1-85166-577-3

[9] R. Johnston-Feller, *Color Science in the Examination of Museum Objects*, The Getty Conservation Institute, Los Angeles 2001, ISBN 0-89236-586-2, http://www.getty.edu/conservation/publications_resources/pdf_publications/pdf/color_science.pdf, Zugriff am 20.06.2014

[10] S. Bucklow, *The Alchemy of Paint: Art, Science and Secrets from the Middle Ages*, Marion Boyars Publishers Ltd, ISBN 978-0714531724

[11] G. Buxbaum, G. Pfaff, *Industrial Inorganic Pigments*, WILEY-VCH 2005, Weinheim, ISBN 3-527-30363-4

[12] K. Hunger, M. U. Schmidt, *Industrial Organic Pigments*, WILEY-VCH 2018, 4th edition, Weinheim, ISBN 978-3-527-32608-2

[13] K. Hunger (Editor), *Industrial Dyes*, WILEY-VCH 2003, Weinheim, ISBN 3-527-30426-6

[14] H. M. Smith, *High Performance Pigments*, WILEY-VCH 2002, Weinheim, ISBN 3-527-30204-2

[15] H. Endriß, *Aktuelle anorganische Bunt-Pigmente*, Curt R. Vincentz-Verlag 1997, Hannover, ISBN 3-87870-440-2

[16] G. Pfaff, *Inorganic Pigments*, Walter de Gruyter GmbH 2017, Berlin, ISBN 978-3-11-048450-2

[17] H. G. Völz, *Industrielle Farbprüfung*, Wiley VCH, 2nd. ed. 2001, ISBN 3-527-30418-5

[18] D. R. Waring, G. Hallas (ed.), *The Chemistry and Application of Dyes*, Plenum Press, New York 1990, ISBN 0-306-43278-1

[19] A. D. Broadbent, *Basic Principles of Textile Coloration*, Society of Dyers and Colourists Thanet Press Ltd, London, 2001, ISBN 0-901956-76-7

[20] W. Ingamells, *Colours for Textiles*, Society of Dyers and Colourists, Bradford, 1993, ISBN 0-901956-56-2

[21] A. K. R. Choudhury, *Textile Preparation and Dyeing*, Science Publishers 2006, ISBN 978-1578084043

[22] H. Schweppe, *Handbuch der Naturfarbstoffe*, Nikol-Verlag 1993, ISBN 978-3933203465

[23] T. W. Goodwin (ed.), *Plant Pigments*, Academic Press, 1988, ISBN 0-12-289847-8

[24] T. W. Goodwin (ed.), *Chemistry and Biochemistry of Plant Pigments*, Academic Press, 1976, ISBN 0-12-289901-6

[25] K. M. Davies (ed.), *Plant Pigments and their Manipulation*, vol. 14 in *Annual Plant Reviews*, Blackwell Publishing Ltd., 2004, ISBN 1-4051-1737-0

[26] P. Kurzmann, *Mittelalterliche Glastechnologie*, Peter Lang GmbH, Europäischer Verlag der Wissenschaften 2004, Frankfurt/Main, ISBN 3-631-52994-5

[27] K. H. Wedepohl, *Glas in Antike und Mittelalter*, Schweizerbart'sche Verlagsbuchhandlung, Stuttgart 2003, ISBN 3-510-65207-X

https://doi.org/10.1515/9783110649161-005

[28] M. T. Wypyski, *Compositional Study of Medieval Islamic Enameled Glass from The Metropolitan Museum of Art*, pp. 109–132, in: *Metropolitan Museum Studies in Art, Science, and Technology*, vol. 1/2010, The Metropolitan Museum of Art, New York 2010, ISBN 978-1-58839-365-4
[29] W. Vogel, *Glass Chemistry*, Springer Verlag, 2nd ed. 1992, ISBN 3-540-57572-3
[30] H. Scholze, *Glas. Natur, Struktur und Eigenschaften*, Springer Verlag, 3. Auflage 1988, ISBN 3-540-18977-7
[31] M. B. Volf, *Chemical Approach to Glass*, Elsevier, Amsterdam 1984, ISBN 0-444-99635-4
[32] C. R. Bamford, *Colour Generation and Control in Glas*, Elsevier Scientific Publishing Company, 1977, ISBN 0-444-41614-5
[33] W. A. Weyl, *Coloured Glasses*, The Society of Glass Technology, Sheffield, 1951
[34] W. Spiegl, *Die Geschichte vom Glasmachen 1550 bis 1700*, Version Oktober 2002, http://www.glas-forschung.info/pageone/pdf/cristallo.pdf, Zugriff am 10.01.2014
[35] Webseite des Centre International Du Vitrail, Chartres, http://www.centre-vitrail.org/de/die-technik-der-glasmalerei-,479.html, Zugriff am 10.01.2014
[36] A. Y. Spengler, *Zur Technik der Glasmalerei*, Webseite des Bezirksmuseums Wien, Mariahilf, http://www.bezirksmuseum.at/default/index.php?id=385, Zugriff am 10.01.2014
[37] P. Sciau, *Nanoparticles in Ancient Materials: The Metallic Lustre Decorations of Medieval Ceramics*, in: A. A. Hashim (ed.), *The Delivery of Nanoparticles*, InTech, 2012, ISBN 978-953-51-0615-9, http://www.intechopen.com/books/the-delivery-of-nanoparticles/nanoparticles-in-ancientmaterials-the-metallic-lustre-decorations-of-medieval-ceramics
[38] M. A. Pollard, C. Heron, *Archaeological Chemistry*, Royal Society of Chemistry, 2nd ed. 2008, ISBN 978-0854042623
[39] *CPMA Classification of Chemical Descriptions and Usage of the Complex Inorganic Color Pigments*, Color Pigments Manufacturers Association, Inc., Alexandria, 4th. ed. 2013, http://www.pigments.org/cms/index.php?id=250, Zugriff am 10.07.2014
[40] W. Noll, *Alte Keramiken und ihre Pigmente*, E. Schweizerbartsche Verlagsbuchhandlung 1991, Stuttgart, ISBN 3-510-65145-6
[41] *Colour Pigments and Colouring in Ceramics*, Italian Ceramic Society SALA, Modena, 2003
[42] S. Stefanov, S. Batschwarov, *Keramik-Glasuren*, Bauverlag GmbH Wiesbaden 1988, ISBN 3-7652-2600-1
[43] R. Hopper, *The Ceramic Spectrum. A Simplified Approach to Glaze and Color Development*, krause publications 2001, ISBN 0-87341-821-2
[44] K. und W. Lehnhäuser, *Keramische Glasuren und ihre Farben*, Ritterbach Verlag GmbH Frechen, 4. Auflage 2000, ISBN 3-89314-659-8
[45] P. Gregory, *Metal Complexes as Speciality Dyes and Pigments*, in: J. A. McCleverty, *Comprehensive Coordination Chemistry II*, Vol. 9, pp. 549–579 Elsevier 2004, ISBN 0-08-0437486
[46] M. Doerner, T. Hoppe, *Malmaterial und seine Verwendung im Bilde*, 18. Auflage, Verlag Enke 1994, Stuttgart, ISBN 3-363-00800-7
[47] Verschiedene Herausgeber, *Artist's Pigments Vol. 1–4*, Oxford University Press 1997, New York, ISBN 0-89468-256-3
[48] N. Eastaugh, V. Walsh, T. Chaplin, R. Siddall, *Pigment Compendium. A Dictionary of Historical Pigments*, Elsevier Butterworth-Heinemann, Oxfort 2004, ISBN 0-7506-57499
[49] K. Lutzenberger, *Künstlerfarben im Wandel: Synthetische organische Pigmente des 20. Jahrhunders und Möglichkeiten ihrer zerstörungsarmen, analytischen Identifizierung*, Herbert Utz-Verlag, 2009, ISBN 9-783-83160903-1
[50] T. C. Patton (ed.), *Pigments Handbook Vol. 1*, Wiley-InterScience, 1973, ISBN 0-471-67123-1
[51] R. D. Harley, *Artist´s Pigments c. 1600–1835*, Butterworth Scientific, 2nd ed. 1982, ISBN 0-408-70945-6

[52] G. R. Rapp, *Archaeomineralogy (Natural Science in Archaeology)*, Springer-Verlag Berlin 2009, ISBN 978-3540785934

[53] H. Howard, *Pigments of English Medieval wall Painting*, Archetypes Publications Ltd., London 2003, ISBN 1-873132-48-4

[54] H. Berke, *Chemie im Altertum – Die Erfindung von blauen und purpurnen Farbpigmenten*, Universitätsverlag Konstanz 2006, Konstanz, ISBN 978-3-87940-802-3

[55] G. Kremer, Web-Informationen zum Pigment 10400 Vivianit, http://www.kremer-pigmente.de/10400.htm, Zugriff am 20.06.2014

[56] L. Resenberg, *Zinnober – zurück zu den Quellen*, Anton Sigl, München, 2005, ISBN 3-935643-30-6

[57] G. Kremer, Web-Informationen zum Pigment 10620 Zinnober, http://kremer-pigmente.de/10620.htm, Zugriff am 10.01.2014

[58] Forumsmitglied „lemmi", *Synthese von Zinnober – ein alchemistisches Experiment*, http://www.versuchschemie.de/topic,16739,-Synthese+von+Zinnober+-+ein+alchemistisches+Experiment.html, Zugriff am 20.06.2014

[59] D. L. Douglass, C. Shing, G. Wang, *The light-induced alteration of realgar to pararealgar*, American Mineralogist, Volume 77, pages 1266–1274, 1992

[60] G. Kremer, Web-Informationen zum Pigment 10200 Azurit, http://kremer-pigmente.de/10200mp.htm und http://kremer-pigmente.de/10200.htm#mp, Zugriff am 20.06.2014 sowie persönliche Mitteilung

[61] G. Kremer, Web-Informationen zum Pigment 46400 Gofun Shirayuki, http://kremer-pigmente.de/46400.htm, Zugriff am 20.06.2014

[62] J. Klaas, *Studien zu Ägyptisch Grün. Bildungsbedingungen und Identifizierung der chemischen Zusammensetzung*, S. Gerzer, *Kaadener Grün. Lagerstätte, Gewinnung und Verwendung der böhmischen Grünen Erde*, Anton Sigl, München, 2006, ISBN 3-935643-30-6

[63] I. Stösser, *Rote Farblacke in der Malerei. Herstellung und Verwendung im deutschsprachigen Raum zwischen ca. 1400 und 1850*, Diplomarbeit am Institut für Technologie der Malerei der Staatlichen Akademie der Bildenden Künste Stuttgart, 1985

[64] R. M. Cornell, U. Schwertmann, *The Iron Oxides*, Wiley-VCH 2003, ISBN 3-527-30274-3

[65] U. Schwertmann, R. M. Cornell, *Iron Oxides in the Laboratory*, Wiley-VCH 2000, ISBN 3-527-29669-7

[66] C. Blänsdorf, *Blaue Farblacke in Staffeleimalerei und Skulpturenfassung*, Schriftenreihe Konservierung und Restaurierung, Hochschule der Künste, Bern, 2004, ISBN 3-9522804-3-7

[67] R. Chenciner, *Madder Red: a History of Luxury and Trade*, Curzon, 2001, ISBN 0-7007-1259-3

[68] H. Kühn, *Die Pigmente in den Gemälden der Schack-Galerie*, in: *Gemäldekataloge. Band II: Schack-Galerie.*, Bayerische Staatsgemäldesammlungen, München 1969

[69] J. H. Hofenk de Graaff, *The Colourful Past: Origins, Chemistry and Identification of Natural Dyestuffs*, Riggisberg: Abegg-Stiftung, 2004, ISBN 3-905014-25-4

[70] H. Roosen-Runge, *Farbe, Farbmittel der abendländischen mittelalterlichen Buchmalerei*, in: *Reallexikon zur Deutschen Kunstgeschichte*, Band 6, S. 1463–1492, Verlag C. H. Beck 1986, ISBN 978-3406140068, Webzugriff über http://rdk.zikg.net/gsdl/cgi-bin/library.exe

[71] I. Sandner, B. Bünsche, H.-P. Schramm, G. Meier, J. Voss, *Konservierung von Gemälden und Holzskulpturen*, Deutscher Verlag der Wissenschaften 1990, ISBN 3-326-00524-5

[72] J. Hill Stoner, R. Rushfield (eds.), *Conservation of Easel Paintings*, Routledge, 2012, ISBN 978-0-7506-8199-5

[73] M. D. Gottsegen, *The Painter´s Handbook*, Watson-Guptill Publications 2006, ISBN 0-8230-3496-3

[74] R. Mayer, *The Artist´s Handbook of Materials and Techniques*, The Viking Press, 1982, ISBN 0-670-13666-2

[75] J. Trevelyan, *Tiefdruckgraphik heute*, O. Maier Verlag Ravensburg, 1966, ISBN
[76] W. Authenrieth, *Neue und alte Techniken der Radierung und Edeldruckverfahren*, Authenriet, 6. Auflage 2010, ISBN 978-3000356193
[77] F. Hollenberg, W. Rabe (Bearbeiter), *Radierung. Ätzkunst und Kupfertiefdruck*, O. Maier Verlag Ravensburg 1970, ISBN 3-473-61107-7
[78] V. Preissig, *Zur Technik der farbigen Radierung und des farbigen Kupferstichs. I. Teil.*, Karl W. Hiersemann, Leipzip 1909
[79] R. Simmons, K. Clemson, *DuMont's Handbuch Holz- und Linolschnitt*, Dt. Erstausgabe, DuMont Buchverlag Köln 1990, ISBN 3-7701-2468-5
[80] J. Stobart, *Einfach drucken*, Haupt Verlag, 2003, ISBN 3-258-06608-6
[81] B. Butts, L. Hendrix, *Painting on Light: Drawings and Stained Glass in the Age of Durer and Holbein*, J. Paul Getty Museum 2000, ISBN 978-0892365784
[82] F. Wirtl, *Hinterglasmalerei*, Otto Maier Verlag Ravensburg, 1980, ISBN 3-473-43052-8
[83] A. K. Leonhard, *Hinterglasmalerei*, Frech-Verlag Stuttgart, 5. Auflage 1977, ISBN 3-7724-0272-0
[84] S. Bretz, *Hinterglasmalerei*, Klinkhardt & Biermann Verlag München, 2013, ISBN 978-3-943616-12-5
[85] K.-P. Schäffel, *Wasserfarben aus Naturmaterialien selber machen*, Basler Papiermühle, 2007
[86] G. Ziesemann, M. Krampfer, H. Knieriemen, *Natürliche Farben. Anstriche und Verputze selber herstellen*, AT Verlag, 4. Auflage 2000, ISBN 3-85502-523-1
[87] L. Edwards, J. Lawless, *Naturfarben Handbuch*, edition antis im Ökobuch Verlag, 1. Auflage 2003, ISBN 3-922964-92-3
[88] W. Blanke, *Malen mit Pigmenten und variablen Bindemitteln*, Knaur, 2003, ISBN 978-3-426-66956-3
[89] H. Arendt, *Werkstatt Pflanzenfarben. Natürliche Malfarben selbst herstellen und anwenden*, AT Verlag, 2. Auflage 2010, ISBN 978-3-03800-407-3
[90] P. Seymour, *Making Soft Pastels Using Dry Pigments*, Lee Press, London 1999, ISBN 0-9524727-2-4
[91] G. P. A. Turner, *Introduction to paint chemistry and principles of paint technology*, St Edmundsbury Press Ltd 1988, ISBN 0-412-29440-0
[92] T. J. S. Learner, *Analysis of Modern Paints*, Getty Publications, 2005, ISBN 978-0-89236-779-5
[93] T. J. S. Learner, P. Smithen, J. W. Krueger, M. R. Schilling (eds.), *Modern Paints Uncovered*, Proceedings from the Modern Paints Uncovered Symposium, Tate Modern London, 2006, Getty Publications, 2007, ISBN 978-0-89236-906-5
[94] H.-P. Schramm, B. Hering, *Historische Malmaterialien und ihre Identifizierung*, Bücher des Restaurators Bd. 1, Hrg. U. Schießl, Verlag Enke, Stuttgart 1995, ISBN 3-432-27041-0
[95] M. F. Striegel, J. Hill, *Thin-Layer Chromatography for Binding Media Analysis*, The Getty Conservation Institute, Los Angeles 1996, ISBN 0-89236-390-8, http://www.getty.edu/conservation/publications_resources/pdf_publications/pdf/thin_layer.pdf, Zugriff am 20.06.2014
[96] M. P. Colombini, F. Modugno (eds.), *Organic Mass Spectrometry in Art and Archaeology*, John Wiley & Sons, Ltd., 2009, ISBN 978-0-470-51703-1
[97] J. S. Mills, R. White *The Organic Chemistry of Museum Objects*, Butterworth-Heinemann Ltd., 2nd ed. 1994, ISBN 0-7506-4693-4
[98] J. Riederer, *Archäologie und Chemie*, Ausstellung des Rathgen-Forschungslabors SMPK 1987/1988, Staatliche Museen Preußischer Kulturbesitz, Berlin 1987, ISBN 3-88609-212-7
[99] C. Ehrenfort, *Aquarell- und Gouachefarben. Beiträge zu Materialzusammensetzung, Veränderungen, Schäden*, Diplomarbeit 1993, Institut für Technologie der Malerei, Staatliche Akademie der Bildenden Künste Stuttgart

[100] A. Roy, P. Smith (eds.), *Painting Techniques. History, Materials and Studio Practice*, The International Institute for Conservation of Historic and Artistic Works 1998, ISBN 0-9500525-8-2
[101] A. Wallert, M. Rey, *Historical painting techniques, materials, and studio practice*, preprints of a symposium, University of Leiden, the Netherlands, 26–29 June 1995, The Getty Conservation Institute, Los Angeles 1995, ISBN 0-89236-322-3 http://www.getty.edu/conservation/publications_resources/pdf_publications/pdf/historical_paintings.pdf, Zugriff am 20.06.2014
[102] J. Riederer, *Kunstwerke chemisch betrachtet*, Springer-Verlag 1981, ISBN 3-540-10552-2
[103] A. Bartl, C. Krekel, M. Lautenschlager, D. Oltrogge, *Der Liber illuministarum aus dem Kloster Tegernsee*, Veröffentlichung des Instituts für Kunsttechnik und Konservierung im Germanischen Nationalmuseum, Band 8, Franz Steiner Verlag 2005, ISBN 3-515-08472-X
[104] D. A. Scott, *Copper and Bronze in Art. Corrosion, Colorants, Conservation.*, Getty Conservation Institute, 2002, ISBN 0-89236-638-9
[105] P. Villa, L. Pollarolo, I. Degano, L. Birolo, M. Pasero, C. Biagioni, K. Douka, R. Vinciguerra, J. J. Lucejko, L. Wadley, *A Milk and Ochre Paint Mixture Used 49,000 Years Ago at Sibudu, South Africa*, 2015, PLoS ONE 10(6): e0131273. doi:10.1371/journal.pone.0131273, http://journals.plos.org/plosone/article?id=10.1371/journal.pone.0131273, Zugriff am 28.07.2015
[106] Spektrum der Wissenschaft (online-Redaktion), *Frühe Kunstkenner*, News-Meldung vom 04.05.2000, Spektrum der Wissenschaft Verlag, http://www.spektrum.de/news/fruehe-kunstkenner/344026, Zugriff am 28.07.2015
[107] Spektrum der Wissenschaft (online-Redaktion), *Die Urväter der Kunst*, News-Meldung vom 23.10.2000, Spektrum der Wissenschaft Verlag, http://www.spektrum.de/news/die-urvaeter-der-kunst/344691, Zugriff am 28.07.2015
[108] G. Bataille, *Die vorgeschichtliche Malerei. Lascaux oder Die Geburt der Kunst*, Editions d´Art Albert Skira Genf/Klett-Cotta Stuttgart, 1983, ISBN 3-88447-069-8
[109] G. Rietschel u. a., *Lascaux. Höhle der Eiszeit*, Ausstellungskatalog des Roemer- und Pelizaeus-Museum Hildesheim, Verlag Philipp von Zabern, Mainz 1982, ISBN 3-8053-0593-1
[110] M. Lorblanchet, *Höhlenmalerei*, Jan Thorbecke Verlag, 2. Auflage 2000, ISBN 3-7995-9025-0
[111] *Reclams Handbuch der künstlerichen Techniken. Band 1: Farbmittel, Buchmalerei, Tafel- und Leinwandmalerei.*, Philipp Reclam jun. GmbH & Co. Stuttgart, 1988, ISBN 3-15-010322-3
[112] H. Roosen-Runge, *Tüchleinmalerei, Tafelmalerei*, in: [111]
[113] H. Roosen-Runge, *Buchmalerei*, in [111], S. 25–124
[114] *Reclams Handbuch der künstlerischen Techniken. Band 2: Wandmalerei, Mosaik.*, Philipp Reclam jun. GmbH & Co. Stuttgart, 1990, ISBN 3-15-010345-2
[115] A. Knoepfli, O. Emmenegger, *Wandmalerei bis zum Ende des Mittelalters*, in: [114]
[116] *Reclams Handbuch der künstlerischen Techniken. Band 3: Glas, Keramik, Porzellan, Möbel, Intarsie und Rahmen, Lackkunst, Leder.*, Philipp Reclam jun. GmbH & Co. Stuttgart, 1986, ISBN 3-15-030015-0
[117] A. Nunn, Handbuch der Orientalistik, 7. Abteilung, *Die Wandmalerei und der glasierte Wandschmuck im alten Orient*, J. Brill, Leiden 1988, ISBN 90-04-08428-2
[118] M. A. Corzo, M. Afshar, *Art and Eternity. The Nefertari Wall Paintings Conservation Project 1986–1992*, J. Paul Getty Trust, 1993, ISBN 0-89236-130-1
[119] D. Stulik, E. Porta, A. Palet, *Analysis of Pigments, Binding Media and Varnishes*, In [118], pp. 55–65
[120] S. Hood, *The Arts in Prehistoric Greece*, Penguin Books, 1990, ISBN 0-14-0561-42-0
[121] R. Higgins, *Minoan and Mycenaen Art (World of Art)*, Verlag Thames & Hudson Ltd, 1981, ISBN 978-0500201848
[122] I. Scheibler, *Griechische Malerei der Antike*, Beck, München 1994, ISBN 3-406-38491-9

[123] T. Spiteris, *Griechische und Etruskische Malerei*, Weltgeschichte der Malerei Band 3, Editions Rencontre Lausanne, 1966
[124] T. Spiteris, *Bunte Götter. Die Farbigkeit antiker Skulptur*, Ausstellungskatalog des Museums für Kunst und Gewerbe Hamburg, 4. Auflage 2007
[125] I. Baldassarre, A. Pontrandolfo, A. Rouveret, M. Salvadori, *Römische Malerei*, DuMont, 2003, ISBN 3-8321-7210-6
[126] H. Mielsch, *Römische Wandmalerei*, Wissenschaftliche Buchgesellschaft, Darmstadt 2001
[127] S. Augusti, *I colori pompeiani*, De Luca Editore, Istituto Grafico Tiberino, Roma 1967
[128] M. Exner (Hrsg.), *Wandmalerei des frühen Mittelalters. Bestand, Maltechnik, Konservierung*, ICOMOS Hefte des Deutschen Nationalkomitees XXIII, 1998, ISBN 3-87490-663-9
[129] J. und K. Hecht, *Die frühmittelalterliche Wandmalerei des Bodenseegebietes*, 2 Bände, J. Thorbecke Verlag Sigmaringen, 1979, ISBN 3-7995-7008-X
[130] H. Stampfer, T. Steppan, *Die romanische Wandmalerei in Tirol*, Schnell & Steiner, 1. Auflage 2007, ISBN 978-3795415747
[131] D. Jakobs, *Sankt Georg in Reichenau-Oberzell*, 2. Band, Konrad-Theiss-Verlag, Stuttgart 1999, ISBN 978-3806214628
[132] A. Burmester, C. Heilmann, M. F. Zimmermann, *Barbizon. Malerei der Natur – Natur der Malerei*, Klinghardt & Biermann Verlagsbuchhandlung GmbH, München 1999, ISBN 3-7814-ß424-2
[133] C. Syre, *Tintoretto. Der Gonzaga-Zyklus*, Ausstellungskatalog, Bayerische Staatsgemäldesammlungen, Hatje Cantz Verlag, München 2000, ISBN 3-7757-0887-1
[134] D. Bomford, J. Kirby, A. Roy, A. Rüger, R. White, *Art in the Making. Rembrandt*, National Gallery Company, London 2006, ISBN 978-1-85709-356-8
[135] C. Brown, *Making & Meaning. Rubens's Landscapes*, National Gallery Publications, London 1996, ISBN 1-85709-155-8
[136] R. Spronk, *More than Meets the Eye: An Introduction to Technical Examination of Early Netherlandish Paintings at the Fogg Art Museum*, Harvard University Art Museums Bulletin, Vol. 5, No. 1 (Autumn, 1996), pp. 1–3, 6–64
[137] I.Gaskell, M. Jonker, *Vermeer Studies*, Studies in the History of Art 55, National Gallery of Art, Washington 1998, ISBN 0-300-07521-9
[138] J. Townsend, *Turner's Painting Techniques*, Tate Gallery London, 2nd ed. 1996, ISBN 1-85437-202-5
[139] C. Peres, M. Hoyle, L. van Tilborgh (eds.), *A Closer Look: Technical and art-historical Studies on Works by Van Gogh and Gauguin*, Rijksmuseum Vincent van Gogh, Cahier Vincent 3, Waanders Publishers, Zwolle 1991
[140] D. Bomford, J. Dunkerton, D. Gordon, A. Roy, J. Kirby, *Art in the Making: Italian Painting before 1400*, National Gallery London 1989, 1992, ISBN 0-947645-67-5
[141] D. Bomford, J. Kirby, J. Leighton, A. Roy, *Art in the Making. Impressionism*, National Gallery Company, London 1990, ISBN 0-300-05035-6
[142] G. Goldberg, B. Heimberg, M. Schawe, *Albrecht Dürer. Die Gemälde der Alten Pinakothek*, Bayerische Staatsgemäldesammlungen, Edition Braus, München 1998, ISBN 3-89466-216-6
[143] J. D. Sanders, *Pigments for Inkmakers*, SITA Technology, London 1989, ISBN 0-947798-07-02
[144] S. Magdassi, *The Chemistry of Inkjet Inks*, World Scientific Publishing Co. Pte. Ltd., Singapur 2010, ISBN 978-981-281-921-8
[145] S. F. Pond, *Inkjet Technology and Product Development Strategies*, Torrey Pines Research, 2000, ISBN 0-9700860-0-8, http://www.tpr.com/inkjet_book.htm
[146] J. T. Kunjappu, *Essays in Ink Chemistry*, Nova Science Publishers Inc., 2001, ISBN 1-59033-111-7
[147] J. A. G. Drake (ed.), *Chemical Technology in Printing and Imaging Systems*, The Royal Chemical Society of Chemistry 1993, ISBN 0-85186-655-7

[148] N. Underwood, T. V. Sullivan, *The Chemistry and Technology of Printing Inks*, D. Van Nostrand Company, New York 1915, Reprint von BiblioBazaar 2009, ISBN 978-1103807611
[149] C. Maywald, *Schreibtinten. Einführung und Übersicht*, Robert Wiegner Verlag 2010, ISBN 978-3-931775-15-5
[150] A. Schopen, *Tinten und Tuschen des arabisch-islamischen Mittelalters*, Vandenhoeck & Ruprecht GmbH & Co. KG, Göttingen 2006, ISBN 978-3-525-82541-9
[151] M. Zerdoun Bat-Yehouda, *Les Encres Noires au Moyen Âge*, Centre National de la recherche Scientifique, Paris, 1983, ISBN 2-222-02972-4
[152] W. Baumann, T. Rothardt, *Druckereichemikalien: Daten und Fakten zum Umweltschutz*, Springer-Verlag, 2. Auflage 1999, ISBN 3-540-66046-1
[153] V. C. Malshe, M. A. Sikchi, *Basics of Paint Technology Part I*, Antar Prakash Centre for Yoga, 2. Auflage 2004, ISBN 978-8190329859
[154] Oil and Colour Chemists' Association, *Surface Coatings: Volume 1 Raw Materials and their Usage*, Springer Science & Business Media, 3. ed. 1993, ISBN 0-412-55210-8
[155] N. Equiamicus, *Kleines Rezeptbuch der historischen Tinten*, Bohmeier Verlag 2011, ISBN 978-3-89094-593-4
[156] G. Weibel, *Miniaturisiertes Dosiersystem zur geregelten Dosierung von Tinte in einem Schreibgerät*, Dissertation, Universität Stuttgart, 2008, http://dx.doi.org/10.18419/opus-4142, Zugriff am 09.02.2015
[157] M. Ek, G. Gellerstedt, G. Henriksson (eds.), *Pulp and Paper Chemistry and Technologie. 1. Wood Chemistry and Wood Biotechnology*, Walter de Gruyter GmbH, 2009, ISBN 978-3-11-048195-2
[158] M. Ek, G. Gellerstedt, G. Henriksson (eds.), *Pulp and Paper Chemistry and Technologie. 2. Pulping Chemistry and Technology*, Walter de Gruyter GmbH, 2009, ISBN 978-3-11-048342-0
[159] M. Ek, G. Gellerstedt, G. Henriksson (eds.), *Pulp and Paper Chemistry and Technologie. 3. Paper Chemistry and Technology*, Walter de Gruyter GmbH, 2009, ISBN 978-3-11-048343-7
[160] M. Ek, G. Gellerstedt, G. Henriksson (eds.), *Pulp and Paper Chemistry and Technologie. 4. Papier Products Physics and Technology*, Walter de Gruyter GmbH, 2009, ISBN 978-3-11-048346-8
[161] D. Zerler, H.-U. Kästner, *Werkstoffkunde für den Papiermacher*, Schriftenreihe der Papiermacherschule Band 19, Papiermacherschule Gernsbach, 1. Auflage 1997
[162] J. C. Roberts (ed.), *Paper Chemistry*, Blackie & Son Ltd., Glasgow 1991, ISBN 0-216-92909-1
[163] H. Holik (ed.), *Handbook of Paper and Board*, WILEY-VCH Verlag Chemie 2006, ISBN 978-3-527-30997-9
[164] W. Baumann, B. Herberg-Liedtke, *Papierchemikalien: Daten und Fakten zum Umweltschutz*, Springer-Verlag, 1994, ISBN 3-540-57593-6
[165] J. P. Casey (ed.), *Pulp and Paper, Chemistry and Chemical Technology*, Vol. III, John Wiley & Sons, 3. Auflage 1981, ISBN 0-471-03177-1
[166] J. Blechschmidt (Hrsg.), *Papierverarbeitungstechnik*, Carl Hanser Fachbuchverlag, 2013, ISBN 978-3-446-43071-6
[167] J. Blechschmidt (Hrsg.), *Taschenbuch der Papiertechnik*, Carl Hanser Fachbuchverlag, 2. Auflage 2013, ISBN 978-3-446-43802-6
[168] M. Lewin (ed.), *Handbook of Fiber Chemistry*, CRC Press, 3.rd edition 2006, ISBN 0-8247-2565-4
[169] H. Kittel, *Lehrbuch der Lacke und Beschichtungen*, mehrere Bände S. Hirzel Verlag Stuttgart, 2007, ISBN 978-3-7776-1014-6
[170] J. L. Keddie, A. F. Routh, *Fundamentals of Latex Film Formation*, Springer Verlag 2010, ISBN 978-90-481-2844-0

[171] D. Stoye, W. Freitag (eds.), *Paints, Coatings and Solvents*, WILEY-VCH, 2. ed. 1998, ISBN 3-527-28863-5
[172] D. Urban, K. Takamura, *Polymer Dispersions and Their Industrial Applications*, WILEY-VCH, 2002, ISBN 3-527-30286-7
[173] Z. W. Wicks, F. N. Jones, S. P. Pappas, *Organic Coatings – Science and Technology, vol. 1: Film Formation, Components and Appearance*, John Wiley & Sons, Inc., New York 1992, ISBN 0-471-61406-8
[174] J. Bieleman, *Lackadditive*, Wiley-VCH 1998, ISBN 3-527-28819-9
[175] C. V. Horie, *Materials for Conservation*, Butterworth & Co. Ltd., 1987, ISBN 0-408-01531-4
[176] H. Briehl, *Chemie der Werkstoffe*, Vieweg und Teubner Verlag, 2. Auflage 2007, ISBN 978-3835102231
[177] A. Goldschmidt, H.-J. Streitberger, *BASF-Handbuch Lackiertechnik*, Vincentz-Verlag Hannover, 2002, ISBN 3-87870-324-4
[178] T. Brock, *Lehrbuch der Lacktechnologie*, Vincentz-Verlag Hannover, 2. Auflage 1998, ISBN 3-87870-569-7
[179] D. Stoye, W. Freitag, *Lackharze: Chemie, Eigenschaften und Anwendungen*, Hanser-Verlag, 1996, ISBN 3-446-17475-3
[180] M. El-Sayed Abdel-Raouf, A.-R. Mahmoud Abdul-Raheim, *Rosin: Chemistry, Derivatives, and Applications: a review*, BAOJ Chem 4: 039 (2018), https://bioaccent.org/chemistry/chemistry39.php, Zugriff am 20.05.2019
[181] *BASF Handbuch Lackiertechnik*, BASF Coatings AG, Münster und Vincentz-Verlag, Hannover, 2002,ISBN 3-87870-324-4
[182] A. F. Hollemann, N. Wiberg, *Lehrbuch der Anorganischen Chemie*, Walter de Gruyter Berlin, 91–100. Auflage 1985, ISBN 3-11-007511-3
[183] N. N. Greenwood, A. Earnshaw, *Chemie der Elemente*, VCH 1990, 1. Nachdr. d. 1. Aufl., ISBN 3-527-26169-9
[184] M. Winter, *WebElements: the periodic table on the WWW. Binary compounds and complexes*, University of Sheffield and WebElements Ltd, UK, http://www.webelements.com/compounds.html, Zugriff am 06.06.2014
[185] F. Ullmann, *Ullmanns Encyclopedia of industrial chemistry*, Wiley-VCH Verlag GmbH Weinheim 2005, elektronische Ausgabe
[186] F. Ullmann, *Ullmanns Encyklopädie der technischen Chemie*, Verlag Chemie, Weinheim 1972–1984, 4. Auflage
[187] R. Dittmeyer, W. Keim, G. Kreysa, A. Oberholz, *Chemische Technik*, Band 7: Industrieprodukte, Wiley-VCH, 5. Auflage 2004, ISBN 9783527307722
[188] J. I. Kroschwitz (ed.), *Encyclopedia of Chemical Technology*, Wiley & Sons, New York 2004, 5. Auflage, ISBN 0-471-48494-6
[189] A. Wollrab, *Organische Chemie*, Springer Verlag, 2. Auflage 2002, ISBN 3-540-43998-6
[190] H. P. Latscha, U. Kazmaier, A. Klein, *Organische Chemie: Chemie-Basiswissen II*, Springer Verlag, 6. Auflage 2008, ISBN 978-3-540-77106-7
[191] E. Breitmaier, G. Jung, *Organische Chemie*, Georg Thieme Verlag, 5. Auflage 2005, ISBN 3-13-541505-8
[192] W. Kutzelnigg, *Einführung in die Theoretische Chemie*, WILEY-VCH 2002, ISBN 3-527-30609-9
[193] M. J. S. Dewar, R. C. Dougherty, *The PMO Theory of Organic Chemistry*, Plenum Publishing Company, New York 1975, ISBN 0-306-20010-4 pbk
[194] A. Rauk, *Orbital Interaction Theory of Organic Chemistry*, Wiley-Interscience, 2nd ed. 2001, ISBN 0-471-35833-9
[195] T. A. Albright, J. K. Burdett, M.-H. Whangbo, *Orbital Interactions in Chemistry*, John Wiley & Sons, Inc., 2nd ed. 2013, ISBN 978-0-471-08039-8

[196] M. Hesse, H. Meier, B. Zeeh, *Spektroskopische Methoden in der organischen Chemie*, Thieme Verlag Stuttgart, 7. Auflage 2005, ISBN 978-3135761077
[197] G. Lagaly, O. Schulz, R. Zimehl, *Dispersionen und Emulsionen, eine Einführung in die Kolloidik feinverteilter Stoffe*, Dr. Dietrich Steinkopff Verlag, Darmstadt 1997, ISBN 3-7985-1087-3
[198] R. M. Pashley, M. E. Karaman, *Applied Colloid and Surface Chemistry*, John Wiley & Sons Ltd., 2004, ISBN 0-470-86883-X
[199] R. J. Hunter, *Introduction to Modern Colloid Science*, Oxford University Press Inc., 1993, ISBN 0-19-855387-0
[200] E. J. W. Verwey, J. Th. G. Overbeek, *Theory of the Stability of Lyophobic Colloids*, Elsevier Publishing Company Inc., 1948
[201] K. S. Birdi, *Surface Tension and Interfacial Tension of Liquids*, in: *Handbook of Colloid and Surface Chemistry*, CRC Press 2009, ISBN 978-1-4200-0720-6
[202] T. F. Tadros, *Colloids in Paints*, Wiley-VCH 2010, ISBN 978-3-527-31466-9
[203] T. F. Tadros, *An Introduction to Surfactants*, Walter de Gruyter 2014, ISBN 978-3-11-031212-6
[204] D. Distler (Hrsg.), *Wäßrige Polymerdispersionen*, Wiley-VCH 1999, ISBN 3-527-29587-9
[205] E. Dickinson, D. J. McClements, *Advances in Food Colloids*, Blackie Academic & Professsional, 1st ed. 1995, ISBN 0-7514-0203-6
[206] M. Ladd, *Symmetry and Group Theory in Chemistry*, Horwood Chemical Science Series, Horwood Publishing Ltd. 1998, ISBN 1-898563-39-X
[207] M. S. Dresselhaus, G. Dresselhaus, A. Jorio, *Group theory: application to the physics of condensed matter*, Springer 2008, ISBN 978-3-540-32897-1
[208] G. Steffen, *Farbe und Lumineszenz von Mineralien*, Enke Verlag, Stuttgart 2000, ISBN 3-13-118341-1
[209] R. G. Burns, *Mineralogical applications of crystal field theory*, Cambridge University Press 1993, ISBN 0-521-430771
[210] D. Reinen, *Kationenverteilung zweiwertiger $3d^n$-Ionen in oxidischen Spinell-, Granat- und anderen Strukturen*, S. 114–154, in: P. Hemmerich (ed.), *Structure and Bonding*, Band 7/1970 Springer Verlag 1970, ISBN 978-3-540-05022-3
[211] A. B. P. Lever, *Inorganic Elektronic Spectroscopy*, Elsevier 1984, ISBN 0-444-42389-3
[212] B. N. Figgis, M. A. Hitchman, *Ligand field theory and its applications*, Wiley-VCH 2000, ISBN 0-471-31776-4
[213] F. Kober, *Grundlagen der Komplexchemie*, Otto Salle Verlag, 1979, ISBN 3-7935-5482-1
[214] J. R. Gispert, *Coordination Chemistry*, Wiley-VCH, 1. ed 2008, ISBN 978-3-527-31802-5
[215] L. H. Gade, *Koordinationschemie*, Wiley-VCH, 1. Auflage 1998, ISBN 3-527-29503-8
[216] E. König, S. Kremer, *Ligand field energy diagrams*, Plenum Press New York 1977, ISBN 0-306-30946-7
[217] B. Di Bartolo, *Magnetic Ions in Solids*, pp. 15–61, in: B. Di Bartolo, *Optical Properties of Ions in Solids*, Plenum Press New York 1975, ISBN 0-306-35708-9
[218] A. S. Marfunin, *Physics of Minerals and Inorganic Materials*, Springer Verlag 1979, ISBN 3-540-08982-9
[219] I. B. Bersuker, *Electronic Structure and Properties of Transition Metal Compounds*, John Wiley & Sons, 2nd ed. 2010, ISBN 978-0-470-18023-5
[220] R. S. Mulliken, W. B. Person, *Molecular complexes: a Lecture and Reprint Volume*, Wiley, New York 1969
[221] C. Janiak, T. M. Klapötke, E. Riedel, *Moderne anorganische Chemie*, Walter de Gruyter, 2003, ISBN 3-11-015672-5
[222] U. Müller, *Anorganische Strukturchemie*, Vieweg+Teubner Verlag, 6. Auflage 2008, ISBN 978-3834806260

[223] J. Reinhold, *Quantentheorie der Moleküle*, Teubner Verlag, 3. Auflage 2006, ISBN 978-3-8351-0037-4
[224] O. Krätz, *7000 Jahre Chemie*, Nikol Verlag 2000, ISBN 978-3933203205
[225] H. Hager, W. Blaschek, K. Keller, *Hagers Handbuch der Pharmazeutischen Praxis, Bd. 3*, Springer-Verlag 1998, ISBN 978-3540616191
[226] E. Breitmaier, *Terpene: Aromen, Düfte, Pharmaka, Pheromone*, Teubner Studienbücher Chemie 1999, ISBN 3-519-03548-0
[227] G. Michal (Hrsg.), *Biochemical Pathways*, Spektrum, Akademischer Verlag 1999, ISBN 3-86025-239-9
[228] G. Richter, *Stoffwechselphysiologie der Pflanzen*, Georg Thieme Verlag Stuttgart, 4. Auflage 1981, ISBN 3-13-442004-X
[229] G. Tegge (Hrsg.), *Stärke und Stärkederivate*, Behr's Verlag, 3. Auflage 2004, ISBN 3-89947-075-3
[230] J. N. BeMiller, *Carbohydrate Chemistry for Food Scientists*, AACC International Inc. 2007, St. Paul, ISBN 978-1-891127-53-3
[231] A. M. Stephen, G. O. Philips, P. A. Williams, *Food Polysaccharides and Their Applications*, Marcel Dekker Inc. 2006, ISBN 978-0824759223
[232] H.-D. Belitz, W. Grosch, *Lehrbuch der Lebensmittelchemie*, Springer-Verlag, 4. Aufl. 1992, ISBN 3-540-55449-1
[233] W. Ternes, *Lebensmittel-Lexikon*, Behrs Verlag 2005, ISBN 978-3899471656
[234] N. P. Wong, R. Jenness, *Fundamentals of Dairy Chemistry*, Aspen Publishers 1999, ISBN 0-8342-1360-5
[235] P. Walstra, R. Jenness, *Dairy Chemistry and Physics*, J. Wiley & Sons 1984, ISBN 0-471-09779-9
[236] P. Nuhn, *Naturstoffchemie*, S. Hirzel Verlag Stuttgart, 3. Aufl. 1997, ISBN 3-7776-0613-8
[237] Y. Margalit, *Concepts in Wine Chemistry*, The Wine Appreciation Guild, San Francisco 2004, ISBN 1-891267-74-4
[238] J. F. Zayas, *Functionality of Proteins in Food*, Springer-Verlag 1997, ISBN 3-540-60252-6
[239] J. C. Cheftel, J. L. Cuq, D. Lorient, *Lebensmittelproteine*, Behr's Verlag 1992, ISBN 3-86022-071-3
[240] S. Damodaran, A. Paraf (eds.), *Food Proteins and their Applications*, Marcel Dekker Inc., New York, 1997, ISBN 0-8247-9820-1
[241] A. Gennadios (ed.), *Protein-based Films and Coatings*, CRC Press 2002, ISBN 978-1587161070
[242] T. Yamamoto, L. R. Juneja, H. Hatta, M. Kim (eds.), *Hen Eggs. Their Basic and Applied Science*, CRC Press 1997, ISBN 0-8493-4005-5
[243] W. Ternes, L. Acker, S. Scholtyssek, *Ei und Eiprodukte*, Verlag Paul Parey, 1994, ISBN 3-489-63114-5
[244] P. Fratzl (ed.), *Collagen. Structure and Mechanics*, Springer 2008, ISBN 978-0-387-73905-2
[245] E. N. Frankel, *Lipid Oxidation*, The Oily Press, Dundee 1998, ISBN 0-9514171-9-3
[246] H. W.-S. Chan (ed.), *Autoxidation of Unsatured Lipids*, Academic Press Inc., London 1987, ISBN 0-12-167630-7
[247] A. Brossi (Hrg.), *The Alkaloids: Chemistry and Pharmacology: 39*, Academic Press Inc. 1990, ISBN 978-0124695399
[248] E. Haslam, *Practical Polyphenolics. From Structure to Molecular Recognition and Physiological Action*, Cambridge University Press 1998, ISBN 0-521-46513-3
[249] M. Luckner, *Secondary Metabolism in Microorganisms, Plants, and Animals*, Springer Verlag, 3. Auflage 1990, ISBN 3-540-50287-4
[250] B. A. Bohm, *Introduction to Flavonoids*, Harwood Academic Publishers 1998, ISBN 90-5702-353-9

[251] W. I. Taylor, A. R. Battersby, *Oxidative Coupling of Phenols*, Marcel Dekker Inc., New York 1967
[252] H. A. Stafford, *Flavonoid Metabolism*, CRC Press Inc 1990, ISBN 978-0849360855
[253] F. Constabel, I. K. Vasil (eds.), *Cell Culture and Somatic Cell Genetics of Plants, vol. 5: Phytochemicals in Plant Cell Cultures*, Academic Press Inc., 1988, ISBN 0-12-715005-6
[254] D. S. Seigler, *Plant Secondary Metabolism*, Kluwer Academic Publishers 1998, ISBN 0-412-01981-7
[255] F. A. Tomás-Barberán, R. J. Robins, *Phytochemistry of Fruit and Vegetables*, Proceedings of the Phytochemical Society of Europe, Clarendon Press, Oxford, 1997, ISBN 0-19-857790-7
[256] K. R. Markham, *Techniques of Flavonoid Identification*, Academic Press, 1982, ISBN 0-12-472680-1
[257] G. Prota, *Melanins and Melanogenesis*, Academic Press Inc., 1992, ISBN 0-12-565970-9
[258] D. W. Lee, *Nature´s Palette: the Science of Plant Color*, The University of Chicago Press, 2007, ISBN 0-226-47052-0
[259] A. S. Diamond, D. S. Weiss, *Handbook of Imaging Materials*, Marcel Dekker Inc., 2nd. edition 2002, ISBN 0-8247-8903-2
[260] M. Zander, *Polycyclische Aromaten*, Teubner Studienbücher, Stuttgart 1995, ISBN 3-519-03537-5
[261] I. Gutman, S. J. Cyvin, *Introduction to the Theory of Benzenoid Hydrocarbons*, Springer-Verlag, 1989, ISBN 3-540-51139-3
[262] E. Clar, *Polycyclic Hydrocarbons*, 2 volumes, Academic Press Inc., London 1964
[263] D. Dolphin, *The Porphyrins. Vol. III. Physical Chemistry, Part A*, Academic Press Inc., 1978, ISBN 0-12-220103-5
[264] C. C. Leznoff, A. B. P. Lever (eds.), *Phthalocyanines. Properties and Applications*, volume I: VCH 1989, ISBN 3-527-26955-X, volume II: VCH 1993, ISBN 3-527-89544-2, volume III: VCH 1993, ISBN 3-527-89638-4
[265] J. Jiang (ed.), *Functional phthalocyanine molecular materials*, Springer 2010, ISBN 978-3-642-04751-0
[266] K. Nassau, *The physics and chemistry of color*, Wiley serie in pure and applied optics 2nd edition 2001, ISBN 0-471-39106-9
[267] M. Fox, *Optical Properties of Solids*, Oxford University Press 2008, New York, ISBN 978-0-19-850612-6
[268] E. Hecht, *Optik*, Walter de Gruyter GmbH, 7. Auflage 2018, ISBN 978-3-11-052664-6
[269] J. G. Solé, L. E. Bausá, D. Jaque, *An Introduction to the Optical Spectroscopy of Inorganic Solids*, John Wiley & Sons, Ltd, 2005, ISBN 0-470-86886-4
[270] D. L. Greenaway, G. Harbeke, *Optical Properties and Band Structure of Semiconductors*, Pergamon Press Oxford, 1st edition 1968
[271] M. Aven, J. S. Prener (eds.), *Physics and Chemistry of II-VI Compounds*, North-Holland Publishing Company, Amsterdam 1967
[272] S. Adachi, *Properties of Semiconductor Alloys*, Wiley, 2009, ISBN 978-0-470-74369-0
[273] R. Sauer, *Halbleiterphysik*, Oldenbourg Wissenschaftsverlag München, 2009, ISBN 978-3-486-58863-7
[274] M. Grundmann, *The Physics of Semiconductors*, Springer-Verlag, 2. Auflage 2010, ISBN 978-3-642-13883-6
[275] B. Sapoval, C. Hermann, *Physics of Semiconductors*, Springer-Verlag New York, 2003, ISBN 0-387-40630-1
[276] S. Hunklinger, *Festkörperphysik*, Oldenbourg, 2007, ISBN 978-3-486-57562-0
[277] C. Kittel, *Einführung in die Festkörperphysik*, Oldenbourg, München 1999, ISBN 3-486-23843-4

[278] A.-B. Chen, A. Sher, *Semiconductor Alloys*, Plenum Press, New York 1995, ISBN 0-306-45052-6

[279] M. L. Cohen, J. R. Chelikowsky, *Electronic Structure and Optical Properties of Semiconductors*, Springer-Verlag, 2. Auflage 1989, ISBN 3-540-51391-4

[280] L. I. Berger, *Semiconductor materials*, CRC Press Inc. 2000, ISBN 0-8493-8912-7

[281] P. K. Basu, *Theory of Optical Processes in Semiconductors*, Oxford University Press Inc., 1997, ISBN 0-19-851788-2

[282] M. Kerker, *The Scattering of Light and Other Electromagnetic Radiation*, Academic Press, 1969

[283] U. Kreibig, M. Vollmer, *Optical Properties of Metal Clusters*, Springer-Verlag 1995, ISBN 3-540-57836-6

[284] M. Quinten, *Optical Properties of Nanoparticle Systems*, Wiley-VCH 2011, ISBN 978-3-527-41043-9

[285] H. Raether, *Surface Plasmons on Smooth and Rough Surfaces and on Gratings*, Springer Tracts in Modern Physics 111, Springer Verlag 1988, ISBN 3-540-17363-3

[286] H. Raether, *Excitation of Plasmons and Interband Transitions by Electrons*, Springer Tracts in Modern Physics 88, Springer Verlag 1980, ISBN 3-540-09677-9

[287] W. Kleber, *Einführung in die Kristallographie*, VEB Verlag Technik Berlin, 16. Auflage 1985

[288] P. Laven, Programm Mieplot, http://www.philiplaven.com/mieplot.htm, Zugriff am 20.06.2013

[289] M. Thompson, Programm ArgusLab, http://www.arguslab.com/arguslab.com/Welcome.html, Zugriff am 10.09.2013

[290] D. Greig, *Elektronen in Metallen und Halbleitern*, R. Oldenbourg Verlag, 1972, ISBN 3-486-33551-0

[291] G. Mie, *Beiträge zur Optik trüber Medien, speziell kolloidaler Metallösungen*, Annalen der Physik 25, Nr. 3, 1908, 377–445

[292] P. Walstra, *Approximation formulae for the light scattering coefficient of dielectric spheres*, Brit. J. Appl. Phys. 1964, 15, 1545–1552

[293] M. Halik, *2,2-Difluor-1,3,2-(2H)-dioxaborine als Bausteine zur Darstellung von langwellig absorbierenden Methinfarbstoffen*, Dissertation der Universität Halle-Wittenberg, http://sundoc.bibliothek.uni-halle.de/diss-online/98/99H017/prom.pdf

[294] J. S. Dewar, *Modern Theories of Colour*, Chemical Society Special Publication No. 4 (1956) 64–82

[295] Y. Tanabe, S. Sugano, *On the absorption spectra of complex ions I–III*, Journal of the Physical Society of Japan 9 (5) 1954, pp. 753

[296] K.-A. Kovar, W. Mayer, *Elektronen-Donator-Acceptor-Komplexe*, Pharmazie in unserer Zeit/ 8. Jahrg. 1979/Nr. 2, 46–53

[297] G. Briegleb, *„Charge-Transfer“-Spektren von Komplexen zwischen Neutralmolekülen*, Pure Appl. Chem., 1962, Vol. 4, No. 1, pp. 105-120

[298] W. Kaim, S. Ernst, S. Kohlmann, *Farbige Komplexe: das Charge-Transfer-Phänomen*, Chemie in unserer Zeit/21. Jahrg. 1987/Nr. 2, 50–58

[299] G. Briegleb, J. Czekalla, *Elektronenüberführung durch Lichtabsorption und -emission in Elektronen-Donator-Acceptor-Komplexen*, Angew. Chemie 72 (1960) 401–413

[300] R. G. Burns, *Intervalence Transitions in Mixed-Valence Minerals of Iron and Titanium*, Ann. Rev. Earth Planet. Sci. 1981.9:345-83

[301] L. P. Bouckaert, R. Smoluchowski, E. Wigner, *Theory of Brillouin Zones and Symmetry Properties of Wave Functions in Crystals*, Phys. Rev. 50, 58–67 (1936)

[302] A. P. Alivisatos, *Semiconductor Clusters, Nanocrystals, and Quantum Dots*, Science, Vol. 271, No. 5251. (Feb. 16, 1996), pp. 933–937

[303] A. P. Alivisatos, *Perspectives on the Physical Chemistry of Semiconductor Nanocrystals*, J. Phys. Chem. **1996**, 100, 13226–13239

[304] C. B. Murray, D. J. Norris, M. G. Bawendi, *Synthesis and Characterization of Nearly Monodisperse CdE (E = S, Se, Te) Semiconductor Nanocrystallites*, J. Am. Chem. Soc. **1993**, 115, 8706–8715

[305] H. Weller, *Kolloidale Halbleiter-Q-Teilchen: Chemie im Übergangsbereich zwischen Festkörper und Molekül*, Angew. Chem. **1993**, 105, 43–55

[306] A. Riss, O. Diwald, *Gestalten in der Nanowelt. Partikel-Morphologien und Festkörper-Eigenschaften*, Chem. Unserer Zeit, 2009, 43, 84–92

[307] R. A. Abram, G. J. Rees, B. L. H. Wilson, *Heavily doped semiconductors and devices*, Adv. Phys. 27 (6) 799–892 (1978)

[308] A. L. Efros, *Density of states and interband absorption of light in strongly doped semiconductors*, Sov. Phys.-Usp., Vol. 16, No. 6, 1974, 789–805

[309] H. C. Casey, F. Stern, *Concentration-dependent absorption and spontaneous emission of heavily doped GaAs*, Journal of Applied Physics, 47, 631–643 (1976)

[310] H. C. Casey, D. D. Sell, K. W. Wecht, *Concentration dependence of the absorption coefficient for n- and p-type GaAs between 1.3 and 1.6 eV*, Journal of Applied Physics, 46, 250–257 (1975)

[311] F. Bassani, D. Brust, *Effect of Alloying and Pressure on the Band Structure of Germanium and Silicon*, Phys. Rev. 131, 4, 1524–1529 (1963)

[312] R. Braunstein, A. R. Moore, F. Herman, *Intrinsic Optical Absorption in Germanium-Silicon Alloys*, Phys. Rev. 109, 3, 695–710 (1958)

[313] N. R. J. Poolton, K. B. Ozanyan, J. Wallinga, A. S. Murray, L. Botter-Jensen, *Electrons in feldspar II: a consideration of the influence of conduction band-tail states on luminescence processes*, Phys. Chem. Minerals (2002) 29: 217–225

[314] C. X. Wu, Y. M. Lu, D. Z. Shen, X. W. Fan, *Effect of Mg content on the structural and optical properties of $Mg_xZn_{1-x}O$ alloys*, Chinese Sci Bull January (2010) Vol. 55 No. 1, 90–93

[315] J. Dong, D. A. Drabold, *Band-tail states and the localized-to-extended transition in amorphous diamond*, Phys. Rev. B **54**, 10284–10287 (1996)

[316] N. A. Noor, N. Ikram, S. Ali, S. Nazir, S. M. Alay-e-Abbas, A. Shaukat, *First-principles calculations of structural, electronic and optical properties of $Cd_xZn_{1-x}S$ alloys*, Journal of Alloys and Compounds 507 (2010) 356–363

[317] S. Mecabih, N. Amrane, B. Belgoumène, H. Aourag, *Opto-electronic properties of the ternary alloy $Hg_{1-x}Cd_xTe$*, Physica A 276 (2000) 495–507

[318] S.-H. Weia, S. B. Zhang, A. Zunger, *First-principles calculation of band offsets, optical bowings, and defects in CdS, CdSe, CdTe, and their alloys*, J. Appl. Phys., Vol. 87, No. 3, 1 February 2000, 1304–1311

[319] L. Visscher, K. G. Dyall, *Dirac-Fock atomic electronic structure calculations using different nuclear charge distributions*, Atom. Data Nucl. Data Tabl., 67, (1997), 207–224, siehe auch http://www.chem.vu.nl/~visscher/FiniteNuclei/FiniteNuclei.htm, insbesondere Orbitalenergien: http://www.chem.vu.nl/~visscher/FiniteNuclei/Table3.html

[320] M. Klessinger, *Konstitution und Lichtabsorption organischer Farbstoffe*, Chemie in unserer Zeit 12, 1978 Nr. 1, S. 1–11

[321] J. W. Armit, R. Robinson, *Polynuclear Heterocyclic Aromatic Types. Part II. Some Anhydronium Bases*, J. Chem. Soc. (1925) 1604

[322] E. Clar, M. Zander, *1:12-2:3-10:11-Tribenzoperylen*, J. Chem. Soc. (1958) 1861

[323] H. B. Klevens, J. R. Platt, *Spectral Resemblances of Cata-Condensed Hydrocarbons*, J.Chem.Phys. 17, 470 (1949)

[324] J. R. Platt, *Classification of Spectra of Cata-Condensed Hydrocarbons*, J.Chem.Phys. 17, 484 (1949)

[325] E. Clar, *Ein einfaches Prinzip des Aufbaues der aromatischen Kohlenwassenstoffe und ihrer Absorptionsspektren (Aromatische Kohlenwasserstoffe, 20. Mitteil.)*, Ber. dtsch.chem.Ges. 69, 607 (1936)
[326] K. Toyota, J.-y. Hasegawa, H. Nakatsuji, *SAC-CI study of the excited states of free base tetrazaporphin*, Chemical Physics Letter 250 (1996) 437–442
[327] K. Toyota, J.-y. Hasegawa, H. Nakatsuji, *Excited States of Free Base Phthalocyanine Studied by the SAC-CI Method*, J. Phys. Chem. A 1997, 101, 446–451
[328] M. Gouterman, *Optical Spectra and Electronic Structure of Porphyrins and Related Rings*, in: [263], pp. 1–166
[329] M. J. Stillman, T. Nyokong, *Absorption and Magnetic Circular Dichroism Spectral Properties of Phthalocyanines Part 1: Complexes of the Dianion PC(-2)*, in: [264], vol. I, pp. 133–290
[330] N. Kobayashi, *Synthesis and Spectroscopic Properties of Phthalocyanine Analogues*, in: [264], vol. II, pp. 97–162
[331] M. J. Stillman, *Absorption and Magnetic Circular Dichroism Spectral Properties of Phthalocyanines Part 2: Ring-Oxidized and Ring-Reduced Complexes*, in: [264], vol. III, pp. 227–296
[332] T. Nyokong, *Electronic Spectral and Electrochemical Behavior of Near Infrared Absorbing Metallophthalocyanines*, in: [265], pp. 45–88
[333] M. Gouterman, *Study of the Effects of Substitution on the Absorption Spectra of Porphin*, J. Chem. Phys. 30, 1139 (1959)
[334] M. Gouterman, *Spectra of Porphyrins*, J. Mol Spectrosc. 1961, 6, 138–163
[335] M. Gouterman, G. H. Wagnière, L. C. Snyder, *Spectra of Porphyrins. Part II. For Orbital Model*, J.Mol.Spectrosc. 1963, 11, 108–127
[336] M. Kasha, H. R. Rawls, M. A. El-Bayoumi, *The Exciton Model in Molecular Spectroscopy*, Pure Appl Chem, Vol. 11, No. 3–4, (1965), pp. 371–392
[337] M. B. Robin, P. Day, *Mixed Valence Chemistry – a Survey and Classification*, Adv. Inorg. Chem. Radiochem. 10 (1967), 247–433
[338] R. J. Gettens, H. Kühn, W. T. Chase, *Lead White*, Studies in Conservation, Vol. 12 No. 4, 1967, pp. 125–139
[339] R. zum Hagen, *Darstellung des Saftgrüns*, Pharmazeutisches Zentralblatt für 1831, 2. Band (Nr. 26 bis Nr. 55), Nr. 32, S. 513–514
[340] F. Hund, *Abhängigkeit der Farbe roter Eisen(III)-oxide von Teilchengrösse und Teilchengrössenverteilung*, Chemie-Ing.-Techn. 38. Jahrg. 1966 1 Heft 4, 423–428
[341] L. Resenberg, *Das Pigment Zinnober*, Restauro 5/2005, S. 362–372
[342] M. Spring, R. Grout, *The Blackening of Vermilion: An Analytical Study of the Process in Paintings*, National Gallery Technical Bulletin, Vol. 23, 2002, ISBN 978-1-85709-941-9, S. 50–61
[343] J. Kirby, M. Spring, C. Higgitt, *The Technology of Eighteenth- and Nineteenth-Century Red Lake Pigments*, National Gallery Technical Bulletin, Vol. 28, 2007, ISBN 978-1-85709-357-5, pp. 69–95
[344] J. Kirby, M. Spring, C. Higgitt, *The Technology of Red Lake Pigment Manufacture: Study of the Dyestuff Substrate*, National Gallery Technical Bulletin, Vol. 26, 2005, ISBN 1-85709-341-0, pp. 71–87
[345] J. Kirby, R. White, *The Identification of Red Lake Pigment Dyestuffs and a Discussion of their Use*, National Gallery Technical Bulletin, Vol. 17, 1996, ISBN 1-85709-113-2, pp. 56–79
[346] J. Kirby, *A Spectrophotometric Method for the Identification of Lake Pigment Dyestuffs*, National Gallery Technical Bulletin, Vol. 1, 1977, pp. 35–48
[347] D. Saunders, J. Kirby, *Light-induced Colour Changes in Red and Yellow Lake Pigments*, National Gallery Technical Bulletin, Vol. 15, 1994, ISBN 1-85709-049-7, pp. 79–97
[348] J. Kirby, D. Saunders, *Sixteenth- to Eighteenth-Century Green Colours in Landscape And Flower Paintings: Composition and Deterioration*, in: [100] pp. 155–159

[349] A. Burnstock, *The Fading of the Virgin's Robe in Lorenzo Monaco's ‚Coronation of the Virgin'*, National Gallery Technical Bulletin, Vol. 12, 1988, ISBN 0-947645-63-2, pp. 58–65
[350] R. White, *Brown and Black Organic Glazes, Pigments and Paints*, National Gallery Technical Bulletin, Vol. 10, 1986, ISBN 0-947645-10-1, pp. 58–71
[351] J. WinterReviewed, *The Characterization of Pigments Based on Carbon*, Studies in Conservation, Vol. 28, No. 2 (May, 1983), pp. 49–66
[352] J. Lehmann, *Seit wann wird mit Zinkweiß gemalt?*, Restauro 5/2000, S. 356–361
[353] C. Rötter, *Auripigment*, Restauro 6/2003, S. 408–413
[354] A. Wallert, *Orpiment and Realgar*, Restauro 4/1984, S. 45–57
[355] H. Kühn, *Lead-Tin-Yellow*, Studies in Conservation Vol. 13 No. 1, 1968, pp. 7–33
[356] E. Martin, A. Duval, *Le deux varietes de jaune de plomb et d´etain. Etude chronologique*, Studies in Conservation Vol. 35 No. 3, 1990, pp. 117–136
[357] M.-C. Corbeil, J.-P. Charland, E. A. Moffatt, *The Characterization of Cobalt Violet Pigments*, Studies in Conservation Vol. 47 No. 4, 2002, pp. 237–249
[358] H. Pfleiderer, *Cadmiumzinnober, eine neue Klasse von Pigmenten*, Fette · Seifen · Anstrichmittel, 58. Jahrgang, Nr. 12 1956
[359] R. J. Gettens, E. W. Fitzhugh, *Malachite and Green Verditer*, Studies in Conservation, Vol. 19, No. 1 (1974), pp. 2–23
[360] A. Burmester, L. Resenberg, *Von Berggrün, Schiefergrün und Steingrün aus Ungarn*, Restauro 3/2003, S. 180–187
[361] H. Kühn, *Verdigris and Copper Resinat*, Studies in Conservation, Vol. 15 No. 1, 1970, pp. 12–36
[362] R. Woudhuysen-Keller, *Aspects of Painting Technique in the Use of Verdigris and Copper Resinate*, in [101], pp. 65–69
[363] H. Andreas, *Schweinfurter Grün – das brillante Gift*, Chem. Unserer Zeit, 1996, 1, 23–31
[364] C. Marrder, *Schweinfurter Grün. Teil 1: Geschichte eines künstlichen Farbpigments*, Restauro 5/2004, S. 326–331
[365] C. Marrder, *Schweinfurter Grün. Teil 2: Eigenschaften, naturwissenschaftliche Untersuchungen*, Restauro 8/2004, S. 543–547
[366] W. Feitknecht, K. Maget, *Zur Chemie und Morphologie der basischen Salze zweiwertiger Metalle. XIV. Die Hydroxychloride des Kupfers*, Helvetica Chimica Acta, 32 (1949), 1639–1653
[367] G. Banik, *Untersuchungen über den Abbau von Papier durch Kupferpigmente. Ein Beitrag zur Aufklärung des Kupferfraßes in graphischen Kunstwerken*, Habilitationsschrift, Institut für Farbenlehre und Farbenchemie an der Akademie der Bildenden Künste, Wien 1982
[368] F. Schweizer, B. Mühlethaler, *Einige grüne und blaue Kupferpigmente*, Farbe und Lack, 74 (1968) 12, 1159–1173
[369] F. Ellwanger-Eckel, *Herstellung und Verwendung künstlicher grüner und blauer Kupferpigmente in der Malerei*, Diplomarbeit (1979) am Institut für Technologie der Malerei, Staatliche Akademie der Bildenden Künste, Stuttgart
[370] B. Mühlethaler, J. Thissen, *Smalt*, Studies in Conservation, Vol. 14 No. 2, 1969, pp. 47–61
[371] J. A. Darrah, *Connections and Coincidences: Three Pigments*, in [101], pp. 70–77
[372] M. Spring, C. Higgitt, D. Saunders, *Investigation of Pigment-Medium Interaction Processes in Oil Paint containing Degraded Smalt*, National Gallery Technical Bulletin, Vol. 26, 2005, ISBN 1-85709-341-0, S. 50–61
[373] J. J. Boon, K. Keune, J. van der Weerd, M. Geldof, J. R. J. van Asperen de Boer, *Imaging Microspectroscopic, Secondary Ion Mass Spectrometric and Electron Microscopic Studies on Discoloured and Partially Discoloured Smalt in Cross-Sections of 16th Century Paintints*, CHIMIA International Journal for Chemistry 55(11):952–960, November 2001

[374] L. Robinet, M. Spring, S. Pages, D. Vantelon, N. Trcera, *Investigation of the Discoloration of Smalt Pigment in Historic Paintings by Micro-X-ray Absorption Spectroscopy at the Co K-Edge*, June 2011, Analytical Chemistry 83(13):5145–52
[375] A. Ludi, *Berliner Blau*, Chemie in unserer Zeit 22, 1988 Nr. 4, S. 123–127
[376] H. J. Buser, D. Schwarzenbach, W. Petter, A. Ludi, *The Crystal Structure of Prussian Blue: $Fe_4[Fe(CN)_6]_3 \cdot x H_2O$*, Inorganic Chemistry, Vol. 16, No. 11, 1977, pp. 2704–2710
[377] A. Börner, *Berlinerblau für die Retusche?*, Restauro 5/2002, S. 327–331
[378] J. Kirby, D. Saunders, *Fading and Colour Change of Prussian Blue: Methods of Manufacture and the Influence of Extenders*, National Gallery Technical Bulletin, Vol. 25, 2004, ISBN 1-85709-320-8, pp. 73–99
[379] J. Kirby, *Fading and Colour Change of Prussian Blue: Occurrences and Early Reports*, National Gallery Technical Bulletin, Vol. 14, 1993, ISBN 1-85709-033-0, pp. 62–71
[380] M. Prinzmeier, *Dem Bronzieren auf der Spur*, Farbe und Lack, 118 (2012) 2, 24–27
[381] H. Berke, *Chemie im Altertum: die Erfindung von blauen und purpurnen Farbpigmenten*, Angew. Chem. **2002**, 114, Nr. 14, 2595–2600
[382] L. A. Polette-Niewold et al, *Organic/inorganic complex pigments: Ancient colors Maya Blue*, Journal of Inorganic Biochemistry 101 (2007) 1958–1973
[383] G. Chiari et al, *Pre-columbian nanotechnology: reconciling the mysteries of the maya blue pigment*, Appl. Phys. A 90, 3–7 (2008)
[384] P. Kempter, G. Wilker, *Blaues bleibt Blau. Dioxazin-Blau: ein neues lösemittelechtes Pigment*, Farbe und Lack, 107 (2001) 11, 29–31
[385] N. Tozzi, *Glaze and Body Pigments and Stains in the Ceramic Tile Industry*, http://digitalfire.com/4sight/education/glaze_and_body_pigments_and_stains_in_the_ceramic_tile_industry_342.html, Zugriff am 5.7.2011
[386] J. Riederer, *Keramik*, in: [98], S. 175–201
[387] P. Kleinschmit, *Ein Kapitel angewandte Festkörperchemie: Zirkonsilicat-Farbkörper*, Chemie in unserer Zeit 20, 1986 Nr. 6, S. 182–190
[388] R. W. Batchelor, *Modern Inorganic Pigments*, Trans. Br. Ceram. Soc. 73, 297–301 (1974)
[389] M. Trojan, *Synthesis of a Blue Zircon Pigment*, Dyes and Pigments **9** (1988) 221–232
[390] M. Dondi, M. Ardit, G. Cruciani, *Turquoise zirkon: new diffraction and optical data — an overview of $V^{4\oplus}$ crystal chemistry and optical spectroscopy in minerals*, Periodico di Mineralogia, ECMS 2015, 65–66
[391] M. Ardit, G. Cruciani, F. Di Benedetto, L. Sorace, M. Dondi, *New spectroscopic and diffraction data to solve the vanadium-doped zircon pigment conundrum*, Journal of the European Ceramic Society 38 (2018) 5234–5245, doi:10.1016/j.jeurceramsoc.2018.07.033
[392] A. Niesert, M. Hanrath, S. Siggel, M. Jansen, K. Langer, *Theoretical study of the polarized electronic absorption spectra of vanadium-doped zircon*, November 2002 Journal of Solid State Chemistry 169(1), doi:10.1016/S0022-4596(02)00010-5
[393] A. Siggel, M. Jansen, *Röntgenographische Untersuchungen zur Bestimmung der Einbauposition von Seltenen Erden (Pr, Tb) und Vanadium in Zirkonpigmenten*, ZAAC Volume 583, Issue 1, April 1990, pp. 67–77, doi:10.1002/zaac.19905830109
[394] M. Trojan, *Synthesis of a Yellow Zircon Pigment*, Dyes and Pigments **9** (1988) 261–273
[395] M. Trojan, *Synthesis of a Pink Zircon Pigment*, Dyes and Pigments **9** (1988) 329–342
[396] P. Šulcova, M. Trojan, *Synthesis of a Pink Zircon Pigment*, Dyes and Pigments **40** (1999) 83–86
[397] R. Aguiar, D. Logvinovich, A. Weidenkaff, A. Rachel, A. Reller, S. G. Ebbinghaus, *The vast colour spectrum of ternary metal oxynitride pigments*, Dyes and Pigments 76 (2008) 70–75
[398] M. Janson, H. P. Letschert, *Inorganic yellow-red pigments without toxic metals*, NATURE, vol 404, april 2000, 980–982

[399] E. Günther, R. Hagenmayer, M. Jansen, *Strukturuntersuchungen an den Oxidnitriden $SrTaO_2N$, $CaTaO_2N$ und $LaTaON_2$ mittels Neutronen- und Röntgenbeugung*, Z. Anorg. Allg. Chem. **2000**, 626, 1519–1525
[400] E. Günther, R. Hagenmayer, M. Jansen, *Nitrides and Oxynitrides: Chemistry and Properties Preparation, Crystal*, Journal of the European Ceramic Society **8** (1991) 197–213
[401] R. A. Eppler, *Inverse Spinel Pigments*, J. Am. Ceram. Soc. 1983; 66 (11):794–801
[402] W. Lüttke, M. Klessinger, *Infrarot- und Lichtabsorptionsspektren einfacher Indigofarbstoffe*, Chem. Ber. 97, 2342–2357 (1964)
[403] M. Klessinger, W. Lüttke, *Das chromophore System der Indigo-Farbstoffe*, Tetrahedron, 1963, Vol. 19 Suppl. 2, pp. 315–335
[404] M. Klessinger, *PPP-Rechnungen am Indigo-Chromophor*, Tetrahedron, 1966, Vol. 22, pp. 3355–3365
[405] M. Klessinger, W. Lüttke, *Der Einfluss zwischenmolekularer Wasserstoffbrücken auf die Spektren von Indigo im festen Zustand*, Chem. Ber. 99, 2136–2145 (1966)
[406] Z. C. Koren, *A New HPLC-PDA Method for the Analysis of Tyrian Purple Components*, Dyes in History and Archaeology 21, pp. 26–35 (2008)
[407] C. J. Cooksey, *Tyrian Purple: 6,6'-Dibromoindigo and Related Compounds*, Molecules **2001**, 6, pp. 736–769
[408] H. Fouquet, H.-J. Bielig, *Biological precursors and genesis of Tyrian purple*, Angew. Chem. internat. Edit./Vol. 19 (1971)/No. 11, pp. 816–817
[409] R. R. Melzer, P. Brandhuber, T. Zimmermann, U. Smola, *Der Purpur. Farben aus dem Meer*, Biologie in unserer Zeit, 31. Jahrgang 2001, Nr. 1, 30–39
[410] D. Reinen, G.-G. Lindner, *The nature of the chalcogen colour centres in ultramarine-type solids*, Chem. Soc. Rev., 1999, **28**, 75–84
[411] F.Seel, G. Schäfer, H.-J. Güttler, G. Simon, *Des Geheimnis des Lapis lazuli*, Chem. Unserer Zeit, 1974, 8, 65–71
[412] F. A. Cotton, J. B. Harmon, R. M. Hedges, *Calculation of the Ground State Electronic Structures and Electronic Spectra of Di- and Trisulfide Radical Anions by the Scattered Wave-SCF-Xα Method*, J. Am.Chem. Soc., **98**, 1417–1424 (1976)
[413] W. Koch, J. Natterer, C. Heinemann, *Quantum chemical study on the equilibrium geometries of S_3 and S_3^{2-}, The electron affinity of S_3 and the low lying electronic states of S_3^{2-}*, J. Chem. Phys. **102** (15) 1995, 6159–6167
[414] G.-G. Lindner, D. Reinen, *Synthese, Farbe und Struktur eines roten Selen-Ultramarins*, Z. Anorg. Allg. Chem. 620 (1994) 1321–1328
[415] H. Schlaich, G.-G. Lindner, J. Feldmann, E. O. Göbel, D. Reinen, *Optical Properties of $Se_2^{\ominus}$ and Se_2 Color Centers in the Red Selenium Ultramarine with the Sodalite Structure*, Inorg. Chem. **2000**, 39, 2740–2746
[416] C. Heinemann, W. Koch, G.-G. Lindner, D. Reinen, P.-O. Widmark, *Ground- and excited-state properties of neutral and anionic selenium dimers and trimers*, Phys. Rev. A **54** 3, 1979–1993 (1996)
[417] G.-G. Lindner, K. Witke, H. Schlaich, D. Reinen, *Blue-green ultramarine-type zeolites with dimeric tellurium colour centres*, Inorganica Chimica Acta 252 (1996) 39–45
[418] S. E. Tarling, P. Barnes, J. Klinowski *The Structure and Si,Al Distribution of the Ultramarines*, Acta Cryst. (1988) B**44**, 128–135
[419] F. Hund, P. Köhl, J. Kemper, D. Reinen, *Der Chromat-Nosean $Na_8[Al_6Si_6O_{24}](CrO_4)$ – ein zeolithisches Gelbpigment?*, Z. Anorg. Allg. Chem. **2002**, 628, 1457–1458
[420] S. Brühlmann, *Kobaltblau. Werkstoffgeschichte und Werkstofftechnologie*, Schriftenreihe Konservierung und Restaurierung, Hochschule der Künste Bern, S. 11–34

[421] D. Reinen, T. C. Brunold, H. U. Güdel, N. D. Yordanov, *Die Natur des Farbzentrums im Manganblau*, Z. anorg. allg. Chem. 624 (1998) 438–442

[422] F. Hund, *Anorganische Pigmente durch iso-, homöo- und heterotype Mischphasenbildung*, Farbe und Lack, 73 (1967) 2, 111–120

[423] E. Korinth, *Neuere anorganische Pigmente*, Angew. Chemie 64 (1952) 265–269

[424] F. Hund, *Mischphasenpigmente mit Rutil-Struktur*, Angew. Chemie 74 (1962) 23–27

[425] G. Pfaff, *Perlglanzpigmente*, Chemie in unserer Zeit/31. Jahrg. 1997/Nr. 1, 6–16

[426] P. Sayer, *General Aspects of Organic Pigment Technology*, in [147] pp. 92–106

[427] Brandenburgisches Landesamt für Denkmalpflege und Archäologisches Landesmuseum, *Umweltbedingte Pigmentveränderungen an mittelalterlichen Wandmalereien*, Arbeitshefte Nr. 24, Wernersche Verlagsgesellschaft mbH 2009, ISBN 978-3-88462-290-2

[428] Webseite der Höhlen von Lascaux, http://www.lascaux.culture.fr/#/fr/03_04.xml

[429] Heilbrunn Timeline of Art History, vom Metropolitan Museum of Art, http://www.metmuseum.org/toah

[430] J. Clottes, M. Menu, Ph. Walter, *La préparation des peintures magdaléniennes des cavernes ariégeoises*, Bulletin de la Société préhistorique française. 1990, tome 87, N. 6. pp. 170–192

[431] D. Garate, É. Laval, M. Menu, *Étude de la matière colorante de la grotte d'Arenaza (Galdames, Pays Basques, Espagne)*, L'anthropologie 108 (2004) 251–289

[432] A. El Goresy, *Ancient Pigments in Wall Paintings of Egyptian Tombs and Temples. An Archaeometric Project*, Max-Planck-Institut für Kernphysik Heidelberg, 1986, MPI H-1986-V 12

[433] H. Jaksch, *Farbpigmente aus Wandmalereien altägyptischer Gräber und Tempel: Technologien der Herstellung und mögliche Herkunftsbeziehungen*, Dissertation Universität Heidelberg, 1985

[434] A. Brysbaert, *The Power of Technology in the Bronze Age Eastern Mediterranean*, Equinox Publishing Ltd., 2008, ISBN 978-1-84553-433-2

[435] P. Westlake, P. Siozos, A. Philippidis et al., *Studying pigments on painted plaster in Minoan, Roman and Early Byzantine Crete. A multi-analytical technique approach*, Anal Bioanal Chem (2012) 402: 1413. https://doi.org/10.1007/s00216-011-5281-z

[436] R. E. Jones, E. Photos-Jones, *Technical studies of Aegean Bronze Age wall painting: methods, results and future prospects*, in: British School at Athens Studies Vol. 13, AEGEAN WALL PAINTING: A TRIBUTE TO MARK CAMERON (2005), pp. 199–228

[437] F. Blakolmer, *Minoan Wall-Painting: The Transformation of a Craft into an Art Form*, in R. Laffineur, P. P. Betancourt (eds.), *TEXNH Craftsmen, Craftswomen and Craftmanship in the Aegean Bronze Age*, Proceedings of the 6th International Aegean Conference, Philadelphia, Temple University, 18–21 April 1996, pp. 95–113

[438] A. Vlachopoulos, S. Sotiropoulou, *The Blue Colour on the Akrotiri Wall-Paintings: From the Palette of the Theran Painter to the Laboratory Analysis*, in A. Papadopoulos (ed.), *TALANTA. Proceedings of the Dutch Archaeological and Historical Society*, Volume XLIV (2012), pp. 245-272

[439] J. Riederer, *Pigmente in der Antike*, Praxis der Naturwissenschaften Chemie 7, 37. Jahrgang 1988, 3–10

[440] W. Noll, *Chemie vor unserer Zeit: Antike Pigmente*, Chemie in unserer Zeit/14. Jahrg. 1980/Nr. 2, 37–43

[441] W. Noll, *Anorganische Pigmente in Vorgeschichte und Antike*, Fortschritte der Mineralogie **57**, 203–263, 1979

[442] R. Fuchs, *Farbmittel in der mittelalterlichen Buchmalerei — Untersuchungen zur Konservierung geschädigter Handschriften*, Praxis der Naturwissenschaften Chemie 37. Jahrgang 1988, 20–29

[443] J. Riederer, *Die Pigmente der antiken Malerei*, Naturwissenschaften 69, 82–86 (1982)
[444] W. Noll, R. Holm, L. Born, *Chemie und Technik altkretischer Vasenmalerei vom Kamares-Typ*, Naturwissenschaften 58, 615–618 (1971)
[445] W. Noll, L. Born, R. Holm, *Chemie und Technik altkretischer Vasenmalerei vom Kamares-Typ, II*, Naturwissenschaften 61, 361–362 (1974)
[446] W. Noll, R. Holm, L. Born, *Bemalung antiker Keramik*, Angewandte Chemie, 87. Jahrgang 1975, Heft 18, S. 639–682
[447] J. Riederer, *Die Pigmente der antiken Malerei*, in: [98], S. 202–213
[448] R. Germer, *Die Textilfärberei und die Verwendung gefärbter Textilien im alten Ägypten*, Otto Harrassowitz, Wiesbaden 1992, ISBN 3-447-03183-2
[449] N. Welter, *Untersuchungen von Pigmenten in römischer Wandmalerei und antiken Gläsern*, Dissertation Universität Würzburg, 2008
[450] N. Riedel, *Provinzialrömische Wandmalerei in Deutschland*, Dissertation Universität Bamberg, 2007
[451] B. Mazzei, *PRESERVATION AND USE OF THE RELIGIOUS SITES CASE STUDY OF THE ROMAN CATACOMBS*, European Journal of Science and Theology, April 2015, Vol. 11, No. 2, 33–43, http://www.ejst.tuiasi.ro/Files/51/5_Mazzei.pdf, Zugriff am 17.04.2016
[452] D. Tapete, F. Fratini, B. Mazzei, E. Cantisani, E. Pecchioni, *Petrographic study of lime-based mortars and carbonate incrustation processes of mural paintings in Roman catacombs*, Periodico di Mineralogia (2013), 82, 3, 503–527
[453] A. Zucchiatti, P. Prati, A. Bouquillon, L. Giuntini, M. Massi, A. Migliori, A. Cagnana, S. Roascio, *Characterisation of early medieval frescoes by p-PIXE, SEM and Raman spectroscopy*, Nucl. Instr. und Meth. in Phys Res. B 219–220 (2004) 20–25
[454] A. Cagnana, S. Roascio, A. Zucchiatti, A. d'Allesandro, P. Prati, *Gli affreschi altomedievali del Tempietto di Cividale: Nuovi dati da recenti analisi di laboratorio*, in: *FORUM IULII. ANNUARIO DEL MUSEO ARCHEOLOGICO NAZIONALE DI CIVIDALE DEL FRIULI, ARCHIVI E BIBLIOTECA*, XXVII, 2003, p. 143–153
[455] S. Demailly, P. Hugon, M. Stefanaggi, W. Nowik, *The Technique of the Mural Paintingsin the Choir of Angers Cathedral*, in: [100] pp. 10–15
[456] M. R. Katz, *The Mediaeval Polychromy of the Majestic West Portal of Toro, Spain*, in: [100] pp. 27–34
[457] H. Howard, T. Manning, S. Stewart, *Late Mediaeval Wall Painting Techniques at Farleigh Hungerford Castle and Their Context*, in: [100] pp. 59–64
[458] G. Horta, I. Ribeiro, L. Afonso, *The ‚Calvary' of S. Francisco's Church in Leiria: Workshop Practice in a Portuguese Late Gothic Wall Painting*, in: [100] pp. 65–69
[459] H. C. Howard, *Techniques of the Romanesque and Gothic Wall Paintings in the Holy Sepulche Chapel, Winchester Cathedral*, in [101], pp. 91–104
[460] S. Cather, D. Park, P. Williamson (eds.), *Early Medieval Wall Painting and Painted Sculpture in England*, B.A.R. Oxford, BAR 216, 1990, ISBN 0-86054-719-1
[461] H. Howard, *‚Blue' in the Lewes Group*, in: [460], pp. 195–203
[462] R. R. Milner-Gulland, *Clayton Church and the Anglo-Saxon heritage*, in: [460], pp. 205–219
[463] R. J. Cramp, J. Cronyn, *Anglo-Saxon polychrome plaster and other materials from the excavations of Monkwearmouth and Jarrow: an interim report*, in: [460], pp. 17–30
[464] S. Rickerby, *Kempley: a technical examination of the Romanesque wall paintints*, in: [460], pp. 249–262
[465] H. Howard, *Pigments of English Medieval Wall Painting*, Archetype Publications Ltd., 2003, ISBN 978-1873132487

[466] J. Rollier-Hanselmann, *D'Auxerre à Cluny: technique de la peinture murale entre le VIIe et le XIIe siècle en Bourgogne*, in: *Cahiers de civilisation médiévale*, 40e année (n°157), Janvier–mars 1997, pp. 57–90, http://www.persee.fr/doc/ccmed_0007-9731_1997_num_40_157_2674, Zugriff am 10.04.2016
[467] O. Emmenegger, *Karolingische und romanische Wandmalereien in der Klosterkirche. Technik, Restaurierungsprobleme, Massnahmen*, in: A. Wyss, H. Rutishauser, M. A. Nay (Hrsg.), *Die mittelalterlichen Wandmalereien im Kloster Müstair*, vdf, Hochschul-Verlag an der ETH, Zürich 2002, ISBN 3-7281-2803-1, S. 77–140
[468] N. Turner, *The Recipe Collection of Johannes Alcherius and the Painting Materials Used in Manuscript Illumination in France and Northern Italy, c. 1380–1420*, in: [100] pp. 45–50
[469] B. Guineau, I. Villela-Petit, R. Akrich, J. Vezin, *Painting Technique in the Boucicaut Hours and in Jacques Coene's Colour Recipes as Found in Jean Lebegue's Libri Colorum*, in: [100] pp. 51–54
[470] B. New, H. Howard, R. Billinge, H. Tomlinson, D. Peggie, D. Gordon, *Niccolò di Pietro Gerini's Baptism Altarpiece: Technique, Conservation and Original Design*, National Gallery London 2012, No. 33, ISBN 978-1-85709-549-4
[471] J. Dunkerton, A. Roy, *The materials of a Group of Late Fifteenth-century Florentine Panel Paintings*, National Gallery Technical Bulletin, Vol. 17, 1996, ISBN 1-85709-113-2, pp. 20–31
[472] J. Dunkerton, A. Roy, *Uccello's Saint George and the Dragon: Technical Evidence Re-evaluated*, National Gallery Technical Bulletin, Vol. 19, 1998, ISBN 1-85709-220-1, S. 26–30
[473] A. Roy, D. Gordon, *Uccello's Battle of San Romano*, National Gallery Technical Bulletin, Vol. 22, 2001, ISBN 978-1-85709-926-5, S. 4–17
[474] J. Dunkerton, C. Plazzotta, *Vincenzo Foppa's Adoration of the Kings*, National Gallery Technical Bulletin, Vol. 22, 2001, ISBN 978-1-85709-926-5, S. 18–28
[475] J. Dunkerton, S. Foister, M. Spring, *The Virgin and Child Enthroned with Angels and Saints attributed to Michael Pacher*, National Gallery Technical Bulletin, Vol. 21, 2000, ISBN 978-1-85709-251-1, S. 4–19
[476] J. Dunkerton, L. Syson, *In Search of Verrocchio the Painter: The Cleaning and Examination of The Virgin and Child with Two Angels*, National Gallery Technical Bulletin, Vol. 31, 2010, ISBN 978-1-85709-495-4, S. 4–41
[477] J. Dunkerton, N. Penny, A. Roy, *Two Paintings by Lorenzo Lotto in the National Gallery*, National Gallery Technical Bulletin, Vol. 19, 1998, ISBN 1-85709-220-1, S. 52–63
[478] *Methods and materials of Northern European painting in the National Gallery, 1400–1550*, National Gallery Technical Bulletin, Vol. 18 1997, ISBN 1-85709-178-7, pp. 6–55
[479] *The materials and technique of five paintings by Rogier van der Weyden and his workshop*, National Gallery Technical Bulletin, Vol. 18 1997, ISBN 1-85709-178-7, pp. 68–86
[480] *A double-sided panel by Stephan Lochner*, National Gallery Technical Bulletin, Vol. 18 1997, ISBN 1-85709-178-7, pp. 56–67
[481] A. Smith, M. Wyld, *Altdorfer's ‚Christ taking Leave of His Mother'*, National Gallery Technical Bulletin, Vol. 7, 1983, ISBN 0-901791-88-1, S. 51–64
[482] *Wolf Huber's ‚Christ taking Leave of His Mother'*, National Gallery Technical Bulletin, Vol. 18 1997, ISBN 1-85709-178-7, pp. 98–112
[483] J. Dunkerton, N. Penny, M. Spring, *The Technique of Garofalo's Paintings at the National Gallery*, National Gallery Technical Bulletin, Vol. 23, 2002, ISBN 978-1-85709-941-9, S. 20–41
[484] A. Roy, M. Spring, C. Plazzotta, *Raphael's Early Work in the National Gallery: Paintings before Rome*, National Gallery Technical Bulletin, Vol. 25, 2004, ISBN 1-85709-320-8, S. 4–35
[485] K. H. Weber, *Die Sixtinische Madonna*, Restauro 90 No.4 (1984), S. 9–28

[486] L. Keith, A. Roy, R. Morrison, P. Schade, *Leonardo da Vinci's "'Virgin of the Rocks'": Treatment, Technique and Display*, National Gallery London 2011, No. 32, ISBN 978-1-85709-530-2
[487] M. Spring, A. Mazzotta, A. Roy, R. Billinge, D. Peggie, *Painting Practice in Milan in the 1490s: The Influence of Leonardo*, National Gallery London 2011, No. 32, ISBN 978-1-85709-530-2
[488] J. Dunkerton, S. Foister, D. Gordon, N. Penny, *Giotto to Dürer. Early Renaissance Painting in The National Gallery*, National Gallery Publications Limited 1991, ISBN 978-0-300-05082-0
[489] P. Joannides, J. Dunkerton, *A Boy with a Bird in the National Gallery: Two Responses to a Titian Question*, National Gallery Technical Bulletin, Vol. 28, 2007, ISBN 978-1-85709-357-5, S. 36–57
[490] A. Lucas, J. Plesters, *Titian's „Bacchus and Ariadne"*, National Gallery Technical Bulletin, Vol. 2, 1978, S. 25–47
[491] J. Dunkerton, M. Spring, *The Technique and Materials of Titian's Early Paintings in the National Gallery, London*, in: *Titian, Jacopo Pesaro being presented by Pope Alexander VI to Saint Peter*, Restoration Vol. 3 No. 1, journal of Koninklijk Museum 2003, pp. 9–21
[492] H. Dubois, A. Wallert, *Titian's Painting Technique in Jacopo Pesaro being presented by Pope Alexander VI to Saint Peter*, in: *Titian, Jacopo Pesaro being presented by Pope Alexander VI to Saint Peter*, Restoration Vol. 3 No. 1, journal of Koninklijk Museum 2003, pp. 22–37
[493] U. Birkmaier, A. Wallert, A. Rothe, *Technical Examinations of Titian's Venus and Adonis: A Note on Early Italian Oil Painting Technique*, in [101], pp. 117–126
[494] J. Grenberg, W. Kireewa, S. Pisarewa, *Das Gemälde „Die Heilige Familie" von Bronzino*, Restauro 3/1992, S. 180–184
[495] A. Burmester, C. Krekel, *„Azurri oltramarini, lacche et altri colori fini": Auf der Suche nach der verlorenen Farbe*, in: [133], S. 193–211
[496] J. Plesters, *Tintoretto's Paintings in the National Gallery*, National Gallery Technical Bulletin, Vol. 3, 1979 pp. 3–24
[497] J. Plesters, *Tintoretto's Paintings in the National Gallery*, National Gallery Technical Bulletin, Vol. 4, ISBN 0-901791-72-5, 1980 pp. 32–48
[498] N. Penny, M. Spring, *Veronese's Paintings in the National Gallery Technique and Materials; Part I*, National Gallery Technical Bulletin, Vol. 16, 1995, ISBN 1-85709-071-3, pp. 4–29
[499] N. Penny, A. Roy, M. Spring, *Veronese's Paintings in the National Gallery Technique and Materials; Part II*, National Gallery Technical Bulletin, Vol. 17, 1996, ISBN 1-85709-113-2, pp. 32–55
[500] J. Dunkerton, *The Technique and Restoration of Bramantino's Adoration of the Kings*, National Gallery Technical Bulletin, Vol. 14, 1993, ISBN 1-85709-033-0, pp. 42–61
[501] B. Heimberg, *Zur Maltechnik Albrecht Dürers*, in: [142], S. 32–54
[502] A. Burmester, C. Krekel, *Von Dürers Farben*, in: [142], S. 55–101
[503] P. Ackroyd, S. Foister, M. Spring, R. White, R. Billinge, *A Virgin and Child from the Workshop of Albrecht Dürer?*, National Gallery Technical Bulletin, Vol. 21, 2000, ISBN 978-1-85709-251-1, S. 29–42
[504] S. Foister, M. Wyld, A. Roy, *Hans Holbein's A Lady with a Squirrel and a Starling*, National Gallery Technical Bulletin, Vol. 15, 1994, ISBN 1-85709-049-7, pp. 6–19
[505] M. Spring, N. Penny, R. White, M. Wyld, *Colour Change in The Conversion of the Magdalen attributed to Pedro Campana*, National Gallery Technical Bulletin, Vol. 22, 2001, ISBN 978-1-85709-926-5, S. 54–63
[506] L. Keith, *Three Paintings by Caravaggio*, National Gallery Technical Bulletin, Vol. 19, 1998, ISBN 1-85709-220-1, S. 37–51
[507] J. Plesters, *‚Samson and Delilah': Rubens and the Art and Craft of Painting on Panel*, National Gallery Technical Bulletin, Vol. 7, 1983, ISBN 0-901791-88-1, S. 30–50

[508] *Rubens's ‚Peace and War'*, A. Roy, National Gallery Technical Bulletin, Vol. 20 1999, ISBN 1-85709-251-1, pp. 89–95

[509] C. Christensen, M. Palmer, M. Swicklik, *Van Dyck's Painting Technique, His Writings, and Three Paintings in the National Gallery of Art*, in: A. K. Wheelock, S. J. Barnes, J. S. Held, *Anthony van Dyck*, National Gallery of Art Washington, Harry N. Abrams, Inc., Publishers, New York 1990, ISBN 0-89468-155-9, pp. 45–52

[510] *The National Gallery Van Dycks: Technique and Development*, A. Roy, National Gallery Technical Bulletin, Vol. 20 1999, ISBN 1-85709-251-1, pp. 50–83

[511] M. Spring, *Pigments and Colour Change in the Paintings of Aelbert Cuyp*, in: A. Wheelock, *Aelbert Cuyp*, National Gallery of Art Washington, 2001, ISBN 0-89468-286-5, pp. 65–73

[512] N. Costaras, *A Study of the Materials and Techniques of Johannes Vermeer*, in [137], 145–165

[513] K. N. Groen, I. D. Van der Werf, K. J. Van den Berg, J. J. Boon, *Scientific Examination of Vermeer's Girl with a Pearl Earring*, in [137], 169–183

[514] A. Burmester, *Die Palette Giovanni Battista und Giovanni Domenico Tiepolo*, in: P. O. Krückmann, *Der Himmel auf Erden. Tiepolo in der Residenz Würzburg. II: Aufsätze*, Ausstellungskatalog 1996, Prestel-Verlag München, 1996, ISBN 3-7913-1660-5, S. 160–162

[515] I. Stümmer, *Die Maltechnik von Giovanni Battista Tiepolo*, Restauro 3/1996, S. 194–199

[516] W. Helmberger, A. Staschull, *Tiepolos Welt. Das Deckenfresko im Treppenhaus des Residenz Würzburg*, Bayerische Verwaltung der staatlichen Schlösser, Gärten und Seen, 2006, ISBN 978-3-932982-73-6

[517] D. Bomford, A. Roy, *Canaletto's ‚Stonemason's Yard' and ‚San Simeone Piccolo'*, National Gallery Technical Bulletin, Vol. 14, 1993, ISBN 1-85709-033-0, pp. 35–41

[518] D. Bomford, A. Roy, *Canaletto's Venice: The Feastday of S. Roch*, National Gallery Technical Bulletin, Vol. 6, 1982, ISBN 0-901791-84-9, pp. 40–44

[519] S. L. Fischer, *The Examination and Treatment of Watteau' Italian Comedians*, in: M. Morgan Grasselli, P. Rosenberg, *Watteau*, Ausstellungskatalog, National Gallery of Art Washington, 1984, ISBN 0-89468-074-9, pp. 465–467

[520] P. Ackroyd, A. Roy, H. Wine, *Nicolas Lancret's The Four Times of Day*, National Gallery Technical Bulletin, Vol. 25, 2004, ISBN 1-85709-320-8, S. 48–61

[521] M. Kirby Talley, *„Tous les bons tableaux se craquellent". La technique picturale et l'atelier de Sir Joshua Reynolds*, in: N. Penny, P. Rosenberg, *Sir Joshua Reynolds*, Ausstellungskatalog, Éditions de la Réunion des musées nationaux, Paris 1985, ISBN 2-7118-2 017-3, pp. 83–114

[522] *Gainsborough's ‚Dr Ralph Schomberg'*, D. Bomford, A. Roy, D. Saunders, National Gallery Technical Bulletin, Vol. 12 1988, ISBN 0-947645-63-2, pp. 44–57

[523] M. Leonard, A. Roy, S. Schaefer, *Two Versions of The Fountain of Love by Jean-Honoré Fragonard: A Comparative Study*, National Gallery Technical Bulletin, Vol. 29, 2008, ISBN 978-1-85709-419-0, S. 31–45

[524] D. Bomford, A. Roy, *Hogarth's ‚Marriaga á la Mode'*, National Gallery Technical Bulletin, Vol. 6, 1982, ISBN 0-901791-84-9, pp. 45–67

[525] J. Leighton, A. Reeve, A. Burnstock, *A 'Winter Landscape' by Caspar David Friedrich*, National Gallery Technical Bulletin, Vol. 13, 1989, ISBN 0-947645-70-5, S. 44–60

[526] J. H. Townsend, *The Materials of J. M. W. Turner: Pigments*, Studies in Conservation, Vol. 38, No. 4 (Nov., 1993), pp. 231–254

[527] N. W. Hanson, *Some Painting Materials of J. M. W. Turner*, Studies in Conservation, Vol. 1, No. 4 (Oct., 1954), pp. 162–173

[528] J. H. Townsend, *A Re-Assessment of Hanson's Paper on the Painting Materials of J. M. W. Turner*, Studies in Conservation, Vol. 50, No. 4 (2005), pp. 316–318

[529] J. H. Townsend, *Painting Technique and Materials of Turner and Other British Artists 1775–1875*, in [101], pp. 176–185

[530] S. Cove, *Mixing and Mingling: John Constable's Oil Paint Mediums c. 1802–1837, Including the Analysis of the ‚Manton' Paint Box*, in: [100] pp. 211–216

[531] J. Kirby, A. Roy, *Paul Delaroche: A Case Study of Academic Painting*, in [101], pp. 166–175

[532] L. Sheldon, *Methods and Materials of the Pre-Raphaelite Circle in The 1850s*, in: [100] pp. 229–234

[533] S. Herring, *Six Paintings by Corot: Methods, Materials and Sources*, National Gallery Technical Bulletin, Vol. 30, 2009, ISBN 978-1-85709-420-6, S. 86–111

[534] R. und P. Woudhuysen-Keller, J. Cuttle, C. Hurst, *Zwei Gemälde von Camille Corot*, Restauro 5/1993, S. 306–315

[535] E. Klein, *An Investigation into the Painting Technique of the Two Versions of Corot's St. Sebastian Succoured by Holy Women*, in [132], S. 178–191

[536] R. Woudhuysen-Keller, *Observations Concerning Corot's Late Painting Technique*, in [132], S. 192–200

[537] A. Burmester, C. Denk, *Comment ils inventaient ces verts chatoyants? Blau, Gelb, Grün und die Landschaftsmalerei von Barbizon*, in [132], S. 295–329

[538] A. Burmester, C. Denk, *Blue, Yellow and Green on the Barbizon Palette*, Kunsttechnologie und Konservierung 1999, S. 79–87, Wernersche Verlagsgesellschaft Worms

[539] S. Hackney, *Art for Art's Sake: The Materials and Technique of James McNeill Whistler*, in [101], pp. 186–190

[540] *Vincent Van Gogh's ‚A Cornfield with Cypresses'*, J. Leighton, A. Reeve, A. Roy, R. White, National Gallery Technical Bulletin, Vol. 11 1987, ISBN 0-947645-35-7, pp. 42–59

[541] D. Bomford, A. Roy, *Manet's ‚The Waitress': An Investigation into its Origin and Development*, National Gallery Technical Bulletin, Vol. 7, 1983, ISBN 0-901791-88-1, S. 3–20

[542] A. Roy, *The Palettes of Three Impressionist Paintings*, National Gallery Technical Bulletin, Vol. 9, 1985, ISBN 0-901791-97-0, pp. 12–20

[543] E. Reissner, *Ways of Making: Practive and Innovation in Cézanne's Paintings in the National Gallery*, National Gallery Technical Bulletin, Vol. 29, 2008, ISBN 978-1-85709-419-0, S. 4–30

[544] A. Roy, *Monet's Palette in the Twentieth Century: Water-Lilies and Irises*, National Gallery Technical Bulletin, Vol. 28, 2007, ISBN 978-1-85709-357-5, S. 58–68

[545] A. Roy, *Monet and the Nineteenth Century Palette*, National Gallery Technical Bulletin, Vol. 5, 1981, ISBN 0-901791-76-8, pp. 22–26

[546] J. Kirby, K. Stonor, A. Roy, A. Burnstock, R. Grout, R. White, *Seurat's Painting Practice: Theory, Development and Technology*, National Gallery Technical Bulletin, Vol. 24, 2003, ISBN 1-85709-997-4, S. 4–37

[547] K. Stonor, R. Morrison *Adolphe Monticelli: The Materials and Techniques of an Unfashionable Artist*, National Gallery London 2012, No. 33, ISBN 978-1-85709-549-4

[548] T. Froysaker, M. Liu, *Four (or eleven) unvarnished oil paintings on canvas by Edvard Much in the Aula of Oslo University*, Restauro 1/2009, S. 44–61

[549] A. Robbins, K. Stonor, *Past, Present, Memories: Analysing Edouard Vuillard's La Terrasse at Vasouy*, National Gallery London 2012, No. 33, ISBN 978-1-85709-549-4

[550] R. D. Harley, *Oil colour containers: Development work by artists and colourmen in the nineteenth century*, 1971, Annals of Science, 27:1, 1–12, doi:10.1080/00033797100203607, https://doi.org/10.1080/00033797100203607, Zugriff am 06.05.2019

[551] Fa. Winsor&Newton, *From the Archives: The History of the Metal Paint Tube*, online article, published 06-JAN-2015, http://www.winsornewton.com/row/discover/articles-and-inspiration/from-the-archives-history-of-thet-metal-paint-tube, Zugriff am 09.05.2019

[552] A. Roy, *Barbizon Painters: Tradition and Innovation in Artist's Materials*, in: [132], pp. 330–342

[553] A. Callen, *The Work of Art: Plein Air Painting and Artistic Identity in Nineteenth-century France*, Reaktion Books, 2015, ISBN 978-1780233550
[554] J. Zeidler, *Lithographie und Steindruck*, Christophorus Verlag 2008, ISBN 978-3-419-53486-1
[555] G. Baars, *Das Färben von Naturfasern mit Naturfarbstoffen*, Praxis der Naturwissenschaften Chemie 47. Jahrgang 1998, 24–32
[556] H. M. Koch, P. Pfeifer, *Naturfarbstoffe im Unterricht. Anthrachinonfarbstoffe der Krappwurzel*, Naturwissenschaften im Unterricht Chemie 10 (1999) Nr. 52, 25–29
[557] G. H. Frischat, *Glas – Struktur und Eigenschaften*, Chemie in unserer Zeit/11. Jahrg. 1977/ Nr. 3, 65–74
[558] C. Rüssel, D. Ehrt, *Neue Entwicklungen in der Glaschemie*, Chemie in unserer Zeit/32. Jahrg. 1998/Nr. 3, 126–135
[559] R. J. Schwankner, M. Eigenstetter, R. Laubinger, M. Schmidt, *Strahlende Kostbarkeiten. Uran als Farbkörper in Gläsern und Glasuren*, Physik in unserer Zeit/36. Jahrg. 2005/Nr. 4, 160–167
[560] E. W. J. L. Oomen, A. M. A. van Dongen, *EUROPIUM (III) IN OXIDE GLASSES. Dependence of the emission spectrum upon glass composition*, Journal of Non-Crystalline Solids 111 (1989) 205–213
[561] R. Reisfeld, N. Lieblich, *OPTICAL SPECTRA AND RELAXATION OF Eu +3 IN GERMANATE GLASSES*, J. Phys. Chem. Solids, 1973, Vol. 34, pp. 1467–1476,
[562] R. W. Douglas, M. S. Zaman, *The chromophore in iron-sulphur amber glasses*, Phys. Chem. Glasses 10 (1969) 125
[563] H. D. Schreiber, S. J. Kozak, C. W. Schreiber, D. G. Wetmore, M. W. Riethmiller, *Sulfur chemistry in a borosilicate melt. Part 3. Iron-sulfur interactions and the amber chromophore*, Glastech. Ber. 63 (1990) 3, 49–60
[564] D. C. W. Sanderson, J. B. Hutchings, *The origins and measurement of colour in archaeological glasses*, Glass Technology 28 (2), 1987, 99–105
[565] L. R. Green, F. A. Hart, *Colour and Chemical Composition in Ancient Glass: An Examination of some Roman and Wealden Glass by means of Ultraviolet-Visible-Infra-red Spectrometry and Electron Microprobe Analysis*, Journal of Archaeological Science 1987, **14**, 271–282
[566] P. Colomban, *The Use of Metal Nanoparticles to Produce Yellow, Red and Iridescent Colour, from Bronze Age to Present Times in Lustre Pottery and Glass: Solid State Chemistry, Spectroscopy and Nanostructure*, Journal of Nano Research, Vol. 8 (2009), pp 109–132
[567] M. Garcia-Vallès, M. Vendrell-Saz, *The glasses of the transept's rosette of the cathedral of Tarragona: characterisation, classification and decay*, Bol. Soc. Esp. Cerám. Vidrio, 41 [2] 217–224 (2002)
[568] E. Thilo, J. Jander, H. Seemann, *Die Farbe des Rubins und der* $(Al, Cr)_2O_3$*-Mischkristalle*, Zeitschrift für anorganische und allgemeine Chemie, Volume 279, 1955, Issue 1–2 (p 2–17)
[569] C. J. Ballhausen, *Intensities in Inorganic Complexes Part II. Tetrahedral Complexes*, Journal of Molecular Spectroscopy 2 1958, pp. 342–360
[570] L. H. Hillier, V. R. Saunders, *Ab Initio Calculations of the Excited States of the Permanganate and Chromate Ions*, Chem. Phys. Lett. 9, 219–221 (1971)
[571] K. H. Johnson, F. C. Smith jr., *Scattered-wave Model for the Electronic Structure and Optical Properties of the Permanganate Ion*, Chem. Phys. Lett. 10, 219–223 (1971)
[572] H. Johansen, *SCF LCAO MO calculation for* $MnO_4^{\ominus}$, Chem. Phys. Lett. 17, 569–573 (1972)
[573] A. P. Mortola, H. Basch, J. W. Moskowitz, *An Ab Initio Study of the Permanganate Ion*, Intern. J. Quantum Chem. 7 (1973), 725–737
[574] H.-L. Hsu, C. Peterson, R. M. Pitzer, *Calculations on the permanganate ion in the ground and excited states*, J. Chem. Phys., Vol. 64 (2), 1976, 791–795

[575] J. A. Connor, I. H. Hillier, V. R. Saunders, M. H. Wood, M. Barber, *Ab initio molecular orbital calculations of transition metal complexes*, Mol. Phys. 24, 497–509 (1972)

[576] H. Johansen, S. Rettrup, *Limited Configuration Interaction Calculation of the Optical Spectrum for the Permanganate Ion*, Chem. Phys. 74 (1983) 77–81

[577] S. Jitsuhiro, H. Nakai, M. Hada, H. Nakatsuji, *Theoretical study on the ground and excited states of the chromate anion $CrO_4^{2\ominus}$*, J. Chem. Phys. 101 (2), 1994, 1029–1036

[578] M. Wolfsberg, L. Helmholz *The Spectra and Electronic Structure of the Tetrahedral Ions $MnO_4^{\ominus}$, $CrO_4^{2\ominus}$, and $ClO_4^{\ominus}$*, J. Chem. Phys. 20 (5), 1952, 837–843

[579] R. M. Millier, D. S. Tinti, D. A. Case, *Comparison of the Electronic Structures of Chromate, Halochromates, and Chromyl Halides by the Xα Method*, Inorg. Chem. **1989**, 28, 2738–2743

[580] O. Schmitz-DuMont, H. Brokopf, K. Burkhardt, *Farbe und Konstitution bei anorganischen Feststoffen. I. Die Lichtabsorptions des zweiwertigen Kobalts in oxydischen Koordinationsgittern*, Z. anorg. allg. Chemie **295** 7–35 (1958)

[581] D. Reinen, O. Schmitz-DuMont, *Farbe und Konstitution bei anorganischen Feststoffen. IV. Die Lichtabsorptions als Mittel zur Auffindung struktureller Feinheiten von Kristallgittern*, Z. anorg. allg. Chemie **312** 121–134 (1961)

[582] D. M. Sherman, *The Electronic Structures of $Fe^{3\oplus}$ Coordination Sites in Iron Oxides; Applications to Spectra, Bonding, and Magnetism*, Phys Chem Minerals (1985) 12:161–175

[583] D. M. Sherman, T. D. Waite, *Electronic spectra of $Fe^{3\oplus}$ oxides and oxide hydroxides in the near IR to near UV*, American Mineralogist, Volume 70, pages 1262–1269, 1985

[584] D. M. Sherman, *Crystal Chemistry, Electronic Structures, and Spectra of Fe Sites in Clay Minerals*, In L. Coyne et al., *Spectroscopic Characterization of Minerals and Their Surfaces*, ACS Symposium Series; American Chemical Society: Washington, DC, 1990

[585] *Correlation between structural features and vis-NIR spectra of α-Fe_2O_3 hematite and AFe_2O_4 spinel oxides (A=Mg, Zn)*, Journal of Solid State Chemistry 181 (2008) 1040–1047

[586] G. Kämpf, *Korngrössenverteilung und optische Eigenschaften von Pigmenten*, Farbe und Lack, 71 (1965) 5, 353–365

[587] M. Dondi, G. Cruciani, G. Guarini, F. Matteucci, M. Raimondo, *The role of counterions (Mo, Nb, Sb, W) in Cr-, Mn-, Ni- and V-doped rutile ceramic pigments. Part 2. Colour and technological properties*, Ceramics International 32 (2006) 393–405

[588] K. M. Glassford, J. R. Chelikowsky, *Structural and electronic properties of titanium dioxide*, Phys. Rev. B **46**, 1284–1298 (1992)

[589] F. Thomazi, L. Stolz Roman, A. Ferreira da Silva, C. Persson, *Optical absorption of rutile SnO_2 and TiO_2*, Phys. Status Solidi C 6, No. 12, 2740–2742 (2009)

[590] M. C. Comstock, *Complex Inorganic Colored Pigments: Comparison of options and relative properties when faced with elemental restrictions*, Journal of Surface Coatings Australia, December 2016, pp. 10–30

[591] C. L. Dong, C. Persson, L. Vayssieres, A. Augustsson, T. Schmitt, M. Mattesini, R. Ahuja, C. L. Chang, J.-H. Guo, *Electronic structure of nanostructured ZnO from x-ray absorption and emission spectroscopy and the local density approximation*, Phys. Rev. B **70**, 195325 (2004)

[592] A. Kobayashi, O. F. Sankey, J. D. Dow, *Deep energy levels of defects in the wurtzite semiconductors AlN, CdS, CdSe, ZnS and ZnO*, Phys. Rev. B **28**, 946–956 (1983)

[593] M. Rohlfing, P. Krüger, J. Pollmann, *Quasiparticle Band Structure of CdS*, Phys. Rev. Letters **75** 19, 3489–3492 (1995)

[594] V. E. Henrich, *The surfaces of metal oxides*, Rep. Prog. Phys. **48** (1985) 1481–1541

[595] S.-R. Sun, Y.-H. Dong, *The optical properties of HgS under high pressures*, Solid State Communications 138 (2006) 476–479

[596] E. Doni, L. Resca, S. Rodriguez, W. M. Becker, *Electronic energy levels of cinnabar (α-HgS)*, Phys. Rev. B **20**, 1663–1668 (1979)

[597] X. Zhong, Y. Feng, W. Knoll, M. Han, *Alloyed $Zn_xCd_{1-x}S$ Nanocrystals with Highly Narrow Luminescence Spectral Width*, J. Am. Chem. Soc. 2003, 125, 13559–13563

[598] X. Zhong, M. Han, Z. Dong, T. J. White, W. Knoll, *Composition-Tunable $Zn_xCd_{1-x}Se$ Nanocrystals with High Luminescence and Stability*, J. Am. Chem. Soc. 2003, 125, 8589–8594

[599] X. Zhong, Y. Feng, *New strategy for band-gap tuning in semiconductor nanocrystals*, Res. Chem. Intermed., Vol. 34, No. 2–3, pp. 287–298 (2008)

[600] K. Glassford, J. Chelikowsky, *Electronic Structure of TiO_2:Ru*, Phys. Rev. B. 1993, 47(19) 12550–12553

[601] J. C. Phillips, *The fundamental optical spectra of solids*, Solid State Phys. 18 (1966) 55–164

[602] R. A. Evarestov, V. A. Veryazov, *The Electronic Structure of Crystalline Lead Oxides. I. Crystal Structure and LUC-CNDO Calculations*, phys. stat. sol. (b) **165**, 401–410 (1991)

[603] D. L. Perry, T. J. Wilkinson, *Synthesis of High-Purity alpha-and beta-PbO and Possible Applications to Synthesis and Processing of Other Lead Oxide Materials*, Lawrence Berkeley National Laboratory, 2011, https://escholarship.org/uc/item/5xb2g68h, Zugriff am 20.06.2014

[604] G. Trinquier, R. Hoffmann, *Lead Monoxide. Electronic Structure and Bonding*, J. Phys. Chem. **1984**, 88, 6696–6711

[605] G. A. Bordovskii, M. L. Gordeev, A. N. Ermoshkin, V. A. Izvozchikov, R. A. Evarestov, *Energy Band Structure of Rhombic Lead Monoxide*, phys. stat. sol. (b) **111**, K123–K127 (1982)

[606] G. A. Bordovskii, M. L. Gordeev, A. N. Ermoshkin, V. A. Izvozchikov, R. A. Evarestov, *Energy Band Structure of Rhombic Lead Monoxide*, phys. stat. sol. (b) **115**, K15–K19 (1983)

[607] J. Robertson, *Electronic structure of SnO_2, GeO_2, PbO_2, TeO_2 and MgF*, J. Phys. C: Solid State Phys. 12 (1979) 4767

[608] G. Pfaff und andere, *Rare earth metal sulfide pigments useful in paint, lacquer, printing ink, plastics and cosmetics*, Deutsches Patent DE19810317A1, https://patents.google.com/patent/DE19810317A1/en, Zugriff am 25.04.2019

[609] G. Pfaff und andere, *SULPHIDE AND OXYSULPHIDE PIGMENTS*, WIPO Patent Application WO/1999/046336, http://www.sumobrain.com/patents/wipo/Sulphide-oxysulphide-pigments/WO1999046336.html, Zugriff am 25.04.2019

[610] T. Corbiere, *Preparation and Methods of Characterisation of the Barium Copper Silicates $BaCuSi_4O_{10}$ (Chinese Blue), $BaCuSi_2O_6$ (Chinese Purple), $Ba_2CuSi_2O_7$, $BaCu_2Si_2O_7$ Used as Blue and Purple Pigments*, Dissertation, Universität Zürich 2009

[611] C. Burda, X. Chen, R. Narayanan, M. A. El-Sayed, *Chemistry and Properties of Nanocrystals of Different Shapes*, Chem. Rev. **2005**, 105, 1025–1102

[612] E. N. Economou, K. L. Ngai, *Surface plasma oscillations and related surface effects in solids*, Advances in Chemical Physics 27, 265–354 (1974)

[613] S. Link, M. A. El-Sayeda, *Shape and size dependence of radiative, non-radiative and photothermal properties of gold nanocrystals*, Int. Reviews in Physical Chemistry, 2000, Vol. 19, No. 3, 409–453

[614] S. Link, M. A. El-Sayeda, *Optical Properties and Ultrafast Dynamics of Metallic Nanocrystals*, Annu. Rev. Phys. Chem. 2003. 54:331–66

[615] M. A. Garcia, *Surface plasmons in metallic nanoparticles: fundamentals and applications*, Journal of Physics D: Applied Physics, Vol.44, No.28, (July 2011), pp. 283001, ISSN 0022-3727

[616] E. F. Wesp, W. R. Brode, *The Absorption Spectra of Ferric Compounds. I. The Ferric Chloride-Phenol Reaction*, J. Am. Chem. Soc. (56) 1934, pp. 1037–1042

[617] W. Mayer, E. H. Hoffmann, N. Losch, H. Wow, B. Wolter, G. Schilling, *Dehydrierungsreaktionen mit Gallussäureestern*, Liebigs Ann. Chem. 1984, pp. 929–938

[618] L. Sommer, *Über die genaue spektrophotometrische Eisen(III)- und Titan(IV)-Bestimmung mit Polyphenolen und verwandten Verbindungen*, Acta Chim. Acad. Sci. Hung. 33 (1962) 23–30

[619] L. Sommer, *Über einige analytische Reaktionen der Polyphenole*, Fresenius' Zeitschrift für analytische Chemie 1962, Volume 187, Issue 1, pp. 7–16
[620] P. H. Gore, P. J. Newman, *Quantitative aspects of the colour reaction between iron(III) and phenols*, Anal. Chim. Acta. 31 (1964) 111–120
[621] G. Ackermann, D. Hesse, *Über Eisen(III)-Komplexe mit Phenolen. I. Reaktion zwischen Eisen(III)-Ionen und Monophenolderivaten*, Z. Anorg. Allgem. Chem., 1969, 367, 243–248
[622] G. Ackermann, D. Hesse, *Über Eisen(III)-Komplexe mit Phenolen. II. Chelate mit Salicylsäure- und Brenzkatechinderivaten*, Z. Anorg. Allgem. Chem., 1969, 368, 25–30
[623] H. Kipton, J. Powell, M. C. Taylor, *Interactions of Iron(II) and Iron(III) with Gallic Acid and its Homologues: a Potentiormetric and Spectrophotometric Study*, Aust. J. Chem., 1982, **35**, 739–56
[624] R. C. Hider, A. Rahim Mohd-Nor, J. Silver, I. E. G. Morrison, L. V. C. Rees, *Model Compounds for Microbial Iron-transport Compounds. Part I. Solution Chemistry and Mössbauer Study of Iron(II) and Iron(III) Complexes from Phenolic and Catecholic Systems*, J. Chem. Soc. Dalton, 609–622 (1981)
[625] R. C. Hider, B. Howlin, J. R. Miller, A. Rahim Mohd-Nor, J. Silver, *Model Compounds for Microbial Iron-transport Compounds. Part IV. Further Solution Chemistry and Mössbauer Studies on Iron(II) and Iron(III) Catechol Complexes*, Inorganica Chimica Acta, 80 (1983) 51–56
[626] B. Howlin, A. Rahim Mohd-Nor, J. Silver, *Model Compounds for Microbial Iron-transport Compounds. Part V. Substituent Effects in the Catechol''/$FeCl_3$ System*, Inorganica Chimica Acta, 91 (1984) 153–160
[627] M. Brenes, C. Romero, P. Garcia, A. Garrido, *Effect of pH on the Colour Formed by Fe-Phenolic Complexes in Ripe Olives*, J. Sci. Food Agric. (67) 1995, pp. 35–41
[628] A. Krilov, R. Gref, *Mechanism of sawblade corrosion by polyphenolic compounds*, Wood Sci. Technol. (20) 1986, pp. 369–375
[629] L. J. Porter, K. R. Markham, *The Aluminium(III) Complexes of Hydroxy-flavones in Absolute Methanol. Part I. Ligands containing Only One Chelating Site*, J. Chem. Soc. (C) **1970** 344–349
[630] L. J. Porter, K. R. Markham, *The Aluminium(III) Complexes of Hydroxy-flavones in Absolute Methanol. Part II. higands containing More than One Chelating Site*, J. Chem. Soc. (C) **1970** 1309–1313
[631] M. Katyal, *Flavones as Analytical Reagents – a Review*, Talanta, 1968, Vol. 15, 95–106
[632] M. Katyal, S. Prakash, *Analytical Reactions of Hydroxyflavones*, Talanta, 1977, Vol. 24, 367–375
[633] L. Jurd, T. A. Geissman, *Absorption Spectra of Metal Complexes of Flavonoid Compounds*, J. Org. Chem., **1956**, 21 (12), pp. 1395–1401
[634] H. Deng, G. J. van Berkel, *Electrospray Mass Spectrometry and UV/Visible Spectrophotometry Studies of Complexes*, J. Mass Spectrom. **33**, 1080–1087 (1998)
[635] S. H. Etaiw, M. M. Abou Sekkina, G. B. El-Hefnawey, S. S. Assar, *Spectral behaviour and solvent effects of some aminoanthraquinone dyes*, Can. J. Chem. 60 (1982) 304–307
[636] R. H. Peters, H. H. Sumner, *Spectra of Anthraquinone Derivatives*, J. Chem. Soc. (1953) 2101–2110
[637] H. Musso, *Die Trennung des Orceins in seine Komponenten (II. Mitteilung über Orceinfarbstoffe)*, Chem. Ber. **89**, 1659–1673 (1956)
[638] H. Musso, C. Rajtjen, *Über Orceinfarbstoffe, X. Lichtabsorption und Chromophor des Lackmus*, Chem. Ber. **92**, 751–753 (1959)
[639] H. Musso, *Zur Konstitution der Orceinfarbstoffe*, Angew. Chem. **1957**, 69, Nr. 5, 178
[640] H. Musso, H. Beecken, *Über Orceinfarbstoffe, VI. Die Konstitution von α-, β- und γ-Amino-Orcein*, Chem. Ber. **90**, 2190–2196 (1957)

[641] H. Musso, *Orcein- und Lackmusfarbstoffe. Konstitutionsermittlung und Konstitutionsbeweis durch die Synthese*, Planta Medica, 1960, 8, 432–446
[642] H. Beecken, E.-M. Gottschalk, U. v. Gizycki, H. Krämer, D. Maassen, H.-G. Matthies, H. Musso, C. Rathjen, U. I. Zahorszky, *Orcein und Lackmus*, Angewandte Chemie Bd. 73, Nr. 20, 1961, S. 665-673
[643] H. Auterhoff, H. Frauendorf, W. Liesenklas, C. Schwandt, *Der Hauptbestandteil des Guttiharzes. 1. Mitt.: Chemie des Gummigutts*, Archiv der Pharmazie Volume 295, Issue 11, 833–846, 1962
[644] H. Auterhoff, W. Liesenklas, *Der Hauptbestandteil des Guttiharzes. 3. Mitt.: Chemie des Gummigutts*, Archiv der Pharmazie Volume 299, Issue 1, 91–96, 1966
[645] H. Auterhoff, W. Liesenklas, *Die Konstitution der Gambogasäure und ihre Isomerisierung. 4. Mitt.: Chemie des Gummigutts*, Archiv der Pharmazie Volume 299, Issue 9, 797–798, 1966
[646] W. D. Ollis, M. V. J. Ramsay, I. O. Sutherland, *The Constitution of Gambogic Acid*, Tetrahedron 21 (1965), pp. 1453–1470
[647] L.-J. Lin, L.-Z. Lin, J. M. Pezzuto, G. A. Cordell, N. Ruangrungsi, *Isogambogic acid and Isomorellinol from Garcinia Hanbuyi*, Magnetic Resonance in Chemistry, Volume 31, Issue 4, 340–347, (1993)
[648] J.-Z. Song, Y.-K. Yip, Q.-B. Han, C.-F. Qiao, H.-X. Xu, *Rapid determination of polyprenylated xanthones in gamboges resin of Garcinia hanburyi by HPLC*, J. Sep. Sci. 2007, *30*, 304–309
[649] A. López-Montes, R. Blanc García, T. Espejo, J. F. Huertas-Perez, A. Navalón, J. L. Vílchez, *Simultaneous identification of natural dyes in the collection of drawings and maps from The Royal Chancellery Archives in Granada (Spain) by CE, Electrophoresis* 2007, *28*, 1243–1251
[650] K. Roth, *Fingerfarben, Ideal für kleine Künstler*, Chem. Unserer Zeit, 2006, 40, 260–267
[651] H. Baumann, H. R. Hensel, *Neue Metallkomplexfarbstoffe, Struktur und färberische Eigenschaften*, Fortschr. Chem. Forsch. 7 (1967) no. 4, pp. 643–783
[652] F. Beffa, G. Back, *Metal-complex Dyes for Wool and Nylon – 1930 to date*, REV. PROG. COLORATION VOL. 14 1984 33–42
[653] H. S. Freeman, L. C. Edwards, *Iron-Complexed Dyes: Colorants in Green Chemistry*, in: P. Anastas et al., *Green Chemical Syntheses and Processes*, ACS Symposium Series; American Chemical Society: Washington, DC, 2000, pp. 18–32
[654] J. Sokolowska-Gajda, H. S. Freeman, A. Reife, *Synthetic Dyes Based on Environmental Considerations: Part I: Iron Complexes for Protein and Polyamide Fibers*, Textile Res. J. **64** 7, 388–396 (1994)
[655] Y. Yagi, *Studies of the Absorption Spectra of Azo Dyes and their Metal-Complexes I. The Absorption Spectra of Phenylazo-acetoacetanilide and its Related Compounds*, Bull. Chem. Soc. Jpn. 36 (1963) 487–492 *II. The Absorption Spectra of Phenolazoacetoacetamide and its Derivatives*, Bull. Chem. Soc. Jpn. 36 (1963) 492–500 *III. The Electronic Absorption Spectra of Metal-Complexes Derived from Phenolazoacetoacetanilides*, Bull. Chem. Soc. Jpn. 36 (1963) 500–506 *IV. The Effects of Substituents on the Absorption Spectra of Chromium(III)- and Cobalt(III)-Complexes of Phenolazoacetoacetanilides*, Bull. Chem. Soc. Jpn. 36 (1963) 506–512 *V. The Electronic Absorption Spectra of Metal-complexed Phenolazoacetoacetbenzylamides*, Bull. Chem. Soc. Jpn. 36 (1963) 512–517 *VII. The Absorption Spectra of Metal-complexes Derived from Phenolazo-α- and Phenolazo-β-naphthols*, Bull. Chem. Soc. Jpn. 37 (1964) 1878–1880 *VIII. The Absorption Spectra of Azo Compounds Derived from 5,8-Dichloro-1-naphthol and Their Metal-complexes*, Bull. Chem. Soc. Jpn. 37 (1964) 1881–1883
[656] J. Griffiths, D. Rhodes, *The Prediction of Colour Change in Dye Equilibria. II – Metal Complexes of Ortho-Hydroxyazobenzenes*, J. Soc. Dyers and Colourists **88** (November 1972) 400
[657] P. S. Vankar, *Chemistry of Natural Dyes*, Resonance, Oct. 2000, pp. 73–80

[658] E. G. Kiel, P. M. Heertjes, *Metal Complexes of Alizarin. I. The Structure of the Calcium-Aluminium-Lake of Alizarin*, J. Soc. Dyers Col. 79 (1963), pp. 21–27
[659] E. G. Kiel, P. M. Heertjes, *Metal Complexes of Alizarin. II. The Structure of some Metal Complexes of Alizarin other than Turkey Red*, J. Soc. Dyers Col. 79 (1963), pp. 61–64
[660] E. G. Kiel, P. M. Heertjes, *Metal Complexes of Alizarin. IV. The Structure of the Potassium and Calcium Salts of Alizarin and of 3-Nitroalizarin*, J. Soc. Dyers Col. 79 (1963), pp. 363–367
[661] E. G. Kiel, P. M. Heertjes, *Metal Complexes of Alizarin. V. Investigations of Alizarin-dyed Cotton Fabrics*, J. Soc. Dyers Col. 81 (1965), pp. 98–102
[662] C.-H. Wunderlich, G. Bergerhoff, *Konstitution und Farbe von Alizarin- und Purpurin-Farblacken*, Chem. Ber. **1994**, 127, 1185–1190
[663] C.-H. Wunderlich, *Krapplack und Türkischrot*, Dissertation, Universität Bonn, 1993
[664] P. Soubayrol, G. Dana, *Aluminium-27 Solid-state NMR Study of Aluminium Coordination Complexes of Alizarin*, MAGNETIC RESONANCE IN CHEMISTRY, VOL. 34, 638–645 (1996)
[665] H. Harms, *Zur Chemie des Karmins und seiner in der Mikroskopie verwendeten Lösungen*, Die Naturwissenschaften 44 (11) 1957, p.327
[666] S. N. Meloan, L. S. Valentine, H. Puchtler, *On the Structure of Carminic Acid and Carmine*, Histochemie 27 (1971), pp. 87–95
[667] C. Clementi et al, *Vibrational and electronic properties of painting lakes*, Appl. Phys. A 92, pp. 25–33 (2008)
[668] R. A. Dixon, D.-Y. Xie, S. B. Sharma, *Proanthocyanidins – a final frontier in flavonoid research?*, New Phytologist (2005) **165**: 9–28
[669] L. Pourcel, J.-M. Routaboul, V. Cheynier, L. Lepiniec, I. Debeaujon, *Flavonoid oxidation in plants: from biochemical properties to physiological functions*, Trends in Plant Science Vol.12 No.1 2007, 29–36
[670] F. He, Q.-H. Pan, Y. Shi, C.-Q. Duan, *Biosynthesis and Genetic Regulation of Proanthocyanidins in Plants*, Molecules 2008, 13, 2674–2703
[671] C. Santos-Buelga, A. Scalbert, *Proanthocyanidins and tannin-like compounds – nature, occurrence, dietary intake and effects on nutrition and health*, J Sci Food Agric **80**:1094–1117 (2000)
[672] H. Musso, *Phenol Oxidation Reactions*, Angew. Chem. internat. Edit. Vol. 2 (1963) No. 12, 723–735
[673] R. M. Desentis-Mendoza, H. Hernández-Sánchez, A. Moreno, E. R. del C., L. Chel-Guerrero, J. Tamariz, M. E. Jaramillo-Flores, *Enzymatic Polymerization of Phenolic Compounds Using Laccase and Tyrosinase from Ustilago maydis*, Biomacromolecules **2006**, 7, 1845–1854
[674] S. Guyot, J. Vercauteren, V. Cheynier, *Structural Determination of Colourless and Yellow Dimers resulting from (+)-Catechin Coupling Catalysed by Grape Polyphenoxidase*, Phytochemistry Vol. 42 (1996) No. 5, 1279–1288
[675] R. Niemetz, G. G. Gross, *Enzymology of gallotannin and ellagitannin biosynthesis*, Phytochemistry 66 (2005) 2001–2011
[676] P. Grundhöfer, R. Niemetz, G. Schilling, G. G. Gross, *Biosynthesis and subcellular distribution of hydrolyzable tannins*, Phytochemistry 57 (2001) 915–927
[677] V. de Freitas, N. Mateus, *Chemical transformations of anthocyanins yielding a variety of colours (Review)*, Environ Chem Lett (2006) 4:175–183
[678] T. Shoji, *Polyphenols as Natural Food Pigments: Changes during Food Processing*, Am. J. Food Technol., 2(7):570–581, 2007
[679] T. C. Somers, *The Polymeric Nature of Wine Pigments*, Phytochemistry, 1971, Vol. 10. pp. 2175–2186

[680] G.-I. Nonaka, O. Kawahara, I. Nishioka, *Tannins and Related Compounds. XV. A New Class of Dimeric Flavan-3-ol Gallates, Theasinensins A and B, and Proanthocyanidin Gallates from Green Tea Leaf. (1)*, Chem. Pharm. Bull. **31** (11) 3906–3914 (1983)

[681] E. Haslam, *Thoughts on thearubigins*, Phytochemistry 64 (2003) 61–73

[682] Y. Wang, C.-T. Ho, *Functional Contribution of Polyphenols in Black Tea*, in: N. Da Costa et al., *Flavors in Noncarbonated Beverages*; ACS Symposium Series; American Chemical Society: Washington, DC, 2010

[683] H. Li, A. Guo, H. Wang, *Mechanisms of oxidative browning of wine*, Food Chemistry 108 (2008) 1–13

[684] B. Winkel-Shirley, *Flavonoid biosynthesis. A colorful model for genetics, biochemistry, cell biology, and biotechnology*, Plant Physiology, June 2001, Vol. 126, pp. 485–493

[685] C.-T. Ho, S. Sang, J. W. Jhoo, *Chemistry of Theaflavins: The Astringent Taste Compounds of Black Tea*, in T. Hofmann, *In Challenges in Taste Chemistry and Biology*, ACS Symposium Series, American Chemical Society: Washington, DC, 2003

[686] C. F. Timberlake, *Anthocyanins – Occurence, Extraction and Chemistry*, Food Chemistry **5** (1980) 69–80

[687] K. Robards, P. D. Prenzler, G. Tucker, P. Swatsitang, W. Glover, *Phenolic compounds and their role in oxidative processes in fruits*, Food Chemistry 66 (1999) 401–436

[688] N. G. Irani, J. M. Hernandez, E. Grotewold, *Regulation of Anthocyanin Pigmentation*, Rec Adv Phytochem. 2003; **38**:59–78

[689] G. Forkmann, *Flavonoids as Flower Pigments: The Formation of the Natural Spectrum and its Extension by Genetic Engineering*, Plant Breeding **106**, 1–26 (1991)

[690] R. W. Hemingway, P. E. Laks (editors), *Plant Polyphenols*, Plenum Press New York 1992, ISBN

[691] G. G. Gross, *Enzymes in the Biosynthesis of Hydrolyzable Tannins*, in [690], pp. 43–60

[692] E. Haslam, *Gallic Acid and its Metabolites*, in [690], pp. 169–194

[693] J. Nicolas, V. Cheynier, A. Fleuriet, M.-A. Rouet-Mayer, *Polyphenols and Enzymatic Browning*, in A. Scalbert (ed.), *Polyphenolic Phenomena*, Institut Nationale de la Recherche Agronomique, Paris 1993, pp. 165–175

[694] H. Musso, *Phenol Coupling*, pp. 1–94 in [251], chapter 1

[695] A. I. Scott, *Some Natural Products Derived by Phenol Oxidation*, pp. 95–117 in [251], chapter 2

[696] B. R. Brown, *Biochemical Aspects of Oxidative Couplings of Phenols*, pp. 167–201 in [251], chapter 4

[697] A. J. Taylor, F. M. Clydesdale, *Potential of Oxidised Phenolics as Food Colourants*, Food Chemistry **24** (1987) 301–313

[698] G. Jungbluth, *Wechselwirkung von Polyphenolen mit* $Cu^{2\oplus}$, $Fe^{3\oplus}$, $Fe^{2\oplus}$ *und* $Al^{3\oplus}$. *Analyse der Reaktionsprodukte mittels HPLC*, Dissertation Universität Hannover, 2000

[699] N. Kuhnert, *Unraveling the structure of the black tea thearubigins*, Archives of Biochemistry and Biophysics 501 (2010) 37–51

[700] N. Kuhnert, M. Clifford, J. Fuchser, M. Witt, *Analysis of black tea thearubigins from six different commercial teas by ESI FT-ICR MS*, Poster zur DGMS 2010, http://www.bdal.asia/uploads/media/DGMS_327_Poster_Thearubigins_DGMS_2010-mc.pdf

[701] N. Kuhnert, J. W. Drynan, J. Obuchowicz, M. N. Clifford, M. Witt, *Mass spectrometric characterization of black tea thearubigins leading to an oidative cascade hypothesis for thearubigin formation*, Rapid Commun. Mass Spectrom. 2010; **24**; 3387–3404

[702] H. Obara, J. Onodera, *Structure of Carthamin*, Chemistry letters (1979) 201–204

[703] Y. Takahashi et al., *Constitution of two coloring matters in the flower petals of C. tinctorius*, Tetrahedron 23 (1982), pp. 5163–5166

[704] K. Kazuma et al., *Quinochalcones and Flavonoids from Fresh Florets in Different Cultivars of C. tinctorius L.*, Biosci. Biotechnol. Biochem., **64** (8), 1588–1599, 2000

[705] G. Britton, D. Hornero-Méndez, *Carotenoids and colour in fruit and vegetables*, pp. 11–27 in [255], chapter 2

[706] R. Brouillard, P. Figueiredo, M. Elhabiri, O. Dangles, *Molecular interactions of phenolic compounds in relation to the colour of fruit and vegetables*, pp. 29–49 in [255], chapter 3

[707] M. J. Amiot, A. Fleuriet, V. Cheynier, J. Nicolas, *Phenolic compounds and oxidative mechanism in fruit and vegetables*, pp. 51–85 in [255], chapter 4

[708] J. M. Harkin, *Lignin – A Natural Polymeric Product of Phenol Oxidation*, pp. 243–321 in [251], chapter 6

[709] K. Weinges, R. Spänig, *Lignans and Cyclolignans*, pp. 323–355 in [251], chapter 7

[710] B. B. Adhyaru, N. G. Akhmedov, A. R. Katritzky, C. R. Bowers, *Solid-state cross-polarization magic angle spinning 13C and 15N NMR characterization of Sepia melanin, Sepia melanin free acid and Human hair melanin in comparison with several model compounds*, Magn. Reson. Chem. 2003; **41**: 466–474

[711] A. Lopez-Montes, R. Blanc, T. Espejo, A. Navalon, J. L. Vilchez, *Characterization of sepia ink in ancient graphic documents by capillary electrophoresis*, Microchemical Journal 93 (2009) 121–126

[712] M. G. Peter, *Chemische Modifikation von Biopolymeren durch Chinone und Chinonmethide*, Angew. Chem. 101 (1989) 572–587

[713] R. H. Thomson, *Pigmente aus rötlichen Haaren und Federn*, Angew. Chem. 86 (1974) 355–386

[714] M. Piattelli, R. A. Nicolaus, *The structure of melanins and melanogenesis – I. The structure of melanin in Sepia*, Tetrahedron 15 (1961), pp. 66–75

[715] J. J. Nordlund (ed.), *The Pigmentary System: Physiology and Pathphysiology*, Oxford University Press, 2nd ed. 2006, ISBN 978-1-4051-2034-0

[716] S. Ito, K. Wakamatsu, *Chemistry of Melanins*, in [715], S. 282–310

[717] M. L. Wolbarsht, A. W. Walsh, and G. George, *Melanin, a unique biological absorber*, APPLIED OPTICS/Vol. 20, No. 13/1 July 1981, pp. 2184–2186

[718] M. G. Peter, *Chemische Modifikation von Biopolymeren durch Chinone und Chinonmethide*, Angewandte Chemie 101 (1989) 572–587

[719] A. Vetter, *Bereitstellung von Naturfarbstoffen aus Färberpflanzen*, 2004, Abschlussbericht des Projektes Projekt/Förderkennzeichen (FKZ): 00NR185 der Thüringer Landesanstalt für Landwirtschaft

[720] U. Kynast, Vorlesungsscript *Optische Eigenschaften der Materialien II: Farbe und Pigmente*, FH Münster, https://www.fh-muenster.de/fb1/downloads/personal/VLGMWFarbPig1.pdf

[721] H. Michaelsen, A. Unger, C.-H. Fischer, *Blaugrüne Färbung an Intarsienhölzern des 16. bis 18. Jahrhunderts*, Restauro 1/1992, S. 17–25

[722] P. Kopp, H. Piening, *Wiederentdeckte Farbigkeit der Renaissance*, Restauro 2/2009, S. 107–111

[723] G. Buschle-Diller, A. Unger, *Schreib- und Malmittel auf Papyrus*, Restauro 2/1996, S. 108–114

[724] C. Jenkins, *Analyzing Pigments in the Book of the Dead Using XRF Spectroscopy*, Blog-Beitrag vom 26.01.2011, Brooklyn Museum http://www.brooklynmuseum.org/community/blogosphere/

[725] O. Wächter, *Die Restaurierung und Konservierung von Miniaturen*, Beitrag zum IADA-Kongress 1975 Kopenhagen, http://cool.conservation-us.org/iada/ta75_047.pdf

[726] A. von Bohlen, P. Vandenabeerle, M. De Reu, L. Moens, R. Klockenkämper, B. Dekeyzer, B.Cardon, *Pigmente und Tinten in mittelalterlichen Handschriften*, Restauro 2/2003, S. 118–122

[727] P. Gregory, *Colorants for Electronic Printers*, in [147] pp. 150–167

[728] R. B. McKay, *Control of the Physical Character and Performance of Organic Pigments for Inks*, in [147] pp. 107–126

[729] R. Fraas, *Aqueous ink with prolonged cap-off time and method of making it*, Europäisches Patent EP0897961, http://www.freepatentsonline.com/EP0897961.html, Zugriff am 10.07.2011
[730] H. Asami, A. Owariasahi-shi, *Wässerige Kugelschreiber-Tintezusammensetzung*, Deutsches Patent DE69910670T2, http://www.patent-de.com/20040617/DE69910670T2.html, Zugriff am 10.07.2011
[731] EuPIA, European Printing Ink Association, http://www.eupia.org, Onlineinformationen zu Druckfarben, z. B. *EXCLUSION LIST FOR PRINTING INKS AND RELATED PRODUCTS*, 8. ed., 2012, http://www.eupia.org/uploads/tx_edm/2012-11-16_Exclusion_List_for_Printing_Inks_and_Related_Products_8th_edition.pdf, Zugriff am 20.06.2014, *Die Auswirkungen von Druckfarben auf die Umwelt*, 1. Ausgabe, 2013, http://www.eupia.org/uploads/tx_edm/95_1303_Informationsschrift_Die_Auswirkungen_von_Druckfarben_auf_die_Umwelt.pdf, Zugriff am 20.06.2014
[732] T. Brüning, H. U. Käfferlein, A. Slowicki, *Azofarbmittel und deren Hautgängigkeit beim Menschen*, BGFA-Report 2, Februar 2009, BGFA – Forschungsinstitut für Arbeitsmedizin der Deutschen Gesetzlichen Unfallversicherung, Institut der Ruhr-Universität Bochum, ISSN 1867-9358, http://www.ipa.ruhr-uni-bochum.de/pdf/09-02-27_BGFA-Report2_Azofarbstoffe.pdf, Zugriff am 20.06.2014
[733] F. Nakaya, Y. Fukase, *Laser Printer*, pp. 157–192, in: N. Ohta, M. Rosen (ed.), *Color Desktop Printer Technology*, CRC Taylor and Francis 2006, ISBN 0-8247-5364-X
[734] H.-T. Macholdt, *Organische Pigmente für Photokopierer und Laserdrucker*, Chemie in unserer Zeit/24. Jahrg. 1990/Nr. 4, S. 176–181
[735] P. Gregory, *Colorants for High Technology*, pp. 193–223, in: A. T. Peters, H. S. Freeman (eds.), *Colour Chemistry: The Design and Synthesis of Organic Dyes and Pigments*, Elsevier, New York 1991, ISBN 978-1851665778
[736] B. E. Springett, *A Brief Introduction to Electrophotography*, pp. 145–171, in: [259], chapter 4
[737] P. C. Julien, R. J. Gruber, *Dry Toner Technology*, pp. 173–208, in: [259], chapter 5
[738] L. O. Jones, *Carrier Materials for Imaging*, pp. 209–238, in: [259], chapter 6
[739] J. R. Larson, G. A. Gibson, S. P. Schmidt, *Liquid Toner Materials*, pp. 239–264, in: [259], chapter 7
[740] G. Banik, H. Weber, *Tintenfrassschäden und ihre Behandlung*, Werkhefte der staatlichen Archivverwaltung Baden-Württemberg, Heft 10, Verlag W. Kohlhammer, Stuttgart 1999, ISBN 3-17-015377-3
[741] C. Krekel, *Chemische Struktur historischer Eisengallustinten*, in [740], S. 25–36
[742] C. Krekel, *Chemische Untersuchungen an Eisengallustinten und Anwendung der Ergebnisse bei der Begutachtung einer mittelalterlichen Handschrift*, Diplomarbeit Universität Göttingen 1990
[743] C.-H. Wunderlich, *Geschichte und Chemie der Eisengallustinte*, Restauro 100 (1994), S. 414–421
[744] R. Fuchs, *Der Tintenfrass historischer Tinten und Tuschen – ein komplexes, nie enden wollendes Problem*, in [740], S. 37–75
[745] C.-H. Wunderlich, R. Weber, G. Bergerhoff, *Über Eisengallustinte*, Z. anorg. allg. Chem. **598/599** (1991) 371–376
[746] F. Zetsche, G. Vieli, G. Lilljeqvist, A. Loosli, *Bildung und Altern der Schriftzüge, die primären Tintensalze der Eisentinten*, Liebigs Ann. Chem. 435 (1924) 233–264
[747] F. Zetsche, A. Loosli, *Bildung und Altern der Schriftzüge, 2. Mitteilung*, Liebigs Ann. Chem. 445 (1926) 283–296
[748] A. S. Lee, P. J. Mahon, D. C. Creagh, *Raman analysis of iron gall inks on parchment*, Vibrational Spectroscopy 41 (2006) 170–175

[749] J. G. Neevel, *Phytate: a Potential Conservation Agent for the Treatment of Ink Corrosion Caused by Irongall Inks*, Restaurator, 1995, 16, 143–160
[750] G. Farusi, *Monastic Inks: Linking Chemistry and History*, Science in School, Issue 6: Autumn 2007, 36–40
[751] G. Pfingstag, *Colorants in Inks for Writing, Drawing and Marking*, JSDC VOLUME 109 MAY/JUNE 1993 188–192
[752] W. J. Wnek, M. A. Andreottola, P. F. Doll, S. M. Kelly, *Ink Jet Ink Technology*, pp. 531–602, in: [259], chapter 14
[753] D. E. Bugner, *Papers and Films for Ink Jet Printing*, pp. 603–627, in: [259], chapter 15
[754] E. Kuckert, *Tinten für Ink-Jet Verfahren*, Präsentation Bayer AG 1999, abgelegt (10.06.2011) bei http://www.f07.fh-koeln.de/einrichtungen/imp/forschung_und_gestaltung/showroom/00161/index.html
[755] M. C. Jürgens, *Preservation of Ink Jet Hardcopies. An Investigation by Martin C. Jürgens for the Capstone Project, Cross-Disciplinary Studies, at Rochester Institute of Technology*, Rochester, NY, August 27, 1999, http://www.ica.org/download.php?id=617 (20.08.2013)
[756] W. Li, J. Danio, *Fundamentals in the Development of High Performance Inkjet Receptive Coatings*, TAPPI Conference Paper, 2008 Advanced Coating Fundamentals Symposium, Product Code 08ADV16, http://www.tappi.org/Bookstore/Technical-Papers/Conference-Papers/2008/08ADVCTG/Fundamentals-in-the-Development-of-High-Performance-Inkjet-Receptive-Coatings-2008-Advanced-Coating.aspx
[757] E. Svanholm, *Printability and Ink-Coating Interactions in Inkjet Printing*, Dissertation, Karlstad University Studies 2007:2, http://www.diva-portal.org/smash/get/diva2:6256/FULLTEXT01.pdf
[758] T. Lamminmäki, J. Kettle, P. Puukko, J. Ketoja, P. Gane, *The role of binder type in determining inkjet print quality*, Nordic Pulp and Paper Research Journal 2010(25)3, pp. 380–390
[759] D. L. Briley, *Polyester Media Development for Inkjet Printers*, Hewlett-Packard Journal, Februa-ry 1994, pp. 28–34
[760] R. W. Kenyon, *Beyond the Black – Novel High Waterfast Dyes for Colour Ink Jet Printing*, in: I. Rezanka, R. Eschbach, *Recent Progress in Ink Jet Technologies*, Society for Imaging Science and Technology, 1996, ISBN 0-89208-192-9, pp. 278–280
[761] W. Bauer, J. Ritter, *Novel Dyes for Ink Jet Applications*, in: I. Rezanka, R. Eschbach, *Recent Progress in Ink Jet Technologies*, Society for Imaging Science and Technology, 1996, ISBN 0-89208-192-9, pp. 295–296
[762] K. Lussky, P. Engel, S. Pentzien, J. Krüger, *Analyse häufig verwendeter europäischer Papiere*, Restauro 7/2007, S. 472–478
[763] Anwendungstechnische Information des Competence Center Specialities (Lanxess), *Anorganische Pigmente für die Papierindustrie*, http://www.bayferrox.de/imperia/md/content/ipg/de/literatureservice/anorganische_pigmente_f_r_die_papierindustrie.pdf
[764] A. Pingel Keuth, *Von Zellstoff zu Filtertüte, Schreibpapier,... Papierproduktion*, Chem. Unserer Zeit, 2005, 39, 402–409
[765] K. Roth, *Chemie kontra Papierzerfall*, Chem. Unserer Zeit, 2006, 40, 54–62
[766] W. Griebenow, *Alterserscheinungen bei Papier – vorwiegend aus chemischer Sicht, Teil 1*, Restauro 5/1991, S. 329–335
[767] W. Griebenow, *Alterserscheinungen bei Papier – vorwiegend aus chemischer Sicht, Teil 2*, Restauro 6/1991, S. 409–415
[768] E. Gruber, *Papier-Chemie*, Scriptum der Dualen Hochschule Karlsruhe für den Lehrgang Papiertechnologie, http://www.gruberscript.net/papierchemie.html, Zugriff am 10.06.2013

[769] E. Bojaxhiu, *Untersuchung der Abbauprodukte der chemischen und elektrochemischen Reduktion ausgewählter Dispersionsfarbstoffe mittels LC- und GCxGC-(TOF)MS*, Dissertation, Wuppertal 2008, http://elpub.bib.uni-wuppertal.de/servlets/DerivateServlet/Derivate-896/dc0811.pdf, Zugriff am 10.06.2013

[770] *Water Soluble Polymers*, Broschüre der Firma SNF FLOERGER, http://www.snf-group.com/IMG/pdf/Water_Soluble_Polymers_E.pdf, Zugriff am 10.06.2013

[771] B. Kießler, *Verbesserung der Papierfestigkeiten und der Prozesssicherheit bei der Oberflächenbehandlung von Wellpappenrohpapieren durch spezifischen Stärkeaufschluss*, Forschungsbericht der Papiertechnischen Stiftung PTS, http://www.ptspaper.de/fileadmin/PTS/Dokumente/Forschung/Forschungsprojekte/IW_050275.pdf, Zugriff am 20.06.2013

[772] M. Suhr, G. Klein, I. Kourti, M. R. Gonzalo, G. G. Santonja, S. Roudier, L. D. Sancho, *Best Available Techniques (BAT) Reference Document for the Production of Pulp, Paper and Board*, European Union, 2015, http://eippcb.jrc.ec.europa.eu/reference/BREF/PP_revised_BREF_2015.pdf, Zugriff am 02.06.2019

[773] *MedienStandard Druck 2018. Technische Richtlinien für Daten, Prüfdruck und Auflagendruck*, Bundesverband Druck und Medien e. V. (bvdm), 2016–2018, Art.-Nr. 86035, https://www.bvdm-online.de/fileadmin/user_upload/bvdm_MedienStandard_Druck_2018.pdf, Zugriff am 18.06.2019

[774] *Paper Categorization Meeting ICC/ISO TC130*, meeting minutes, ICC DevCon '06, Leeds, 15.06.2006, http://www.color.org/papermeetingminutes.pdf, Zugriff am 18.06.2019

[775] D. Simmert, *Acrylharzkünstlerfarben*, Kunsttechnologie und Konservierung 1995, S. 78–105, Wernersche Verlagsgesellschaft Worms

[776] R. E. Harren, *History and Development of Acrylic Latex Coatings*, in: R. B. Seymour, H. F. Mark (eds.), *Organic Coatings: Their Origin and Development*, Proceedings of the International Symposium on the History of Organic Coatings, Elsevier 1990, pp. 297–314

[777] R. N. Hildred, *Acrylate als Additive für wäßrige Beschichtungsstoffe*, farbe+lack, 96. Jahrgang 11/1990, S. 857–859

[778] E. S. Daniels, A. Klein, *Development of cohesive strength in polymer films from latices: effect of polymer chain interdiffusion and crosslinking*, Progress in Organic Coatings, 19 (1991) 359–378

[779] P.-B. Eipper, *Problemfall Acrylfarbenoberflächen. Teil 1: Hintergründe zur Beständigkeit von Acrylfarben*, Restauro 1/2009, S. 30–35

[780] P.-B. Eipper, *Problemfall Acrylfarbenoberflächen. Teil 2: Schäden und Restaurierungsmöglichkeiten*, Restauro 2/2009, S. 112–122

[781] P.-B. Eipper, *Problemfall Acrylfarbenoberflächen. Teil 3: Untersuchungen von Veränderungen nach einer Oberflächenreinigung und Entwicklung eines Reinigungsablaufs*, Restauro 4/2009, S. 244–251

[782] E. Jablonski, T. Learner, J. Hayes, M. Golden, *The Conservation of Acrylic Emulsion Paintings*, Website von Golden Artist Colors, Inc., http://www.goldenpaints.com/conservation/conservation.pdf, Zugriff am 10.10.2012

[783] E. Jablonski, T. Learner, J. Hayes, M. Golden, *Conservation Concerns for Acrylic Emulsion Paints: A Literature Review*, Tate Papers, TATE'S ONLINE RESEARCH JOURNAL, ISSN 1753-9854, Autumn 2004, http://www.tate.org.uk/download/file/fid/7414, Zugriff am 10.10.2012

[784] M. Golden, *Mural Paints: Current and Future Formulations*, The Getty Conservation Institute, Los Angeles 2004, http://www.getty.edu/conservation/publications_resources/pdf_publications/pdf/golden.pdf, Zugriff am 20.06.2014

[785] A. van Tent, K. te Nijenhuis, *The Film Formation of Polymer Particles in Drying Thin Films of Aqueous Acrylic Latices. II. Coalescence, Studied with Transmission Spectrophotometry*, Journal of Colloid and Interface Science **232**, 350–363 (2000)

[786] F. Dobler, Y. Holl, *Mechanisms of Particle Deformation During Latex Film Formation*, in: T. Provder et al., *Film Formation in Waterborne Coatings*, ACS Symposium Series, American Chemical Society: Washington, DC, 1996
[787] J. L. Keddie, *Film formation of latex*, Materials Science and Engineering, 21 101–170, 1997
[788] M. A. Winnik, *Latex film formation*, Curr Opin Coll Interf Sci 2(2): 192-199, 1997
[789] P. A. Steward, J. Hearn, M. C. Wilkinson, *An overview of polymer latex film formation and properties*, Adv Coll Interf Sci 86(3):195–267 2000
[790] R. E. Dillon, L. A. Matheson, E. B. Bradford, *Sintering of Synthetic Latex Particles*, Colloid Sci., 6 (1951) 108
[791] G. L. Brown, *Formation of Films from Polymer Dispersions*, J. Polym. Sci., 22 (1956) 423–434
[792] D. P. Sheetz, E. C. Britton, *Formation of Films by Drying of Latex*, J. Appl. Polym. Sci. 9 (1965) 11, 3759–3773
[793] F. Dobler, T. Pith, M. Lambla, Y. Holl, *Coalescence Mechanisms of Polymer Colloids. I. Coalescence under the Influence of Particle-Water Interfacial Tension*, Journal of Colloid and Interface Science, Vol. 152, No. 1, August 1992
[794] P. A. Lovell, M. S. El-Aasser, *Emulsion Polymerization and Emulsion Polymers*, John Wiley & Sons 1997, ISBN 0-471-96746-7
[795] M. A. Winnik, *The Formation and Properties of Latex Films*, in [794], pp. 467–518
[796] P. M. Lesko, P. R. Sperry, *Acrylic and Styrene-Acrylic Polymers*, in [794], pp. 619–655
[797] C. Heyn, *Mikrobieller Angriff auf synthetische Polymere*, Dissertation 2002, Universität Oldenburg, http://oops.uni-oldenburg.de/volltexte/2004/211, Zugriff am 20.07.2011
[798] M. Laschet, *Rheo-mechanische und rheo-optische Charakterisierung wäßriger Lösungen von Hydroxyethylcellulosen und deren hydrophob modifizierter Derivate im Hinblick auf supramolekulare Strukturen*, Dissertation 2002, Universität Hamburg,
[799] J. E. Glass (ed.), *Associative Polymers in Aqueous Media*, ACS Symposium Series 765, Washington D.C., 2000, ISBN 0-8412-3659-3
[800] V. Tirtaatmadja, K. C. Tam, R. D. Jenkins, *Rheological Properties of Model Alkali-Soluble Associative (HASE) Polymers: Effect of Varying Hydrophobe Chain Length*, Macromolecules (30) 1997, pp. 3271–3282
[801] A. A. Abdala, K. Olesen, S. A. Khan, *Solution rheology of hydrophobically modified associative polymers: Solvent quality and hydrophobic interactions*, J. Rheol. 47(2), March/April 2003, pp. 497–511
[802] R. J. English, S. R. Raghavan, R. D. Jenkins, S. A. Khan, *Associative polymers bearing n-alkyl hydrophobes: Rheological evidence for microgel-like behavior*, J. Rheol. 43(5), September/October 1999, pp. 1175–1194
[803] R. J. English, H. S. Gulati, R. D. Jenkins, S. A. Khan, *Solution rheology of a hydrophobically modified soluble associative polymer*, J. Rheol. 41(2), March/April 1997, pp. 427–444
[804] H. J. Spinelli, *Polymeric Dispersants in Ink Jet Technology*, Adv. Mater. **1998**, 10, No. 15, 1215–1218
[805] C. M. Miller, K. R. Olesen, G. D. Shay, *Determination of the Thickening Mechanism of a Hydrophobically Modified Alkali Soluble Emulsion Using Dynamic Viscosity Measurements*, in [799], pp. 338–350
[806] W. P. Seng, K. C. Tam, R. D. Jenkins, D. R. Bassett, *The Network Strength and Junction Density of a Model HASE Polymer in Non-Ionic Surfactant Solutions*, in [799], pp. 351–368
[807] R. J. English, R. D. Jenkins, D. R. Bassett, S. A. Khan, *Rheology of a HASE Associative Polymer and Its Interaction with Non-Ionic Surfactants*, in [799], pp. 369–380
[808] P. T. Elliott, L. Xing, W. H. Wetzel, J. E. Glass, *Behavior of Branched-Terminal, Hydrophobe-Modified, Ethoxylated Urethanes*, in [799], pp. 163–178

[809] H. N. Naé, W. W. Reichert, *Rheological properties of lightly crosslinked carboxy copolymers in aqueous solutions*, Rheol Acta 31:351–360 (1992)
[810] L. A. De Graaf, *Denaturation of proteins from a non-food perspective*, Journal of Biotechnology 79, 2000, pp. 299–306
[811] D. E. Graham, M. C. Phillips, *Proteins at Liquid Interfaces III. Molecular Structures of Adsorbed Films*, J. Coll. Interface Sc. 70(3), 1979, pp. 427–439
[812] P. Walstra, A. L. de Roos, *Proteins at air-water and oil-water interfaces: static and dynamic aspects*, Food Reviews International 9:4, 1993, 503–525
[813] S. Damodaran, *Interfaces, Protein Films, and Foams*, Adv. Food Nutr. Res. 34 (1990) 1–79
[814] E. Dickinson, Y. Matsumura, *Time-dependent polymerization of β-lactoglobulin through disulphide bonds at the oil-water interface in emulsions*, Int. J. Biol. Macromol., 1991, Vol. 13, 26–30
[815] E. A. Hauser, L. E. Swearingen, *The Aging of Surfaces of Aqueous Solutions of Egg Albumin*, J. Phys. Chem. 45(4), 1941, pp. 644–659
[816] A. E. Mirsky, *Sulfhydryl Groups in Films of Egg Albumin*, J. Gen. Physiol. 24(6), 1941, pp. 725–733
[817] H. B. Bull, *Studies on Surface Denaturation of Egg Albumin*, J. Biol. Chem. 123, 1938, pp. 17–30
[818] A. Gennadios, C. L. Weller, M. A. Hanna, G. W. Froning, *Mechanical and Barrier Properties of Egg Albumen Films*, J. Food Sc. 61(3), 1996, pp. 585–589
[819] K. Broersen, A. M. M. van Teffelen, A. Vries, A. G. J. Voragen, R. J. Hamer, H. H. J. de Jongh, *Do Sulfhydryl Groups Affect Aggregation and Gelation Properties of Ovalbumin?*, J. Agric. Food Chem. 54, 2006, pp. 5166–5174
[820] D. Fukushima, J. van Buren, *Mechanism od Protein Insolubilization during the Drying of Soy Milk. Role of Disulfide and Hydrophobic Bonds*, Am. Assoc. Cereal Chemists 47, 1970, pp. 687–696
[821] N. Kitabatake, E. Doi, *Conformational Change of Hen Egg Ovalbumin during Foam Formation Detected by 5,5'-Dithiobis(2-nitrobenzoic acid)*, J. Agric. Food Chem., 35, 953–957 (1987)
[822] A. C. C. Alleoni, *Albumen Protein and Functional Properties of Gelation and Foaming*, Sci. Agric. (Piracicaba, Braz.), v.63, n.3, p.291–298, May/June 2006
[823] H. J. T. Beveridge, *A Study of some Physical and Chemical Properties of Egg White*, Thesis, University of British Columbia, 1973, https://circle.ubc.ca/handle/2429/31816
[824] A. Deuerling, *Die Physik und Chemie der „Mousse au Chocolat"*, Schriftliche Hausarbeit für die erste Staatsexamensprüfung, Julius-Maximilian-Universität Würzburg 2010, http://www.thomas-wilhelm.net/arbeiten/Mousse_au_Chocolat.pdf
[825] F. E. Cunningham, *Properties of Egg White Foam Drainage*, Poultry Science 1976. Vol. 55. pp. 738–743
[826] S. Poole, S. I. West, C. L. Walters, *Protein-Protein Interactions: Their Importance in the Foaming of Heterogeneous Protein Systems*, J. Sci. Food Agric. 1984 **35**, 701–711
[827] A. Hoppe, *Examination of egg white proteins and effects of high pressure on select physical and functional properties*, PhD Thesis, University of Nebraska, Lincoln, 2010, http://digitalcommons.unl.edu/foodscidiss/7
[828] B. Brodsky, J. A. Werkmeister, J. A. M. Ramshaw, *Collagens and Gelatins*, Band 8 in *Biopolymers*, S. R. Fahnestock, A. Steinbüchel (editors), WILEY-VCH 2003, ISBN 3-527-30223-9
[829] M. Djabourov, J. Leblond, *Thermally Reversible Gelation of the Gelatin-Water System*, in *Reversible Polymeric Gels and Related Systems*, ACS Symposium Series Vol. 350, American Chemical Society 1987, ISBN 9-780841214156, pp. 211–223
[830] A. G. Ward, *The physical properties of gelatin solutions and gels*, Br. J. Appl. Phys. 5, 1954, pp. 85–90

[831] M. Bansal, C. Ramakrishnan, G. N. Ramachandran, *Stabilization of the collagen structure by hydroxyproline residues*, Proc. Indian Acad. Sci. 82 A(4), 1975, pp. 152–164
[832] S. Zumbühl, *Proteinische Leime – Ein vertrauter Werkstoff?*, Kunsttechnologie und Konservierung 2003, S. 95–104, Wernersche Verlagsgesellschaft Worms
[833] E. Reinkowski-Häfner, *Tempera*, Zeitschrift für Kunsttechnologie und Konservierung, 2 (1994) 297–317, Wernersche Verlagsgesellschaft Worms
[834] M. Lazzari, O. Chiantore, *Drying and oxidative degradation of linseed oil*, Polymer Degradation and Stability 65 (1999) pp. 303–313
[835] J. Mallégol, J.-L. Gardette, J. Lemaire, *Long-Term Behavior of Oil-Based Varnishes and Paints I. Spectroscopic Analysis of Curing Drying Oils*, J. Am. Oil Chem. Soc. 76(8), 1999, S. 967–976
[836] J. Mallégol, J.-L. Gardette, J. Lemaire, *Long-Term Behavior of Oil-Based Varnishes and Paints. Fate of Hydroperoxides in Drying Oils*, J. Am. Oil Chem. Soc. 77(3), 2000, S. 249–255
[837] H. P. Kaufmann, *Oxydation und Verfilmung trocknender Öle*, Fette, Seifen, Anstrichmittel 59(3), 1957, pp. 153–162
[838] J. Mallégol, J. Lemaire, J.-L. Gardette, *Drier influence on the curing of linseed oil*, Progress in Organic Coatings 39, 2000, pp. 107–113
[839] E. Ioakimoglou, S. Boyatzis, P. Argitis, A. Fostiridou, K. Papapanagiotou, N. Yannovits, *Thin-Film Study on the Oxidation of Linseed Oil in the Presence of Selected Copper Pigments*, Chem. Mater. 11, 1999, pp. 2013–2022
[840] E. N. Frankel, *Lipid Oxidation: Mechanisms, Products and Biological Significance*, J. Am. Oil Chem. Soc. 61(12), 1984, S. 1908–1917
[841] E. N. Frankel, *Lipid Oxidation*, Prog. Lipid Res. 19, 1980, pp. 1–22
[842] E. N. Frankel, *Recent Advances in Lipid Oxidation*, J. Sci. Food Agric. 54, 1991, pp. 495–511
[843] E. N. Frankel, *Secondary Products of Lipid Oxidation*, Chemistry and Physics of Lipids, 44 (1987), pp. 73–85
[844] N. A. Porter, *Mechanisms for the Autoxidation of Polyunsaturated Lipids*, Ace. Chem. Res. **1986**, 19, 262-268
[845] W. J. Muizebelt, M. W. F. Nielen, *Oxidative Crosslinking of Unsaturated Fatty Acids Studied with Mass Spectrometry*, J. Mass Spec., 31, 1996, pp. 545–554
[846] W. J. Muizebelt, J. C. Hubert, R. A. M. Venderbosch, *Mechanistic study of drying of alkyd resins using ethyl linoleate as a model substance*, Progr. Org. Coatings 24 (1994), pp. 263–279
[847] D. Erhardt, C. S. Tumosa, M. F. Mecklenburg, *Long-Term Chemical and Physical Processes in Oil Paint Films*, Studies in Conservation, Vol. 50, No. 2 (2005), pp. 143–150
[848] J. Mallégol, J.-L. Gardette, J. Lemaire, *Long-Term Behavior of Oil-Based Varnishes and Paints. Photo- and Thermooxidation of Cured Linseed-Oil*, JAOCS, Vol. 77, no. 3 (2000), pp. 257–263
[849] C. Boelhouwer, Th. Knegtel, M. Tels, *On the Mechanism of the Thermal Polymerization of Linseed Oil*, Fette, Seifen, Anstrichmittel 69(6), 1967, pp. 432–436
[850] H. Wexler, *Polymerization of Drying Oil*, Chemical Reviews 64(6), 1964, pp. 591–611
[851] G. Dobson, W. W. Christie, J. L. Sebedio, *Saturated Bicyclic Fatty Acids formed in Heated Sunflower Oils*, Chem. and Phys. of Lipids 87(1997), pp. 137–147
[852] G. Dobson, J. L. Sebedio, *Monocyclic dienoic fatty acids formed from γ-linolenic acid in heated evening primrose oil*, Chem. and Phys. of Lipids 97(1999), pp. 105–118
[853] H. P. Kaufmann, *Diels-Alder-Reaktionen auf dem Fettgebiet*, Fette, Seifen, Anstrichmittel 64(12), 1962, pp. 1115–1126
[854] G. Billek, *Die Veränderungen von Nahrungsfetten bei höheren Temperaturen*, Fat. Sci. Technol. 94(5), 1992, pp. 161–172
[855] W. C. Ault, J. C. Cowan, J. P. Kass, J. E. Jackson, *Polymerization of Drying Oils*, Ind. Eng. Chem. 34:1120–1123 (1942)
[856] J. Koller, U. Baumer, *Die Benzinlösemittel (des Restaurators)*, RESTAURO 7/2001, S. 528–536

[857] F. Casadio, K. Keune, P. Noble, A. van Loon, E. Hendriks, S. A. Centeno, G. Osmond (eds.), *Metal Soaps in Art: Conservation and Research*, Cultural Heritage Science, Crown 2019, ISBN 978-3-319-90616-4
[858] P. Noble, A. van Loon, J. J. Boon, *Selective darkening of ground layers associated with the wood grain in 17th-century panel paintings*, in: J. Townsend, T. Doherty, G. Heydenreich (eds.), *Preparation for painting: the Artist's choice and its consequences*, Archetype, London, 2008, pp. 68–78, https://www.researchgate.net/publication/290997156, Zugriff am 12.06.2019
[859] P. Noble, A. van Loon, J. J. Boon, *Chemical changes in old master paintings II: darkening due to increased transparency as a result of metal soap formation*, in: I. Verger, James and James (eds.), *Preprints of the ICOM committee for conservation 14th triennial meeting*, The Hague, 12–16 Sep 2005, pp. 496–503, https://www.researchgate.net/publication/305687557, Zugriff am 12.06.2019
[860] J. J. Boon, K. Keune, J. van der Weerd, P. Noble, *Mechanical and chemical changes in Old Master Paintings: dissolution, metal soap formation and remineralization processes in lead pigmented ground/intermediate paint layers of 17th century paintings*, in: R. Vontobel (ed.), *Icom-cc 13th Triennial Meeting Preprints*, Rio de Janeiro, 22–27 Sep 2002, pp. 401–406, https://www.researchgate.net/publication/283363916, Zugriff am 12.06.2019
[861] A. van Loon, *Color changes and chemical reactivity in seventeenth-century oil paintings*, PhD thesis, University of Amsterdam, 2008, https://hdl.handle.net/11245/1.292118, Zugriff am 12.06.2019
[862] J. J. Hermans, *Metal soaps in oil paint: Structure, mechanisms and dynamics*, PhD thesis, University of Amsterdam, 2017, https://hdl.handle.net/11245.1/53663926-183c-40aa-b7b3-e6027979cb7d, Zugriff am 12.06.2019
[863] J. Koller, U. Baumer, *Die Bindemittel der Schule von Barbizon*, in: [132], S. 343–369
[864] J. Koller, I. Fiedler, U. Baumer, *Die Bindemittel auf Dürers Tafelgemälden*, in: [142], S. 102–119
[865] J. Koller, U. Baumer, *Jacopo Tintoretto: Die Bindemittel seiner Schnellmalerei*, in: [133], S. 213–225
[866] R. White, J. Kirby, *Rembrandt and his Circle: Seventeenth Century Dutch Paint Media Re-examined*, National Gallery Technical Bulletin, Vol. 15, 1994, ISBN 1-85709-049-7, pp. 64–78
[867] R. White, *The Characterization of Proteinaceous Binders in Art Objects*, National Gallery Technical Bulletin, Vol. 8, 1984, ISBN 0-901791-94-6, S. 5–14
[868] A. Spyros, D. Anglos, *Studies of organic paint binders by NMR spectroscopy*, Appl. Phys. A 83, 705–708 (2006)
[869] A. Lluveras-Tenorio, J. Mazurek, A. Restivo, M. P. Colombini, I. Bonaduce, *The Development of a New Analytical Model for the Identification of Saccharide Binders in Paint Samples*, 2012, PLoS ONE 7(11): e49383. doi:10.1371/journal.pone.0049383, https://journals.plos.org/plosone/article?id=10.1371/journal.pone.0049383, Zugriff am 28.07.2015
[870] I. Bonaduce, L. Carlyle, M. P. Colombini, C. Duce, C. Ferrari et al., *New Insights into the Ageing of Linseed Oil Paint Binder: A Qualitative and Quantitative Analytical Study*, 2012, PLoS ONE 7(11): e49333. doi:10.1371/journal.pone.0049333, http://journals.plos.org/plosone/article?id=10.1371/journal.pone.0049333, Zugriff am 07.05.2019
[871] R. White, J. Pilc, *Analyses of paint media*, National Gallery Technical Bulletin, Vol. 16, 1995, ISBN 1-85709-071-3, pp. 85–95
[872] R. White, J. Pilc, *Analyses of paint media*, National Gallery Technical Bulletin, Vol. 17, 1996, ISBN 1-85709-113-2, pp. 91–103
[873] C. Higgitt, R. White, *Analyses of Paint Media: New Studies of Italian Paintings of the Fifteenth and Sixteenth Centuries*, National Gallery Technical Bulletin, Vol. 26, 2005, ISBN 1-85709-341-0, pp. 88–97

[874] J. Mills, R. White, *Paint Media Analyses*, National Gallery Technical Bulletin, Vol. 13, 1989, ISBN 0-947645-705, pp. 69–71

[875] R. White, J. Pilc, J. Kirby, *Analyses of Paint Media*, National Gallery Technical Bulletin, Vol. 19, 1998, ISBN 1-85709-220-1, pp. 74–95

[876] J. H. Townsend, L. Carlyle, A. Burnstock, M. Odlyha, J. J. Boon, *Nineteenth-Century Paint Media: the Formulation and Properties of Megilps*, in: [100] pp. 205–210

[877] J. Mills, R. White, *Analyses of Paint Media*, National Gallery Technical Bulletin, Vol. 5, 1981, ISBN 0-901791-76-8, pp. 66–67

[878] J. Mills, R. White, *Analyses of Paint Media*, National Gallery Technical Bulletin, Vol. 1, 1977 pp. 57–59

[879] J. Mills, R. White, *Analyses of Paint Media*, National Gallery Technical Bulletin, Vol. 3, 1979 pp. 66–67

[880] J. Mills, R. White, *Analyses of Paint Media*, National Gallery Technical Bulletin, Vol. 4, 1980, ISBN 0-901791-72-5, pp. 65–67

[881] J. Mills, R. White, *Analyses of Paint Media*, National Gallery Technical Bulletin, Vol. 7, 1983, ISBN 0-901791-88-1, pp. 65–67

[882] J. Mills, R. White, *Analyses of Paint Media*, National Gallery Technical Bulletin, Vol. 9, 1985, ISBN 0-901791-97-0, pp. 70–71

[883] J. Mills, R. White, *Analyses of Paint Media*, National Gallery Technical Bulletin, Vol. 11 1987, ISBN 0-947645-35-7, pp. 92–95

[884] J. Mills, R. White, *Analyses of Paint Media*, National Gallery Technical Bulletin, Vol. 12 1988, ISBN 0-947645-63-2, pp. 78–79

[885] *Van Dyck's Paint Medium*, R. White, National Gallery Technical Bulletin, Vol. 20 1999, ISBN 1-85709-251-1, pp. 84–88

[886] R. G. Weissenhorn, *Chemie in der Freskomalerei*, Chemie in unserer Zeit/36. Jahrg. 2002/ Nr. 5, 310–316

[887] J. Koller, U. Baumer, *Kunstharzfirnisse. Teil I: Geschichte und Verwendung von Naturharzen und Kunstharzen in Firnissen*, RESTAURO 7/2000, S. 534–537

[888] J. Koller, U. Baumer, *Kunstharzfirnisse. Teil II: Mechanische Eigenschaften, Alterungsverhalten und Löslichkeit von polymeren Kunstharzfirnissen*, RESTAURO 8/2000, S. 616–625

[889] J. Koller, U. Baumer, *Kunstharzfirnisse. Teil III: Die niedermolekularen (nichtpolymeren) Kunstharzfirnisse*, RESTAURO 1/2001, S. 26–38

[890] S. Zumbühl, R. D. Knochenmuss, S. Wülfert, *Rissig und blind werden in relativ kurzer Zeit alle Harzessenzfirnisse*, Zeitschrift für Kunsttechnologie und Konservierung, 12 (1998) 205–219

[891] E. Wenders, *Dammar als Gemäldefirnis*, Zeitschrift für Kunsttechnologie und Konservierung 15 (2001) 133–162

[892] P. Dietemann, C. Higgitt, M. Kälin, M. J. Edelmann, R. Knochenmuss, R. Zenobi, *Aging and yellowing of triterpenoid resin varnishes – Influence of aging conditions and resin composition*, Journal of Cultural Heritage 10 (2009) 30–40

[893] G. A. van der Doelen, *Molecular studies of fresh and aged triterpenoid varnishes*, Dissertation Universiteit van Amsterdam 1999

[894] G. A. van der Doelen, K. J. van den Berg, J. J. Boon, *Comparative Chromatographic and Mass-Spectrometric Studies of Triterpenoid Varnishes: Fresh Material and Aged Samples from Paintings*, Studies in Conservation, **43** (1998) 249–264

[895] S. Zumbühl, R Knochenmuss, S. Wülfert, F. Dubois, M. J. Dale, R. Zenobi, *A Graphite-Assisted Laser Desorption/Ionization Study of Light-Induced Aging in Triterpene Dammar and Mastic Varnishes*, Anal. Chem. **1998**, 70, 707–715

[896] E. R. de la Rie, A. M. Shedrinsky, *The Chemistry of Ketone Resins and the Synthesis of a Derivative with Increased Stability and Flexibility*, Studies in Conservation **34** (1989) 9–19

[897] K. J. van den Berg, J. van der Horst, J. J. Boon, O. O. Sudmeijer, *cis-l,4-poly-β-myrcene; the Structure of the Polymeric Fraction of Mastic Resin (Pistacia lentiscus L.) Elucidated*, Tetrahedron Letters 39 (1998) 2645–2648

[898] E. R. de la Rie, *Photochemical and Thermal Degradation of Films of Dammar Resin*, Studies in Conservation **33** (1988) 53–70

[899] P. Dietemann, M. Kälin, S. Zumbühl, R. Knochenmuss, S. Wülfert, R. Zenobi, *A Mass Spectrometry and Electron Paramagnetic Resonance Study of Photochemical and Thermal Aging of Triterpenoid Varnishes*, Anal. Chem. **2001**, 73, 2087–2096

[900] E. R. de la Rie, *Old Master Paintings: A Study of the Varnish Problem*, Analytical Chemistry, Vol. 61, No. 21, November 1, 1989, 1228A–1240A

[901] R. White, J. Kirby, *A Survey of Nineteenth and early Twentieth Century Varnish Compositions found on a Selection of Paintings in the National Gallery Collection*, National Gallery Technical Bulletin, Vol. 22, 2001, ISBN 978-1-85709-926-5, S. 64–84

[902] M. Stappel, *Schellack*, Restauro 8/2001, S. 596–603

[903] S. K. Sharma, S. K. Shukla, D. N. Vaid, *Shellac – Structure, Characteristics & Modifications*, Def. Sci. J., vol. 33, no. 3, july 1983, pp. 261–271, http://publications.drdo.gov.in/ojs/index.php/dsj/article/viewFile/6181/3286, Zugriff am 20.06.2014

[904] K. S. Brown, *The Chemistry of Aphids and Scale Insects*, Chem. Soc. Rev. 4, 1975, pp. 263–288

[905] J. S. Mills, R. White, *Natural Resins of Art and Archaeology. Their Sources, Chemistry, and Identification*, Studies in Conservation, Vol. 22, No. 1 (1977), pp. 12–31

[906] R. M. Carman, D. E. Cowley, R. A. Marty, *Diterpenoids XXV. Dundathic acid and Polycommunic Acid*, Aust. J. Chem., 1970, 23, pp. 1656–65

[907] G.-F. Chen, *Developments in the field of rosin chemistry and its implications in coatings*, Progress in Organic Coatings, 20 (1992) pp. 139–167

[908] Cognis GmbH Monheim, Broschüre *Handbuch Cognis Kit für Haushalt & Kosmetik*, http://www.cognis.com/NR/rdonlyres/AC9D8A75-369D-44A7-B63F-730E01181667/0/de_CognisKit_Brochure.pdf

[909] *Clariant Spezialitäten-Website*, http://pa.clariant.com/pa/internet.nsf/04fa7deb65dc84f9c1256a6200552c10/4415B12D42573C9CC12573DB0056A71F

[910] *InkJet Brochure, The Source of Ink Jet Printing Excellence*, ed. 2008/2009, Clariant, Dokument DP8518 http://pa.clariant.com/pa/internet.nsf/04fa7deb65dc84f9c1256a6200552c10/4415B12D42573C9CC12573DB0056A71F, Zugriff am 20.06.2013

[911] *Sales range for the printing ink, paints, plastics industries and special applications*, Clariant, Dokument DP5525 http://pa.clariant.com/pa/internet.nsf/04fa7deb65dc84f9c1256a6200552c10/4415B12D42573C9CC12573DB0056A71F

[912] *Ultrafine pigment dispersions for fine and durable sketching and drawing*, Clariant, Dokument DP6209 http://pa.clariant.com/pa/internet.nsf/04fa7deb65dc84f9c1256a6200552c10/4415B12D42573C9CC12573DB0056A71F, Zugriff am 20.06.2013

[913] *Ultrafine pigment dispersions for design and creative materials*, Clariant, Dokument DP6208 http://pa.clariant.com/pa/internet.nsf/04fa7deb65dc84f9c1256a6200552c10/4415B12D42573C9CC12573DB0056A71F, Zugriff am 20.06.2013

[914] *Products for NON IMPACT PRINTING*, Clariant, Dokument DP8530 http://www.pigments.clariant.com/C12576850036A6E9/8CFA4478A05908A8C125790C002947C6/$FILE/DP8530_NIP.pdf, Zugriff am 20.06.2013

[915] *Products for DIGITAL INKS, Edition 2019*, Clariant, Dokument PI 6000 E, https://www.clariant.com/de/Business-Units/Pigments/Non-Impact-Printing, Zugriff am 20.05.2019

[916] Übersicht Spezialanwendungen „Stationary“ Menupunkt „Fingerfarben“, http://www.pigments.clariant.com/C12576720021E8C9/vwWebPagesByID/BE537675D4E78B1AC12578B800547DB9, Zugriff am 20.06.2013

[917] *BASF Spezialitäten-Website*, http://www.veredlungschemikalien.basf.de/ev-wcms-in/internet/de_DE/portal/show-content_cps/content/EV/EV1/specialties/index
[918] *Neozapon Farbstoffe*, BASF, Dokument EVP 001905d http://www.veredlungschemikalien.basf.de/ev-wcms-in/internet/de_DE/function/conversions:/publish/upload/EV/EV1/products/sp/ti-range/evp001905d.pdf
[919] *Pigmente für Flexo-, Tiefdruck- und Offset-Verpackungsdruckfarben*, BASF, Dokument EVP 000204d http://www.veredlungschemikalien.basf.de/ev-wcms-in/internet/de_DE/function/conversions:/publish/upload/EV/EV1/products/sp/ti-range/evp000204d.pdf
[920] *Basacid Farbstoffe*, http://www.veredlungschemikalien.basf.de/ev-wcms-in/internet/de_DE/portal/show-content_cps/function:evproducts:/multilist/basic/4609/4755
[921] *Lanxess Farbstoffe für Schreib- und Inkjettinten: Bayscript, Pyranin, Spezial*, http://colorants.lanxess.com/de/produkte-anwendungen/produktsuche/bayscript, http://colorants.lanxess.com/de/produkte-anwendungen/produktsuche/pyranin/pyranin/Pyranin, http://colorants.lanxess.com/de/produkte-anwendungen/produktsuche/spezial, Zugriff am 26.10.2013
[922] *Cromophtal InkJet Pigmente*, http://www.ciba.com/pf/docMDMS.asp?targetlibrary=CHBS_ce_MADS&docnumber=1767; *Ciba Unisperse Jet Pigmente*, http://www.ciba.com/pf/docMDMS.asp?targetlibrary=CHBS_ce_MADS&docnumber=2148
[923] *Pulp & Paper Dyes and Pigments*, ORCO Organic Dyes and Pigments, https://www.organicdye.com/industries/paper-dyes/, Zugriff am 20.05.2019
[924] *Ink and Toner Dyes & Pigments*, ORCO Organic Dyes and Pigments, https://www.organicdye.com/industries/inks-toner-dyes/, Zugriff am 20.05.2019
[925] *Paper And Pulp*, Dayglo Color Corporation, http://www.dayglo.in/paper_industry.html, Zugriff am 20.05.2019
[926] *DYCROPULP Dyes for Paper*, DYCRO Jagson Colorchem Limited, https://www.jagson.com/dycropulp-dyes-for-paper.php, Zugriff am 20.05.2019
[927] *Dyes for Ink*, DYCRO Jagson Colorchem Limited, https://www.jagson.com/ink-dyes.php, Zugriff am 20.05.2019
[928] *Datenblätter zu Carbopol™Produkten*, Lubrizol, http://www.lubrizol.com/Household/Carbopol/default.html, u. a. TDS-222 http://www.lubrizol.com/WorkArea/linkit.aspx?LinkIdentifier=id&ItemID=24508, TDS-734 http://www.lubrizol.com/WorkArea/linkit.aspx?LinkIdentifier=id&ItemID=39008, TDS-237 http://www.lubrizol.com/WorkArea/linkit.aspx?LinkIdentifier=id&ItemID=38147, Toxikologie Carbopol http://www.lubrizol.com/personal-care/documents/toxicological-and-microbiological-studies/tox-006-carbopol-polymers.pdf, http://www.homecare.noveon.com, Zugriffe am 20.07.2011
[929] *Datenblätter (TDS, MSDS) zu ASE™Produkten*, Rohm&Haas, http://www.rohmhaas.com/wcm/products/product_detail.page?product=1120279, Zugriffe am 20.07.2011
[930] *Datenblätter zu Klucel™Produkten*, Ashland, http://www.ashland.com/products/klucel-hydroxypropylcellulose, u. a. http://www.ashland.com/Ashland/Static/Documents/AAFI/PRO_250-2F_Klucel_HPC.pdf, Zugriff am 20.07.2011
[931] *Datenblätter zu Tafigel™Produkten*, Münzing, http://www.munzing.com/techinfo/58.pdf, http://www.munzing.com/techinfo/311.pdf (technische Informationen PUR/HASE), http://www.munzing.com/techinfo/188.pdf (Tafigel PUR) Zugriff am 20.07.2011
[932] *Datenblätter zu Tylose™Produkten*, SE Tylose GmbH & Co. KG, http://www.setylose.de/wDeutsch/Service_Center/Druckschriften/index.php (Indexseite), http://www.setylose.de/z_guideform/deutsch/Coatings_guide_WW_d.pdf (Beispiele Farbformulierung), http://www.setylose.de/z_tds/TDS_HS_15000_YP2_D_SE2.pdf (TDS für HS 15000), http://www.setylose.de/z_tds/TDS_d/Tylose_MH_200_YP2_F_SE2_D.pdf (TDS für MH 200), http://www.setylose.de/wDeutsch/grundlagen/Chemie_v_Celluloseether/3_1_Chemie_Celluloseether.pdf (Chemie der Zellulosether), Zugriff am 20.07.2011

[933] *SIEGEL UND SIEGELLACK*, Information von der Website der Firma *Scriptorium*, http://www.kalligraphie.com/443-0-Siegel.html
[934] ASTM International Standards Worldwide http://www.astm.org/
[935] Verband der deutschen Lack- und Druckfarbenindustrie, Fachgruppe Druckfarben, http://www.wirsindfarbe.de/service-publikationen/informationsmaterial-druckfarben/allgemeine-informationen-ueber-druckfarben/ (Merkblätter Flüssige Druckfarben, pastöse Druckfarben, Siebdruckfarben), Zugriff am 17.06.2019
[936] Diverse Material-Informationen der Firma Winsor&Newton: http://www.winsornewton.com/row/discover/resources/composition-permanence/artists-oil-colour (Zusammensetzung Künstler-Ölfarben), http://www.winsornewton.com/row/discover/resources/composition-permanence/professional-water-colour (Zusammensetzung Künstler-Aquarellfarben), http://www.winsornewton.com/row/discover/resources/composition-permanence/professional-acrylic-colour (Zusammensetzung Künstler-Acrylfarben), Artikel „The Science behind Artists' Acrylic and its benefits" (Resource center, http://www.winsornewton.com/resource-centre/product-articles/) Zugriff am 15.05.2019,http://www.winsornewton.com/assets/HealthandSafetyDataSheets/OIL%20COLOUR/Griffin%20Alkyd/04912258.pdf (MSDS Künstler-Alkydfarben), Zugriff am 10.06.2013
[937] Diverse Material-Informationen der Firma Schmincke: https://www.schmincke.de/fileadmin/downloads/pdf/Broschueren_2016/MUSSINI_D_EN.pdf (Zusammensetzung MUSSINI Ölfarben), https://www.schmincke.de/fileadmin/downloads/pdf/Broschueren_2016/HORADAM_AQUARELL_D_EN.pdf (Zusammensetzung HORADAM Aquarellfarben), https://www.schmincke.de/fileadmin/downloads/pdf/Broschueren_2016/PRIMAcryl_DE_EN_2.pdf (Zusammensetzung PRIMAcryl-Acrylfarben), https://www.schmincke.de/fileadmin/downloads/pdf/Broschueren_2016/aqua_Linoldruck_DE_EN.pdf (Zusammensetzung Linoldruck-Wasserfarben), Zugriff am 15.05.2019
[938] Materialinformationen der Marke Charbonnel, http://www.charbonnelshop.fr/media/fichiers/nuancier_encre.pdf (Kupfer-/Tiefdruckfarbe), http://www.charbonnelshop.fr/media/fichiers/nuancier_aquawash.pdf (Kupfer-/Tiefdruckfarbe lösungsmittelfrei (Aqua Wash)), Zugriff am 10.06.2013
[939] Diverse Material-Informationen der Firma Lascaux: http://www.lascaux.ch/pdf/de/produkte/restauro/5_cellulosen_staerken_polysaccharide.pdf, http://www.lascaux.ch/pdf/de/produkte/restauro/4_polyvinylacetat_dispersionen_acrylat_dispersionen.pdf, http://www.lascaux.ch/pdf/de/produkte/restauro/3_kunstharze_firnisse.pdf, http://www.lascaux.ch/de/produkte/malhilfen/index.php, Zugriff am 20.07.2011
[940] Diverse Material-Informationen der Firma Dow: http://www.dow.com/, http://www.dow.com/products/product_detail.page?display-mode=highlight&product=1121222 (Paraloid B-72), Zugriff am 24.07.2011, http://www.dow.com/webapps/lit/litorder.asp?filepath=Surfactants/pdfs/noreg/883-00086.pdf&pdf=true (Orotan 731A), Zugriff am 10.06.2013, http://www.dow.com/scripts/litorder.asp?filepath=personalcare/pdfs/noreg/713-00028.pdf&pdf=true (Tamol 731A und 960), Zugriff am 13.06.2013 Datei MSDSUS-OROTAN_731K-25%Dispersant.pdf (Orotan 731K)
[941] J. B. Clarke, C. R. Walker, *Dispersants for emulsion paints*, Europäisches Patent EP 0802951 A1, 1997, http://www.google.com/patents/EP0802951A1?cl=en
[942] J. B. Blackburn, A. W. Field, *Pigment preparation*, US-Patent 4089699, 1978, http://www.patentgenius.com/patent/4089699.html
[943] Fa. Kremer Pigmente, *Orotan 731 K Material Safety Data Sheet*, http://www.kremer-pigmente.com/media/files_public/78032_SHD_ENG.pdf, Zugriff am 10.01.2014
[944] Diverse Material-Informationen der Firma Celanese: http://www.celanese.com/msds/pdf/993-64529418.pdf (MSDS für Mowilith LDM 7412), Zugriff am 20.07.2011

[945] Hahnemühle FineArt GmbH, *Künstlerpapiere*, Webseite zur Produktpalette, https://www.hahnemuehle.com/de/kuenstlerpapiere.html, Zugriff am 06.06.2019, speziell https://www.hahnemuehle.com/de/kuenstlerpapiere/haeufig-gestellte-fragen.html (FAQ), https://www.hahnemuehle.com/de/kuenstlerpapiere/aquarell.html (Aquarellpapiere), https://www.hahnemuehle.com/de/kuenstlerpapiere/klassische-druckverfahren.html (Druckpapiere), https://www.hahnemuehle.com/de/kuenstlerpapiere/skizze-zeichnen/skizzenpapiere.html (Zeichenpapiere), https://www.hahnemuehle.com/de/kuenstlerpapiere/grafik-illustration.html (Layout-/Designpapiere), https://www.hahnemuehle.com/de/kuenstlerpapiere/pastell.html (Pastellzeichenpapiere)

[946] Kemira Pigmente und Beschichtungen für Papier: http://www.kemira.com/regions/germany/de/solutionsproducts/pulppaper/druckschreib/pages/default.aspx, speziell Farbmittel: http://www.kemira.com/regions/germany/SiteCollectionDocuments/Broschüren_PulpPaper/Farbmittel.pdf

[947] Verschiedene Webseiten von Bundes- und Landesarchiven zum Thema, hier nur eine Auswahl: https://afz.lvr.de/de/archivberatung/bestandserhaltung_1/vergleich_din_6738_und_din_en_iso_9706/vergleich_der_papiernormen_din_6738_und_din_en_iso_9706.html, https://www.bundesarchiv.de/DE/Content/Downloads/KLA/positionspapier-alterungsbestaendiges-papier.pdf?__blob=publicationFile, https://www.klug-conservation.com/medien/Wissen/Wissens_Folder/wissen8_blauer_engel_de.pdf, Zugriff am 01.07.2019

[948] Kliment Keramikbedarf, http://www.kliment-keramikbedarf.eu/ferro/pdf/Ueberblick.pdf (Technische Information FK02 Performace Pigments and Colors), Zugriff am 13.06.2013

[949] Sekisui Specialty Chemicals, *Informationen zu Selvol™Polyvinylalkohol*, http://www.sekisui-sc.com/products/selvol/productline.html

Stichwortverzeichnis

https://doi.org/10.1515/9783110649161-006